제2판

기계제작법

민병로 · 정정윤 · 김선정 공저

문운당

머리말

기계제작은 재료에 힘을 가하여 필요한 형상과 치수를 얻는 가공법을 말한다. 즉 소성이란 외력에 의한 변형이 재료에 남는 것을 의미한다. 탄성은 재료에 가한 외력이 없어지면 원래의 모양으로 되돌아가는 성질을 말한다. 모든 재료는 탄성을 가지고 있기 때문에 필요한 형상으로 가공하기 위해서는 탄성력을 예측하여 가공해야 된다. 기계제작은 정밀하고 복잡하며 높은 기능을 필요로 하는 제품을 경제적으로 생산하기 위한 방법이다. 또한 가공한 대상에 대한 검사방법으로 파괴검사와 비파괴검사가 이루어지고 있다. 파괴검사는 인장, 압축, 굽힘, 전단, 비틀림, 충격, 피로, 경도, 크리프, 마모시험이 사용되고 있으며 비파괴 검사는 방사선, 초음파, 자분, 와류, 침투 및 음향탐상시험이 적용되고 있다. 기계제작 방법의 종류가 많기 때문에 정확한 가공방법을 결정하고 대상에 따라 어떤 시험방법을 적용하는 것이 기계적, 물리적, 화학적, 제작상 성질에 유리한지 판단하는 능력이 필요하다.

기계제작은 기계, 전기, 전자, 토목, 건축 등 모든 분야에서 가장 기초적인 학문으로서 삶의 질을 향상시키고 신소재의 가공을 통해 기계제작의 범위는 폭넓게 확대되고 있으며 가공에 대한 전문지식이 요구되고 있다.

공학을 처음 접하는 경우 생소한 용어와 전문지식에 대한 두려움을 갖지 않고 1장부터 학습하면 기계제작에 대한 전반적인 지식을 습득 할 수 있도록 하였다.

마지막으로 부족한 내용은 계속하여 수정할 것을 약속하며 출판을 도와주신 문운당 담당자께 감사한 마음을 전합니다.

2022. 08. 08

저자 씀

목 차

제 1 장 공작기계 발전

제 2 장 4차 산업혁명

제 3 장 기계제작의 정의

제 4 장 기계제작 과정

제 5 장 재료 시험방법

제6장 접합용 요소

제7장 주 조

제 8 장 단 조

제 9 장 압 연

제 10 장 인 발

제 11 장 압 출

제 12 장 전 조

제 13 장 표면거칠기

제 14 장 공 차

제 15 장 열처리 및 표면경화

제 16 장 철강재료

제 17 장 비 철

제 18 장 비금속

제 19 장 CNC 가공

제 20 장 프레스 가공

제 21 장 절삭가공

제 22 장 연삭가공

부 록

01 공작기계 발전

제품의 품질은 형상 및 치수가 정확하고 가공물의 표면에 요철이 적어야 된다. 실린더의 내경에 요철이 있으면 형상이 정확해도 조립하여 구동했을 때 응착마모에 의해 성능이 저하되고 길이 방향으로 동심도가 공차를 벗어나면 성능이 저하된다. 공작기계는 생산 속도를 높이기 위해 동일시간에 많이 절삭(Cutting)하고, 많은 양을 가공할 수 있는 힘을 가지고 있어야 된다.

동일한 제품을 연속적으로 생산할 때는 전용의 공작기계를 사용하는 것이 경제적이고 능률적이다. 이를 전용 공작기계라고 하고 다품종 소량생산을 위한 공작기계를 범용 공작기계라고 한다. 전용 공작기계는 작업 내용이 정해져 있으므로 자동화에 유리하다. 범용 공작기계로 다루는 공작물은 대상의 변동되므로 자동화가 어렵고 숙련자의 노하우에 따라 공작물의 품질과 가공시간이 결정된다. 최근에는 전자 장치를 도입하여 프로그램으로 가공이 되도록 하여 숙련 정도에 영향을 받지 않도록 하고 있다. 따라서 다품종 소량생산이라도 프로그램 실행에 따라 작업을 자동적으로 하게 되어 미숙련자도 작업이 가능하다.

제품의 라이프사이클이 짧아지고 상품의 판매량 변화 및 경쟁사의 신제품 개발에 대응하여 개발하고 제조의 생산 시간을 줄이기 위해 표준화, 모듈화 등을 통해 제품을 생산해 고속화 및 능률을 높여 경쟁력을 확보하는 것이다. 공작기계는 고도화되고 있고 능률화, 복합가공, 복잡한 형상 가공 및 기계적 에너지가 아닌 가공기술을 접목한 공작기계가 개발되고 있다. 4차 산업 혁명과 더불어 유연성과 생산성을 고려한 생산 설비를 구축하여 도면에서부터 제품이 생산될 때까지의 시간단축, 고속 고능률가공, 에너지절약 등이 중요시 되고 있다. 고속, 복합, 고정도, 네트워크, 시스템화를 통해 생산성의 향상, 원가절감, 생산성 향상 및 소비자의 욕구를 충족할 수 있어야 된다.

1.1 고속화(고속가공)

공작기계의 발전과 더불어 공작물의 절삭속도가 빨라지고 있다. 최근 가공 툴과 가공 기술이 발전하여 고속절삭에 의하여 가공능률이 향상되고 있다. 부품 가공에 고능률 및 고속 가공이 가능한 고속머시닝센터가 개발되어 적용되고 있다. 제어장치는 형상보정를 기억하고 있으면서 가공에 의한 공구의 마모 등에 의한 공차를 적용하여 형상 가공의 정밀도를 높이고 있다.

그림 1.1 공작기계의 고속작업

1.2 복합화

선반이 밀링기능을 할 수 있도록 하여 복합가공을 하는 것이다. 선삭공정 뿐만 아니라 드릴 가공, 탭핑 가공 등 MC에서 할 2차 가공을 처리할 수 있다. 복합 CNC 선반으로 가공물을 한번의 척킹으로 가공하여 탈부착 회수를 줄여 가공시간을 단축하고 가공물의 고정도화를 기하고 있다. CNC선반을 사용하여 공정에 대한 집약 효과를 증가시키기 위해 가공물의 교체시간의 단축, 공정 간의 대기시간이 없어진다. 공작기계의 수량을 줄여 설비비의 감소 및 설치장소가 줄어들어 투자비가 절약된다. 또한 가공물의 공정 간의 이동이 불필요하고 작업 인력의 감소, 가공에 필요한 지그의 교체시간이 사라져 제작비용 감소, 가공물의 착탈에 의한 가공 오차가 없고 가공정도가 좋고, 다품종 가공에 대응할 수 있으며 생산변화에 대한 설비변경이 용이하여 자동화로 적용된다.

1.3 고정밀도화

가공시간이 단축되도 가공 정밀도가 떨어지면 경쟁력을 확보하기 어렵다. 따라서 품질을 유지하면서 가공 속도가 증가해야 된다. 공작기계를 이용한 고속가공에서 가공정밀도를 유지하고 금형가공 중 발열을 줄이기 위해 직권 정류자 전동기를 사용하면서 제어용 전원을 별도로 설치하여 속도를 제어하는 여자제어(Field added excitation control)를 하여 온도 관리에 의한 변위를 줄이고 있다.

제어장치는 반경이나 이송속도에 따라 자동적으로 최적의 보정(Correction)이 되도록 서보 앰프를 설치하고 반경과 이송속도 변화를 제어하는 서보시스템을 공작기계에 장착하여 형상오차가 최소가 되도록 한다.

1.4 네트워크화

PC 기반의 공작기계가 등장하여 제어계에 PC와 공작기계가 융합 할 수 있도록 PC에서 데이터베이스를 통해 프로그램 수정이 가능하고 3D 이미지를 통해 공구의 툴패스를 확인 할 수 있다. PC와 공작기계의 융합으로 가공에 따른 부하를 모니터링 할 수 있고 지능화에 의해 고속으로 고능률 가공도 신뢰성을 확보 할 수 있다. 또한 공작 기계의 가동실적을 PC부의 통신기능을 적용하여 CPU에 전송하여 공작기계의 정보를 모니터링 하고 네트워크에 접속할 수 있다. 생산현장에 IT가 접목되어 CAD도면을 기준으로 공구를 자동으로 교체하며 절삭 조건을 맞춰 효율이 증가한다.

1.5 시스템화

공작기계의 자동화에 의해 3D 업종 기피에 의한 인력난을 해소하고 가동시간을 늘려 생산라인의 생산성을 향상해야 된다. 시설물정보관리종합시스템(FMS)의 이론적이 계산값은 실제로 시스템을 구축하여 적용했을 때 차이가 발생할 수 있으나 지속적인 시스템화에 의해 문제를 해결하여 오차를 줄여야 된다.

연 습 문 제

1. 공작기계에 대하여 설명하시오.

2. 공작기계의 종류를 쓰고 간단하게 설명하시오.

3. 공작기계의 성능에 영향을 미치는 인자를 설명하시오.

4. 공작기계의 발전발향을 조사하시오.

02 4차 산업혁명

4차 산업혁명은 세계경제포럼의 창시자 중 하나인 클라우스 슈바프(Klaus Schwab)가 2015년 기고 글을 통해 주장한 개념으로 2016년 1월 20일 스위스 다보스에서 열린 세계경제포럼에서 보인이 키워드로 제시하여 개념이 확립되었다. 산업혁명은 기계학습과 인공지능의 발달로 인한 산업의 변화를 가리키는 것으로, 정의가 명확하지 않아 실체가 불분명하다는 논란이 존재한다. 산업혁명의 역사는 획기적인 변화가 있을 때 산업 혁명이라 부르고 있다. 4차 산업 혁명의 경우에는 아직 일어나지 않은 변화에 대하여 미래 추측적인 표현을 사용하고 있다.

2.1 4차 산업혁명의 핵심기술

4차 산업혁명의 5대 핵심기술은 사물 인터넷(IoT), 로봇 공학, 3D 프린팅, 빅데이터, 인공지능(AI) 등이 주요 기술로 급속한 발전을 이루고 있으며 각각의 기술은 서로 밀접한 연관을 가지고 있다.

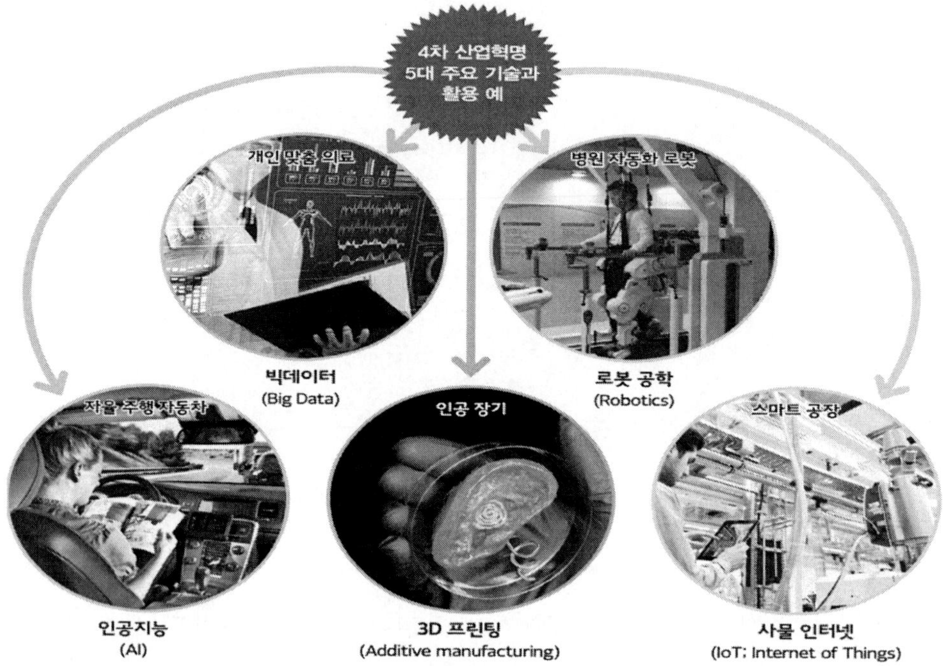

그림 2.1 4차 산업혁명 5대기술

2.2 산업혁명과 로봇

1차 산업혁명 전후를 살펴보면 1차산업 이전에는 인력과 가축의 힘을 이용하였으나 제임스와트의 증기기관이 개발되어 24시간 물건을 생산하는 것이 가능하게 되었다. 1차 산업혁명은 제임스와트의 증기기관과 방직기계가 결합하여 옷감을 대량으로 생산하였다. 2차 산업혁명은 분업을 통한 공장단위의 자동화가 이루어졌으며 헨리포드가 도축장에서 컨베이어를 이용하는 것을 보고 자동차에 접목한 것이다. 3차 산업의 특징은 전자기술과 IT를 통한 자동화가 발전한 시대로 최초의 로봇 에릭(리차드, 러펠이 제작)이 탄생하게 되었다. 로봇은 철갑으로 가슴, 다리와 팔은 알루미늄으로 제작하였으며 3차 산업시대에 로봇을 산업현장에 적용하여 물건을 대량생산이 되었다. 4차 산업혁명 시대에는 3차 산업시대에 적용한 로봇을 보다 효율적인 생산체계를 구축한 것이다. 공장에서 사람이 모니터링하고 관리를 했다면 오늘날은 핸드폰이나 집에서 컴퓨터로 기계 상태를 모니터링 하는 것이다. 4차 산업혁명을 대표하는 단어를 보면 빅데이터, 인공지능,

클라우드, 로봇이라고 할 수 있다.

그림 2.2 산업혁명의 발전사

빅데이터가 필요한 이유는 스마트팩토리에서 다양한 종류의 센서와 모터 등이 구동을 하고 있다. 예를 들어 모터에 온도센서를 달아서 모터의 온도를 측정하면 모터의 이상 유무를 확인할 수 있다. 모터는 수명이 다하면 베어링이 마모되어 열이 발생한다. 따라서 인공지능을 이용하여 모터의 이상 유무를 정확하게 판별하여 교체를 통한 24시간 생산설비를 구동할 수 있다. 센서를 통해서 들어오는 각종의 데이터를 관리하기 위해 빅데이터가 필요하고 많은 데이터를 사람이 판별하기 어렵기 때문에 인공지능이 필요하다. 원격으로 데이터를 수집하기 위해서 클라우드가 필요하고 인공지능으로 부터 판별된 정보로 부터 일을 하기 위해 로봇을 사용한다.

2.3 로봇의 중요성

그림에 나타낸 기판은 70년대에 사람이 조립한 라디오 기판과 휴대폰 기판을 비교한 것이다. 70년대 만든 기판은 사람이 조립해야 되기 때문에 부품 및 기판이 커야 되고 휴대폰은 사람이 가지고 다녀야 되기 때문에 소형으로 납땜을 통해 기판에 장착한다면 숙련된 기술자들도 불가능 하다고 할 것이다. 따라서 오늘날의 스마트팩토리는 사람이 만들 수 없는 것을 만들기 위해서 로봇을 적용하는 것이다.

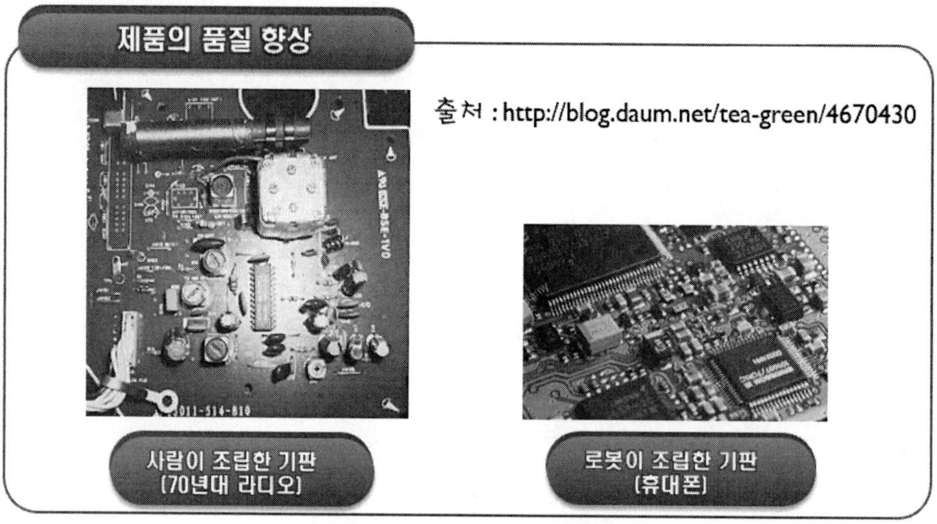

그림 2.3 사람과 로봇의 비교

2.4 로봇의 발전 방향 및 전망

세계적으로 인구 고령화, 다양한 신경질환, 산업재해, 교통사고 등으로 인하여 장애를 가진 사람들이 급속하게 증가하고 있으며, 로봇의 지능화는 로봇 기술개발 초기부터 주목받아 온 과제이며, 최근 들어 IT기술의 경이적인 진보, 센서와 액추에이터 등 하드웨어의 기술 혁신, 2족보행의 실현 등에 따라 다시 연구가 진행되고 있다. 미국에서 9.11 테러 이후 폭발물 제거용 로봇에 대한 관심이 증가하여 원격용이 아닌 인공지능으로 스스로 판단하여 폭발물을 제거하는 기술 등 앞으로 발전될 로봇 분야 중의 하나로 생각된다. 미래에는 2족 보행 인간형 로봇 기술의 발달로 서비스업용 로봇의 출현이 기대가 된다. 특히 유전공학, 인공지능의 급속한 발전으로 미래에는 사이보그 기술이 현실화 될 것이다.

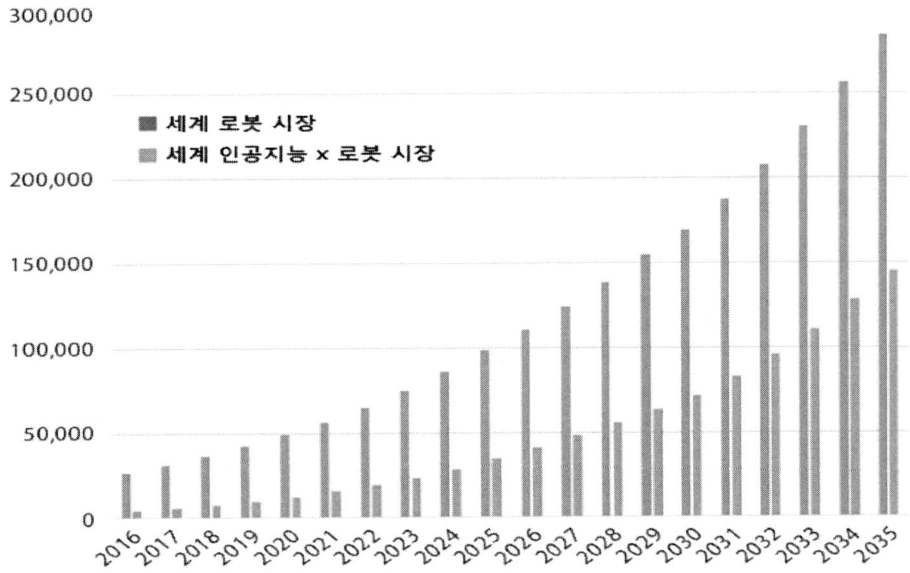

그림 2.4 로봇 시장

로봇 기술 혁신은 주변 산업에서 일어나는 기술의 발전과 밀접한 연관이 있다. 대표적인 것이 센서기술, 통신기술, IoT, 나아가 AI(인공지능) 기술 등이다. 이러한 주변 관련산업에서의 기술이 로봇에 본격 채용되면서 그동안 기계수준으로 인식되던 로봇이 점차 인터렉티브하고, 감성인식이 가능한 휴머노이드 수준으로 진보하게 하는 원동력이 되고 있다. 인공지능 로봇 분야의 기술은 자율성, 사회성, 적응성을 갖춘 고도의 지능을 가진 로봇을 실현하는 것으로 인공지능과 로봇을 연결 짓는 기술로 딥러닝으로 대표되는 현실 세계의 정보를 직접 취급하는 새로운 기계학습 기술의 개발이 가장 많이 발전되고 있다. 그 결과, 이전에는 할 수 없었던 인간과 같은 지능을 가진 로봇의 실현과 다양한 문제를 해결하는 새로운 사회의 실현이 가능할 것이다.

로봇 전체의 연구 개발 비용에서 차지하는 소프트웨어 개발 비용 중 인공지능 연구 개발 비용의 비율이 로봇 시장의 매출에서 차지하는 인공지능 로봇 시장의 매출 비율은 그림과 같이 로봇 시장과 비슷한 성장세를 보이므로, 2016년 16%, 2035년 51%로 추정된다.

2.5 향후 직업과 연계성

그림 2.5에서 왼쪽은 일본 야스카와 로봇을 현장에 적용한 것이고 가운데 그림은 생산라인에 직교좌표 로봇을 적용한 것이다. 왼쪽 그림은 6축 로봇을 현장에 적용해 보기 위해 정밀도를 테스트 한 것이다.

그림 2.5 로봇 적용

연 습 문 제

1. 산업혁명 전후를 비교하시오.

2. 1차 산업혁명의 특징을 설명하시오.

3. 2차 산업혁명의 특징을 설명하시오.

4. 3차 산업혁명의 특징을 설명하시오.

5. 4차 산업혁명의 특징을 설명하시오.

6. 앞으로 탄생 할 산업혁명을 방향을 설명하시오.

03 기계제작의 정의

3.1 정의

기계제작은 재료에 하중을 가하여 필요한 형상과 치수를 얻는 가공법을 말한다. 즉, 소성이란 외력에 의한 변형이 재료에 남는 것을 의미한다. 탄성은 재료에 가한 외력이 없어지면 원래의 모양으로 되돌아가는 성질을 말한다. 모든 재료는 탄성을 가지고 있기 때문에 필요한 형상으로 가공하기 위해서는 탄성력을 예측하여 가공해야 된다.

기계제작의 종류는 재료의 성질 변화에 따라 열간가공, 고온가공, 냉간가공, 상온가공으로 분류된다. 기계제작은 다른 가공법에 비해 생산성이 좋기 때문에 빠른 속도로 대량생산하는 공정에 적합하다.

기계제작의 장점은 다음과 같다.

① 절삭가공에서 발생하는 칩(chip)이 발생되지 않기 때문에 재료의 이용률이 높다.
② 절삭가공에 비해 생산율이 높다.
③ 절삭가공 및 주조제품에 비해 기계적 성질이 좋다.
④ 대량생산에 적합하다.
⑤ 절삭가공에 비해 경제적이다.

3.2 재료 선택의 인자

표 3.1은 많이 사용되고 있는 원소의 물리적 성질을 나타낸 것이다. 항공기의 경우 가벼워야 하기 때문에 비중이 낮은 알루미늄과 마그네슘이 사용되고 있다.

표 3.1 금속원소의 물리적 성질 (출처 : Metal handbook)

원소 기호	금 속 명	원자 번호	비 중	용 융 점	비 열
Ag	은	47	10.49	960.5	0.06
Al	알 루 미 늄	13	2.70	660.2	0.23
Au	금	79	19.32	1063.0	0.13
B	붕 소	5	2.30	2300	0.31
C	탄 소	6	2.22	3700	0.17
Ca	칼 슘	20	1.55	850	0.44
Cu	구 리	29	8.96	1083.0	0.09
Fe	철	26	7.87	1530	0.12
Ge	게 르 마 늄	32	5.36	958	0.07
Hg	수 은	80	13.55	-38.89	0.03
K	칼 륨	19	0.86	63	0.18
Li	리 튬	3	0.53	186	0.09
Mg	마 그 네 슘	12	1.74	650	0.25
Mn	망 간	25	7.40	1245	0.12
Mo	몰 리 브 덴	42	10.22	2625	0.06
Na	나 트 륨	11	0.97	97.9	0.29
Ni	니 켈	28	8.85	1455	0.21
P	인	15	1.82	44.1	0.18
Pb	납	82	11.34	327.43	0.03
Pt	백 금	78	21.43	1773.5	0.03
S	황	16	2.07	119.0	0.18
Si	실 리 콘	14	2.33	1414	0.16
Sn	주 석	50	7.29	231.84	0.55
Ti	티 탄	22	4.54	1800	0.11
U	우 라 늄	92	18.70	1133	0.03
W	텅 스 텐	74	19.26	3410	0.03
Zn	아 연	30	7.13	419.46	0.09

재료를 사용하고자 할 때 중요한 성질에는 다음과 같은 것이 있다.

① 기계적 성질 : 강도, 경도, 충격, 피로, 마모, 열적 변화
② 물리적 성질 : 비중, 열전도도, 비열, 용해온도, 열팽창 계수, 전기전도도, 자성
③ 화학적 성질 : 내열성, 부식, 침식
④ 제작상 성질 : 주조성, 소성, 탄성, 용접성, 절삭성

재료의 기계적, 물리적, 화학적 성질이 우수해도 제작상 성질이 좋지 않으면 재료로서 사용할 수 없다.

3.3 소성변형

3.3.1 크리프

재료에 외력을 일정하게 하고 일정온도로 하중을 가하면 변형은 시간과 함께 증가하여 크리프 현상이 나타나게 된다. 또한 응력과 온도가 크면 크리프에 의한 재료의 수명은 짧아진다.

그림 3.1은 크리프 곡선을 나타낸 것이다. 그림에서 I 은 천이 크리프, II는 정상 크리프, III은 가속 크리프를 나타낸 것이다. F구간은 외력에 의해 재료에 반력이 생기는 구간으로, 가하는 외력이 제거되면 원래 재료가 가지고 있는 성질을 회복하는 탄성변형 구간을 나타낸다. AB구간은 시간에 따른 재료의 변형이 발생하는 부분이며 BC구간은 일정한 형태의 변형이 발생하는 구간을 의미한다. 이 구간은 시간과 연신율에 대하여 비례적으로 나타나기 때문에 재료의 수명에 대하여 예측이 가능하다. CD구간은 파괴가 시작되는 부분을 의미한다. 그러나 크리프 파괴는 CD구간처럼 파괴가 되지 않고 CE구간처럼 파괴가 발생한다. 즉, III의 가속 크리프 구간에서 파괴가 발생하기 때문에 시간이 짧아진다는 것을 알 수 있다. 따라서 가속 크리프 구간의 곡선이 나타나는 시점에서 부품의 교체가 이루어져야 한다.

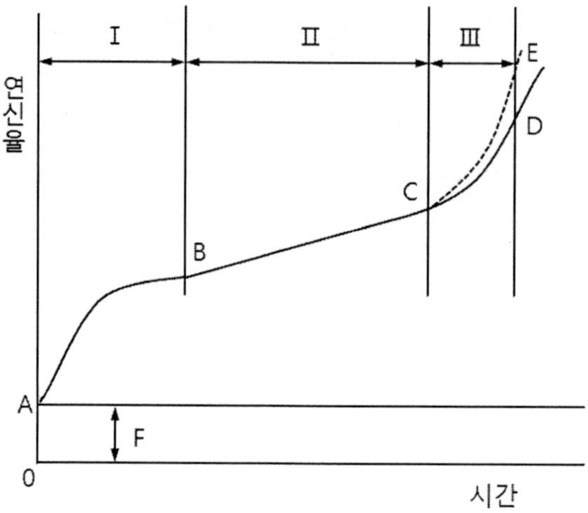

그림 3.1 크리프 곡선

3.3.2 탄성여효

재료에 외력이 작용하면 내부에 변형이 발생한다. 외력이 작으면 하중 제거 후에도 변형되기 전 상태로 돌아가고 변형은 없어져서 탄성변형을 나타낸다. 그러나 외력이 증가하면 재료는 항복하여 외력이 제거되어도 원래의 상태로 돌아가지 않고 영구변형이 생긴다. 이러한 영구변형을 소성변형이라고 한다. 만약 외력이 급격하게 증가하면 탄성변형의 범위에 있어도 외력이 제거된 후 변형 전 상태로 돌아오지 않고 시간의 흐름에 따라 변화하고 소성변형의 범위에서 외력이 제거되면 영구변형의 일부가 사라지는 현상을 탄성여효라고 한다.

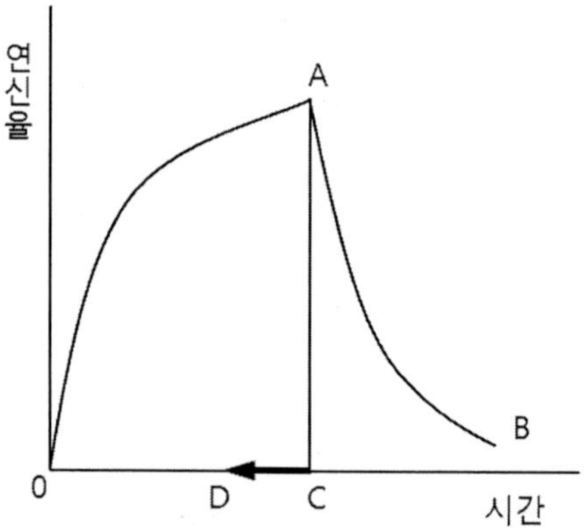

그림 3.2 탄성여효

그림 3.2는 탄성여효를 나타낸 것이다. 그림에서 0A구간은 급속하게 외력이 가해진 경우를 나타낸 것이다. 탄성변형 내에 있다고 해도 외력이 제거 되었을 때 바로 회복하지 못하고 AB구간처럼 서서히 돌아가는 것을 나타내고 있다. 또한 A점에서 외력이 제거 되었을 때 C점에서 D점으로 회복되는 것을 나타낸 것이다.

3.3.3 응력변형률선도

재료의 소성변형을 알기 위해서 가장 많이 사용하는 방법이 인장시험이다. 그림 3.3은 KS 규격에 따른 인장시험편을 나타낸 것이며, 표 3.2는 KS 시험편의 규격을 나타낸 것이다. 4호 시험편의 규격은 지름 14, 표점거리 50, 평행부 길이는 약 60, 어깨 반지름은 15로 규정되어 있다.

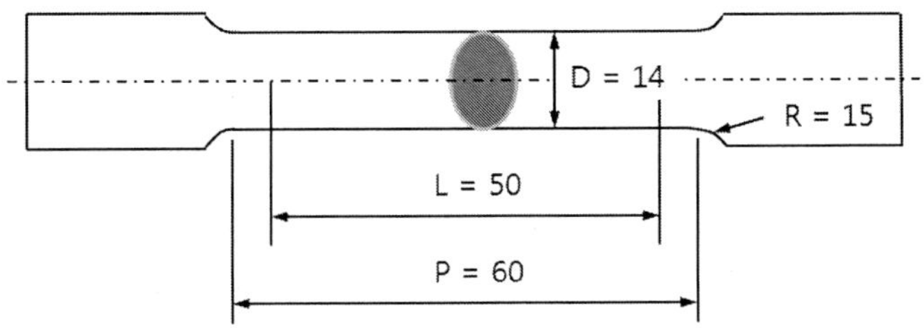

그림 3.3 인장시험편

표 3.2 KS 시험편 4호 규격

규격	지름 (D)	표점거리 (L)	평행부 길이 (P)	어깨 반지름 (R)
4호시편	14	50	약 60	15 이상

연 습 문 제

1. 문패를 만들려고 한다. 재료를 결정하고, 결정한 이유를 설명하시오.

2. KS에 규정되어 있는 시험편의 규격을 조사하시오.

3. 응력 연율 곡선을 그리고 설명하시오.

4. 연성과 취성에 대하여 설명하시오.

5. 표창을 가공하고자 한다. 표창을 만들기 위한 재료를 선택하고 기계제작 중 어떤 가공 방법을 사용할 것인지 결정하시오.

6. 5번 문제의 기계제작법을 선택한 이유를 쓰시오.

04 기계제작 과정

현재 산업현장에서의 제작 과정은 체계화, 정형화, 정량화 되어있다. CAD, CAE, RP, CAM, RE, QC는 각각의 과정이 다른 듯 보이지만 사실은 유기적으로 연관되어 있다. CAD로 설계된 대상은 CAE로 해석에 의해 성형성 및 제작성을 검토하여 형상에 대하여 최적화하고 RP를 이용하여 제품의 가공방법 및 제품 모델링의 적합성을 최소의 비용과 시간을 판단하며 CAM에 전송하여 코드를 작성하며 작업 능률의 극대화 및 정밀도를 높일 수 있다. 제작된 제품은 QC과정을 통하여 불량을 검사할 수 있다.

4.1 CAD (computer aided design : 컴퓨터 이용 설계)

CAD의 정의는 컴퓨터 이용 설계로서 설계 작업을 컴퓨터가 지원하는 것을 말한다. Auto CAD는 영문판과 한글판이 있다. CAD를 처음 접하는 분이라면 영문판을 사용하기를 바란다. 이유는 한글판을 쓰는 사람은 영문판을 접하면 작업속도의 저하를 가져오기 때문이다. 그림 4.1은 Auto CAD의 구성화면을 나타낸 것이다.

그림 4.1에서 ①을 보면 Auto CAD2011-Drawing1. dwg라고 되어있다. 이것은 CAD의 버전과 현재 도면의 이름을 나타내는 것이다. Auto CAD2012는 버전을 표시하는 것이고, Drawing1. dwg라는 것은 도면의 이름을 의미한다. 제도지라고 생각하면 된다.

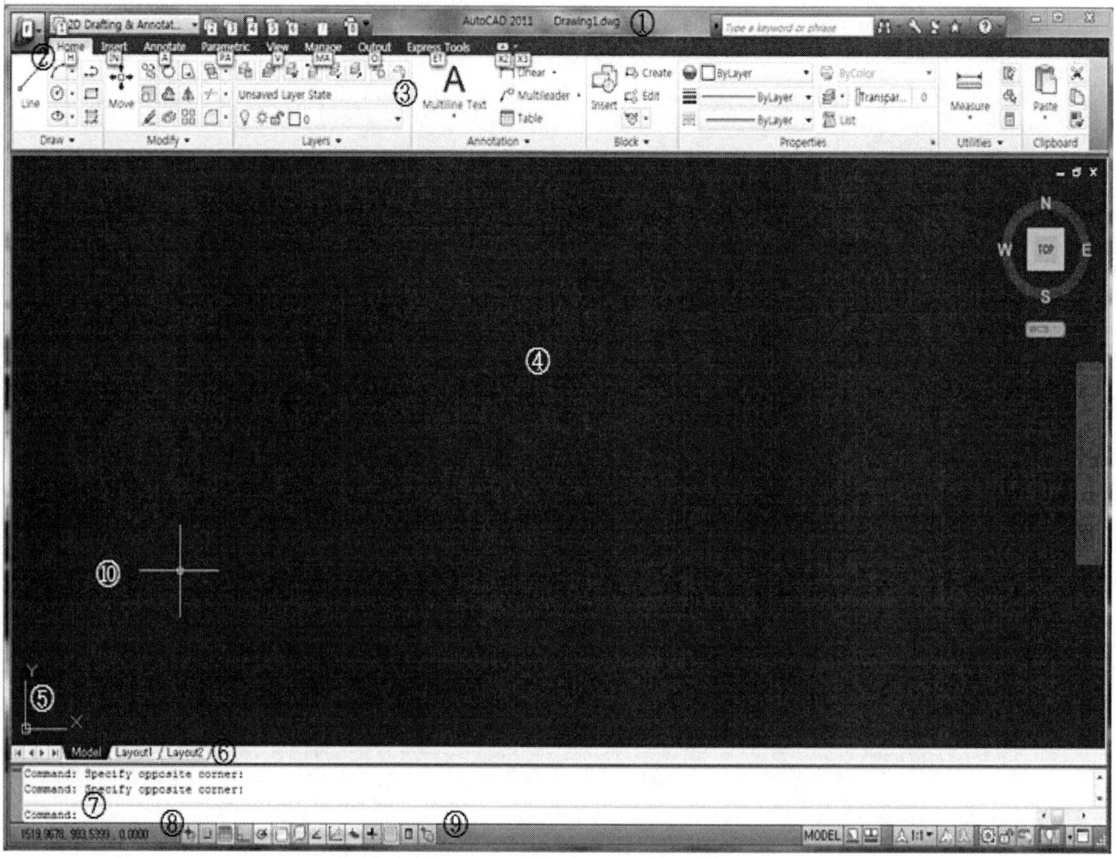

그림 4.1 Auto CAD의 구성화면

dwg는 제도라는 의미의 Drawing의 확장자이다.

②는 풀다운 메뉴(Pull down menu)를 나타낸 것이다. 메뉴의 File을 클릭하면 그림 4.2의 풀다운 메뉴가 나타난다. 그림에서 ▶ 표시는 주 메뉴 안에 보조 메뉴가 있다는 것을 의미한다.

그림 4.2 풀다운 메뉴

New를 누르면 그림 4.3과 같은 대화상자가 나타난다.

Look in 탭에 Template라고 나타난다. 이름 창에 있는 이름을 누르면 미리보기 화면에 사용되는 틀을 볼 수 있다.

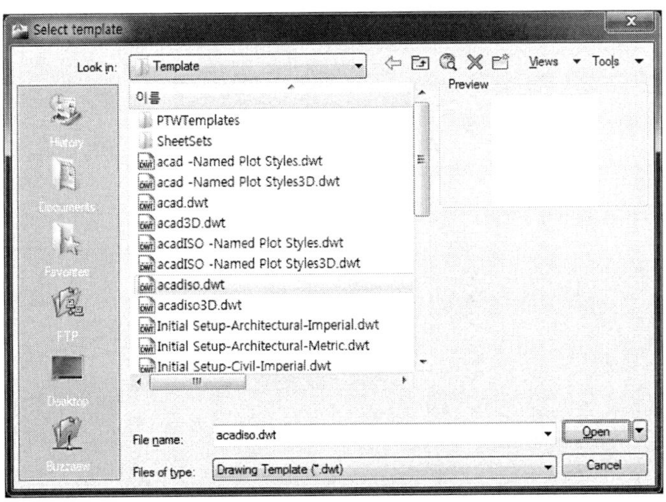

그림 4.3 New 대화상자

Open 옆의 ▼를 누르면 두 가지 옵션이 나온다.

Open with no template - Imperial : 템플릿을 사용하지 않고 Imperial단위를 사용

Open with no template - Metric : 템플릿을 사용하지 않고 Metric단위를 사용

CAD는 국제적인 프로그램이라서 나라마다 사용하는 단위가 다르다. 우리나라는 신체 부위를 측정하는데 인치를 사용하지만 미국에서는 도면에도 적용이 되고 있다. 인치나 피트를 사용하는 단위를 Imperial이라고 한다. 우리나라는 Km, m, cm, mm를 사용하고 있다. 따라서 Metric을 선택해야 된다. 우리가 사용하는 Metric 단위에서는 1mm를 의미한다. Open with no template - Metric을 선택하면 새로운 도면이 활성화 된다.

③은 툴바(Tool Bars)라 하며 우리말로 도구 막대이다. 툴바는 명령어들을 사용하기 편리하게 아이콘으로 만들어 놓은 것이다.

마우스 왼쪽 버튼으로 툴바의 사각형 외곽부분을 누른 후 검은 그래픽 영역으로 드레그하면 툴바가 나타난다. 툴바를 누르면 명령어가 실행되므로 툴바의 외곽을 눌러야 한다. 파란 줄에 툴바의 이름이 나온다. 툴바의 이름은 Modify로 캐드에서 객체를 편집하는 기능들을 모아 놓은 것이다.

이번에는 아무 툴바에나 커서를 위치시키고, 마우스 오른쪽 버튼을 누른다. 많은 툴바의 이름들이 나온다. 체크가 되어 있는 것은 현재 화면에 나와 있는 툴바이다. 툴바를 누르면, 그 이름에 맞는 명령어가 속한 툴바들이 화면으로 나온다. 툴바를 몇 개 꺼낸 뒤, 꺼내진 툴바의 파란줄 부분을 왼쪽 마우스 버튼으로 누르고 위쪽 툴바가 있는 곳으로 옮기면 툴바 공간이 한 줄씩 늘어나면서 검은 그래픽 영역이 줄어드는 것을 볼 수

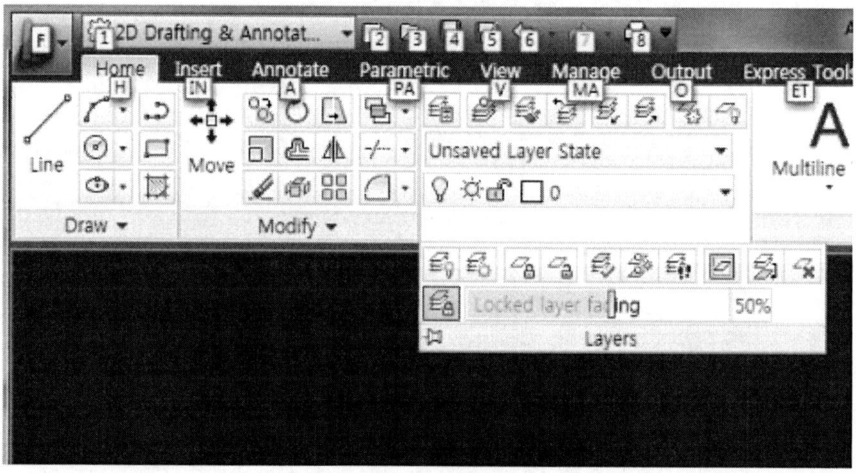

그림 4.4 툴바

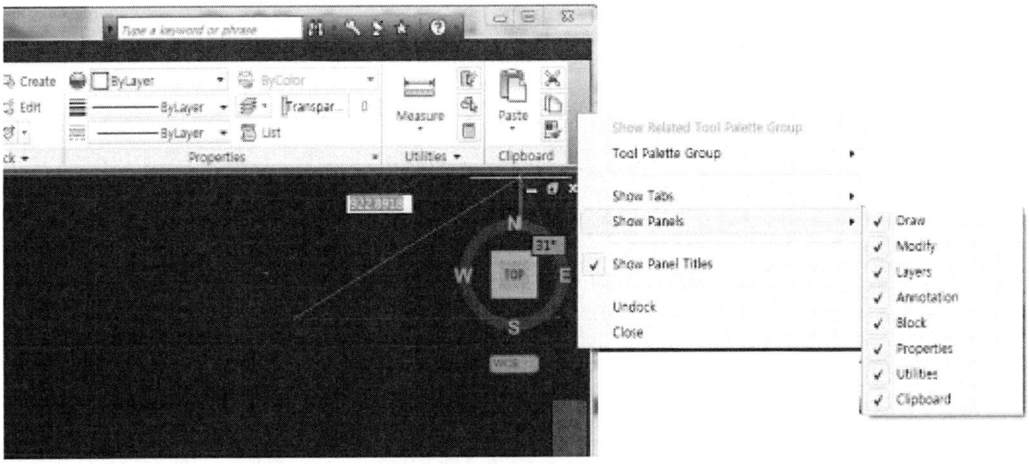

그림 4.5 툴바의 생성

있다. 툴바가 표시된 공간에서 툴바가 없는 빈 공간을 누르면 오른쪽과 같이 표시된다. 그림 4.5는 툴바의 생성을 나타낸 것이다.

도면이 간단 할 때는 툴바가 자리를 많이 차지해도 상관없지만, 복잡한 도면에서는 그 한 줄이 아쉬워진다. 그때는 툴바를 꺼낸 다음, 키보드 왼쪽 Ctrl키를 누르면서 툴바의 파란 띠 부분을 누르고 다른 툴바 위에 겹쳐보자. 한 줄을 아낄 수 있다. 오른쪽 Ctrl키는 적용이 되지 않는다.

툴바는 사용자 마음대로 여러 가지 조작이 가능하여 편리하게 사용할 수 있다.

④는 도면 작업을 하는 그래픽 공간이다. 여기서의 공간은 컴퓨터 속의 가상현실 공간이고 여기서 1은 1mm를 의미한다. 작업을 하면서 항상 유념해야 할 것은 캐드에서는 축척이 없다는 것이다. 좀 더 정확히 말하면 배척은 작은 것을 크게 작도하는 것이고, 축척은 큰 것을 작게 작도하는 것이며 현척은 현실에서의 크기를 그대로 작도하는 것이다. 컴퓨터 그래픽에서는 현척만이 존재한다. 이것은 모든 도면은 1:1로 작업한다는 것을 의미한다. 1:1로 작업을 하고 나중에 공간이 아닌 종이 공간(Paper space)에서의 작업 및 인쇄를 하기 위해 Plot 설정을 할 때 원하는 스케일을 사용한다. 캐드에서는 인쇄를 Print라 하지 않고 Plot이라 한다. 플로터라는 도면 전문 기계로 인쇄하기 때문이다. 요즘은 프린터도 많이 사용하지만 AO같이 사이즈가 큰 도면은 플로터로 한다.

⑤는 UCSIcon이라 하며, 좌표의 방향을 표시해주는 역할을 한다. ㅁ표시가 된 부분이 원점이고, 오른쪽으로 가면 양의 X방향, 위쪽으로 가면 양의Y방향이다. 2차원 작업에서는 별 도움이 되지 않고, 있는 것 자체가 부담스러울 때도 있다. 하지만 3차원 작업에서는 UCSIcon하고 친해지지 않으면 3차원 자체의 운용이 불가능할 만큼 중요한 의

미를 갖는다.

⑥에서 Model & Layout tab은 검은 공간이며 모델 공간이라 한다. 옆의 Layout tab을 눌러보자. 하얀 공간이 나오면서 UCSIcon 모양도 삼각형으로 바뀐다. 이 공간은 캐드의 또 다른 공간인 종이 공간(Paper space) 이다. 종이 공간은 도면 공간이라고도 부르며 종이공간에서는 모델 공간에서 1:1로 작도된 도면을 사용자가 원하는 용지 크기에 맞춰 축척도 하고, 원하는 출력 결과를 얻기 위해 최종적으로 도면을 세팅하는 공간이다. 결국 종이 공간은 오토캐드가 제공하는 모델 공간과는 또 다른 공간으로 실제 주어진 종이와 같다고 할 수 있다. 나중에 Layout tab에서 원하는 대로 조정이 가능하므로, 모델 공간에서는 1:1로 작도하면 된다.

⑦은 명령을 직접 입력하는 창이다. CAD에서 명령어를 입력하는 7가지 방법이 있다.

1. 풀다운 메뉴를 사용한다.
2. 툴바로 입력한다.
3. 명령창에 입력한다.
4. 명령창에서 오른쪽 버튼을 클릭하여 Recent command라는 메뉴가 뜨면 최근 사용한 명령어들이 순서대로 나열되어 있기 때문에 원하는 명령어를 찾아서 입력한다.
5. 바로 전에 사용했던 명령어는 Enter를 누르면 된다.
6. 모델 공간 안에서 오른쪽 버튼을 눌러 메뉴가 뜨면 맨 윗줄에 마지막으로 사용했던 명령어가 표시된다. 마우스 왼쪽 버튼으로 명령어를 선택한다.
7. 사용했던 명령어는 방향키를 이용해 다시 입력한다.

CAD를 접할 때 툴바를 사용하지 말고 명령어를 직접 입력하는 방법을 사용하는 것이 좋은 이유는 다음과 같다.

1. 숙련도가 향상 될수록 빨라진다.
2. 도면이 복잡할 경우 풀다운 메뉴와 툴바를 없애고도 작도가 가능하여 작업 공간을 확보할 수 있다.
3. 버전이 바뀌어도 단축키는 변하지 않는다.
4. 자격증 시험 볼 때 공간 확보가 가능하다.

그림 4.6 좌표 값

⑧을 보면서 마우스를 움직이면 숫자가 변한다. 수치는 커서가 움직일 때의 X, Y, Z 좌표이며 Z값이 0인 이유는 2차원이기 때문이다. 그림 4.6은 좌표 값을 나타낸 것이다.

⑨는 도면을 작도할 때 작업을 하기 위한 보조 도구들의 모임인 상태바(Status line)라고 한다.

⑩은 십자선이라고 한다. 기본적으로 십자선의 크기가 작게 설정되어 있지만 크기를 조절할 수 있다. 명령어는 cursorsize이며 1부터 100까지 조정이 가능하다.

십자선을 조절하는 다른 방법은 그래픽 영역에서 마우스 오른쪽 버튼을 누르면 메뉴가 생성된다. 가장 아래에 있는 Options...을 누르면 그림 4.7과 같은 대화상자가 나타난다. 대화상자의 Display을 눌러 왼쪽하단의 Crosshair size를 조절한다.

```
Command: cursorsize
Enter new value for CURORSIZE 〈97〉: 5
```

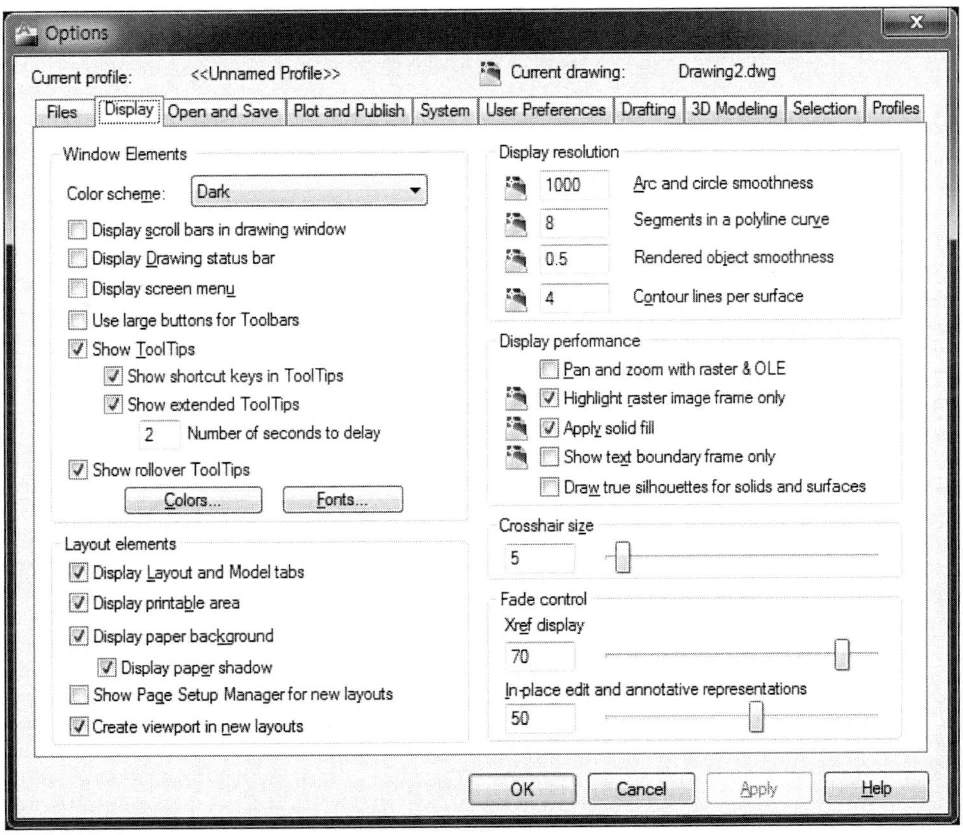

그림 4.7 Options 대화상자

4.1.1 좌표

1. 절대좌표 : 좌표가 변하지 않는 것을 절대좌표라고 한다. 우리가 사회생활을 하면서 사용하는 것이 절대좌표이다. 예를 들어 좌표를 (3,2)에서 (-3, -3)로 선을 그린다면 그림 4.8과 같이 나타날 것이다.

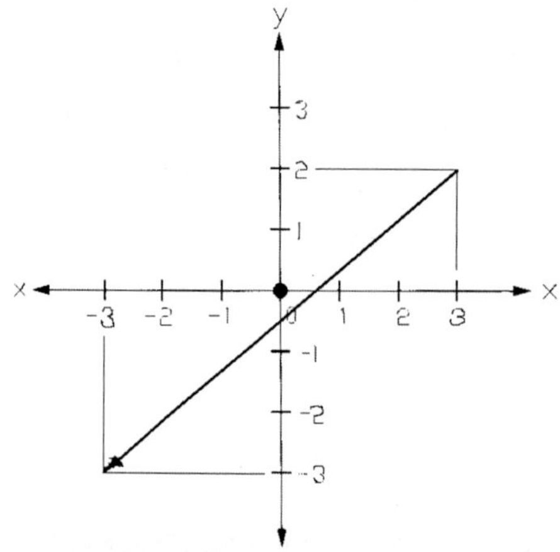

그림 4.8 절대좌표

2. 상대좌표 : 간단한 도면 작성은 절대좌표가 편하지만 설계 작업을 하다보면 복잡한 도면이 대부분을 차지하게 된다. 즉 복잡한 도면에서 좌표를 찾기가 어려울 때 상대좌표를 적용하면 된다.

   그림 4.9는 상대좌표를 나타낸 것이다. 좌표 (-3123559, -1254634)에 점을 찍으려고 한다. 절대좌표를 이용하여 좌표를 찾으려고 하면 스트레스를 받을 것이다. 어렵게

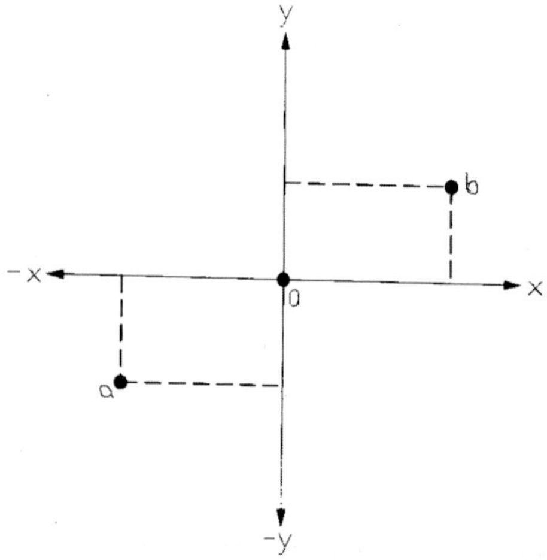

그림 4.9 상대좌표

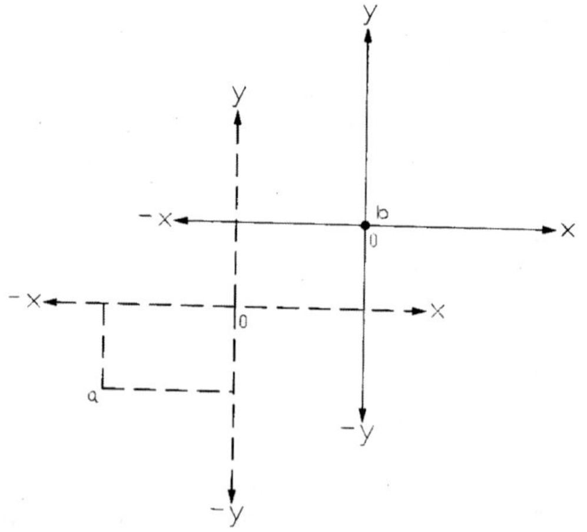

그림 4.10 상대좌표의 적용

좌표를 찾아서 a점을 찍었을 때 새로운 좌표 (5527325, 3334567)로 이동하려고 하면 포기하고 싶을 것이다. 이때 상대좌표를 적용하면 된다. 예를 들어 상대좌표는 b자리에 0점이 이동했을 때 b점을 원점으로 하는 새로운 좌표가 생성된다. b점이 원점이 되기 때문에 다음 값을 계산할 필요 없다. 즉 원점을 계속 옮기면서 새로운 좌표를 원점으로 정하는 것이다.

상대좌표는 좌표 값 앞에 @을 입력하면 된다. 절대좌표는 X, Y이고 상대좌표는 @X, Y로 입력한다.

3. 상대 극좌표 : 그림 4.11은 상대극좌표를 나타낸 것이다. 제도를 할 때 사용하던 각도기를 적용하면 좌표의 원점에 각도기의 중심부에 놓고 오른쪽의 0°를 기준으로 시계 반대 방향으로 가면서 각도가 증가한다.

그림 4.12는 상대극좌표의 방향을 나타낸 것이다. CAD는 시계 반대 방향을 양의 방향으로 정하고 CCW(Counter clockwise)라고 한다. 반대로 시계방향으로 돌아가면 음의 방향이며 CW(Clockwise)로 나타낸다. 0°를 기준으로 위 아래로 45°의 선을 그을 때 위쪽의 선은 45°이며, 아래쪽의 선은 -45°이다.

상대극좌표는 각도를 재는 기준이 항상 0°이며, 원점을 옮겨 작도를 하기 때문에 좌표 값 앞에 @를 붙인다. 상대극좌표의 입력은 @길이 〈 각도를 입력한다.

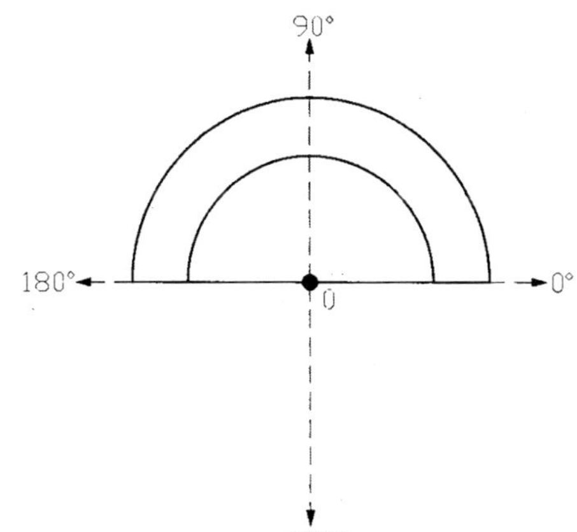

그림 4.11 상대극좌표

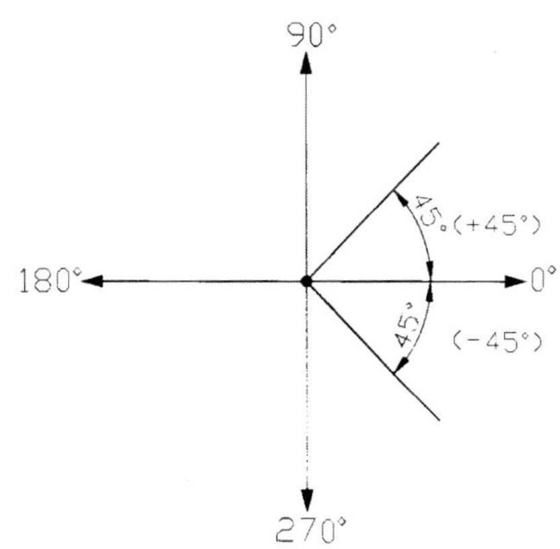

그림 4.12 상대극좌표의 방향

4.1.2 표면의 한계

도면의 크기를 지정하는 방법은 Limits를 이용하는 것이다. 도면을 그리기 전에 도면의 크기를 설정해주는 명령이다. 도면 한계를 지정하는 방법은 다음과 같다.

1. PDM : Format - Drawing Limits
2. COM : Limits

명령창에 Limits를 입력하고 Enter↵를 누르면 다음과 같은 입력창이 나타난다.

```
Command: limits
Reset Model space limits:
Specify lower left corner or [ON/OFF] 〈0.0000,1.0000〉:
Specify wpper right corner 〈297.0000,210.0000〉:
```

Specify lower left cornet or[ON/OFF] 〈0.0000,0.0000〉:는 그래픽 영역의 왼쪽하단 모서리를 지정하는 것이다. 이 값은 변경할 필요가 거의 없기 때문에 Enter을 누르면 0,0의 값을 지정하겠다는 것이다.

Specify upper right cornet 〈297.0000,210.0000〉:는 그래픽 영역의 오른쪽 상단 모서리를 지정하는 것이다. 별도로 지정하지 않으면 297,210으로 지정된다. 왼쪽하단은 원점을 의미하며 0,0이고 오른쪽 상단의 모서리는 설계자가 도면의 크기를 결정할 수 있다.

설계하고자 하는 크기가 (16000,12000)이라면 CAD는 현척만 존재하기 때문에 CAD의 1은 1mm를 의미한다. 따라서 다음과 같이 입력하면 된다. (18000,15000)을 입력한 이유는 여백을 주기 위함이다.

```
Command: limits
Reset Model space limit:
Speify lower left corner or[ON/OFF] 〈0.0000,0.0000〉
Specify upper right corner 〈297.0000, 210.0000〉: 18000,15000
```

Limits의 옵션 중 On을 입력하면 커서가 도면 한계를 벗어나면 도면이 그려지지 않는다. Off는 도면 한계에 관계없이 작도가 가능하다. CAD는 기본적으로 Limits가 Off되어 있다. A4용지로 설계하고 싶다면 Limits를 On으로 하면 된다. A4용지 밖으로는 작도가 불가능하기 때문에 편리하게 사용할 수 있다.

```
Command: Limits
Reset Model space limits:
Specify lower left corner or[ON/OFF] 〈0.0000,0.0000〉: ON
```

4.1.3 상태바 및 기능키

상태바(Status)는 화면 하단의 탭을 말하며 각각 기능키가 지정되어 있다. 상태바를 이용하면 작업의 능률을 향상 시킬 수 있다. 상태바에 있는 명령어들은 직접 도면에 영향을 주는 것은 아니지만 도면을 작성할 때 편리한 기능을 제공한다. 화면 아래쪽에 있는 상태바는 다음과 같다.

스위치와 같은 On/Off 기능이라고 생각하면 된다. 펑션 키(Function key)는 키보드의 가장 위에 있는 F1에서 F12의 키를 의미하며 CDA는 F1에서부터 F11까지 부여된 기능이 있다. 마우스나 툴바는 오른손만 사용하지만 기능키를 사용하면 양손을 사용하게 되어 작업 속도가 빨라진다.

스냅은 일정한 간격으로 움직이는 명령어로 Grid에 맞춰 움직이면 편리하다. 그리드는 모눈종이라고 생각하면 된다. 스냅과 그리드를 사용하는 방법은 다음과 같다.

PDM : Tolls-Drafting Settings...

COM : Sn, Grid

Function : Snap Mode → F9, Grid Display → F7

직교모드(ORTHO)는 0°, 90°, 180°, 270° 방향으로만 움직이는 기능이다. 직교모드를 사용하는 방법은 다음과 같다.

PDM : Ortho

Function : Ortho Mode → F8

F8을 누르고 마우스를 움직이면 수평과 수직으로만 움직인다.

오스냅(OSNAP)은 Object Snap의 줄임말로 Object는 객체, Snap는 잡다는 의미이다.

PDM : Tools - Drafting Settings...

COM : Os

ToolBar :

Function : Object Snap → F3

자동추적(AUTOTRACK)은 객체를 그릴 때 그려져 있는 다른 객체로 부터의 각도나 거리 값을 추적하는 기능으로 객체 상호간의 상관관계를 파악할 수 있다. 자동추적은 각도추적과 객체추정이 있다.

각도추적(POLAR)을 하는 방법은 다음과 같다.

PDM : Tools - Drafting Settings...

Function : Polar Tracking → F10

객체추적(OTRACK)을 하는 방법은 다음과 같다.

PDM : Tools - Drafting Settings...

Function : Object Snap Tracking → F11

상태바와 연관기능키는 다음과 같다.

F1 : 도움말	F2 : TEXT WINDOW	F3 : OSNAP
F4 : TABLET	F5 : ISOPLANE	F6 : COORDS
F7 : GRID	F8 : ORTHO	F9 : SNAP
F10 : POLAR	F11 : OTRACK	

4.2 CAE (computer aided engineering or computer analysis engineering : 컴퓨터 이용공학, 컴퓨터 해석공학)

CAE는 컴퓨터 이용공학 또는 컴퓨터 해석공학을 말한다. CAE는 3차원 형상 모델링, 전처리, 후처리 및 유한요소법에 의한 해석을 의미한다. CAE는 설계에 대한 기능, 성능, 성형성 및 가공성을 검토하여 평가하는 것이다. 즉 CAD에 의해 설계된 제품에 대하여 강도를 검토하는 과정으로 재료 선택 및 성형성에 따른 가공방법을 선택하는 과정으로 제품을 제작하지 않고 시뮬레이션을 적용하여 생산될 제품의 기능 및 내구성에 대하여 미리 판단할 수 있도록 하는 것이다.

4.3 RP (rapid prototyping : 시작품 제작)

RP는 제품을 제작할 수 있도록 하는 기술로서 재료의 절삭 및 소성가공하지 않고 형상을 만들어 금형에 의한 방법보다 신속하게 시작품을 제작할 수 있다. 제품을 양산하기 전에 시제품을 소량 생산하여 가공방법을 수립하고 조립상태를 점검하여 불량을 줄이는 방법이다.

4.4 CAM (computer aided namufacturing : 컴퓨터 이용제작)

기계제작은 재료에 하중을 가하여 필요한 형상과 치수를 얻는 가공법을 말한다. 즉 소성가공을 하여 제품을 제작하는 것으로 공정을 관리하고, 재료의 출고 및 가공을 지원하는 것이다. 그림 4.13은 CNC를 나타낸 것으로 그림 4.14의 CAM 프로그램에 의해 생성된 대상을 가공하는 것이다.

그림 4.13 CNC

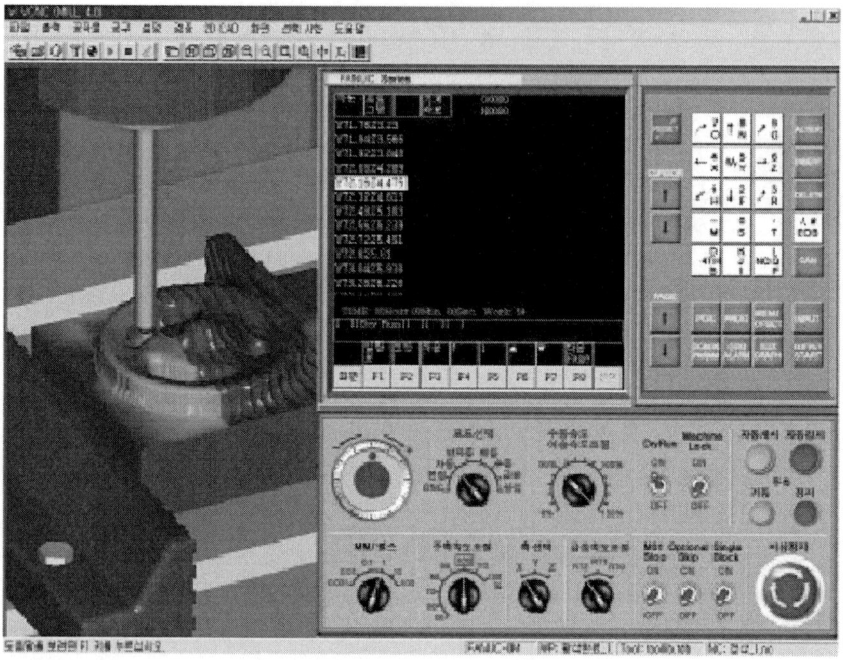

그림 4.14 CAM

4.5 RE(reverse engineering : 형상 역설계)

RE는 최근의 산업분야에서 설계에서 제품을 생산하는 과정을 하는 것이 아니라 제품을 개발한 후 설계도를 작성하는 것으로 역설계라고 한다. 역설계는 주어진 실물에 대하여 공학적 개념을 적용하거나 형상 모델을 추출하는 것으로 실물의 형상을 측정하고 측정된 데이터를 기반으로 모델링 과정을 수행하여 컴퓨터를 이용한 설계를 하는 것이다.

역설계를 하기 위한 방법은 크게 접촉식과 비접촉식으로 구분된다. 접촉식은 센서를 이용하여 제품을 직접 접촉하여 측정하는 방법이며 비접촉식은 CT(Computed tomo graghy), MRI(Magnetic resonance image), 레이저 및 광학 스캐너를 이용하여 제품에 접촉하지 않고 측정하는 방법이다.

4.6 QC (quality control : 품질관리)

QC의 적용은 처음에는 전제품에 대하여 치수, 중량, 체적 및 재료의 화학적 성분 등을 측정하고, 정해 놓은 품질표준과 비교하여 합격, 불합격을 결정하였다. 그러나 품질측정에 대한 신뢰성이 떨어지며 전제품에 대하여 검사를 하기 때문에 비용이 상승하였다. 이와 같은 단점을 없애기 위해서 벨전화연구소(1920)의 W.A.슈하트 등이 통계학을 QC에 적용하였다. 이로써 근대적 QC로서 통계적 품질관리가 탄생하였다.

QC는 품질표준의 설정, 품질의 검사 및 보정으로 구분된다.

① 품질에 대한 판정은 소비자이기 때문에 품질표준에 소비자의 동향을 반영하는 것이다. 제품이 소비자의 요구를 만족하는지의 여부에서 품질가치와 제품을 제작하는 과정에서 발생되는 비용에 대하여 판단하는 것이다.

② 검사는 전체검사와 샘플검사가 있는데 중요한 곳에 사용하는 제품 및 처음 생산되는 제품에 대하여 전체검사를 하고 신뢰성이 확보된 제품에 대하여 샘플검사를 하고 있다.

③ 보정은 품질에 대하여 불량이 발생하는 원인을 발견하고 불량이 발생하지 않도록 하는 것이다.

연 습 문 제

1. 컴퓨터를 이용한 설계 프로그램의 종류 및 활용 형태를 조사하시오.

2. CAE를 적용한 컴퓨터 프로그램의 종류 및 활용 형태를 조사하시오.

3. RP를 적용하는 분야를 조사하시오.

4. CAM을 적용하는 분야를 조사하시오.

5. RE를 적용하는 분야를 조사하시오.

6. 산업현장에서 QC가 활용된 형태를 조사하시오.

05 재료 시험방법

5.1 인장시험

인장실험의 목적은 공업용 재료의 기계적 성질을 알기 위한 기본적인 시험으로써 일정한 속도로 반대방향으로 잡아당기는 힘에 대한 물질의 저항성을 측정하는 실험이다. 재료강도에 관한 기본적인 설계 정보를 얻기 위해 가장 널리 사용된다. 이를 통해 공업용 재료의 변형 과정과 응력의 변화를 조사하며, 재료의 항복강도, 인장강도, 연신율, 단면 수축율 등의 기계적인 특성과 탄성한계, 비례한계, 탄성계수의 물리적 특성을 구하는 것을 목적으로 한다. 이러한 특성은 기계 설계의 자료로 이용되며 생산된 제품의 품질관리와 화학 분석 및 현미경 조직 시험과 더불어 재료의 열처리 등의 검토, 미지의 재료에 대한 판정에 이용된다.

기계 및 구조물을 만들 때 사용되는 금속재료에 대해서는 한국 공업 규격 KS D 0801~0811에 규정되어 있다. 재료시험은 재료의 성질을 시험하게 되므로 그 재료의 일부에서 시험편을 채취하여 성질을 시험한다.

보통 환봉이나 판 등의 평행부를 갖는 시험편을 축방향으로 인장하중을 가해 하중과 변형을 측정한다. 이로부터 측정할 수 있는 값은 연성재료와 취성재료가 다르며, 연성재료에서는 인장강도, 항복점, 연신율 및 단면 수축율이고 취성재료에서는 인장강도와 연신율이다. 인장시험에 의해 측정될 수 있는 재료의 기계적 성질로서는 그 외에 비례한도, 탄성한도, 탄성계수, 파단력도 포함된다. 또 인장시험에 의해 구해지는 재료의 강도는 횡단면에 수직으로 작용하는 응력에 대한 시험편의 강도 값으로 노치나 그 외의 원인으로 분포가 일정하지 않은 응력을 받는 경우의 항복점이나 파단강도는 재료가 항복이나 파괴에 따른 역학적 조건과 인장시험의 결과를 고려하여 추정된다. 그리고 압축하중이나 반복하중에 의한 재료의 강도도 인장강도에 대한 비율로서 간주되는 예가 많다. 즉 시험기를 사용하여 시험편을 서서히 인장하여 항복점, 항복강도, 인장강도, 연신율, 단면 수축률 등을 측정하는데 목적이 있다.

재료에 외력이 작용하여 재료가 파괴되기 직전에 재료 단면의 단위면적에 대한 최대 저항력을 강도라고 한다. 강도란 인장력을 받을 때 견디는 능력이다. 재료에서 인장시험편을 깎아서 인장시험기에 고정하여 시험을 한다. 인장시험편을 시험기에 고정하여 천천히 인장하중을 가하면 재료의 항복점, 내력, 인장강도, 신장변형률의 성질을 측정한다. 또한 인장시험에서는 비례한도, 탄성한도, 탄성계수를 측정할 수 있으며 가한 하중과 신장의 관계를 나타내는 선도를 구할 수 있다.

인장하중에 의해서 생기는 응력을 인장응력이라고 하며 인장응력과 신장의 관계를 나타내는 응력 변형도률 선도는 재료의 성질을 알기 위해서 시행하는 시험 방법이다. 응력 변형률선도에서 최대점의 응력을 인장강도라고 한다. 인장시험은 항상 동일한 시험

그림 5.1 인장시험기

조건하에서 실시해야 측정결과의 신뢰성을 높일 수 있고 기계나 부품의 설계에 필요한 자료가 되기 때문에 기계분야에서 공업적 시험방법으로 사용되고 있다.

그림 5.1은 인장시험기를 나타낸 것이다. 양쪽의 나사선이 회전 함으로 인하여 이송부가 상하로 움직이는 원리이다. 이송부가 위쪽 방향으로 이동하면 인장, 이송부가 아래쪽 방향으로 이동하면 압축이 된다. 이송부 위에 있는 하중 Cell에서 하중을 제어하고 컴퓨터로 신호를 보내게 된다.

인장시험기를 이용하여 실험하는 방법은 다음과 같다.

5.1.1 플라스틱 시험편의 인장시험

1. 시험편을 준비한다.
2. 시험편의 너비, 표점길이, 평행부의 길이, 두께를 측정한다.
3. PC를 켜고, 인장시험기 스위치를 켠다.
4. 시험편을 그립에 장착한다. 이 때 시험도중 시험편이 그립에서 이탈하지 않게 해야 한다.
5. 인장시험 프로그램에서 구하고자 하는 값을 세팅하고, 시험편이 파괴될 때 파편에 의한 부상을 방지하기 위하여 안전장치를 작동한다.
6. 영점을 맞춘다.
7. 인장시험기의 시작버튼을 누른다. 시작버튼을 눌러 실험을 시작하고, 시험기가 작동하면 시험편이 파괴될 때까지 대기한다.
8. 시험이 끝나면 파일을 저장한다.
9. 시험편을 그립에서 제거하고 장치를 원위치 시킨다.
10. 시험결과 값을 출력한다.

5.1.2 금속재료 시험편의 인장시험

실험 후 재료의 구분을 위하여 시험편의 양 끝에 표시를 한다.

1. 자료기록표를 사용하여 얻어진 데이터를 기록한다.
2. 감소된 단면인 평행부의 지름을 측정하며, 고정부인 큰 지름부의 경도를 측정하여 기록을 해둔다.
3. 마킹게이지로 시험편 평행부에 표점거리를 가볍게 표시한다. 응력집중이 생기지 않

도록 평행부에 표점거리를 찍을 때 표면에 손상이 가지 않게 하여야 한다.

4. 인장시험기에 시험편을 넣고, 상부를 먼저 고정한다.
5. 인장하중을 영점에 맞춘다.
6. 인장하중을 가한다.
7. 파단 후 각 하중점(항복점, 최대하중점 등)을 데이터에 기록한다.
8. 2개의 파단된 시험편을 제거하여, 파단부의 지름을 측정하여 데이터를 기록한다.
9. 2개의 파단된 시험편을 합쳐서 표점거리간의 길이를 측정한다. 이 길이에서 원래의 표점 거리를 빼면 연신(Elongation)이 된다.

그림 5.2는 인장 시험에 사용하기 위하여 제작한 시험편을 보여주고 있다. 시험편의 제작은 시험의 신뢰도를 높이기 위해 반복 측정하여야 하며 시험편 제작에 많은 시간이 걸리는 문제를 가지고 있다.

인장시험편은 공업적인 검사로서 인장시험을 할 때는 KS규격의 시험편을 사용한다. 연구 실험용에는 특수한 형상의 시험편을 사용할 때도 있다. 예를 들어, 탄성률의 정밀측정에는 L/A(L : 표점거리, A : 단면적)가 큰 시험편을 사용한다. 연성재료는 국부적인 소성변형(국부수축)을 일으킨 후 파단되기 때문에 단면적이 일정한 시험편에서는 파단 연신율은 L에 의해 변하고, L이 클수록 연신율은 작아진다. 그러나 L/A를 일정하게 하여 상사법칙을 적용하면 시험편에서는 일정한 파단연신율을 나타낸다.

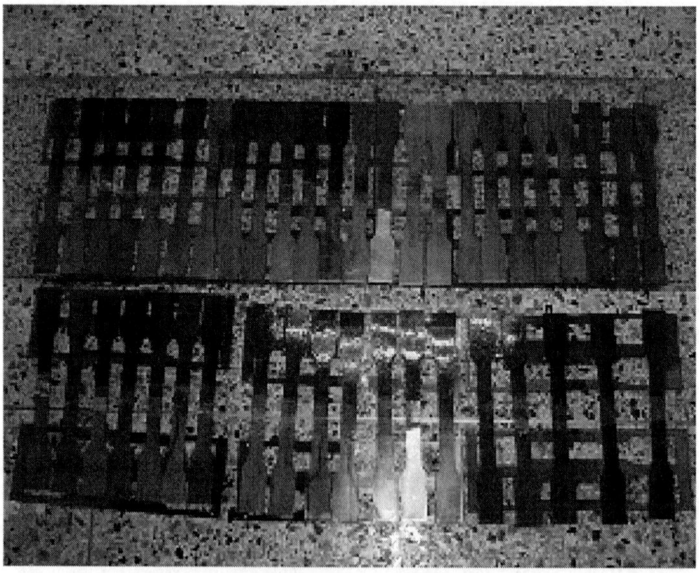

그림 5.2 인장시험편

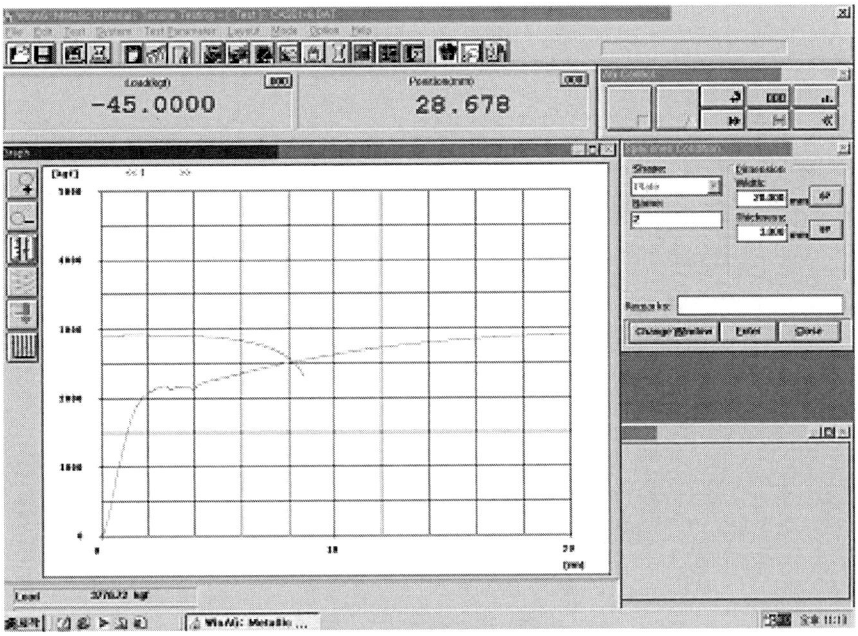

그림 5.3 인장시험 프로그램

그림 5.3은 인장시험 프로그램을 이용하여 인장시험에 의하여 응력변형률 곡선을 나타낸 것이다.

그림 5.4는 인장시험하고 있는 모습니다. 그림에서 인장 하중의 증가에 의하여 시험편이 파단되는 모습이다. 즉 인장하중에 대한 응력이 0이 되는 것을 의미한다.

그림 5.4 인장 시험편의 파괴

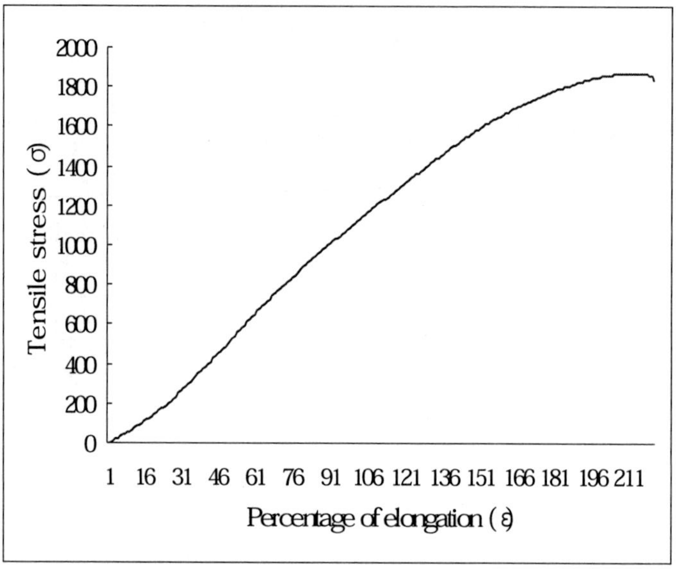

그림 5.5 시험편의 불량

그림 5.5는 시험편의 불량에 의해 지수형 곡선으로 나타난 것이다. 하중에 의한 응력이 발생하지 않고 파괴되는 경우에 나타나는 것이다.

그림 5.6은 취성곡선을 나타낸 것이다. 그림에서 항복점은 2095.50 kgf, 항복점의 연율은 2.37 mm이었다. 또한 파괴에 도달할 때의 연율은 21.73 mm이었다. 그림 5.7은 연성곡선을 나타낸 것이다. 항복점은 2140 kgf, 항복점의 연율은 1.32 mm이었다. 또한 파괴에 도달할 때의 연율은 20.04 mm이었다.

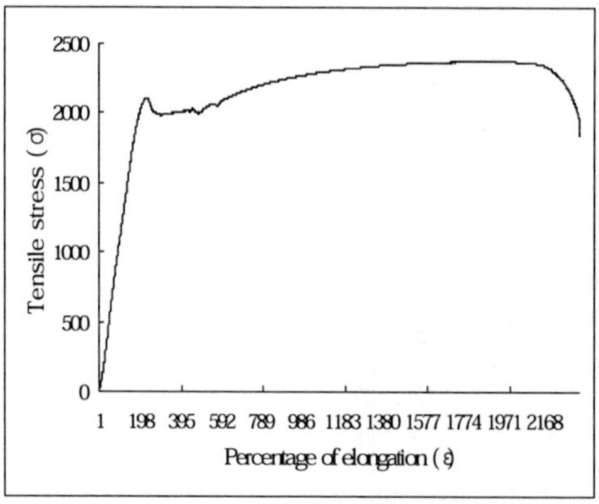

그림 5.6 취성곡선

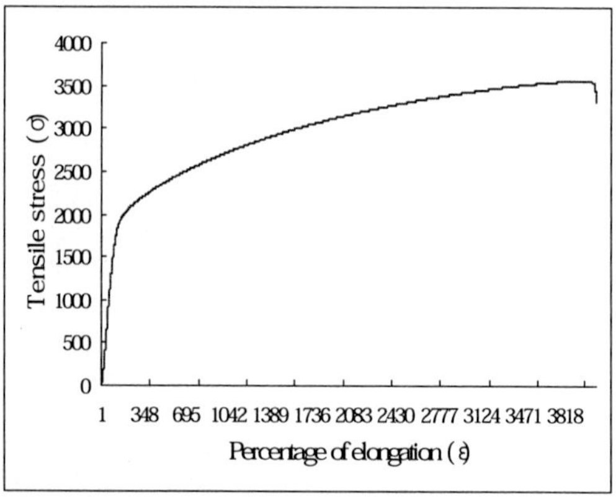

그림 5.7 연성곡선

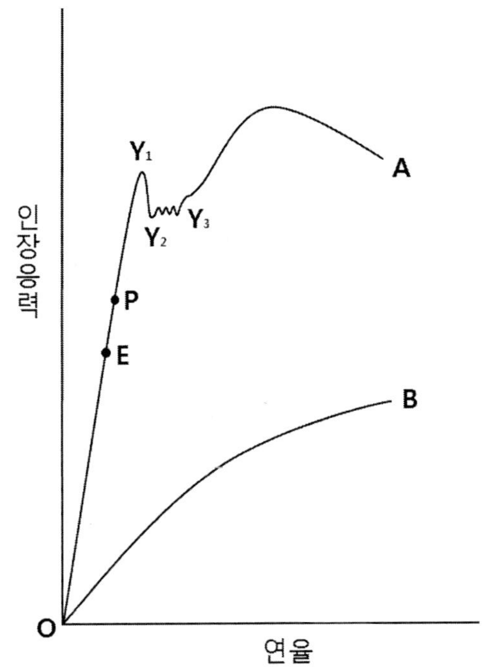

그림 5.8 응력 연율곡선

그림 5.8은 강의 인장시험에 있어서 응력 변형률을 나타내는 대표적인 것이다. 그림에서 A는 단단한 물체에 하중이 가해질 때 나타나는 것으로 취성곡선이라고 한다. B는 부드러운 물체에 외력이 가해질 때 나타나는 것으로 연성곡선이라고 한다. 그림에서 E점은 탄성한계를 나타낸 것이다. 탄성한계는 하중이 없어지면 O점으로 복귀하는 것을 의미한다. P점은 비례한도를 의미한다. P점을 초과하는 하중이 작용하면 곡선이 비례적으로 나타나지 않는다. 점 Y_1에서 외력이 감소되어 점 Y_2로 이동하고 외력이 증가되지 않아도 점 Y_3에서 물체가 변형을 일으킨다. Y_1을 상항복점, Y_2을 하항복점이라고 한다.

그림에서 항복점(Yield point)은 Y_1 부분으로 연율이 나타나는 지점을 의미한다. 이 점까지는 하중과 신장은 거의 직선적 관계에 있지만, 이 점을 넘으면 하중은 증가하지 않고 신장은 시작한다. 이때의 최대하중(kg)을 면적(mm^2)으로 나눈 것을 항복점 또는 항복응력(kg/mm^2)이라고 한다. 내력(Yield strength)은 스텐리스 강, 동, 황동과 같은 항복점이 나타나지 않는 경우의 재료에 대해서는 항복점에 대응하는 내력을 측정한다. 인장강도(Tensile strength)는 항복점을 지나 하중이 증가하여 파단에 이르는 최대하중(kg)을 변형전 시험편 의 단면적(mm^2)으로 나눈 값이다.

그림에서 P점은 비례한도(Limit of proportionality)를 나타낸 것이다. 비례한도는 하중과 신장이 비례 관계를 유지하는 최대하중에 대한 응력을 말한다. E점은 탄성한도(Elastic limit)를 나타낸 것이다. 탄성한도는 하중을 완전히 제거했을 때에 재료가 영구변형을 남기지 않고 복귀할 수 있는 최대의 응력을 말한다. 그러나 측정 정밀도에 관계되기 때문에, 보통은 영구변형의 값을 0.01~0.03%, 0.001~0.003%로 결정한다.

신장(Percentage of elongation)은 인장시험편을 파단하고 시험편을 맞대어 표점 사이의 거리를 측정하여 원래의 표점 사이 거리에 대해서 구하는 것이며, 재료의 연성을 판단하는 것에 사용한다. 수축(Percentage of contraction of area)은 인장시험편이 파단 후에 최소 파단면적을 원래의 단면적에 대한 감소율이다. 탄성계수, 영 계수(Young`s modulus)는 실험으로 작은 응력의 범위 내에 있어서 동일한 재료에 대해서 일정하며, 재료의 물리적 값이다.

재료는 하중에 대하여 응력 및 변형이 발생한다. 응력은 외력에 대하여 물체가 나타내는 내부 저항을 단위면적에 대하여 나타낸 것으로, 물체에 작용하는 외력에는 두 가지 종류가 있다. 하나는 표면력으로, 정수압 또는 하나의 물체가 다른 물체로부터 받는 압력과 같이 물체의 표면에 작용하는 힘이고, 또 다른 하나는 중력이나 자력과 같이 물체 내에 작용하는 힘이다. 따라서 응력은 엄밀히 정의하면 식 (5.1)과 같다.

$$\sigma = \frac{P}{A_0} \tag{5.1}$$

여기서 σ는 응력, P는 하중에 대한 외력, A_0는 시험전 단면적을 의미한다.

변형은 물체에 외력이 작용하면 형상이 변화하게 되고 이 변형을 단위 길이로 나타낸 것이 변형률이다. 재료는 원자배열의 불규칙 혹은 결정결함을 함유하고 있으므로 완전한 탄성체는 아니지만, 작은 응력이 작용하면 거의 탄성적인 거동을 나타내고, 큰 응력이 작용한다면 소성변형이 일어나 마침내 파단에 이른다.

식 (5.2)는 시험편을 절단한 후 다시 접촉하여 표점거리를 측정한 값 l과 시험전의 표점거리 l_0와의 차이를 l_0로 나눈 값을 연신율이라고 한다.

$$\epsilon = \frac{l - l_0}{l_0} \times 100\ (\%) \tag{5.2}$$

식 (5.3)은 시험편 전단부의 단면적과 시험전의 시험편 단면적과의 차이를 시험편의 단면적으로 나눈 값을 단면수축률이라고 한다. 여기서 A_0는 시험전의 시험편의 단면적

(mm^2)이고 A는 시험 후의 단면적(mm^2)이다.

$$\phi = \frac{A_0 - A}{A_0} \times 100\,(\%) \tag{5.3}$$

5.2 압축시험

압축시험은 누르는 하중을 받는 재료의 거동을 알아보는 시험이다. 시험편을 누르면서 하중과 변형량을 기록하게 되며 이를 응력과 변형의 그래프로 나타내며 탄성한계(Elastic limit), 비례한도(Proportional limit), 항복점(Yield point), 항복강도(Yield strength) 그리고 어떤 재료에서는 압축강도(Compressive strength)를 구한다.

압축시험은 재료의 축방향에 대한 거동과 파괴의 한도를 측정하는 방법으로 소성유동에 대한 측정을 위해서 마찰이 없는 시험이 되어야하며 연성파괴 한도의 측정은 마찰이 있을 때 압축으로 불거져 나온 요철의 형태와 그 중앙부에서의 응력과 변형 상태를 이용한다. 축방향의 압축시험은 취성재료나 연성이 낮은 재료의 탄성 및 압축 파괴 특성을 측정하는데 활용되고 있다.

압축강도 재하시험기의 가압면과 시험편의 중심축이 맞지 않으면 편심하중을 받기 때문에 정확한 압축강도에 대한 측정값을 얻을 수 없다. 가압면과 수직수평이 맞지 않아 편심하중을 받게 되는 시험편은 일반적으로 낮은 압축강도 값을 나타내며 시험편의 파괴단면의 형상도 정상적인 원추형 파단면을 보이지 않는다.

KS D 2405에는 아래와 같이 시험체가 압축강도 시험기의 중심축과 일치하도록 시험하도록 되어 있다.

1. 공시체의 지압면 및 상하의 가압판의 압축면을 청소하고, 공시체 아랫부분을 가압판 위에 올려놓는다.
2. 시험편을 시험편 지름의 1% 이내의 오차에서 하중이 시험편의 단면 전체에 균일하게 가해지도록 접압 장치를 사용하여 공시체의 중심축이 가압판의 중심과 일치하도록 놓는다.
3. 가압판을 시험편 위에 접촉시킬 때는 손으로 가동부를 조용히 회전시켜 고르게 접촉되도록 시험기의 가압판과 공시체의 끝면은 직접 밀착시키고 그 사이에 고무재질을

넣어서는 안 된다.

4. 하중은 공시체에 충격을 주지 않도록 똑같은 속도로 가하여야 한다. 하중을 가하는 속도는 압축 응력의 증가율이 매초 0.6±0.4 N/mm²이 되도록 한다.
5. 시험편이 파괴되기 직전에 갑자기 항복하므로 공시체가 급격한 변형을 시작한 후에는 시험기의 하중을 가하는 속도 조정장치의 조정을 중지하고 하중을 계속 가한다.
6. 하중은 공시체가 파괴될 때까지 가압하여 시험기가 나타내는 최대 하중 및 시험편의 파괴상태를 기록한다.

또한 시험편을 인장시험기에 정확하게 고정하는 것도 중요하지만 시험 시 편심하중을 받지 않게 하기위해서는 시험편에 요철이 생기지 않도록 해야 한다. 콘크리트의 압축강도에 영향을 끼치는 시험조건의 영향에 대한 연구 중에서 공시체 재하면의 평활도를 보면 원주형 시험편은 시험오차가 발생하는 대부분의 원인이 요철에 의한 불량에 의하여 발생한다. 가압면의 요철은 파괴강도에 영향을 준다. 가압면에 0.2 mm 이상의 돌출부가 있으면 강도가 떨어진다.

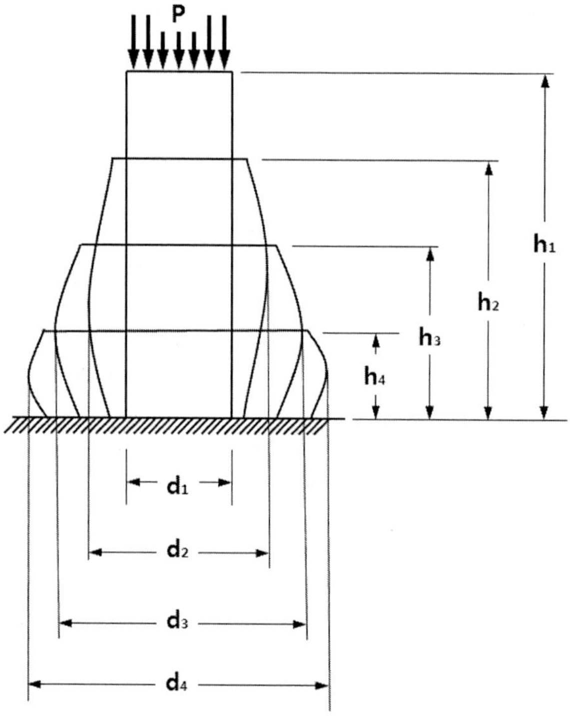

그림 5.9 압축시험에 의한 재료의 변형

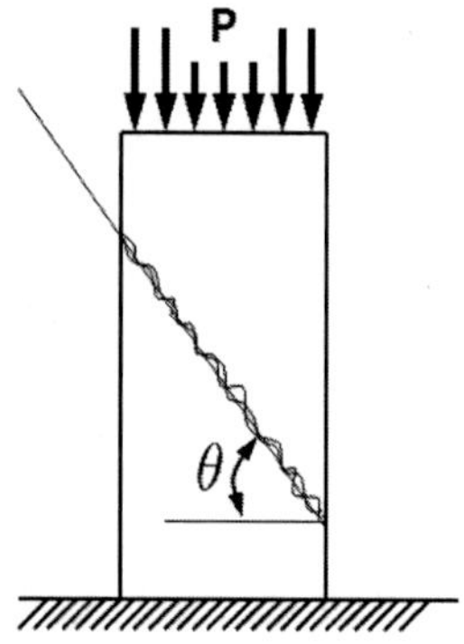

그림 5.10 압축력에 의한 재료의 파괴

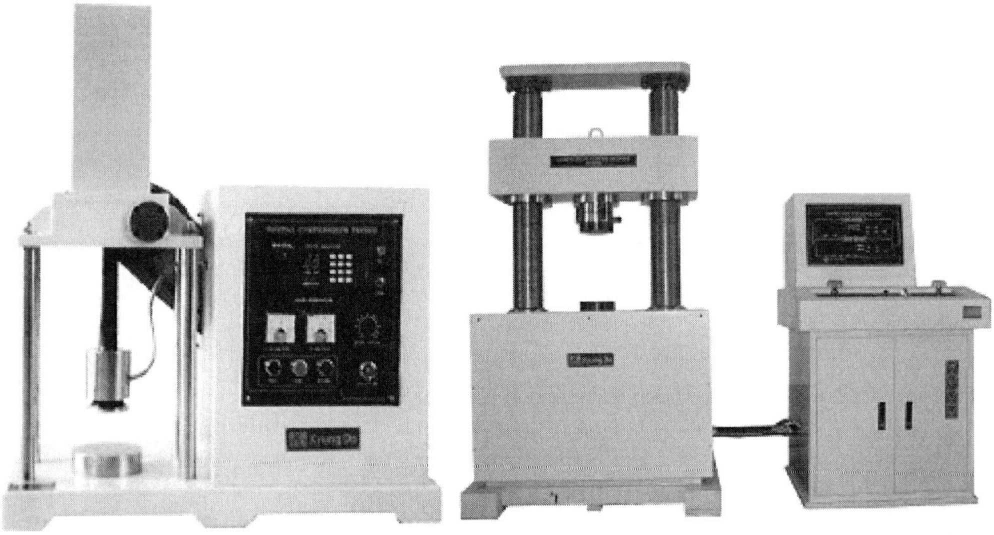

그림 5.11 압축시험기

그림 5.9는 압축시험에 의한 재료의 변형을 나타낸 것이다. 하중 P에 의하여 지름은 d_1에서 d_4로 늘어나며 높이는 h_1에서 h_4로 줄어든다. 그림 5.10은 하중에 의하여 재료가 파괴되는 형태를 나타낸 것이다. 압축력에 의하여 시험편은 그림에서와 같이 θ의 각도로 파괴된다. 압축시험은 인장시험의 공식과 동일하며 시험편의 길이 h와 단면 d의 비는 식 (5.4)와 같다.

$$h = (1.5 \sim 2.0)d \tag{5.4}$$

그림 5.11은 압축시험기를 나타낸 것이다.

5.3 굽힘시험

굽힘시험은 시험편을 규정된 내측반경으로 규정된 굽힘 각도가 될 때까지 구부린 부분의 표면에 생기는 균열 등의 결함을 조사하는 시험이다. 시험편의 굽히는 방법에 따라 가압 굽힘시험과 감기 굽힘시험이 있다. 그림 5.12는 가압 굽힘시험법, 그림 5.13은 감기 굽힘 시험을 나타낸 것이다. 재료의 굽힘 강도는 변형성능, 결함의 유무 등을 조사하기 위해 실시하는 시험이다. 강재에서는 가공에 대한 적부, 결함의 유무 등을 알

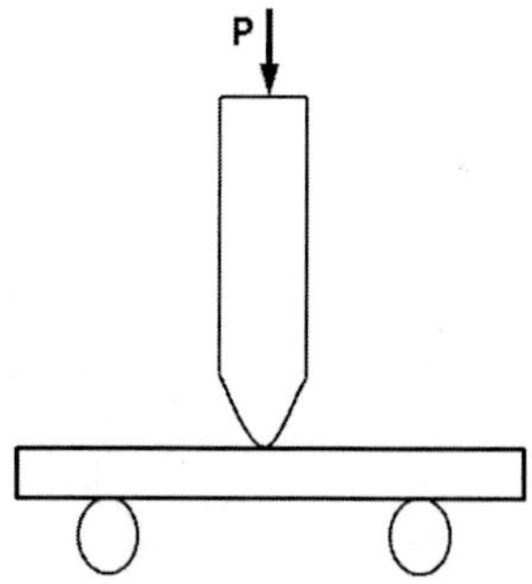

그림 5.12 가압 굽힘시험

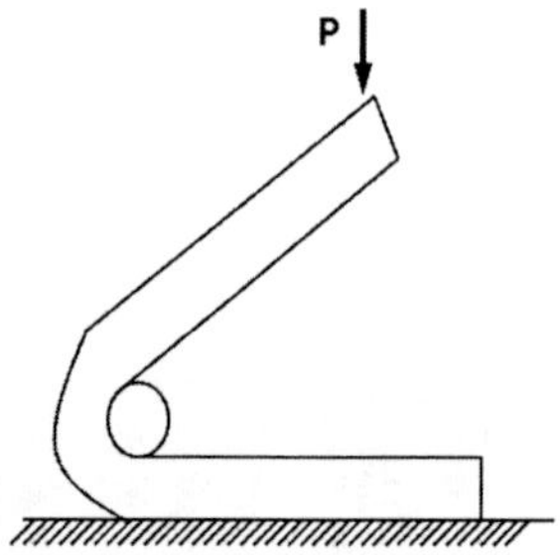

그림 5.13 감기 굽힘시험

그림 5.14 굽힘시험기

수 있다. 콘크리트에서는 굽힘 하중 시의 강도, 변형 등을 조사하며, 목재에서는 굽힘 강도, 휨에 관계되는 탄성계수를 구할 수 있다.

그림 5.14는 시험편을 굽힘시험 장치로 시험하기 위해 체결해 놓을 것이다. 굽힘시험에서 굽힘량과 하중의 관계는 전단을 고려하지 않는 경우 단순지지보의 중앙에 하중이 작용하는 것으로 해석이 가능하다. 식 (5.5)는 최대 집중하중을 구하는 방법이며 식 (5.6)은 각도를 구하는 방법이다.

$$\sigma_{\max} = \frac{P L^3}{48 E I} \tag{5.5}$$

$$\theta = \frac{P L^2}{16 E I} \tag{5.6}$$

5.4 비틀림 시험

비틀림 시험은 시험편에 비틀림 모멘트를 가하여 기계적 성질을 조사하는 것이다. 시험편에 비틀림 모멘트를 가하여 비틀림에 대한 저항력, 전단탄성계수, 전단항복응력, 전단강도, 강성률을 측정하는 시험이다. 전단저항은 전단시험보다 더 정확하게 측정할 수 있다. 그림 5.15는 비틀림 시험의 원리를 나타낸 것이다. A'는 감시창을 나타낸 것이다. 시험편은 원형단면 및 중공의 시험편도 사용된다. 전단 탄성계수를 구할 때 비틀림 각을 정밀하게 측정하기 위하여 감시창을 통하여 감시하며 측정한다.

비틀림 시험은 비틀림 시험편의 한쪽을 고정하고 다른 한쪽에 비틀림 모멘트를 가하여 비틀림에 대한 저항력을 전단 저항력으로서 구하는 시험으로서 비틀림 모멘트를 가했을 때 시험편의 변위는 비틀림 각으로 나타난다. 비틀림 시험은 비틀림 하중을 받는

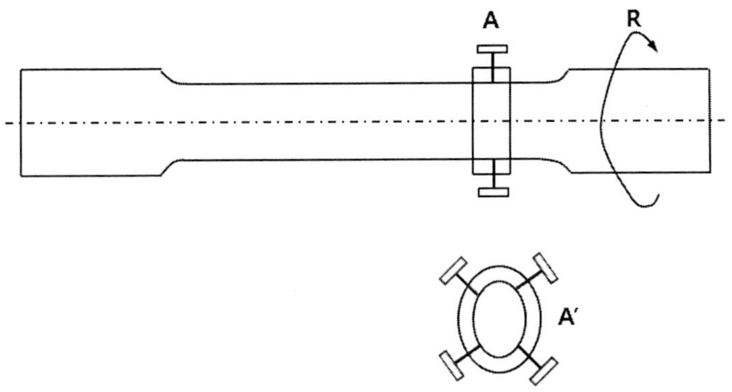

그림 5.15 비틀림 시험의 원리

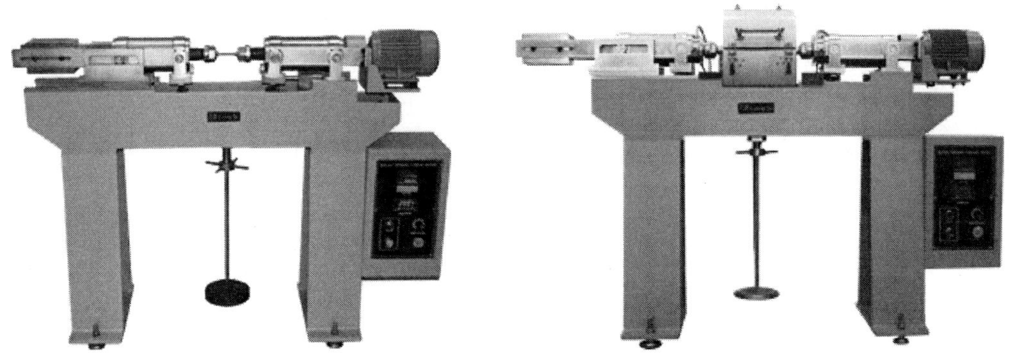

그림 5.16 비틀림 시험기

축, 드릴 공구와 같은 부품에 대하여 시험편을 제작하지 않고 실제 대상을 시험하기도 한다. 공구강과 같은 취성재료의 성능을 파악하기 위하여 시험하고 있다. 또한 재료의 단조여부를 평가하기 위해 고온에서 비틀림 시험을 하기도 한다. 인장시험과 압축시험과의 차이는 비틀림 파괴에 의한 단면적의 변화가 없다는 것이다. 따라서 연성재료의 가공여부를 결정하는 부분에 있어서 적용이 되고 있다.

그림 5.16은 비틀림 시험기를 나타낸 것이다. 비틀림 시험 중 발생하는 특색은 다음과 같다.

1. 항복점까지의 잔류변형은 탄성변형에 비하여 매우 적다.
2. 항복점이 정확하게 나타난다.
3. 파괴까지의 전단변형이 크다.
4. 시험편은 축에 수직하는 단면으로 파괴된다.

5.5 전단시험

전단시험은 면에 평행으로 작용하는 저항을 측정하는 것이다. 전단시험을 통하여 전단강도를 구하고 인장강도로 변환 할 수 있다. 봉 및 관을 전단하는 작업이나 일정한 형태의 금형을 사용하여 관이나 봉을 만드는 작업은 기계제작에서 많이 사용하고 있다. 또한 연결 부분의 핀은 전단력을 직접 받는 기계요소이다. 금속의 소성변형은 결정면상에서 미끄럼에 의해 이루어지기 때문에 전단력에 대한 재료의 저항성을 측정해야 된다.

그림 5.17은 전단파괴가 발생하는 형태를 나타낸 것이다. 전단파괴는 재료의 면적으로부터 전단응력을 계산 할 수 있다. 여기서 P는 작용한 하중, γ는 전단스트레인, G는 전단 탄성계수이다. 그림 5.17의 (A), (B)의 전단응력은 식 (5.7), (C)의 전단응력은 식 (5.8), (D)의 전단응력은 식 (5.9)로 계산할 수 있다.

$$\gamma = \frac{P}{A} \tag{5.7}$$

$$\gamma = \frac{P}{2A} \tag{5.8}$$

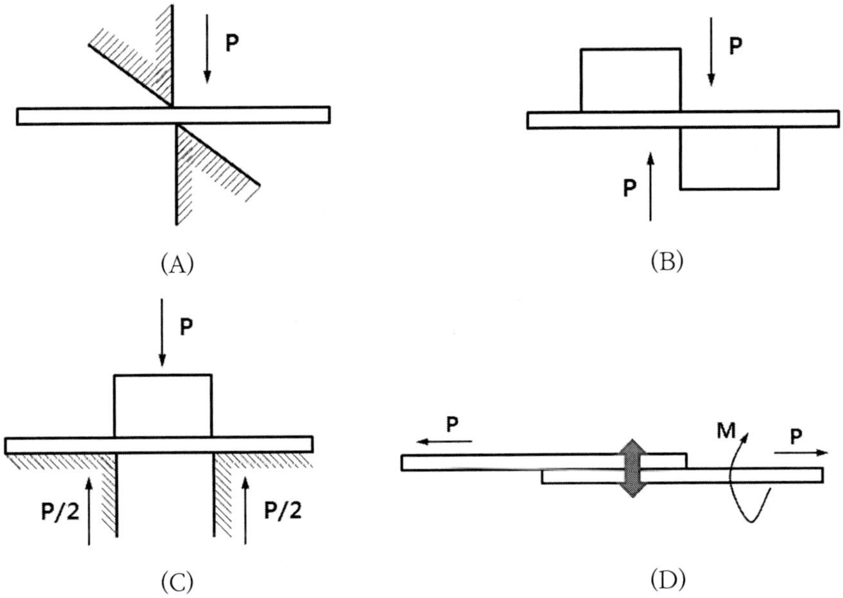

그림 5.17 전단하중의 작용형태

$$\gamma = \frac{P}{\frac{\pi}{4}d^2} \tag{5.9}$$

그림 5.17에서 (C)는 작용하는 하중에 대하여 양쪽에서 반력이 작용하기 때문에 P/2 이며, (D)는 환봉이기 때문에 $\frac{\pi}{4}d^2$이다. 그림 5.18은 전단시험기를 나타낸 것이다.

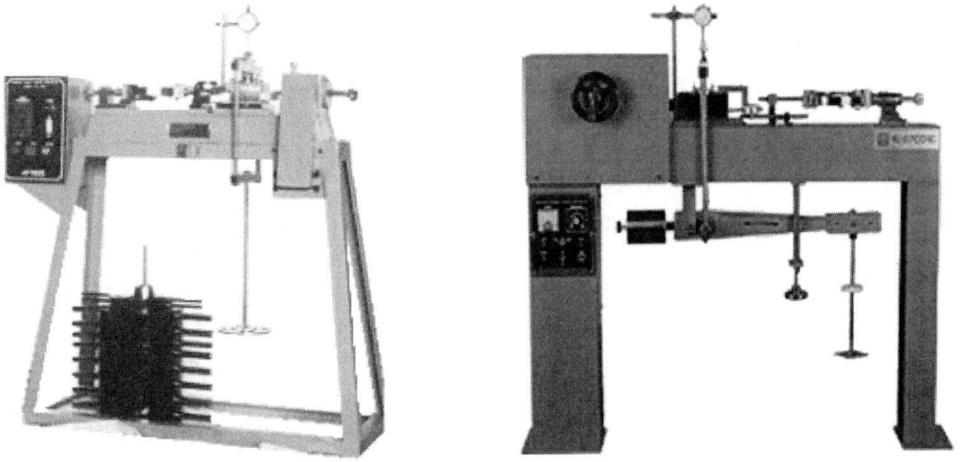

그림 5.18 전단시험기

5.6 충격시험

충격시험은 고속으로 가해지는 부하에 대한 재료나 재품의 저항력을 시험하는 것이다. 충격시험은 고속으로 시험편에 충격 하중을 가하여 파괴될 때 측정하는 것이다. 일반적으로 충격시험에서는 재료를 파괴할 때 재료의 인성 및 취성을 시험한다. 인장시험에서는 연신 및 단면수축을 측정할 수 있지만 재료의 더 많은 정보를 알기 위해서는 충격시험이 시행된다. 외력이 가해지는 방법에 따라 충격굽힘시험, 충격비틀림시험, 충격인장시험, 충격압축시험 등이 있다.

산업현장에서 많이 사용되고 있는 것은 충격 굽힘시험이다. 시험에는 샤르피 충격시험기 또는 아이조드 충격시험기가 사용된다. 충격시험 결과는 충격값으로 표시된다. 이 충격값은 단지 충격에 대한 저항력의 대소를 나타내는 것이며, 실제로 충격을 받는 기계부분의 설계자료로 도움이 되는 것은 아니다. 금속재료의 충격시험에 관한 한국공업규격(KS)에는 샤르피 충격시험기(B 5522), 아이조드 충격시험기(B 5523), 금속재료 충격시험편(B 0809), 금속재료 충격시험방법(B 0810) 등이 있다.

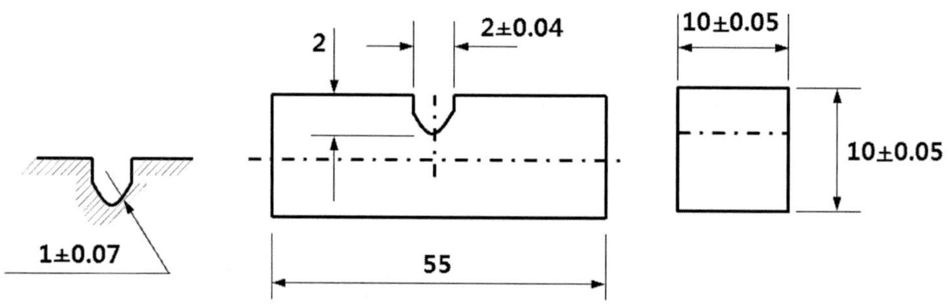

그림 5.19 샤르피 충격 시험편

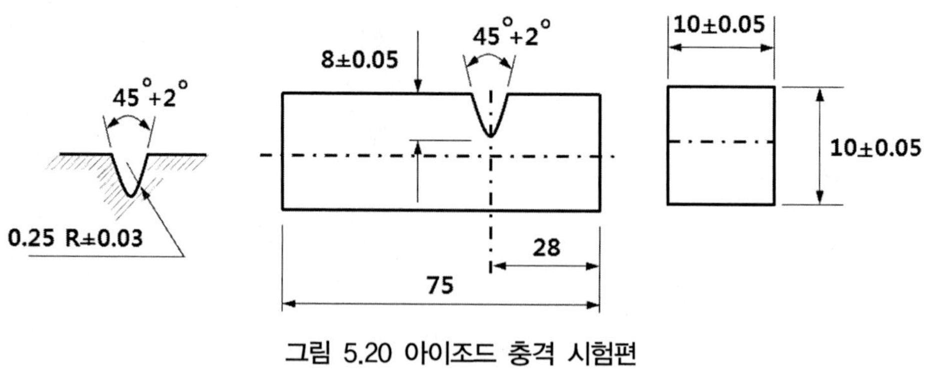

그림 5.20 아이조드 충격 시험편

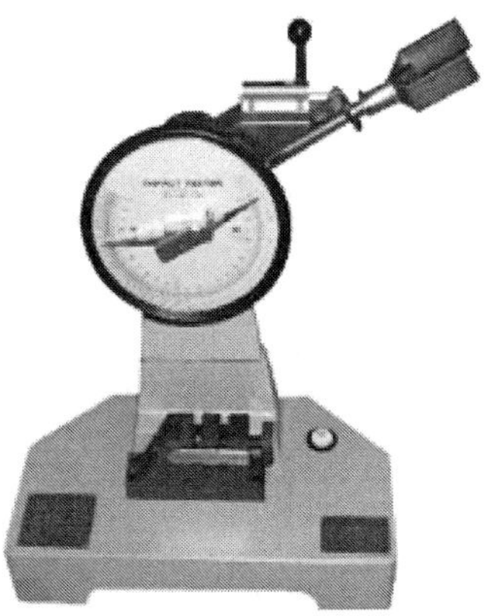

그림 5.21 아이조드 충격시험기

그림 5.22 샤르피 충격시험기

그림 5.19는 샤르피 충격 시험편, 그림 5.20은 아이조드 충격 시험편의 치수를 나타낸 것이다. 충격 시험편은 노치라는 홈을 만들어 충격시험기가 홈에 충격을 가하도록 하고 있다. 그림 5.21은 아이조드 충격시험기, 그림 5.22는 샤르피 충격시험기를 나타낸 것이다. 우리나라는 샤르피 충격 시험기를 많이 사용하고 있다.

5.7 피로시험

피로는 금속 등의 재료가 응력이 변동됨에 따라 그 강도가 약해지는 현상이다. 철사를 구부렸다 폈다를 반복하면 절단되는데, 이는 피로 파괴(Fatigue fracture)의 전형적인 예이다. 힘이 여러 차례 반복해서 동일 부위에 가해지면 내부에 피로가 누적되어 균열이 생기고, 어느 순간 파괴되는 것이다. 구조물, 부품 등에서 진동으로 인해 반복적으로 힘이 가해지는 부분에 사용되는 재료는 피로 하중에 강한 것이어야 한다.

금속재료는 외력에 대하여 정적으로 작용하는 인장강도를 파악하여 재료의 사용여부를 결정하지만 고속으로 회전하거나 왕복하는 부품의 경우 하중의 변동이 발생하게 된다. 따라서 인장강도 보다 외력이 장시간 걸쳐서 반복 작용하는 경우 진동에 대한 파괴가 중요하게 된다. 진동이 수반되는 경우 파단강도는 작은 응력이 반복적으로 작용하였을 때 재료 전체 및 국부적으로 변형이 생기고 시간이 흐르면 변형이 성장하는 현상을 피로라고 하며 한도 이상이 진행되어 파괴될 때 피로 파괴라고 한다. 피로하중은 최대 응력의 폭으로 나타낼 수 있다. 상한치와 하한치의 응력범위에 있어서 파괴까지의 반복

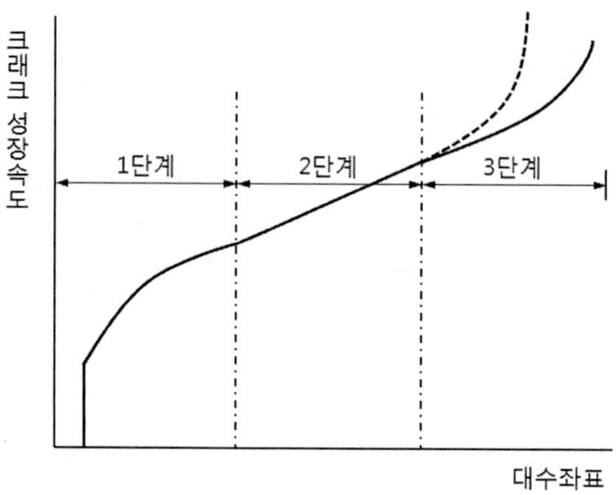

그림 5.23 피로크래크 성장속도와 응력 확대계수

횟수가 중요한 변수가 된다. 최대응력 및 응력 변동 범위가 한계치 보다 작은 값이면 많은 횟수의 반복이 있어도 파괴되지 않기 때문에 현장에서 무한 반복되는 진동이 발생해도 사용이 가능하다.

재료의 파괴에 도달하는 한계에 해당하는 응력범위 및 응력 진폭을 내구 응력 범위 및 내구한도의 진폭이라고 한다. 최대 응력은 내구한도 및 피로한도라고 한다. 피로시험의 목적은 현장에서 발생하는 조건에 대한 피로한도를 결정하여 재료를 기계부품이나 구조물 등에 적용하고 예상치 못한 파괴를 미리 방지하여 부품의 수명이나 교체시기를 예측하여 안전 및 물적 피해를 대처하기 위하여 하는 시험이다.

그림 5.23은 피로크래크의 성장 속도와 응력확대계수를 나타낸 것이다. 피로 크래크는 일반적으로 3단계로 표시한다. 1단계는 비성장 피로 크래크 전파구역으로 응력에 대한 변형이 발생하며 2단계는 직선적인 크래크 성장이 비례적으로 나타난다. 3단계에서는 크래크 전파속도가 급격히 성장하여 불안정하게 되는 것을 의미한다. 그림에서 파괴는 1단계와 같은 형태의 실선으로 나타나지 않고 점선처럼 급격히 상승하여 파괴되는 것이다.

그림 5.24는 S-N곡선을 나타낸 것이다. 피로시험에 의한 결과 값을 해석하기 위해서 S-N곡선이 적용이 되고 있다. S-N곡선은 재료에 반복적으로 가해지는 응력의 반복 횟수와 진폭의 관계를 나타낸 것이다. 상한응력과 하한응력의 크기가 같고 방향이 반대일 때 최대응력은 응력 범위의 1/2가 된다. 이것을 양진응력이라고 한다. 양진응력의 반복 횟수가 아무리 많더라고 피로파괴를 일으키지 않는 최대응력을 재료의 내구한도 및 피로한도라고 한다. 재료가 파괴되기까지의 반복 횟수는 최대응력 및 응력 진폭 범위에

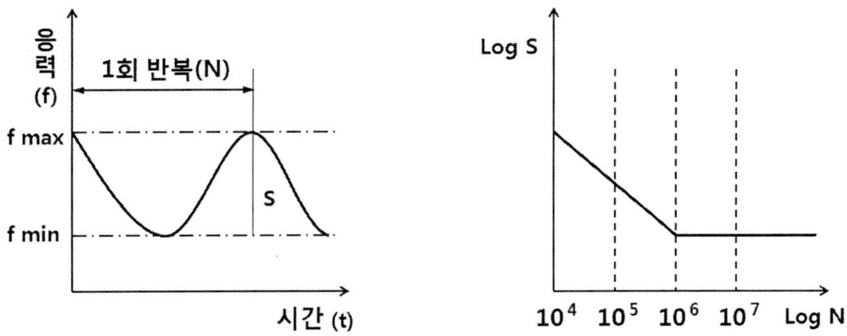

그림 5.24 S–N곡선

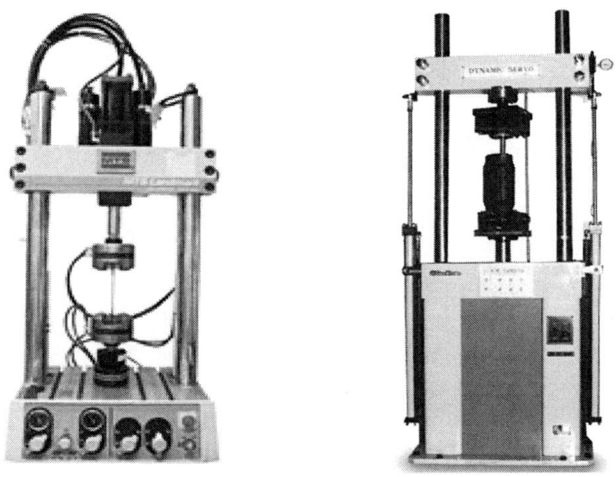

그림 5.25 피로시험기

따라 차이가 나타난다. 작용한 응력 S와 반복횟수 N의 관계를 표시한 것이다. S-N곡선에서 수평부분의 응력을 피로한도 및 내구한도라고 하며, 경사부의 반복수에 따른 응력을 반복수 N에 대한 시간강도라고 한다. 피로강도란 피로한도 및 시간강도를 의미한다.

피로강도에 영향을 주는 인자는 다음과 같다.

1. 노치효과는 기계부품의 노치 또는 비금속 혼합물의 영향에 의해 재료 자체의 결함에 의해 나타난다. 노치부에 응력이 집중되어 국부적인 변형이 발생한다. 인장강도가 높은 재료는 피로성능이 떨어져서 재료를 사용한 효과가 없다.
2. 치수효과는 평활재료, 노치재료 및 시험편의 치수가 변하면 피로강도가 변하는 현상이다. 재료의 지름이 크면 피로한도를 줄일 수 있다.
3. 표면효과는 재료가 파괴될 때 표면에서 시작하기 때문에 피로강도는 대단히 민감하며 표면이 거친 경우는 피로한도가 떨어진다.

4. 온도영향은 상온이하의 저온에서 피로한도는 온도의 저하와 함께 상승한다. 사용환경의 온도를 높이면 해결할 수 있다.
5. 부식효과는 재료가 부식되었을 때 피로한도가 감소한다.

그림 5.25는 피로시험기를 나타낸 것이다.

5.8 경도시험

경도시험은 기계적 성질을 결정하는 중요한 것으로 인장시험과 같이 많이 사용되고 있는 시험이다. 경도시험은 측정이 간단하고 사용 환경에 적용이 높기 때문이다. 경도시험 방법은 압입 경도시험, 반발 경도시험, 펜듈럼 경도시험, 긋기 경도시험이 사용되고 있다.

압입경도시험은 정적하중의 볼, 원추, 피라미드 모양의 다이아몬드 콘을 압입체에 작용한다. 하중은 경도 시험기 및 하중 장치를 통하여 경도값을 나타낸다. 경도 시험을 통하여 압입체가 만든 면적, 표면적, 깊이, 체적 등이 측정되며 지시된 하중 및 측정된 압입자국으로부터 경도값이 계산된다. 압입경도는 브르넬경도계, 로크웰경도계, 비커스경도계, 마이어경도계가 사용된다.

압입체가 강철 볼일 때 다음과 같은 문제점을 나타낼 수 있다.

1. 압입변형에서 압흔 주변은 변형에 따른 응력이 생기며 응력분포나 탄성에 의한 복원은 입자의 형상에 따라 다르게 나타난다.
2. 압흔 주변도 경화하므로 경도는 정확하지 않다.
3. 부하시간에 관계하기 때문에 변형이 완료 될 때까지 시간이 많이 걸린다.
4 면이 거칠면 측정기가 정확하지 않다.
5. 압자가 강일 때 압자의 변형도 문제가 된다.

5.8.1 브르넬 경도계(Brinell hardness tester)

1900년에 브르넬(J. A. Brinell)이 개발하였다. 브르넬 경도는 경도 값이 비커스 경도계에 비하여 정확도가 떨어지는 단점이 있지만 경도 값을 빠르게 측정이 가능하다는 장점을 가지고 있다. 브르넬 경도 H_B는 지름 D인 담금질한 강철 볼을 시험편에 압입하여 압인된 자국의 표면적 $A(mm^2)$에 대한 단위면적당 응력으로 나타낸 것이다. 규정된 지름 $D(mm)$의 강철볼을 일정한 하중 $P(kg)$으로 시험편 표면에 압입하고 하중을 제거한 후에 볼 자국 지름을 $d(mm)$, 깊이를 h로 할 때 표면적으로 하중을 나눈 값이 브르넬 경도 $H_B(kgf/mm^2)$이다. 브레넬 경도는 식 (5.10), (5.11)로 구할 수 있다.

$$H_B = \frac{P}{A} = \frac{P}{\pi D h} \tag{5.10}$$

$$H_B = \frac{2P}{\pi D(D - \sqrt{D^2 - d^2})} \tag{5.11}$$

자국의 지름 d는 브르넬 경도계에 부속되어 있는 계측 확대경으로 읽고, 경도값은 실험에 의해 결정된 환산표를 사용하여 경도를 구한다. 그림 5.26은 브르넬 경도계의 기본 설명도를 나타낸 것이다.

그림 5.26에서 볼의 지름이 일정할 때 하중의 증가와 자국은 상사법칙의 관계가 성립한다. 따라서 식 (5.12)은 강철 볼을 이용하여 하중이 작용한 시간을 20sec로 했을 경우이며 식 (5.13)은 동 합금의 볼을 이용하여 하중작용시간이 30sec일 때이다. 식 (5.14)는 연한 금속 볼을 이용하여 하중작용시간이 30sec 일 때 적용하는 방법이다.

$$k = \frac{P}{D^2} = 30 \tag{5.12}$$

$$k = \frac{P}{D^2} = 10 \tag{5.13}$$

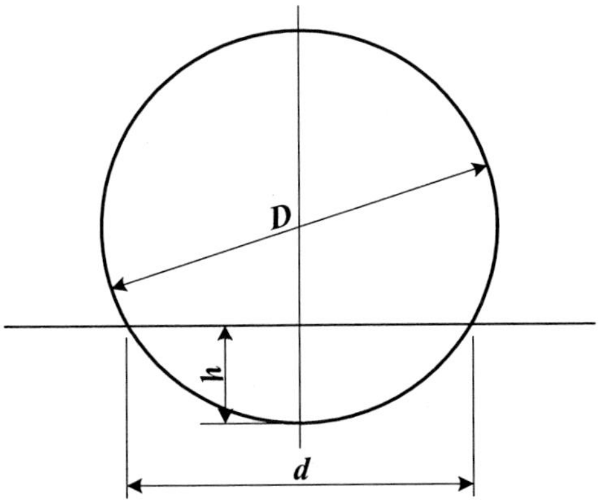

그림 5.26 브르넬 경도의 기본 설명도

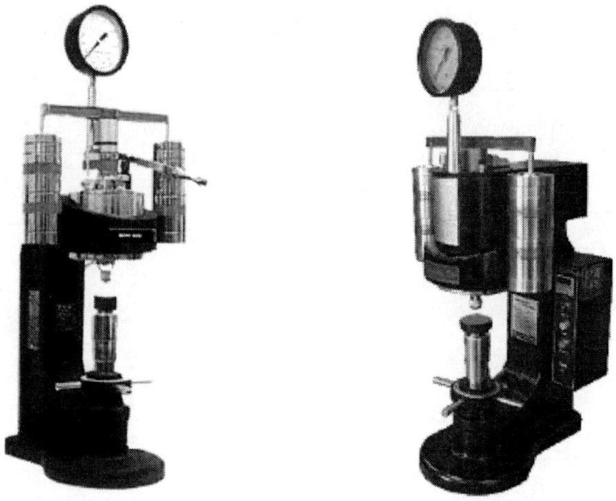

그림 5.27 브르넬 경도계

$$k = \frac{P}{D^2} = 5 \quad (5.14)$$

그림 5.27은 브르넬 경도계를 나타낸 것이다. 하중의 작용시간은 15~30sec이며 시험편의 무게는 압입구멍 지름의 10배 이상이 요구된다. 압입구멍 지름부의 주변이 올라오는 금속은 가공변형으로 경화가 적게 나타난다. 압입구멍 지름부의 주변이 내려가는 금속은 가공변형으로 경화가 크다.

기계구조용 탄소강의 인장가도는 풀림 처리한 재료에서 브르넬 경도값과의 관계가 $\sigma = 0.23H_B$로 나타나며 경화 및 담글질 후 뜨임한 재료에 대해서는 $\sigma = 0.21H_B$로 계산한다.

5.8.2 로크웰 경도계(Rockwell hardness tester)

로크웰 경도는 시험편의 표면적 지름 1/16인치(1.59mm)의 담금질된 볼을 압입하는 경우와 꼭지각 120°의 다이아몬드 콘을 사용하는 2가지 방법이 가장 널리 사용된다. 그림 5.28은 브르넬 경도계를 나타낸 것이다.

연성 재료의 경도시험에는 담금질된 볼을 사용하며 경도가 높은 재료는 다이아몬드 콘을 사용한다. 담금질된 볼은 기준하중 10kg을 작용시킨 후 100kg의 하중을 가하여 기준하중으로 결정하며 이때 자국의 길이를 경도 값으로 나타낸다.

$$H_{RB} = 130 - 500\,h \quad (5.15)$$

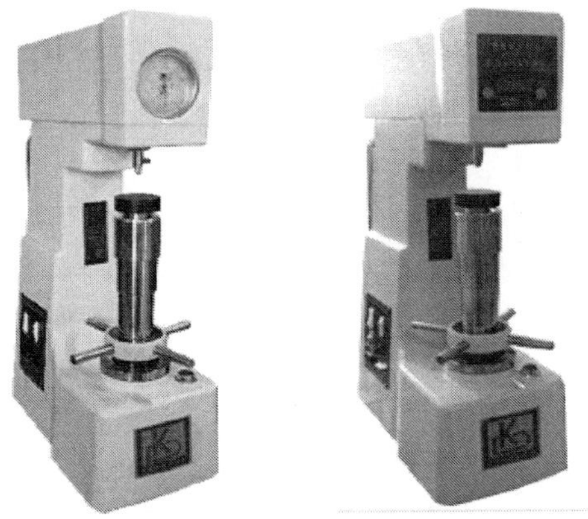

그림 5.28 로크웰 경도계

$$H_{RC} = 1000 - 500\,h \tag{5.16}$$

담금질된 볼을 사용한 경우 경도 값은 식 (5.15)로 계산하며, 다이아몬드 콘을 사용한 경우는 식(5.16)로 계산한다. 여기서 h는 압입 깊이의 차를 의미한다.

5.8.3 비커스 경도계(Vicker's hardness tester)

비커스 경도는 압입체로서 대면각 136°의 다이아몬드 피라미드를 사용한다. 비커스 경도계는 브르넬 경도계에 비하여 재료의 연마로 인한 경도 값 측정이 오래 걸리는 단점을 가지고 있지만 경도 값이 신뢰도가 높은 장점을 가지고 있다.

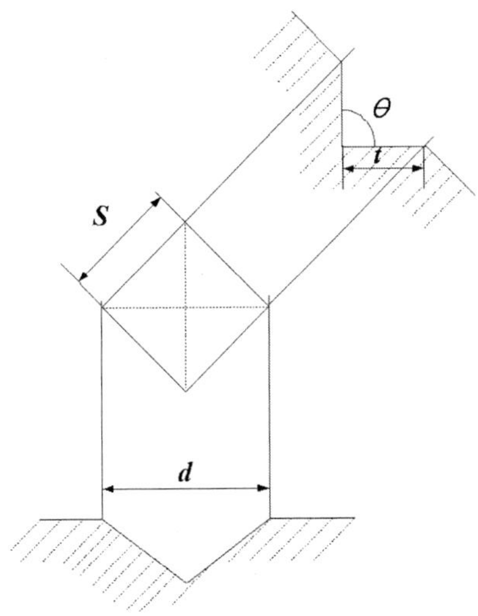

그림 5.29 피라미드 흔적

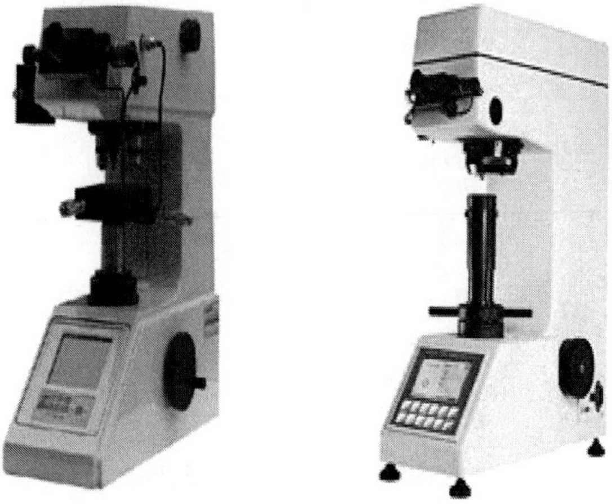

그림 5.30 비커스경도계

그림 5.29는 비커스 경도계를 이용하여 경도를 측정할 때 재료의 압흔을 나타낸 것이다. 시험편에 작용하는 하중 $P(kg)$을 136° 자국의 표면적 $A(mm^2)$으로 나눈 값이 경도 값이다. 따라서 경도 값은 식 (5.17)로 구할 수 있다. 대면각 $\theta = 136°$ 이기 때문에 경도 값은 식 (5.18)으로 구할 수 있다.

$$H_V = \frac{2P\sin\left(\frac{\theta}{2}\right)}{d^2} \tag{5.17}$$

$$\mathrm{H_V} = 1.854\frac{\mathrm{P}}{\mathrm{d}^2} \quad (kgf/mm^2) \tag{5.18}$$

비커스 경도계는 다른 시험기보다 압흔 자국이 매우 적어서 표면 연마가 중요하기 때문에 측정하는데 시간이 많이 걸린다. 그림 5.30은 비커스 경도계를 나타낸 것이다.

5.8.4 반발시험(Rebound test)

쇼어경도(Shore hardness tester)는 다이아몬드를 선단에 고정시킨 낙하체의 일정한 높이h_0에서 시험편위에 낙하시켜 반발하여 올라간 높이 h를 측정하는 것이다. 초기 높이와 반발 높이의 차이는 타격부분의 소성변형에 소요된 에너지의 대소에 의해 결정되며 이 방법에서 모순이 되는 것은 탄성변형을 나타내는 비금속 재료는 경도가 높게 나타나는 것이다. 고무는 탄성변형을 가지며 압자의 압입과 동시에 접촉 면적이 넓어지기 때문에 압흔의 크기나 반발력을 비교하면 고무는 강보다 경도가 높다는 결과가 나온다. 쇼어경도계는 시험체에 가하는 손상이 적기 때문에 경도 시험 후 열처리에 따른 조직 변화를 판단하는 경우에 사용이 가능하다. 쇼어 경도계를 이용하여 경도 값을 측정하면 식 (5.19)로 구할 수 있다.

$$H_S = \frac{10,000}{65} \times \frac{h}{h_0} \tag{5.19}$$

쇼어 경도값은 담금질된 고탄소강을 시험편으로 할 때 $h_0 = 10\text{in}$에 대해 $h = 6.5\text{in}$로 되기 때문에 시험편의 경도를 H_S을 100으로 하고 h를 100등분하여 눈금 하나가 $0.065\text{in} = 1.651mm$이다.

시험할 때 낙하체의 통로인 유리관을 연직으로 하고 시험하는 것이 특히 중요하다. 만약 경사가 발생하면 낙하체가 유리관 사이에 마찰이 생겨 정확한 경도를 나타내지 못한다. 반복 시험할 경우 시험 위치를 바꿔서 측정하여야 하며 같은 장소를 측정하면 경도값이 크게 나타난다. 경도가 높은 재료는 반발 높이가 크고 경도가 낮은 재료는 반발 높이가 적기 때문에 눈금을 읽기가 어려운 단점을 가지고 있다. 그림 5.31은 쇼어경도계를 나타낸 것이다.

표 5.1은 브르넬경도, 쇼어경도, 로크웰경도 및 비커스경도 값을 상호 비교한 것을 나타낸 것이다.

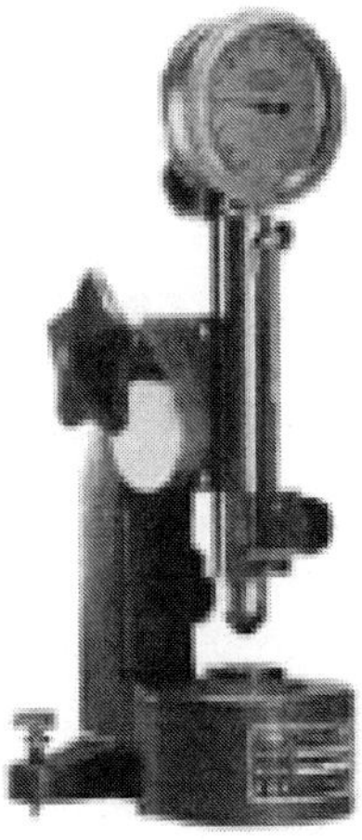

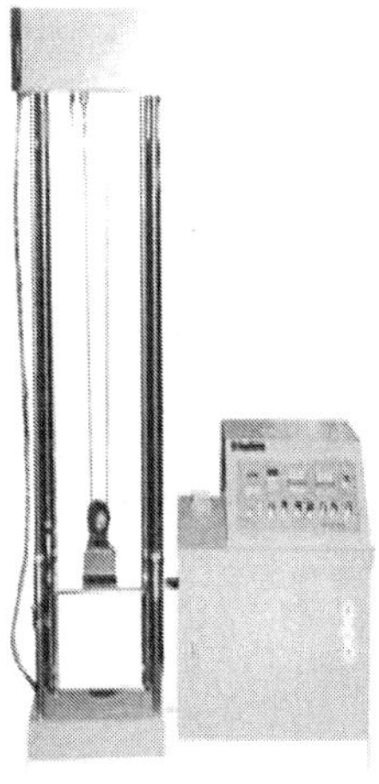

그림 5.31 쇼어경도계

표 5.1 경도 값의 상호비교 (출처 : Metal Handbook)

브르넬경도		쇼어경도	로크웰경도		비커스경도
볼의 지름 10mm 하 중 3000kg			강철볼	다이아몬드콘	
자국지름	경도수	경도수	하중 100kg	하중 150kg	경도수
2.25	745	91	-	65.3	840
2.30	712	87	-	63.3	780
2.35	682	84	-	61.7	737
2.40	653	81	-	60.0	697
2.45	627	79	-	58.7	667
2.50	601	77	-	57.3	640
2.55	578	75	-	56.0	615
2.60	555	73	-	54.7	591
2.65	534	71	-	53.5	569
2.70	514	70	-	52.1	547
2.75	495	68	-	51.0	528
2.80	477	66	-	50.3	516
2.85	460	65	-	48.8	495
2.90	444	63	-	47.2	474
2.95	429	61	-	45.7	455
3.00	415	59	-	44.5	440
3.05	401	58	-	43.1	425
3.10	388	56	-	41.8	410
3.15	375	54	-	40.4	396
3.20	363	52	-	38.1	383
3.25	352	51	110.0	37.9	372
3.30	341	50	109.0	36.6	360
3.35	331	48	108.5	35.5	350
3.40	321	47	108.0	34.3	339
3.45	311	46	107.5	33.1	328
3.50	302	45	107.0	32.1	319
3.55	293	43	106.0	30.9	309
3.60	285	42	105.5	29.9	301
3.65	277	41	104.5	28.8	292
3.70	269	40	104.0	27.6	284
3.75	262	39	103.0	26.6	276
3.80	255	38	102.0	25.4	269
3.85	248	37	101.0	22.8	261
3.90	241	36	100.0	21.7	253

3.95	235	35	99.0	20.5	247
4.00	229	34	98.2	18.8	241
4.05	223	-	97.3	17.5	234
4.10	217	33	96.4	16.0	228
4.15	212	-	95.5	15.2	222
4.20	207	32	94.6	13.8	218
4.25	201	31	93.8	12.7	212
4.30	197	30	92.8	11.5	207
4.35	192	29	91.9	10.0	202
4.40	187	-	90.7	9.0	196
4.45	183	28	90.0	8.0	192
4.50	179	27	89.0	6.4	188
4.55	174	-	87.8	5.4	182
4.60	170	26	86.8	4.4	178
4.65	167	-	86.0	3.3	175
4.70	163	25	85.0	-	171
4.75	159	-	83.8	0.9	167
4.80	156	-	82.9	-	163
4.85	152	-	81.7	-	159
4.90	149	23	80.8	-	156
4.95	146	-	79.8	-	153
5.00	143	22	78.7	-	150
5.05	140	-	77.6	-	147
5.10	137	21	76.4	-	143
5.15	134	-	75.2	-	140
5.20	131	-	74.0	-	137
5.25	128	-	72.8	-	135
5.30	126	20	72.0	-	132
5.35	123	-	70.1	-	129
5.40	121	19	69.8	-	127
5.45	118	-	68.5	-	124
5.50	116	18	67.6	-	122
5.55	114	-	66.8	-	120
5.60	111	15	65.7	-	117
5.65	109	-	-	-	115

5.8.5 펜듈럼 시험(Pendulum test)

펜듈럼 시험은 보석, 강철 볼(Steel ball)을 펜듈럼에 장착하여 시험편에 진동을 주어 측정하는 방법이다. 처음 진동의 진폭 또는 10회의 진동에 대한 시간으로 경도를 측정하는 방법이다. 진동시간도 경도 값에 영향을 준다. H_B 550 이하는 강철 볼을 사용하며 550~1000까지는 다이아몬드를 사용한다.

5.8.6 긋기 시험(Scratch test)

독일의 광물학자 모스가 고안하였다. 굳기가 다른 광물 10종류를 선택하여, 제일 굳기가 낮은 것을 1도로 하고, 10도까지 분류해서 만든 것을 이용하여 대상의 굳기를 측정하였다. 그 10종의 광물을 모스굳기계라고 한다. 굳기계로 선정된 광물은 1 도가 활석(滑石), 2 도가 석고(石膏), 3 도가 방해석(方解石), 4 도가 형석(螢石), 5 도가 인회석(燐灰石), 6 도가 정장석(正長石), 7 도가 석영(石英), 8 도가 황옥(黃玉), 9도가 강옥(鋼玉), 10도가 다이아몬드이다.

긋기 시험은 다이아몬드나 굳은 재질로 시험편을 긋기 하여 흔적을 만들어 경도를 측정하는 것이다. 다이아몬드 하중을 긋기 흔적의 폭으로 나눈 값으로 경도를 측정한다. 표 5.2는 광물의 굳기를 측정하는 10종류의 광물을 나타낸 것이다. 표 5.2의 광물의 뾰족한 끝을 사용하여 시험편의 평면을 긁는다. 그리고 다른 광물로 긁어본다. A로 B에게 흠을 내고, B로 A에 흠을 내지 못하면 A는 B보다 굳기가 크므로, 다음 경도계의 광물로 바꾸어 시험해 본다. 이같이 시험을 해서 양쪽이 다같이 흠이 나면 같은 경도가 된다. 또 경도수는 단순히 순서를 나타냈을 뿐 2도가 1 도의 2배가 되는 것은 아니다.

표 5.2 광물의 굳기를 측정하는 10종류의 광물

1	2	3	4	5	6	7	8	9	10
활석	석고	방해석	형석	인회석	정장석	석영	황옥석	강옥석	다이아몬드

5.9 크리프 실험

시험편을 일정한 온도로 유지하고 하중을 가하여 시간과 함께 변화하는 변형을 측정하는 시험을 말한다. 크리프 시험을 통하여 크리프 곡선 및 크리프 강도를 구한다. 응력의 종류에 따라서 인장 크리프시험, 압축 크리프 시험으로 분류한다.

재료에 대한 실험은 상온에서 시행한다. 그러나 상온에서 실험한 결과는 고온에서 다른 변화를 나타나게 된다. 고온에 대한 기계적 성질 중에서 특히 중요한 것은 연율 및 고온에서의 크리프 현상이다. 그림 5.32는 각종 금속의 고온강도와 온도의 관계를 나타낸 것이다. 고온강도는 상온에서 측정한 강도와 차이를 나타낸다. 그림에서 A는 동을 나타낸 것이다. 동은 600℃에서 풀림 현상이 나타난다. 그림에서 B는 500℃에서 풀림 현상이 나타나는 황동을 나타낸 것이다. 그림에서 C는 연강을 나타낸 것이다. 연강은 900℃에서 풀림 현상이 나타난다. 그림에서 D는 700℃에서 풀림현상이 나타나는 경강을 나타낸 것이다.

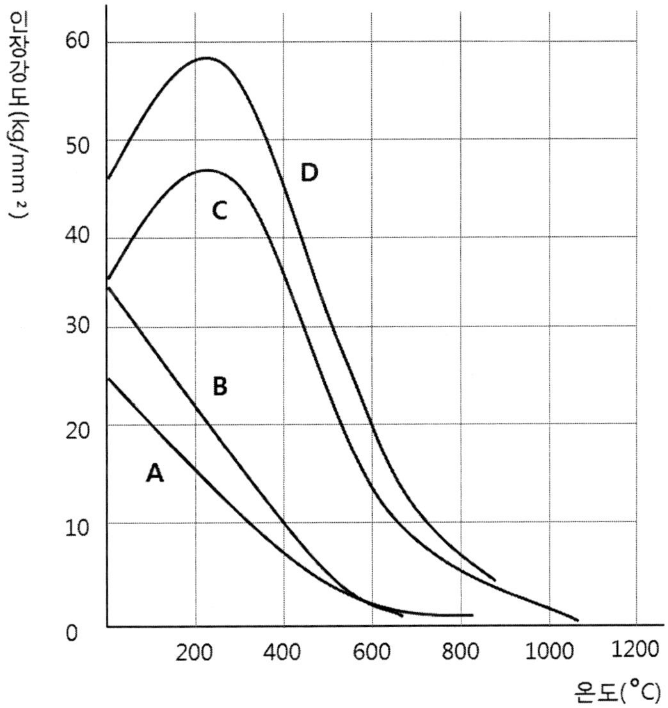

그림 5.32 고온강도와 온도와의 관계

금속재료 및 고분자 재료는 재료의 융점의 40% 이상이 되면 시간이 경과 함에 따라 소성변형이 일어난다. 이때 재료에 주어진 하중이 일정하게 유지되면 그 응력이 항복강도와는 관계없이 재료는 일정 구간에 걸쳐 소성변형이 일어나게 된다. 이러한 상황에서의 소성변형을 크리프라고 하며, 크리프 값은 고온에서 사용되는 재료의 선택에서 가장 중요한 요소이다. 따라서 크리프 시험을 통하여 제품이 사용될 환경에서의 재료의 변형을 예측하여 제품의 수명을 해석할 수 있다.

5.10 마모시험

재료시험의 하나로 재료가 마모에 견디는 것은 다른 기계적 성질과는 달리, 접촉하는 상대재료 및 조합조건에 따라 달라진다. 접촉하는 재료의 조합이나, 시험면의 습도 등의 주위 환경여건, 접촉면의 미끄럼운동 조건 등에 따라서 마모 특성이 변한다. 또한 마모현상은 요철 중에 돌출부가 마모되거나, 마모로 생긴 단단한 가루에 의해 다시 다른 부분이 마모되며, 냉간가공에 의해 경화된 표면이나 피로한 부분이 파괴되어 떨어지거나, 접촉면의 용착이나 용융에 의해서 흠이 생겨 소모되는 등 여러 경우가 있다. 더욱이 접촉면의 미끄럼속도나 접촉압력에 의해서도 발생하는 현상이 다르기 때문에 재료의 마모성을 단일 시험방법에 의해서 간단히 결정할 수 없다. 따라서 마모시험은 사용목적에 적합한 조건하에서 실시하는 것이 필요하다.

마모조건과 마모시험은 금속재료의 사용상태와 운동에 의해 다음과 같이 분류할 수 있다.

1. 미끄럼 마모 : 윤활유를 사용하는 경우 축과 베이링이 있으며 윤활유를 사용하지 않는 경우는 타이어와 브레이크가 있다.
2. 회전마모 : 윤활유를 사용할 경우 롤러와 베어링이 있으며 윤활유를 사용하지 않는 경우는 타이어와 레일이 있다.
3. 응착마모 : 물체의 표면은 미세한 요철의 연속으로 접촉하는 경우 한쪽 면이 떨어져 나가면서 발생한다.
4. 긁힘마모 : 마찰면 중 딱딱한 쪽의 거칠기가 크면 그 돌기가 부드러운쪽 면을 긁는 경우에 해당된다. 또는 모래와 같은 경도가 높은 제 3의 물질이 섞여 있는 경우에

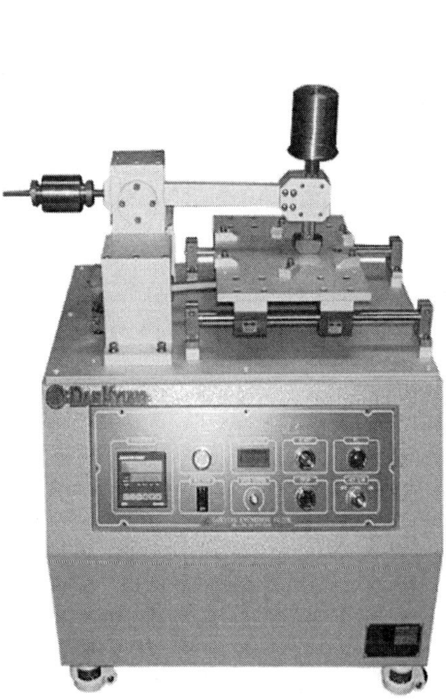

그림 5.33 마모시험기

발생한다.

5. 부식마모 : 마찰면에 부식작용이 가해지면 부식된 표면이 떨어져 나가는 현상이다.
6. 피로마모 : 굴림접촉의 경우 회전에 의한 하중의 반복에 따라 재료의 접촉부가 피로를 받아 표면이 파괴되는 현상이다.

현실에 입각한 시험을 하기 위해서는 미세한 양의 마모가 일어나는 상태에서 해야 되며 장시간 시험을 하지 않으면 정확한 측정은 할 수 없다. 단시간에 마모시험을 하기 위해 시험 환경을 악조건으로 하여 측정된 값을 실제 사용환경에 적용하는 것은 정확성이 저하된다. 마모시험에는 전용시험기가 사용된다. 그림 5.33은 마모시험기를 나타낸 것이다.

5.11 비파괴 시험

일반적으로 재료의 정확한 기계적 성질을 측정하거나 기계적 성질을 확신하지 못할 때는 시험편 또는 제품을 파괴하여 시험한다. 비파괴 시험에서는 제품을 파괴하지 않고 측정하는 방법이다. 최초의 비파괴 시험은 X선 투과법이 사용되었으나 이후에 자분결함 검사법, 초단파 검사법이 사용되었다. 최근에는 비파괴적 방법으로 와류탐상법, 음향검사법, 침투탐상법 등 여러 가지 방법들이 사용되고 있다.

5.11.1 방사선 탐상시험

방사선 탐상시험은 (Radiographic test)은 RT라고도 하며 방사선을 결함의 탐상에 적용한다. 방사선이란 전자선을 금속에 충돌시켜 발생시킨 X선 방사성 물질에서 방출된 α입자,β입자, γ선 및 원자로에서 우라늄 235가 핵분열 했을 때 방출되는 중성자속을 말한다.

그림 5.34는 X선 촬영방식을 나타낸 것이다. X선 장치에서 X선 빔을 조사하면 투과도계를 거쳐 용접부의 결함 여부가 필름에 나타나는 것이다. 강구조물 용접부의 결함검출에 대표적으로 적용하고 있는 비파괴검사법인 방사선 투과법은 고전적인 검사법으로써 X선 또는 감마선을 물체에 투과하여 물체내부의 이미지를 얻어내는 방법이다.

그림 5.35는 X선 및 γ선의 사진이 결함여부에 따라 다른 값을 나타내는 것을 나타낸 것이다. X선을 사용하는 비파괴시험은 공업용 X선 발생기에 의해 생성되는 X방사선이 조사 부위의 두께 및 원자번호에 비례하여 흡수된다는 원리에 근거한다. 따라서 이 방법에 의해 결함이 있는 물체를 조사하는 경우 결함 부위에서의 X선 흡수는 결함부 바로 옆의 손상되지 않은 부위와 비교하면 다른 양상을 보인다. 물체를 통과한 X선은 필름이나 형광 스크린에 기록되고 결함부의 위치에서 이미지는 어둡게 나타난다. 필름에 기록된 X선의 이미지는 영구적 기록으로 남게 되며 결함의 크기와 형태를 나타낸다.

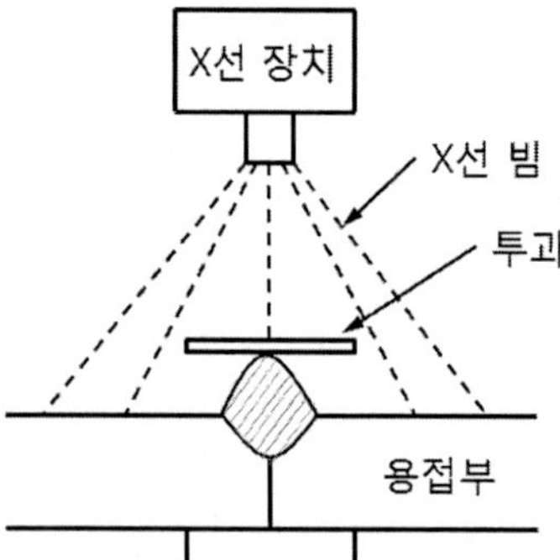

그림 5.34 X선 촬영방식

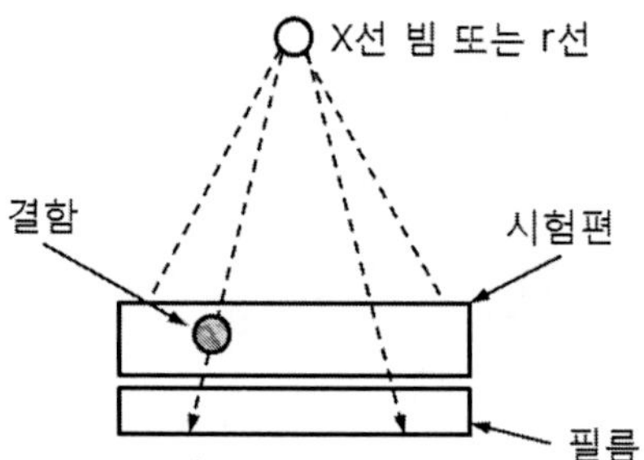

그림 5.35 X선 및 γ선의 사진

방사선투과법으로 용접 또는 주조(Casting)의 슬래그 함침(Slag Inclusion)이나 간극과 같은 결함은 비교적 쉽게 찾아낼 수 있다. 균열과 같은 2차원 결함도 탐지할 수 있으나 결함이 X선의 축에 거의 평행한 방향일 경우에만 가능하다. X선에 수직한 균열 또는 2차원결함은 X선 흡수를 크게 변화시키지 않으므로 탐지되지 않는다. 방사선투과법의 가장 큰 장점은 내부결함의 크기 및 형태 등 결함의 성질을 판단하기가 쉽고, 이미지로 얻은 결과가 양호하며 결과를 영구적으로 보관 가능하다는 것이다.

방사선투과법의 단점으로는 결함부위의 공간적인 정보를 얻을 수 없다는 것이다. 현재 결함부위의 공간적인 정보를 알기 위해서는 여러 각도에서 촬영한 결과를 분석하는 방법이 널리 활용되고 있다. 앞에서 언급한 것과 같이 단점으로는 결함의 깊이를 측정하기 어렵고 방향성이 좋지 않은 2차원 결함을 검출하기 어렵다는 것이다. 또한 방사선을 투과하는 장비는 인체에 유해한 방사선을 방출하기 때문에, 전문가 이외에는 사용이 제한되고 있다. 방사선투과기의 크기로 인하여 경우에 따라서는 현장에서는 사용이 어려울 수도 있으며, 탐색속도가 느리고, 탐색비용이 고가이다.

따라서 방사선투과법을 효과적으로 적용하기 위해서는 육안점검 및 다른 비파괴시험법을 조합적으로 적용하는 방안이 필요하다.

5.11.2 초음파 탐상시험

초음파탐상법(Ultrasonic flaw test)은 UT라고도 하며 초단파검사법이라고도 한다. 초음파탐상법은 내부결함을 검출하기 위해서 물체 내에서 발생하는 소리의 파동 특성을 이용한다. 기계진동 형태의 고주파 음파를 시험할 부분으로 주사하면 재료를 통과하는 음파는 결함부 또는 경계면에 부딪치게 된다. 그러면 음향진동은 반사가 되고 반사된 신호를 분석하면 결함 또는 경계면의 위치와 형태를 파악 할 수 있게 된다. 초음파탐상법은 강부재의 두께, 균열의 위치, 용접결함 및 공극의 위치 조사에 적용된다.

표준 측정 장비는 음파생성기, 수신 장치와 초기파 및 반사파가 나타내는 화면 등으로 구성된다. 화상 표시장치는 결함부의 위치 및 결함의 성질을 측정할 수 있고, 기구의 감지부를 조사할 부분으로 이동하여 결함의 크기를 측정할 수 있다. 조사 민감도는 음향 진동수, 탐지부의 설계, 기계의 조작, 반사 신호의 전기적 처리기술과 같은 시험변수에 영향을 받는다.

초음파탐상법의 장점은 휴대성, 민감성이 높고 균열의 위치 또는 결함의 공간적인 정보를 얻을 수 있고, 방사선투과법에 비하여 안전하고 경제적인 비파괴검사법이다. 최근에는 현장 측정 자료를 컴퓨터 처리와 보고서 작업에 적당한 형식으로 저장할 수 있는 디지털 장비가 보급되어 있다. 단점으로는 초음파탐상을 통하여 표면결함에 대한 측정에는 효과가 없다.

초음파탐상을 하기 위해서는 피검사체에서의 초음파 모드변환, 속도, 감쇄 등과 같은 기본적인 초음파 특성을 파악하고 있어야 한다. 초음파가 각도를 가지고 입사하면 초음파의 모드변환이 일어나며, 초음파의 모드변환에 따라 초음파의 속도 및 감쇄도 변하게 된다. 이 특성은 초음파탐상을 하는 경우 탐촉자 선정 및 표준 시험편 선정 등에 영향을 준다.

음파의 특성을 이용하는 검사법이 여러 분야에서 사용되고 있다. 귀로 들을 수 없는 고주파 및 레이더의 개발 등 과학의 발달에 따라 여러 분야에서 이용이 가능하게 되었다.

초음파 음향에 의한 검사는 다음의 세 가지 방법으로 시도되고 있다.

1. 공진법은 발진장치의 파장을 순차로 변화시켜 공진이 생기는 파장을 구한다. 결함이 있으면 결함까지의 거리에 공진이 생기기 때문에 결함의 위치를 측정할 수 있다. 이 방법은 결함의 깊이 측정에 일반적으로 사용되며 결함이 축방향으로 발생했을 때 적합하다.
2. 투과법은 검사할 물체의 한쪽면의 발진장치에서 연속적으로 초음파를 보내고 반대쪽의 수진장치에서 신호를 받을 때 결함에 의한 초음파의 도착에 변화가 발생한다. 이 차이를 이용하여 결함의 위치와 크기를 판정한다. 투과법은 재료의 두께가 50mm정도까지 적용이 가능하다.
3. 반사법은 검사할 물체에 조파기를 접촉시키고 짧은 시간에 초음파를 보내어 결함부에서 반사되는 신호를 받아 그 사이의 시간지연으로서 결함까지의 거리를 측정하는 방법이다.

최근에 와서는 반사법이 초음파 탐상검사에 많이 이용되고 있다. 반사법은 1차 세계대전 기간 중 잠수함을 발견하기 위해 시작한 방법으로, 전파에 의해 해저 통신을 할 수 있는 레이더가 발명되었고, 레이더 기술과 초음파 탐상과의 결합으로 초음파탐상법이 개발되었다. 비파괴 검사의 최종적인 목적은 재료 또는 부품 등이 사용 중 파괴 여부를 판단하기 위해 결함의 유무, 결함의 크기 및 형태를 파악하는데 있고 초음파 탐상검사도 결함의 검출에 사용된다.

초음파탐상검사가 적용되는 분야는 철, 비철류의 소재로부터 선박, 교량, 압력용기 등의 제품 및 항공기, 자동차, 철도차량의 부품, 기계류의 부품 등에 이르기까지 많은 분야의 제품들이 검사의 대상이 되며, 탐상 가능한 결함으로는 균열, 개재물 등의 소재의 불연속으로부터 가공 중 피로 균열과 같은 사용 중 불연속 결함검출에 적용되고 있다. 또한 초음파 탐상을 이용한 재료의 두께측정에도 사용되어 화학, 정유처리시설의 보수검사 등에 적용되고 있다. 초음파 탐상검사에서는 검사를 수행하기 위하여 기술자의 자격인정, 교육훈련 및 충분한 경력을 갖추고 있어야 한다. 초음파 탐상 검사는 다른 비파괴검사와 비교하여 상기의 조건이 갖추어지지 않으면 중대한 판독 오류를 범할 수 있는 가능성이 높다. 판독 오류의 가능성을 최소한으로 줄이고 고속으로 초정밀의 초음파 탐상 기법을 구현하기 위하여 컴퓨터가 사용되기 시작하였고 C-SCAN은 그러한 목적에 의하여 고안된 초음파 탐상을 컴퓨터를 이용하여 무인자동화 시킨 첨단 검사 장치다. 컴퓨터를 이용한 자동검사는 다음과 같은 장점이 있다.

1. 초음파기기를 사용하기위한 전문 인력보유가 필요하지 않다.
2. 반복되는 패턴분석에 의한 판단오류를 방지할 수 있다.
3. 무한 반복되는 초음파 파형에 변화경향을 시각적으로 나타낼 수 있다.
4. 전수검사가 요구되는 초정밀생산라인에 24시간 적용이 가능하다.
5. 검사결과를 생산 공정라인으로 피드백(Feed back)시켜 무인자동화가 가능하다.
6. 사람이 접근하기 어려운 고공, 고열, 고압 등의 설비현장에 투입이 가능하다.

초음파탐상시험의 탐촉자는 초음파의 입사방향에 따라서 수직 탐촉자와 사각 탐촉자가 있다. 탐촉자의 형식은 발진자와 수진자가 분리되어 있는 것과 일체로 되어있는 형식이 있는데 주로 일체형 탐촉자를 사용한다. 강부재 조사에 사용하는 탐촉자의 주파수 범위는 2~10MHz이며, 사각탐촉자의 경사각은 45~70°범위를 사용한다.

측정원리는 소리가 입자의 진동이고 일정한 주파수의 범위를 가지며, 귀로 들을 수 있는 진동수는 가청주파수대 20~20,000회/초이다. 가청주파수대 이상의 진동수를 갖는 음파를 초음파라 하고 보통 500KHz~20MHz가 초음파 탐상에 실용화 되고 있다. 따라서 파장이 가청음보다 아주 짧기 때문에 빛의 직진성과 같은 성질이 있고, 작은 결함으로부터 나타나는 반사도 크게 보기 쉬운 성질이 있다. 초음파는 빛보다 파장이 길지만 일반적 전파보다는 파장이 짧다. 전파는 금속내부에 전해지지 않지만 초음파는 X선 보다도 물질내부에 전달이 쉽고, 가청음은 종이 등의 진동판을 전자의 힘으로 움직여 발생시키지만 초음파의 발생은 압전이라 하는 물리현상을 가진 재료를 사용하고 있다. 재료 중에 하나가 수정판이며 이 수정판에 전압을 가하면 전압의 +, −에 따라 두께방향으로 신축적으로 두께의 변동이 일어난다. 반대로 수정판을 일정한 주파수로 기계적 진동을 가하면 신축되어 전극 간에 전압이 발생한다. 이러한 효과를 압전효과라고 한다. 압전효과는 기계적 에너지를 전기적 에너지로 변형시키고, 전기적 에너지를 기계적 에너지로 변형시키는 현상이다. 초음파 탐상 시험은 탐촉자가 검사대상물에 음파의 에너지를 주사하고 시험편은 반응하여 음파를 반사하는 것이다. 초음파탐상기의 측정원리는 탐촉자에서 발진된 초음파가 피시험체 내부에 있는 경계층에 반사되어 들어오는데 소요되는 시간(t)과 강재의 초음파 전달속도(V)를 이용하여 탐촉자로 부터 경계 층까지의 거리(S)를 식 (5.20)으로 추정하는 것이다.

$$S = \frac{1}{2} Vt \tag{5.20}$$

강재에서 초음파 전달속도는 초음파의 모드에 따라서 크게 두 가지로 구분할 수 있다. 탐촉자에서 발진하는 초음파는 파의 진행방향과 재료 재질과 진동방향이 같은 것이고, 초음파는 강재의 종류에 따라서 다르지만 약 5,900m/sec의 속도로 전달된다. 수직탐촉자를 사용하는 경우에 종파의 전달속도를 적용한다. 종파로 발진한 초음파가 강재 표면에 직각이 아닌 경사각으로 입사하게 되면 초음파가 횡파로 전달되게 된다. 횡파의 전달속도는 강재의 경우 약 3,200m/sec이다.

초음파탐상법은 육안으로 측정이 불가능한 강부재의 두께를 측정할 수 있다. 측정하고자 하는 강재의 두께보다 약 3~5배 정도 크게 측정범위를 설정한다. 화면에 표시된 여러 개의 신호 중에서 초기신호는 탐촉자에서 발진된 초음파가 입사면에 반사된 신호이므로 제외하고 초기신호 이후에 나타난 신호들이 초음파가 입사 후 반사면에서 반사

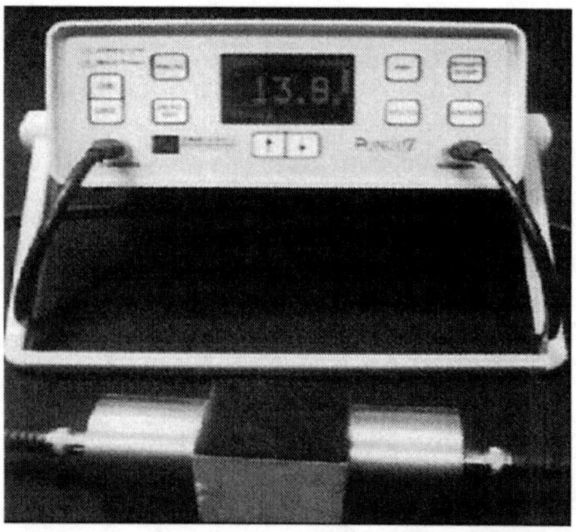

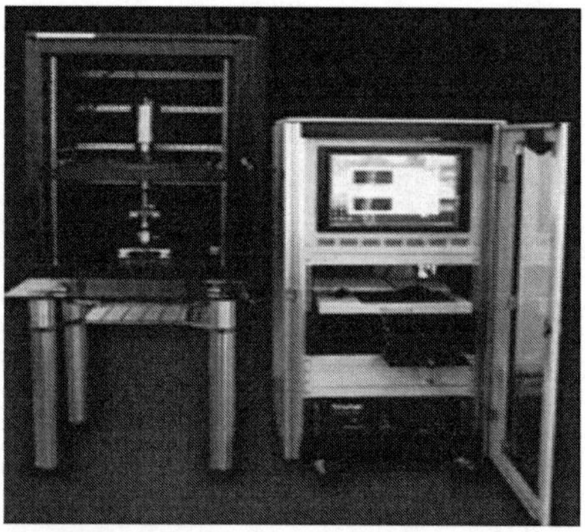

그림 5.36 초음파 시험기

되어 수신된 신호이다. 초기신호 이후에 나타난 첫 번째 반사 신호에 해당하는 초음파 전달속도 또는 전달거리를 사용하여 강재의 두께를 측정할 수 있다. 측정하고자 하는 강부재의 두께, 용접이음의 종류, 입사각 등을 고려하여 초음파시험기의 초기 값을 설정하고 교정을 실시한다. 그림 5.36은 초음파 시험기를 나타낸 것이다.

5.11.3 자분 탐상시험

자분탐상법(Magnetic dust test)은 MT라고도 하며 염료침투시험과 같이 물체의 표면이나 표면 부근의 결함검출에 적용된다. 자분탐상법의 원리는 물체표면에 있는 불연속면으로 인한 자기장의 변화를 결함검출에 이용하는 기술이다. 검사법은 비교적 복잡한 형상을 갖는 강구조물을 조사할 수 있으며, 작은 결함 및 균열의 검출이 가능하고 경제적인 비파괴 검사법이다. 단점으로는 자기장을 형상하기 위하여 고압의 전류가 필요하며, 물체표면 아래에 있는 작은 결함은 검출하기 어렵다는 것이다. 자분탐상법에 의한 결함 검출방법은 다음과 같다.

1. 조사할 물체의 표면을 자분이 자유롭게 움직일 수 있도록 청소한다. 조사할 물체표면에 자기장을 발생시키고 미세한 분말 상태의 자분을 뿌리거나 불어낸다.
2. 균열을 탐지하기 위해서는 균열이 자기장에 대해 거의 횡방향으로 정렬되어 있어야 한다. 이러한 이유로 자기장을 예상되는 결함형성 방향에 수직방향으로 정렬시켜야 한다.
3. 시험부의 표면에 위치시킨 두 개의 전류 전달 구리 탐촉기를 사용하여 국부적으로 자성화 시킨다. 막대는 각 접촉점에 원형 자장을 형성하고, 이들 사이에 전류가 흐를 때 자기장에 수직한 표면결함을 자분을 사용하여 탐지한다. 구리 탐촉기를 조사할 구조물 또는 일부분으로 이동시키면 어느 방향에서도 결함을 발견할 수 있다.

그림 5.37은 자분탐사시험의 원리를 나타낸 것이다. 전류가 흐르게 되면 시험편 주위로 자장이 형성되는 것이다. 강자성체로 된 시험편의 양쪽 끝에 전류로 생긴 자장에 의해 강자성체는 자화되며 양단부 사이에 화살표 방향으로 자속이 발생한다. 이 자속의 흐름은 결함에 의해 흐름을 방해하면 그림 5.38처럼 자속밀도가 높아지게 된다. 투설자속이 생기면 결함부에 N · S극이 발생하고 이것으로 자장이 생긴다. 이 자장에 미세한 분말로 된 자분은 자화되어 자석이 되고 자극이 발생한다. 자분은 자극으로 끌려들어가면서 흡착에 의해 적층되어 자분모양이 형성된다. 따라서 가장 중요한 것은 자화의 문제이다.

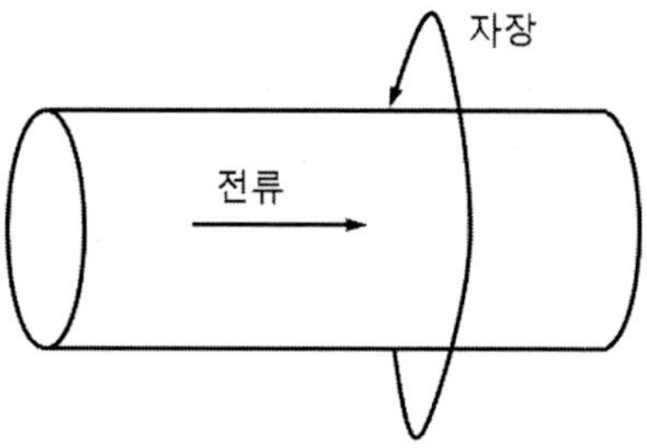

그림 5.37 자분탐상시험의 원리

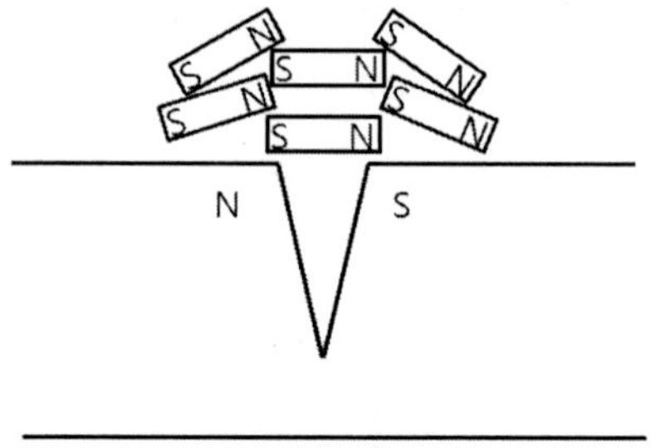

그림 5.38 자분 형성원리

자분탐상법의 장점은 휴대성과 숙련이 필요 없고, 미세균열도 발견할 수 있다는 것이다. 물론 적용할 수 있는 재료 및 발견할 수 있는 결함의 형태는 한정된다. 또한 국부적으로 적용하는 경우 조사 부분에 자성 상태를 남긴다는 추가적인 제약사항이 있는데 일반적인 강구조물에서는 문제가 되지 않는다. 그림 5.38은 자분 형성 원리를 나타낸 것이다. 재질 내부의 균일이 자력선 통로에 놓이게 되면 균열부의 양변에 미세철분이 집중된다. 자분탐상시험은 철분의 집중으로 내부결함의 크기를 판단하기도 한다. 이 방법은 주로 자성재료인 Fe, Ni 및 그 합금 등에 사용된다. 결함이 있을 때 자속선에 방향의 변화가 생기고, 결함 상태가 확실하지 않을 때에는 자속방향을 바꾸어 검사하는 것이 유리하다. 미세철분은 착색하여 여러 가지 색으로 할 수 있고 시험물의 색을 고려하여 조절한다. 그러나 용접과 같은 후속작업에 방해가 될 수도 있기 때문에 상당한 시간과 비용을 통하여 검사부위의 탈자작업을 하는 것이 필요하다.

그림 5.39는 자화곡선을 나타낸 것이다. 자속밀도를 B라고 하고 자화력을 H라고 하

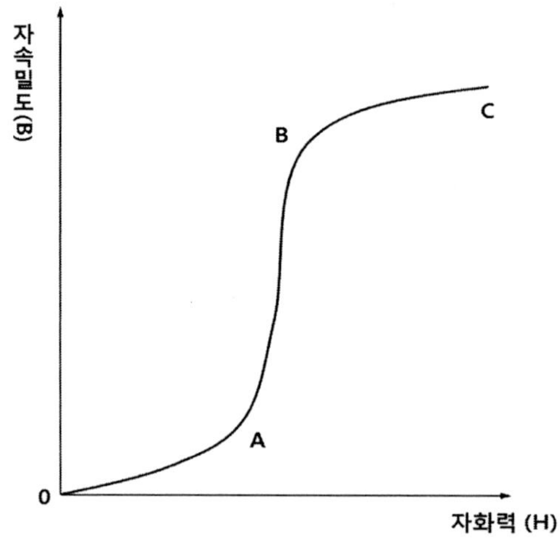

그림 5.39 자화곡선

그림 5.40 자분탐상시험기

면 철편은 0A구간에서 자속밀도에 비하여 자화력이 증가하지만 AB구간에서는 자속밀도의 증가량에 비하여 자화력이 크게 변하지 않는다. BC구간은 철편이 포화상태가 되어 자화력의 증가량이 변화가 없게 된다. 반대로 철편이 자화된 상태에서 자화력을 없애기 위하여 자속밀도를 줄이면 처음에는 자화력이 크게 줄어들지만 자화력을 0 만들기 위해서는 시간이 걸리는 것을 알 수 있다. 그림 5.40은 자분탐상시험기를 나타낸 것이다.

5.11.4 와류 탐상시험

와상전류법(Eddy current flaw detecting test)은 ET라고도 하며 원리가 자분탐상법과 유사하며, 정밀한 자기장의 변화를 감지할 수 있는 센서의 개발과 함께 비교적 최근에 실용화된 비파괴검사법이다. 와류탐상시험법은 조사하고자 하는 물체에 자기장이 아닌 전기장을 교란시켜 결함을 검출하는 것이 자분탐상법과 다른 점이다. 도체에 교류가 통하는 코일을 접근 할 때 결함이 존재하면 코일에 유기되는 전압 및 전류가 변하는 것을 이용하여 시험에서 얻은 신호는 와전류의 분포, 강도, 전자장의 분포와의 관계를 적용하여 결함을 검출하는 방법이다. 이 방법에는 교류를 전달하는 코일이 전도체 주위에 와상전류(Eddy current)를 발생시킨다. 전도체 와상전류는 여자(Exciting) 또는 독립 탐지 코일에서 전도체 및 여자 코일의 성질, 전류의 주파수 및 크기, 전도체의 불연속성 유무에 따라 달라지는 임피던스를 발생시킨다. 따라서 이 방법은 조사하려는 물체의 표면에 코일을 장치하며, 결함은 계측장치가 읽어 들이는 변화를 통해 조사하며, 조사결과는 일반적으로 도표화한다. 그림 5.41은 와류탐상장치의 구성 및 원리를 나타낸 것이다. 그림에서와 같이 장치에 교류가 흐르는 시험코일을 시험편에 접근 시키면 금속에 와전류가 발생하여 시험코일과 와전류와의 상호작용을 통해 값이 입력된다. 따라서 시험

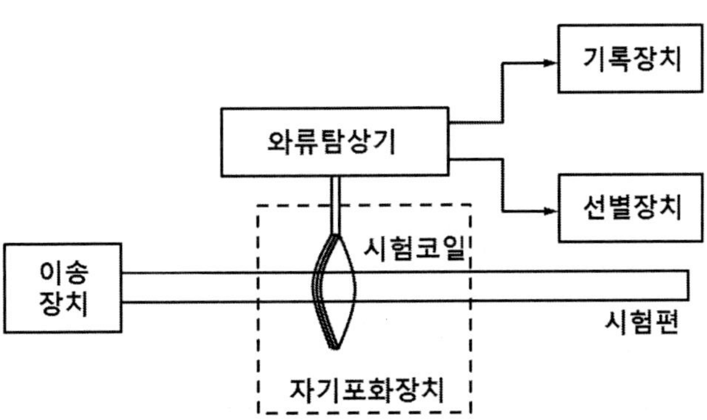

그림 5.41 와류탐상장치의 구성 및 원리

그림 5.42 와류탐상시험기

코일의 변화 값을 전기신호로 변환시켜 검출하고 시험에 방해되는 잡음을 제거하여 결함신호만을 얻을 수 있다.

와류탐상시험법의 결과는 물체의 기하학적 형상에 영향을 받기 때문에 간단한 형상에 대해서만 조사할 수 있다는 것이 단점이다. 복잡한 형상은 임피던스값 자체를 변화시키기 때문에 적용이 제한될 뿐만 아니라 자분탐상법처럼 전도체만을 조사대상으로 할 수 있고, 페인트와 같은 도장 처리에 둔감하다는 단점이 있다. 그러나 물체표면으로부터 깊은 곳에 존재하고 있는 결함을 검출할 수 있으며, 진동수를 적절히 조절함으로써 표면조사를 할 수도 있다. 결함의 크기도 조사 지역의 결과로부터 측정될 수 있다. 그림 5.42는 와류탐상시험기를 나타낸 것이다.

5.11.5 침투 탐상시험

침투상상시험(Penetrant detectiong test)은 PT라고도 하며 철강과 비철을 포함한 모든 재료 및 비금속 재료의 표면에 크랙 있을 때 시험재를 침투액 속에 넣고 꺼내어 결합을 육안으로 시험하는 방법이다. 침투액에 형광물질을 첨가하여 결함을 정확하게 검출 할 수 있어 형광시험법이라고도 한다. 원리가 비교적 간단하면서도 표면의 균열, 결함, 불연속 등의 검출에 효과적인 비파괴검사법이다. 침투탐상법은 적용범위가 넓고, 경제적이며 전문적인 기술이 필요 없는 시험법이다. 단점은 물체표면에 있는 결함 또는 불연속면의 검출 이외의 결함이 내부에 있을 때 측정이 불가능 하다는 것이다. 그림 5.43은 침투 탐상시험의 원리를 나타낸 것이다.

침투탐상법에 의한 표면결함 검출방법의 원리와 검사법은 다음과 같다.

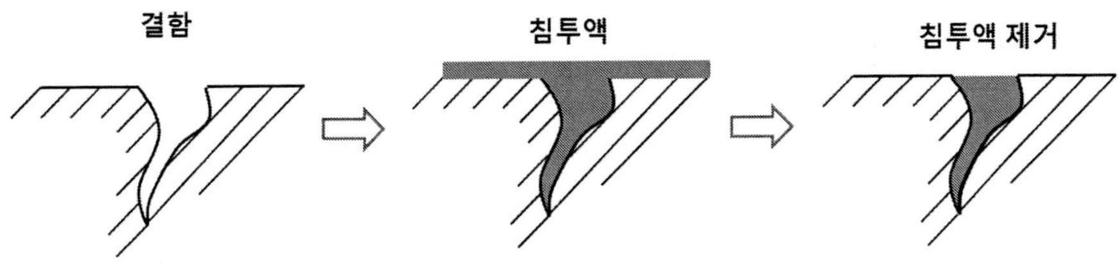

그림 5.43 침투 탐상시험의 원리

1. 침투액이 결함부위에 잘 스며들 수 있도록 조사할 물체 표면을 기계적 또는 화학적인 제거제를 사용하여 기름, 수분 및 오염물질을 청소한다.
2. 분무기를 사용하여 침투액을 조사 위치에 분사하고 침투액이 모세관현상 또는 표면 습윤 현상에 의해 결함부에 침투되도록 한다.
3. 일정 시간이 경화한 후 침투액을 닦아내고 현상제를 물체표면에 분사한다. 침투액을 제거하는 방법으로는 유화제법, 용제법 등을 적용한다.
4. 물체표면이 건조되면 결함이 있는 부위에 스며든 침투액과 현상제의 반응으로 인한 발광으로 결함부위를 육안으로 확인한다.

침투 탐상시험은 육안시험으로 결함의 모양을 크게 나타나야 되고 미세한 결함에 대해서도 침투액이 결함 속에 완전히 침투되도록 해야 되며 동시에 주변과 구별되기 쉬운 색, 눈으로 판별하기 쉽게 배경과 구별이 잘되는 침투액을 선택해야 한다. 최근에는 염색침투 탐상제가 많이 쓰이고 있다. 이 방법은 특수한 장치가 필요 없고 옥내 및 옥외에서 사용할 수 있어 미숙련자도 사용이 가능하며, 보통 육안으로 잘 보이지 않는 미세한 결함도 침투된 염색에 의해 나타난다.

그림 5.44 염색침투 탐상제

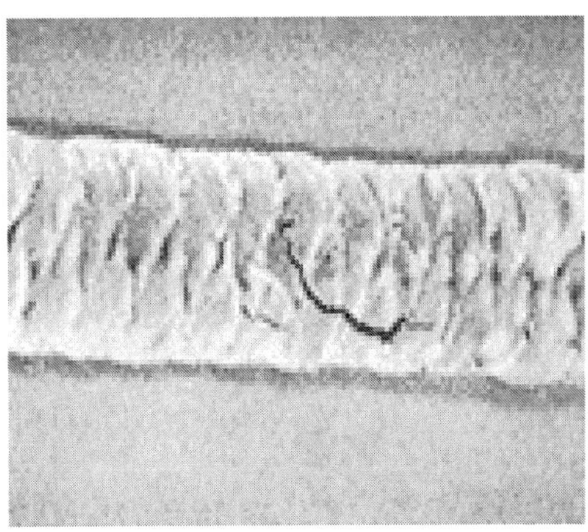

그림 5.45 용접부의 결함부

철, 비철, 자성, 비자성체 등 금속은 물론 도기, 유리, 합성수지의 비금속 재료에도 적용이 가능하다. 적용분야는 항공기의 프로펠러 및 엔진부품, 화학분야의 밸브장치, 차량의 차축, 고압용기, 조선, 피스톤, 엔진부품, 내연기관의 부품에도 적용되고 있다. 그림 5.44는 염색침투 탐상제를 나타낸 것이다. 그림 5.45는 용접부의 결함부를 나타낸 것이다.

5.11.6 음향 탐상시험

음향탐사법(Acoustic emission test)은 AE라고도 한다. 물체의 균열 또는 국부적인 파단으로부터 방출 되는 응력파(Stress Wave Emission)를 센서로 검출하는 기법으로서 다른 비파괴검사법이 신호를 발생시키고 그 응답을 분석하는 것과 다르게 피동적으로 신호를 수신하여 결함을 검출하는 비파괴검사법이다. 음향탐사법은 실시간으로 결함의 진원지와 결함의 상태를 알 수 있으며, 국부적인 결함의 검출 이외에 전체 구조물의 상태를 모니터링 할 수 있는 장점이 있다.

음향탐사법의 단점으로는 안정화된 결함, 즉 진행이 멈춘 균열 등은 검출할 수 없으며, 센서의 감도에 따라 결함의 검출결과가 달라지며 음향방출이 구조물의 구조를 따라 전달 될 때 결함의 정확한 위치를 찾기가 어렵다. 이러한 경우 초음파탐상법과 같은 국부적인 결함검출법을 병행하여야 한다.

음향탐상시험은 센서에 감지되는 파동은 고체 내부에서 방출되는 것으로 결함의 생성 및 성장하는 균열의 경우 진행을 포착 할 수 있다. 구조물이 파괴되기 전 내부에서 국부적인 구역이 발생하는데 전체적으로 외력이 재료의 탄성한계보다 낮아도 균열선단부에서는 응력집중에 의한 소성변형이 진행된다. 따라서 다른 비파괴 검사와 비교하면 다음과 같은 차이점이 있다.

1. 기계 및 구조물이 응력을 받고 있는 상태에서의 결함 발생 및 성장을 알 수 있다.
2. 압력용기 및 배관의 수명기간을 최대화 할 수 있다.
3. 설치 후 접근이 어려운 위치의 결함 탐지가 가능하기 때문에 신속하고 경제적으로 해결할 수 있다.

그림 5.46은 압력용기의 음향방출시험을 하는 것이다. 용기의 결함이나 손상을 탐지하는데 재료 및 용접부에서 방생하는 원인은 다음과 같다.

그림 5.46 압력용기의 음향방출시험

1. 균열의 발생과 성장에 의해서 발생한다.
2. 부식이나 국부적인 항복에 의한 균열발생을 포함한 부식의 영향에 의해서 발생한다.
3. 항복이나 결정내 슬립을 포함한 금속학적 변화에 의해서 발생한다.
4. 취성에 의해 발생한다.
5. 용접에서의 불완전 용해, 용접부의 용입 부족, 기공, 불순물의 혼입으로 발생한다.

연 습 문 제

1. 파괴시험 중 인장시험의 적용사례를 조사하시오.

2. 파괴시험 중 압축시험의 적용사례를 조사하시오.

3. 파괴시험 중 굽힘시험의 적용사례를 조사하시오.

4. 파괴시험 중 전단시험의 적용사례를 조사하시오.

5. 파괴시험 중 비틀림시험의 적용사례를 조사하시오.

6. 파괴시험 중 충격시험의 적용사례를 조사하시오.

7. 파괴시험 중 피로시험의 적용사례를 조사하시오.

8. 파괴시험 중 경도시험의 적용사례를 조사하시오.

9. 파괴시험 중 크리프시험의 적용사례를 조사하시오.

10. 파괴시험 중 마모시험의 적용사례를 조사하시오.

11. 비파괴 시험의 종류를 조사하시오.

12. 비파괴 시험의 적용사례를 조사하시오.

13. 파괴시험과 비파괴 시험을 비교하시오.

06 접합용 요소

6.1 나사

나사는 결합용 및 운동용 기계요소이다. 나사는 호환성을 고려하여 우리나라는 KS규격, 국제적으로는 ISO규격으로 표준화 되어 있다. 모든 치수의 나사가 있지 않기 때문에 규격용 나사가 있는가를 KS규격을 이용하여 판단하고 설계를 하여야 한다.

그림 6.1은 나선곡선을 나타낸 것이다. 가상 원통위의 한 점이 축방향의 직선 운동과 접선 방향의 회전운동을 일정한 비율로 동시에 하였을 경우 원통위에 그려지는 궤적을 말한다. 나선곡선의 궤적을 직각삼각형 ABC에서 밑변인 선분 AC의 길이는 원통의 둘레는 πd^2이고 높이 선분 BC의 길이는 나사가 1회전하였을 때 축방향으로 이동한 거리는 l이다. 그림에서 λ는 나선각, γ는 나선곡선이 축선방향과 이루는 각으로 비틀림각 l은 리드, d^2는 유효지름을 의미한다.

나사는 나사산의 위치에 따라 수나사와 암나사로 분류된다. 원통의 외면에 나사산이 있는 경우 수나사 혹은 볼트라고 하며 원통의 내면에 나사산이 있는 경우 암나사 또는 너트라고 한다. 나사가 축방향으로 이동할 때 나사가 회전하는 방향이 오른손 법칙의 경우 오른나사, 회전방향이 왼손의 경우 왼나사라고 한다. 대부분의 경우 오른나사라고 보면 된다. 나사산의 모양에 따라 분류하고 있다. 그림 6.2는 일반적으로 가장 많이 사용하는 삼각나사, 그림 6.3은 나사효율을 높지만 가공이 어려운 사각나사를 나타낸 것

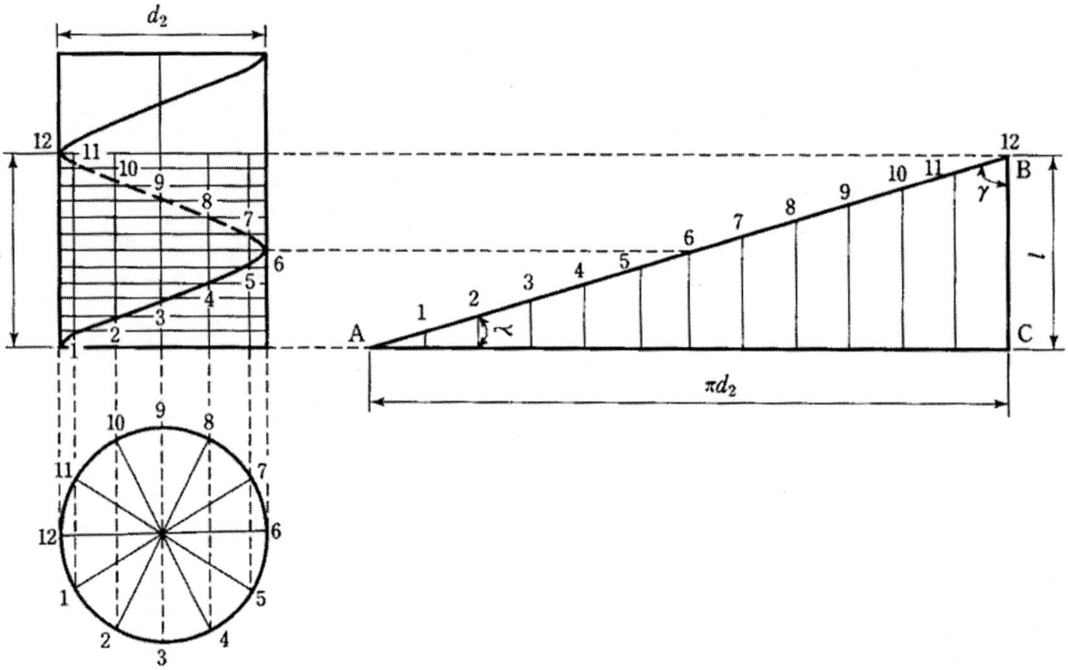

그림 6.1 나선곡선

이다. 그림 6.4는 강도가 높고 큰 힘을 견딜 수 있고 나사의 효율면에서 사각나사가 가장 좋지만 가공의 어려움 때문에 사용되는 사다리꼴나사, 그림 6.5는 동력을 전달할 때 많이 쓰는 톱니나사, 그림 6.6은 고속으로 작동하게 하기 위한 둥근나사, 그림 6.7은 정밀하게 제어하기 위해 사용되는 볼나사를 나타낸 것이다. 볼나사는 너트 안에 볼가이드가 있어서 볼 가이드를 따라서 강철 볼이 구동되도록 되어있다.

수나사에서 지름이 가장 큰 부분을 나사산이라고 하고 지금이 가장 작은 부분을 골이라고 부른다. p는 피치라고 하며 서로 인접한 나사산과 나사산 사이의 축방향 거리를 말한다. l은 리드라고 하며 나사가 1회전 할 때 축방향으로 이동하는 거리를 의미한다. 나사의 줄수에 따라 한줄나사, 두줄나사, …n줄나사로 구분하며 나사의 피치, 리드, 줄수의 관계는 식 (6.1)과 같다.

$$l = n\,p \tag{6.1}$$

식에서 한줄 나사면 $l = p$이고 두줄 나사면 $l = 2p$이다.

나사에서 지름의 크기는 나사축의 직각방향으로 측정한다. 나사의 지름은 수나사에서 소문자로 암나사는 대문자로 표시한다. 그림 6.8은 수나사, 그림 6.9는 암나사를 나타낸

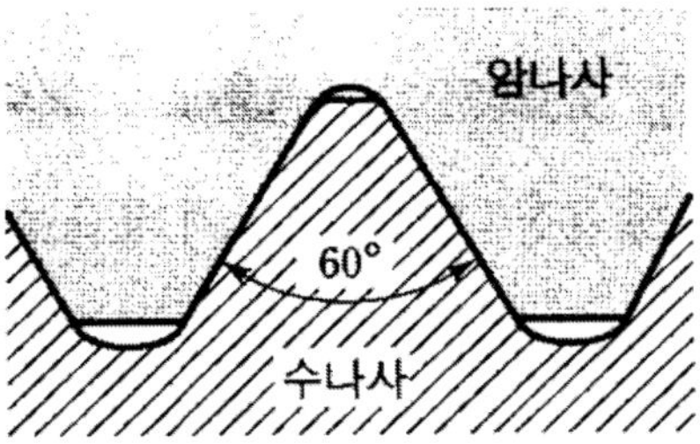

그림 6.2 삼각나사

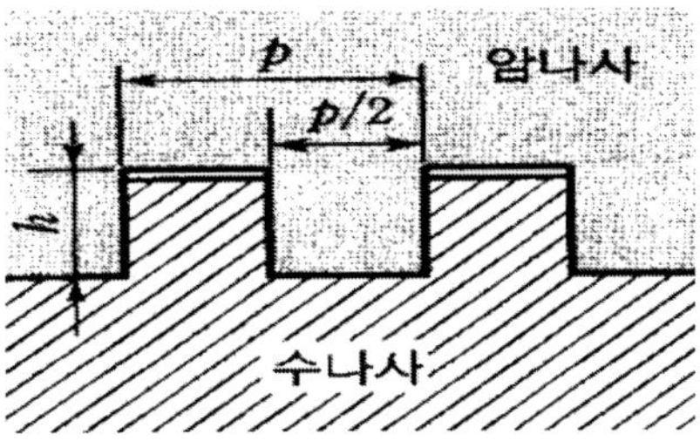

그림 6.3 사각나사

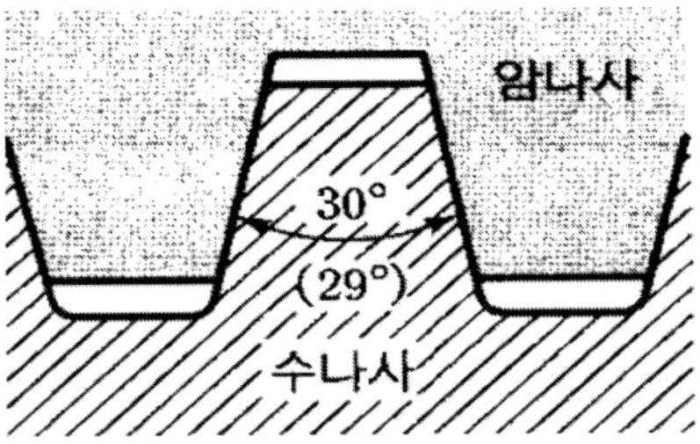

그림 6.4 사다리꼴나사

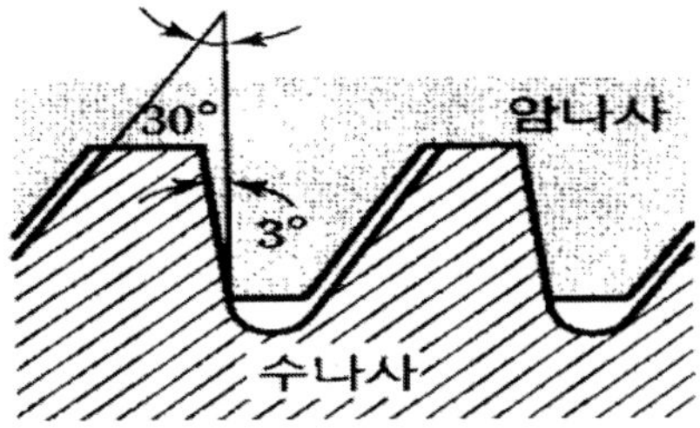

그림 6.5 톱니나사

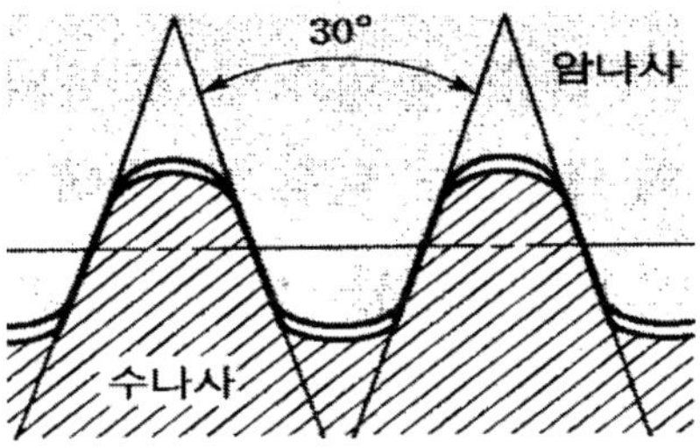

그림 6.6 둥근나사

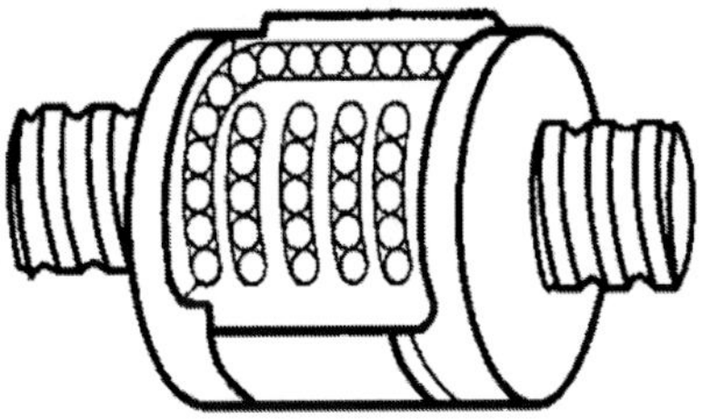

그림 6.7 볼나사

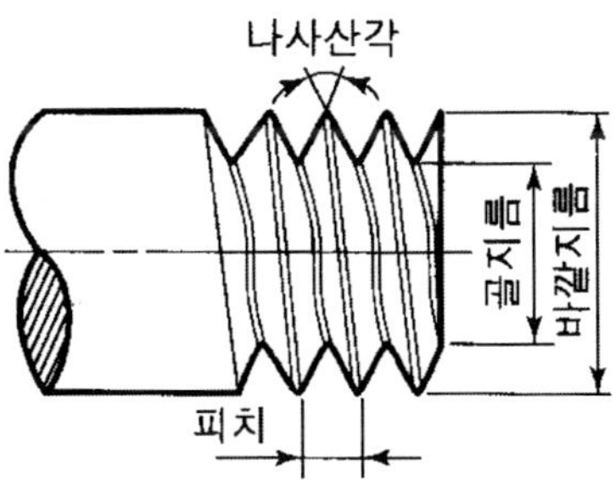

그림 6.8 수나사

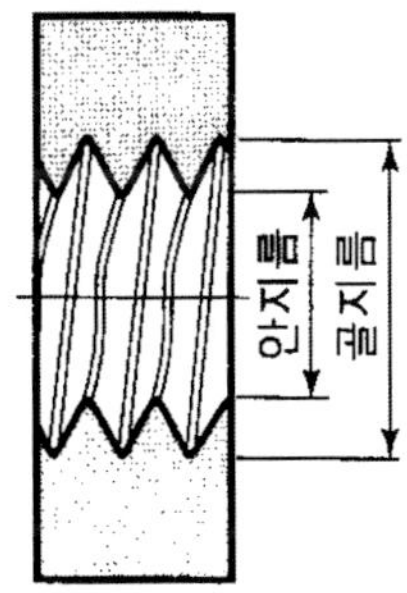

그림 6.9 암나사

것이다.

표 6.1은 나사의 지름을 표현한 것이다. 바깥지름(d)는 수나사의 바깥지름의 말하며 나사의 크기를 나타내는 호칭은 수나사의 바깥지름으로 표기한다. 바깥지름은 호칭지름과 같은 의미이며 같은 크기의 암나사 지름을 암나사의 골지름(D)이라고 한다. 암나사

표 6.1 나사의 지름

나사구분	최대	최소
수나사(볼트)	바깥지름(d)	골지름(d_1)
암나사(너트)	골지름(D)	안지름(D_1)

의 안지름(D_1)은 암나사의 최소 지름을 반경방향으로 측정한 길이이다. 같은 크기의 수나사 지름을 수나사의 골지름(d_1)이라고 한다.

나사는 나사산의 감김방향, 나사산의 줄의 수, 나사의 호칭-나사의 등급으로 표기한다.

1. 나사산의 감김방향 : 왼나사의 경우 좌 또는 L로 표시하며 오른나사의 경우 표시하지 않는다.
2. 나사산의 줄의 수 : 두줄나사의 경우 2줄 또는 2N으로 표시하고 세줄나사의 경우 3줄 또는 3N으로 표시하며 한줄나사의 경우 표시하지 않는다.
3. 나사의 호칭 : 나사의 종류에 따른 호칭을 한다.
4. 나사의 등급 : 공차의 위치 및 등급을 나타낸다.

볼트의 종류는 용도에 따라서 다음과 같이 분류할 수 있다.

1. 관통볼트 : 조이려는 부분을 관통하여 볼트지름 보다 약간 큰 구멍을 뚫고, 머리에 붙은 볼트를 조이려는 부분을 관통하여 삽입한 후 끝부분에 너트를 채운다.
2. 탭 볼트 : 체결하고자 하는 부분에 암나사를 만들어 머리에 붙은 볼트로 조인다.
3. 스터드 볼트 : 양쪽 끝 모두 수나사로 되어있는 나사로서 관통하는 구멍을 뚫을 수 없는 경우에 사용한다. 한쪽 끝은 상대쪽에 암나사를 만들어 미리 반영구적으로 박음을 하고, 다른쪽 끝은 너트를 끼워 조인다.
4. 양너트 볼트 : 볼트의 양쪽 끝에 수나사를 깎는다. 조이고자 하는 물체를 통과시킨 후 볼트의 양 끝에 각각 너트를 사용하여 된다.
5. 리머 볼트 : 볼트에 전단력이 작용하는 곳에 사용한다. 일반 볼트를 사용 하면 전단력이 볼트에 직접 작용하여 강도상의 문제를 일으키고, 반복 작용하는 경우에는 나사풀림의 원인이 되기도 한다. 그림과 같이 전단력이 발생하는 부분에 링을 끼워 링이 전단력을 받도록 하거나 볼트의 축부분을 테이퍼 형으로 만들어 움직이지 않도록 고정한다.

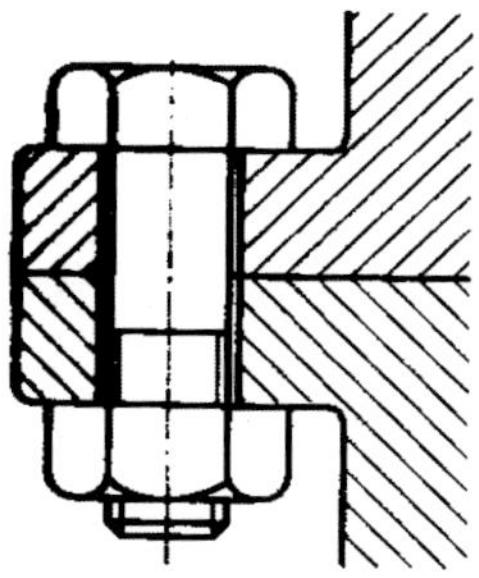

그림 6.10 관통볼트

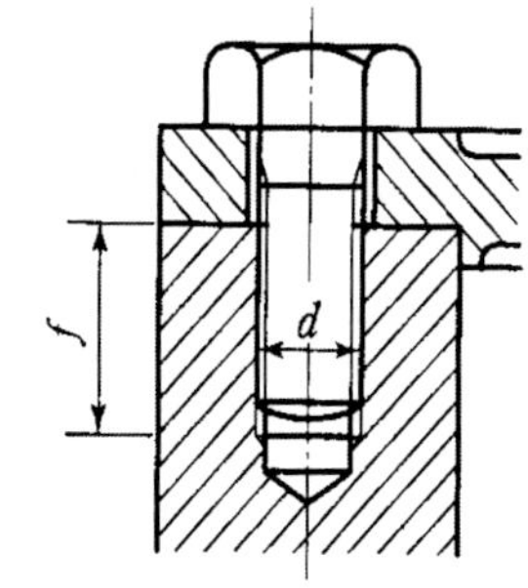

그림 6.11 탭볼트

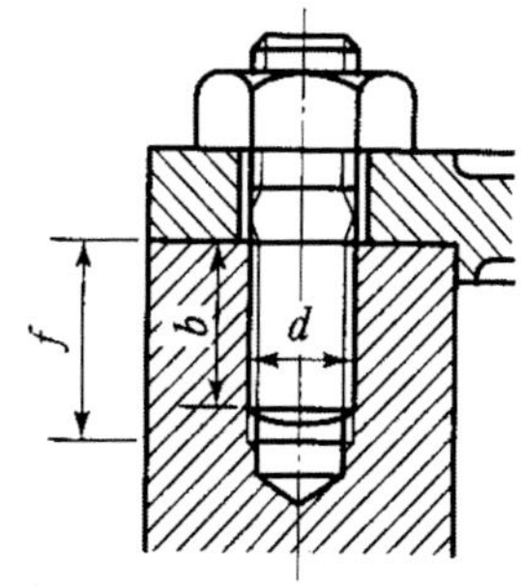

그림 6.12 스터드볼트

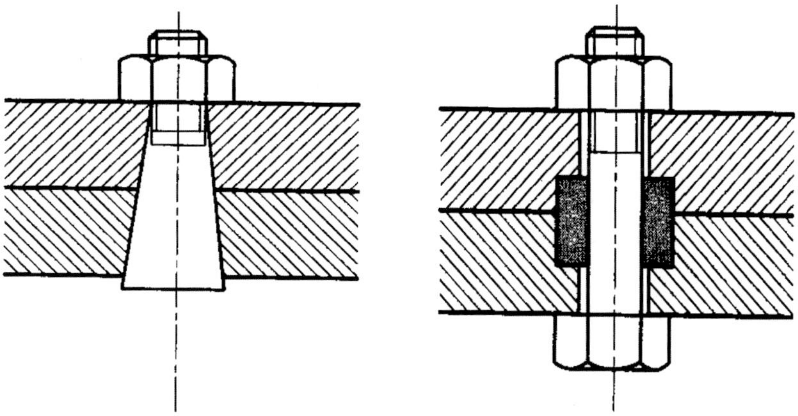

그림 6.13 리머 볼트

그림 6.10은 관통볼트, 그림 6.11은 탭볼트, 그림 6.12는 스터드볼트, 그림 6.13은 리머 볼트를 나타낸 것이다.

볼트 머리의 종류에 따라서 분류하면 다음과 같다.

1. 육각 볼트 : 머리모양이 정육각형인 볼트로서 일반적으로 널리 쓰인다. 머리의 면적이 크고 스패너에 의하여 강력한 조임력이 얻어진다.
2. 소형 육각 볼트 : 육각 볼트보다 소형으로 설치면적이 작을때 사용한다. 머리가 작아서 조임력이 육각볼트보다 작다.
3. 사각 볼트 : 볼트 머리모양이 정사각형인 볼트로서 T홈붙이 테이블의 T홈에 끼워 추는 경우에 사용한다. 스패너를 거는 볼트의 머리면이 육각 볼트의 머리의 2배이므로 회전 모멘트를 크게 할 수 있으므로 고착시킨 상태에서 볼트를 빼기 쉽다.
4. 육각 구멍붙이 볼트 : 나사의 머리에 정육각형의 구멍이 파져 있는 볼트로서 육각렌찌로 조이거나 푼다. 강도가 우수한 재질을 사용하나 조임력은 스패너에 의한 것보

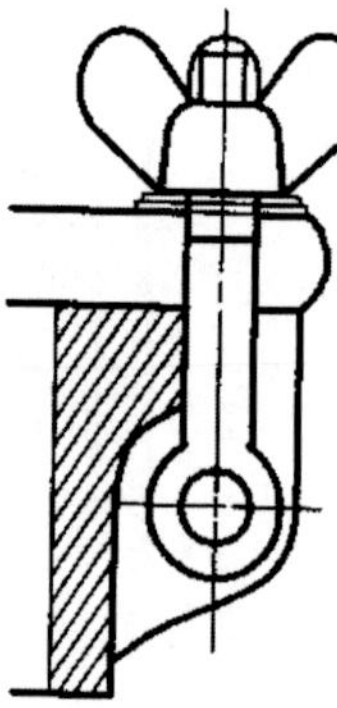

그림 6.14 아이볼트

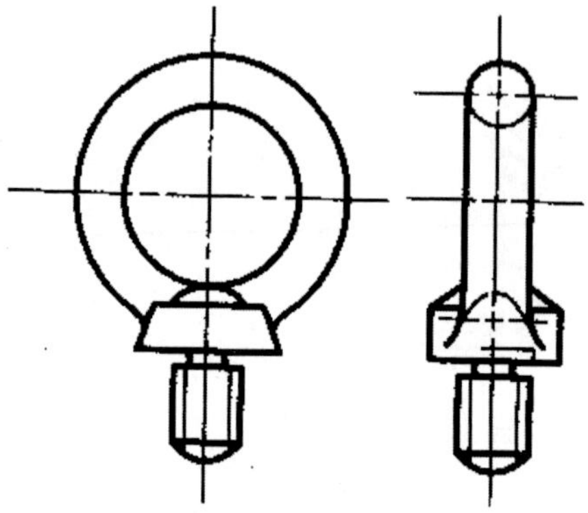

그림 6.15 리프트 아이 볼트

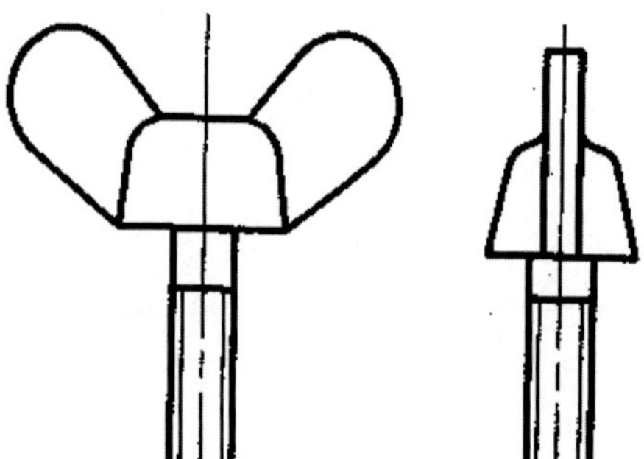

그림 6.16 나비볼트

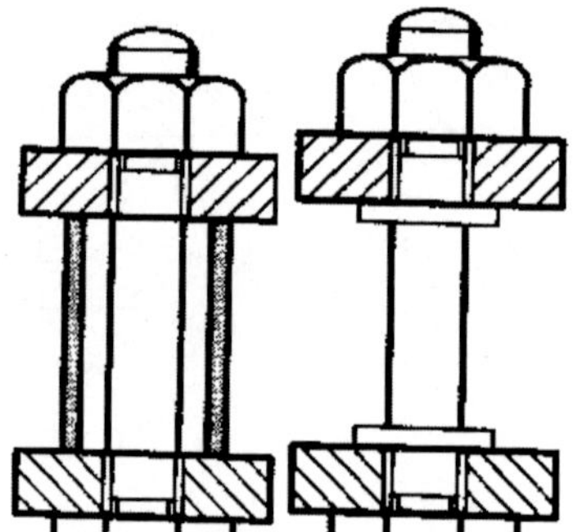

그림 6.17 간격유지 볼트

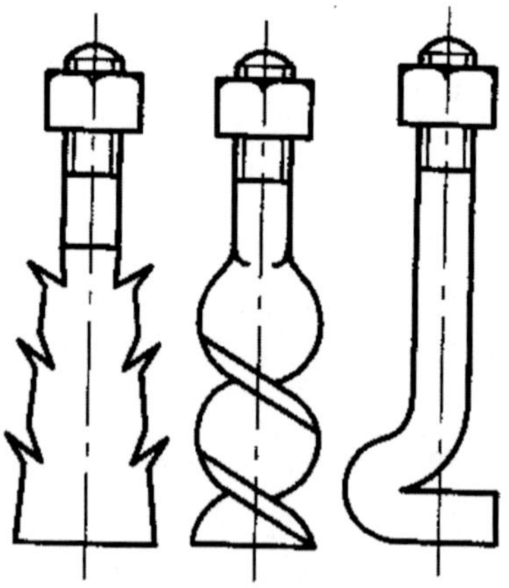

그림 6.18 기초볼트

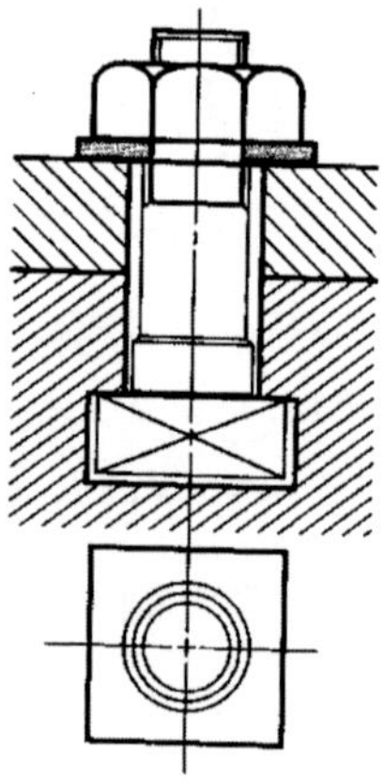

그림 6.19 T 볼트

다 작다.

5. 무드 볼트 : 나사의 머리가 없다. 볼트 내부에 육각렌치를 이용하여 조임력을 줄 수 있다. 조임력은 약하고 미관을 고려하는 경우 사용된다.

특수한 경우에 사용하는 특수볼트는 다음과 같다.

1. 아이 볼트 : 볼트의 머리부에 핀을 끼우거나 혹은 걸 수 있도록 되어 있다. 볼트머리에 끼운 핀을 중심으로 회전할 수 있으며, 너트를 완전히 빼지 않고 탈착이 가능하여 자주 탈착하는 뚜껑의 체결에 사용된다. 아이볼트의 종류 중 리프트 아이 볼트는 나사의 머리모양이 훅이 달린 고리가 있는 형태의 볼트로서 물체를 달아 올리는 용도로 사용된다.
2. 나비 볼트 :나사의 머리모양을 나비모양으로 만들어 스패너 없이 손으로 조 일 수 있고 탈착하는 것이 가능하다.
3. 간격유지 볼트 : 기계, 구조물 등을 바닥에 고정시키기 위하여 사용하는 볼트이다. 한쪽 끝은 수나사로 파져 있어 기계를 고정시키는데 사용하고, 다른 쪽 끝은 콘크리트에서 고정되었을 때 움직이지 않도록 되어 있으며, 여러 가지 모양이 있다.
4. T볼트 : 공작기계 테이블 또는 정반은 다른 물체를 용이하게 고정 시킬 수 있도록 T자형 홈이 파져있다. 나사의 머리를 사각형으로 만들어 T자형 홈에 끼우면 너트를 조일 때 나사머리가 회전하지 않게 된다.
5. 기초볼트 : 기계, 구조물을 바닥에 고정하기 위하여 사용하는 것이다. 한쪽 끝은 수나사로 되어 있고 기계를 고정시키기 위하여 사용된다.

그림 6.14는 아이볼트, 그림 6.15는 리프트 아이 볼트, 그림 6.16은 나비볼트, 그림 6.17은 간격유지 볼트, 그림 6.18은 기초볼트, 그림 6.19는 T 볼트를 나타낸 것이다.

특수 너트는 다음과 같다.

1. 와셔 너트 : 너트의 밑면에 너트를 끼운 모양으로 만든 너트이다. 접촉하는 재료와의 접촉면적을 크게 하여 접촉압력을 줄인다. 너트 하나로 와셔의 역할을 겸한 너트이다.
2. 캡 너트 : 너트의 한쪽은 관통되지 않도록 만든 것이다. 볼트의 한쪽 끝 부분이 막혀 있어 외부로부터의 오염(기름, 먼지) 을 방지할 수 있다.
3. 스프링판 너트 : 스프링 판을 굽혀서 만들며, 사용이 간단하여 스피드 너트 (Speed nut) 라고도 한다.
4. 홈붙이 둥근 너트 : 너트의 두께가 얇고 균형이 잘 잡 잡혀 있다. 구름 베어링의 부

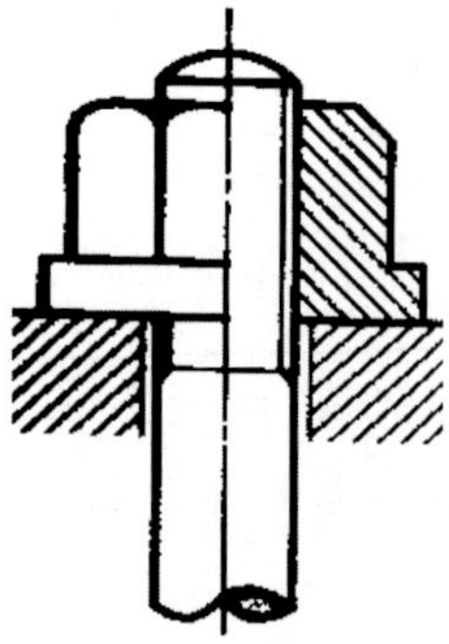
그림 6.20 와셔 붙이너트

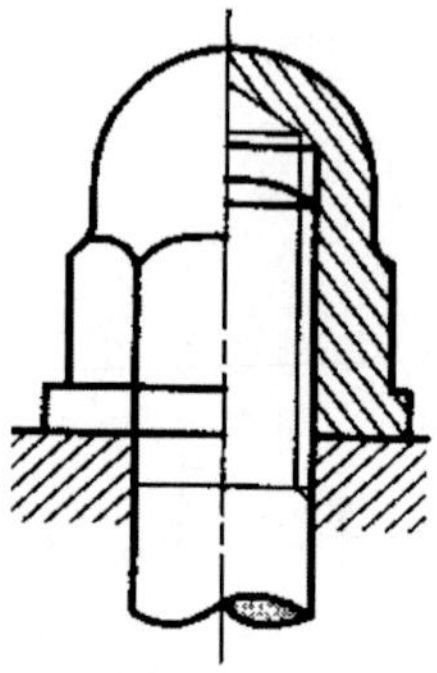
그림 6.21 캡너트

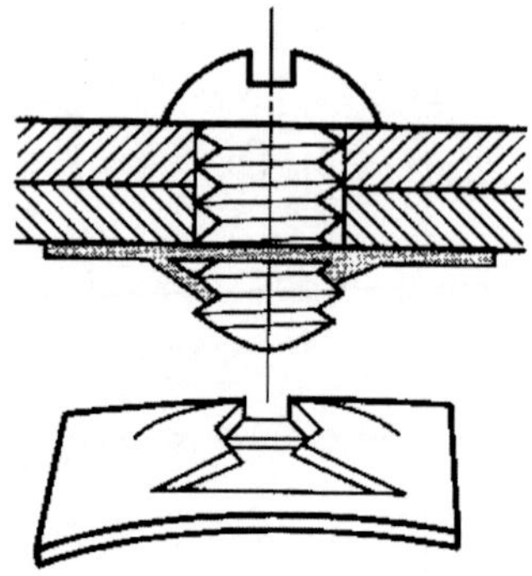
그림 6.22 스프링판 너트

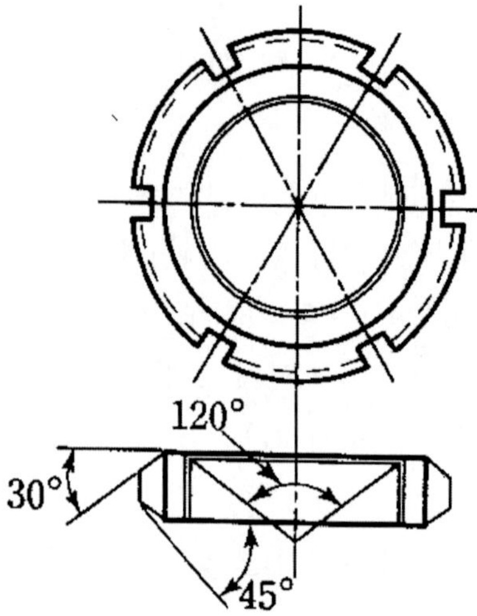

그림 6.23 홈붙이 둥근 너트

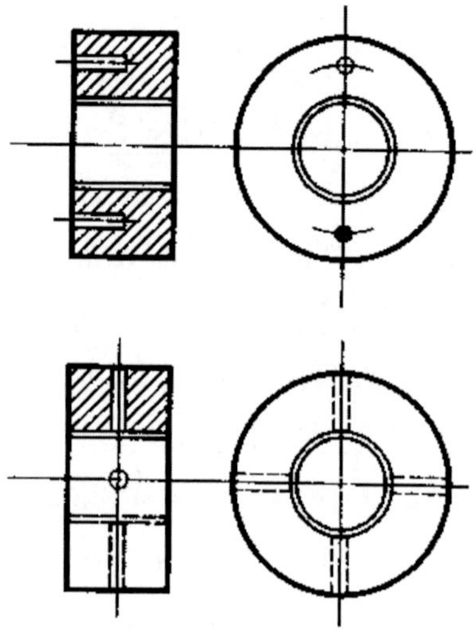
그림 6.24 둥근너트

속품으로 사용된다. 키스패너를 사용하여 조이거나 푼다.

5. 둥근 너트 : 너트를 외부에 노출시키지 않을때 흔히 사용된다. 게눈 스패너를 사용하여 조이거나 푼다.

그림 6.20은 와셔 붙이너트, 그림 6.21은 캡너트, 그림 6.22는 스프링 판 너트, 그림 6.23은 홈붙이 둥근 너트, 그림 6.24는 둥근 너트를 나타낸 것이다.

작은 나사는 볼트의 외경이 1~9(mm)인 작은 나사로서 볼트의 머리부에는 드라이버로 돌릴 수 있도록 홈이 파져있다. 홈의 모양은 -자형과 +자형이 있다. 나사머리의 외부 돌출여부 및 볼트 머리자리의 모양 등에 따라 여러 종류의 머리모양이 있다. 드라이버를 사용하여 체결하기 때문에 볼트에 비하여 조임력이 작다. 빈번한 풀림이 있는 곳에는 홈의 모양이 손상되기 쉽다. 그림 6.25는 둥근머리나사, 그림 6.26은 납작머리나사,

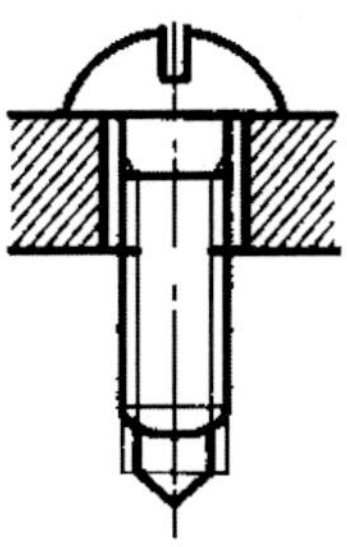

그림 6.25 둥근머리나사

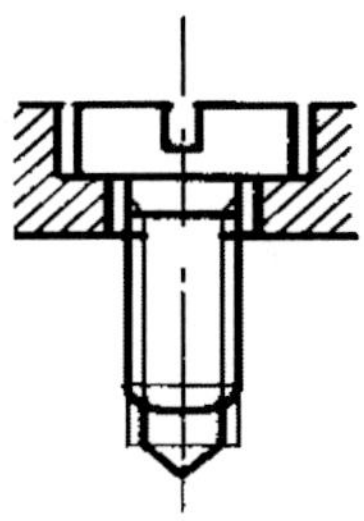

그림 6.26 납작머리나사

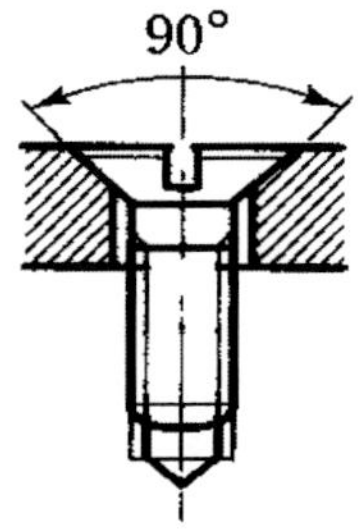

그림 6.27 납작머리접시나사

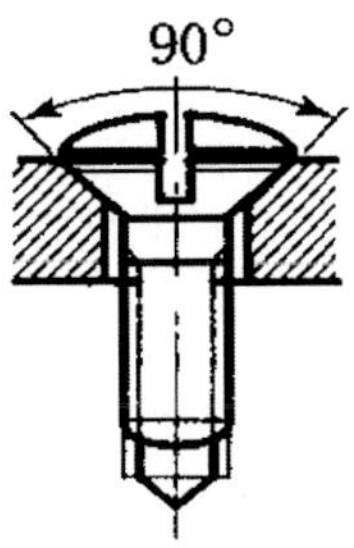

그림 6.28 둥근머리접시나사

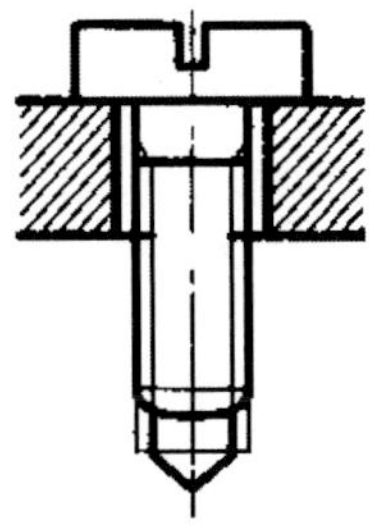

그림 6.29 냄비나사

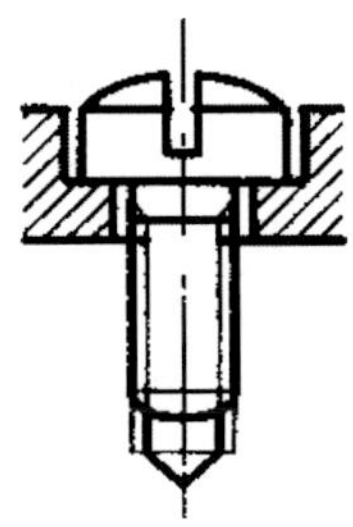

그림 6.30 둥근납작머리나사

그림 6.27은 납작머리접시나사, 그림 6.28은 둥근머리접시나사, 그림 6.29는 냄비나사, 그림 6.30은 둥근납작머리나사를 나타낸 것이다.

멈춤 나사는 나사를 밀어넣어 나사 끝에 발생하는 마찰저항으로 두 물체 사이에 상대운동이 생기지 않도록 하는 나사이다. 머리모양에 따라 홈붙이, 구멍붙이, 사각머리붙이가 있다. 그림 6.31은 홈붙이, 그림 6.32는 구멍붙이, 그림 6.33은 4각 머리붙이를 나타낸 것이다.

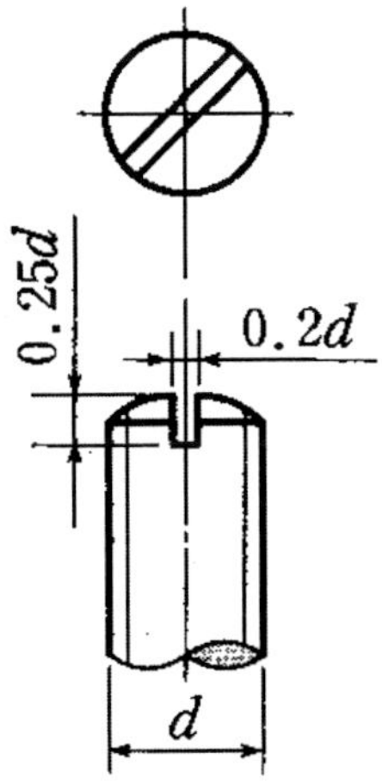

그림 6.31 홈붙이

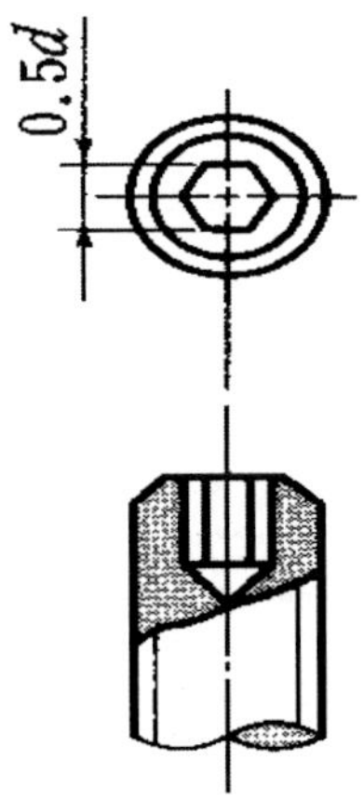

그림 6.32 구멍붙이

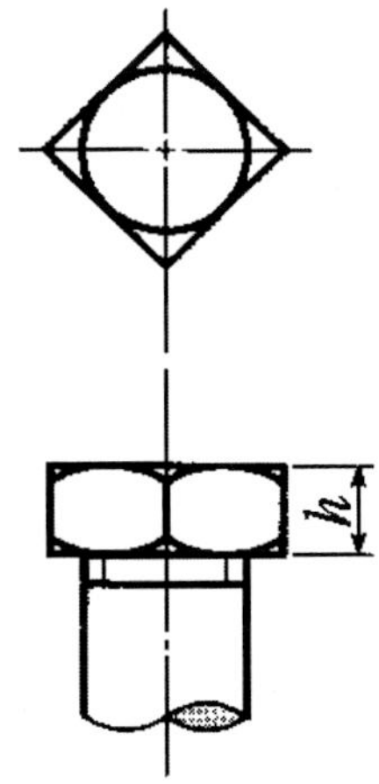

그림 6.33 4각 머리붙이

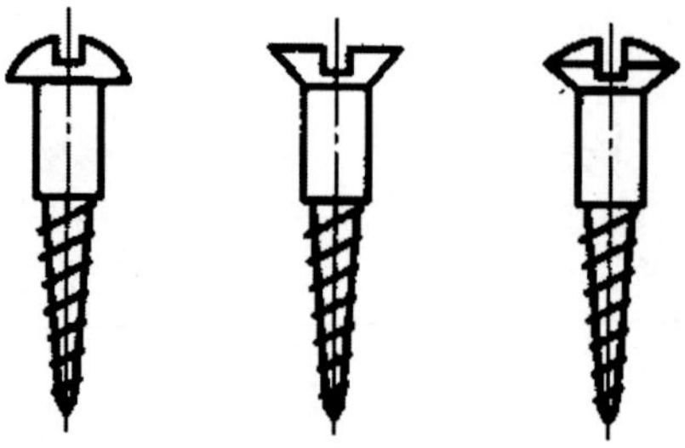

그림 6.34 나사못

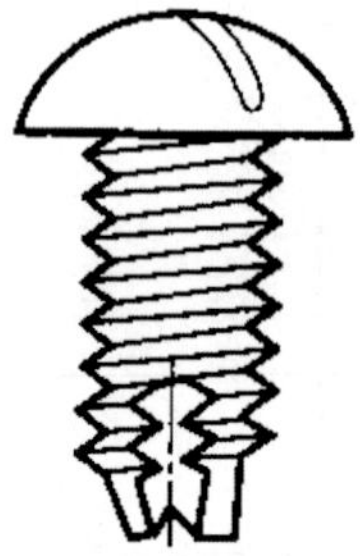

그림 6.35 태핑나사

나사못은 끝부분이 원추형으로 가늘게 되어 있으며 나사산은 삼각형 모양이며, 목재 등과 같은 연한 재료를 박음할 때 쓰인다. 그림 6.34는 드라이버를 이용하여 접합하는 나사못을 나타낸 것이다.

태핑 나사는 암나사를 만들기 위하여 고안된 나사이다. 나사의 표면은 침탄 담금질하여 경화 시켰다. 나사의 끝부분에 테이퍼를 주었으며, 나사의 축방향으로 홈이 파져 있다. 암나사 쪽에 구멍을 뚫고 태핑 나사를 돌리면 나사산이 만들어진다. 그림 6.35는 태핑나사를 나타낸 것이다.

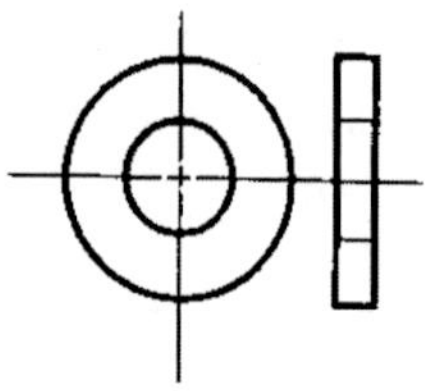

그림 6.36 둥근와셔

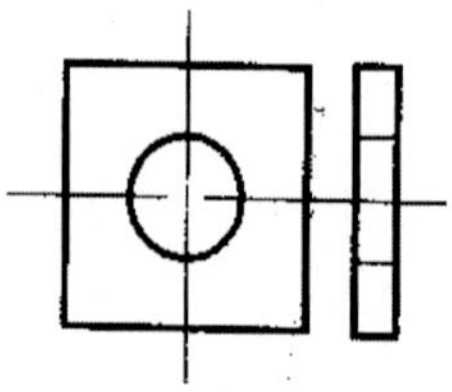

그림 6.37 4각와셔

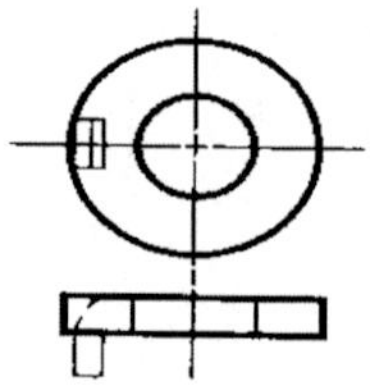

그림 6.38 갈퀴붙이 와셔

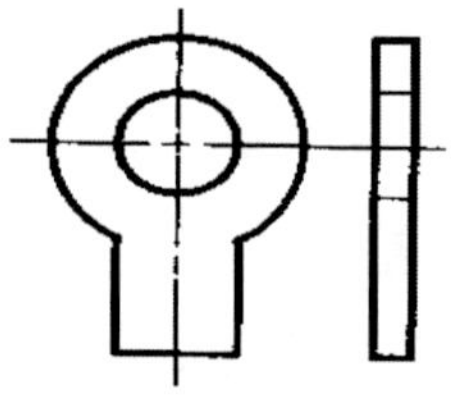

그림 6.39 혀붙이와셔

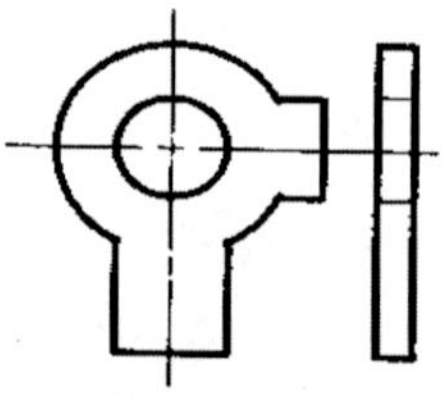

그림 6.40 양쪽 혀붙이 와셔

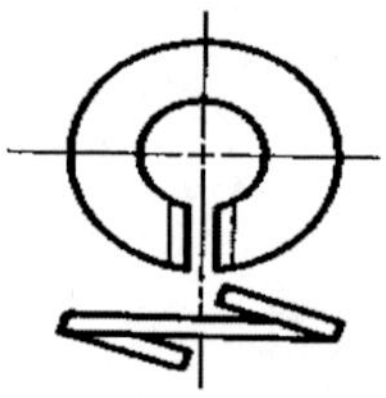

그림 6.41 스프링와셔

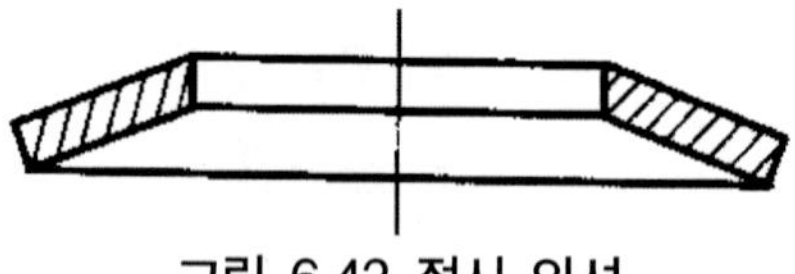

그림 6.42 접시 와셔

와셔는 볼트머리의 밑면에 끼우는 것으로써 사용목적에 따라 여러 가지가 있다. 일반적인 와셔는 볼트머리 부분의 압력을 넓게 분산시키는 역할을 하고, 갈퀴붙이 와셔 또는 혀붙이 와셔는 어떤 물체를 고정시키는 역할을 한다. 스프링 와셔 또는 접시 와셔는 진동에 의한 풀림을 줄이는 역할을 한다. 그림 6.36 둥근와셔, 그림 6.37은 4각와셔, 그림 6.38은 갈퀴붙이 와셔, 그림 6.39는 혀붙이와셔, 그림 6.40은 양쪽 혀붙이 와셔, 그림 6.41은 스프링와셔, 그림 6.42는 접시 와셔를 나타낸 것이다.

스패너는 볼트 또는 너트를 돌릴 수 있도록 고안된 것이다. 보통 스패너로는 양쪽에 있는 양구 스패너와 한쪽에만 있는 단구 스패너가 있으며 일정 치수의 볼트 또는 너트를 대상으로 한다. 자재 스패너는 입의 크기를 조절할 수 있도록 만든 것이다. 자재 스패너에는 멍키렌지와 영국 스패너가 있다. 그림 6.43과 그림 6.44는 양구스패너, 그림 6.45는 편구스패너, 그림 6.46은 멍키펀치, 그림 6.47은 영국 스패너, 그림 6.48은 키스패너, 그림 6.49는 게눈스패너, 그림 6.50은 토크스패너, 그림 6.51은 박스 스패너, 그림 6.52는 육각봉 스패너를 나타낸 것이다.

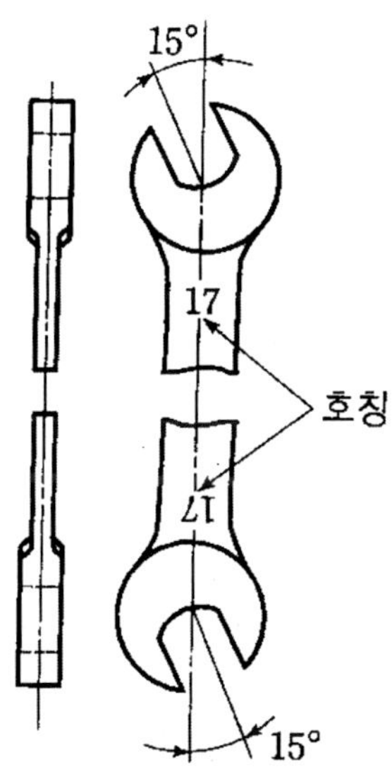

그림 6.43 양구스패너

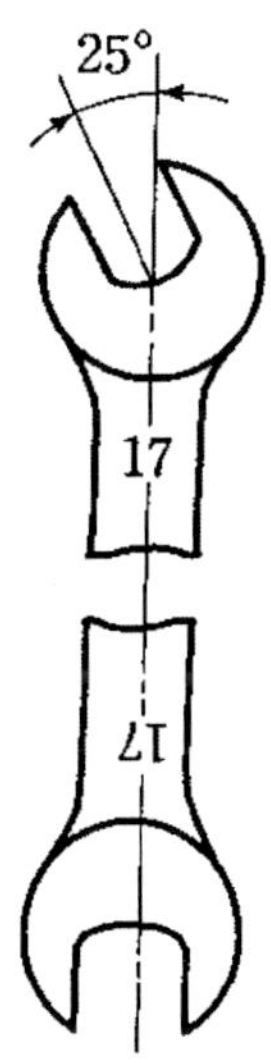

그림 6.44 양구스패너

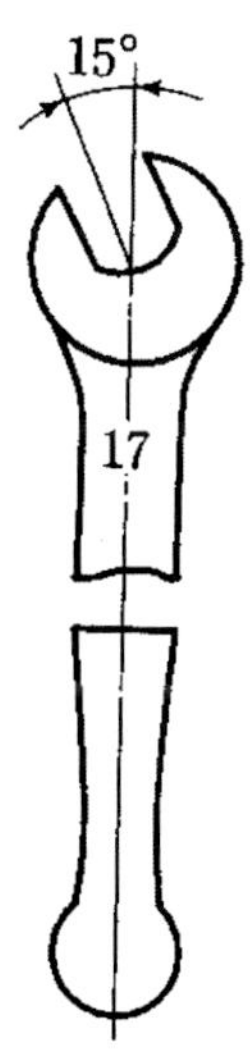

그림 6.45 편구스패너

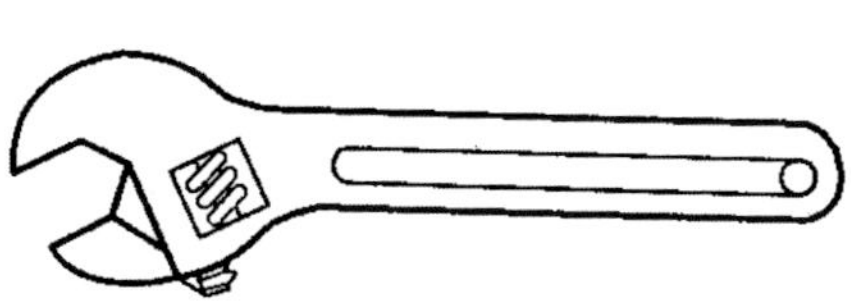
그림 6.46 멍키펀치

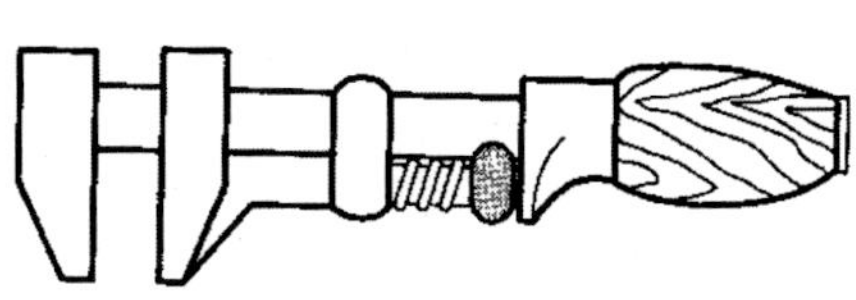
그림 6.47 영국 스패너

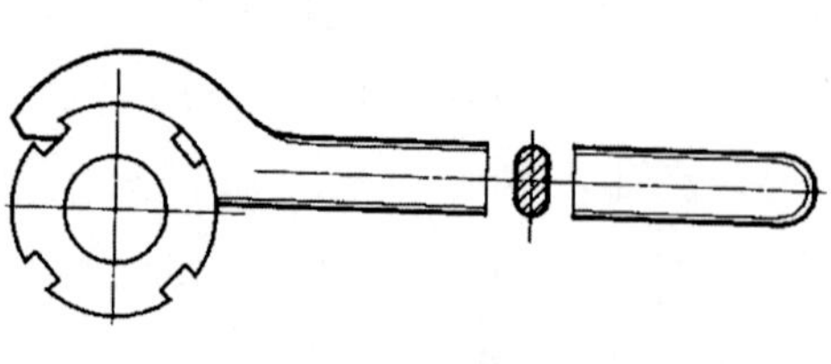

그림 6.48 키스패너

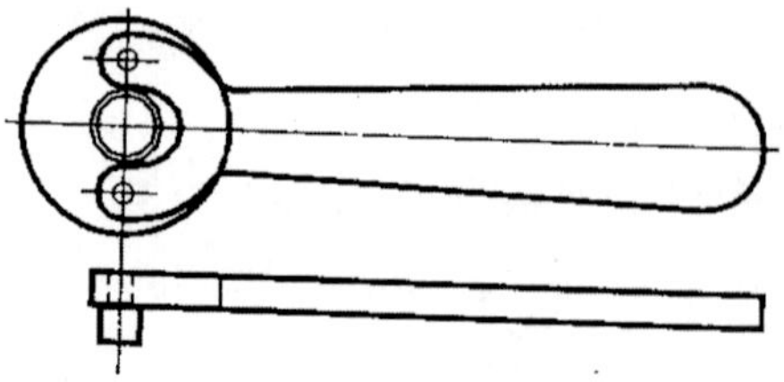

그림 6.49 게눈스패너

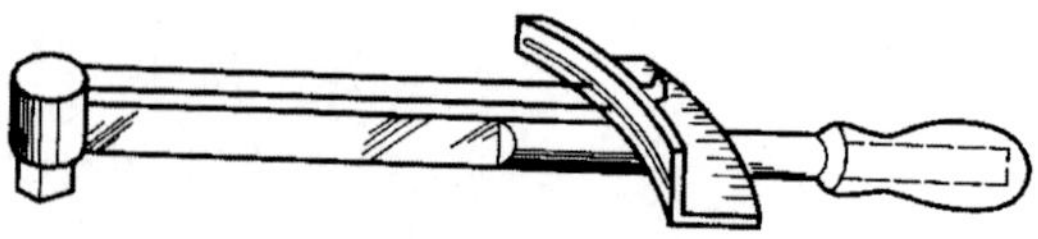

그림 6.50 토크스패너

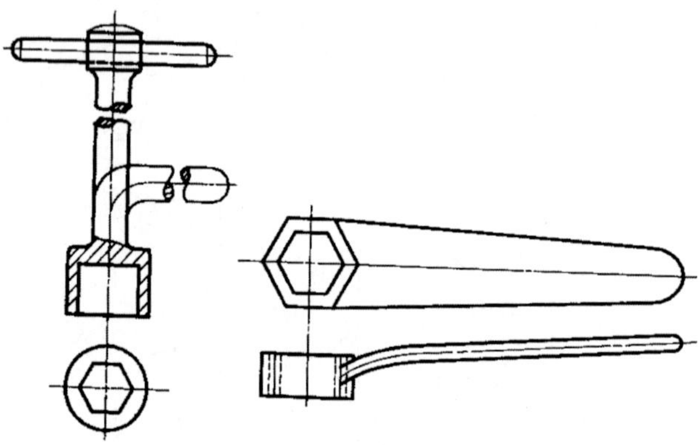

그림 6.51 박스 스패너

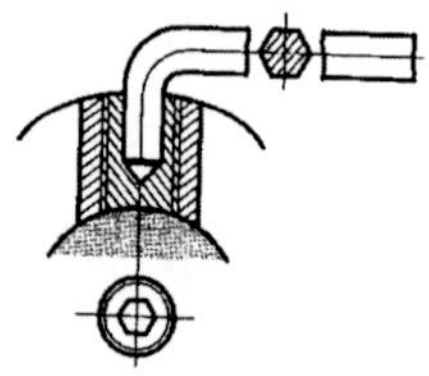

그림 6.52 육각봉 스패너

너트는 진동, 충격, 반복응력 또는 변형 등에 의하여 풀림현상이 발생한다. 풀림을 방지하는 설계방법은 다음과 같다.

1. 스프링 와셔 또는 고무 와셔에 의한 방법 : 결합된 부품 사이에 일정한 축방향 힘을 유지하기 위하여 중간에 탄성이 큰 스프링 와셔나 댐핑이 큰 고무 와셔를 끼운다.
2. 특수 와셔에 의한 방법 : 혀붙이 와셔 또는 톱니붙이 와셔를 사용하여 고정한다. 톱니붙이 와셔중 이가 바깥쪽에 있는 것을 외치형이라하고, 이가 안쪽에 있는 것을 내치형이라 한다.
3. 홈붙이 너트와 분할핀 고정에 의한 방법 : 너트가 볼트에 대하여 회전하지 않도록 분할핀을 사용하여 너트가 빠져나오지 못하도록 한다. 반복하여 사용하는 경우 압착력이 약해진다.
4. 록너트 : 고정 너트라고도 하며 먼저 얇은 고정 너트로 체결한 다음 고정 너트로 체결하여 조인다. 두 개의 스패너를 사용하여 바깥쪽 너트를 스패너로 고정하고 안쪽

의 너트를 다른 스패너의 반대방향으로 돌려서 조인다.

5. 절입 너트에 의한 방법 : 너트의 일부를 안쪽으로 변형시켰다가 볼트에 나사를 결합시킬 때 나사부가 강하게 압착되도록 하는 것이다. 반복사용 할 경우 압찰력이 떨어진다.
6. 플라스틱이 들어간 너트 : 나사면에 플라스틱이 들어간 너트를 사용하면 나사면의 마찰계수가 크게 되어 풀림을 방지된다.
7. 고정나사 : 멈춤 나사라고도 하며 반경방향으로 나사구멍이 파져 있는 너트를 볼트에 조인 후 고정 나사를 이용하여 너트를 볼트에 고정시킨다.

그림 6.53은 스프링와셔, 그림 6.54는 고무와셔, 그림 6.55는 혀붙이와셔, 그림 6.56은 톱니붙이와셔, 그림 6.57은 분할핀 고정, 그림 6.58은 설입너트고정, 그림 6.59는 록너트 고정, 그림 6.60은 플라스틱이 들어간너트, 그림 6.61은 멈춤나사고정를 나타낸 것이다.

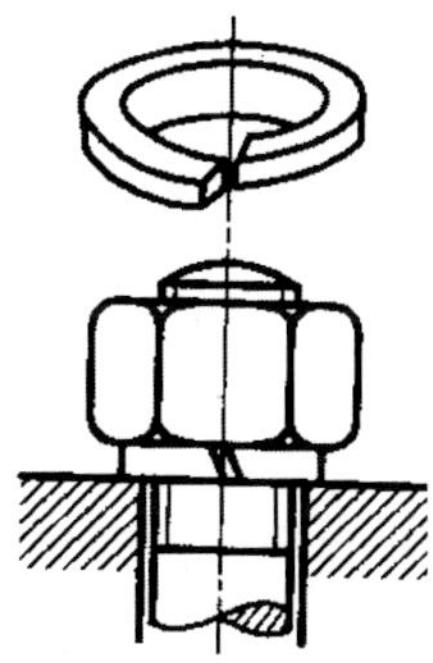

그림 6.53 스프링와셔

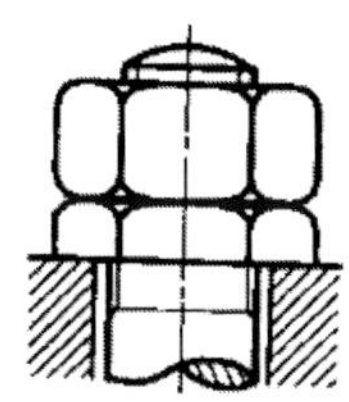

그림 6.54 고무와셔

그림 6.55 혀붙이와셔

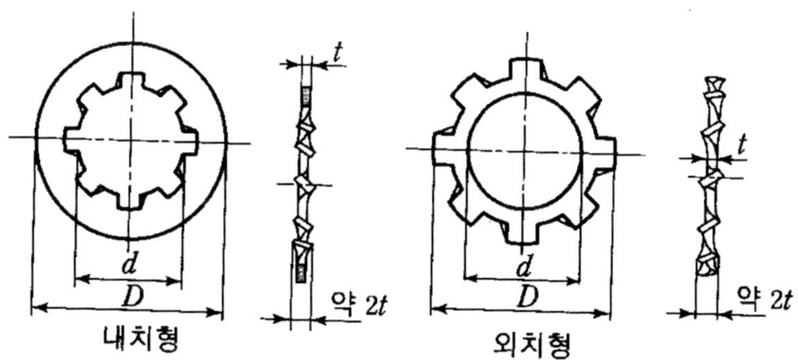

그림 6.56 톱니붙이와셔

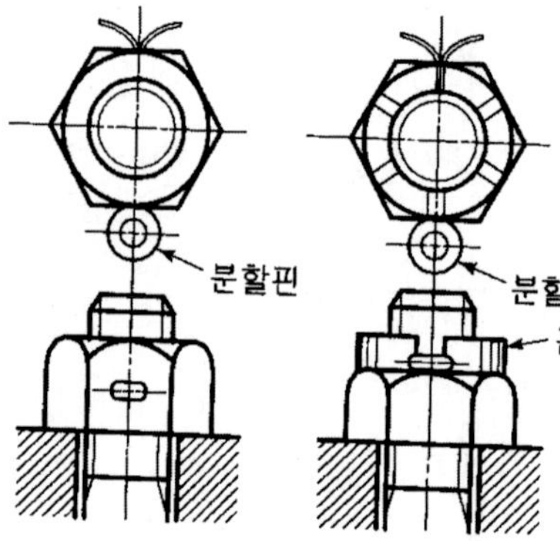

그림 6.57 분할핀 고정

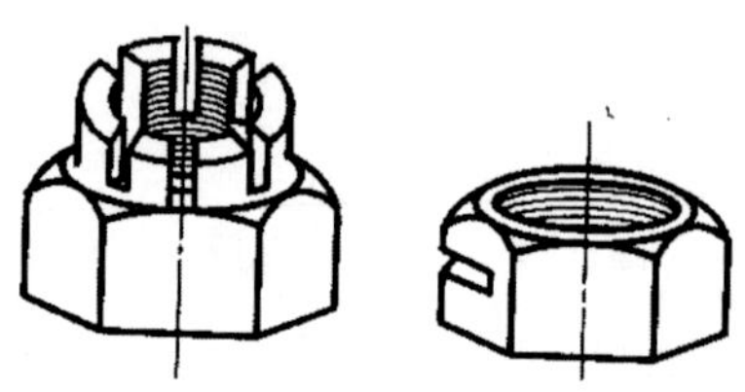

그림 6.58 절입너트고정

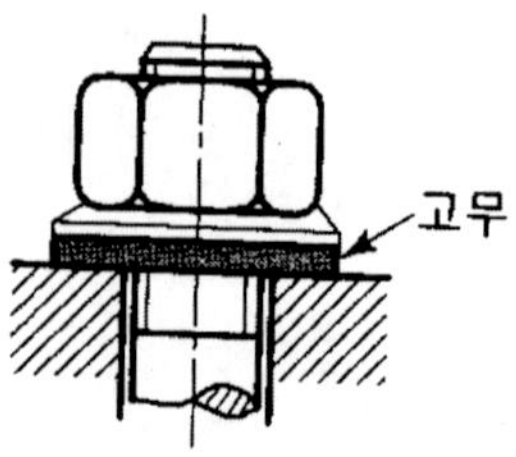

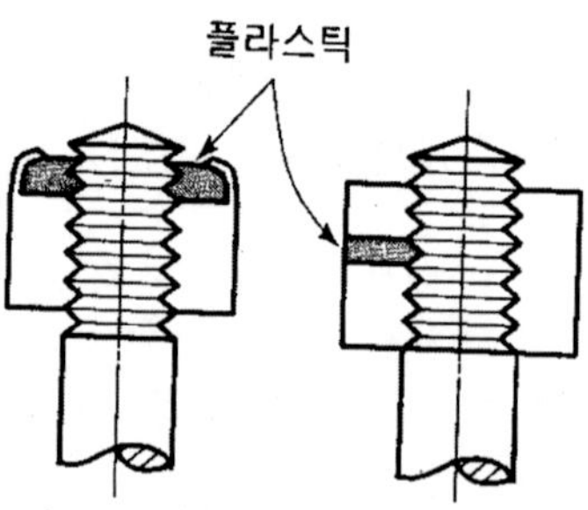

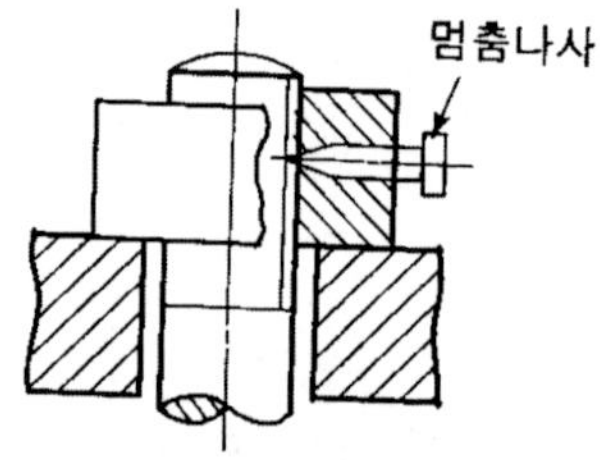

그림 6.59 록너트 고정　그림 6.60 플라스틱이 들어간 너트　그림 6.61 멈춤나사고정

6.2 리벳

리벳은 판재 또는 형강을 연결하는데 쓰이는 결합용 기계요소로서 구조가 간단하고 잔류변형이 없다. 기밀을 요하는 압력용기 및 보일러 등에 사용되기도 하며 힘을 전달하는 철제 구조물 또는 교량 등에 쓰인다.

리벳작업은 펀치 및 드릴을 이용하여 구멍을 뚫고 구멍에 리벳을 넣고 외력을 작용하여 머리를 만든다. 펀칭하는 방법은 두께가 $8mm$이하의 재료에 하며 소요시간이 적고 경제적이나 구멍주위에 응력이 생기거나 판에 변형이 생겨 구멍의 진원도가 떨어진다. 드릴링을 하는 방법은 비용이 많이 들지만 재질에 영향을 적게 주어 두꺼운 판이나 중요한 곳에 사용하는 경우 사용한다. 구멍을 뚫은 후 구멍에 리벳을 넣고 스냅을 대고 두드려서 리벳의 머리를 만든다. 직경이 $10mm$이하인 리벳은 상온에서 작업을 하고

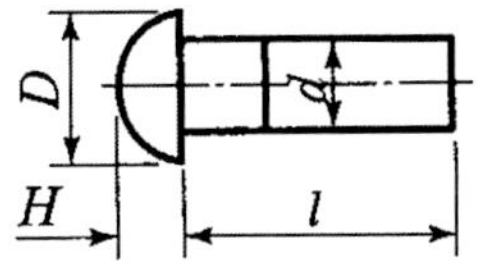

그림 6.62 둥근머리

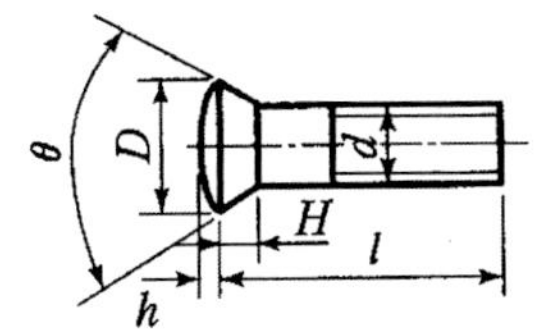

그림 6.63 둥근접시머리

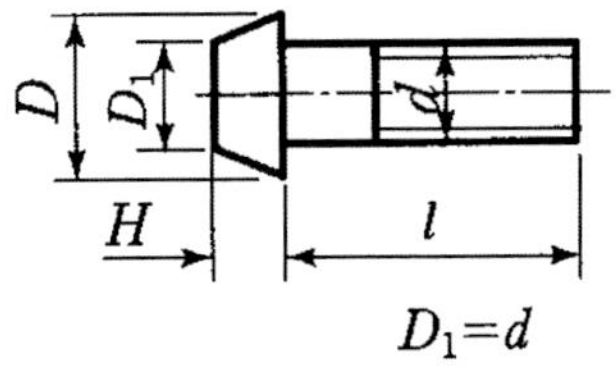

그림 6.64 납작머리

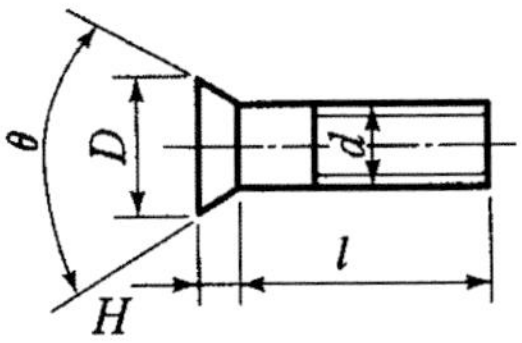

그림 6.65 접시머리

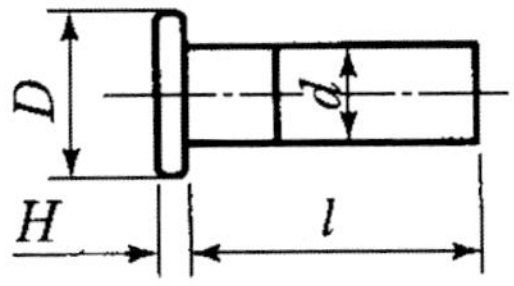

그림 6.66 냄비머리

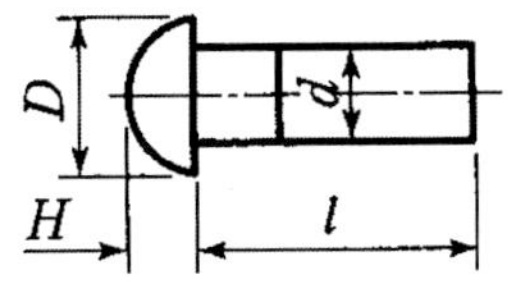

그림 6.67 얇은납작머리

$10mm$ 이상인 경우는 강으로 제작한 리벳을 1300℃에서 사람이 손으로 작업을 하거나 1000℃에서 기계를 이용하여 작업을 한다. 리벳의 재질은 연강, 특수강, 알루미늄, 동 등으로 만든다.

리벳의 종류(KS B1101, KS B1102)는 머리 모양에 따라 분류한다. 그림 6.62는 둥근머리, 그림 6.63은 둥근접시머리, 그림 6.64는 납작머리, 그림 6.65는 접시머리, 그림 6.66 냄비머리, 그림 6.67은 얇은납작머리를 나타낸 것이다.

판재가 리벳으로 결합하는 경우 리벳의 축에 수직한 방향으로 판재에 인장력이 작용하면 판 사이의 마찰력과 리벳의 전단력에 의해 힘의 평형을 이룬다. 판 사이의 마찰력은 무시하고 판재의 인장력과 리벳의 전단력이 평형을 이룬다.

전단하중은 취약한 곳에 집중되게 된다. 겹치기 이음 및 한쪽 덮개판 이음의 경우 리벳이 전단되는 면을 단일전단면이라고 한다. 각 전단면에 작용하는 힘이 불균등하게 분배될 경우를 감안하여 전단강도를 구한다. 리벳에 작용하는 전단응력은 식 (6.2)으로 구할 수 있다.

$$\tau = \frac{W}{f_s\left(\frac{\pi}{4}d^2\right)} \tag{6.2}$$

여기서 τ_s는 전단응력, W는 전단력, f_s는 전단면 계수, d는 리벳의 지름을 의미한다.

6.3 용 접

용접은 문명의 발달과 밀접한 관계를 가지고 발전해 왔다. 용접의 시작은 납땜 및 단점의 형식으로 사용되다가 1차 세계대전을 중심으로 급속하게 발전하게 되었다. 용접은 재료의 절약과 인력난 해소의 요구에 따라 발전하다가 20세기에 전기저항 용접을 사용하여 작업이 신속하고 간단하며 제품의 강도, 재료 및 경상비의 절약으로 인하여 조선, 항공, 건축, 기계, 철도, 수도 및 귀금속에 이르기 까지 광범위하게 적용되고 있다.

금속의 이음은 금속적 이음과 기계적 이음으로 크게 분류할 수 있다. 용접이란 용접부를 용융 상태 및 용융상태로 하지 않을 정도로 가열한 부재 또는 상온 상태의 부재를 서로 접촉시키고 압력을 가하여 접합하는 이음방법을 말한다. 두 개의 금속을 접합하여 하나로 만드는 작업으로서 나사, 리벳을 사용하는 기계적 이음과는 다르다. 가장 큰 차이는 용접으로 연결된 재료는 분해가 되지 않는다. 용접의 열원으로 가스, 아크, 전기저항 열, 마찰 등이 사용되고 있다. 용접은 국제표준기구(ISO)에서 플라스틱, 세라믹 등 비금속 공업재료의 접합도 포함시켜 사용하고 있다.

용접은 용접공학을 기초로 하고 용접 구조물의 제작에 관한 기술을 포함하는 것이다. 용접 방법은 크게 융접, 압접 및 납접의 3종류로 크게 나눈다. 융접은 붙이고자 하는 재료에 용융 금속을 생성 및 공급하여 용접하는 방법으로 모재도 용융되며 압접은 모재가 용융되지 않을 정도의 열을 가하거나 열을 가하지 않은 상태에서 압력을 가해서 붙이는 방법이다. 압접은 표면장력에 의해 결합되며 납땜은 모재는 용융되지 않는 상태에서 땜납만 용융되어 결합하는 방법이다. 금속재료를 절단할 때는 가스 절단과 아크 절단이 있다. 가스 절단은 산소와 가연성 가스를 이용하여 금속을 절단하는 방법이고 아크 절단은 전기를 이용하는 것이다.

기계나 구조물은 90%이상이 철강이며 대부분의 결합에 용접을 적용한다. 용접의 장점은 다음과 같다.

1. 균일하고 강도가 높으며 절삭 칩이 없다.
2. 재료를 절약할 수 있다.
3. 공정수를 줄일 수 있다.
4. 기밀성 및 수밀성이 좋다.
5. 신뢰도가 높고 효율이 좋다.

6. 소량의 접합에도 능률적이다.
7. 성능 및 수명이 향상된다.
8. 강도가 크고 중량을 줄일 수 있다.
9. 작업이 간단하다.
10. 자동화가 가능하다.

용접의 단점은 다음과 같다.

1. 열에 의해 금속이 취성을 나타낼 수 있다.
2. 용접부는 열영향에 의하여 변형 수축하여 내부응력이 생긴다.
3. 용접에 의한 구조물은 균열이 발생하면 전체에 영향을 준다.
4. 숙련이 필요하다.
5. 검사가 어렵다.

그림 6.68은 용접부를 나타낸 것이다. 그림에서 융합부는 모재와 용접봉이 용융하여 결합한 것이며, 변질부는 열에 의한 영향에 의해 모재의 기계적 성질이 변한 부분이다. 원질부는 열에 의한 영향을 받지 않아서 모재가 가지고 있는 기계적 성질이 변하지 않은 것이다.

용접을 할 때 모재의 위치와 작업자의 자세에 의해 용접자세를 정한다. 그림 6.69는 아래보기 자세, 그림 6.70은 수평자세, 그림 6.71은 수직자세, 그림 6.72는 위보기 자세에 의해 용접한 것이다.

1. 아래보기 자세 : 모재를 수평으로 놓고 용접봉을 아래로 하여 용접하는 자세이다. 그림 6.69는 아래보기 자세를 나타낸 것이다. 용접자세 중 일반적으로 가장 많이 사용되며 편한 자세이다.
2. 수평자세 : 모재의 용접면에 대하여 수평으로 용접하는 것이다. 그림 6.70은 수평자세를 나타낸 것이다.

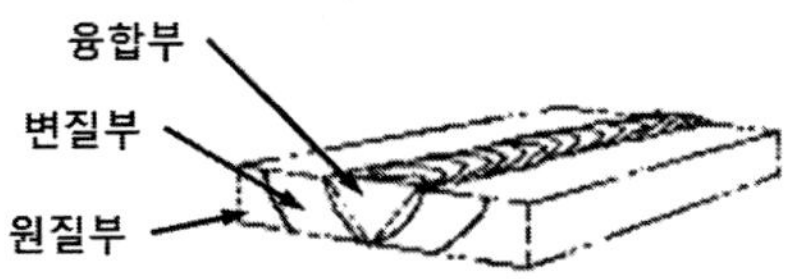

그림 6.68 용접부

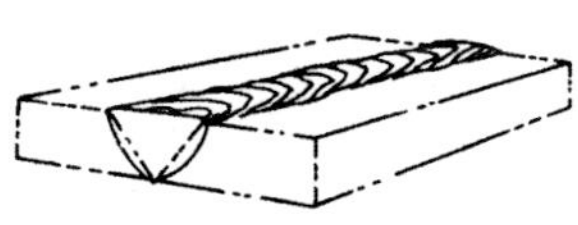
그림 6.69 아래보기 자세

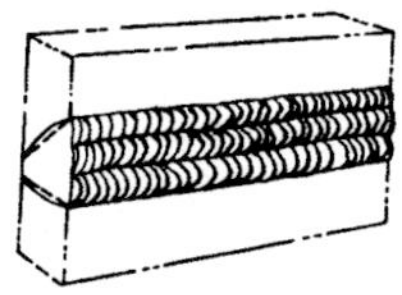
그림 6.70 수평자세

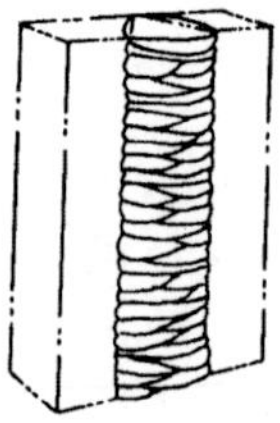

그림 6.71 수직자세

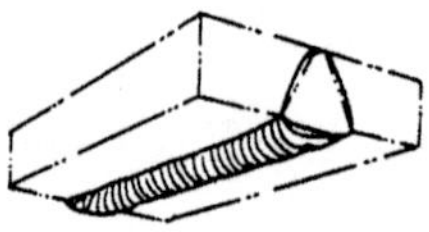

그림 6.72 위보기 자세

3. 수직자세 : 모재의 용접면에 대하여 수직으로 용접하는 것이다. 그림 6.71은 수직자세를 나타낸 것이다.
4. 위보기 자세 : 모재를 위에 두고 아래에서 용접하는 것이다. 그림 6.72는 위보기자세를 나타낸 것이다.

아크용접 및 가스용접을 이용하여 모재를 녹여서 용접하는 형태에 따라 용접을 분류하면 그림 6.73은 버트용접, 그림 6.74는 겹침용접, 그림 6.75는 필릿용접, 그림 6.76은 모서리용접, 그림 6.77은 변두리용접, 그림 6.78은 플러그용접이라고 한다. 그림 6.73의 버트용접과 그림 6.74의 겹침용접이 현장에서 가장 많이 사용되고 있다.

모재의 두께에 따라 용접부는 그림 6.79와 같이 모재의 모서리 부분을 가공하여 사용한다. 아크용접에서는 판의 두께가 $6mm$이하는 I형, 4~$12mm$는 V형, $12mm$이상의 모재는 X형, H형, K형으로 모서리를 가공하고 용접을 한다.

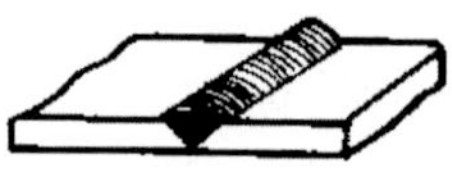

그림 6.73 버트용접

그림 6.74 겹침용접

그림 6.75 필릿용접

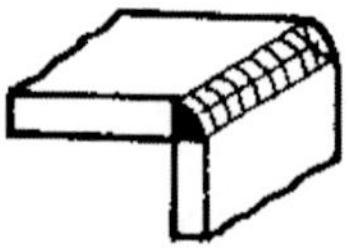

그림 6.76 모서리용접

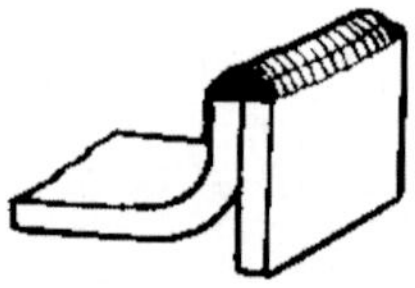

그림 6.77 변두리용접

그림 6.78 플러그용접

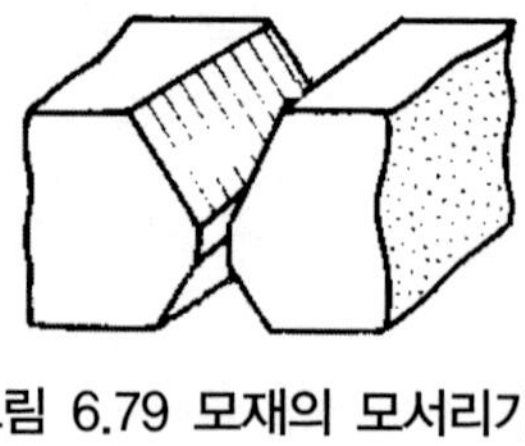

그림 6.79 모재의 모서리가공

6.3.1 아크용접

현장에서 용접이라고 하면 대부분 아크용접을 의미한다. 이유는 아크용접이 용접 중 가장 많이 사용되고 있기 때문이다. 아크용접은 피복의 유무에 따라 분류한다. 현장에서 사용하는 아크 용접봉은 피복금속아크용봉이 사용된다. 아크 용접은 모재와 금속 전극 사이에 아크를 발생시켜 강한 아크열로 용접봉과 모재를 용착금속으로 만들어 모재를 접합시키는 것이다. 피복은 아크열에 의해 가스를 발생하여 용접부에 대기 중의 산소와 질소의 침투를 방지하여 금속의 산화 및 질화가 생기지 않도록 하는 것이다. 피복제는 용융되어 슬래그를 만들고 슬래그는 용접부의 급랭을 방지하여 균일을 방지하는 역할도 한다.

아크용접에 사용되는 전원은 교류와 직류가 사용되고 있으며 모재의 두께에 따라 전압의 변경이 용이한 교류용접기가 많이 사용된다. 직류용접기는 모재쪽에 양극을 연결하면 정극성이라고 하고 음극을 연결하면 역극성이라고 한다. 그림 6.80은 직류용접기, 그림 6.81은 교류용접기를 나타낸 것이다.

아크용접에 의해 융융된 모재의 용융지의 깊이는 용접의 가부를 결정하는 기준이 되고 융합부에 영향을 주는 인자는 전류량, 극성, 전극의 기울기, 용접봉의 지름, 용접봉의 일정한 높이, 일정한 운봉속도에 의해 결정된다.

용접봉을 모재에 접촉하였다가 떨어뜨리면 청백색의 빛과 50~400A의 아크가 발생된다. 용접 입열은 용접부에 가해지는 열량을 말하며 피복아크 용접에서 단위 길이 1cm당 발생하는 전기 에너지는 식 (6.3)와 같다.

그림 6.80 직류용접기

그림 6.81 교류용접기

$$H = \frac{60\ E\ I}{v} \tag{6.3}$$

여기서 H는 전기에너지, E는 전압, I는 전류, v는 용접속도를 의미한다. 용접 입열은 전기에너지와 더불어 피복제의 분해로 인한 화학적 에너지가 더해져야 한다.

열효율은 모재의 두께, 이음형상, 용접 전 예열, 용접봉의 지름, 용접속도, 아크의 길이, 아크의 전류, 피복제의 종류 및 두께, 모재와 용접봉의 열전달률, 온도 확산율에 의해 결정된다.

피복금속아크용접봉의 심선은 용접을 하기 위해서 전류가 흐르도록 되어있고 심선에 피복이 되어 있는 것이다. 심선은 모재와 동일한 재료를 사용해야 되며 불순물이 적어야 된다.

피복제의 역할은 다음과 같다.

1. 연소가스를 발생시켜 공기 중의 질소와 산소의 침입을 방지한다.
2. 용접부에 탈산작용을 하며 용착금속의 기계적 성질을 향상시킨다.
3. 아크의 발생 및 아크에 안정성을 준다.
4. 유동성이 있어 슬래그를 제거하기 쉽고 깨끗한 용접부를 만든다.
5. 다른 원소를 첨가하여 용접부의 기계적 성질을 변화시킨다.
6. 슬래그를 만들어 급랭을 방지한다.

피복 용접봉은 슬래그 생성식, 가스 발생식, 반가스 발생식으로 분류한다. 슬래그 생성식은 용적 주위나 모재의 주위에 액체의 슬래그로 공기와의 접촉을 방지하여 용접부를 보호하는 것이다. 가스 발생식은 용제의 연소에 의해 발생된 일산화탄소, 수소, 탄산가스 및 불활성가스에 의해 용접부를 보호하는 것이다. 반가스 발생식은 슬래그 생성식과 가스 발생식의 중간적인 것이다.

용접 중 아크의 크기가 길면 다음과 같은 특성이 나타난다.

1. 아크가 불안정하다.
2. 용착이 얇다.
3. 용접부의 금속조직이 용입 부족으로 강도가 감소한다.
4. 아크 열 손실이 발생한다.
5. 용접봉의 낭비가 심하여 경제적 손실을 초래한다.

용접 중 아크의 크기가 짧을 경우 다음과 같은 특성이 나타난다.

1. 아크를 지속시키기 곤란하다.
2. 용접을 연속적으로 하기 힘들다.
3. 용착이 불량하게 된다.

따라서 용접 중 용접봉이 모재에 붙어 아크가 끊어지지 않는다면 아크는 짧은 것이 유리하다.

용접봉은 대기에 노출되면 대기 중의 수분을 흡수하여 용접부에 기공이나 균열의 원인이 된다. 용접봉에 수분이 침투하면 기공이 생기고 균열이나 강도가 저하된다. 용접봉의 보관은 습기가 없는 높은 곳에 진동이나 하중을 받지 않는 곳에 해야 된다. 용접봉은 KS D 7004에 의해 기호로 E32△□로 표시한다. 여기서 E는 진극봉(Electrode)의 첫글자이며 32는 최저 안장강도(kg/mm^2), △는 용접자세(0,1은 전자세, 2는 아래보기 및 수평자세, 3은 아래보기, 4는 전자세), □는 피복제의 종류를 말한다.

용접을 할 때 용접봉과 모재의 관계는 식 (6.4)과 같다.

$$D = \frac{T}{2} + 1 \tag{6.4}$$

여기서 D는 용접봉의 지름, T는 판의 두께를 의미한다.

피복아크 용접봉을 KS에 의해 분류하면 다음과 같다.

1. 고셀롤로오스계(High cellulose type) 피복아크 용접봉(E4311) : 전자세 용접이 가능한 용접봉으로 주성분은 셀롤로오스로이며 가스 시일드식 용접봉으로 아크가 강하고 스페터가 많이 발생한다. 슬렉제거는 쉽고 비이드 모양이 잘 나오지 않는다. 특징은 다음과 같다.
   ① 연소할 때 발생한 다량의 가스가 용착 금속을 보호한다.
   ② 아크가 강하고 용입이 깊다.
   ③ 표면의 파형이 나쁘며 스패터가 많다.
   ④ 기공 발생이 쉽다.
   ⑤ 과대전류를 사용하면 금속의 기계적 성질에 영향을 준다.
2. 일미나이트계(Ilmenite type) 피복아크 용접봉(E 4301) : 전자세 용접이 가능하며 주성분은 일미나이트를 30%이상 포함하고 있다. 기계적 성질이 좋고 중요한 일반기기 및 구조물의 용접에 사용되며, 특징은 다음과 같다.
   ① 작업성 및 용접성이 우수하다.

② 슬래그 표면이 깨끗하고 제거가 쉽다.

③ 슬래그의 유동성이 좋고 용입이 깊다.

④ 비드 형상이 가늘고 아름답다.

⑤ 내균열성 및 능률이 좋다.

3. 라임티타니아계(Lime titania type) 피복아크 용접봉(E 4303) : 전자세 용접이 가능하며 주성분은 이산화티탄이고 작업성과 기계적 성질이 좋고, 특징은 다음과 같다.

① 비드 외관이나 작업성이 좋다.

② 아크가 조용하고 용입이 깊다.

③ 박판 용접에 적합하다.

④ 슬래그이 유동성이 좋고 다공질 이므로 제거가 용이하다.

4. 철분 산화철계(Ferro-iron oxide type) 피복아크 용접봉(E 4327) : 철분을 30~50%를 포함시켜 능률화 시켰으며 최근에 많이 사용되고 있고, 특징은 다음과 같다.

① 용착 효율이 좋고 용접속도가 빠르다.

② 아크는 스프레이형으로 나타난다.

③ 스패터가 적고 용입이 좋다.

④ 슬래그 제거가 용이하고 비드 표면이 깨끗하다.

⑤ 용착 금속의 기계적 성질이 향상된다.

5. 고산화티탄계(High titanium oxide type) 피복아크 용접봉(E4313) : 아래보기 및 수직용접이 가능하며 주성분은 이산화티탄이고, 특징은 다음과 같다.

① 아크가 조용하다.

② 비이드가 깨끗하며 강도가 높다.

③ 스패터가 적다.

④ 작업성이 좋다.

6. 저수수계(Low hydrogen type) 피복아크 용접봉(E 4316) : 아크 상태에서 수소 함유량이 적고 피복두께가 두껍다. 특징은 다음과 같다.

① 아크가 끊어지고 쉽고 불안정하여 슬래그의 유동이 좋지 않다.

② 작업성이 좋지않다.

③ 숙련이 필요하다.

④ 용작금속은 연성과 인성이 풍부하다.

⑤ 비드가 볼록하다.

⑥ 비드 시작점 및 이음부에 기공이 발생하기 쉽다.

7. 철분 저 수소계 피복아크 용접봉(E 4326) : 철분을 30~50% 함유하고 있고 용착 속도가 빠르고 작업 능률 및 기계적 성질이 좋다.
8. 철분산화철계 피복아크 용접봉(E 4327) : 철분을 포함하여 능률을 높이것으로 수평 용접의 경우 적합하고, 특징은 다음과 같다.
   ① 용착 효율이 좋고 용접 속도가 빠르다.
   ② 아크는 스프레이형이다.
   ③ 스패터가 적고 용입이 좋다.
   ④ 슬래그 제거가 용이하고 비이드 표면이 깨끗하다.
   ⑤ 용착금속의 기계적 성질이 향상된다.

6.3.2 가스용접

가연성가스와 산소의 연소에 의한 열을 이용하여 금속을 용착 접합하는 방법을 가스용접이라고 한다. 가스는 용접 토치에서 혼합되어 불꽃으로 변하며 가스 용접은 휘발성이 높은 아세틸렌(C_2H_2)과 산소(O_2) 가스를 혼합하여 사용하기 시작하여 산소아세틸렌 가스 용접이라고도 한다. 최근에는 아세틸렌 가스의 가격상승과 더불어 가연성 가스를 LPG로 대체하는 경우가 증가하고 있다. 가연성 가스를 LPG를 이용하는 경우 용접부가 깨끗하게 못하지만 구조물의 안쪽에 들어가서 용접부의 외관에 영향을 받지 않는다면 LPG를 사용하는 것이 유리하다.

산소아세틸렌 가스용접을 할 경우 혼합비는 1:1로 한다. 이때의 불꽃을 표준불꽃 또는 중성 불꽃이라고 한다. 가스 절단을 할 경우는 산소의 비율을 증가시킨다. 산소는 조연성 가스로서 용융되어진 모재를 밀어내는 역할을 한다. 가스용접은 온도조절이 쉽고 운반이 편리하며 초기투자비가 낮고 유해광선이 적은 장점을 가지고 있다.

용접용 가연성가스는 아세틸렌, 수소, 도시가스, LPG, 천연가스, 메탄 등을 사용하고 있으며 가연성 가스로 사용하기 위해서는 다음과 같은 특성이 있어야 한다.

1. 온도조절이 빠르게 적용되어야 한다.
2. 발열량이 커야 된다.
3. 용착금속과 화학반응이 일어나지 않아야 된다.
4. 불꽃의 온도가 높아야 된다.

표 6.2는 용접에 사용되는 가연성 가스의 성질을 나타낸 것이다.

표 6.2 용접에 사용되는 가연성 가스의 성질

가스	분자	비중	비용적 (m^3/kg)	밀도 (kg/m^3)	발열량$(kcal/m^3)$		불꽃 온도 (℃)	정압 생성열 (kg/m^3)
					총발 열량	실제 발열량		
아세틸렌	C_2H_2	0.9116	0.901	1.109	13204	12759	2632	2025
메탄	CH_4	0.5545	1.475	0.677	9010	8120	2066	918
에탄	C_2H_6	1.0494	0.778	1.283	15688	14353	2104	1210
LPG	C_3H_8	1.5223	0.537	1.862	22340	20559	2116	1488
부탄	C_4H_{10}	2.0100	0.406	2.460	29035	26801	2132	1800
수소	H_2	0.0696	11.78	0.084	2899	2448	2210	-

용접에 사용되는 가연성가스 특성은 다음과 같다.

1. 아세틸렌 : 탄소 24, 수소 2개의 중량비를 가지고 있으며 무색, 무미, 무취의 화합물이다. 아세틸렌가스는 칼슘카바이드에 물을 작용시켜 얻기 때문에 불순물인 암모니아가(NH_3), 유화수소(H_2S), 인화수소(H_2P) 등을 포함하여 악취가 있다. 아세틸렌가스의 비중은 0.91로 공기보다 가벼워 대기 중에 누설되면 뜨게 된다. 아세틸렌은 10기압 하에서 $1l$는 C_2H_2을 $240l$을 용해하고 아세톤은 압력에 비례하면서 다량의 아세틸렌을 용해한다. 용해 아세틸렌은 강제인발로 제작한 실린더 내에 다공질의 물질을 넣어서 충전한다.
2. 수소 : 수소는 공업용으로 물의 전기분해에 의해서 제조되었으나 최근에는 원자력발전소에서 발생하는 수소를 채취하여 사용하고 있다. 수소는 연소할 때 탄화수소의 연소와 달리 탄소가 나오지 않기 때문에 용접부에 탄소가 침투하는 것을 방지하고자 하는 곳에 사용되고 있다.
3. LPG : 프로판가스라고 불린다. 상온에서 기체로 열량이 높으나 폭발의 위험은 다른 가스에 비해 적다. 상온에서 가압하면 액화되고 가스 상태의 1/250로 압축되기 때문에 간편하게 운반 및 저장할 수 있다. 액화상태의 LPG을 기화시키면 부피가 250배 늘어난다.

아세틸렌가스 발생기는 아세틸렌가스를 사용할 때 칼슘카바이드와 물이 혼합하여 만들고 있다. 칼슘카바이드와 물을 작용시키는 방법에 따라 주수식, 투입식, 침수식으로 구별한다.

1. 주수식 : 탱크에 칼슘카바이드 넣은 후 물을 넣는다. 주수 밸브로부터 물받이를 통해 카바이드가 주수되면 카바이드와 물이 접촉하여 아세틸렌이 발생된다. 발생된 가스는 가스관을 통하여 포집된다. 주수식은 온도상승이 발생할 수 있고 불순물의 포함이 생긴다.
2. 투입식 : 물탱크에 물을 넣어 놓고 칼슘카바이드를 조금씩 넣어서 아세틸렌가스를 포집한다. 필요한 만큼의 아세틸렌 가스를 만들 수 있고 아세틸렌의 순도가 높다.
3. 침수식 : 물탱크에 물을 넣어 놓고 칼슘카바이드 용기를 수면에 접촉 및 이탈을 반복하여 아세틸렌가스를 포집한다. 침수식은 아세틸렌가스를 과잉 발생할 수 있는 단점은 있지만 구조가 간단하고 가스 사용량에 따라 발생량을 자동적으로 조정할 수 있다.

아세틸렌은 탄화수소 중에서 가장 불완전한 가스로서 가연성과 폭발성이 가장 높기 때문에 취급에 주의를 해야 된다.

1. 온도 : 아세틸렌은 대기 중에서 406~408℃에서 자연발화하고 505~515℃에서 폭발이 발생한다.
2. 압력 : 1기압 이하에서는 폭발의 위험이 없고 2기압 이상에서 압축하면 스스로 분해 폭발이 일어날 수 있다. 아세틸렌가스에 불순물이 포함되어 있으면 1.5기압에서도 폭발이 일어날 수 있기 때문에 충격, 가열 등의 자극을 받지 않도록 해야 된다.
3. 외력 : 아세틸렌가스는 충격, 마찰, 진동 등에 의하여 분해 폭발할 수 있다. 압력이 높을수록 충격에 분해폭발 할 수 있다.
4. 혼합가스 : 아세틸렌가스에 공기 및 산소와 혼합된 경우에 불꽃이 발생하면 착화되어 폭발한다. 용접 중 발생하는 폭발사고의 대부분을 차지하고 있기 때문에 산소와 반응하지 않도록 주의를 해야 된다.
5. 화합물 : 아세틸렌이 동(Cu), 은(Ag), 수은(Hg)과 접촉되면 건조 상태의 120℃에서 폭발한다. 아세틸렌 용기 및 도관은 동 및 합금을 사용해서는 안된다.

아세틸렌가스는 액화시켜 용기에 저장하여 취급하고 있다. 아세틸렌 용기의 취급은 다음과 같은 주의가 필요하다.

1. 아세틸렌 용기는 세우서 사용한다. 기울기를 가지면 아세톤이 아세틸렌가스와 같이 분출하게 되어 위험하다.
2. 용기에 충격이나 타격을 주지 않도록 해야 된다.
3. 불꽃 및 온도가 높은 장소에 보관하면 위험하다.

4. 아세틸렌가스가 새는 것은 폭발의 위험이 있으므로 충분한 주의를 하고 비눗물을 이용한 누설검사를 정기적으로 해야 된다.
5. 용기 밸브를 열 때는 전용 핸들을 이용해야 된다.
6. 사용 가스량 및 사용압력은 $1000l/h$, $1kg/cm^2$이내로 해야 작업 능률 및 가스를 경제적으로 사용할 수 있다.
7. 용기의 밸브는 70℃에서 녹는다. 따라서 증기 및 열원이 발생하는 근처에 두지 않는다.
8. 용해 아세틸렌을 완전히 사용하지 말고 $0.1kg/cm^2$ 정도를 남겨서 밸브를 닫고 보호캡을 씌워야 한다.
9. 아세틸렌을 사용하는 경우 반드시 소화기를 배치해야 된다.

가연성 가스와 더불어 산소가스의 순도도 중요한다. 순도가 높으면 용접부의 비이드가 아름답고 용접 결함의 발생이 줄어든다. 산소(O_2)는 공기 중에 21%가 존재하고 있기 때문에 액체공기의 분류에 의해 제조하거나 전기분해를 하여 채집한다. 산소는 순수한 아세틸렌과 동일하게 무색, 무미, 무취의 특성을 나타낸다. 산소는 $1l$의 중량은 0℃, 1기압에서 $1.4929g$으로 공기보다 무겁다. 산소는 조연성가스로서 가연성 가스와 혼합하여 연소가 되도록 하는 역할을 한다.

산소용기의 취급에 주의할 사항은 다음과 같다.
1. 운반 및 취급 중 타격, 충격을 주면 용기가 파열되어 폭발을 일으킬 수 있다.
2. 산소는 조연성가스로 다른 가스와 혼합되어 점화되면 위험하기 때문에 가연성 가스와 분리하여 보관해야 된다.
3. 기름 및 가연성 액체를 밸브나 조정기에 접촉하지 않도록 한다.
4. 용기를 이동 할 때는 반드시 밸브를 잠근다.
5. 용기내의 산소를 다사용한 경우 반드시 밸브를 닫아서 이물질의 침입을 방지한다.
6. 용기는 항상 40℃이하를 유지해야 된다.
7. 용기내의 압력이 상승하지 않도록 해야 된다.
8. 산소 분출중 손으로 분출구에 접촉하지 말아야 된다.
9. 비눗물을 이용하여 산소의 누설검사를 정기적으로 해야 된다.

공업용으로 사용되는 가스는 용기에 색을 다르게 하여 구분을 한다. 표 6.3은 공업용으로 사용되는 용기를 나타낸 것이다.

표 6.3 가스용기의 색체

가스	색체
산소	녹색
수소	주황색
탄산가스	청색
염소	갈색
암모니아	백색
아세틸렌	황색
프로판	회색
아르곤	회색

그림 6.82 산소아세틸렌용접기

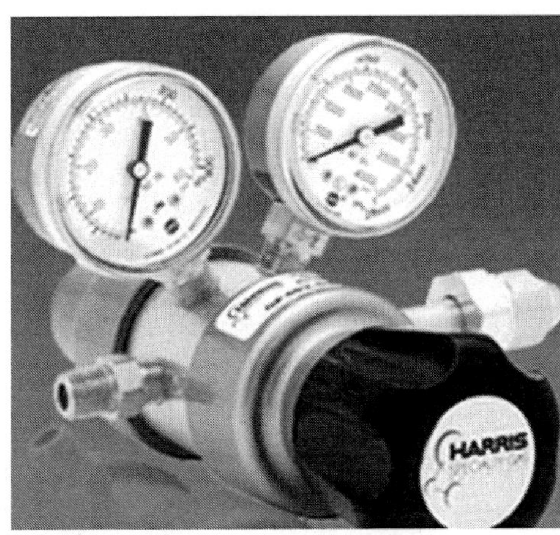

그림 6.83 가스 압력계

그림 6.82는 산소아세틸렌 용접기를 나타낸 것이다. 그림 6.83은 산소아세틸렌 용접기의 가스 압력계를 나타낸 것이다. 숙련공은 불꽃을 보고 압력을 맞추지만 초심자들은 압력계를 보고 맞춰야 한다.

6.3.3 불활성가스 아크용접

불활성가스 아크용접은 용접부를 아르곤(Ar), 헬륨(He)가스를 이용하여 대기와 차단한 상태에서 텅스텐봉 및 금속봉을 이용하여 용접하는 방법이다. 열원으로 사용하는 전극이 아크의 열에 의해 녹지 않으면 비소모식이라고 하면 전극이 녹는 경우는 소모식이라고 분류한다. 비소모식은 3400℃에서 용융되는 텅스텐 전극봉을 사용하므로 불활성가스 텅스텐 아크 용접법(Shielded inert gas tungsten arc welding) 또는 티그(TIG)용접법이라고 부른다. 소모식은 심선 용가재를 전극으로 사용하여 심선이 용융되기 때문에 불활성가스 금속아크 용접법(Shielded inert gas metal arc welding) 또는 미그(MIG)용접법 이라고 부른다. 소모식은 전극이 모재와 용융하여 결합하는 형식으로 모재와 동일한 심선을 사용한다. 알루미늄 경합금, 동 및 동 합금, 스테인레스강 등의 용접에 많이 사용하고 있다.

불활성가스 텅스텐아크 용접법은 직류 및 교류 전원 모두에 사용이 가능하다. 직류용접을 하면 전극은 음극 모재는 양극을 연결한다. 전자는 전극에서 모재 쪽으로 흘러가서 가스 이온은 모재에서 전극 쪽으로 흐른다. 정극성으로 연결하면 비이드의 폭이 좁고 용입이 깊어 결함이 적다. 역극성으로 연결하면 전자는 전극에 충돌하여 전극 끝부분이 과열될 수 있기 때문에 전극의 지름이 커야 된다. 역극성으로 용접을 하면 청정작용이 작용하여 분순물의 함유량이 적어진다. 교류전원을 사용하면 직류전원의 정극성과 역극성의 효과가 모두 나타난다. 전극의 지름이 작아도 되고 아르곤 가스를 사용하면 경합금 등의 표면 산화막이 청정작용을 하고 용입은 넓고 길게 나타난다.

그림 6.84는 아르곤용접기를 나타낸 것이다. 그림 6.85는 MIG용접기, 그림 6.86은 TIG용접기를 나타낸 것이다.

그림 6.84 아르곤용접기

그림 6.85 미그

그림 6.86 티그

6.3.4 탄산가스 아크용접

탄산가스 아크용접(CO_2 gas arc welding)은 불활성 가스 아크 용접에서 사용되는 아르곤과 헬륨이 가격이 비싸기 때문에 가격이 저렴한 탄산가스를 이용하는 것이다. 용접용 와이어를 연속적으로 공급하면서 모재와 아크를 발생시켜 토치 선단에서 탄산가스를 혼합한 가스를 보내어 아크와 용융금속을 대기와 차단하는 것이다. 그림 6.87은 탄산가스 아크용접기를 나타낸 것이다.

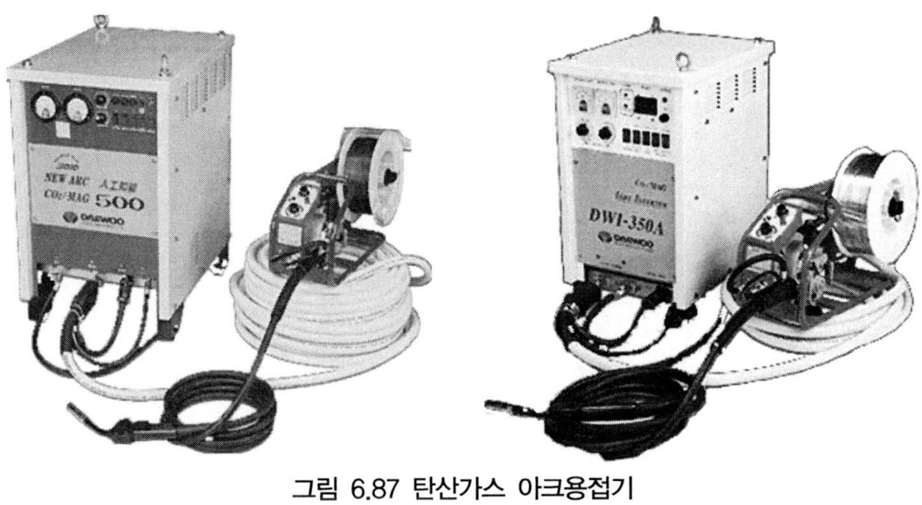

그림 6.87 탄산가스 아크용접기

6.3.4 서브머어지드 아크용접

서브머어지드 아크용접은 유니온 멜트사에서 개발하여 사용한 것으로 사용하는 용제에 따라서 유니온 멜트 용접, 링컨사의 용제를 사용하면 링컨 용접이라고 부르며, 용제가 모재를 덮은 상태에서 용접을 하기 때문에 아크가 보이지 않아서 잠호용접이라고 한다.

서브머어지드 용접의 특징은 용제에 의하여 용접부를 완벽하게 외부와 차단하고 용융된 용제로 강력한 정련 작용을 하도록 하며 슬래그로 용착 금속의 표면을 덮어 용접을 하는 것으로 장점은 다음과 같다.

1. 용접 조건을 일정하게 하고 자동으로 용접하기 때문에 숙련된 기술이 필요없다.
2. 용접이음의 신뢰도가 높다.
3. 용착 금속의 성질을 개선할 수 있다.
4. 열에너지의 효율이 높다.
5. 용접변형이 적다.
6. 용입이 깊다.
7. 두꺼운 모재도 용입이 가능하다.
8. 비이드가 아름답다.
9. 대량생산에 적합하다.
10. 용접 재료의 소비가 적어서 경제적이다.

서브머어지드 용접은 단점은 다음과 같다.

1. 초기 투자비가 많이 든다.
2. 용접 길이가 짧다.
3. 작업반경이 곡선이면 작업이 불가능 하다.
4. 아래보기 용접만 가능하다.
5. 용접 간격이 크면 떨어질 수 있다.
6. 아크가 보이지 않기 때문에 용접 중 결함 유무를 판단할 수 없다.
7. 모재 재질, 와이어, 용제의 선정이 어렵다.

서브머어지드 아크용접에서 사용하는 와이어는 모재가 연강일 경우 탄소 및 망간이 최소로 들어간 합금을 이용한다. 와이어의 표면은 접촉 팁과 전기적 접촉을 원활하게 하고 부식을 방지하기 위하여 동을 이용하여 도금을 한다. 와이어의 지름은 2.4, 3.2,

표 6.4 와이어 지름에 따른 사용전류

와이어 지름(mm)	2.4	3.2	4.0	4.8	6.4	8.0
전류(A)	350 이하	300~ 500	350~ 800	500~ 1100	700~ 1600	1500 이상

4.0, 4.8, 6.4, 8.0mm등이 사용된다. 표 6.4는 와이어 지름에 따른 사용전류를 표시한 것이다.

서브머어지드 아크용접에서 사용하는 용제는 용착금속을 개선하기 위하여 광물성 분말 모양의 피복제를 말한다. 용제는 용융형 용제, 소결형 용제, 혼성용 용제가 사용되고 있다.

1. 용융형 용제(Fusion type flux) : 원료 광석을 융해하여 응고시킨 후 분쇄하여 입자를 만든 것이다.
2. 소결형 용제(Sintered type flux) : 광석원료 분말 및 합금 분말을 규산나트륨과 같은 점결제를 이용하여 원료가 융해되지 않을 정도로 가열한 후 필요한 크기의 입도로 붙인 것이다.
3. 혼성형 용제(Bonded type flux) : 용제의 성분을 고착제로 점착시킨 후 입상으로 만든 것이다. 흡습성이 크기 때문에 대기 중에 수분이 많을 때는 대기에 노출되지 않도록 해야 된다. 대기 중의 수분을 흡수하면 기공 및 균열의 원인이 된다.

용제가 갖춰야 되는 성질은 다음과 같다.

1. 아크 발생 및 지속을 촉진시켜 안정된 용접이 가능해야 된다.
2. 모재 용접부에 합금을 첨가하여 탈산, 탈탄작용을 해야 된다.
3. 용융온도 및 점도가 모재와 동일하여 비이드가 깨끗해야 된다.
4. 용접부에 쌓인 슬래그의 이탈성이 좋아야 된다.
5. 용제의 입도는 전류량과 맞아야 된다.

그림 6.88은 서브머이지드 용접 재료를 나타낸 것이다. 그림에서 와이어는 동으로 도금되어 있고 용기 안에 용제가 들어있다. 그림 6.89는 서브머이지드 용접을 하고 있는 모습을 나타낸 것이다. 그림에서 연속적으로 용제를 넣으면서 아크 용접을 한다.

그림 6.88 서브머이지드 용접 재료

그림 6.89 서브머이지드 용접

6.3.5 원자수소용접

원자수소용접은 1926년 미국의 Langmuir에 의해 발명되어 분자상태의 수소를 원자상태의 수소로 열해리 시킨 후 다시 분자 상태의 수소로 환원 될 때 발생하는 열을 이용하여 용접하는 방법이다.

$$\begin{array}{ccccc} & \text{(흡열반응)} & & \text{(발열반응)} & \\ H_2 & \rightarrow & 2H & \rightarrow & H_2 \\ \text{(분자상태)} & & \text{(원자상태)} & & \text{(분자상태)} \end{array}$$

수소 가스의 분위기 속에 있는 2개의 텅스텐 전극봉 사이에서 아크가 발생하면 아크의 고열을 흡수하여 수소는 열해리 되어 분자 상태의 수소가 원자 상태로 되며 모재 표면에서 냉각되어 원자 상태의 수소가 다시 결합해서 분자 상태로 될 때 방출되는 3400℃의 열을 이용하여 용접하는 것이다. 텅스텐 봉은 아크 불꽃만 생성 시키는 작용을 하고 열에 강하기 때문에 소모는 거의 없다. 용접에서 피용접물은 수소 가스로 싸여 공기를 완전히 차단한 속에서 용접이 되기 때문에 산화 및 질화 현상이 발생하지 않기 때문에 특수합금이나 얇은 금속판의 용접에 적용되고 있다.

6.3.6 스터드용접

스터드용접(Stud welding nead)은 지름이 보통 5~16mm 정도의 강철 혹은 황동재의 스터드 볼트와 같은 짧은 봉을 평판위에 수직으로 용접하는 방법이다. 전압은 직류와 교류 모두 사용이 가능하다. 스터드 용접 제어 시스템은 대 전류를 0.1초~1.0초 이하의 짧은 시간으로 제어할 수 있는 기술이다. 스터드 건의 스위치를 동작시키면 스터드 볼트가 위로 리프팅되면서 용접 아크가 발생하고 설정한 용접 시간이 경과되면 스터드가 하강하면서 용융된 쇳물이 페룰 안에서 서로 결합하는 것이다. 그림 6.90은 스터드 용접의 원리를 나타낸 것이다. 모재에 페롤을 고정하고 스터드를 척에 고정한 후 전류를 흐르게 하여 용접하는 것이다. 페롤은 전류에 의해 열이 발생할 수 있기 때문에 자기를 이용하여 제작한다. 모재와 접촉하는 페롤 부분은 홈을 만들어 발생하는 가스가 빠져나갈 수 있도록 되어있다. 그림 6.91은 스터드 용접점에 의해 모재에 스터드를 용접한 것이다.

그림 6.92는 현장에서 사용되고 있는 스터드용접기를 나타낸 것이다.

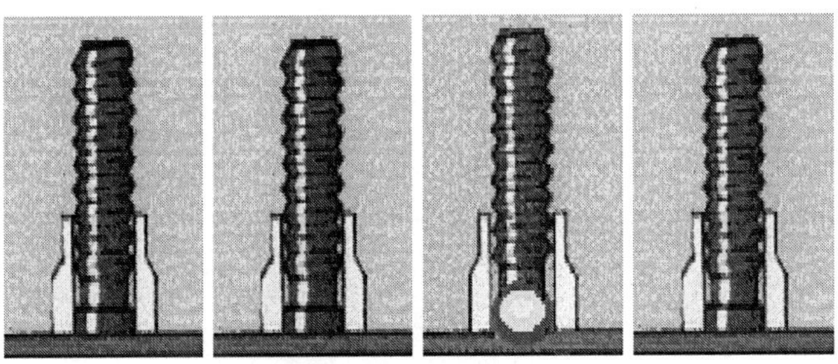

그림 6.90 스터드 용접의 원리

그림 6.91 스터드 용접

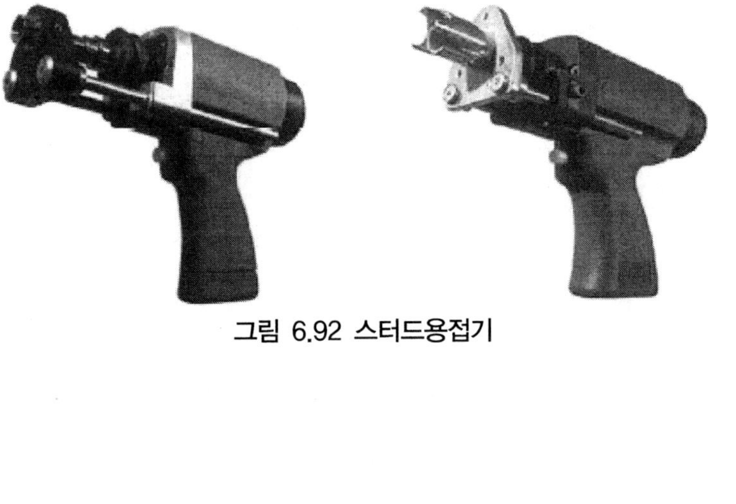

그림 6.92 스터드용접기

6.3.7 일렉트로 슬래그용접

일렉트로 슬래그 용접은 1951년 소련에서 개발하였다. 이 용접법은 전자동 용접으로 원리는 와이어 전극, 슬래그, 모재 사이에 전류가 흐르면 아크가 발생하여 슬래그를 용해하면서 아크가 없어지며 저항열이 발생하여 슬래그가 고온으로 되어 모재와 전극이 용융되어 용접이 된다.

그림 6.93은 일렉트로 슬래그용접의 원리를 나타낸 것이다. 화살표의 방향으로 용접을 하면 용융 슬래그와 용융 금속이 흘러나오지 않도록 하기 위하여 용접 방향과 동일한 속도로 수냉 동판이 미끄러져 올라가면서 토치를 연속적으로 공급하여 슬래그 안에 흐르는 전류의 저항열로서 와이어와 모재 부분을 용접하는 방법이다. 그림 6.94는 현장에서 일렉트로 슬래그용접을 하고 있는 모습을 나타낸 것이다. 토치가 하나인 경우 1.2 *mm* 두께의 모재를 용접할 수 있으며 토치가 두 개면 2.5*mm*까지 용접이 가능하고 토치를 18개 사용하여 1,000*mm*까지 용접이 가능하다. 일렉트로 슬래그용접은 소모형 노즐의 가이드를 이용하여 용융 슬래그로 용제를 연속적으로 공급하는 것이다.

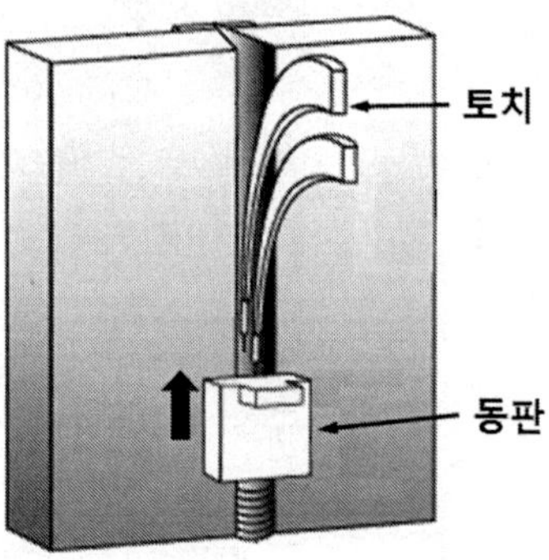

그림 6.93 일렉트로 슬래그용접의 원리

그림 6.94 현장적용

6.3.8 전자 빔용접

1869년 물리학자인 Hittorf and Crookes가 음극선발생을 성공한 것을 계기로 1948년부터 물리학자 Steigerwald는 강력한 빔 발생기를 전자현미경에 적용하고 시계부품이나 초경금형의 천공, 용해, 용접 등을 시도하였다. 이후 1958년 독일 Stuttgart의 Cari Zeiss Company에서 개발되었다. 그들은 전자현미경으로 실험을 하던 중 전자빔의 출력을 증가시키자 시험편이 용융되어 증발하는 것을 발견하였다. 이것은 빔 출력을 제어함으로써 금속의 용해, 응고가 가능하여 전자빔 용접이 탄생하게 되었다. 전자빔 용접은 좁고 깊게 용입되는 장점이 미국에서 진행하고 있던 우주 개발계획에 활용 타당성이 입증되어 기술과 특허권을 도입하여 장비 생산을 활성화시켰다. 이 후 전자빔용접은 영국, 프랑스, 일본 등 제작 기술이 전파되어 본격적으로 개발이 진행되었다. 이 역시 초기에는 원자력, 우주 항공, 군수산업에 이용할 목적이었으나 자동차, 정밀측정장비, 의료기기, 반도체산업 등 다른 산업 분야로 빠르게 확대되어 가고 있다.

전자 빔 용접(Electron beam welding)은 고진공의 용기 중에서 용접부에 다량의 전자 비임을 조사하여 융용하고 용접한다. 고진공 용기에서 텅스텐 선을 가열하여 열전자를 방출하고 음극과 모재 사이에 수천 볼트 전압을 걸어 열전자를 가속시켜 얻어지는 전자 빔으로 용접한다. 진공 중에서 전자 비임의 집중 에너지를 이용하여 용접하는 방법은 피복아아크 보다 전력 소모가 1/5~1/10 정도로 감소된다. 집중 에너지로서 40~50 mm의 두꺼운 강철판도 한 번에 용접할 수 있다. 전자 비임 용접은 높은 진공도가 필요하므로 강력한 진공용기가 필요하다. 최근에는 대기 중에서 용접할 수 있는 전자 비임 용접이 연구되고 있다.

전자빔 용접은 고유의 우수한 용접 특성을 가지고 있으나, 장비 제작비용이 많이 들어가고 제한적인 작업환경으로 인하여 현재로서는 우주항공 산업, 원자력 산업, 반도체 장비 산업 등의 특수한 분야에서 적용되고 있다. 현재 산업이 다양해지고, 고도화함에 따라 그 중요성이 인지되어 응용 범위가 차츰 확대되고 있다.

전자빔 용접은 전자빔을 한 점에 집중시켜 얻은 고밀도의 에너지를 이용하여 재료를 용융시킨다. 전자빔 발생기 내부의 음극에서 열전자를 방출하면 고전압에 의해 양극으로 가속된다. 가속 전압은 10~150kV가 많이 사용되지만 재료에 따라 600kV의 높은 전압을 사용하는 경우도 있다. 높은 에너지를 가지고 가속된 전자가 용접 가공물에 닿으면 전자의 운동 에너지는 열에너지로 변환되어 금속을 용융시키게 된다. 전자의 속도는 가속 전압에 따라 차이가 있지만 빛 속도의 약 20~60% 정도가 용접에 사용된다. 전자빔의 초점 위치는 전자 회로에 의한 자기 집속 렌즈로 제어하며, 편향렌즈에 의하여 빔의 굴절 및 일반용접에서의 운봉효과를 나타낸다.

전자빔 용접기에서 용입 깊이는 전자빔 출력의 크기에 의존하는 것이 아니라 출력의 집속 즉 밀도에 의해 결정된다. 단점은 배기장치가 있어야 하며 용접물의 크기가 제한적이며 장치가 고가이다. 그림 6.95는 전자 빔용접기를 나타낸 것이다. 전자 빔 용접은 전자 빔을 발생하는 건과 재료를 올려놓는 용접대가 고진공의 용기 속에 밀폐되어 있고 감시창을 통하여 용접을 관찰하면서 용접을 진행한다.

그림 6.95 전자 빔용접기

6.3.9 테르밋 용접

테르밋 용접법(Thermit welding)은 1889년에 Gold Schmidt에 의해 처음 고안된 방법으로 화학 반응에 의한 발열을 이용하여 용접하는 것이다. 테르밋 반응은 금속산화물이 알루미늄과 화학 반응을 하는 것을 말한다.

용접 열원을 외부로부터 가하는 것이 아니라, 테르밋 반응에 의해 생성되는 화학반응열을 이용하여 금속을 용접하는 방법으로 테르밋제는 산화철분말과 알루미늄분말의 혼합비는 3~4 : 1, 점화제는 과산화바륨과 알루미늄(또는 마그네슘)의 혼합 분말을 사용하며 테르밋 반응 온도는 3,000°C이다.

테르밋 용접 종류는 용융 테르밋 용접법과 가압 테르밋 용접법이 사용되고 있다. 용융 테르밋 용접법은 용접 홈을 800~900°C로 예열한 후 도가니에 테르밋 반응에 의하여 녹은 금속을 주철에 주입시켜 용착시키는 방법이다. 가압 테르밋 용접법은 일종의 압접으로 모재의 단면을 맞대어 놓고, 그 주위에 테르밋 반응에서 생긴 슬래그 및 용융금속을 주입하여 가열시킨 다음 강한 압력을 주어 용접하는 것이다.

테르밋 용접의 특징은 다음과 같다.

1. 용접 작업이 단순하고 용접 결과의 재현성이 높다.
2. 용접용 기구가 간단하고 설비비가 저렴하다.
3. 작업 장소의 이동이 쉽다.
4. 용접 작업 후의 변형이 적다.
5. 전력이 필요 없다.
6. 용접 시간이 짧다.
7. 용접 가격이 싸다.

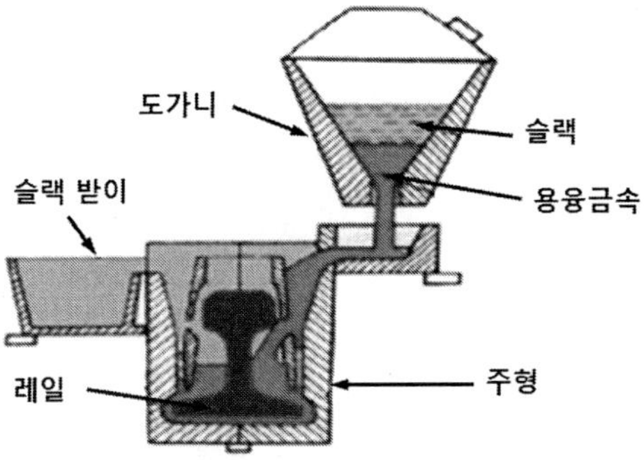

그림 6.96 태르밋용접의 원리

그림 6.97 현장적용

테르밋 용접을 사용하는 곳은 차축, 레일, 배의 뒤 플래임 등의 큰 단면을 가진 모재의 맞대기용접에 적용되고 있다. 그림 6.96은 태르밋용접의 원리, 그림 6.97은 테르밋 용접을 하고 있는 모습을 나타낸 것이다.

6.3.10 플라즈마 용접

플라즈마 용접법(Plasma welding) 은 전리된 가스체의 아크로서 이것을 이용한 용접으로 플라스마 제트 용접과 플라스마 아크용점이 있다. 플라즈마 용접법의 특징은 다음과 같다.

1. 열에너지의 집중이 좋다.
2. 고온을 획득할 수 있다.
3. 용입이 깊고, 비이드 폭이 좁다.
4. 용입 속도가 빠르다.

그림 6.98은 플라즈마용접기를 나타낸 것이다.

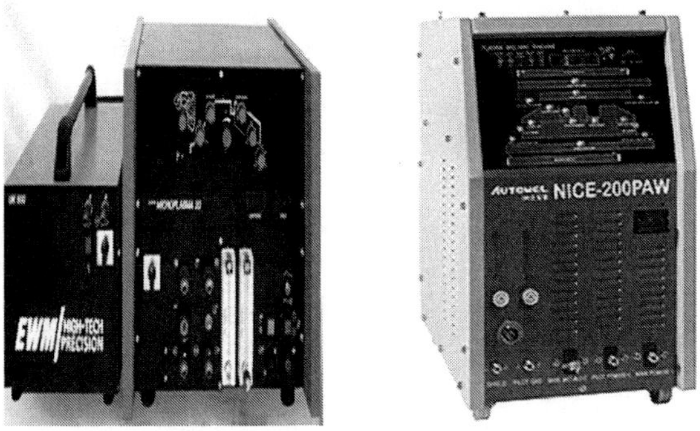

그림 6.98 플라즈마 용접기

6.3.11 레이저용접

레이저용접(Laser beam welding)은 루비(Ruby)막대를 이용하여 높은 전자 에너지 밀도 의 방사광선을 조정공과 렌즈를 사용하여 집중시킨 에너지 열을 용접에 이용한 것이다. 원리는 원자들이 흩어져서 방출되지 않도록 렌즈에 집중시켜 각 원자들이 방출하는 빛의 위상을 일정하게 중첩시켜 진폭을 크게 하는 것이다. 레이저빔 용접의 특징은 다음과 같다.

1. 양호한 집광성에 의한 정밀, 미세 용접이 가능하다.
2. 높은 밀도가 얻어지므로 폭 대 깊이비가 큰 깊은 용입이 가능하다.
3. 고속 용접으로써 주변부의 열영향부가 좁고 결정립의 조대화가 적다.
4. 고품질의 용접이음이 얻어진다.
5. 비접촉 가공이므로 공구의 마모와 높은 순도의 재료도 순도를 저하시키지 않고 용접할 수 있다.
6. 전자빔 용접에 비해서 진공실이 없어도 되며 자장의 영향을 받지 않고 X선 방사의 위험성이 없다.

그림 6.99는 레이져용접기를 나타낸 것이다. 레이져 용접기는 미세정밀 용접에 적용이 되며 다이아몬드의 구멍을 뚫는데 사용된다.

그림 6.99 레이져용접기

6.3.12 고주파용접

고주파용접(high frequency welding)은 고주파 표피효과와 근접효과를 이용하여 금

그림 6.100 유도가열기

그림 6.101 고주파용접기

속을 가열하여 압접하는 방법으로 유도가열 용접법과 직접 통전 가열용접법이 사용되고 있다. 그림 6.100은 유도가열기를 나타낸 것이다. 이 방법은 고주파를 통전하기 때문에 열이 집중되어 소재를 국부적으로 발열시키고 용접하는 것이다. 그림 6.101은 고주파용접기를 나타낸 것이다.

6.3.13 초음파용접

초음파용접(Ultrasonic welding)은 1958년 미국의 J. B. Jones가 알루미늄 용접에 초음파의 진동효과를 용접에 이용한 것이다. 초음파용접의 원리는 접합하는 모재를 초음파 진동을 주어 진동 에너지에 의해 접촉부의 원자가 서로 확산되어 접합되는 것이다. 모재를 접촉 시키고 진동시키면 접촉면은 마찰에 의해 마찰열이 발생되고 가압과 마찰에 의해 모재 접촉면의 피막이 파괴되어 순수한 금속끼리 원자 간의 인장력이 발생하여 금속 접합이 된다. 모재의 두께는 0.01~2mm, 플라스틱은 1-5mm의 얇은 재료의 접합에 적용된다. 그림 6.102는 초음파 용접기를 나타낸 것이다.

그림 6.102 초음파용접기

6.3.14 폭발용접

폭발용접(Explosive welding)은 1960년 미국에서 기초적 분야와 응용에 관한 연구를 하여 2장의 금속을 화약의 폭발에 의해서 발생하는 순간적인 폭발에 의해서 생기는 순간적인 큰압력을 이용하여 금속을 압접하는 것이다. 2장의 금속판을 용접하는 방법으로 재료에 따라 스테인레스강, 니켈, 티탄 등의 접합에 전면폭발용접과 열교환기, 용기류의 라이딩에 쓰이는 부분폭발용접이 있다. 그림 6.103은 폭발용접에 의해 용접한 형태를 나타낸 것이다. 폭발용접은 위험성 및 소음 때문에 많이 사용되지 않는다.

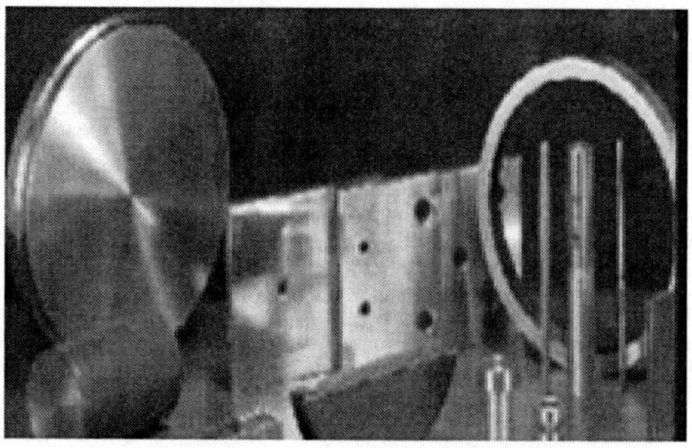

그림 6.103 폭발용접에 의한 용접

6.3.15 저항용접

저항용접은 1877년에 Elihu thomson이 전기실험을 하던 중에 전기회로에 고장이 발생하여 도선과 도선이 접촉하면 그 사이에서 불꽃이 발생하면서 도선이 접합되는 것을 발견하여 시작되었다. 저항용접은 용접하려는 모재를 접촉시켜 놓고 전류를 흐르게 하면 저항열로 접합면의 온도가 높아졌을 때 가압하여 용접을 한다. 저항열은 주울의 법칙에 의하여 식 (6.5)로 구할 수 있다.

$$Q = 0.24\, I^2 Rt \tag{6.5}$$

여기서 Q는 저항열(cal), I는 전류(A), R은 저항 (Ω), t는 시간(sec)을 나타낸다.

표 6.5 저항용접의 분류

겹치기 저항용접			맞대기 저항용접		
점용접	프로젝션용접	시임용접	업셋용접	플래시용접	퍼어커션용접

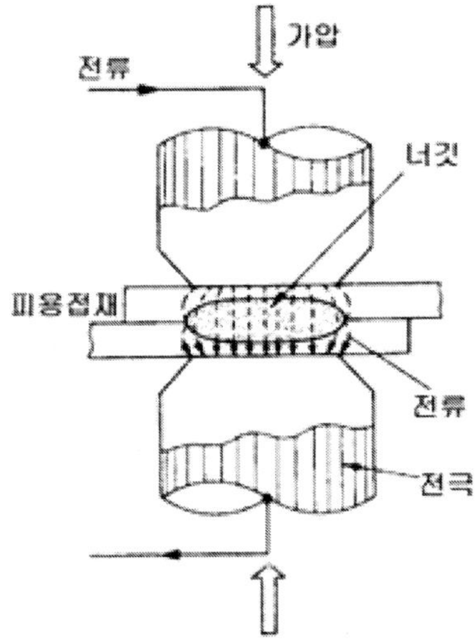

그림 6.104 점용접의 원리

저항용접은 점용접, 프로젝션용접, 시임용접, 업셋용접, 플래시 용접, 퍼어커션용접으로 분류된다. 표 6.5는 저항용접을 분류한 것이다.

그림 6.104는 점용접의 원리를 나타낸 것이다. 모재를 너깃 사이에 고정시킨 후 전류를 통전하면 모재가 용융되고 용융되었을 때 가압력을 가하는 것이다. 겹치기 저항용접 중 점 용점은 스포트 용접(Spot welding)이라고도 하며 2개 또는 그 이상의 금속을 전극 사이에 넣고 전류를 통하게 하면 접촉부는 요철 때문에 접촉저항이 생기고 큰 저항층이 있기 때문에 발열이 일어나고 용접부의 온도는 상승하게 되어 모재가 용융된다. 용융되었을 때 수직으로 압력을 가하면 접촉부는 변형되어 접촉 저항이 감소한다. 그러나 처음의 접촉 저항으로 인해 온도가 상승되었기 때문에 용접부에 놓인 금속 자신의 고유저항은 증가되고 온도가 상승되어 반용융 상태 및 용융 상태에 도달하게 된다. 용접 온도에 도달하면 상하의 전극에 압력을 가하여 용접부를 밀착시킨 다음 전극을 용접부에서 제거하면 전류의 흐름이 정지되어 용접이 완료된다.

저항용접에 영향을 주는 인자는 통전시간, 가압력, 모재 표면의 상태, 전극의 재질, 형상, 용접피치 등 여러 요인 중 가장 중요한 3요소는 용접전류, 통전시간, 가압력이다. 표 6.6은 점용접의 판두께, 전극, 시간, 가압력 및 전류와의 관계를 나타낸 것이다. 그림 6.105는 점용접기를 나타낸 것이다.

표 6.6 점용접의 예

판두께(mm)	전극		시간 (sec)	가압력(kg)	전류 (A)
	d (mm)	D (mm)			
0.5	3.5	10	0.4	45	4000
1.0	5.0	13	0.6	75	5600
1.6	6.3	13	0.9	115	7000
2.0	7.0	16	1.1	150	8000
3.2	9.0	16	1.8	260	10000

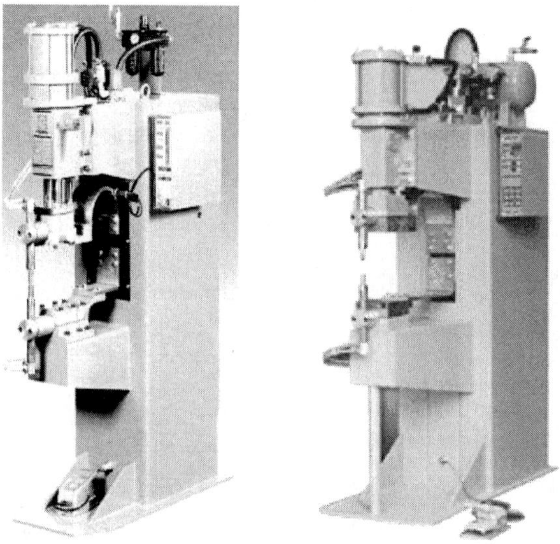

그림 6.105 점용접기

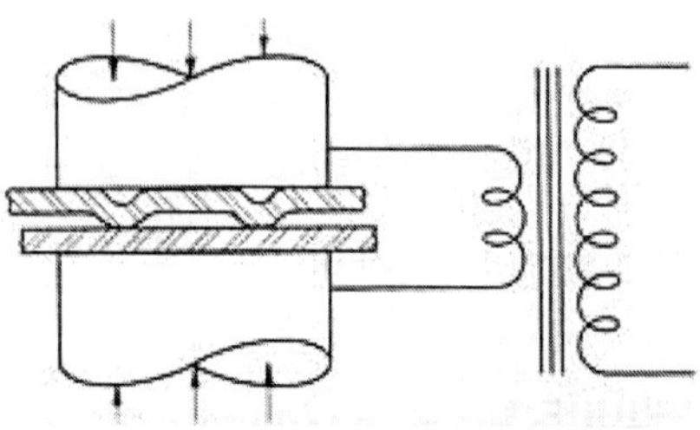

그림 6.106 프로젝션용접의 원리

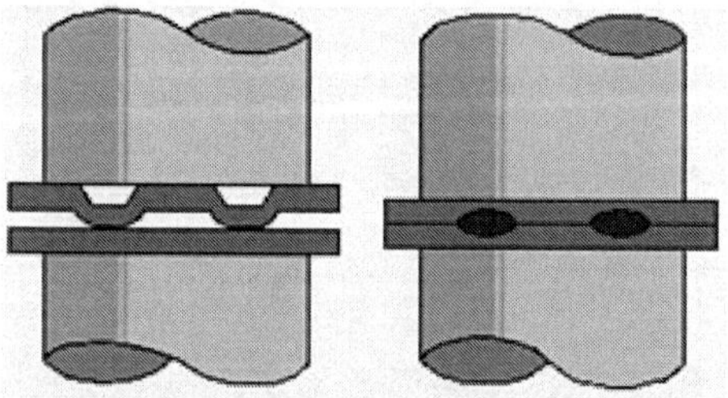

그림 6.107 프로젝션용접의 형태

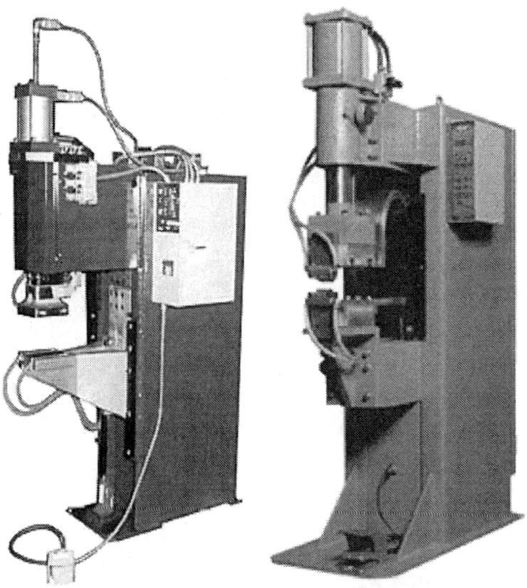

그림 6.108 프로젝션용접기

그림 6.106은 프로젝션용접의 원리를 나타낸 것이다. 전류가 도통된 상태에서 접촉한 돌기부가 용융되면 화살표 방향으로 가압하여 용접하는 것이다. 겹치기저항용접 중 프로젝션용점(Projection welding)은 금속 부재의 접합부에 만들어진 돌기부를 접촉시켜 압력을 가하고 여기에 전류를 통하여 저항열의 발생을 비교적 작은 특정 부분에 한정시켜 접합하는 일종의 저항 용접법이다. 프로젝션용접은 점용접과 달리 여러 점을 동시에 용접하기 때문에 능률이 좋다.

그림 6.107은 프로젝션용접의 형태를 나타낸 것이다. 하중에 의하여 오른 쪽처럼 용접이 된다. 용도는 강판, 청동, 스테인레스강, 니켈 등의 용접에 적합하고 알루미늄, 아연, 강과 황동, 강과 청동 등의 이종금속의 용접에도 사용된다. 그림 6.108은 프로젝션용접기를 나타낸 것이다.

겹치기저항용접 중 시임용점(Seam welding)은 원판상의 로울러 전극 사이에 2장의 판을 넣고 가압통전하면서 전극을 회전시켜 판을 이동하면서 연속적으로 점상으로 용접을 반복하는 방법으로 하나의 연속된 선 모양의 접합부가 얻어지는 것이다. 시임용접의 용도는 기밀, 수밀, 유밀을 필요로 하는 이음에 적용된다.

그림 6.109는 시임용접기의 원리를 나타낸 것이다. 상하의 원판이 화살표 방향으로 회전하면서 압력을 가하면 모재가 용융 접합되는 원리이며 가압력이 점용점과 프로젝션용접에 비하여 낮기 때문에 박판의 모재를 용접하는데 적합하다. 그림 6.110은 시임용접기를 나타낸 것이다.

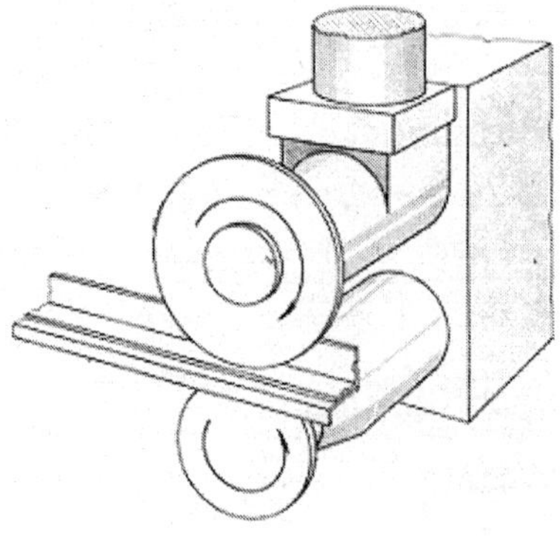 

그림 6.109 시임용접기의 원리

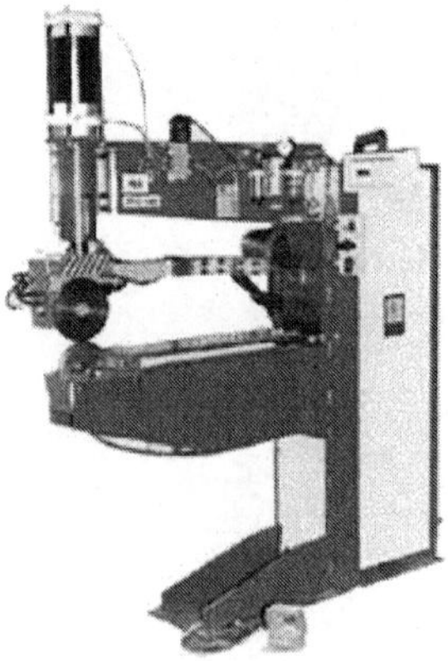 

그림 6.110 시임용접기

맞대기 저항용접은 업셋용접, 플래시용접, 맞대기 퍼어커션용접으로 분류된다. 업셋용접(Upset welding)은 버트용접(Butt welding)이라고도 하며 저항용접 중에서 제일 먼저 개발된 것으로 많이 사용되고 있다. 그림 6.111은 업셋용접의 원리를 나타낸 것이다. 모재를 서로 맞대어 가압하면서 전류를 통하면 용접부는 용접저항에 의해 발열이 되고 고유저항에 의해서 온도가 높아져서 용접부가 용융온도에 접근하면 모재를 축방향으로 압력을 가하여 접합하는 것이다.

맞대기 저항용접 중 플래시용접(Flash welding)은 업셋용접과 비슷하지만 그림 6.112의 플래시용접의 원리와 같이 한다. 통전된 상태에서 이동단을 고정단에 접근시키면 집중저항이 발생하여 서로 접근 시키면 대전류가 흘러 접촉정항과 전류 밀도에 의하여 국부적으로 발열하여 열 및 용융되어 불꽃이 발생하게 된다. 불꽃이 발생된 상태에서 더 접근 시키면 불꽃이 접촉하여 비산하는 현상이 반복되어 용접온도까지 가열하게 된다. 이때 압력을 가하여 용접부를 용융 접합시키는 것이다.

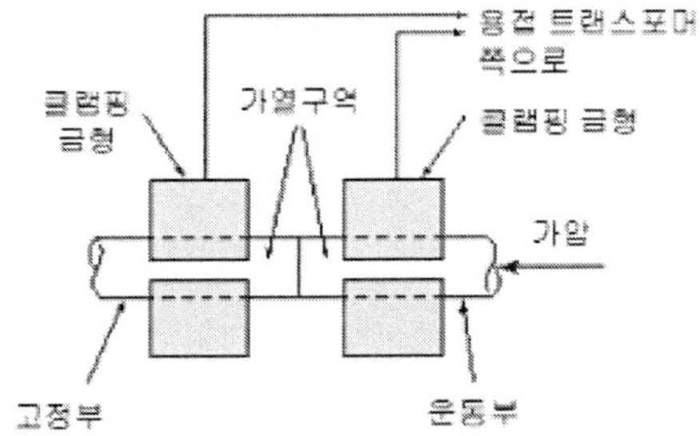

그림 6.111 업셋용접의 원리

그림 6.112 플래시용접의 원리

그림 6.113 퍼어커션용접기

맞대기 저항용접 중 퍼어커션용접은 전해 콘덴서에 미리 충전된 전기적 에너지를 금속의 접촉면을 짧은 시간에 급속히 방전시켜 발생하는 아크에 의해 접합부를 집중가열하고 방전하는 동안이나 방전 직후에 충격적 압력을 가하여 접합하는 용접법이다. 그림 6.113은 퍼어커션용접기를 나타낸 것이다. 특징은 짧은 시간과 작은 가압력으로 용접하기 때문에 1.0mm 이하의 금속선이나 다른 종류의 금속선인 열전대를 용접하는데 적용이 되고 있다.

6.3.16 저온용접

저온용접(low temperature welding)은 특수한 용접봉을 사용하여 일반 가스 용접 및 아아크 용접보다도 낮은 온도에서 하는 용접법을 말한다.

용접봉은 모재와 같은 계통의 공정 합금(Eutectic alloy)을 사용한다. 이 공정 합금은 용융점이 모재보다 낮으므로 용접봉이 첨가재의 역할을 한다. 저온용접은 모재의 용융

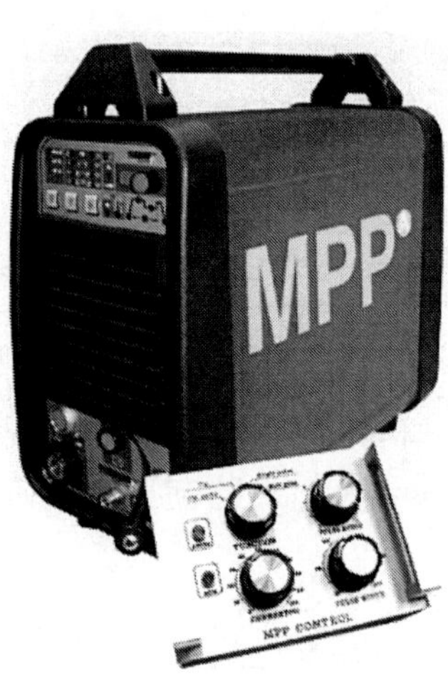

그림 6.114 저온 용접기

점보다 낮은 온도에서 용접할 수 있으므로 모재의 변질과 변형이 작고 가스 및 전력의 소비량이 적게 된다. 공정 합금은 유동성이 크고 결정이 치밀하여 강도가 큰 장점을 갖고 있다. 저온용접에서는 용접봉의 선택이 중요하다. 모재에 적합한 용접봉을 선택하고, 모재를 예열한 후에 작업한다. 가스 용접 토오치를 사용하여 모재를 가열하고 용접봉을 용해시킨 후 접합한다. 이 때 플럭스를 첨가하여 산화를 방지하면서 모재와 잘 접착되도록 한다. 플럭스는 분말 또는 밴드 상태 및 용접봉에 도포 하여 사용한다. 그림 6.114는 저온 용접기를 나타낸 것이다.

6.3.17 마찰용접

마찰용접(Friction welding)은 마찰 압접 이라고도 한다. 마찰용접은 소련에서 개발된 방법으로서 그림 6.115에 표시한 바와 같이 용접할 물체의 접합면에 압력을 가한 상태로 상대적인 회전을 시켜 마찰 발열로 접합부가 고온에 도달하였을 때 회전속도를 멈추고, 가압력을 증가하여 압접하는 방법이다. 이 방법은 간단하게 실시할 수 있기 때문에 봉재(Bar), 파이프의 접합에 사용된다. 특히 드릴, 로드, 자동차 엔진 부품을 용접에 사용된다. 또한 탄소강, 특수강, 비철 금속의 용접에도 사용된다.

마찰 용접에 사용되는 마찰 용접기는 선반과 유사한 구조를 가지고 있다. 회전수는

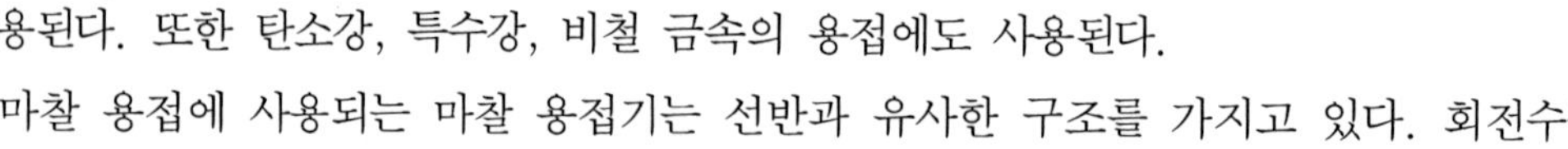

그림 6.115 마찰용접의 원리

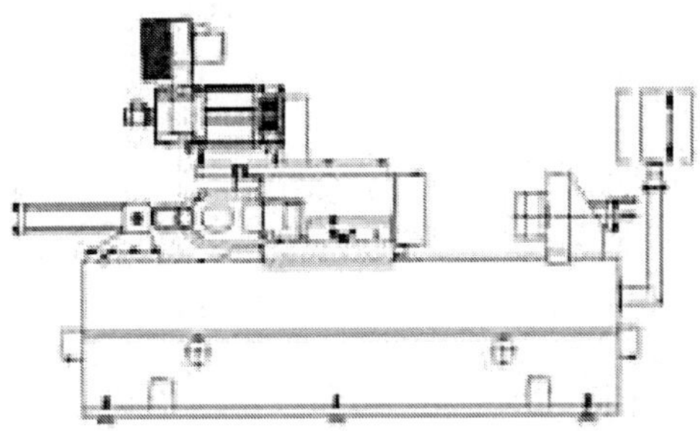 

그림 6.116 구동축과 압력축이 같은 마찰용접기

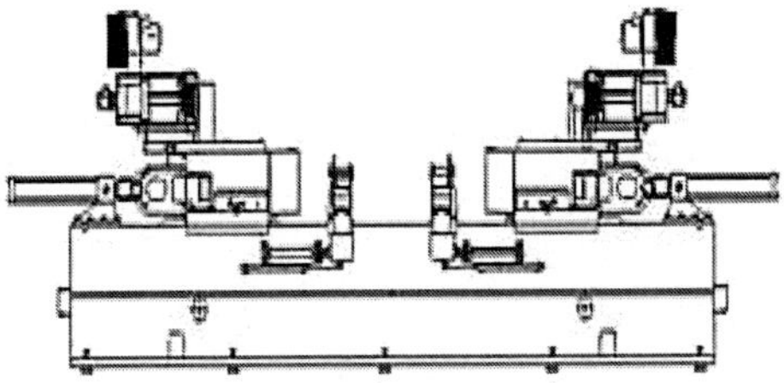 

그림 6.117 구동축과 압력축이 다른 마찰용접기

소형용 4,000rpm에서 대형용 10,000rpm 정도이다. 가압력은 수백kg에서 수십 톤에 달한다. 그림 6.116은 구동축과 압력축이 같은 마찰용접기, 그림 6.117은 구동축과 압력축이 다른 마찰용접기를 나타낸 것이다. 그림에서 왼쪽은 도면, 오른쪽은 실제 용접기를 나타낸 것이다. 그림 117에서 왼쪽이 구동축이며 오른쪽이 압력축이다.

6.3.18 용사

열 용사코팅기술은 표면에 요구되는 특정 성질을 갖는 분말, 봉 형태의 코팅재를 대기나 진공분위기에서 플라즈마 등의 다양한 열원을 사용하여 용융, 반용융 시켜 고속으로 분사하여 표면에 피박을 형성하는 것이다. 소재의 제한성이 없다는 측면에서 용사기술을 이용한 코팅의 형성은 금속재료, 세라믹 및 고분자 물질에 이르기까지 다양한 소재를 단독 또는 복합적으로 사용할 수 있다. 재료에 대한 연구를 통해 보다 개선된 형태의 코팅을 할 수 있다. 공정에 다양한 변수가 존재한다는 측면에서는 변수에 변화를 주어 조직을 변화시키고 조직에 따른 피복 특성을 연구하여 최적의 미세조직을 가지는 제어 기술을 개발하여 재료의 기능성을 극대화할 수 있다.

저온코팅기술은 용사공정 기술 중 비교적 최근에 나타난 공정이다. 열에 의한 코팅은 분말을 코팅하는데 열과 운동을 동시에 사용하고, 저온용사는 상온에 가까운 낮은 온도

그림 6.118 용사의 원리

그림 6.119 예열장비

그림 6.120 용사 장비

그림 6.121 용사 건 (출처 : 국제월드)

의 고속 가스흐름에 의한 운동 에너지만을 이용한다. 저온 용사 기술은 300~1500m/s의 초음속 가스에 입도 1~50μm의 분말을 주입하여 모재 표면에 충돌과 함께 높은 변형을 유도하여 코팅을 형성시키는 기술이다. 저온 용사를 이용한 코팅은 높은 운동에너지를 가지는 상온에 가까운 입자가 모재와 충돌하는 면에서 일종의 폭발용접과정과 유사한 개념을 통하여 모재에 결합하게 된다. 높은 열을 이용하는 열 용사코팅공정이 가지는 제한요소인 모재의 열적 제한성, 코팅입자의 공정 중 산화, 상변화 및 잔류응력의 형성과 같은 문제점을 가지는 반면에 공정 특성상 문제점이 거의 없어 기술의 유용성이 높다. 단점은 운동에너지만을 이용하여 코팅하기 때문에 코팅소재가 열용사에 비해 제한성이 증가하여 금속, 합금 및 일부 세라믹의 경우 금속 결합재를 첨가하여 코팅한다. 금속소재의 열용사에서 형성되는 산화물 형성이 없고 기공의 함량이 낮아서 열용사에 의한 코팅에 비해 열전도도 및 전기전도도가 높게 나타난다.

그림 6.118은 용사의 원리, 그림 6.119는 용사를 하기 전에 모재를 가열하여 흡착력을 높이기 위한 예열장비를 나타낸 것이다. 그림 6.120은 용사를 하기 위해 사용되는 장비의 종류를 나타낸 것이고, 그림 6.121은 용사 건을 나타낸 것이다.

6.3.19 납땜

납땜은 접합하려고 하는 금속을 용융시키지 않고 이들 금속 사이에 모재보다 용융점이 낮은 땜납을 용융 첨가하여 접합하는 방법이다. 땜납의 대부분은 합금으로 되어 있으나 순금속도 사용된다. 땜납은 모재보다 용융점이 낮아야 하고 표면 장력이 적어 모재 표면에 잘 퍼지며, 유동성이 좋아서 틈을 잘 메울 수 있는 것이어야 한다. 그 외에도 사용 목적에 따라 강인성, 내식성, 내마멸성, 전기전도도, 색채조화, 화학적 성질 등이 요구된다.

피접합 물질은 저융점의 금속부터 3,000 ℃이상의 융점을 가진 금속, 비금속 및 반도체 등 여러 가지가 있으며, 땜납은 융점이 50～1,400 ℃ 정도의 것이 사용되고 있다. 납땜은 땜납의 융점이 450℃이하일 때 연납땜(Soldering)이라 하고, 450℃이상일 때 경납땜(Brazing)이라고 한다. 미국에서는 융점이 427℃(800 ℉)를 한계로 한다. 연납은 회로를 구성할 때 사용하며 경납은 하중을 받는 곳에 사용하고 있다.

납땜은 분자간의 흡인력에 의한 결합이며 결합을 만족하게 하기 위하여 모재의 접착표면을 깨끗이 하고 산화를 방지하며 불순물을 제거하기 위해 여러 가지 용제(Flux)를 사용한다.

연납은 일반적으로 주석(Sn), 주석-납(Sn-Pb)합금, 납(Pb) 또는 필요에 따라 안티몬(Sb), 은(Ag), 비소(As) 및 비스무트(Bi) 등을 첨가한다. 연납중에서 가장 많이 사용되는 것은 주석-납 합금이며 땜납이라고 한다. 알루미늄, 특수강, 주철 등의 일부 금속을 제외하고는 철강, 동, 니켈, 납, 주석 및 이들 합금의 접합에 사용된다. 연납은 경납에 비해 기계적 강도가 낮아서 강도를 필요로 하는 부분에는 부적당하다. 그러나 용융점이 낮고 납땜(Soldering)이 용이하기 때문에 전기부품의 접합이나 기밀, 수밀을 필요로 하는 곳에 널리 사용된다. 보통 연납은 규소 62%, 납 38 %를 조성한다. 저융점 납땜으로는 비스무트, 카드늄, 납, 주석(Bi-Cd-Pb-Sn) 합금은 융점이 60~100℃의 것도 있다. 그러나 다른 땜납에 비해 강도가 작고 취약하여 전기부품의 납땜에 쓰인다.

대규모일 때에는 토오치 램프(Torch lamp)나 가스 토오치 등을 사용하고 땜납의 형상으로는 봉 모양, 선 모양, 실 모양 등이 있다.

경납은 융점이 450℃ 이상인 땜납재를 말한다. 경납은 연납에 비하여 용융점이 높고, 기계적 강도도 좋아서 강도를 필요로 하는 장소, 내열성, 내식성, 내마멸성을 필요로 하는 장소 및 색채 등을 충족시키는 곳에 사용된다. 경납은 모재의 종류, 납땜 방법 및 용도에 따라 여러 가지가 있다. 경납의 종류는 은납, 황동납, 인동납, 알루미늄납, 니켈납 등이 있다. 경납의 형상에는 선 모양, 분말모양, 페이스트(Phaste) 모양이 있고, 알루미늄, 규소계의 납은 피복모양으로 된 것을 사용하고 있다. 경납의 종류는 다음과 같다.

1. 은납(Silver solder) : 은납은 은-동-아연(Ag-Cu-Zn)합금 또는 카드뮴(Cd), 니켈(Ni) 및 주석(Sn)을 합금한 은 합금으로 경납 중 비교적 용융점이 낮아 작업이 쉽다. 또한 유동성이 좋고 강도 및 연신율이 우수하다. 알루미늄 및 마그네슘을 제외한 비철합금과 철강과 동, 동합금 등의 납땜에 널리 사용된다.
2. 황동납(Brass solder) : 황동납은 동(Cu)와 아연(Zn) 60% 이하를 합금한 동합금이며, 동, 동합금과 일부 철강 등의 납땜에 널리 사용된다. 융점은 850~1050℃정도이다. 황동납의 결점은 전기 전도도가 낮고, 진동에 대한 저항이 적으며, 전해 작용을 받기 쉽다. 또한 아연의 증기압이 높으므로 납땜 작업 중 과열하면 아연이 증발하여 이음부에 중공이 생겨서 이음부의 강도가 낮아진다. 따라서 1,000℃이상으로 가열하지 않는다.
3. 인동납(Phosphorus copper solder) : 인동납은 동(Cu)에 인(P) 또는 동에 인과 은(Ag)을 합금한 동합금이며, 동이나 동합금의 납땜에 널리 사용된다. 이음부의 전기전도도 및 기계적 성질이 좋고 황산 등에 대한 내식성도 우수하나, 철강 또는 니켈을 10% 이상 함유한 합금의 땜납에 사용하면 취성이 생긴다. 동과 동을 납땜 할 때는 용제가 필요 없으나 동합금에는 용제를 사용하며 융점은 705-925℃정도이다.
4. 양은납(German silver solder) : 양은납은 동-아연-니켈(Cu-Zn-Ni) 합금이며, 니켈(Ni) 함유량이 많을수록 융점이 높고 색깔이 희게 된다. 성분은 동이 47%, 아연이 11%, 니켈이 42%다. 융점이 높고 강인하므로 동, 황동, 니켈 합금 철강 등의 납땜에 널리 사용된다.
5. 알루미늄납(Aluminum solder) : 알루미늄납은 알루미늄을 주성분으로 하고 규소(Si), 동(Cu) 등을 합금한 알루미늄 합금이며 융점은 600℃이다. 모재와의 융점의 차이가 작으므로 납땜 작업의 온도관리를 주의해야 한다. 알루미늄 합금은 융점이 낮으므로 납땜을 할 수 없다.
6. 내열 합금용 납 : 내열 합금용 납에는 니켈-크롬(Ni-Cr)계, 은-망간(Ag-Mn)계, 동-금(Cu-Au)계 등이 있고, Ni-Cr계 납이 기계적 성질이 우수하여 많이 사용된다. 니켈 및 코발트계는 내열, 내식 재료인 제트 엔진, 가스 터빈, 스텐레스강 등의 납땜에 사용된다.

그림 6.122는 땜인두, 그림 6.123은 납땜에 사용되는 용접재료를 나타낸 것이다.

그림 6.122 땜인두

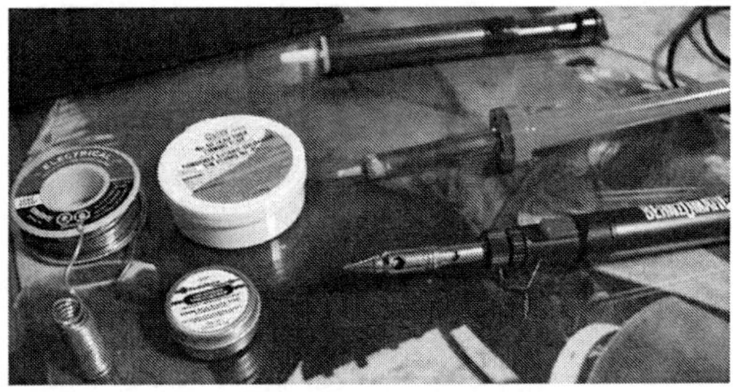

그림 6.123 용접재료

6.4 베어링

베어링은 축과 하우징 사이의 상대운동을 원활하게하고 축으로 전달되는 하중을 받는 것이다. 하중을 받는 경우 반경방향 하중과 축 방향 하중이 있으며 여러 하중을 받는 합성하중도 발생할 수 있다. 베어링과 접촉하고 있는 축 부분을 저널(journal)이라고 하며, 베어링과 축이 상대운동에 의하여 마찰력이 발생하고 마찰력에 의한 열이 발생하여 동력이 손실 될 수 있다. 접촉상태에 따라 미끄럼베어링(Sliding bearing)과 구름베어링(Rolling bearing)의 두 종류로 분류한다. 구름베어링은 전동체에서 구름마찰이 일어나고 미끄럼베어링에서는 축과 베어링 사이의 윤활유에 의하여 유막이 형성되어 미끄럼마찰이 발생한다. 구름베어링과 미끄럼베어링의 특성을 고려하고 용도에 맞게 선택하여 사용해야 된다. 표 6.7은 미끄럼베어링과 구름베어링을 특성을 비교한 것이다.

구름베어링은 축과 베어링의 볼 또는 롤러가 접촉하며 축이 회전하면 볼 또는 롤러도 같이 회전하기 때문에 마찰저항은 작다. 회전하는 기계축에는 하중이 축과 수직으로 걸리는 경우와 축방향으로 걸리는 경우가 있으며, 베어링은 이와 같은 하중에 견디면서 회전운동을 확실히 해야 한다.

미끄럼베어링은 베어링이 저널부의 표면 전부 또는 표면의 일부를 둘러싸고 있으며, 베어링과 저널의 접촉면 사이에는 보통 윤활유가 있다. 미끄럼베어링은 면과 면이 접촉하기 때문에 축이 회전할 때 마찰저항이 구름베어링보다 크고 하중을 지지하는 능력도 크다.

표 6.7 미끄럼베어링과 구름베어링의 비교

특성	구름베어링	미끄럼베어링
토크	기동 토크 작다.	유막형성이 늦다.
충격 흡수력	감쇠력이 적어 충격흡수력이 떨어진다.	유막에 의한 감쇠력이 좋다.
규격	표준형으로 양산되며 호환성이 좋다.	표준형 및 자가제작의 경우가 있다.
온도	열팽창으로 냉각장치가 필요하다.	윤활유의 점도가 증가한다.
운전속도	공진속도 이내에서 운전해야 된다.	공진속도를 지나 운전이 가능하다.
강성	크다.	작다.
숙련	설치가 간단하다.	전문지식이 필요하다.

그림 6.124 구름베어링

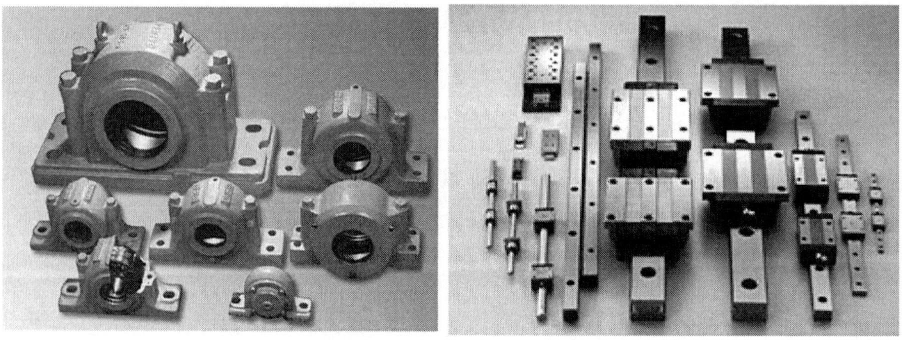

그림 6.125 베어링의 종류

베어링은 하중이 작용하는 방식에 따라 구조가 달라지며, 축과 수직으로 하중이 걸리는 경우에 사용하는 것을 레이디얼(Radial) 베어링이라 하고, 축방향으로 하중이 작용하는 경우에 쓰이는 것을 스러스트(Thrust) 베어링이라 한다. 예를 들면 볼베어링의 경우 레이디얼 볼베어링과 스러스트 볼베어링이 있고, 가늘고 긴 침상의 롤러를 사용하는 니들베어링이 있다. 여러 가지 특징에 따라 더 많은 종류로 세분할 수 있으며, 사용목적에 따라 적합한 것을 선택하면 된다. 미끄럼베어링과 구름베어링은 각각 장단점을 가지고 있기 때문에 사용조건에 따라 선택해야 한다.

구름 베어링은 20세기에 와서 사용하게 된 것으로 대량생산과 사용 중 교환이 편리하기 때문에 유리하나 하중조건이 변하면 수명이 짧아질 수 있다. 미끄럼베어링은 축이 회전할 때의 마찰열을 방지하기 위해 적절한 윤활유가 필요하며, 사용 중 마모로 인하여 구멍의 확대를 방지하기 위해 반지모양의 부시(Bush)를 저널과 접촉하는 구멍부에 끼워 넣는 것이 일반적이다.

스러스트베어링의 경우는 축의 선단에 걸리는 하중을 베어링의 밑면이 지지하게 되며 경우에 따라서는 그 면의 발열을 적게 하기 위하여 선단을 약간 가늘게 한 피벗베어링이 사용된다. 그림 6.124는 구름베어링, 그림 6.125는 베어링의 종류를 나타낸 것이다.

6.5 축이음

축이음은 축과 축을 연결하여 회전력을 전달하는 기계요소를 말한다. 다른 축을 회전시키는 축을 원동축 또는 구동축이라고 하며 구동축에 연결되어 회전 토크를 전달받는 축을 종동축 또는 피동축이라고 한다.

축이음은 크게 클러치와 커플링으로 분류하며 운전 중 필요에 따라 축이음을 조절하는 것을 클러치라고 하며 운전의 탈착이 불가능한 축이음은 커플링 이라고 한다.

6.5.1 클러치

축이음의 방법 중 클러치(Clutch)는 운전 중에 동력전달을 on/off 할 수 있다. 예를 들면 자동차는 자동변속기가 사용되지만 수동변속기가 클러치의 대표적인 사용형태라고 할 수 있다. 클러치의 종류는 확동클러치, 마찰클러치, 순방향클러치, 원심클러치로 구분된다.

1. 확동클러치(Positive clutch) : 각 축에 턱을 만들어서 적극적인 연결을 한 클러치로서 연결 할 경우 낮은 속도로 회전시키기 때문에 정지 할 필요가 있다. 그림 6.126은 확동클러치를 나타낸 것이다.
2. 마찰클러치(Friction clutch) : 축에 붙어있는 부분의 면을 밀어 붙여 접촉시키며, 그 사이의 마찰력을 이용 하여 연결하는 클러치를 말한다. 그림 6.127은 마찰클러치를 나타낸 것이다. 구동축과 피동축 사이에 1개 또는 여러 개의 마찰원판을 설치하여 마찰력으로 토크를 전달하는 장치이다. 마찰원판의 수가 1개인 경우 단판클러치라고 하고 2개 이상의 경우 다판클러치라고 한다. 접촉면이 건조한 건식과 기름 속에서 작용하는 습식이 있다. 축방향 힘을 발생시키는 방법에는 기계식과 유압식이 있다. 단판 클러치에서 회전 중심 부분을 접촉하지 않도록 설계한다. 회전중심 부위가 접촉하면 회전중심의 양쪽에는 마찰력의 방향이 서로 반대가 된다. 따라서 회전 중 회전중심 위치가 변화하게 되면 회전중심 부근에서 마찰력의 방향이 변하는 현상이 발생한다. 이런 현상이 일어나면 진동이 증가한다.
3. 순방향클러치(비역전클러치) : 구동축이 종동축보다 속도가 늦어졌을 때 종동축이 공회전 할 수 있게 한 것이다. 특성은 순방향으로는 동력을 전달하고 역방향으로는 전달이 불가능하다. 그림 6.128은 순방향클러치를 나타낸 것이다.

그림 6.126 확동클러치 (출처 : 익우BNC)

그림 6.127 마찰클러치 (출처 : 익우BNC)

그림 6.128 순방향클러치 (출처 : 익우BNC)

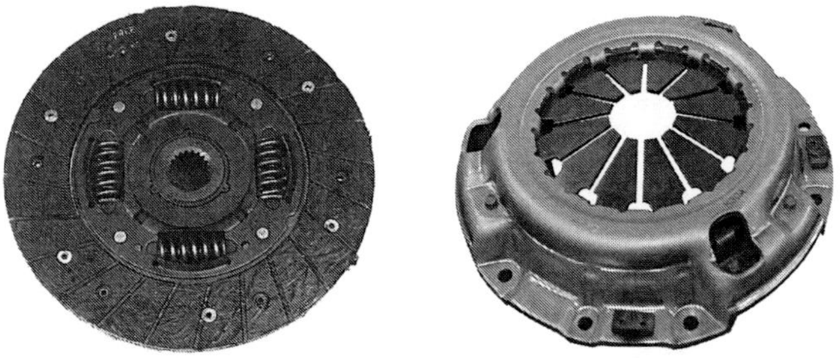

그림 6.129 원심클러치 (출처 : 익우BNC)

4. 원심클러치 : 입력축의 회전에 의한 원심력에 의하여 클러치의 결합이 이루어지며 원심 클러치의 종류는 유체클러치, 롤링클러치, 접촉편클러치 등이 있다. 그림 6.129는 원심클러치를 나타낸 것이다.

6.5.2. 커플링

커플링(Coupling)은 운전 중에는 결합을 끊을 수 없는 영구적인 이음을 말한다. 커플링은 고정커플링, 휨커플링, 올드햄커플링으로 구분된다.

1. 고정커플링(Rigid coupling) : 일직선상에 있는 두 축을 키 또는 볼트(Bolt)를 사용하여 결합하는 것이다. 두 축 사이에 상호이동이 전혀 허용되지 않는 구조의 커플링이다. 고정커플링은 다음과 같이 분류된다.
   ① 플랜지 고정 커플링(Flange coupling) : 플랜지 커플링은 양축의 끝에 플랜지를 각각 억지 끼워 맞춤하여 키로 고정하고 양축에 끼워져 있는 플랜지를 리머볼트(Reamer bolt)를 이용하여 연결한 것이다. 일반적으로 사용되는 것으로서 지름이 큰 회전축이나 고속 회전축에 사용된다.
   ② 슬리브 커플링(Sleeve coupling) : 양축을 주철제의 원통 속에 끼우고 키로 고정한 것으로 축지름이 작고 하중이 작은 경우에 사용되며 축방향 하중에 약하다.
   ③ 마찰원통 커플링(Friction slip coupling) : 양축의 끝부분에 축방향으로 분할된 2개의 반원통이 축을 감싸는 형태로 채결한다. 반원통의 안쪽은 축방향 구배가 없으나 반원통의 바깥쪽은 축방향으로 구배가 있다. 맞대어진 반원통의 바깥 끝부분에 외력을 가하여 넣는다.
   ④ 분할원통 커플링(Split muff coupling) : 클램프 커플링(Clamp coupling)이라고도 하며 축의 양 끝에 축방향으로 2개 분할된 반원통 커플링으로 축을 감싸는 형상으로 맞댄 후 두 개의 반원통은 볼트를 사용하여 체결한다.

⑤ 반겹치기 커플링(Half lap coupling) : 축의 끝부분 반지름을 크게 하고 끝을 경사지게 하여 키로 고정한 것이다. 축방향으로 인장력이 작용하는 경우 사용한다.

⑥ 셀러 원추 커플링(Seller coupling) : 안쪽은 원통형이고 바깥쪽은 테이퍼진 원추형인 안통 2개를 양축 끝에 각각 연결하고 안통의 바깥에 내경이 양쪽방향으로 테이퍼진 바깥통의 축에 연결한다.

그림 6.130은 고정커플링을 나타낸 것이다. 온도변화 등으로 인하여 축의 팽창 및 수축으로 발생하는 축방향 하중을 흡수하는 능력이 작으며, 진동 등으로 인하여 발생하는 축심의 불일치를 흡수하는 능력이 적다.

그림 6.130 고정커플링

2. 휨커플링(Flexible coupling) : 원칙적으로 직선상의 두 축을 연결에 사용하나 양 축간에 상호 이동을 허용할 수 있다. 온도의 변화에 따른 축의 신축 또는 탄성변형 등에 의한 축 중심의 불일치를 완화하여 원활하게 운전할 수 있도록 한 것이다. 그림 6.131은 휨커플링을 나타낸 것이다.

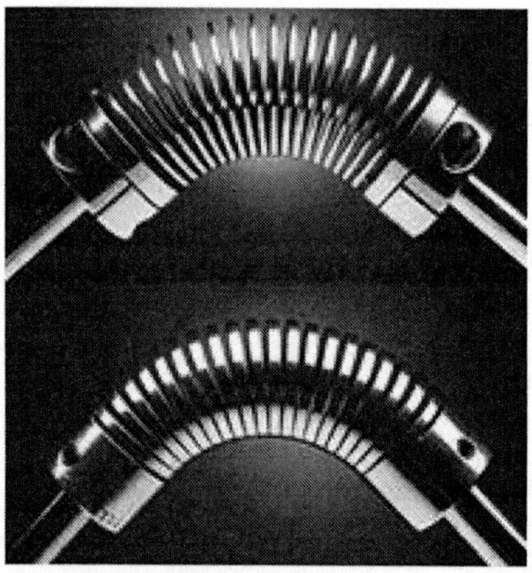

그림 6.131 휨커플링 (출처 : 대양상사)

3. 올드 햄 커플링(Old ham coupling) : 두 축이 평행하고 매우 근접해 있을 때 사용하는 커플링이다. 그림 6.132는 올드 햄 커플링을 나타낸 것이다.

그림 6.132 올드 햄 커플링 (출처 : 대양상사)

4. 유니버셜조인트(Universal joint) : 두 축의 축선이 약간의 각을 이루어 교차하고 그 사이의 각도가 운전 중에 다소변화더라도 자유롭게 운동을 전달할 수 있는 커플링이다. 그림 6.133은 유니버셜조인트를 나타낸 것이다.

그림 6.133 유니버셜조인트 (출처 : 대양상사)

6.6 키, 핀, 코더

키는 축과 보스를 결합하는 기계요소를 말한다. 키가 견딜 수 있는 허용 압력은 토크가 작용할 경우 8~10kg_f / mm^2, 변동토크 및 고속회전일 경우 2.5~4kg_f/mm^2의 이상의 압력을 받을 경우 변형 및 파괴가 될 수 있다. 그림 6.134는 키홈의 가공 형태를 나타낸 것이다. 그림에서 엔드밀과 밀링커트에 의한 가공에 따른 키홈의 형태가 다르게 나타난다.

키의 종류는 안정키, 평키, 문힘키, 접선키, 미끄럼키 및 둥근키가 사용되고 있다. 그림 6.135는 인장키를 나타낸 것이다. 안장키는 새들키라고 하며 보스에 기울기 1/100의

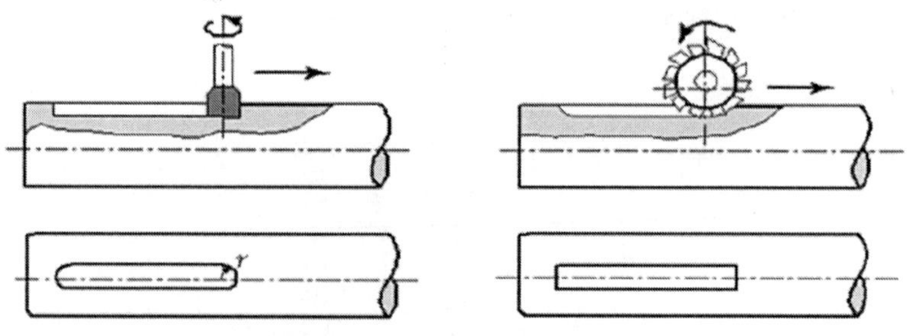

엔드밀에의한 가공 밀링커터에 의한 가공

그림 6.134 키홈의 가공

키홈을 만들어 압력을 가하여 결합하는 방법으로 전달 가능한 토크의 크기가 작고 불확실하다.

그림 6.136은 납작키를 나타낸 것이다. 납작키는 평키라고도 하며 전달 가능한 토크는 안장키보다 크다.

그림 6.137은 묻힘키를 나타낸 것이다. 묻힘키는 성크키라고도 하며 가장 많이 사용되어 지고 있다. 전달 토크가 크고 정밀도가 높아서 안정적인 성능을 보인다. 묻힘 키는 평행키와 테이퍼 키로 나눈다. 테이퍼키는 축방향으로 키를 이용하여 고정할 때 축과 보스의 중심이 일치하지 않는 편심이 발생할 수 있다.

그림 6.138은 접선키를 나타낸 것이다. 접선키는 묻힘키보다 축의 강도 저하가 적고 큰 회전력을 전달한다.

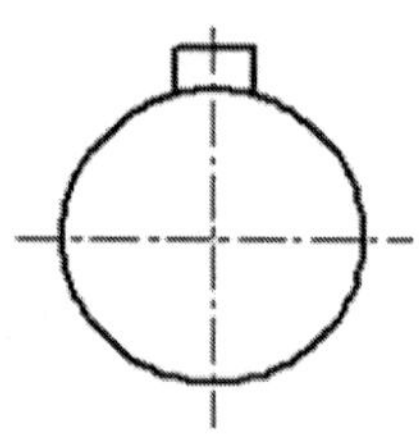

그림 6.135 인장키

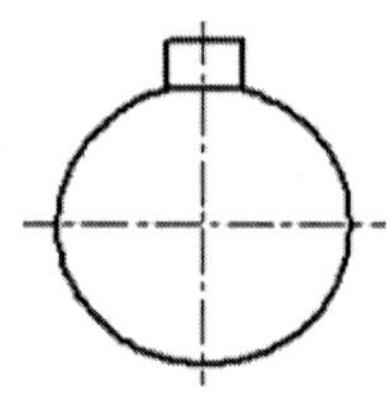

그림 6.136 납작키

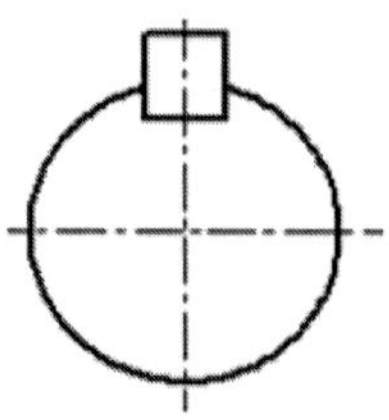

그림 6.137 묻힘키

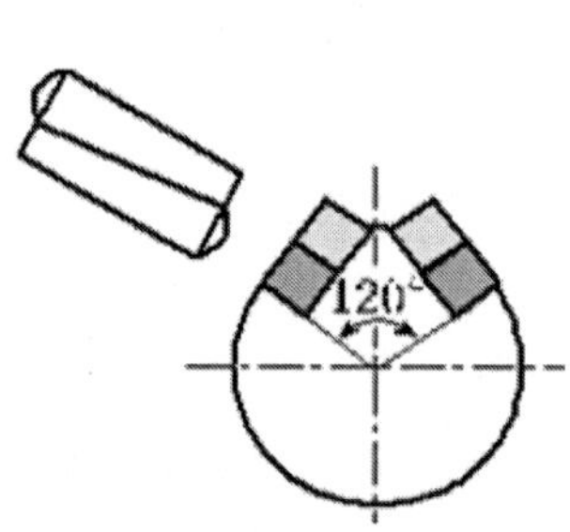

그림 6.138 접선키

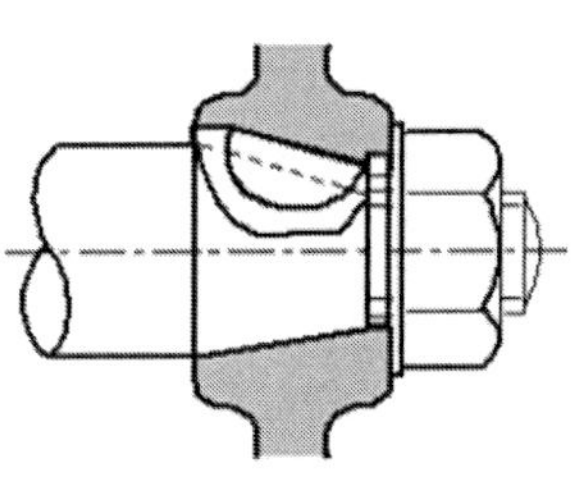

그림 6.139 반달키

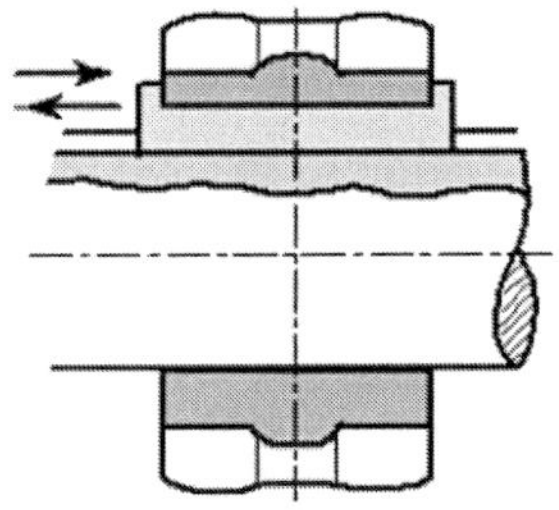

그림 6.140 미끄럼 키

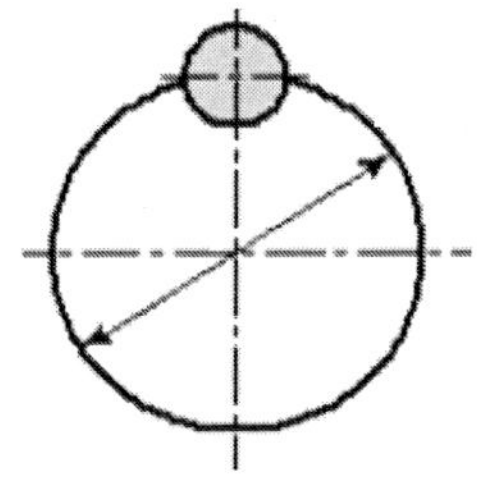

그림 6.141 둥근키

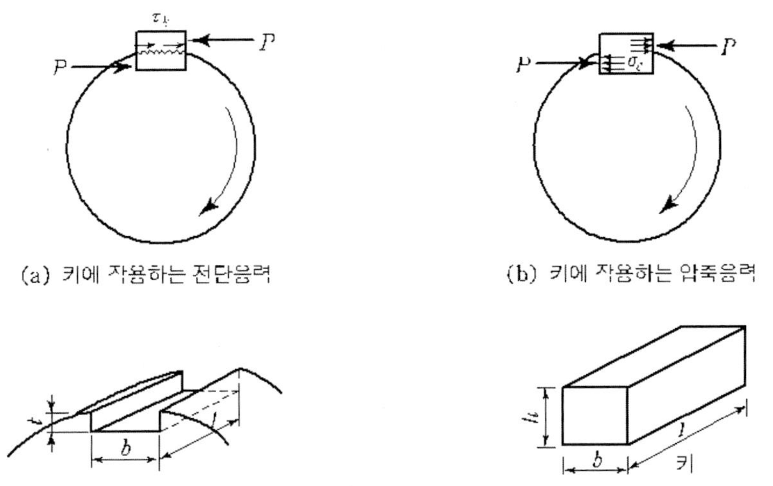

(a) 키에 작용하는 전단응력

(b) 키에 작용하는 압축응력

(c) 키 홈

(d) 키의 형대

그림 6.142 키에 작용하는 응력 및 형태

그림 6.139는 반달키를 나타낸 것이다. 반달키는 고속회전으로 사용하는 축 및 토크가 걸리는 축에 사용된다.

그림 6.140은 미끄럼 키를 나타낸 것이다. 미끄럼 키는 성크키에 비해 축에 전해지는 전달 토크가 작다.

그림 6.141은 둥근키를 나타낸 것이다. 둥근키는 사용법은 간단하지만 전달토크가 작다.

그림 6.142는 키에 작용하는 응력 및 형태를 나타낸 것이다. 핀의 접촉면에 작용하는 축하중은 식 (6.6)과 같다. 여기서 q는 핀의 허용면압 1.4~2.1kg_f/mm^2을 나타낸다.

$$Q = q\,(d_1 a) \tag{6.6}$$

그림 6.143은 핀에 작용하는 응력을 표현한 것이다.

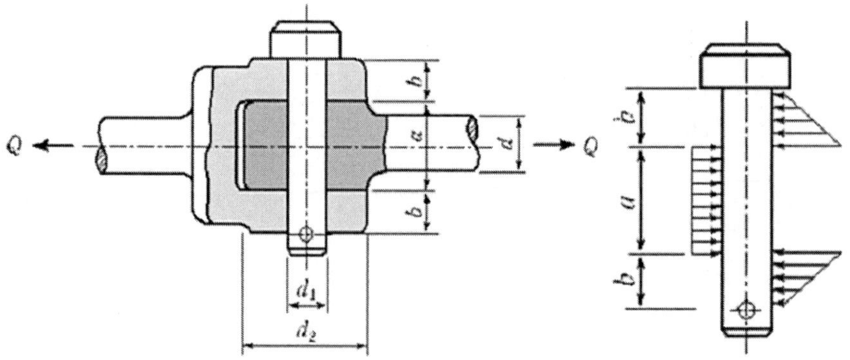

그림 6.143 핀의 응력

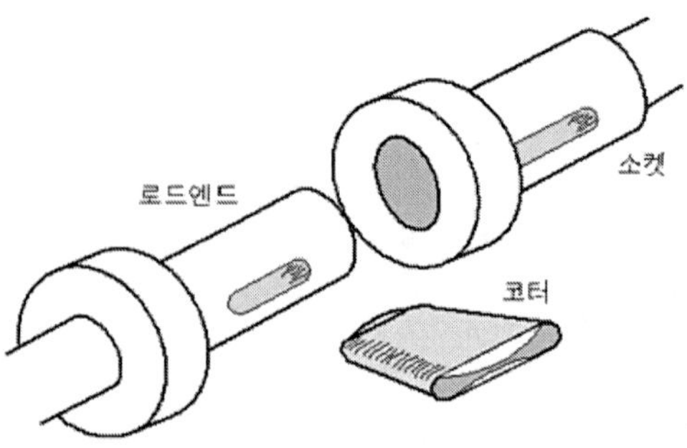

그림 6.144 코더의 사용형태

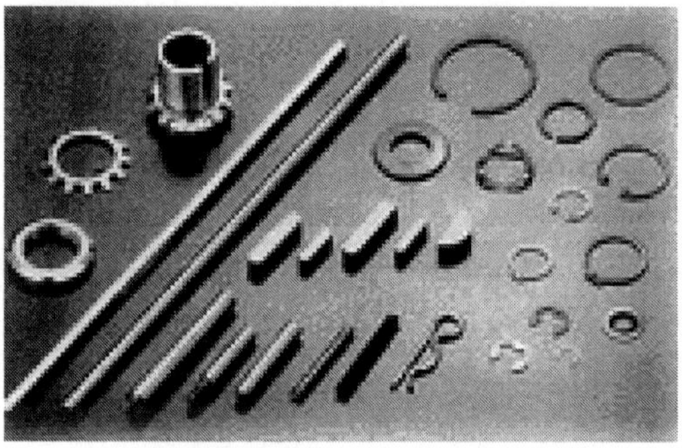

그림 6.145 키, 핀, 코더

코더는 두축을 연결하는데 사용된다. 코더의 경사각은 반영구적으로 부착하는 경우 $\tan\alpha = \frac{1}{20} \sim \frac{1}{40}$, 탈착을 하는 경우 $\tan\alpha = \frac{1}{5} \sim \frac{1}{10}$으로 설계 및 제작을 하여 사용을 한다. 그림 6.144는 코더의 사용형태를 나타낸 것이다.

그림 6.145는 현장에서 사용되고 있는 키, 핀, 코더를 나타낸 것이다.

6.7 마찰차

마찰차는 기계요소 가운데 2개의 바퀴면을 직접 접촉시켜 접촉면의 마찰력을 이용해 동력을 전달하는 동력 전달장치이다. 가장 기본적인 동력 전달장치로 축에 바퀴를 연결하여 구름접촉을 통해 순수한 마찰력만으로 동력을 전달하는 것이다. 이렇게 마찰차를 이용해 동력을 전달하는 것을 마찰차 전동이라고 한다. 마찰력만을 이용하기 때문에 동

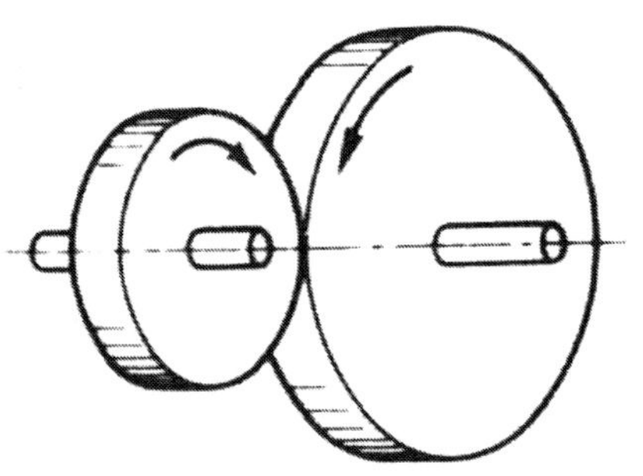

그림 6.146 외접형마찰차

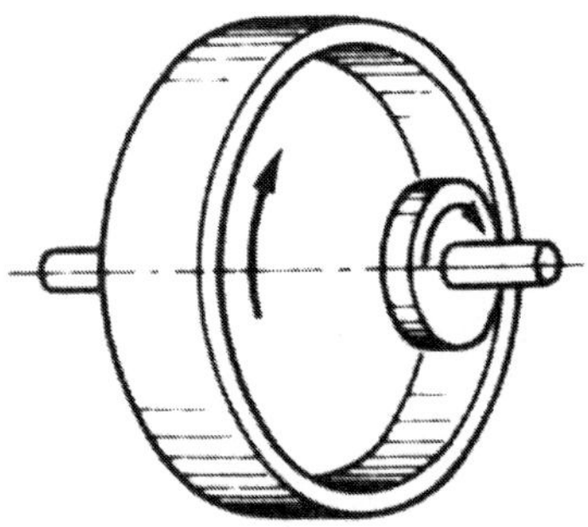

그림 6.147 내접형마찰차

력을 전달할 때 미끄럼 현상이 발생할 수 있어 정교한 회전운동이나 큰 전동에는 적합하지 않다. 따라서 동력을 전달하면서 마찰차를 이동시킬 수 있는 변속장치나 자동차의 클러치 등에 주로 사용한다. 작은 힘을 전달하거나 정확한 회전운동을 하지 않는 곳에 쓰이는 동력 전달장치가 마찰차이다.

표면에 고무, 가죽, 섬유 등을 붙여 마찰계수를 크게 하기도 하며 기어와 다른 점은 두 축이 서로 맞물려 돌아가게 하는 이가 없다는 점이다. 그림 6.146은 외접형마찰차, 그림 6.147은 내접형마찰차를 나타낸 것이다.

마찰차의 전달동력은 식 (6.7)과 같다. 식은 마찰차의 전달동력을 나타낸 것이다.

$$P = \frac{\mu F v}{102}(kN) \tag{6.7}$$

여기서 μ는 마찰계수, F는 마찰차를 미는 힘(kg), v는 원주속도(m/s)를 의미한다.

그림 6.148은 마찰차의 전달동력을 나타낸 것이다. 마찰차 전동은 2개의 바퀴 면을 직접 접촉시켜 접촉면의 마찰력을 이용해 동력을 전달하는 장치이다. 마찰차 전동은 마찰력만을 이용한 것이기 때문에 동력을 전달하는 동안에 미끄럼이 발생할 수도 있다. 따라서 정확한 회전운동이나 큰 전동에는 적용이 어렵다. 하지만 동력을 전달하면서 마

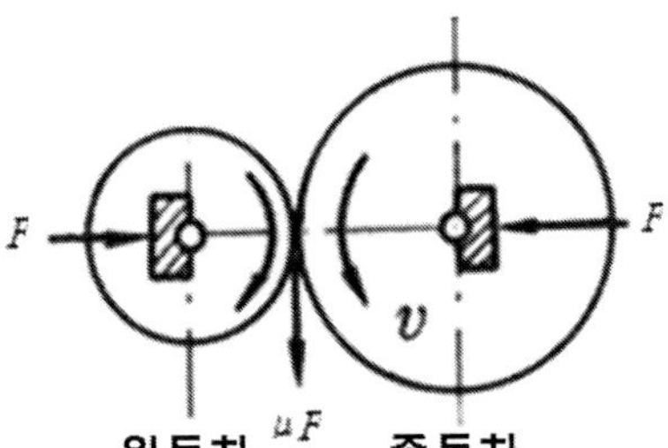

그림 6.148 마찰차의 전달동력

그림 6.149 평마찰차

그림 6.150 원추마찰차

그림 6.151 V홈마찰차

찰차를 이동시킬 수가 있어서 변속장치에 사용한다. 마찰차의 종류에는 평마찰차, 원추마찰차, V홈마찰차가 있다.

그림 6.149는 평마찰차를 나타낸 것이다. 평마찰차는 두 축이 평행할 때 사용하는 것이다.

그림 6.150은 원추마찰차를 나타낸 것이다. 원추마찰차는 직각으로 만나는 두 축 사이에서 원판과 롤러가 접촉해 힘을 전달하는 것이다.

그림 6.151은 V홈마찰차를 나타낸 것이다. V홈마찰차는 마찰차에 홈을 만들어 접촉하는 면이 많아지도록 한 것이다.

6.8 기 어

기어는 마찰차에 이를 만들고 이들이 서로 맞물려서 돌아가게 한 전동 장치이며 이가 서로 맞물려서 돌아가기 때문에 마찰차에서처럼 미끄럼운동이 일어나지 않고 확실하게 동력을 전달해 준다.

그림 6.152는 평기어를 나타낸 것이다. 평기어는 축이 평행하고 시계, 내연 기관 등에 사용되고 있다.

그림 6.153은 베벨기어를 나타낸 것이다. 베벨기어는 축이 직각으로 만나고 회전 방향을 직각으로 바꿀 때 사용한다. 사용되는 곳은 자동차 구동 장치, 핸드 드릴 등에 적용된다.

그림 6.154는 웜기어를 나타낸 것이다. 웜기어는 축이 직각이지만 만나지 않고 회전 속도를 크게 낮출 때 사용하기 때문에 감속 장치 등에 사용된다.

그림 6.152 평기어

그림 6.153 베벨기어

그림 6.154 웜기어

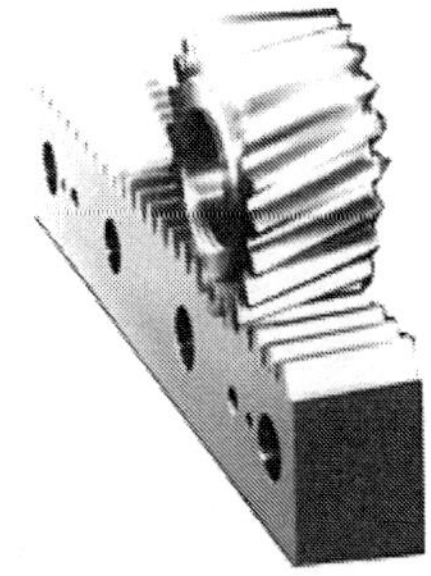

그림 6.155 래크피니언

그림 6.155는 래크피니언을 나타낸 것이다. 래크피니언의 축은 평행하고 회전 운동을 직선 왕복 운동으로 바꾸거나 직선 왕복 운동을 회전 운동으로 바꿀 때 사용하며 적용되는 곳은 사진기 삼각대, 자동차 조향 장치 등에 사용된다.

6.9 벨 트

벨트를 돌리기 위한 풀리는 인벌루트 치형을 사용하고 있다. 인벌루트 치형은 벨트가 풀리에 맞물려 벨트 치형의 운동에 의해서 궤적으로 동력을 전달할 수 있도록 되어있다. 따라서 회전중의 벨트치형과 풀리의 치형에 의한 간섭이 적고 부드러운 회전을 얻을 수가 있다.

벨트와 풀리 사이에 백러시가 발생하지 않도록 설계하는 것이 가능하게 되어 높은 정밀도 및 회전전달을 얻을 수 있다. 그림 6.156은 풀리의 종류를 나타낸 것이며 그림 6.157은 벨트의 종류를 나타낸 것이다. 그림 6.158은 현장에 적용하기 위하여 기계제작한 풀리를 나타낸 것이다.

그림 6.156 풀리의 종류

그림 6.157 벨트의 종류

그림 6.158 현장에 적용된 풀리 (출처 :우양벨트공업)

6.10 체 인

체인 전동 장치는 스프로킷과 체인으로 이루어져 있고 스프로킷은 둘레에 이가 만들어져 있는 원형 판으로 체인이 스프로킷의 이에 하나씩 물려서 동력을 전달하게 된다. 자전거에는 크랭크축과 연결되어 있는 큰 스프로킷과 뒷바퀴에 연결되어 있는 작은 스프로킷이 있고 이 두 스프로킷을 체인으로 연결하고 있다. 체인은 떨어져 있는 두 축 사이를 정확하게 동력을 전달하고자 할 때 사용하며 고속으로 회전하면 소음과 진동이 생기기 때문에 고속 회전에는 사용하지 않는다. 그림 6.159는 체인을 분해한 것이며 그림 6.160은 현장에 적용되고 있는 체인의 종류를 나타낸 것이다.

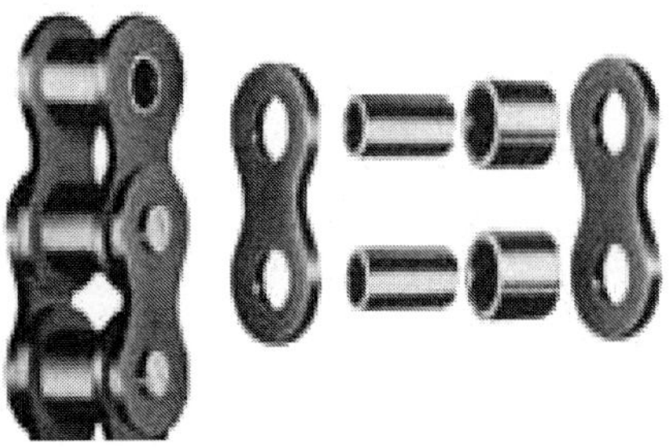

그림 6.159 체인의 분해

그림 6.160 현장에 적용되고 있는 체인

연 습 문 제

1. 나사의 종류를 조사하시오.

2. 현장에서 나사에 의한 체결 방법에 대하여 적용사례를 조사하시오.

3. 리벳의 장단점에 대하여 조사하시오.

4. 용접의 장단점에 대하여 조사하시오.

5. 아크용접과 산소용접을 비교 설명하시오.

6. 불활성 가스용접과 탄산가스 용접을 비교하시오.

7. 스터드 용접의 적용사례를 조사하시오.

8. 전자빔 용접의 특징에 대하여 조사하시오.

9. 저항용접의 종류 및 적용사례를 조사하시오.

10. 베어링의 종류 및 적용사례를 조사하시오.

11. 클러치와 베어링을 비교하시오.

12. 키, 핀, 코더의 적용사례를 조사하시오.

13. 마찰차와 기어를 비교하시오.

07 주 조

용융한 금속을 모형에 의해 만든 주형에 주입하여 냉각시켜 제품을 만드는 작업을 주조라고 한다. 이렇게 제작한 제품을 주물 및 주조품이라고 한다. 주물은 단조, 판금, 용접 등의 가공법보다 간단한 설비로 싸고 쉽게 만들 수 있다. 주조품을 만들기 위한 공정의 순서는 ①주조방안 ②모형설계 ③모형제작 ④주형제작 ⑤용해작업 ⑥주입 ⑦주형해체 ⑧주조품 청정작업 ⑨검사의 순으로 행하고 있다.

주조의 장점은 다음과 같다.

1. 동일한 모형으로 주형을 만들기 때문에 형상과 치수가 동일한 제품을 얻을 수 있다.
2. 복잡한 형상 및 다른 가공으로는 불가능한 내부형상도 제작이 가능하다.
3. 제품에 이음매가 없다.
4. 견고하다.
5. 제품의 크기, 모양, 하중의 제한을 받지 않는다.

주조의 단점은 다음과 같다.

1. 조직은 거친 결정조직이 되어 다른 가공에 비해 기계적 성질이 떨어진다.
2. 용융금속이 응고 시 수축되기 때문에 치수 정밀도가 낮다.
3. 소량 생산을 하면 모형 제작비 및 시간이 차지하는 비중이 크다.
4. 소량 생산에는 경제성이 떨어진다.
5. 용해로의 분진이 건강에 해롭다.

그림 7.1 용해로

7.1 모 형

모형은 주형사를 다져서 주물의 형태와 같은 공간을 만드는데 사용되는 것이다. 재료는 목재, 금속, 플라스틱 및 왁스 등이 있고 재료의 선택은 주물의 크기, 정밀도, 수량 및 방법에 따라 결정한다. 모형은 반복하여 사용되기 때문에 마모되어 형태와 크기가 변할 수 있기 때문에 모형재료, 모형제작, 모형을 이용한 주형 제작에서 경제성도 모형의 선택에 중요한 기준이 된다. 주형에 주입된 용해된 금속은 응고 과정과 응고 후 고체 상태에서 수축하게 되고 주물은 설계자의 의도에 맞는 치수와 정밀도를 만족하기 위해 절삭가공을 하기 때문에 설계도에는 수축여유와 가공여유를 두어 크게 만들어야 한다. 설계도를 바탕으로 가공여유 및 모형제작에 필요한 사항을 고려하고 모형에는 형태에 따라 표 7.1과 같이 재료 및 구조에 따라 분류할 수 있다.

표 7.1 모형의 재료 및 구조에 따른 분류

분류	모형		
구조에 따른 분류	현형	회전형	긁기형
	골격형	부분형	코어형
	미치플레이트	잔형	
재료에 따른 분류	목형	금형	현물형
	왁스형	합성수지형	몰드형

7.1.1 현형

구조에 따른 모형으로 현형은 실제 제품과 같은 모양의 모형으로 3가지의 유형이 있다.

1. 단체모형은 하나로 이루어진 모형이다.
2. 분할모형은 두 개로 조합되어진 모형이다.
3. 조립모형은 세 개 이상의 모형으로 디젤기관과 같은 복잡하고 거대한 주형제작에 사용되는 모형이다.

그림 7.2는 단체모형, 그림 7.3은 분할모형, 그림 7.4는 조립모형을 나타낸 것이다. 분할모형에서 A는 상형, B는 하형을 나타낸 것이다. 상형과 하형은 분할 및 결합이 된다. 조립모형에서 A는 상부로 분리가 되고 B는 축선을 따라서 분리가 된다. 즉 여러 개의 모형이 결합된 경우이다.

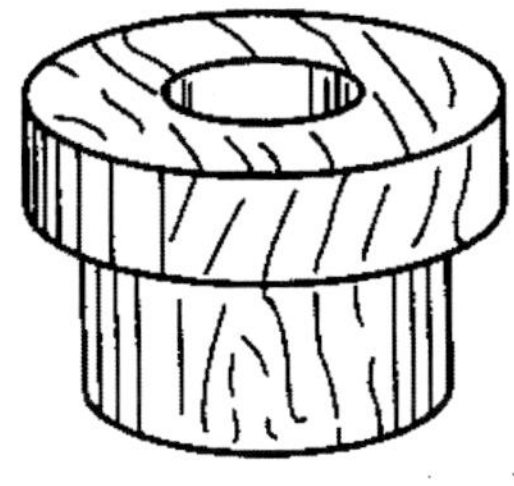

그림 7.2 단체모형

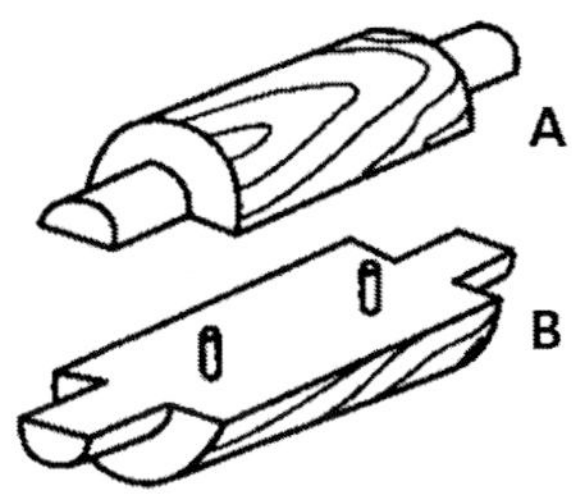

그림 7.3 분할모형

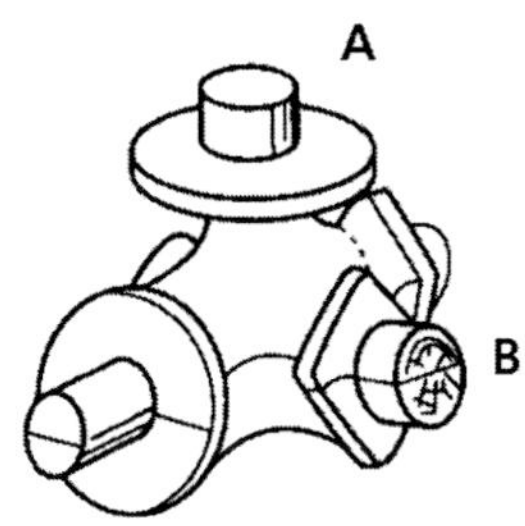

그림 7.4 조립모형

7.1.2 회전모형

회전모형은 축을 중심으로 모형의 단면 모양과 같은 판을 회전시키면서 주형을 만드는데 사용되는 모형이다. 그림 7.5는 회전모형을 나타낸 것이다. 축을 중심으로 화살표 방향으로 회전하면 모형의 형상으로 나타난다. 그림에서 A는 축, B는 상부, C는 하부를 나타낸다. 그림 7.6은 회전모형의 형상을 나타낸 것이다. 그림에서 A는 축, B는 모형, C는 모래를 나타낸다. 축 A를 중심으로 회전하면 모형 B에 의해 모래 C에 모형의 형태가 나타나는 것이다.

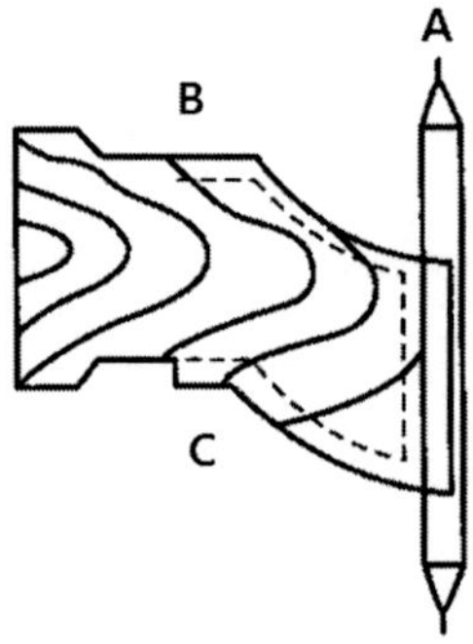

그림 7.5 회전모형

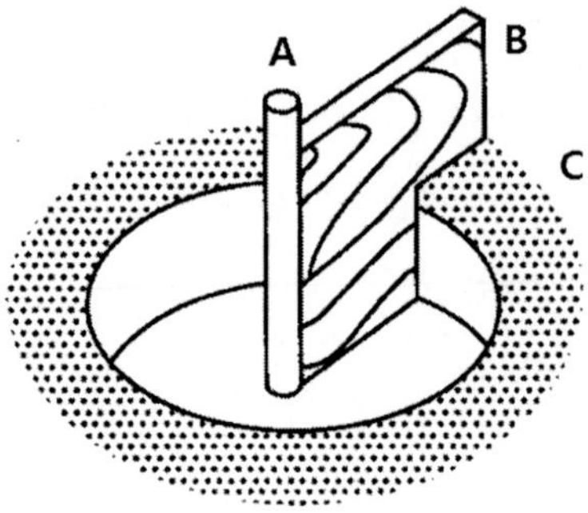

그림 7.6 회전모형의 형상

7.1.3 부분모형

부분모형은 형상의 일부분이 연속되어 전체를 이룰 때 그 일부분에 해당하는 모형을 만들어 주형을 제작할 수 있다. 큰 주물의 주조에서 모형재료와 가공비가 적게 들어 모형 제작비가 절약되지만 주물 수량이 많을 때는 주형 제작에 많은 시간이 소요되는 단점이 있다. 그림 7.7은 부분모형을 나타낸 것이다. 그림에서 A는 주형, B는 부분모형을 나타낸 것이다. 부분모형을 만들어서 그림과 같이 기어를 제작할 때 반복해서 주형을 제작할 수 있다.

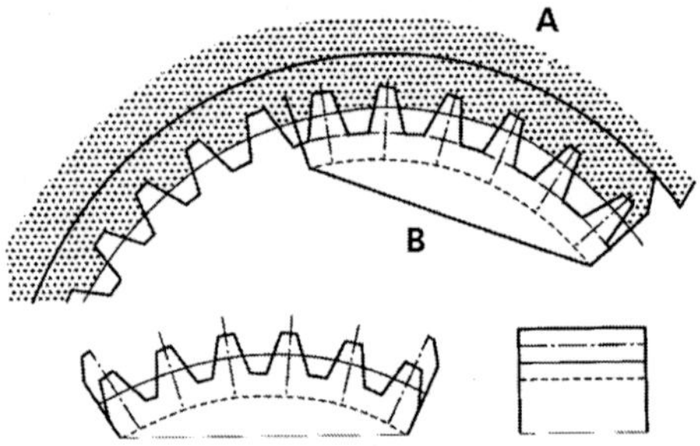

그림 7.7 부분모형

7.1.4 골격모형

골격모형은 골조모형이라고도 하며 목재의 비용을 줄이기 위하여 그림과 같이 중요부의 골조를 만들고 공간은 점토를 채워 현형의 대용을 만드는 것을 골격모형 이라한다. 모형이 손상되지 않도록 운반에 주의를 해야 하고 주물 수량이 많을 때는 모형제작과 주형제작에 많은 시간이 소요되는 단점이 있다. 그림 7.8은 골격모형을 나타낸 것이다.

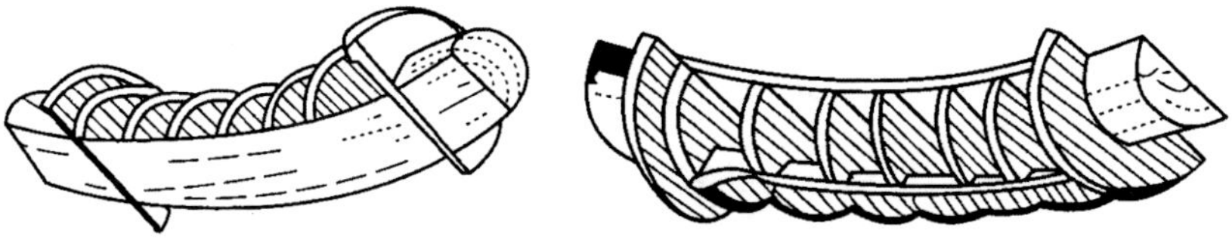

그림 7.8 골격모형

7.1.5 긁기모형

긁기모형은 고르게 모형이라고도 하며 목재와 가공비를 절약하기 위하여 긁기판을 사용하여 주형을 제작하는 것을 말한다. 주형제작에 많은 시간이 소요되기 때문에 주물 수량이 적을 때 사용한다. 회전모형도 일종의 긁기모형으로 판단할 수 있지만 서로의 특징에 따라서 구별하는 것이다. 그림 7.9는 긁기모형을 나타낸 것이다. 그림에서 A는 긁기판, B는 안내판, C는 긁기모형이다. 모래에 안내판을 설치하고 긁기판으로 모형을 제작하는 것이다.

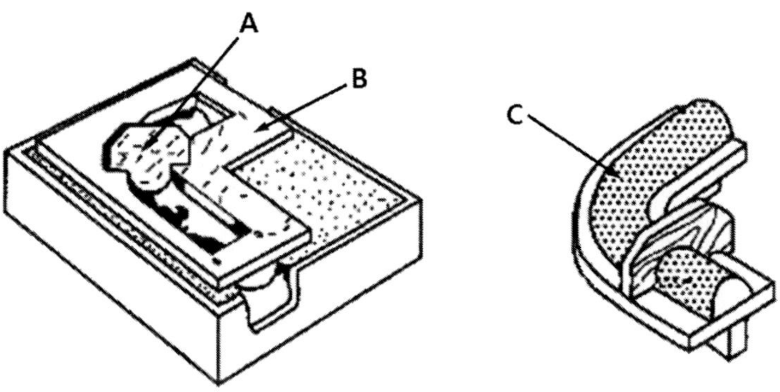

그림 7.9 긁기모형

7.1.6 코어모형

코어모형은 주물에 중공부를 투기 위하여 주형의 공동부에 삽입하는 주형으로 강도, 내열성, 수축성을 감안한 것이다. 주형에 코어를 설치할 때 코어 받침대를 사용하는 경우에 주물과 동일한 재료를 사용하는 것이 좋다. 그림 7.10은 코어모형을 나타낸 것이다. 그림에서 A는 코어, B는 코어모형을 나타낸 것이다.

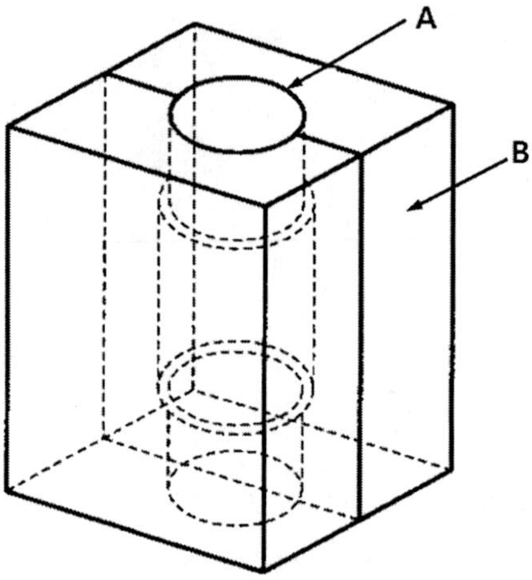

그림 7.10 코어모형

7.1.7 잔형

잔형은 모형을 주형에서 뽑을 수 없는 부분을 별도로 만들어 조립하여 주형을 제작하고 모형을 뽑을 때에는 주형에 잔류시켰다가 뽑아내는 것을 말한다. 그림 7.11은 잔형을 나타낸 것이다. 그림에서 A는 잔형, B는 주형을 제작한 후 모형을 제거하는 모습을 나타낸 것이다. 모형을 제거할 때 B, C 순으로 제거해야 된다. 만약 잔형이 없다면 모형을 제거 할 때 주형이 파괴될 것이다.

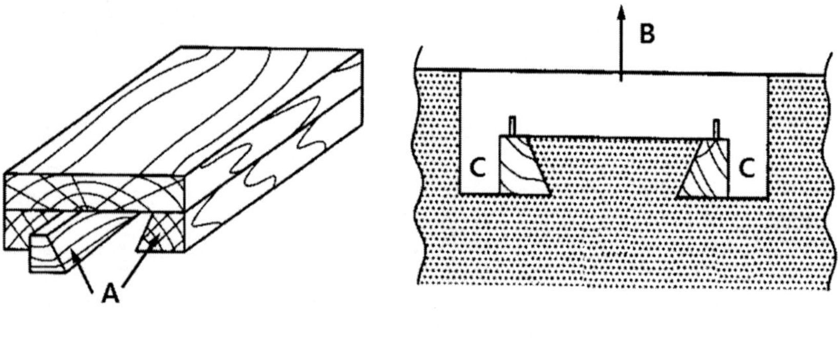

그림 7.11 잔형

7.1.8 재료에 따른 모형의 종류와 특징

재료에 따른 모형을 분류하면 표 7.2와 같다. 모형은 여러 가지 재료를 사용하여 제작하고 그중에 목재를 가장 많이 사용한다.

표 7.2 재료에 따른 모형의 분류

종류	재료	특징
목형	목재	재료가공, 수리가 용이하다. 형태와 크기에 관계가 없다. 소량 주조에 적합하다. 병충해나 습기에 의한 변형과 부패가 될 수 있다.
금형	금속	주물 표면이 매끈하다. 수명이 길다. 대량생산에 적합하다. 제작비가 고가이다.
현물형	제품	모형제작기간이 필요 없다. 높은 정밀도가 요구되지 않는다. 소량생산에 적합하다.
왁스형	파라핀, 밀납	모형을 다량제작이 가능하다. 표면이 깨끗한 주물을 제작할 수 있다. 정밀주조에 많이 이용된다.
합성수지형	폴리에틸렌	가볍고 취급이 용이하다. 변형이 적고 내구성이 양호하다. 제작시간이 짧다. 대량생산이 용이하다. 습기에 의한 수축, 팽창 및 강도의 저하가 없다.
몰드형	발포성수지	복잡한 형상의 주물을 제작하는데 용이하다. 모형을 주형에서 빼낼 필요가 없다.

7.2 모형 제작용 목재

모형제작용 목재의 구비조건은 수분에 의한 변형이 적고 내구성이 커야 된다. 또한 흠이 없고 재질이 균일해야 되며 모형제작에 필요한 강도와 경도를 가지고 있어야하고 가공이 용이하며 표면이 거칠지 않아야하고 가격이 싸고 구입이 용이해야 된다.

목재는 전체중량의 30~40%의 수분을 함유하고 있기 때문에 목재를 건조 시키면 수축 및 변형이 발생한다. 따라서 목형용 목재를 선택 할 때는 수종, 수령, 벌채시기를 고려해야 된다. 그림 7.12는 목재의 균열을 나타낸 것이다.

그림 7.12 목재의 균열

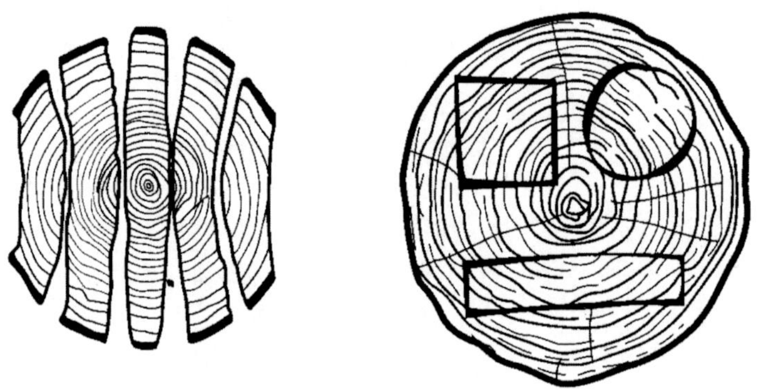

그림 7.13 목재의 수축

목재의 수축방지법은 장년기의 정상성장을 한 양질의 수종을 가을 및 겨울에 벌채하여 방부제나 방충제 등을 주입하고 건조재를 사용하여 건조시킨 후 도장을 하여 사용한다. 그림 7.13은 목재의 수축 변형을 나타낸 것이다. 모개가공 후 수축변형이 발생하면 목재로서의 가치가 저하된다. 따라서 목재는 반드시 수축방지법을 적용해야 한다.

목재의 부패는 온도, 습도 및 산소에 영향을 받는다.

1. 온도 : 부패균은 25-35℃에서 활발하고 4℃이하에서는 성장이 멈추고 55℃이상에는 멸균된다.
2. 습도 : 부패균은 80%이상에서 생육이 활발하고 15%이하에서는 번식하지 못한다.
3. 산소 : 부패균은 산소가 없으면 생존하지 못한다. 따라서 공기가 없는 수중에서는 부패하지 않는다.

목재의 부패를 방지하기 위해 사용되는 방부법은 도포법, 침투법, 자비법, 충진법이 있다. 도포법은 목재의 표면에 페인트를 도포하거나 주입하는 방법으로 가장 간단한 방법이다. 침투법은 염화아연 및 황산 등의 수용액에 침지하는 것이다. 침투를 깊게 하기

표 7.3 모형제작용 목재의 특징과 용도

목재	특징	용도
미송	재질이 연하고 저항이 크며 가공이 용이하다.	목형용으로 널리 사용된다.
벚나무	재질이 치밀하고 견고하며 마모에 강하다.	주물용 목형에 적합하다.
박달나무	재질이 단단하고 질기다.	복잡한 형상에 사용된다.
전나무	재질이 연하고 가볍고 변형이 많다.	가격이 싸고 대형 목형에 적합하다.
나왕	재질이 견고하고 균일하며 가공이 쉽다.	정밀한 고급 주물에 사용된다.

위해서는 가열하면 된다. 자비법은 방부제를 끓여서 부분적으로 침입시키는 방법이다. 충진법은 목재에 구멍을 뚫어 방부제를 넣는 방법이다.

목형용 목재의 특징과 용도는 표 7.3에 나타냈다. 특징과 용도를 고려하여 목재를 선택하면 된다.

목재의 건조법은 크게 자연건조와 인공건조로 분류한다. 자연건조는 야적법과 가옥적법으로 분류되며, 야적법은 통풍이 잘되는 곳에 나무를 쌓아 건조시키는 방법이다. 가옥적법은 목재를 판재로 만들어 건조시키는 방법이다. 인공건조법은 열기건조법, 침재법, 자재법, 증재법, 진공건조법, 훈재법, 전기건조법, 약제건조법으로 분류된다. 인공건조법은 단기간에 인공적으로 건조시키는 방법으로 열기건조법은 뜨거운 공기를 이용하여 건조하는 방법이다. 침재법은 목재를 물에 침수시켜 수액과 수분을 치환시킨 후 통기가 되는 곳에서 건조시키는 것이다. 자재법은 용기에 목재를 넣고 열을 가해서 건조시키고, 증재법은 용기에 목재를 넣고 수증기를 통과시켜 열로 수액을 추출하고 건조시키는 것이다. 진공건조법은 진공상태에서 건조시키고 훈재법은 연소가스나 배기가스를 이용하고, 전기건조법은 전기저항열 및 고주파열을 이용하며, 약재건조법은 흡습성이 강한 약제를 밀폐된 공간에 목재와 함께 건조시키는 방법이다.

목형제작시 고려사항은 다음과 같다.

1. 수축여유 : 용융금속이 냉각될 때 수축되는 양만큼 목형을 크게 만든다. 재료에 따라서 수축량이 다르기 때문에 수축률(ϕ)은 목형의 길이(L), 제품의 길이(l)를 이용하여 식 (7.1)로 계산한다.

$$\phi = \frac{L-l}{L} \times 100\ (\%) \tag{7.1}$$

2. 가공여유 : 주물제품을 만들면 가공에 필요한 치수만큼 크게 만들어야 한다. 표 7.4는 주물제품의 가공여유를 나타낸 것이다.

표 7.4 주물제품의 가공여유

(단위 : mm)

재료	소형주물	중형주물	대형주물
주철	1~1.5	2~3	3~6
황동	1~2	2	2~3

3. 보정여유 : 수축여유와 가공여유를 고려한 추가여유를 말한다. 표 7.5는 주물제품의 보정여유를 나타낸 것이다.

표 7.5 주물제품의 보정여유

(단위 : mm)

거친 다듬질	중간 다듬질	정밀 다듬질
1~5	3~5	5~10

4. 목형구배 : 목형을 주형에서 쉽게 빼기 위해서는 구배를 줘야 된다. 그림 7.14는 목형구배를 나타낸 것이다. 그림에서 모형 A를 제거하기 위하여 상부로 이동하면 구배가 없는 B는 마찰에 의해 모래가 파괴되면 E처럼 모래가 흘러내린다. 그림에서 C처럼 구배를 주면 모형을 제거하기 편하고, 목형구배는 $1m$에 $6\text{~}7mm$을 주는 것을 원칙으로 하며 D는 주형틀이다.

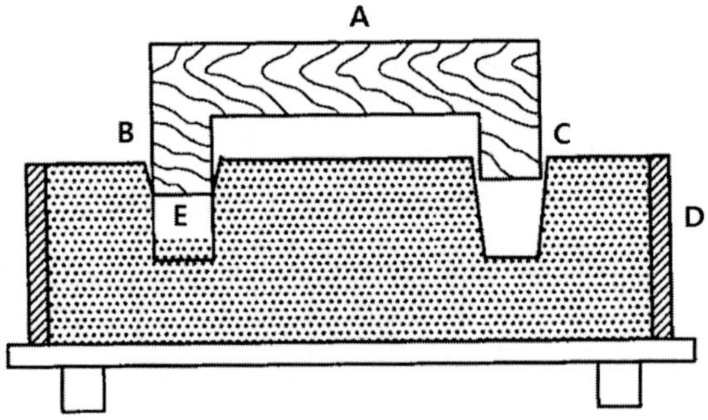

그림 7.14 목형구배

5. 코어프린트 : 주형에 코어를 만들 경우 코어를 지지해 용탕에 의한 부력으로부터 코어에서 발생되는 가스를 배출시켜 파괴되는 것을 방지하기 위하여 제작하는 것이다. 그림 7.15는 코어프린트를 나타낸 것이다. 그림에서 A는 코어 받침대, B는 코어, C는 공기를 의미한다. 금속을 용융하여 투입할 때 공기가 빠져나가면서 무너지는 것을 방지하기 위하여 코어프린트를 설치한다.

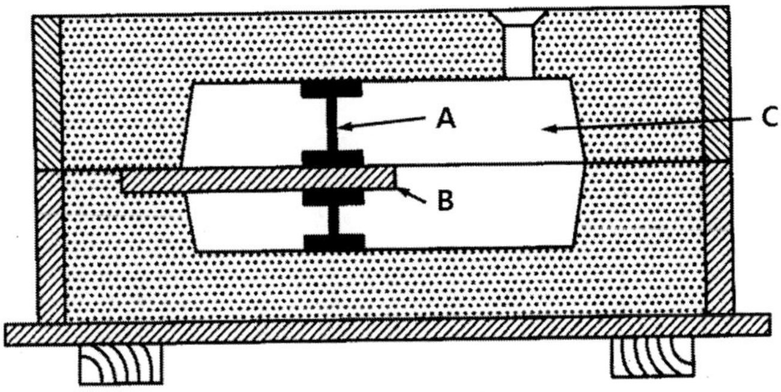

그림 7.15 코어프린트

6. 라운딩 : 주물이 응고할 때 주형의 직각방향에 수지상정이 발달하면서 주물에 직각인 부분이 있으면 재질이 약하게 된다. 따라서 각진 부분을 둥글게 만들어야 된다. 각진 부분에 불순물들이 모이기 때문에 편석이 발생하게 된다. 그림 7.16은 수지상정을 나타낸 것이다. 용융되어 있는 금속을 주형에 넣으면 주형에 접촉되는 부분은 급속히 냉각된다. 쇳물은 온도가 높은 중심부분보다 온도가 낮은 금속주형 표면에서부터 응고하기 시작하여 중심방향으로 결정이 성장하여 주형의 표면에서 중심부로 향하여 방사상의 수상이 결정된다.

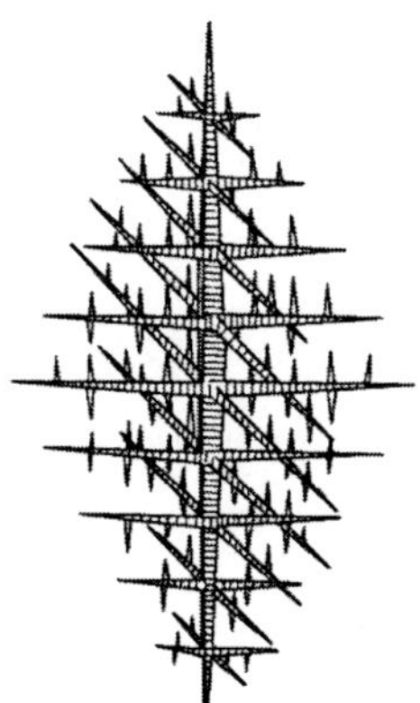

그림 7.16 수지상정

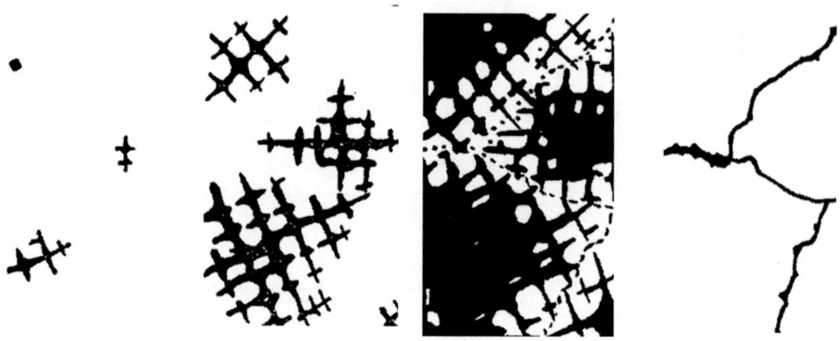

그림 7.17 결정의 성장

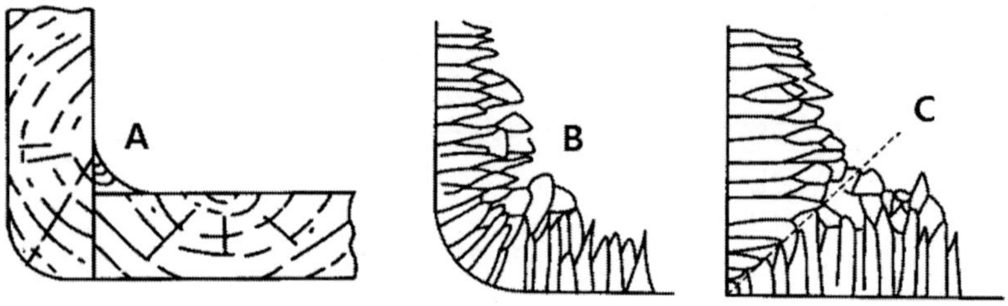

그림 7.18 라운딩

그림 7.17은 결정의 성장되어 가는 과정을 나타낸 것이다. 용융되어 있는 금속을 주형에 넣으면 A, B, C, D의 순으로 냉각되어 진다. 그림에서 A는 액체 상태에서 온도의 강하로 인하여 수지상정이 발생하여 B, C처럼 성장하고 D처럼 결정경계를 만들게 되어 고체가 된다.

모래주형에서는 냉각속도가 느리기 때문에 결정 성장에 대한 냉각속도에 영향이 크지 않다. 그림 7.18은 라운딩을 나타낸 것이다. 그림에서 A는 각을 없애기 위해 라운딩 한 것이다. B는 라운딩에 의해 편석이 발생하지 않은 것이다. 그림에서 C는 각을 가지고 있기 때문에 점선방향으로 편석이 발생한다. 라운딩의 장점은 외관이 아름답고, 충격에 대한 강도의 증가와 재료가 절약된다.

7. 덧붙임 : 두께가 얇은 주물은 냉각될 때 편석이나 응력에 의해 변형이 발생한다. 편석이나 응력의 발생을 방지하기 위하여 제품과는 관계없는 덧붙임을 한다. 주조 후 덧붙임을 제거하는 것이다. 그림 7.19는 덧붙임을 나타낸 것이다. 그림에서 A는 덧붙임, B는 제품이 완성된 후 덧붙임이 남아있는 모습을 나타낸 것이다.

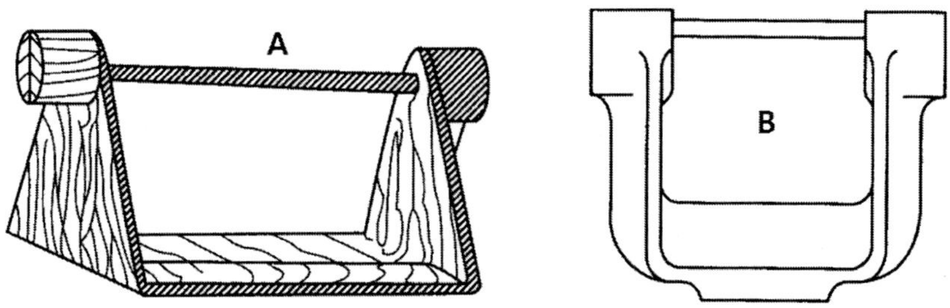

그림 7.19 덧붙임

8. 잔형 : 잔형은 목형을 제거하기 어려울 때 잔형을 만들어서 조립 및 제작하고 주형에서 빼낼 때 분리해서 제거하는 것이다. 그림 7.20은 잔형을 나타낸 것이다.

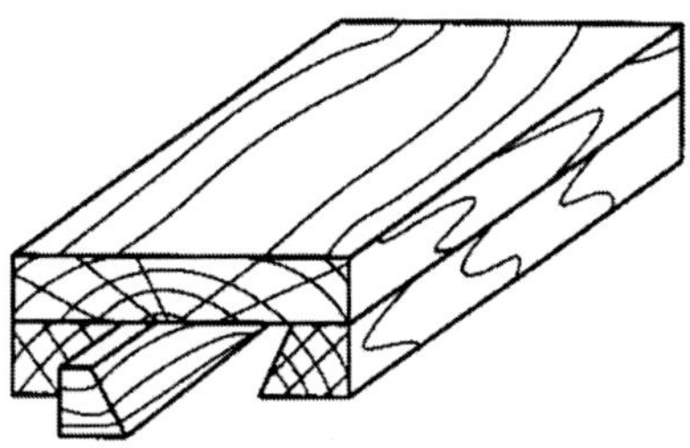

그림 7.20 잔형

7.3 주 형

주조법은 주형재료에 따라 표 7.6과 같이 나타낼 수 있다. 모래를 사용하는 사형은 통기도가 우수하여 주조에서 가장 많이 사용되고 있는 방법이다. 금형은 대량 생산을 목적으로 하는 경우 사용이 되며, 정밀주조는 오차가 적게 만들고자 할 때 적용되고 특수주조는 주형을 제작하는 방법에 따라 분류된다.

표 7.6 주형에 따른 주조법

사형	금형	정밀주조	특수주조
생형 건조형 특수사형주조	다이 케스팅 칠드주조법	셀 몰드법 인베스트먼트법 쇼프로세스	원심주조 가압주조 진공주조 연속주조

주형은 사용하는 주형의 종류에 따라 사형과 금형으로 나누며 사형은 주형을 만드는 주형의 제작 방법에 따라 바닥 주형법, 혼성주형법, 조립 주형법으로 분류한다.

1. 바닥 주형법 : 가공이 필요하지 않는 간단한 제품에 주로 이용되는 방법이다. 바닥 주형법은 바닥을 평활하게 다듬질하고 주형을 만드는 방법이다. 바닥 주형법은 상부를 만들지 않기 때문에 금속의 표면이 공기와 직접 접촉하여 표면이 거칠다. 그림 7.21은 바닥주형법을 나타낸 것이다. 그림에서 모형 A를 다진 모래 B에 하중을 가하는 주형법이다.

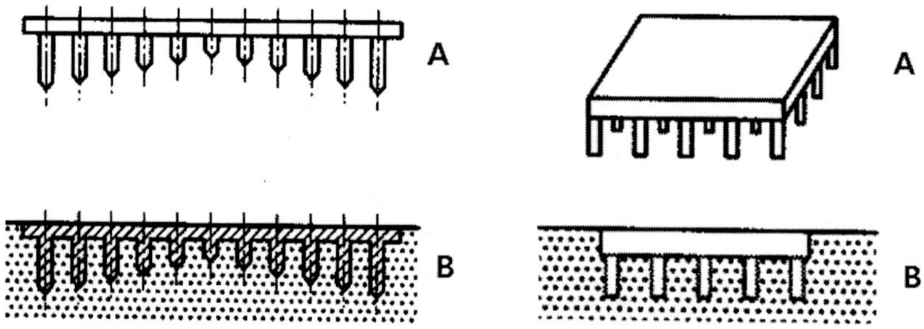

그림 7.21 바닥주형법

2. 혼성 주형법 : 주형을 이동하기 곤란한 대형 주조품의 경우 바닥 조형법으로 하부를 제작하고 상부에 주형을 설치하여 제작하는 방법으로 바닥조형과 조립조형을 혼합한 것이다. 혼성주형으로 주형을 제작하는 경우 발생된 가스의 배출을 원활하도록 통기구를 만들어야 된다. 그림 7.22는 혼성주형법을 나타낸 것이다. 그림에서 A는 액체로 되어 있는 금속을 투입하는 탕구를 나타냈고 B는 공기가 빠져나가는 통로, C는 모형이다.

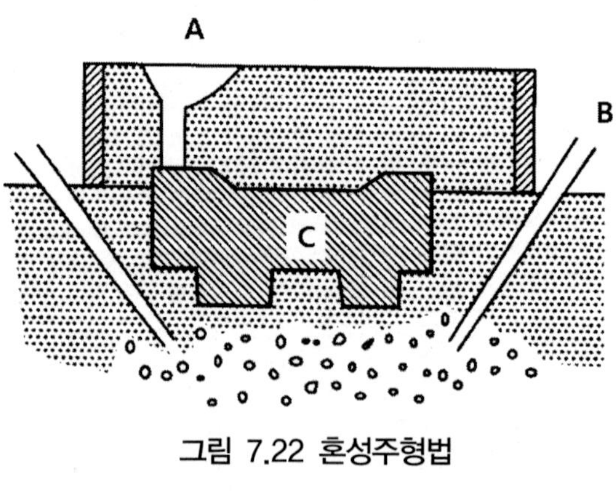

그림 7.22 혼성주형법

3. 조립 주형법 : 조립 조형법은 가장 많이 사용되는 주형제작방법이다. 상하의 2개 이

상의 주형틀을 이용하는 조형법이다. 이 방법은 조형이 쉽고 운반이 편리한 장점을 가지고 있다. 그림 7.23은 조립 주형법의 조립과정을 나타낸 것이다. 조립 주형법의 조립과정은 다음과 같다.

① 모형 및 소요공구를 점검 및 검사한다.
② 모형을 정반위의 주물상자에 놓고 표면사를 뿌린다.
③ 주물사를 충진하고 다짐봉으로 평행하게 다진다.
④ 다진 형을 뒤집고 나머지 모형을 맞추고 위 상자를 겹친다.
⑤ 분리사를 뿌리고 탕구를 설치한다.
⑥ 주물사를 충진하고 다진다.
⑦ 탕구를 뽑고 주형을 분리한다.
⑧ 모형을 뽑고 주형상자를 맞춘 후 주형을 완성한다.

주형을 만드는데 기계를 이용하면 인력에 의한 주형제작에 비하여 다음과 같은 장점을 가지고 있다.

① 생산능률이 향상된다.
② 불량이 적어진다.
③ 제품이 균등해 진다.
④ 기계가공 시간이 단축된다.
⑤ 제품의 중량이 감소한다.
⑥ 작업자의 피로도가 적어진다.
⑦ 주물사가 원형에 붙어서 주물 표면이 깨끗하다.
⑧ 조작 방법이 간단하여 비숙련공도 작업이 가능하다.

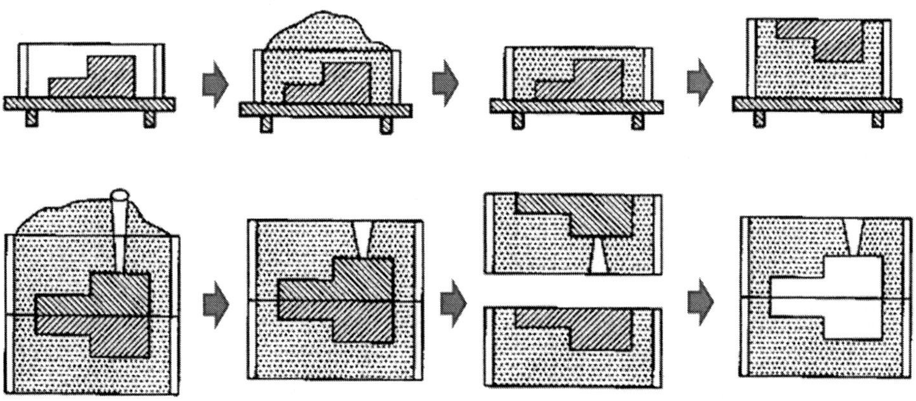

그림 7.23 조립 주형법의 조립과정

7.4 주물사

주형을 만드는데 가장 많이 사용되는 사형을 분류하면 생사, 건조사, 표면사, 분리사, 코어용사, 롬사, 가스형사 및 시멘트형사가 사용된다. 주물사의 용도별 분류 및 특성은 다음과 같다.

1. 생사 : 산이나 하천에서 채취한 모래에 점토, 코크스, 철분 및 수분을 혼합한 모래로 사용하는 곳은 주철 및 비철 주물제작에 이용된다.
2. 건조사 : 건조하여 사용되는 모래로 생사보다 강도가 크고 통기도가 좋다. 주강용, 고급주철을 제작할 때 사용한다.
3. 표면사 : 주물의 표면과 접하는 부분에 도포하는 모래로 모래의 입자가 작다. 내화성을 높이기 위해 석탄가루나 코크스를 점결제에 첨가하여 사용한다. 주물표면을 깨끗하게 할 때 이용한다.
4. 분리사 : 상하주형을 분리하기 위하여 상하 주형의 경계면에 뿌리는 모래로 건조한 하천 모래를 이용한다.
5. 코어용사 : 코어를 만들 때 사용하는 모래로 내열성과 통기도가 우수해야 된다. 일반적으로 깨끗한 모래 60%와 주형제작에 사용한 모래 40%를 혼합한다.
6. 롬사 : 건조사보다 내화성은 낮지만 생사보다 강도가 높은 모래로서 깨끗한 모래 40%와 주형제작에 사용한 모래 60%를 혼합한다. 회전모형을 이용한 주형을 제작할 때 사용한다.
7. 가스형사 : 규사에 물, 규산소다를 넣고 이산화탄소를 주입하여 경화 시킨다.
8. 시멘트 형사 : 규사에 8~10%의 시멘트와 5~8%의 수분을 혼합하여 경화시킨다. 대형 주형을 제작하는 곳에 사용한다.

모래는 점도가 없기 때문에 주형을 만들 수 없다. 따라서 점결제를 혼합하여 주형을 제작하고 있다. 점결제의 종류는 점토, 벤토나이트, 유기질 점결제 및 특수점결제가 있다.

1. 점토 : 산화규소 45%, 산화알루미늄 34%, 수분 16%로 배합하고 산화철, 산화마그네슘 등을 함유한 담황색의 흙이다. 수분을 첨가하면 점착성은 좋지만 내화성과 통기도가 떨어진다.
2. 벤토나이트 : 화산재가 풍화하여 생긴 것으로 칼륨, 나트륨 이온을 가진 알칼리성

벤토나이트와 수소, 마그네슘, 칼슘 이온을 가진 산성벤토나이트의 두 가지 종류가 있다. 강도, 통기성, 내화성이 점토보다 좋지만 가격이 고가이다.

3. 유기질 첨가제 : 유류, 합성수지, 곡분류 및 당류 등이 있으며 건조강도가 좋고 주물의 표면이 깨끗하다.
4. 특수 점결제 : 시멘트, 석고, 규산소다 등을 점결제로 사용하는 경우 특수 점결제라고 한다. 시멘트는 대형주물을 제작할 때 사용하며 규산소다는 이산화탄소가스로 경화시키는 주형의 점결제로 사용된다.

사용한 주물사는 노화현상이 일어난다. 노화현상에 의한 현상은 다음과 같다.

1. 규사의 노화 : 규사는 사용 온도에 따라 이상 팽창과 수축이 발생하며 급격한 가열시 입자들의 분할되고 주물사의 입도가 세밀해져 통기도가 떨어진다.
2. 점토의 노화 : 주형이 고온의 용융금속과 접촉하여 점토내부의 수분이 증발된다. 점결제로서의 기능이 저하되고 모래층에 미분말 상태로 되어있다.
3. 산화물의 혼입 : 규사와 점토의 일부가 분해되어 용융금소의 산화로 생기는 산화철과 반응을 일으켜 슬래그를 형성한다. 슬래그에 의한 가스의 발생으로 주형에 기공이 발생하는 원인이 된다.

원료사는 건조한 후 분리하여 조형으로 사용한다. 건조 분리한 원료사는 점결제, 보조제, 수분을 혼합하여 배합하고 혼사기를 이용하여 혼합하여 조형을 만든다. 주형을 만들고 용융금속을 투입하여 주물을 만든다. 주물이 완성되면 모래 떨기를 하여 모래를 제거하고, 사용한 모래는 회수하여 모래 덩어리를 파쇄한 후 체를 이용하여 분리하고 전자석을 이용하여 철분을 제거한다. 불순물을 제거한 사용한 모래는 깨끗한 모래를 60% 혼합하여 다시 사용한다.

주물사의 제사용 여부는 성질시험을 통하여 판정한다. 주물사의 성질시험은 강도시험, 점착력시험, 입도, 통기도, 내화도, 성형성, 경도가 있다.

1. 강도시험 : 주물사를 원통에 넣고 다져 표준 시험편을 만든 후 인장강도, 압축강도, 굽힘강도 및 전단강도 등의 시험을 한다. 실험에 의해 나타난 시험 값은 표준 값과 비교하여 결정한다.
2. 점착력시험 : 주물사의 점착력은 모래입자의 크기, 점토의 양과 수분함량에 따라 다르고 표준 값에 의해 양을 결정한다.
3. 입도 : 모래입자의 크기를 나타내는 것으로 한 변의 길이가 1인치인 체에서 한 변의 분할 등분수로 나타낸다. 모래의 입도는 남은시료의 양을 전체시료의 양으로 나누어

서 식 (7.2)로 구할 수 있다.

$$\text{모래입도}\ (\%) = \frac{\text{남은모래}(g)}{\text{전체시료}(g)} \times 100 \tag{7.2}$$

4. 통기도 : 통기도는 모래에서 공기가 통과하는 양을 시험하는 것이다. 표준 시험편에 일정량의 공기가 통과하는 압력 및 시간을 측정하여 구한다. 통기도는 식 (7.3)을 이용하여 구할 수 있다. 여기서 K는 통기도, Q는 통과 공기량(cm^3), h는 시험편의 높이(cm), P는 공기압력(g/cm^2), A는 시험편의 단면적(cm^2), t는 통과시간(min)을 나타낸 것이다.

$$K = \frac{Qh}{PAt} \tag{7.3}$$

5. 내화도 : 콘을 만들어서 건조시킨 후 노에 넣어 200℃에서 한 시간 가열한 후 5분마다 온도를 높여 삼각추의 꼭지점이 바닥에 닿을 때의 온도를 측정하는 것을 내화도라고 한다.
6. 성형성 : 표준시험편을 만들어 다질 때 다져지는 정도를 나타내는 것이 성형성이다. 다짐효과가 좋은 것을 성형성이 좋다고 한다.
7. 경도 : 주형의 경도는 다짐에 따라 결정되며 경도 100%를 최고로 했을 때 70%이하일 때를 무르게 하진 것으로 하고 70~80% 일 때를 중간으로 판단한다. 80%이상일 때를 단단하게 다져진 것으로 본다.

7.5 용해로

용해로는 원료를 용해하여 주형에 주입하도록 유동성을 가지고 있도록 하는 것이다. 용해로는 제작자가 원하는 목적에 맞도록 성분을 조성하고 불순물도 제거해야 된다. 용선로의 선택은 조업 및 입지조건, 용해량, 쇳물의 성질, 유지비, 설비비를 고려해야 된다. 용해로를 분류하면 다음과 같다.

1. 도가니로 : 흑연도가니 안에 동이나 알루미늄과 같은 비철금속을 넣고 가열하여 용해시키는 노를 말하며 규격은 1회에 용할 할 수 있는 중량(kg)으로 나타난다. 도가

니로의 특징은 다음과 같다.

① 쇳물이 산화되거나 불순물의 혼입이 적다.

② 여러 종류의 금속 및 용해작업에 편리하다.

③ 설비가 간단하다.

④ 고온용융 금속에는 부적합하다.

⑤ 열효율이 낮고 대량의 용해에 부적합하다.

2. 용선로 : 용선로는 주철의 용해에 많이 사용된다. 원통형의 노안에 용해용 재료와 고체연료를 넣고 노 아래쪽에서 점화, 송풍하여 연료를 연소시켜 재료를 연속적으로 용해하는 노이다. 용선로의 특징은 다음과 같다.

① 장입 재료와 코크스가 접촉하여 용해가 이루어지기 때문에 열효율이 높다.

② 장시간 조업을 계속할 수 있어 대량 생산에 적합하다.

③ 노의 구조가 간단하여 초기 투자비가 적게 든다.

④ 재료의 성분 변화가 많아 불순물이 유입되기 쉽고 재질 변경 등 세밀한 조업이 불가능하다.

⑤ 용해 온도는 주철을 용해하는 온도만 가능하며 그 이상의 온도를 얻을 수 없다.

3. 반사로 : 석탄이나 중유 등을 연소시켜 연소가스의 반사열로 금속재료를 가열 용해시키는 노이다. 연소실과 용해실이 따로 있어서 대형주물에 적합하다.

4. 전로 : 노를 일정온도까지 예열하고 용선로에서 용해된 용탕을 넣고 압축공기를 주입한 후 탄소, 망간, 규소 등을 산화시켜 강으로 만드는 것이다. 전로의 특징은 다음과 같다.

① 연료비가 적게 든다.

② 제강시간이 빠르다.

③ 대량생산이 가능하다.

④ 연속조업 및 일괄작업이 가능하다.

⑤ 원료의 규격이 엄격하고 고철사용이 불가능 하다.

5. 평로 : 배기가스를 저장하였다가 원료를 예열 용해시키는 대형 용해로이다. 축열실은 좌우로 있으며 재료에 따라 산성로와 염기성로가 있다. 평로의 특징은 다음과 같다.

① 동일 성분의 쇳물을 대량 생산할 수 있다.

② 재료와 연료가 직접 접촉하므로 불순물이 혼입될 수 있다.

③ 정련 시간이 길다.

④ 열효율이 낮다.

⑤ 부피가 큰 재료를 간단하게 용해한다.

6. 전기로 : 전기를 사용하여 용해하는 노이며 강 또는 특수 주강의 용해에 쓰인다. 옴의 법칙을 이용하여 열량의 제어가 용이하고 에너지를 구하기 쉬워서 최근 들어 가장 많이 사용되고 있다.

   ① 주조용 금속은 연료의 연소열로 가열 용해하는 것이 아니라서 용융금속의 산화 및 불순물의 혼입이 적다.

   ② 쇳물의 온도를 저온에서 고온까지 광범위하고 정확하게 조절 할 수 있다.

   ③ 용량의 범위를 선택할 수 있다.

   ④ 용해 손실이 적다.

   ⑤ 쇳물의 성분 조절이 쉽다.

   ⑥ 인건비가 적게 들어간다.

   ⑦ 전력 및 내화 재료의 유지비와 초기 투자비가 많이 들어간다.

지구상의 재료 중 매장량이 제일 많은 것이 철광석이다. 따라서 용해로에서 가장 많이 이용하는 것이 주철이다. 주철은 주물을 쉽고 저렴하게 생산 할 수 있고 피삭성, 내모모성, 감쇠 능력이 우수하여 기계 구조용 재료로 많이 사용한다. 다른 원소를 첨가하여 합금을 만들고 기계적 성질을 개선하여 활용 범위가 넓어지고 있다. 주철의 특성은 다음과 같다.

1. 기계적 성질

   ① 냉각속도, 용해 조건 등에 따라 금속조직과 기계적성질이 달라진다.

   ② 인장강도는 10~40kg/mm^2 정도로 강에 비해 낮다.

   ③ 기계적 강도는 400~500℃까지 감소되지 않고 내마멸성도 좋다.

   ④ 압축강도는 안장강도의 3~4배이다.

2. 주조성

   ① 용해온도가 강에 비해 낮으며 용융금속의 유동성이 좋다.

   ② 냉각 할 때 부피의 변화가 나타나고 응고 후에는 온도의 강하에 따라 수축이 일어난다.

   ③ 주물사의 성분 조성이 어렵다.

3. 내마모성

   ① 흑연이 윤활제 역할을 하고 기름을 흡수하기 때문에 내마멸성이 커진다.

② 자동차의 브레이크드럼, 실린더에 사용된다.

③ 크롬 0.7%를 첨가하여 내식성을 증가시킨다.

4. 감쇠능 및 내식성

① 회주철은 진동 흡수 능력이 강이나 다른 금속에 비해 크다.

② 내식성이 강에 비해 크며 니켈, 규소를 첨가하면 증가한다.

5. 피삭성

① 흑연의 윤활작용과 칩이 쉽게 파쇠되어 절삭성은 좋다.

② 절삭 중 절삭유를 사용하지 않아도 되지만 탄소의 함유량이 증가하여 경도 및 강도가 높아지면 절삭성이 떨어진다.

6. 충격값

① 주철은 깨지기 쉬운 것이 가장 큰 결점이다. 고급 주철은 작은 충격에는 견딜 수 있다.

② 저탄소, 저규소로 시멘타이트 조직이 아닌 경우 충격에 잘 견딘다.

주철에 혼합된 원소의 영향은 다음과 같다.

1. 탄소 : 경도를 증가시키며, 취성이 있고 유동성이 좋지 않다.
2. 규소 : 탄소를 흑연화 시킨다. 흑연화는 주철 중의 탄소량과 주물의 두께에 영향을 준다.
3. 망간 : 조직을 치밀하게 하고 경도, 강도, 내열성을 크게 한다.
4. 인 : 주철 중에 존재하고 쇳물에 유동성을 주며 경도를 증가시킨다.
5. 황 : 주조할 경우 유해한 작용을 하여 주철의 기계적 강도를 저하시킨다.

주물을 만들 때 발생하는 결함은 기공, 수축공, 편석, 고온균열, 치수불량, 변형과 균열이 발생한다. 주물 결함은 다음과 같다.

1. 기공 : 주형 안의 가스가 배출하지 못하여 발생한다.
2. 수축공 : 주형안의 용탕이 응고될 때 수축으로 인하여 생기는 결함이다.
3. 편석 : 용해되어 있는 금속들의 비중치 및 결정 경계 사이에 생기는 현상이다.
4. 고온균열 : 용융금속이 냉각될 때 결정입계가 파괴되어 영구 균열로 남는 현상이다.
5. 치수불량 : 목형의 변형, 주물자의 선정 잘못으로 발생한다.
6. 변형과 균열 : 단면의 차나 온도차가 발생하면 변형이 일어나고 급랭하면 모서리 부분에서 균열이 일어난다.

7.6 주조 작업의 안전

1. 작업장 점검 : 안전하고 건강한 직장을 만들기 위해서는 작업자들 서로가 마음을 화합하는 것이 매우 중요하다. 안전 확보를 위해 체조를 실시하여 사고를 미리 방지해야 된다. 작업 전에 작업자의 건강상태, 작업 복장, 보호구 착용상태 등을 직장의 관리자가 점검한다.
2. 통로 및 작업장관리 : 정리란 필요한 것과 필요 없는 것을 분리하여 필요 없는 것은 처리하는 것을 말하며 정돈이란 필요한 것을 정해진 장소에 쓰기 쉽게 놓는 것을 말한다. 청소는 통로나 작업장의 더러워진 것을 제거하고 흩어져 있던 것을 모으는 일을 말하고 청결은 몸과 작업장이 더러워지지 않도록 언제나 깨끗하게 하는 것이다.
3. 기계, 설비, 기구 등의 점검 및 정비 : 일상의 점검에서는 볼트 및 너트 등의 풀림, 주유상태, 이상음, 이상발열의 유무 및 안전장치의 기능 등을 점검한다.
4. 복장 및 보호구의 사용 : 작업복은 면으로 된 것을 입는다. 더럽거나 헤어진 작업복이나 화학섬유재의 작업복은 착용하지 않도록 한다.
   ① 수건을 목에 걸거나, 허리에 차지 말아야 한다.
   ② 머리가 감길 위험이 있는 작업에서는 모자를 쓴다.
   ③ 소매 및 옷자락을 가지런히 한다.
   ④ 보호구는 처음에는 사용하기 불편하지만 적극적으로 사용하면 습관화 된다.
5. 재료 및 제품 등의 취급 : 주재료 (선철, 고철, 강철조각, 고철동, 동조각, 알루미늄, 각종 합금철 등)와 부재료 (연료, 모래, 점결제 등)로 나누어 사용목적에 따라 각각의 성질과 안전을 고려해 취급해야 한다. 제품과 재질, 강도, 형상, 크기, 양산품, 비양산품으로 종류가 많기 때문에 충분한 안전을 확인하여야 한다.
6. 인력운반작업 : 가능한 한 인력운반을 억제하고 기계로 운반하여야 하며, 인력운반의 경우 운반 작업은 중량 및 운반거리를 짧게 하며 다음의 운반방법을 지킨다.
   ① 정해진 작업 수준을 지킨다.
   ② 안전화 등의 보호구를 착용한다.
   ③ 무리한 자세로 운반하지 않는다.
   ④ 공동작업에서는 연락, 신호를 확실히 한다.

⑤ 항상 전방의 안전을 확인하고 절대로 뛰지 않는다.

7. 원재료 절단 및 운반작업 안전 : 중량물을 운반, 취급하는 과정에서 통증이 발생될 수 있으며 인력에 의한 운반보다는 운반용구를 이용하고 환봉이나 각봉을 절단한 재료는 상자로 운반하게 되는데 상자의 크기를 재료로 담았을 때에는 15~25㎏으로 그 중량을 제한하여 사고를 예방하고 중량물 운반 및 취급에 대한 교육을 실시한다.

8. 기계운반작업

8.1 크레인을 이용한 운반

① 크레인의 운전이나 로프 체결작업은 자격이 있는 사람만 한다.

② 작업개시 전에 크레인의 주요부분, 로프걸이 용구를 점검한다.

③ 크레인 작업반경의 정리, 정리정돈, 청소, 청결을 철저히 한다.

④ 정해진 신호를 확실히 한다.

8.2. 리프트를 이용한 운반

① 작업개시 전에 브레이크, 클러치, 하역장치, 헤드가드 등을 점검하여 이상이 없음을 확인하고 사용한다.

② 하중초과나 과속을 절대로 하지 않는다.

③ 공동 작업에서는 작업자와 연락, 신호를 철저히 해 작업수순을 지킨다.

8.3 벨트컨베이어를 이용한 운반

① 숙련자가 운전하며 운전의 기본을 지킨다.

② 운전시작의 경우 주위에 작업자나 이물질이 없는 것을 확인하며 경보 등으로 표시를 하고 나서 스위치를 넣는다.

③ 비상정지 스위치, 구동부의 주변, 덮개는 점검 정비해 둔다.

④ 컨베이어에는 절대로 타지 않는다. 컨베이어의 횡단에는 횡단용 다리를 이용한다.

9. 고열물 취급 : 고열물을 취급할 때에는 절연성 보호구를 착용하고 내열 설비된 기계, 기구와 보조기구 등을 사용한다. 고열물로부터 가능한 한 떨어져서 작업하도록 한다.

10. 가연성 가스의 취급 : 가연성 가스의 종류를 알고 작업 장소에 점화원이 없도록 해야 한다. 또한 전기기계 및 기구는 방폭 구조의 것을 사용하고, 기기 및 배관 등은 확실히 접지하도록 한다.

11. 산 및 알카리의 취급 : 점결재에 포함되어 있는 수지는 경화제로서 술폰산을 사용하고 있다. 술폰산은 침삭성이 강하고 피부에 묻으면 화상을 입을 수 있다. 자체는

연소하지 않지만 금속과 접촉해 수소가스를 발생하고 수지와 화합해 폭발할 위험성이 있다. 산이나 알카리를 취급할 때는 피부에 묻지 않도록 고무장갑, 보안면, 장화 등의 보호구를 착용하고, 작업 후에는 반드시 물로 세척하여야 한다. 만약 산이나 알카리가 피부에 묻거나 눈에 들어가면 즉시 다량의 흐르는 물로 씻고 의사의 치료를 받도록 해야 한다.

12. 유기용제의 취급 : 이형제로 메탄올, 방청도장에는 신나 등의 유기용제가 사용되고 있다. 유기용제를 취급 할 때에는 반드시 보호마스크, 고무장갑 등의 보호구를 착용하고 손에 묻었을 때에는 신속히 비누로 손을 씻어내야 하고, 유기용제 용기는 사용할 때 이외에는 반드시 뚜껑을 덮어 용제가 넘어지지 않도록 한다. 동시에 국소배기장치가 정상으로 작동하도록 장치 앞에는 물건을 놓지 않도록 해야 한다.
13. 용해 및 주탕작업 : 용해, 주탕작업에 있어서 특히 위험한 것은 수증기폭발 등에 의한 화상이다. 인체 표면적의 약 1/3이상에 화상을 입으면 중상이 되고 사망할 수 있기 때문에 용탕의 취급 시에는 조심한다. 용탕 중에 젖은 철봉 등의 금속재료를 넣으면, 용탕에 의한 수증기 폭발이 일어난다. 전기로의 경우 노벽이 갈라지거나, 두께감소, 용탕의 침입 등에 의해 노로부터 용탕 누수가 생기면 코일내의 물과 접촉해서 수증기 폭발이 일어나기 때문에 정기적으로 노벽에 대하여 검사를 해야 한다. 작업자는 용탕을 취급할 때 방화면, 마스크, 발 보호구, 긴 소매옷 등의 정해진 보호구를 착용하도록 한다.
14. 주물사 혼합작업 : 대형혼합기, 모래저장탱크, 엘리베이터의 내부 점검, 수리작업 중의 사고는 큰 재해로 연결된다. 기계의 내부를 점검 및 수리할 때는 산소결핍을 방지하기 위하여 내부를 충분히 환기한 다음 전원 스위치를 끄고, 열쇠를 뺀 후 이것을 담당자가 휴대해야 한다. 이때 반드시 안전모, 방진마스크, 방진안경을 착용하고, 대형 기계내부의 작업은 반드시 2인 이상으로 한다.
15. 주물조형작업 및 금형설치작업 : 기계 삽입에 의한 조형작업에서는 형삽입기, 샌드스링거 등의 주형기계의 왕복부분이나 회전부분에 손이나 발이 끼이거나 감길 위험이 있으므로 덮개나 울타리 등으로 방호하고 작업자는 규정된 복장, 보호구를 착용해야 한다. 또한 치구, 공구 등을 정해진 장소에 놓고 사용해야 한다. 금형 설치작업에서는 천장크레인을 사용하기 때문에 와이어로프 체결시 고리의 용접부, 와이어로프의 상태, 기름의 누출 등의 점검을 한다.
16. 주물의 형 해체작업 : 형 해제작업은 분진이 많이 발생하는 것이 특징이다. 분진에

의한 장애로는 진폐증, 기관지염, 피부의 장해, 눈에 이물질 침투 등이 있다. 작업 중에는 반드시 방진마스크나 보호안경을 착용하고 국소배기장치를 병용한다. 복수 작업시에는 연락, 신호를 확실히 해 항상 안전을 확인하고 작업해야 한다. 해체작업이라 하더라도 아직 뜨거운 제품이나 모래에 화상을 입는 수가 있기 때문에 방열복 등의 보호구를 착용한다.

17. 열처리 작업 : 열처리 전 제품의 적재 불량, 열처리 후 이동 등에 의해 붕괴가 발생할 수 있다. 제품의 적재는 큰 것부터 계단식으로 적재하는 방법으로 한다. 노의 점화는 반드시 버너를 점검해 노내를 충분히 환기한 후에 점화한다.

18. 주조 작업시 보호구 : 비산하는 스케일에 의해 눈을 부상당하는 일이 많기 때문에 방진안경이나 안면 보호경을 반드시 착용해야 한다. 보호구는 비산 스케일에 견딜 수 있는 강도를 갖고 있어야 하며, 휘도가 높은 고열로의 작업에 있어서는 저시야광도의 시야광 안경의 사용도 필요하다. 단조품은 특히 중량물이 많기 때문에 안전화를 반드시 착용해야 한다. 단조 작업시 발생하는 소음은 $80dB$이상에 달하지만 장시간 작업할 경우 귀마개를 반드시 착용한다.

19. 주물 및 단조품의 후처리작업 : 탕구, 압탕 등의 절단면 후처리에 그라인더나 피칭해머를 사용한다. 공구는 안전하게 취급하지 않으면 예상하지 못한 사고나 재해로 연결될 수 있다.

    ① 그라인더 : 작업개시 전이나 숫돌날을 교환한 후에는 시운전하여 이상음이나 이상진동이 없는 것을 확인하고, 주상그라인더나 탁상그라인더는 숫돌날과 연삭기 몸체와의 틈이 크면 가공물이 들어가서 숫돌이 깨지고, 손이나 손가락 부상이 발생할 수 있다.

    ② 피칭해머 : 진동공구 등을 사용한 작업에서는 칼날이 마모된 끌을 사용하면 힘을 가하여 공구를 밀어붙이기 때문에 진동을 받는 시간이 길게 된다. 날이 마모되면 새날로 교환하여 작업해야 한다.

20. 시험 및 검사작업 : 시험 및 검사 작업은 재료의 취급방법이나 사용방법을 잘못하면 위험하다. 반드시 보호면, 내열복, 내열장갑, 안전화 등의 보호구를 착용하고, 제품 표면의 결함을 검사할 때는 사용하는 착색 탐상재에 유해물질이 포함된 경우도 있으므로 배기시설이 되어있는 장소에서 한다.

7.7 고열작업이 인체에 미치는 영향과 대책

주조의 경우 1,200℃~1,600℃의 용탕을 취급하고 열간단조의 경우 900℃~1,250℃의 가열된 단조재료를 취급하게 된다. 따라서 고온에 노출되는 작업자의 건강관리가 중요하다.

1. 고열환경이 인체에 미치는 영향 : 우리의 몸은 외부환경의 변화에 대하여 일정하게 체온을 유지하려는 항상성(Homeostasis)이 있어 고열환경에서 작업이나 활동을 계속할 경우에는 혈류량이 증가하고 땀을 흘림으로 열의 발산을 촉진시키는 체온조절 작용이 일어나게 된다. 그러나 피부의 온도보다 주위 기온이 더 높으면 열발산이 효과적으로 잘 안되어 체온조절 기능의 장해를 초래하게 되고 건강장해가 발생하게 되며 이러한 증상을 열중증이라고 한다.
   ① 열중증의 1차적 신체변화 : 피부혈관의 확장, 발한 (땀이 남), 근육이완, 호흡증가, 체표면적 증가 등이 있다.
   ② 열중증의 2차적 신체변화 : 1차적 신체변화가 지속될 경우에 심혈관 장해, 수분과 염분 부족, 요량감소로 인한 신장장해, 위장 장해, 신경계 장해 등이 일어날 수 있으므로 1차적 신체변화가 일어날 경우 충분한 휴식, 보호구 착용, 작업환경 개선 등 예방대책을 한다.
2. 고열에 의한 건강장해 유형과 응급조치 요령 : 고열환경에 의한 건강 장해로 열 실신, 열경련, 열성 발진 등의 증상은 고열 장해 정도가 경미한 것으로 단시간내 회복이 가능하다. 그러나 응급처치 후 작업을 계속할 수 있더라도 건강장해가 나타나면 항상 감독자에게 보고하여야 한다.
   ① 열 실신 (Heat synapse) : 고열환경에 노출될 때 혈관장해가 일어나서 정맥혈이 말초혈관에 저류되고 저혈압, 뇌의 산소부족으로 실신하거나 현기증이 나고 신체적 피로감을 느끼게 하는 것을 말하는데 이러한 현상은 수분감소나 염분부족이 없는 상태에서도 일어난다. 증상은 경증인 경우 고열환경에서 일할 때 머리가 아프다거나 어지럽다는 것을 느끼며 이러한 증상은 자세를 바꾸거나 오랜 동안 서있을 때 또는 무리한 작업을 할 때 주로 일어난다. 조치는 서늘한 곳에 작업자를 눕히고 의료진을 부른다. 의식은 2~3분 이내에 회복하는 것이 보통이나, 고온 환경에 머물러 있을 때에는 혈압, 맥박수, 자각증상 등이 정상으로 회복되

는데 1~2시간이 걸린다.

② 열경련(Heat cramp) : 발생원인은 고온 환경에서 육체적 노동을 함으로써 근육에 경련을 일으키는 것으로 열경련 요인은 심한 육체적 노동, 고온 환경 조건과 발한량이다. 고온적응 여부도 중요한 요인의 하나로 고온작업을 떠나 2~3일 쉬고 다시 뒤돌아 올 때 열경련이 많이 발생한다. 증상은 근육에 경련이 30초 정도 일어나며 심할 때에는 2~3분 동안 지속된다. 경련은 어느 근육에나 일어나지만 작업할 때 많이 사용하여 피로한 근육, 즉 사지근, 복근, 배근, 수근의 굴근에 발생한다. 응급조치는 0.1% 식염수에 소금을 한 스푼 정도를 혼합하여 1 *l* 를 마시게 한다.

③ 열 피로(Heat exhaustion) : 발생원인은 땀을 많이 흘려 염분손실이 많을 때 발생하는 고열장해로서 열피비라 부르며 땀을 통하여 손실하는 염분을 충분히 보충하지 못하였을 때 주로 발생하는 것이다. 증상은 피로감, 현기증, 식욕감퇴, 구역, 구토 및 근육경련 등이며 두통, 변비 또는 설사가 나타나고 실신하는 일도 있다. 응급조치는 환자를 서늘한 장소에 옮겨 열을 식힌다. 0.1% 식염수를 공급한다. 심한 경우에는 의사에게 진단을 받도록 한다.

④ 열사병(Heat stroke) : 발생원인은 고온 다습한 환경에서 작업할 때 발생하는 체온조절 장해를 말하는 것으로 중추신경계통의 장해, 전신의 발한, 체온상승 등이 발생한다. 태양광선에 의한 열사병은 일사병이라고도 하며 고온 조건에서 작업하는 경우 발생한다. 증상은 중추 신경장해이며 현기증, 오한, 구토, 두통, 오한에 의한 피부건조, 허탈, 혼수상태, 심음 등의 증상을 보인다. 응급조치는 증상이 발생하면 입원하여야 하며 구급차를 기다리는 동안 환자를 서늘한 장소로 옮기고 환자의 옷을 시원한 물로 젖게하고 선풍기 등으로 시원하게 해준다.

3. 고열에 의한 건강장해 예방대책

① 1단계 : 고온에서의 적용시간을 증가시켜 신체가 고온 환경에 적응할 수 있도록 자연스럽고, 점진적으로 적응시키는 과정이 필요하다. 사람이 고온 환경에 적응하기까지는 4~7일 정도의 기간이 필요하다.

② 2단계 : 건강을 위한 습관을 생활화한다.

(1) 시원한 물을 충분히 섭취한다.

(2) 과음을 피한다.

(3) 식염수를 섭취한다.

(4) 가볍고 영양분이 충분한 식사를 한다.

(5) 맥박수에 의한 자기관리를 한다.

(6) 휴식시간을 갖는다.

③ 3단계 : 보호구를 반드시 착용해야 된다. 주물 작업 중 고온에 노출되는 작업을 할 경우에는 반드시 작업 전에 열을 차단하는 개인 보호구를 착용한다.

연 습 문 제

1. 목재의 수축을 방지하기 위한 대책에 대하여 쓰시오.

2. 주물사의 구비조건에 대하여 조사하시오.

3. 기공의 원인과 대책에 대하여 설명하시오.

4. 수축공의 원인과 대책에 대하여 설명하시오.

5. 편석의 원인과 대책에 대하여 설명하시오.

6. 고온균열의 원인과 대책에 대하여 설명하시오.

7. 치수불량의 원인과 대책에 대하여 설명하시오.

8. 변형과 균열의 원인과 대책에 대하여 설명하시오.

08 단 조

단조(Forging)는 금형공구로 소재에 압축하중을 가하여 소재의 두께나 지름의 치수를 줄이고 압축 방향에 직각 방향으로 늘임으로써 정해진 모양 및 치수의 물품을 만드는 작업을 말한다. 단조의 역사는 인류가 금속으로 무기나 장신구를 만들기 시작한 청동기 시대(BC 4000~BC 2000)로 거슬러 올라간다. 옛날 사람들은 단조를 이용하여 도검류, 경작용 농기구, 말의 편자 등 금속제 용구를 제조하는 수단으로 활용하였다. 당시의 단조 방법은 해머를 손으로 쥐고 치는 등 수동식 작업의 범위에서 벗어나지 못했다. 그러나 현대에는 에어해머라든가 프레스 등의 기계력을 이용해서 큰 것은 선박용 또는 원자력발전기용 회전축에서부터 작은 것은 못 등의 제품에 이르기까지 적용되고 있다. 또한 자동차용의 여러 가지 복잡한 부분품까지도 단조를 이용해서 만들고 있다.

단조기술의 발달은 보다 정밀하고 복잡하며, 고기능을 필요로 하는 제품의 경제적으로 생산하는 것이다. 기계의 자동화 및 고속화를 위하여 여러 가지 특수단조기가 개발되었다. 다램단조기는 왕복운동을 하는 램을 여러 개 사용하여 수직 및 수평방향으로 배치하고 각각의 램에 금형공구를 부착하여 소재의 여러 곳을 동시에 가압함으로써 작업속도를 빠르게 하여 능률을 높였다. 램의 작동에서 공구 교환을 포함한 모든 것을 제어하여 작업속도와 제품 정밀도를 향상시킨 열간자유단조기도 있다.

원판형 제품의 소량생산용으로는 회전단조기가 사용되고 있다. 회전단조기는 상부에 상형을 부착한 홀더가 있고 그 축은 수직선에서 약간 기울어져 있다. 그리고 홀더는 자전하면서 수직축 주위를 공전한다. 하형은 제품 모양에 맞추어 凹凸이 조각되어 있고

그림 8.1 재래식단조

그림 8.2 프레스를 이용한 단조

하부의 유압램에 부착되어 유압에 의해 올려 지도록 되어 있다. 소재는 상형의 원뿔 모양의 가압면에서 일부분씩 연속적으로 가압되어 하형의 오목 부분으로 전달된다. 국부가압 등에서 성형에 필요한 하중은 전체를 동시에 압축하는 보통의 형단조보다 훨씬 작은 하중으로 충분하고 기계도 소형이 사용된다.

회전단조는 압연과 단조의 복합가공이라 할 수 있으며, 재료에 타격을 주지 않으므로 진동 및 소음이 적고, 톱니바퀴의 성형에도 응용되고 있다. 다른 가공법과의 복합가공은 최근의 경향이며, 용탕단조는 금형 안에 주입된 용융금속에 펀치 공구를 삽입함으로써 용탕에 고압을 가하여 성형과 응고를 동시에 실시하는 작업이며 주조와 단조의 복합가공이다. 주조품 특유의 결함을 지니지 않고 강도가 높은 균질의 성형품을 얻을 수 있다. 분말단조는 분말야금과 열간단조를 복합시켜 저렴한 가격으로 높은 정밀도 및 높은 강도의 제품을 생산하는 가공법이며 티탄합금 및 기타의 내열재료, 텅스텐 등 가공이 어려운 재료의 가공법으로 적용되고 있다.

단조는 적열온도와 같은 고온에서부터 실온에 이르기까지의 여러 온도에서 가능하다. 단조를 가열 온도에 따라 구분하면 열간단조, 냉간단조, 온간단조로 분류되며 사용하는 금형공구의 종류에 따라 자유단조와 형단조로 대별된다. 그림 8.1은 재래식단조로 인력에 의해 금속에 열을 가하는 것이며 그림 8.2는 기계의 왕복운동에 의한 충격을 가하는 프레스를 이용한 단조를 나타낸 것이다.

8.1 열간단조

열간단조는 재료를 적열상태까지 가열하여 실시하는 단조이며 성형과 동시에 단련에 의해 재료의 기계적성질을 향상시키는 것이다. 용융금속을 주형에 주입하여 응고시킨 주괴나 연속주조로 만든 주물은 기계적성질 및 강도도 낮다. 주조를 이용하여 제작된 재료를 열간단조로 가공하면 내부조직이 연성재료로 개선되어 충격력에 잘 견딘다. 열간단조의 특징은 1000~1200℃의 고온에 강을 가열해 변형 저항을 줄여 작은 힘으로 큰 변형을 만들어 주형을 쉽게 할 수 있도록 하는 것과 단련효과를 주어 재료의 재질에 기계적성질을 변하게 하는 단조방법이다. 열간단조는 생산속도가 빠르기 때문에 생산성이 좋고 복잡한 형상의 성형을 쉽게 할 수 있어 일반적으로 적용되고 있다.

열간단조는 제품의 정밀화, 품질의 향상, 작업의 자동화 및 생력화가 진행되었지만 공해와 안전이라는 제약을 받게 되어 설비의 대형화, 고속화, 공정 및 설비의 복합화로 작업속도의 향상, 품질의 향상 및 작업환경의 개선으로 인력에 의한 단조에서 기계프레스나 유압프레스 및 복동 프레스로로 교체가 되었다. 인력에서 프레스의 교체는 금형교환시간 단축을 위한 합리화나 회수율 향상을 위해 밀폐 단조화가 진전되어 소음 및 진동문제의 해결과 생산성향상, 정밀도가 확보 될 수 있기 때문이다.

열간단조는 복잡한 형상부품을 용이하게 성형할 수 있으나 고온이기 때문에 탈탄, 표면불량, 스케일에 의한 결점과 고온의 작업 환경에 대한 문제가 있다. 재료와 가열에 불요한 비용이 들고 운반작업도 고온이며 중량이 커서 타흔의 발생방지설비가 필요하다. 재료의 크기가 크면 대형의 기계가 필요하게 되어 설비비가 증가한다.

해머에 의해 재료에 타격하는 작업은 통상 일소단조법이 사용되고 있으나 금형에 업셋, 늘림, 절단 등의 작업공정이 있기 때문에 금형가공비가 높아져 다량생산에는 적합하나 금형비가 고가여서 비용이 차지하는 비율이 높게 된다. 해머는 구조상으로 발생하는 진동, 제품에 밀착시켜 해머로 재료에 가하는 타격의 강약 및 해머의 운동제어에 대한 문제로 자동화가 늦어지고 있다. 소량생산이나 시작품을 만드는 경우에는 금형비를 싸게 하는 것이다. 프레스에 의한 열간단조는 3가지 이상의 공정을 한 번에 할 수 있는 기계프레스가 사용되고 있으나 복잡한 형상을 만들 때 단면치수를 줄이는 롤, 업셋, 재료의 모양을 만들기 위한 롤, 나선으로 감는 작업을 조합해서 라인을 만들고 있다.

밀폐단조방식을 이용하면 제품의 회수율이 향상되었고 프레스의 자동화로 인해 안정도가 향상되었다. 프레스의 자동화가 진척되고 있는 이유는 다음과 같다.

1. 작업자의 육체피로를 경감시킨다.
2. 작업자의 안전을 도모할 수 있다.
3. 작업속도와 생산성이 향상된다.

4. 작업공정이 안정화되어 단조품의 기계적성질이 향상된다.
5. 고령화되고 노동력과 젊은 기술자의 참여가 3D업종에 대한 해결책이다.

정밀도의 향상과 가공공수의 저감을 위해 열간단조와 냉간단조를 조합하는 방식이 적용되어 평활면과 치수결정에 이용되고 있다. 열간단조는 면적의 편차가 커서 단조 시에 관리를 하지 않으면 변형이 생긴다. 또한 복잡한 부품을 일체형으로 하는 경우 재료에 타격하는 것이 불가능한 경우 제품을 분할 단조 후에 마찰용접을 한다.

재료에 따라서 연강의 경우 열간취성이 900~1200℃의 범위에서 발생하기 때문에 주괴 및 주편 단조의 초기공정에서는 가공도를 작게 하는 일이 중요하다. 열처리에 의해 내부조직이 개선된 금속은 고온에서 연하고 큰 가공도로 복잡한 모양을 만들 수 있다.

열간단조는 해머단조, 낙하단조, 프레스단조, 업셋단조로 분류된다.

1. 해머단조(Hammer forging) : 수공구 또는 스팀 해머의 평평한 다이 사이에 놓인 가열금속을 두드리는 것이다. 그림 8.1의 재래식단조는 수동단조로서 가장 오래된 단조의 형태이다.
2. 낙하단조(Drop forging) : 해머단조와 달리 개방면이나 평평한 다이를 사용하지 않고 밀폐된 단조 금형을 사용한다. 상하의 다이는 움직이는 램과 고정된 앤빌에 결합되며, 단조품은 온도가 높고 부드러운 재료를 다이 형상에 맞도록 만들기 위해 충격 및 가압력을 이용하여 제작한다. 그림 8.3은 낙하단조를 나타낸 것이다.
3. 프레스단조(Press forging) : 프레스 단조는 해머의 빠른 충격을 가하는 것이 아니고 재료를 변형시키기 위해서 천천히 압축하는 것이다. 압축하는 동작은 전단면에 걸쳐 부품의 중심을 향해 압축을 받는다. 프레스의 작동 형태는 수직형이며 기계식 및 유압으로 작동한다.

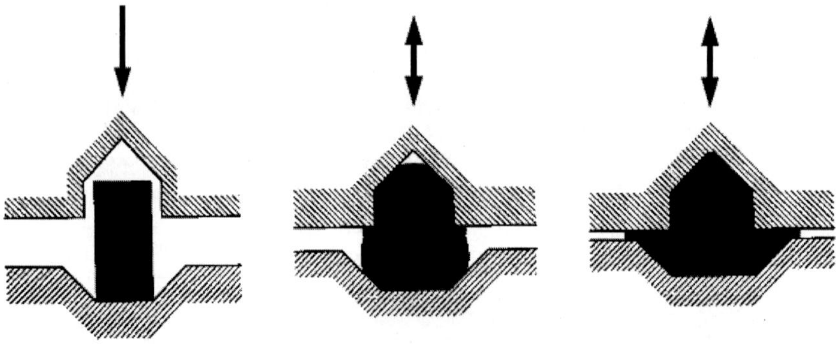

그림 8.3 낙하단조

4. 업셋단조(Upset forging) : 소재를 축방향으로 압축하여 일부 또는 전체에 대하여 굵고 짧게 하는 작업으로 기어 가공에 적합하며 가공부의 길이가 직경에 비해 크면 좌굴이 발생한다. 그림 8.4는 업셋단조를 나타낸 것이다. 단조다이에 소재를 넣은 후 펀치로 P의 하중을 가하면 완료된다.

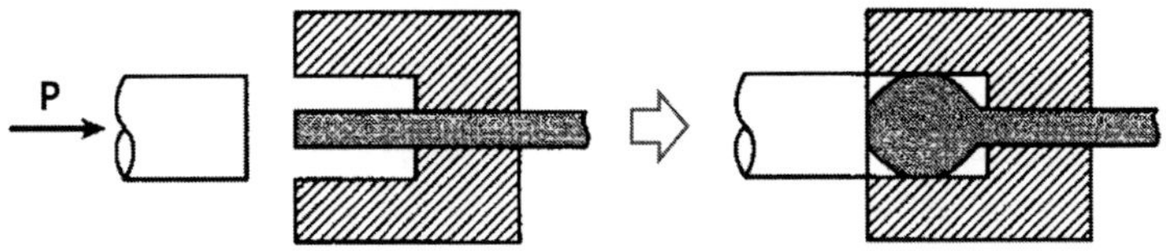

그림 8.4 업셋단조

그림 8.5는 업셋단조에서의 좌굴을 나타낸 것이다. 그림에서 H<3d일 경우 정상적인 단조가 가능하고 H> 3d일 경우 좌굴이 발생하는 것을 나타낸 것이다.

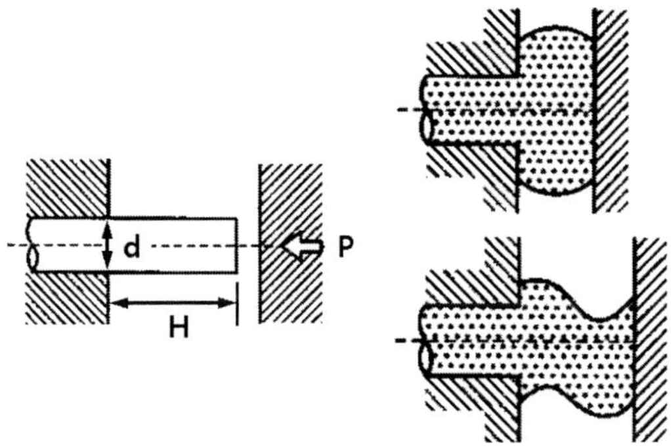

그림 8.5 업셋단조에서의 좌굴

5. 압연단조(Roll forging) : 롤러 표면에 형을 조각하여 소재를 통과시켜 가공하는 것으로 가늘고 긴 형상을 제작하는데 유리하며 거친 단조물을 성형하는데 이용된다. 해머 타격에 의한 변형이 아니고 롤러에 의한 정적압력으로 변형시키는 방식으로 금형의 수명이 길다. 그림 8.6은 압연단조를 나타낸 것이다.

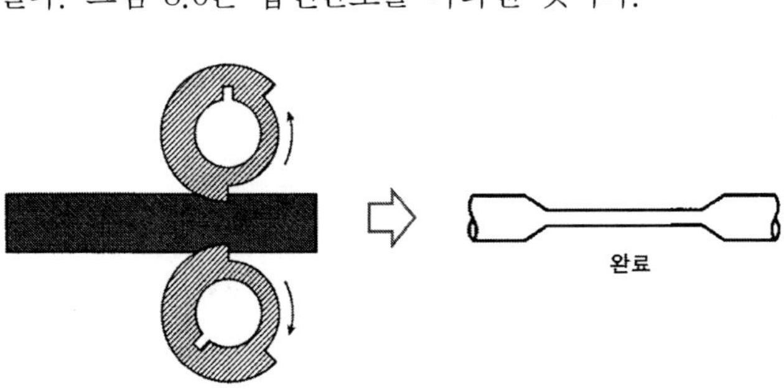

그림 8.6 압연단조

8.2 냉간단조

냉간단조는 상온에서 실시하는 것을 말한다. 냉간단조는 복잡한 모양으로 된 제품을 만드는 데는 정확하지 않고 변형에 따라 발생하는 가공경화로 인해 높은 강도를 얻을 수 있으며 표면이 깨끗하고 치수의 정밀도가 높은 제품을 만들 수 있다.

냉간단조가 도입된 후 발전하여 자동차 관련 부품을 만드는 것에 적용되어 광범위하게 적용되고 있다. 냉간단조는 상온에서 소성가공을 하여 성형하는 단조방법으로 열간단조와 변형, 제조공정, 사용기계, 제품의 기계적성질 등이 상반된다.

냉간단조의 특징은 다음과 같다.

1. 가열에 의한 크기 변화가 없고 제품의 덧살 붙임의 유무에 관계없이 소량이기 때문에 재료회수율이 좋다.
2. 제품의 치수정밀도가 좋다. 치수정밀도가 우수하여 후공정의 기계가공이 필요 없고 가공공정수가 줄어든다.
3. 가공면이 평활하고 탈탄층이 없기 때문에 가공이 필요 없다.
4. 가공경화에 의한 기계적성질의 향상된다. 소성변형에 의한 가공경화를 이용하여 재료를 열처리하지 않고 사용 할 수 있다.

냉간단조를 하는 경우에는 사용재료, 제조설비, 제조방법 등에 따라 다음과 같은 조건을 만족해야 된다.

1. 재료 : 냉간에서 성형하는 경우 연성이 있는 재료이면 가공에 의한 가공경화 현상을 제거하기 위하여 풀림(Annealing)을 반복하는 것에 의해 어떤 재료라도 소형가공이 가능하다. 그러나 프레스 횟수가 증가하면 경제적인 측면에서 불리하게 된다. 구조용강은 가공경화가 적고 연성이 커서 성형이 용이하다. P, S 등의 불순물 및 개재물의 혼합을 억제하는 것도 중요하다. 고탄소강이나 합금강은 재료의 특성상 단조를 하지 않은 상태에서도 경도가 높고 연성도 부족하므로 구상화시키는 열처리를 하여 가공성을 향상시킨다.
2. 윤활 : 프레스단조를 이용하여 재료를 성형할 때 재료와 금형과의 금속접촉을 피하기 위한 윤활로서 처음부터 재료에 대하여 표면처리를 한다. 재료표면에 인산피막을 만들어 금속비누를 반응시켜 표면에 지방산을 화학적으로 부착시키는 것이다. 또한 재료의 표면을 깨끗하게 하기위해 지방을 제거하고, 세척을 위해 염산, 황산, 질산,

인산 등을 이용한 전처리가 필요하고 이러한 일련의 작업은 연속적으로 행하는 장치를 사용한다.

3. 프레스 : 재료의 변형저항이 크기 때문에 높은 가공압력이 필요하여 프레스는 높은 강성과 정밀도가 요구된다. 유압식은 기계식보다 생산성은 떨어지나 긴 타격이 가능하기 때문에 축붙이제품, 중공축 등을 제조 하는데 적합하다. 적은 기어 부품에 대해서는 타격이 짧아도 좋은 경우 기계식 프레스가 사용된다.
4. 금형 : 냉간 성형시에 높은 가공압력을 받기 때문에 파손 및 마모에 견딜 수 있는 소재가 아니면 안된다. 성능을 고려하여 소재를 선정 및 합리적인 금형의 설계제작이 무엇보다도 중요하다. 금형의 파손을 막기 위해서는 집중응력을 받지 않도록 하고 큰 응력에 대한 강도를 낼 수 있는 금형조립구조로 하는 것이 대단히 중요하다. 냉간단조는 설비비가 높고 공정수가 많으므로 최종제품의 용도 등을 고려하여 합리적인 냉간 단조품으로 교체하는 것이 비용 절감에 있어 중요하다.

냉간단조는 콜드헤딩, 코이닝, 스웨이징으로 분류된다.

1. 콜드헤딩(Cold heading) : 볼트, 리벳 등의 머리 형상을 가공할 때 사용된다.
2. 코이닝(Coining) : 프레스에 의한 압인가공으로 평활화 시킨 표면을 얻는 방법으로 정밀한 치수의 문자나 모양을 만드는 가공법이다. 그림 8.7은 코이닝을 나타낸 것이다.

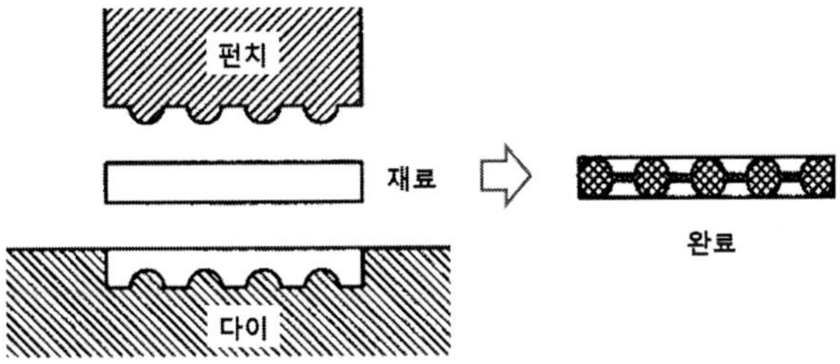

그림 8.7 코이닝

3. 스웨이징(Swaging) : 봉 및 판 등의 외경을 축소하거나 테이퍼로 가공하는 방법이다.

8.3 온간단조

온간단조는 열간단조와 냉간단조의 중간 온도에서 양쪽의 장점을 살리기 위한 작업이다. 온도범위는 200℃~800℃의 범위에서 일반적으로 이루어지나 경우에 따라서는

1000℃까지 확대하고 있다. 밀폐단조는 단조 중 빛이 발생하지 않는 형단조법이다. 냉간 밀폐단조라고 하는 것도 상기한 온도범위에 실시하는 빛이 없는 밀폐단조를 의미하게 된다. 냉간, 열간단조와 비교한 온간단조의 특징은 다음과 같다.

1. 제품정밀도를 냉간단조 급으로 할 수 있다.
   ① 온간단조품의 정밀도는 열간단조와 비교가 되지 않을 정도로 개선되어 냉간단조의 정밀도와 같은 정도를 낼 수 있다.
   ② 산화막의 발생이 적다.
   ③ 금형의 마모도 열간단조에 비해서 적다.
   ④ 온간단조 표면은 10~60μm로 단조작업 후에 절삭가공을 하지 않고 사용할 수 있다.
   ⑤ 열간단조에서 생기는 소재표면의 탈탄도 온간단조에서는 생기지 않는다.
   ⑥ 온간단조 이후 가공으로써 절삭 및 연삭이 필요한 경우에 가공 값은 소재정밀도가 높기 때문에 최소로 하는 것이 가능하여 절삭공정의 합리화가 가능하다.
2. 재료의 회수율이 좋다.
   ① 열간단조에서는 파편이 발생하는 빛이 투입재료의 20~30%나 발생한다. 빛이 생기지 않는 밀폐단조에서는 이러한 손실이 없고 투입소재는 거의 100%조형재로 이용된다.
   ② 단조 후 절삭공정에서 가공 값을 적게 할 수 있다.
   ③ 절삭 값의 감소와 슬래그까지 고려한 완성품에서의 회수율이 좋아진다.
3. 에너지를 절약 할 수 있다.
   ① 열간단조에 비해서 온간단조에서는 가열온도가 낮아서 가열용 에너지가 적게 든다.
   ② 밀폐단조에서는 빛에 의해 발생하는 파편의 가열이 불필요하여 에너지 효과가 증가한다.
   ③ 소재가열에 필요한 에너지에 비하여 변형저항증가에 의한 성형용 에너지의 증가분은 적고 단조 공정만으로도 충분한 에너지효과가 발생한다.
   ④ 절삭공정의 생략에 의한 효과까지 감안하면 에너지의 효율이 좋다.
   ⑤ 냉간단조 공정에 필요한 가공전과 가공중간의 연화와 온간단조용의 가열 에너지가 비슷하다.
   ⑥ 온간단조에서는 재료의 변형능의 향상, 변형저항의 저감에서 냉간단조보다 적은

성형공정으로 제품을 완성시킬 수 있기 때문에 에너지가 절약된다.

4. 변형저항의 저감 및 변형능이 향상된다.
   ① 상온에서 소재를 단조하는 경우에 비해서 온간단조의 온도에서는 소재의 변형저항이 내려가서 변형능이 향상된다.
   ② 냉간단조에서는 금형에 걸리는 면압이 증가하여 변형능 부족으로 제품에 크랙이 발생하는 이유로 성형되지 않는 복잡한 형상의 제품이나 고탄소강 등의 어려운 가공재도 온간단조에서는 적은 공정수로 성형이 가능하다.
5. 설비, 공장의 레이아웃(Lay out)의 간결화가 가능하다.
   ① 냉간단조에서는 가공전이나 가공중간에 전용로를 이용하여 구상화열처리나 윤활처리를 해야 되지만 온간단조에서는 필요 없기 때문에 공장의 설비가 감소하고 레이아웃은 간결하게 되어 제품의 흐름도 부드러워서 운반에 따른 손실이 적은 공정을 할 수 있다.
   ② 변형능이 향상되기 때문에 중간열처리 없이 다단의 성형이 이루어지므로 온간용 단조기 한대로 전체 단조공정을 자동으로 완료시킬 수가 있다.
   ③ 합리화에 대한 기여도가 높고 단조온도를 관리하여 자동화 프레스의 사용이 가능하다.
   ④ 열간단조와 비교하면 밀폐단조는 파편의 제거가 불필요하므로 트리밍을 생략할 수가 있다.
   ⑤ 프레스 내에서의 자동반송이 용이하게 된다.
   ⑥ 완성품까지의 비용절감을 할 수 있기 때문에 주조, 소결 등의 다른 기계제작과의 경쟁에서 볼 때 유리하다.

온간단조는 많은 장점을 가지고 있으나 열간단조, 냉간단조에 비해서 장치전반에 대한 제어 조건이 까다롭기 때문에 많이 사용되지 못하고 있다. 온간단조를 사용하기 위한 문제점은 다음과 같다.

1. 사용재료에 대한 성질 변화가 있다.
   ① 밀폐단조를 하기 위해서는 사용소재의 중량편차는 전체중량의 ±0.5~1%로 억제해야할 필요가 있다. 이 때문에 사용재는 일발재 및 필링재를 쓰고 강성을 고려한 프레스가 필요하다.
   ② 온간단조에서 열간단조 정도의 큰 변형을 할 경우의 문제는 소재의 변형능이다.

업셋 변형부의 외경에 냉간단조에서 보이는 결함인 크랙이 발생한다.

③ 크랙의 방지를 위해서는 재료중의 포함된 황의 양에 대한 규제 등에 의해서 연성을 높이는 대책 및 소재의 외경을 필링하여 강재의 외경에 남아 있는 미세한 흠을 제거하여 단조 중에 크랙이 발생하는 위치를 없애두는 등의 사용 재료상의 대책이 필요하다.

④ 변형능은 단조온도에 의해서 영향을 받기 때문에 제품형상에 의해서 정해지는 변형능을 양상하기 전에 충분히 파악하여 단조온도를 설정하고 온도편차를 제어해야 한다.

2. 사용 프레스 및 금형구조의 선정이 까다롭다.

① 단조온도에 의해서 사용하는 프레스 램의 선정이 변할 수 있다.

② 제품형상이 복잡하고 단조온도를 700℃로 설정하는 경우 소재와 금형의 접촉시간이 길어 금형에 열변형이나 열에 의한 크랙이 생겨서 금형수명이 짧아지게 된다.

③ 가열온도 300℃정도의 낮은 온도에서의 단조는 냉간단조와 같이 금형에 주는 충격면에서 볼 때 프레스 사용이 바람직하다.

3. 윤활제 및 윤활방법의 문제가 있다.

① 온간단조가 많은 장점을 가지고 있지만 사용량이 적은 이유는 냉간단조의 안정된 효과를 발휘할 수 있는 윤활제가 없다. 이 때문에 금형의 마모 등이 초기에 발생하여 충분한 금형수명을 얻을 수 없다.

② 기존의 윤활제로는 온간단조영역의 온도로 작업하면 산화가 시작되어 냉간 내지는 300℃정도까지의 양호한 윤활성을 잃어버린다.

4. 금형재

① 온간단조용의 금형재로는 고속도강 내지는 열간 다이스(Dies)강이 사용되고 있다. 그러나 고속도강은 인성이 부족하여 금형에 크랙이 발생하기 쉽고 내열성부족 때문에 사용 중에 금형온도를 낮게 유지해야 한다. 다이스강은 경도가 충분하지 못하기 때문에 마모가 빨리 일어나서 금형수명을 저하시킨다.

② 온간단조의 사용을 증가시키기 위해서는 금형온도나 윤활조건 등 사용조건의 표준화로 결점을 없앤 금형재의 개발이 필요하다.

8.4 자유단조

자유단조에서는 단순한 형상의 공구, 즉 가압면이 평면 또는 원주면 같은 단순한 곡면공구를 사용하며 소재의 일부분을 압축하는 국부압축을 반복하여 최종 모양의 치수로 완성해 간다. 따라서 작업시간은 많이 걸리지만 같은 공구를 사용하여 여러 가지 모양의 제품을 만들 수 있어서 다품종의 소량생산에 적합하다. 그러나 작업자의 고도 기술이 요구되며 사용공구의 모양에 따라서는 구멍 뚫기나 절단도 자유단조로 가능하다. 그림 8.8은 자유단조를 나타낸 것이다. 그림에서 상부금형에 외력이 작용하면 소재에 압력을 가하여 소재에 변형이 일어나는 원리이다.

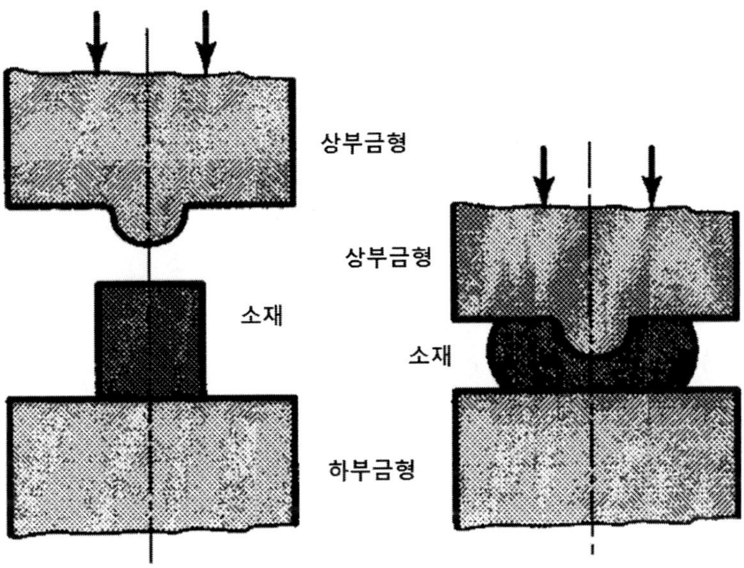

그림 8.8 자유단조

8.5 형단조

형단조는 최종 또는 중간제품의 외형에 맞추어 오목하게 패인 상하 1쌍의 금형을 사용하는 단조이다. 형단조용 금형의 제작비는 비싸지만 작업속도가 빨라 자동차부품의 모양이나 치수가 일정한 단조품의 대량생산에 적합하다. 그림 8.9는 형단조를 나타낸 것이고, 그림 8.10은 형단조에 의해 소재가 가공되어 제품이 되는 과정을 나타낸 것이다.

기계해머는 낙하중량과 타격속도를 이용하여 가공을 수행하며 프레스는 해머에 비해 단시간의 충격이 아닌 내부까지 작용을 지속적으로 할 수 있다. 기계해머는 낙하 중량으로 유압프레스는 램의 압력으로 용량을 표시한다. 해머 용량은 일량($kg \cdot m$)과 낙하 중량($kg \cdot ton$)으로 표시하며 식 (8.1)과 같다.

$$W = W_r + W_h + W_c + W_d \tag{8.1}$$

여기서 W는 낙하중량, W_r은 램 중량, W_h는 피스톤 헤드 중량, W_c는 피스톤 로드 중량, W_d는 상부 단조의 중량을 말한다.

해머의 타격속도는 식 (8.2), 해머의 운동에너지는 식 (8.3)으로 구할 수 있다.

$$V = \sqrt{2gh} \tag{8.2}$$

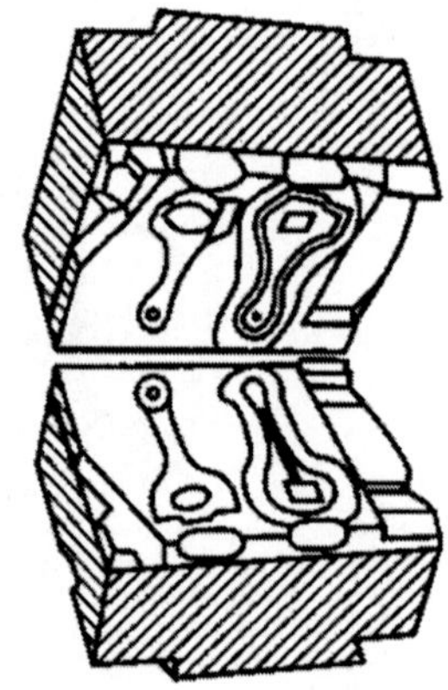

그림 8.9 형단조

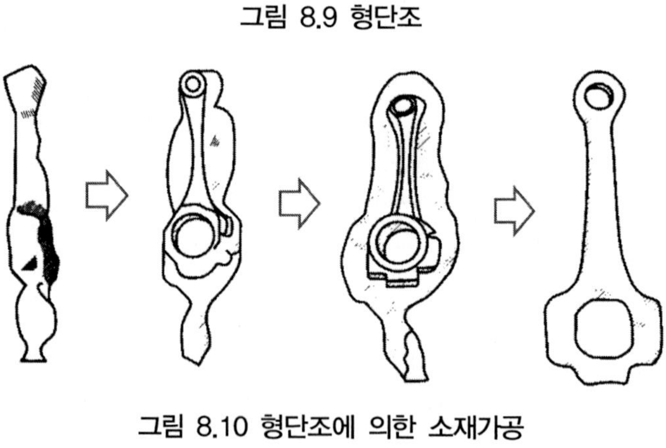

그림 8.10 형단조에 의한 소재가공

$$E = \frac{W}{2g} V^2 Wh \qquad (8.3)$$

여기서 V는 해머의 속도, E는 해머의 운동에너지, g는 중력가속도, h는 낙하 중량을 의미한다.

유압프레스의 용량은 램에 연결된 피스톤에 작용하는 전체 압력을 ton으로 표시한다. 식 (8.4)는 용량을 나타낸 것이다.

$$P = F \cdot A \,/\, 1000 \qquad (8.4)$$

여기서 P는 용량, F는 단위면적에 작용하는 최대유압(kg/cm^2), A는 램의 유효단면적(cm^2)을 의미한다.

8.6 형단조 재료의 절단

형 단조품을 만드는 최초의 공정은 압연강재를 형단조품의 체적에 따라서 치수 또는 중량으로 절단하는 작업이다.

1. 절단방법 : 톱 절단, 그라인더 절단, 가스 절단, 전단 등이 있으며, 이중 톱 절단과 전단이 가장 많이 이용되고 있다. 톱 절단은 설비비가 비교적 저렴하고 또 소요품질을 얻는 데는 가장 좋은 방법이기는 하나 절단재에 의한 재료의 손실이 있으며 절단시간이 많이 걸리는 단점이 있다. 전단은 절단시간이 짧고 생산적이기는 하나 품질은 톱절단 보다 떨어지고 소음과 진동이 발생하며 설비비도 많이 든다.
2. 절단에 있어서의 관리항목 : 절단재에 요구되는 품질 즉, 절단의 길이, 중량의 편차, 절단면의 직각도, 변형, 평탄도, 결함의 유무, 절단길이 및 절단수량을 고려하여 경제적인 절단법을 선택해야 한다. 절단중량이 부족하면 단조품에 흠집 발생을 일으키고, 과대한 경우에는 재료 회수율의 감소 및 두께의 치수가 일정하지 않은 결함이 발생한다. 절단 작업에서 중요한 관리항목의 하나가 재료의 혼입방지이다. 절단에 앞서 철강재의 강종류 표시를 확인하고 절단이 끝난 것은 파렛트에 넣고 상이한 장소에 두지 않는다.
3. 톱절단 : 가장 오랜 옛날부터 채용되고 지금도 널리 이용되고 있는 절단법의 하나이

다. 장점은 다음과 같다.

① 절단길이의 오차가 적고 절단면은 평평하고 결함이 없다. 또 엷은 절단이 가능하다.

② 거의 모든 재료를 절단할 수가 있다. 특히 연한 강재의 절단에 적합하다.

③ 설비비가 적게 들고 기계의 설치 면적도 적다. 특히 대형물로 비교적 다품종 소량생산에 유리하다.

단점은 다음과 같다.

① 절단여유가 재료의 손실이 된다.

② 생산 속도가 느리다.

자동 재료이송장치가 개발되어 1인이 4~5대를 조작할 수 있고 여러 환봉을 묶어 절단할 수 있어 생산성이 상당히 높다.

4. 전단(Shearing) : 단조공장에서 가장 널리 이용되는 방법으로 높은 생산성과 절단의 의한 재료의 손실이 없다는 것이다. 전단시 유의사항은 다음과 같다.

① 재료의 지탱은 상하 양날에 의해서 이루어지기 때문에 칼날은 직각이 되도록 단단히 지지할 해야 된다.

② 날의 끝이 떨어지거나, 마모 및 변형되어 있지 않아야 된다.

③ 두 칼날 사이의 틈새는 재질에 따라 연한 것은 굳은 것에 비하여 적게 한다.

④ 고 탄소강 및 특수강과 같은 단단한 재료를 절단할 때는 150~180℃로 예열을 하여야 한다.

⑤ 소요 치수를 정하는 정치수 장치는 절단재료가 떨어지더라도 지장이 없게 장치한다.

⑥ 전단 후 재료는 환경에 따라서 전단 균열이 발생할 수 있다.

5. 가스절단(용단) : 재료를 백열상태까지 가열시키고 순수한 고속산소기류에 의해 생긴 산화물을 녹이거나 연소, 비산시켜서 절단하는 방법이다. 절단능력은 최대 250mm이다. 절단시 화염의 정확한 조정이 중요하다. 가스절단 작업의 주의사항은 다음과 같다.

① 작업개시 전에 재료의 표면에 부착되어 있는 산화철이나 모래 등을 제거하여야 한다.

② 산소아세틸렌 불꽃이 지나치게 클 때에는 예열이 넓게 분포되어 절단폭도 넓어지고 절단속도가 감소한다.

③ 고압가스 취급에는 특히 안전규칙을 준수해야 한다.

8.7 단조결함

단조품에서 여러 가지 결함이 발생할 수 있다. 단조품은 국부적인 결함에 의해 불량으로 결정되면 폐기되며, 결함에는 표면결함과 내부결함으로 구분된다.

1. 표면결함 : 단조물 표면의 균열을 의미하며 강괴단조 불량과 가열중의 국부적인 산화, 과열, 기공 및 과도한 압하량에 의해 발생한다. 그림 8.11은 압축된원주의 표면결함을 나타낸 것이다.

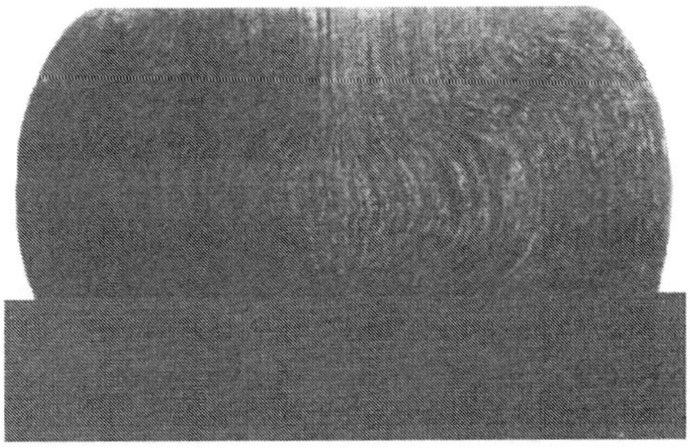

그림 8.11 압축된원주의 표면결함

2. 내부결함 : 원재료의 불량이 영향을 주며 기공의 미압착, 반점에 의한 국부적인 균열이 발생한다. 그림 8.12는 내부결함을 나타낸 것이다. 그림에서 유동선의 배열로부터 금속유동이 비대칭이거나 다이의 모서리가 각이 있는 경우 다이 속이 채워지기 어렵게 되어 겹침이 발생한다.

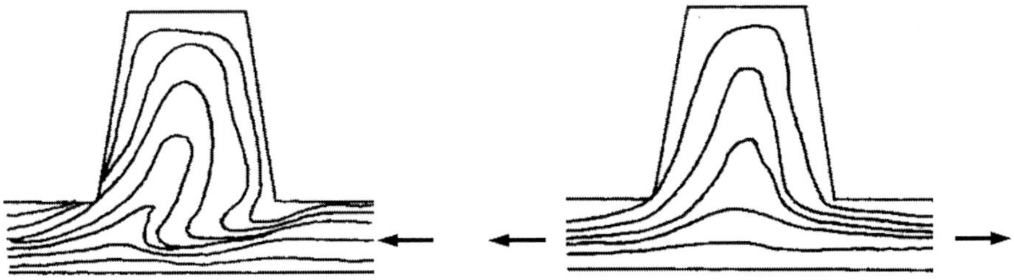

그림 8.12 내부결함

연습문제

1. 단조의 종류를 조사하시오.

2. 현장에서 단조의 적용사례를 조사하시오.

3. 열간단조의 형태에 대하여 조사하시오.

4. 열간단조의 장단점에 대하여 조사하시오.

5. 열간단조의 종류를 조사하시오.

6. 냉간단조의 형태에 대하여 조사하시오.

7. 냉간단조의 장단점에 대하여 조사하시오.

8. 냉간단조의 종류를 조사하시오.

9. 자유단조와 형단조를 비교하시오.

10. 단조결함에 대하여 쓰시오.

09

압 연

압연은 회전하고 있는 한 쌍의 원기둥 롤러 사이의 틈에 금속소재를 넣고 롤러의 압력으로 소재의 길이에 변화를 주어 단면적을 축소시키는 금속가공법이다. 금속재료에 일정한 힘을 가하면 파괴되지 않고 영구변형을 일으키는 소성을 이용한 것으로 단조 등과 함께 금속 기계제작법의 일종이다. 후강판, 박강판, 봉강, 형강 및 이음매 없는 강관 등 강재를 비롯하여 각종 금속이나 합금에 압연이 적용되고 있다. 그림 9.1은 열간압연의 원리를 나타낸 것이다. 원재료는 롤러에 들어가면 재료가 늘어나는 연신이 발생하고 롤러를 지나면서 재결정이 형성되어 성장된다.

압연할 때의 소재의 온도에 따라 열간압연과 냉간압연으로 분류된다. 철강공장에서 주괴를 반제품인 강편으로 압연하는 분괴압연은 열간압연의 대표적인 예이다.

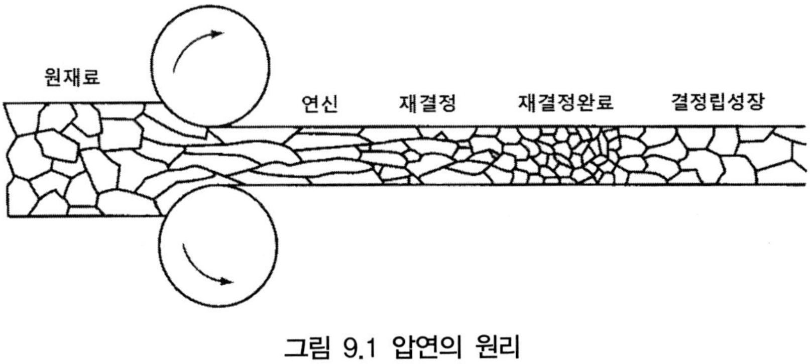

그림 9.1 압연의 원리

열간압연에서는 금속이 가공에 의한 경화를 일으키지 않는 재결정온도 이상의 온도에서 압연을 하여 작은 롤러 압력으로 큰 변형가공이 가능하다. 분괴압연에서는 주괴속에 있는 기포와 조대 결정조직을 없애 균질 조직의 강편으로 만들 수 있다. 열간압연의 단점은 압연 중에 고온의 소재 표면이 대기 중의 산소와 화합하여 산화막을 형성하기 때문에, 제품의 표면이 거칠고 금속광택이 없으며 치수정밀도가 나쁘다.

냉간압연은 실온에서 소재를 압연하는 방식으로 제품의 표면이 평활하고 금속 특유의 광택이 있으며 치수정밀도도 좋다. 냉간압연과 열처리를 조합하여 압연제품의 결정조직을 개선시켜 기계적, 물리적 성질을 갖게 할 수 있다.

금속의 소성을 이용하여 고온이나 상온의 금속재료를 회전하는 두 롤러 사이를 통과시켜 판, 봉, 관 및 형재 등으로 가공하는 방법으로 주조나 단조에 비해 신속하며 생산비가 적게 든다. 압연 전의 소재의 두께를 t_0, 압연 후의 소재의 두께t를 라고 할 때 식(9.1)을 압하율 K 이라고 한다.

$$K = \frac{t - t_0}{t_0} \times 100\ (\%) \tag{9.1}$$

압연가공의 정도는 압하율을 사용하여 %로 표시한다. 가공하는 소재가 결정체일 때 재결정 온도 이상에서의 압연을 열간압연, 그 이하의 온도에서의 압연을 냉간압연이라고 한다. 소재가 금속일 때 열간압연에서는 소재의 가공성이 좋아지므로 작은 압연 동력으로 큰 변형을 용이하게 실시할 수 있고 단조품과 같은 성질을 부여할 수 있다. 냉간압연에서는 치수가 정확한 소재로 만들 수 있으며 평탄하고 깨끗한 표면을 얻을 수 있다. 압연용 소재는 다양한데 대표적인 것에는 강재가 있고 동, 니켈, 아연, 주석, 알루미늄, 마그네슘 및 합금을 사용한다.

9.1 압연기의 종류

압연을 제품에 따라서 분류하면 분괴압연, 판재압연, 형재압연으로 분류한다.

1. 분괴압연(Blooming) : 강괴를 분괴하여 조강, 강판용 압연 재료로 만드는 조작을 말한다. 제강에 의해 만들어진 강괴를 가열하여 제품의 중간재를 만드는 압연으로 입자가 미세화되고 재질이 균일해지며, 주조시의 기포 등을 없앨 수 있다. 그림 9.2는

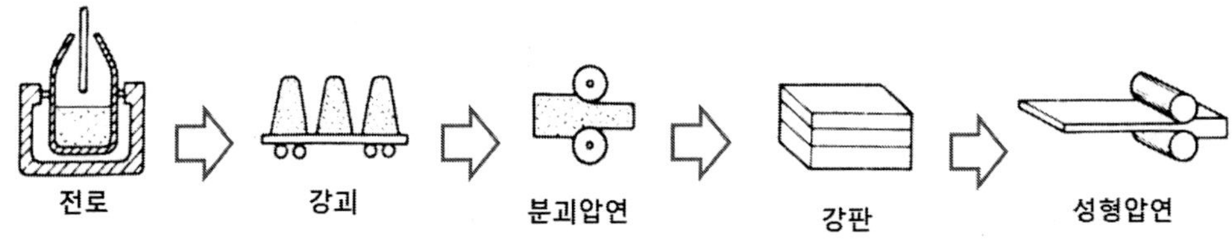

그림 9.2 분괴압연

분괴압연을 이용하여 성형압연으로 만드는 과정을 나타낸 것이다.

2. 판재압연(Plate rolling) : 슬래브(Slab) 또는 시트바(Sheet bar)를 압연하여 강판을 제조하는 것이다. 두께에 따라 박판(3mm이하), 후판(3mm이상)으로 구분한다. 그림 9.3은 판재압연을 하는 것을 나타낸 것이다.

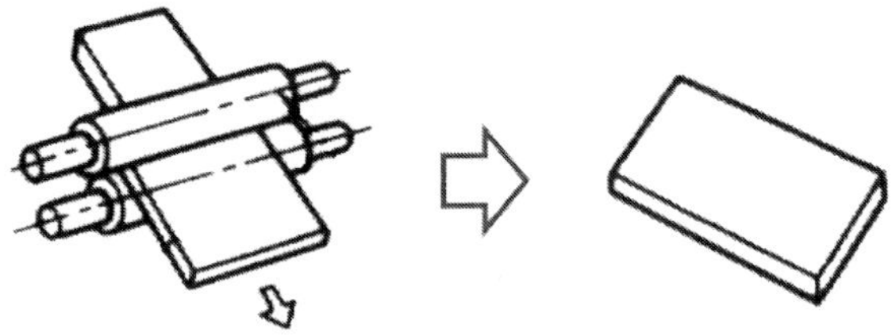

그림 9.3 판재압연

3. 형재압연 : 형제압연은 봉재, 평재, 형재 등을 제작하는 것으로 홈이 있는 롤러로 압연한다. 형재 압연용 롤러는 표면에 홈이 파져 있으며 열간 압연에 의해 순차로 소재를 통과시켜 단면적을 감소시킨다. 그림 9.4는 레일을 만드는 방법으로 형재압연을 나타낸 것이다.

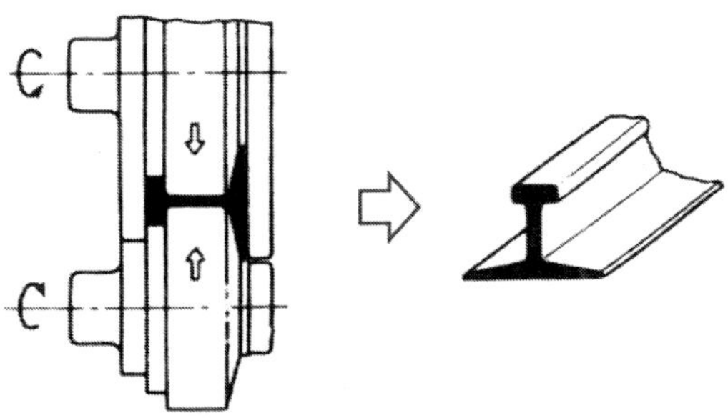

그림 9.4 형재압연

압연은 작업온도에 따라 열간압연과 냉간압연으로 분류된다.

1. 열간압연 : 열간압연은 재결정온도 이상에서 작업하는 것으로 분괴압연에 이용되며 압하율은 30~50%까지 할 수 있다. 특징은 소비동력이 적고 변형량을 크게 할 수 있

그림 9.5 열간압연

그림 9.6 냉간압연

으며 가공시간의 단축 및 대량생산에 적합하다.

2. 냉간압연 : 냉간압연은 박판가공에 사용되며 내부응력이 크고 가공경화가 발생한다. 기계적 강도가 증가하며 결점이 적고, 깨끗한 표면을 얻을 수 있다. 또한 판 두께의 정밀도가 높고, 0.1mm의 박판가공도 가능하다. 그림 9.5는 열간압연, 그림 9.6은 냉간압연을 이용하여 판재를 만들고 있는 것을 나타낸 것이다.

금속을 회전하는 2개의 롤러 사이를 통과하게 하여 판, 막대 등으로 만드는 기계제작이다. 단면이 L형, H형인 형재와 철도의 레일, 중공의 관과 같은 재료도 압연기술을 이용해서 만들어지고 있다. 압연기를 분류하는 일반적인 방법은 롤러의 수량 및 조립형식에 따라 분류된다. 롤러가 2개인 압연기를 2단 압연기, 4개면 4단 압연기라 부른다.

1. 2단 압연기 : 가장 간단하고 많이 사용되는 형태이다. 롤러의 지름이 크며 소형재를 압연하고 박판은 여러 장을 겹쳐서 압연한다. 그림 9.7은 2단압연기를 나타낸 것이다.
2. 3단 압연기 : 3개의 롤러로 구성된 압연기를 중간 롤러의 상하에 재료를 통과시키며 역전이 필요 없다. 대형재의 분괴압연 및 소형재의 열간압연에 사용된다. 그림 9.8은 3단압연기를 나타낸 것이다.

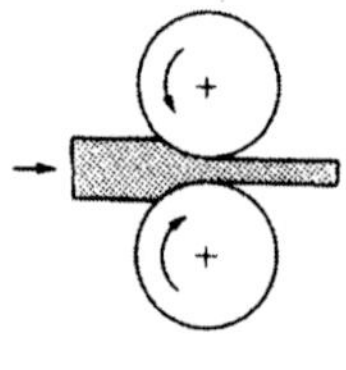

그림 9.7 2단압연기

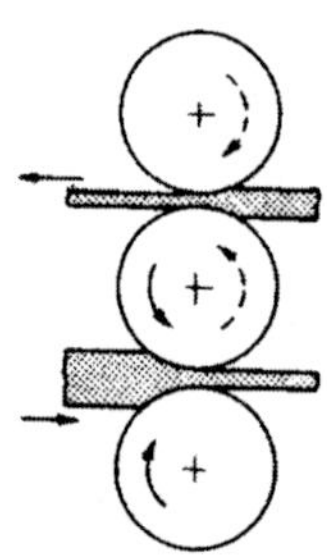

그림 9.8 3단압연기

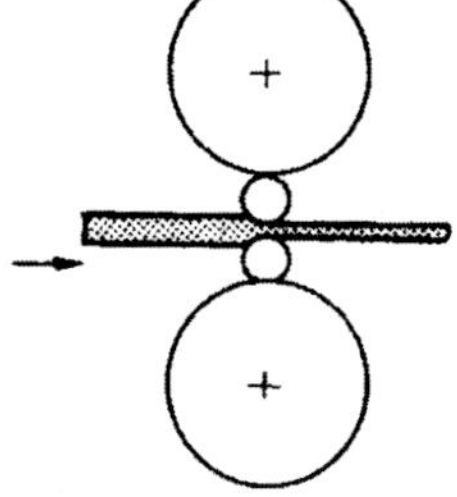

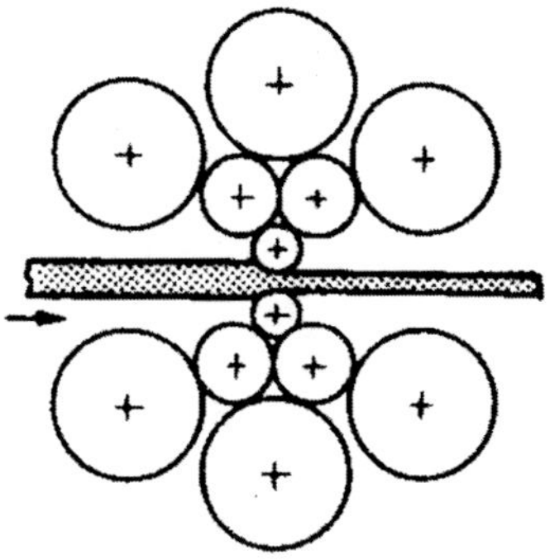

그림 9.9 4단압연기　　그림 9.10 다단압연기

3. 4단 압연기 : 작은 직경의 작업 롤러 한 쌍과 롤러를 지지하는 큰 지름의 보조 롤러로 구성된다. 보조 롤러는 작업 롤러의 굽힘을 방지하는 역할을 하면 냉간압연에 적용된다. 그림 9.9는 4단압연기를 나타낸 것이다.
4. 다단압연기 : 얇은 판재의 냉간 압연용으로 사용되면 제품의 두께 변동이 없는 장점을 가지고 있다. 그림 9.10 다단압연기를 나타낸 것이다.

롤러의 형태에 따라 그림 9.11은 플러그압연기, 그림 9.12는 로터리압연기, 그림 9.13은 마관기로 분류된다.

1. 플러그압연기(Plug mill) : 원형의 홈이 있는 2개의 롤러 사이에 고온의 파이프 소재와 가공된 파이프 소재 내에 플러그를 넣고 회전시켜 압연하는 방식이다.
2. 로터리압연기(Rotary mill) : 파이프 벽 두께가 얇아지면서 지름이 커진다. 플러그 압연기의 제품보다 지름을 확대시킬 때 사용된다.
3. 마관기(Redline mill) : 플러그 압연으로 가공된 파이프는 두께가 불균일하고 홈이 있기 때문에 두께를 감소시켜 홈을 없애고 내외면을 매끈하게 하여 원하는 치수로 완성하는 방법이다.

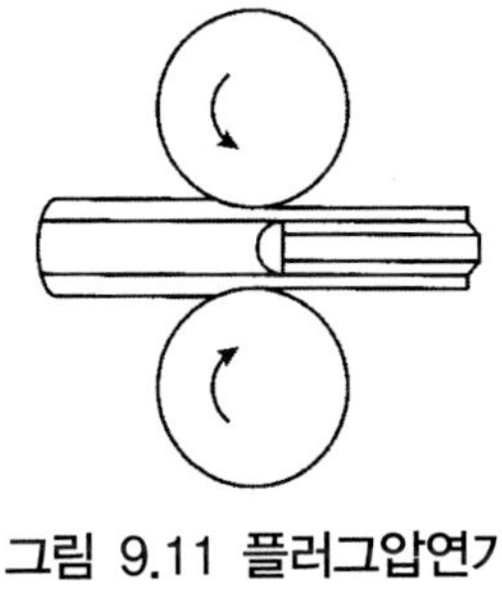

그림 9.11 플러그압연기

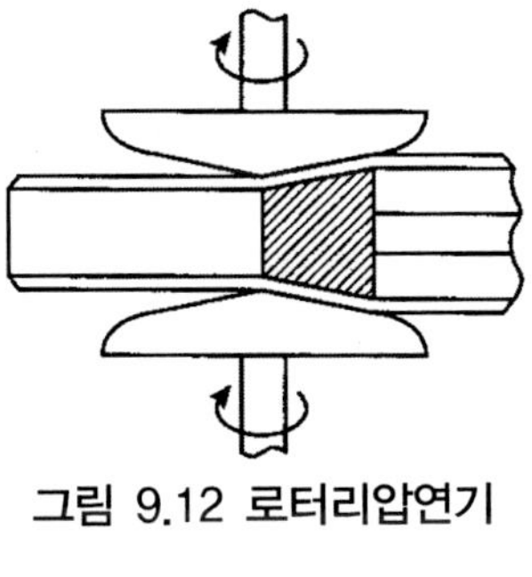

그림 9.12 로터리압연기

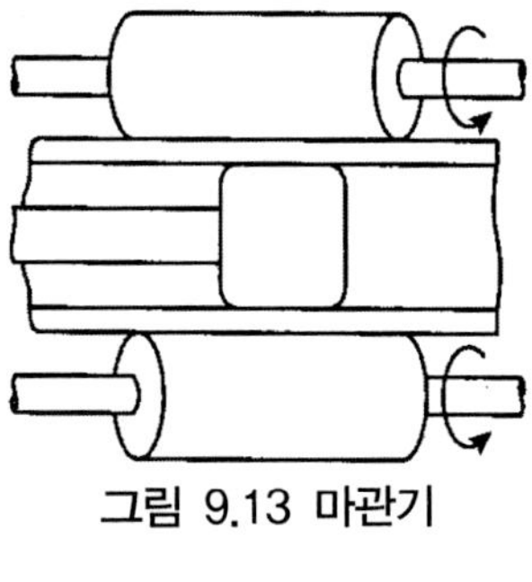

그림 9.13 마관기

9.2 압연 롤러

압연 롤러의 재질이나 기계적성질은 사용되는 압연기와 작업환경에 의해 결정된다. 주강 및 주철의 재질이 사용되면 롤러는 사용 중에 여러 가지 형태로 변형이 된다. 롤러는 사용 중에 여러 가지 형태로 변형이 되며 휨과 온도에 따른 변형을 줄이기 위해 대책을 수립해야 한다. 압연기에서 가장 중요한 것이 롤러이며 롤러의 성능에 따라 제품의 형상 및 압하율이 결정된다.

압연 중 롤러는 압하력에 의하여 탄성적으로 변한다. 판의 온도와 마찰력 등에 따라서 로울 몸통 길이 및 롤러 직경의 열팽창에 의한 열적 변형이 생긴다. 롤러의 변형에 따라 판의 두께, 측면, 평탄도가 변한다.

롤러는 표면형상에 따라 판재용 압연에 사용되는 평롤러(Plain surface roll)와 단면재의 압연에 사용하는 홈롤러(Grooved roll)로 분류된다. 롤러의 재질에 따라 분류하면 주철과 주강용으로 분류가 된다. 주철용 롤러는 샌드롤러와 칠드롤러로 분류되며 샌드롤러는 퍼얼라이트 조직을 가지고 내외부의 경도차가 적다. 칠드롤러의 내부는 퍼얼라이트 조직이며 다듬질 압연에 이용이 되고 있다. 주강용 롤러는 열간압압에 주로 이용된다.

압연 중 소재와 접촉하는 롤러를 작동롤러라고 하며 작동롤러와 접촉하여 소재의 압연을 돕는 롤러를 보조 롤러라고 한다. 작동 롤러의 구비조건은 다음과 같다.

1. 압연시 하중 사이클에 피로파괴 되지 않아야 된다.
2. 표면 경도가 높고 경화 깊이가 커야 된다.
3. 내마모성이 커야 된다.
4. 연마 가공 등의 기계가공이 잘되어야 된다.

보조 롤러의 구비조건은 다음과 같다.

1. 스프링 백 현상이 생기지 않아야 된다.
2. 휘거나 편심이 생기지 말아야 된다.
3. 내마모성이 커야 된다.

9.3 압연에 영향을 주는 인자

압연에 영향을 주는 요인은 매우 복잡하다. 압연에 영향을 주는 인자는 압연속도, 마찰과 윤활, 압연온도, 롤러의 규격, 전후방 인장력이다.

1. 압연속도(Rolling speed) : 압연속도가 빨라지면 마찰계수가 작아지고 압연 압력이 작아져서 고속에서 압연하면 저속일 때 보다 얇은 판을 제작하기 쉽다. 고속 압연에서는 롤러가 베어링의 중심에서 회전하지만 저속일 때는 유막의 두께 차에 의해 편심이 생기며 이로 인해 판의 두께가 증가한다.
2. 마찰계수 및 윤활유 : 압연에 사용되는 윤활유는 마찰을 감소시키는 윤활작용과 냉각작용 및 표면 상태를 청결하게 하는 것이다. 냉각압연 중 마찰계수의 최대치는 0.15, 최소치는 0.2정도이며 마찰계수가 적을수록 압연압력은 작아진다. 마찰계수가 크면 압하율을 증가시킬 수 있고 롤러 면에 작은 홈을 파거나 가성소다 용액을 이용하여 지방을 제거하기도 한다. 압연용 윤활유의 구비조건은 다음과 같다.
   ① 윤활 효과가 커야 된다.
   ② 유막 강도가 커야 된다.
   ③ 표면을 청결하게 유지해야 된다.
   ④ 냉각 효과가 커야 된다.
   ⑤ 오일의 성상이 안정적이어야 한다.
   ⑥ 풀림 열처리 중 소착하지 않아야 된다.
3. 압연온도 : 압연온도의 증가에 따라 압하력은 증가하지만 한계온도 이상이 되면 하강한다. 온도의 변화에 따른 롤러의 변형이 판의 두께에 영향을 준다.
4. 롤러의 규격 : 롤러의 직경이 작으면 압연 압력이 떨어지며 접촉 길이도 감소한다.
5. 전후방 인장력 (Front and back tension) : 전후방 인장력이 증가하면 압연력은 감소된다. 전방장력을 받으면 압연력은 감소하고 롤러의 마모를 줄일 수 있으며 가공면의 평활도가 개선된다.

연 습 문 제

1. 압연의 종류를 조사하시오.

2. 현장에서 압연의 적용사례를 조사하시오.

3. 열간압연의 형태에 대하여 조사하시오.

4. 열간압연의 장단점에 대하여 조사하시오.

5. 열간압연의 종류를 조사하시오.

6. 냉간압연의 형태에 대하여 조사하시오.

7. 냉간압연의 장단점에 대하여 조사하시오.

8. 냉간압연의 종류를 조사하시오.

9. 압연에 영향을 주는 인자에 대하여 쓰시오.

10 인 발

인발은 끝부분이 좁은 다이에 금속선 또는 금속관을 끼우고 끝부분을 끌어당겨 다이의 구멍을 통해 뽑아내어 금속선 및 금속관의 지름, 관벽 두께를 감소시켜는 가공법으로 인발가공 및 드로잉이라고 한다. 인발을 이용한 가공법은 단조에 버금갈 만큼 오래된 금속 가공 기술로 처음에는 연철에 뚫은 구멍을 통해 연성의 금속선이 드로잉 되었으며 동력으로는 사람 또는 말 등의 견인력을 활용하였다. 그림 10.1은 인발의 원리를 나타낸 것이다. 소재를 공정구로 고정하고 화살표 방향으로 외력을 작용하여 인발다이를 통과시켜 원하는 재품을 얻는 것이다.

와이어드로잉은 금속선의 드로잉 및 플러그 없이 금속관의 겉지름만을 줄이는 공드로잉, 플러그를 끼우고 금속관의 겉지름과 관벽 두께를 동시에 줄이는 심금드로잉에 활용된다. 와이어드로잉 장치에는 드로잉벤치라 불리고 있는 단두의 드로잉장치로 비교적 느린 속도로 운전되는 것과 복수의 다이가 장치되어 있어 5~6패스의 드로잉가공을 한 대의 드로잉 장치로 할 수 있는 연속 드로잉기가 있다. 연속 드로잉시스템은 전동기로 구

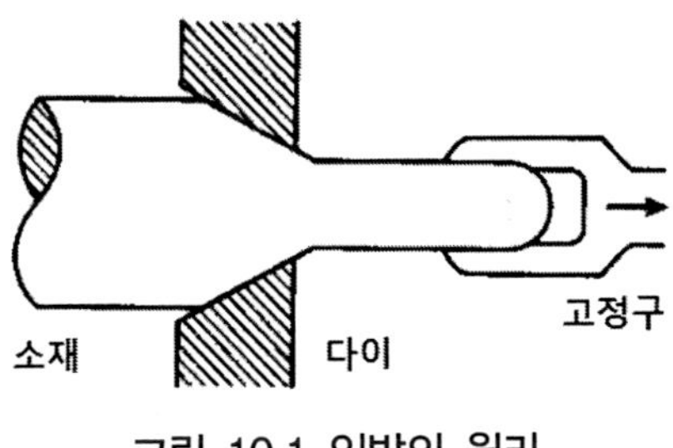

그림 10.1 인발의 원리

동되는 드럼으로 금속선을 감아올리는 기술이 개발됨으로써 크게 발전되었다. 연속드로잉기의 전형적인 공정은 다이에서 나오는 금속선을 드럼의 아래편에서 감아 위편으로 올려 보내고 드럼의 위에서 풀어 주면 이 금속선은 다음 다이에서 다시 드로잉 되는 반복방식이다. 다이의 삽입부 쪽에는 원칙적으로 장력이 작용하지 않는다. 후방장력이 부가되면 다이와 재료 사이의 압력과 마찰 및 마모에 관련된 트러블 및 에너지손실이 감소된다. 후방장력에 의해 일어나는 일은 효과적으로 회수될 수 없는 것과 장치가 복잡해지고 재료에 작용하는 장력의 레벨이 전체적으로 상승되어 재료의 인장에 의한 절단이 증가하는 단점 때문에 후방장력 부가방식은 많이 사용되지 않는다.

표면결함 발생 등의 문제점 해결을 위해 압연의 경우와 마찬가지로 롤러를 사용하는 롤러다이드로잉이 개발되었다. 롤러다이드로잉은 1단 또는 2단에 걸쳐 원형 단면을 줄이는 드로잉법이며 재료와 공구의 마찰을 감소시켜 가공재의 조직이나 잔류응력의 분포에 대하여 양호한 영향을 준다. 그러나 이 방식도 후방장력부가방식과 마찬가지로 널리 이용되지 않는다. 와이어드로잉은 보통 상온에서 하는 냉간가공으로 처리된다. 그러나 녹는점이 매우 높은 재료인 텅스텐, 몰리브덴 등을 소성변형으로 드로잉 시키는 경우에는 상온으로는 불가능하기 때문에 사전에 재료를 1000℃로 가열하고 300℃정도로 내리는 동안에 연속와이어드로잉 공정을 진행시킨다.

10.1 봉재인발

봉재인발(Solid drawing)은 봉재 및 단면재를 인발하는 가공법으로 인발기를 사용한다. 그림 10.2는 파이프인발, 그림 10.3은 심봉인발, 그림 10.4는 플러그 인발, 그림 10.5는 부상플러그인발을 나타낸 것이다.

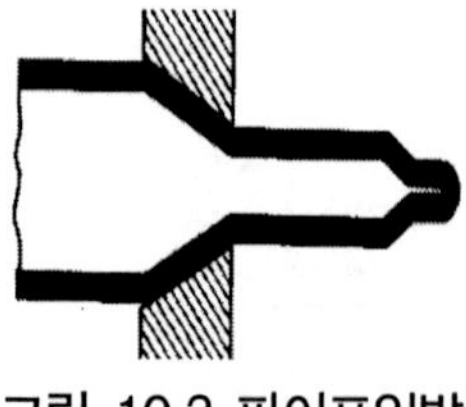

그림 10.2 파이프인발

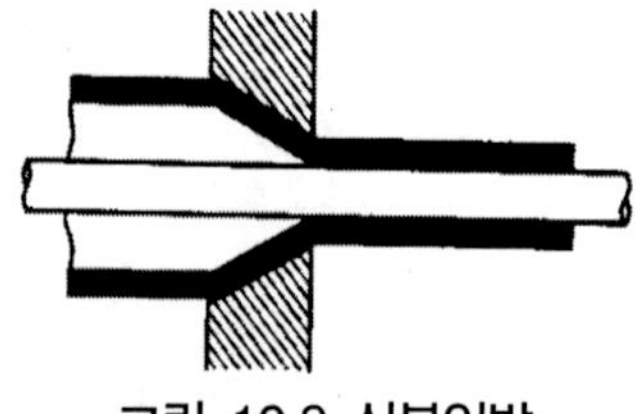

그림 10.3 심봉인발

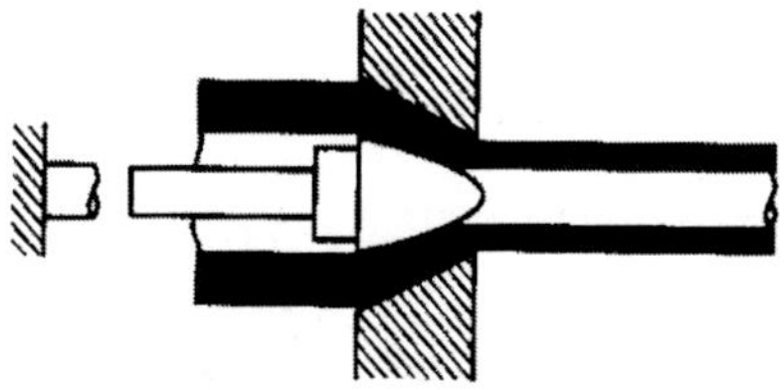

그림 10.4 플러그 인발

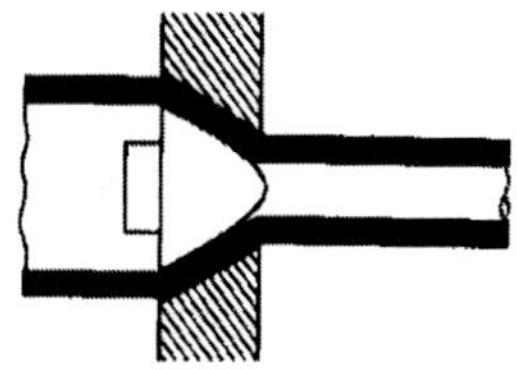

그림 10.5 부상플러그인발

10.2 선재인발

선재인발(Wire drawing)은 지름 $6mm$이하의 가는 선재를 인발하는 것이다. 보통 5 mm 이하의 선재는 코일 형상으로 감을 수 있어 기계로서 신선기를 사용한다. 그림 10.6은 선재 인발을 나타낸 것이다. 하중을 가하여 소재가 다이를 통과하면 원하는 모양의 선재를 얻을 수 있다. 인발을 하는데 있어 다이의 각 및 윤활유의 사용에 따라 마찰력이 달라진다.

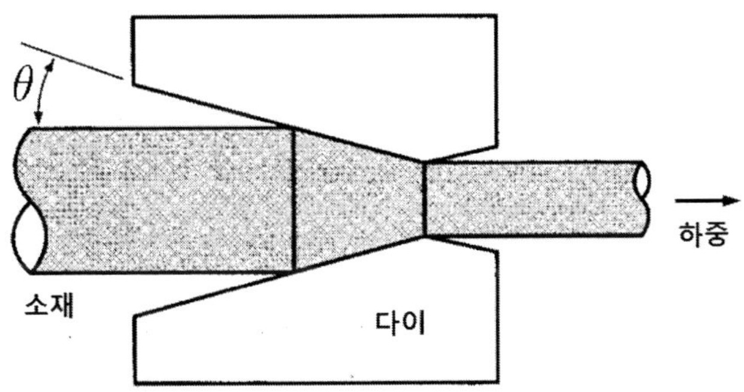

그림 10.6 선재 인발

10.3 관재인발

관재인발(Tube drawing)은 관재를 인발하여 바깥지름을 일정한 치수로 가공하는 가공법이다. 원하는 치수로 안지름을 인발할 때는 심봉 및 멘드릴을 이용하면 된다. 그림

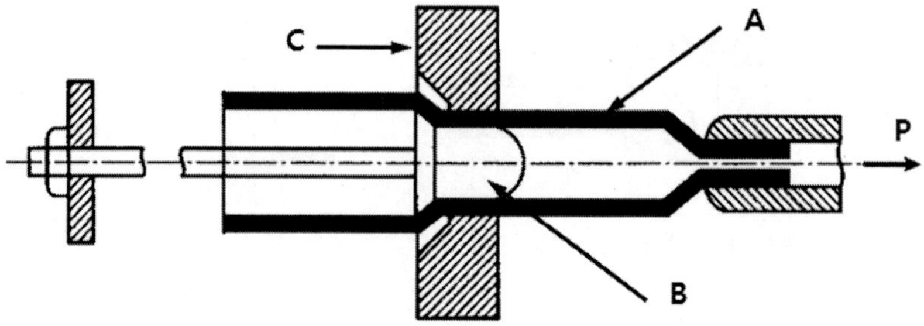

그림 10.7 관재 인발

10.7은 관재 인발을 나타낸 것이다. 그림에서 A는 관재, B는 맨드릴, C는 다이를 나타낸 것이다. 하중P에 의하여 관재를 따라 재품이 완성되는 것이다. 원하는 형상을 얻기 위하여 다양한 멘드릴이 사용되며 다이에 형상을 만들어 소재의 형상을 변화시킬 수 있다.

10.4 인발에 영향을 주는 인자

1. 인발다이 : 인발에 사용되는 다이의 각은 6~15°이며 재료는 공구강이나 초경합금이 쓰이고 가는 선의 인발에는 다이아몬드가 사용된다. 다이아몬드 다이는 단결정 다이아몬드나 금속모재에 다이아몬드 입자를 압착시킨 다결정 형태로 만든다. 다이아몬드나 초경합금 다이는 삽입형으로 만들어 강제의 케이스에 의해 지지되도록 한다. 강체 다이(Rigid dies) 외에도 형상을 가진 봉재를 인발하는 데는 공회전하는 한 조의 롤러가 사용된다. 이러한 방식을 터크스헤드(Turk's head)라고 하며 제품의 치수

그림 10.8 인발다이

에 맞게 롤러를 조정할 수 있기 때문에 인발다이보다 융통성이 있다. 그림 10.8은 여러 형태의 인발다이를 나타낸 것이다.

2. 공정조건 : 인발작업의 성공여부는 공정변수의 선택과 많은 인자들을 어떻게 고려했느냐에 달려있다. 1회 통과시 단면감소율은 10~45%정도이며 소재의 단면적이 작을수록 1회 통과당 감소율도 작게 된다. 감소율이 45%이상이면 윤활막이 끊어져 표면정도가 나빠진다. 단면감소율을 작게 하여 봉재의 표면정도와 치수정확도를 높이는 경우를 사이징 패스(Sizing pass)라고 한다.

   봉재나 선재를 처음 다이에 삽입시킬 때는 스웨이징으로 끝을 원추형으로 성형하는 포인팅을 한다. 봉재나 선재를 다이에 위치시킨 후에 끝을 신선기의 조(Jaws)에 물려서 봉재나 소재가 디이를 통하어 연속적으로 끌어당긴다. 신선작업에서는 선재가 일련의 다이를 거치도록 하는 연속인발(Tandem drawing)을 수행한다. 출구에서 선재에 과도한 인장력이 걸리는 것을 피하기 위해 다이 사이에 위치하는 캡스탄(Capstan)에 1회 내지 2회 감아서 속도를 조절하여 다이출구에서의 장력을 주면서 다음 다이의 입구쪽으로 역장력을 준다. 역장력으로 인해 다이 압력이 감소하고 다이수명이 향상된다.

   인발속도는 사용되는 재료 및 단면적에 따라 다르며 단면적이 복잡하고 넓은 경우에는 최저 0.15m/s정도이고 가는 선을 인발할 때는 50m/s에 달한다. 인발속도가 빠른 경우에는 열이 소산될 시간이 충분하지 않기 때문에 온도가 급격히 올라가서 제품의 질에 유해한 영향을 줄 수 있다. 봉재나 판재는 직진도가 부족한 경우 축 방향이 다른 여러 쌍의 롤러를 통과 시키면서 교정시킨다. 이에 따라 소재는 굽힘 및 펴짐을 반복하면서 교정된다.

3. 윤활유 : 봉재, 판재, 선재를 인발할 때는 다이 수명을 늘리고 인발력이나 온도를 감소시키며 인발제품의 표면을 개선하기 위해서 윤활 하는 것이다. 건식인발(Dry drawing)은 인발할 봉재의 강도 및 마찰특성에 따라 표면에 각종 윤활제를 바르는 방식으로 보통 사용되는 윤활제로는 비누가 있다. 인발소재는 산으로 표면처리하여 표면결함을 발생하나 마모제가 될 수 있는 표면스케일을 제거하여 다이수명을 향상한 후 비누분말의 상자(Stuffing box)속을 통과시켜 비누로 소재 표면을 도포한다.

   강, 스테인리스강, 고온합금과 같은 고강도재료는 인발소재의 표면에 강도가 낮은 금속으로 피복한다. 동이나 주석을 소재의 표면에 화학적으로 용착시키면서 강도가 낮은 금속의 얇은 막이 인발시에 고체윤활제로 작용한다. 피복은 소재에 황산염을 바른 후 윤활제로 비누를 보호하고, 티타늄의 인발에는 고체윤활제로 사용한다. 습식인발(Wet drawing)은 다이와 봉재를 윤활재에 완전히 잠기도록 하며, 윤활제로는 기름이나 지방, 염소 처리된 첨가제 및 여러 가지 화합물의 유화액이 사용된다.

와이어드로잉의 공구인 다이는 정지해 있고 재료만 이동하는 공정이므로 드로잉의 속도가 클수록 미끄럼 속도도 커져 마찰에 의한 재료 표면의 결함 발생빈도가 높아진다. 재료 표면의 결함 발생을 방지하기 위해서 피아노선 등의 경강선에 대하여 드로잉을 하는 경우에는 충분히 윤활처리를 해야 하며 다이는 공구강으로 제조한 것이 아니고, 텅스텐탄화물과 코발트를 소결시킨 초경합금으로 제조한 것을 사용해야 한다.

상온보다도 높은 온도에서 와이어 드로잉하는 방법은 탄소강을 300~500℃로 가열해서 와이어드로잉하고 풀림과 병행하는 온간가공 방식도 있다. 와이어드로잉에 있어서는 다이와 재료의 상대미끄럼속도가 빨라서 마찰과 관련하여 난점이 발생하기 쉽기 때문에 윤활처리를 하여 가공해야 한다. 예를 들어 피아노선 등의 경도가 큰 금속선을 드로잉하는 경우에는 재료 표면을 미리 인산염 피막처리를 하거나 재료 표면에 석회를 바르거나 하여 금속비누가 잘 부착되도록 하면 연화된 재료가 유체윤활에 의한 윤활효과가 나타난다. 인산염 피막처리와 금속비누를 함께 이용하는 윤활방식은 특히 철 계통 재료의 와이어드로잉에서 우수한 윤활효과를 나타낸다.

윤활제는 점착력이 크고 점성이 높은 여러 가지 물질이 활용된다. 천연물질은 라놀린 등이 이용되며 드로잉시스템의 냉각을 겸해서 비교적 점성도가 낮은 광유에 유성향상제 등을 첨가해서 사용하는 경우도 있다. 인발에 사용되는 윤활재는 다음과 같은 조건을 가져야 된다.

① 인발시 고압에서도 유막이 유지되야 된다.

② 고온에서도 윤활성이 있어야 된다.

③ 제품의 산화를 방지하며 제품표면을 깨끗하게 해야 된다.

④ 냉각효과가 있어야 된다.

⑤ 취급이 용이해야 된다.

⑥ 경제적이어야 된다.

4. 단면수축률 : 인발력은 단면 수축률이 증가함에 따라 증가한다. 단면수축률이 크면 공수는 적어지나 인발응력이 커지며 단면 수축률이 작으면 다이의 면압이 높아진다.
5. 인발속도 : 인발속도는 저속의 경우 인발속도가 증가함에 다라 인발력은 증가하나 속도가 어느 이상이 되면 인발력에 대한 속도의 영향을 적다. 고속에서는 마찰에 의

해 선재 내부에 고온이 발생하며 내외부의 온도차에 의한 기계적성질이 변한다.

6. 역장력 : 다이와 재료간의 마찰계수가 작을수록 인발력은 감소한다. 역장력은 인발 방향과 반대 방향으로 가한 힘을 역장력이라고 한다. 소재에 역장력이 가해지면 인장응력은 증가하지만 인발력에서 역장력을 뺀 다이의 추력은 감소한다. 역장력의 특징은 다음과 같다.

   ① 마찰력이 감소되어 변형 효율이 커진다.

   ② 다이면의 압력이 감소하여 다이의 수명이 늘어난다.

   ③ 열발생이 적어진다.

   ④ 제품의 기계적성질이 개선된다.

   ⑤ 다이로 정확한 치수를 성형할 수 있다.

7. 인발기계 : 인발용 기계는 드로벤치(Draw bench)과 연속인발이 있다. 드로벤치형은 길이가 긴 인장시험기와 유사하여 1개의 다이로 유압 및 체인 구동에 의해 최장 30 m까지 인발할 수 있다. 단면적이 작고 길이가 긴 봉이나 선재는 회전하는 드럼에 의해 인발된다. 연속인발은 선재에 걸리는 장력이 인발에 필요한 인발력이 되며 보통 다수의 다이를 이용하여 인발한다.

   인발응력의 저하, 단면감소율 향상, 단단하고 파단되기 쉬운 재료의 인발, 인발재의 성질향상, 특수단면을 가진 재료의 제조 등을 고려하여 인발기계를 선택해야 된다. 인발기계는 작업공정의 간략화와 비용 및 양질의 선제조와 경제성을 높일 수 있는 목적으로 사용되고 있다. 인발기계는 인발방법과 특징에 따라 분류된다.

   ① 롤러다이스 : 2개의 다이가 공형롤러로 이루어지며 인발력의 저하 및 1회의 단면감소율과 신선한계를 향상시킬 수 있고 공정을 줄일 수 있다.

   ② 다크헤드 인발 : 자체적으로 구동하지 못하고 재료가 인발되는 힘에 의하여 롤러가 회전하는 4개의 롤러를 가지고 있으며 인발력의 저하와 환봉으로부터 사각, 이형봉, 선의 제조 및 공정을 생략할 수 있다.

   ③ 카세트 롤러다이스 인발 : 자체적으로 구동하지 못하고 재료가 인발되는 힘에 의하여 롤러가 회전하는 롤러 다이를 소형화하여 수조의 롤러를 종 및 횡방향으로 설치하고 연속 인발한다. 인발력의 저하와 환봉으로부터 선의 제조에 사용되며 공정의 생략이 가능하다.

   ④ 강제윤활인발 : 강제적으로 다이면과 재료표면 사이에 윤활제를 공급하여 다이의 수명이 향상된다.

⑤ 회전 다이 인발 : 인발가공 중에 다이를 회전하여 인발재의 진원도를 향상시킨다.
⑥ 가열 인발 : 전기 등을 이용하여 재료를 가열하면서 인발하며 기계적 성질을 향상 시킬 때 사용된다.
⑦ 초음파 인발 : 초음파를 다이에 주어 인발하는 방법이며 인발력을 저하시킨다.
⑧ 빠른 인발 : 선이나 판을 2가지 이상 묶어서 인발하며 특수한 형상의 선, 관의 제조에 사용된다.

10.5 인발결함

인발봉 및 선재에 생기는 결함은 압출의 경우와 비슷하며 특히 중심부 균열은 매우 비슷하다. 이러한 내부결함에 영향을 주는 요인은 같으며 다이각이 크고 1회당 감소율이 작고 마찰이 크며 재료에 개재물이 많을수록 균열이 생기기 쉽다.

압연 중 롤러는 압하력에 따라서 탄성적으로 휘어지게 된다. 또한 판의 온도와 마찰열에 따라서 롤러 몸통 길이에 따라 로울 직경에 열팽창의 차에 의한 열적 크라운(Thermal crown)이 생긴다. 열팽창에 의해 롤러갭(Gap)이 같지 않게 되며 판두께, 측면상, 평탄도가 다르게 된다. 따라서 압연조건과 재료 자체의 결함으로 압연한 판재에 균열이 발생한다. 그림 10.9와 그림 10.10은 판에 자주 발생하는 결함을 나타낸 것이다. 균열의 형태를 모양에 따라 그림 10.9는 악어입균열을 나타낸 것이다. 악어입균열은 가공중에 판두께 중심부에서 인장응력이 나타나며 이에 따른 방지책은 판두께 중심부에 개재물 등이 들어가지 않도록 해야 한다.

그림 10.10은 귀균열을 나타낸 것이다. 귀균열은 판의 가장 자리면에서 재료가 폭방향으로 이동할 때 재료의 중심부에 압연방향의 연신이 부족하여 인장응력이 발생한다.

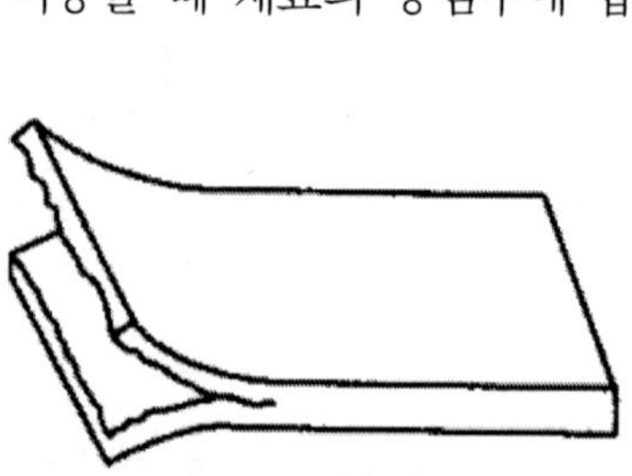
그림 10.9 악어입균열

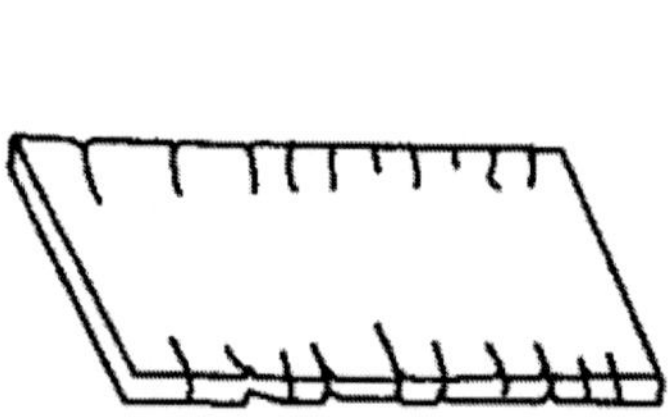
그림 10.10 귀균열

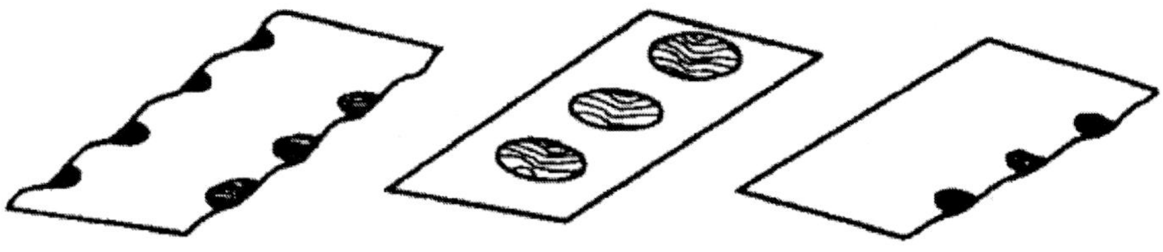

그림 10.11 판의 형상불량

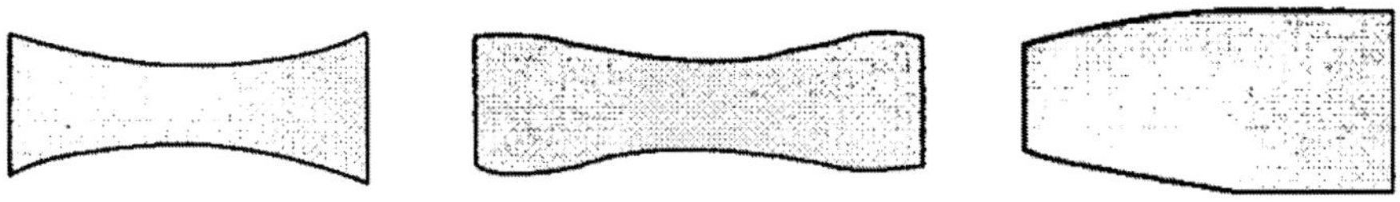

그림 10.12 판의 단면불량

그림 10.13 중심부 균열

판재에 균열이 없더라도 그림 10.11에서와 같이 판재의 평탄도 불량과 그림의 파단면에 불량이 발생할 수 있다. 그림 10.12는 인발가공을 하였을 때 가공된 제품에 나타나는 단면 불량이다.

그림 10.13은 가공전 재료의 결함이나 가공 자체로부터 발생하는 가장 보편적인 중심부 균열을 나타낸 것이다. 다이각이 클수록 내부균열이 발생할 가능성이 증가한다. 따라서 다이각은 최대한 적게하고 인발 속도를 조절해야 한다.

연습문제

1. 인발의 종류를 조사하시오.

2. 현장에서 인발의 적용사례를 조사하시오.

3. 봉재인발의 형태에 대하여 조사하시오.

4. 선재인발의 형태에 대하여 조사하시오.

5. 관재인발의 형태에 대하여 조사하시오.

6. 인발에 영향을 주는 인자를 설명하시오.

7. 인발결함에 대하여 조사하시오.

11 압 출

압출은 봉, 관 등과 같이 길고 단면이 일정한 제품을 만드는 금속가공법이다. 압출은 1797년 영국에서 J. 브라마가 강철제의 포트 속에서 납을 녹이고 이것을 수동펌프로 끌어 올려 냉각응고 시키면서 관으로 뽑아낸 것이다. 그 뒤 1820년 수압프레스기가 발명되기까지 납관의 압출가공은 공업적으로는 이루어지지 않았다. 일반적으로 압출가공에서는 우선 소재를 콘테이너에 넣고 램(Ram)으로 압력을 가하여 다이구멍으로 소재보다도 단면적이 작은 제품을 유출시킨다. 다이구멍의 형상을 교체하여 관 및 봉 등 단면형상을 갖는 제품을 만들 수가 있다. 압연으로는 만들지 못하는 단면형이나 알루미늄섀시 등과 같은 복잡한 단면형의 제품을 만들 수도 있다.

11.1 압출가공의 분류

압출은 Al. Cu. Zn 등의 합금을 각종 형상의 단면재, 관재, 선재로 제작할 때 소성이 큰 재료를 컨테이너(Container)에 넣고 가압하여 다이를 통과시켜 가공하는 방법이다. 압출가공은 빌렛압출법, 충격압출, 관재압출, 정수압압출로 분류된다.

1. 빌렛압출법(Billet extrusion process) : 빌렛 압출법은 비철금속이 많이 사용되며 철에는 강철관을 제작하는 곳에 이용된다. 강철에 빌렛 압출법을 이용할 때는 가공

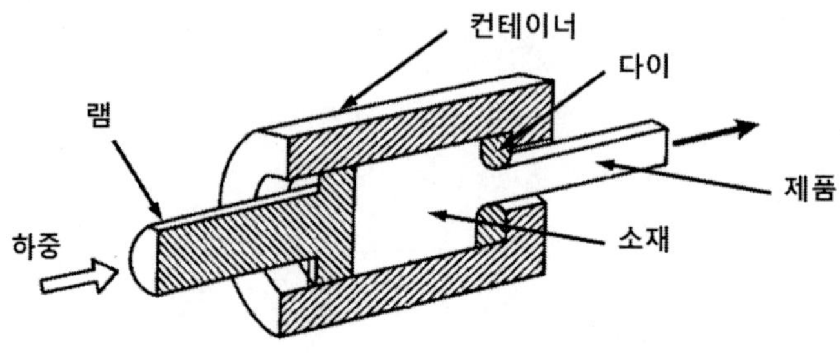

그림 11.1 직접압출법

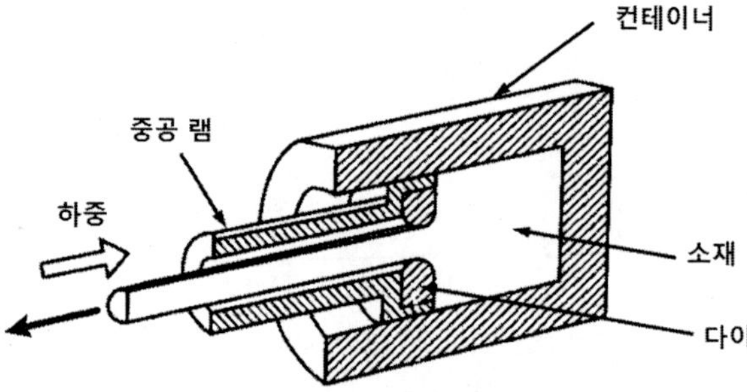

그림 11.2 간접압출법

중에 재료를 높은 온도로 다이를 낮은 온도를 유지하기 위하여 압출 속도를 높여야 한다. 압출가공에는 크게 나누어 2가지 방법이 있다. 직접압출법 또는 전방압출법은 소재에 가하는 압력의 방향과 제품이 다이구멍으로 나가는 방향이 같은 경우이다. 간접압출법 또는 후방압출법은 직접압출법과 반대로 하는 것이다. 두 가지 경우 모두 소재를 밀폐용기 속에 집어넣고 뚫어놓은 다이구멍에서 재료를 유출해 내는 것으로 가공 시에는 대단히 높은 압력과 대형기계가 있어야 한다. 반면 재료에는 인장력이 걸리지 않기 때문에 파괴되거나 절단되는 일이 없고 1회 가공으로 소재의 단면적을 크게 감소시킬 수 있다.

그림 11.1은 직접압출법, 그림 11.2는 간접압출법을 나타낸 것이다. 직접압출법은 컨네이너 안에 소재를 넣고 램에 하중을 가하면 다이 사이로 소재가 밀려나가면서 제품이 되는 것이다. 간접압출법은 컨테이너의 형태가 앞쪽이 막혀있고 하중을 가하는 램이 중공으로 되어 있어 하중을 가하면 하중 방향의 중공쪽으로 소재가 밀려나가면서 제품이 되는 것이다.

소재를 재결정온도 이상으로 가열하여 실시하는 방법을 열간압출, 실온에서 하는 방법을 냉간압출이라 한다. 알루미늄의 경우 열간압출에서는 소재단면적의 1/300의 단면적을 갖는 제품을 1회 압출하여 만들 수 있다. 냉간압출에서는 열간압출만큼 큰 가공도는 내지 못하지만 치수정밀도가 높은 제품을 효율적으로 생산할 수 있다는 이점이 있다.

철강의 냉간압출은 제2차 세계대전 직전에 독일에서 피막을 이용하는 윤활법이 개발되어 처음으로 가능해진 기술로 발전 보급되었고 자동차부품과 생산합리화에 적용되었다. 냉간압출에서의 가공도는 사용하는 공구재료의 강도상 크게 잡을 수 없는데 철강의 경우는 단면적 감소율을 감안할 때 60~80%까지 가능하다.

2. 충격압출(Impact extrusion) : 특수압출법이며 몇 초 내에 압출작업이 완료된다. 상온에서 가공하며 크랭크 프레스가 이용된다. 소재는 납, 주석, 알루미늄과 같은 연질의 금속에 한하여 적용이 되며 길이가 짧은 튜브 및 아연 건전지 케이스 등을 제작하는데 이용된다. 그림 11.3은 충격압출, 그림 11.4는 전방 충격압출을 나타낸 것이다. 그림 11.3에서 다이에 소재를 넣고 펀치를 상하로 충격을 가하여 제품을 만드는 방법이다. 그림 11.4의 전방 충격 압출은 다이에 소재를 넣은 후 펀치에 하중을 가하면 압출관을 통하여 제품이 만들어 지는 것이다.

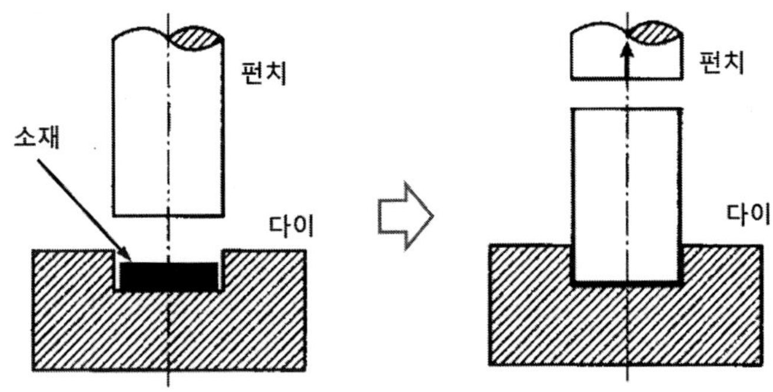

그림 11.3 충격압출

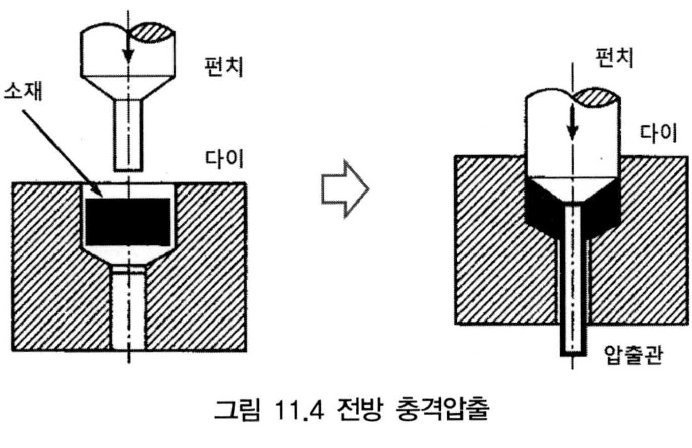

그림 11.4 전방 충격압출

3. 관재압출 : 미리 다이에 구멍을 뚫어 놓고 소재를 넣은 후 멘드릴에 하중을 가하여 제품을 만드는 것이다. 그림 11.5는 관재압출을 나타낸 것이다. 맨드릴에 의하여 중공의 관이 연속적으로 봉 및 관을 만들 수 있다.

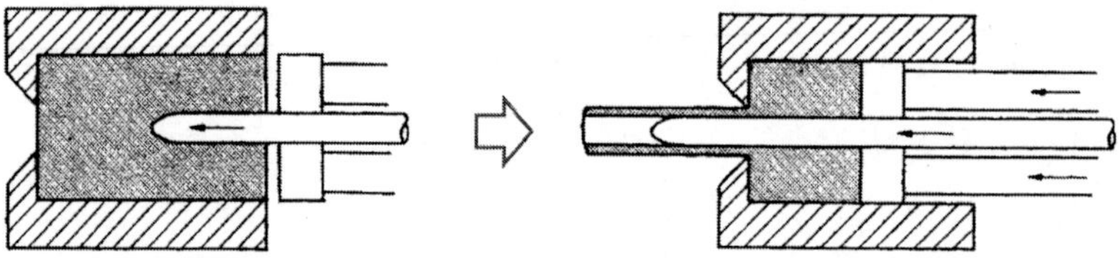

그림 11.5 관재압출

4. 정수압압출(Hydrostatic extrusion) : 컨테이너와 빌렛 사이의 마찰에 의한 변형으로 결함이 발생할 경우가 있을 때 마찰 부분의 공간과 컨테이너에 유체를 채우고 프레스로 가압하여 압출하는 방법이다. 유체가 윤활작용을 하며 소비동력이 적고 압출력이 감소한다. 그림 11.6은 정수압압출을 나타낸 것이다. 정수압압출의 원리는 파스칼의 원리를 적용한 것이다. 그림에서 하중이 가해지면 고압유가 압축되지 않는 원리를 이용하여 소재에 동일한 힘이 작용하며 제품이 생산되는 것이다. 소재를 감싸고 있는 유체를 통하여 압출에 필요한 압력을 전달하기 때문에 용기의 벽체에 마찰이 작용하지 않는다. 또한 용기 안에서 고압으로 인해 유체가 다이면으로 빠져 나오기 때문에 마찰력이 감소하는 특성을 가지고 있다. 정수압압출을 이용하면 소재에 연성

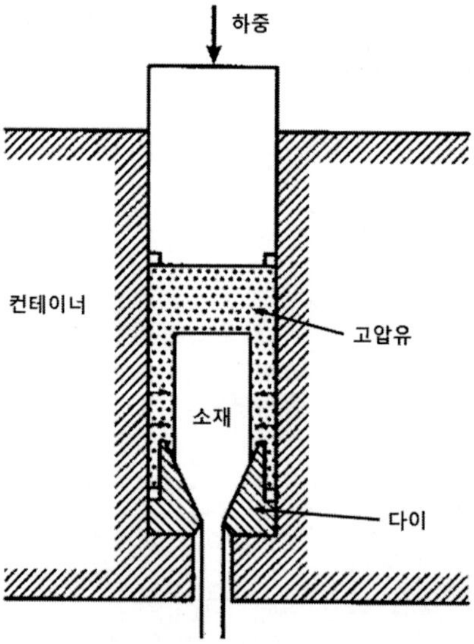

그림 11.6 정수압압출

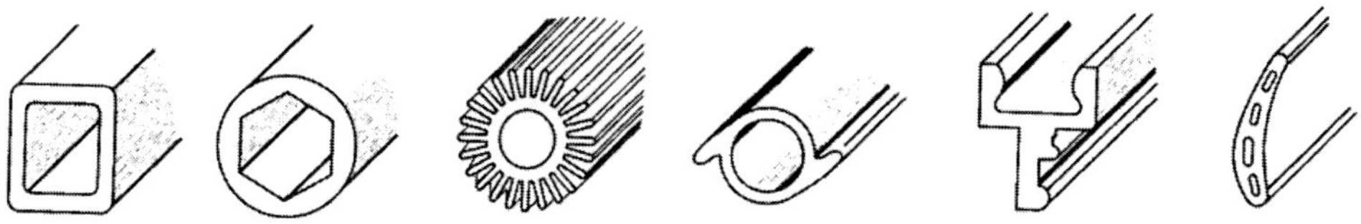

그림 11.7 압출가공제품

이 증가하여 취성이 있는 재료도 압출할 수 있다. 정수압압출은 일반적으로 상온에서 시행하며 작업유는 식물성유인 캐터유(Castor oil)가 사용되며, 캐터유는 양호한 윤활 및 점도가 압력의 영향을 받지 않는다. 열간압출에서는 왁스, 유리 등이 작업유체로 사용된다. 이것은 열절연체로 작용하여 압출 중에 소재의 온도가 떨어지는 것을 방지하는 특성을 가진다. 그림 11.6은 정수압압출의 원리를 나타낸 것이다.

그림 11.7은 압출가공제품을 나타낸 것이다. 압출가공 방법을 적용하여 다이의 형상을 교체하면 원하는 압출 제품을 얻을 수 있다.

11.2 압출에 영향을 주는 요소

압출가공에는 큰 하중이 필요하고 금속의 변형저항을 낮게 하는 것이 중요하다. 압출력과 관계되는 인자는 압출방법, 온도, 압출속도, 윤활 등이 있다.

1. 압출방법 : 직접 압출은 최대 압력치에서 다이를 통과하여 유출되며 컨테이너와 소재 사이의 접촉면적이 작아지기 때문에 점차 압출 압력이 하강한다. 역식 압출은 소재가 다이를 통해 유출되는 동안 일정한 압력이 유지되기 때문에 직접압출과 비교해서 약 70%정도의 압출력이면 된다.
2. 가공온도 : 온도가 상승하면 유동성이 좋아지고 압출 압력은 줄어들며 압출 가공시 소재의 열발생이 크기 때문에 온도를 고려한 가공이 필요하다. 열간 압출시 온도가 높으면 다이의 윤활에 불량이 생길 수 있고 다이가 연화되어 수명이 저하된다.
3. 압출속도 : 압출속도가 증가하면 압출압력은 증가하며 금속의 슬립유동에 의한 열발생이 많아지고 소재의 온도가 상승한다.
4. 윤활 : 윤활은 다이의 과열 및 마모를 방지하고 가열된 빌렛의 냉각 방지 역할도 한다. 윤활제의 조건은 점도의 변화가 없어야 하며 빌렛을 공급시키는 압력에 변화가 없어야 되고 연속적으로 소재의 표면에 배출하게하며 단열작용을 해야 한다. 그림

그림 11.8 윤활유 사용

그림 11.9 윤활유 미사용

11.8은 윤활유를 사용한 경우이며 그림 11.9는 윤활유를 사용하지 않은 경우 소재가 받은 응력을 나타낸 것이다. 윤활유를 사용하면 소재에 압력분포가 하중에 의한 방향으로 일정하게 나타나며 윤활유를 사용하지 않는 경우 소재의 내부 변형이 가공전인 부분도 하중에 의한 영향을 받게 된다.

5. 다이각 : 다이의 각이 크면 소재의 표면층과 중심부간의 속도차가 커지며 슬립이 심하여 전단변형에 의한 에너지가 많이 소모된다. 열간압출용 다이재료는 열간가공에 금형강이 사용되며 다이수명을 늘리기 위해서 다이를 코팅한다. 다양한 제품을 압출가공 하지만 특히 비철금속에 많이 적용된다. 소재는 맨드릴의 주위에 여러 가닥으로 갈라져서 유동하고 다이를 통과하여 출구로 나오기 전에 고압을 다시 받아 접합된다.

11.3 압출결함

압출을 하는데 발생하는 결함의 종류는 표면균열, 파이프 결함, 내부균열 등이 있다.

1. 표면균열(Surface cracking) : 압출온도, 마찰, 속도 등이 높으면 표면온도가 급상승하여 표면균열 및 파괴를 가져올 수 있다. 균열은 결정립간의 결정입계를 따라서 일어나며 알루미늄, 마그네슘, 아연합금 등에 발생한다. 표면결함은 냉간압출에서 발생하며 압출된 제품이 다이에 연속적으로 부착되어 압출압력이 상승하여 발생되는 것이다. 압출제품은 출구쪽으로 밀려나가면서 압력이 감소하게 되는 주기가 연속적으로 반복되어 재료 표면에 결함이 발생하는 것이다. 그림 11.10은 압출봉의 표면균열을 나타낸 것이다.

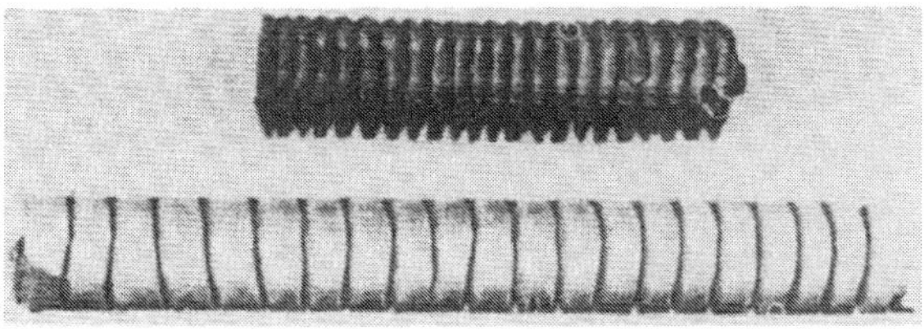

그림 11.10 압출봉의 표면균열

2. 파이프결함(Extrusion defect) : 압출판이 다이와 접촉하면 재료에 변형이 생겨 압출판의 중앙부와 소재사이에 인장응력이 작용하여 분리가 발생하는 현상이다. 파이프 결함이 발생하면 압출제품 전체 길이의 1/3까지 발생하는 경우도 있다. 결함이 발생하면 절단하여 회수 처리하여야 하기 때문에 비용이 상승하게 된다. 파이프결함은 유동성을 균일하게 하여 줄일 수 있기 때문에 마찰력 조절, 온도 구배를 감소시켜야 된다. 그림 11.11은 파이프 결함을 나타낸 것이다. 간접압출의 경우 공동부에 결함이 발생한다.

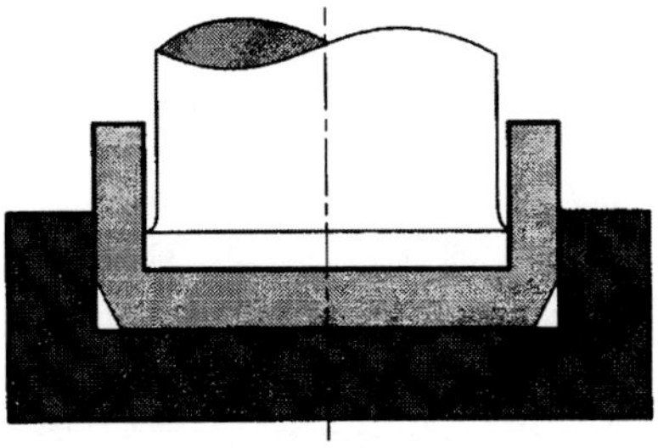

그림 11.11 파이프 결함

3. 내부균열(Internal cracking) : 그림 11.12는 강봉의 중심부 균열을 나타낸 것이다. 압출제품의 내부에도 균열이 발생하며 이때의 균열을 중심부균열 및 셰브론균열(Chevron cracking)이라고 한다. 균열은 다이 안쪽의 변형구역에서 중심선을 따라서 인장응력에 의해 발생한다. 압출력이 일정할 때 다이각도가 클수록 내부균열이 발생한다.

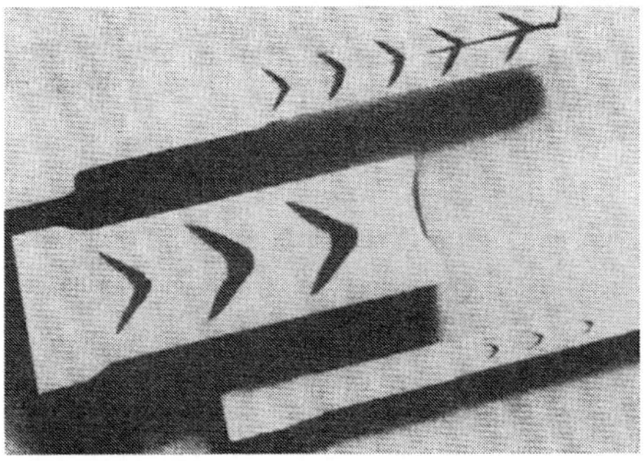

그림 11.12 강봉의 중심부 균열

연 습 문 제

1. 압출가공의 종류를 조사하시오.

2. 압출가공의 적용사례를 조사하시오.

3. 전방압출과 후방압출을 비교하시오.

4. 전방압출의 적용사례를 조사하시오.

5. 후방압출의 적용사례를 조사하시오.

6. 정수압 압출의 특징에 대하여 조사하시오.

7. 압출가공에 영향을 주는 요소에 대하여 조사하시오.

8. 압출결함의 종류를 쓰고 발생원인데 대하여 설명하시오.

12 전 조

소재를 성형공구인 다이를 직선운동을 하거나 롤러를 회전운동을 하여 공구의 표면 형상으로 만드는 특수압연을 전조라고 한다. 전조로 가공하는 제품은 나사, 기어, 볼, 링 등이며 전조기는 제품에 따라 특수한 기능을 가지고 있고 전조의 특징은 다음과 같다.

1. 소재의 조직이 절단되지 않기 때문에 강도가 크다
2. 칩(Chip)이 발생하지 않기 때문에 소재의 이용률이 높다.
3. 소성변형으로 인한 가공경화 및 치밀한 조직형성이 가능하다.
4. 다른 가공법에 비해 제품의 수명이 길다.
5. 가공속도가 빠르다.

그림 12.1은 절삭가공을 이용하여 재료 표면을 가공한 것이다. 그림 12.2는 전조가공을 이용하여 가공한 것이다. 그림에서 선은 재료의 조직을 나타낸 것이다. 절삭에 의한 가공의 경우 재품의 표면에 마찰력이 발생하면 취성이 발생할 수 있어 수명이 저하된다.

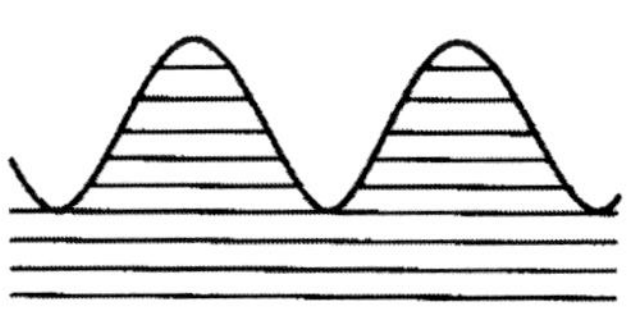

그림 12.1 절삭가공

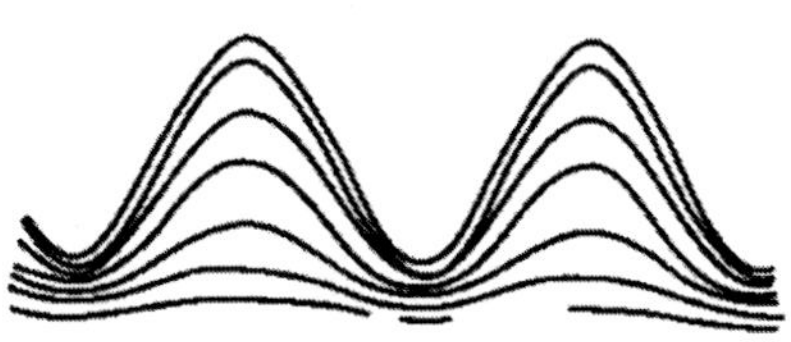

그림 12.2 전조가공

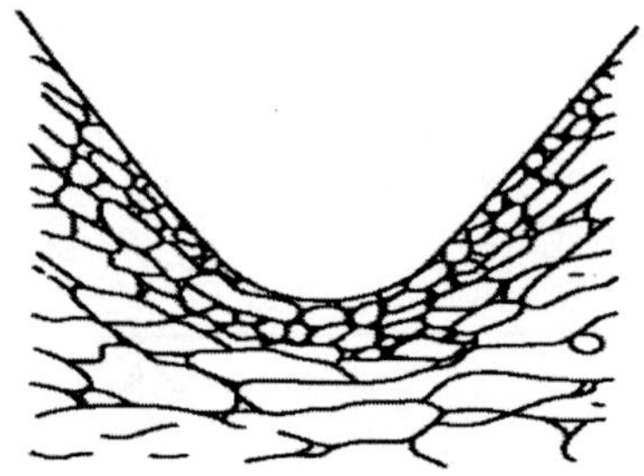

그림 12.3 전조가공의 조직

전조가공의 경우 외력에 의해 재료가 밀려들어가서 치형부분의 경도가 증가하여 반복 사용을 해도 제품의 변형이 감소한다.

그림 12.3은 전조가공의 조직을 나타낸 것이다. 전조기의 하중에 의하여 소재가 밀려 들어가서 치밀한 조직이 형성되는 것이다.

12.1 나사전조

나사전조는 기계제작중 전조를 이용하여 나사산을 가공하는 것을 말한다.

1. 원형다이전조 : 그림 12.4는 원형다이전조를 보여주고 있다. 소재를 작업대 위에 놓고 롤러가 회전하여 나사를 가공하는 것이다. 3개의 롤러를 사용하는 경우도 있다.

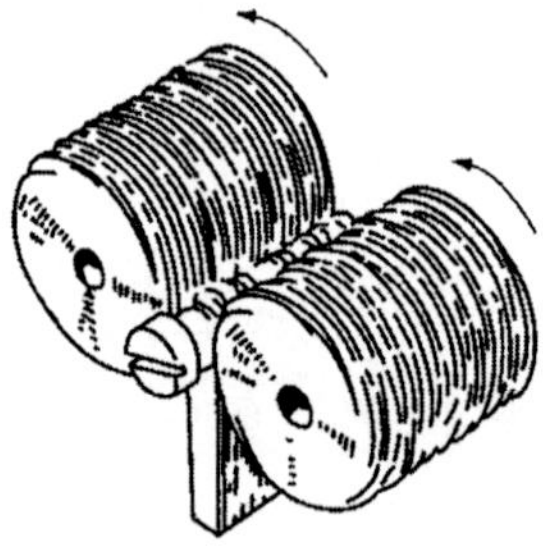

그림 12.4 원형다이전조

2. 평다이전조 : 그림 12.5는 평다이전조를 나타낸 것이다. 한쌍의 평 다이 중 왼쪽은 고정되어 있고 오른쪽 다이가 직선운동을 하여 1행정으로 나사를 성형하는 방법이다. 그림 12.6은 전조기를 나타낸 것이고, 그림 12.7은 전조에 의해 가공된 제품을 나타낸 것이다.

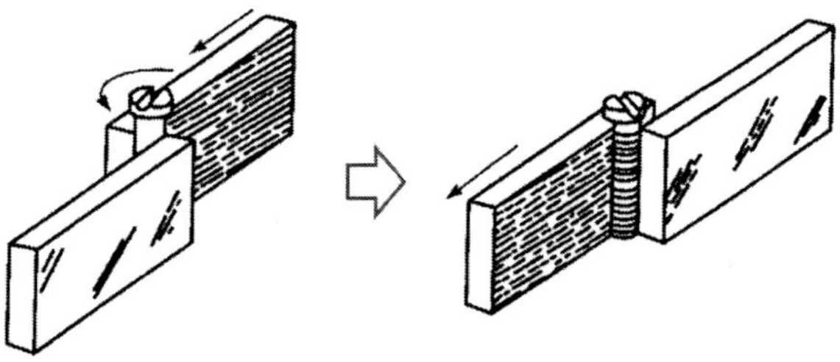

그림 12.5 평다이전조

그림 12.6 전조기 (출처 : 니세이)

그림 12.7 전조품

3. 플레너터리(Planetary) 전조 : 그림 12.8은 플레너터리 전조를 나타낸 것이다. 원호다이를 고정시키고 원형다이가 회전하면 자동으로 소재가 다이사이로 들어가서 나사가 완성된다. 특징은 물림이 크고 대량생산에 적합하다. 크랭크 운동에 의한 평다이 전조에서는 가공을 하지 않는 귀환행정이 있으나 플레너터리 전조는 공전이 없기 때문에 가공능률이 높다.

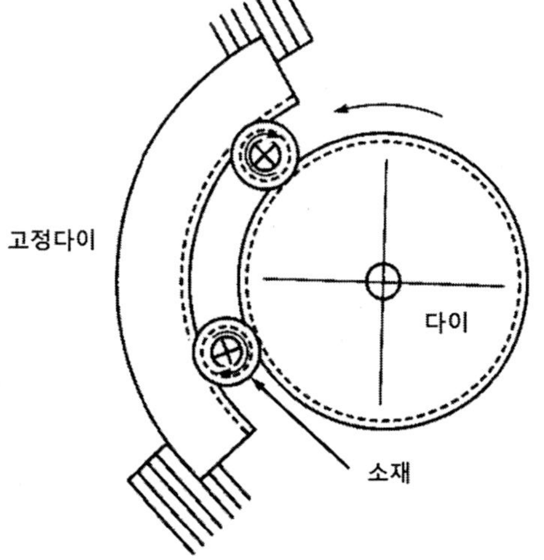

그림 12.8 플레너터리 전조

12.2 기어전조

그림은 각종 기어 전조의 형태를 나타낸 것이다. 그림 12.9 랙형 다이전조, 그림 12.10 피니언형 다이전조, 그림 12.11 내접형 다이전조, 그림 12.12 호브형 다이전조를 나타낸 것이다.

1. 랙형 다이전조 : 한 쌍의 랙다이 사이에 소재를 넣고 압력을 가하면서 랙을 이동시켜 소재에 치형을 성형한다. 지름이 큰 기어에 대하여 랙이 커야하기 때문에 지름이 작은 기어 제작에 적합하다. 기어 전조법은 보통 냉간가공을 하고 있으나 모듈이 3개 이상인 경우나 굳은 재료의 경우는 열간전조를 이용한다.
2. 피니언 다이(Pinion die) 전조 : 피니언 다이와 소재의 맞물림을 같게 하여 압력을 가하면서 회전하면서 치형을 만든다. 지름이 큰 기어의 성형가공에 적용된다.
3. 내접형 다이전조 : 피니언다이전조가 외접형 다이전조를 하는 방법이라면 내접형으로 기어를 가공하는 방법이며 기어를 가공하는 원리는 같다.

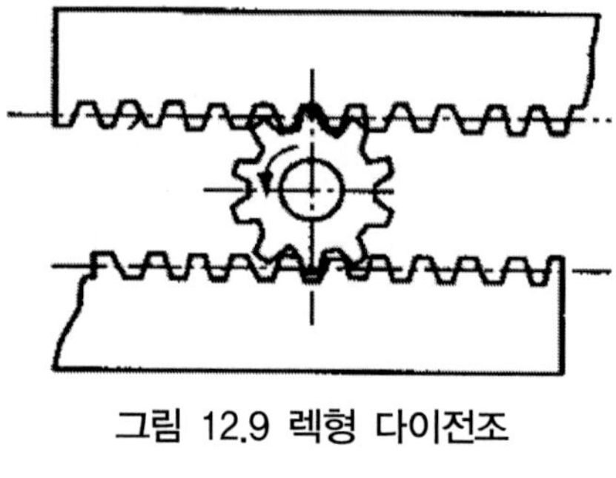

그림 12.9 렉형 다이전조

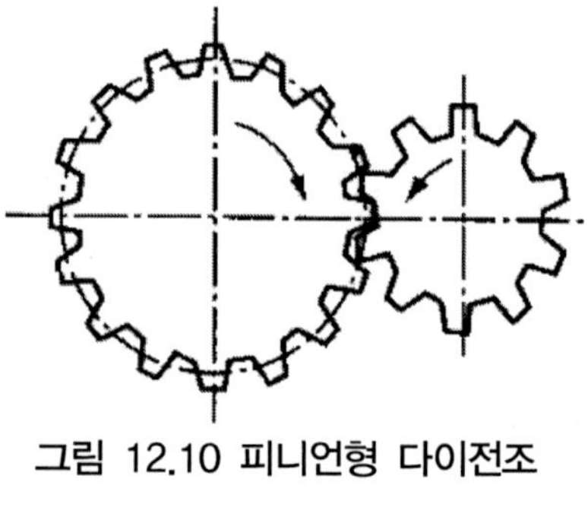

그림 12.10 피니언형 다이전조

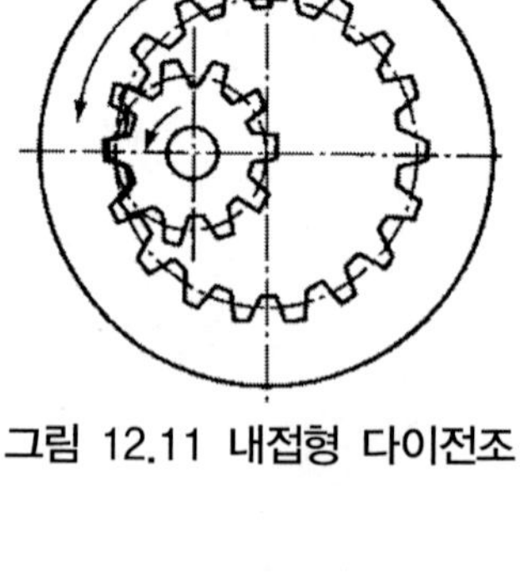

그림 12.11 내접형 다이전조

4. 호브형 다이(Hob die) 전조 : 전조 공구를 상하에 두고 회전시키면서 축방향에 소재를 넣어 성형하는 방법이다. 소재는 인덱스헤드(Index head)에 의하여 각도만큼 회전시켜 만든다.

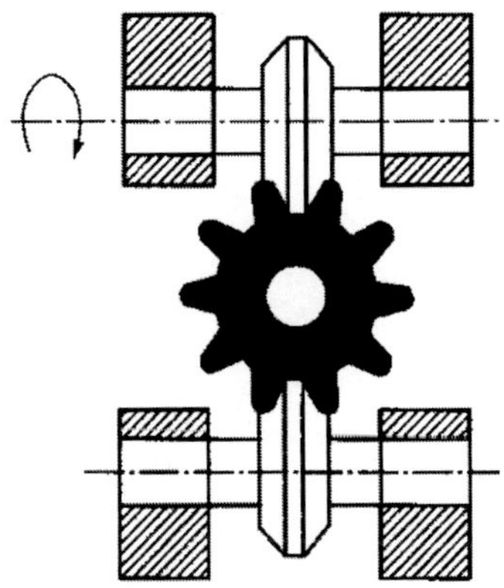

그림 12.12 호브형다이전조

12.3 볼전조

볼전조는 2개의 다이를 놀러 축이 교차하도록 배치한 후 소재의 성형과 이송을 같이 하는 방법이다. 다이의 홈은 볼을 성형하는 가공면이며, 산은 소재를 오목하게 가공하면서 절단하는 기능을 가지고 있다. 강구 전조는 800~1000℃의 열간전조를 한다. 그림 12.13은 볼전조를 나타낸 것이다.

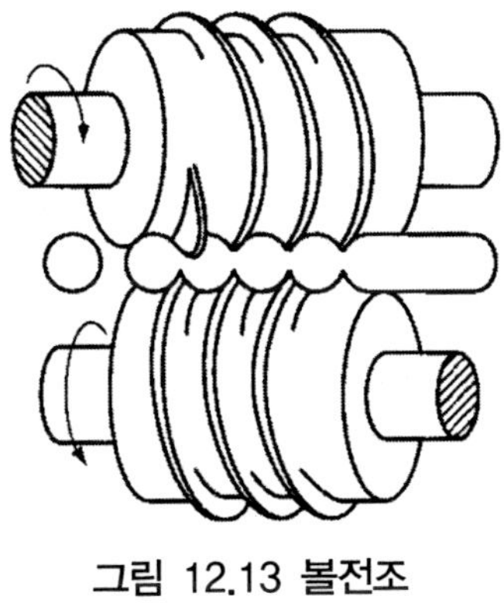

그림 12.13 볼전조

12.4 드릴전조

드릴전조는 소재를 길이방향으로 연신하면서 홈이 성형되는 것이다. 그림 12.14는 드릴전조를 나타낸 것이다.

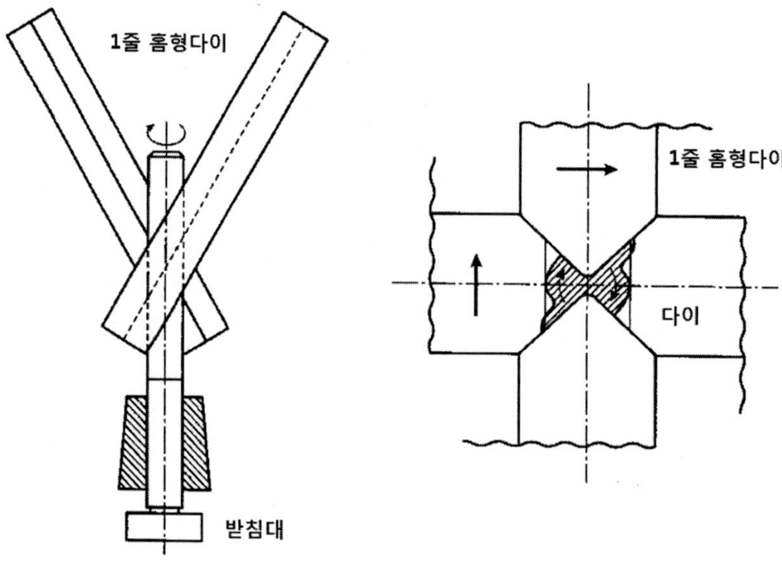

그림 12.14 드릴전조

연 습 문 제

1. 전조가공의 종류를 조사하시오.

2. 전조가공의 적용사례를 조사하시오.

3. 전조가공의 특징을 쓰시오.

4. 전조가공과 절삭가공을 비교하시오.

5. 나사전조의 종류를 조사하시오.

6. 기어전조의 종류를 조사하시오.

7. 볼전조의 종류를 조사하시오.

8. 드릴전조의 종류를 조사하시오.

13 표면거칠기

13.1 표면거칠기의 용어

표면거칠기는 금속표면을 다듬질 가공 할 때 표면에 생기는 미세한 요철(凹凸)의 정도를 말하며 표면조도라고도 한다. 표면거칠기는 가공에 사용되는 공구, 가공법의 적부, 표면에 긁힌 흠, 녹 등에 의해서 생기는 것이다. 거칠기의 정도를 나타내는 데 있어서는 최고값 거칠기라고 하는 Rmax 또는 R로 표시한다. 또 표면거칠기 곡선의 평균값으로 부터의 제곱 평균값으로 중심선의 양쪽 높이의 절대값의 평균으로 나타내는 방법도 사용된다.

기계부품은 절삭, 프레스, 단조 및 주조 등의 여러 가지 방법으로 제작되며 표면의 거칠기는 요철의 정도가 다양하다. 표면거칠기는 가공된 부품 표면의 거친 정도를 의미하며 기계의 마모, 공구의 조건, 가공방법에 따라서 달라진다. 기계 부품은 어떠한 가공법을 사용하더라도 거칠기가 전혀 없는 상태로 가공할 수는 없다. 완성된 기계부품은 소재에 요철이 남아 있는 부분과 표면거칠기를 줄이기 위해 연마를 하는 부분으로 구분할 수 있다. 또한 구매자의 구매 욕구를 충족시키기 위해 표면에 대하여 매끈하게 다듬질 하는 경우도 있다.

피스톤의 외면과 실린더의 내면과 같이 서로 접촉하여 움직이는 경우 기계 전체의 기능과 수명에 영향을 주는 경우가 있다. 도면을 작성할 때 설계자는 제품의 목적과 기

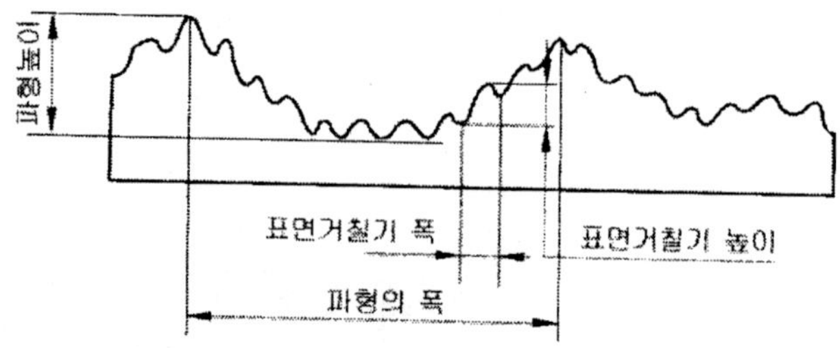

그림 13.1 표면거칠기

능에 따라 가공방법, 가공조건, 부품의 정밀도 등을 고려하여 도면에 표면거칠기를 지정하고 표면거칠기를 적게 하면 가공비가 상승하게 되어 경제성이 떨어지게 된다.

기계 부품을 가공표면에 수직인 평면으로 절단했을 때 그림 13.1과 같이 절단면의 표면에 요철이 나타난다. 표면거칠기는 큰 간격으로 나타나는 저주파의 굴곡인 파상도나 형상오차가 아니라 작은 간격으로 나타나는 요철의 정도를 μm로 나타내는 것이다.

13.2 표면거칠기의 종류

표면거칠기는 단면곡선의 일정부분인 기준길이 L을 정하여 그 부분의 거칠기를 측정하여 수치로 나타낸다. 이 방법은 중심선 평균거칠기(Ra), 최대 높이(Rmax), 10점 평균거칠기(Rz)의 3종류가 있다. 표면거칠기는 측정면의 여러 부분에서 측정하여 측정값들의 산술평균값으로 결정한다.

1. 최대높이(Rmax) : 그림 13.2는 최대 높이를 구하는 방법을 나타낸 것이다. 측정한

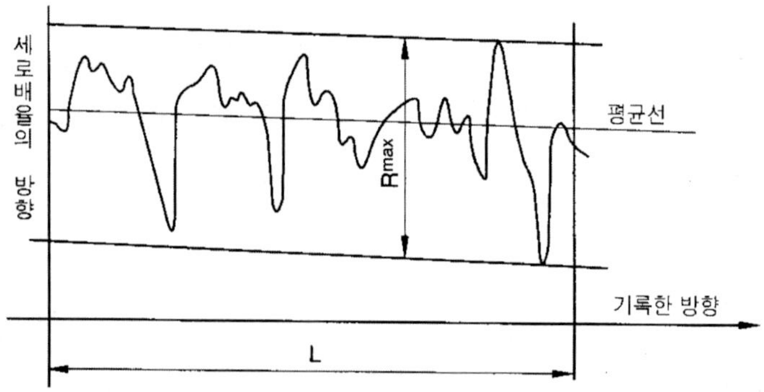

그림 13.2 최대 높이를 구하는 방법

단면곡선에서 기준 길이 L 만큼 샘플링한 부분의 평균선을 구하고 평균선에 평행하면서 단면곡선에 위 아래로 접하는 서로 평행한 두 직선을 찾아서 직선사이의 거리를 μm로 나타낸 것을 최대 높이 Rmax의 표면거칠기 값이라고 하며 평균선은 선으로부터 거칠기 곡선까지 편차의 제곱 합이 최소가 되도록 하는 것이다.

(1) 기준길이 L : 원칙적으로 0.08, 0.25, 0.8, 2.5,8,25mm의 6종으로 하며 지정할 필요가 없는 한 기준길이의 표준 값은 최대 높이의 범위는 표 13.1과 같다. 최대 높이는 기준 길이를 지정한 후에 구하지만 표면거칠기의 표시나 지시를 하면 불편하기 때문에 지정을 하지 않으면 표13.1의 값이 적용된다.

표 13.1 최대 높이를 구할 때의 기준길이의 표준값

최대 높이의 범위		기준길이 mm
초과	이하	
-	0.8μm Rmax	0.25
0.8μm Rmax	6.3μm Rmax	0.8
6.3μm Rmax	25μm Rmax	2.5
25μm Rmax	100μm Rmax	8
100μm Rmax	400μm Rmax	25

(2) 최대높이의 표준 수열 : 특별하게 지정하지 않는 경우 표 13.2의 표준수열이 적용된다.

표 13.2 최대 높이의 표준수열(μm)

0.05	0.8	12.5	200
0.1	1.6	25	400
0.2	3.2	50	-
0.4	6.3	100	-

(3) 호칭 : 최대높이 ____μm, 기준길이 ____mm, ____μm Rmax, L____mm로 나타낸다.

(4) 최대 높이의 표시 : 표준 수열의 수치는 허용할 수 있는 가장 큰 최대 높이를 나타내며 도면에는 수치 뒤에 S를 붙인다.

① 최대 높이의 최대값 표시 : 표면거칠기를 1.6S로 지시하면 표면거칠기를

Rmax로 측정하였을 때 측정값들의 산술 평균값이 0~1.6μm Rmax 사이에 있다는 것을 의미한다.

② 최대 높이의 구간 표시 : 최대 높이의 상한값과 하한값의 수치를 표 13.2를 이용하여 선정한다. 0.8μm Rmax이상 1.6μm Rmax이하 일 경우 지시는 0.8~1.6S이다.

③ 기준길이의 표시 : 표 13.1에 나타난 최대값의 범위에 대응하는 기준길이의 표준값을 사용하는 것이 원칙이며 기준길의의 지시는 생략한다. 표 13.1의 표준 값 이외의 기준 길이를 사용하거나 최대 높이를 구간 내에 지시 할 때 상한 및 하한에 대응하는 기준길이를 동일하게 할 필요가 있을 경우에는 기준길이를 나타낸다.

2. 중심선 평균거칠기(Ra) : 중심선 평균거칠기는 단면 곡선을 이용하는 것이 아니고 지정된 파장값보다 긴 표면기복 성북인 저주파의 파형을 제거하여 얻어지는 표면거칠기 곡선을 사용하여 측정한다. 그림 13.3은 중심선 평균거칠기를 구하는 방법을 나타낸 것이다. 그림에서 중심선 방향으로 측정길이 l만큼을 샘플링한 표면거칠기 곡선에서 중심선 방향으로 x축으로 하고 높이방향을 y축으로 하여 표면거칠기 곡선을 함수 y = f(x)로 표현하였을 때 식 (13.1)로 구할 수 있다.

$$R_a = \frac{1}{l}\int_0^l | f(x) | dx \tag{13.1}$$

여기서 중심선은 거칠기 곡선의 평균선에 평행한 직선을 그었을 경우 직선과 곡선으로 둘러싸인 면적이 직선의 양쪽에서 같게 되는 것이다.

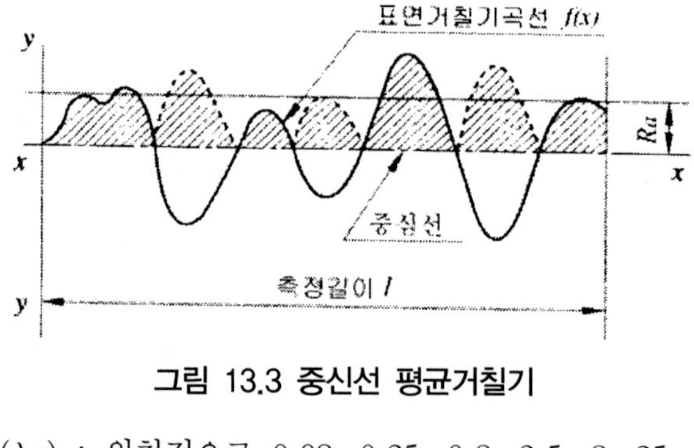

그림 13.3 중심선 평균거칠기

(1) 컷오프 값 (λc) : 원칙적으로 0.08, 0.25, 0.8, 2.5, 8, 25mm의 6종을 사용하고 특별히 지정할 필요가 없을 경우 표준값은 중심선 평균거칠기의 범위에 따라

표 13.3 중심선 평균거칠기를 구할 때의 컷오프 값의 표준값

중신선 평균거칠기의 범위		컷오프값 mm
초과	이하	
-	12.5μm Ra	0.8
12.5 μm Ra	100 μm Ra	2.5

표 13.3에 의해 결정된다.

(2) 측정길이(l) : 컷오프값의 3배 이상의 값으로 결정한다.

(3) 중심선 평균거칠기의 표준수열 : 지정할 필요가 없는 한 표 13.4의 표준수열을 사용한다.

표 13.4 중심선 평균거칠기의 표준수열(μm)

0.013	0.2	3.2	50
0.025	0.4	6.3	100
0.05	0.8	12.5	-
0.1	1.6	25	-

(4) 호칭 : 중신선평균거칠기 _____μm, 컷오프값 _____mm 측정길이 _____mm, μm Ra, λc____mm l____mm로 한다.

(5) 중심선 평균거칠기의 표시 : 지시하는 수치는 표 13.4의 표준수열에서 선정하며 도면에서는 수치 뒤에 a를 붙인다.

① 중심선 평균거칠기의 표시 : 표면거칠기를 12.5a로 하면 Ra방법으로 여러 번 측정 했을 때 평균값이 0~12.5 μm Ra 사이에 있다는 뜻이다.

② 중심선 평균거칠기의 최대값 표시 : 중심선 평균거칠기를 어느 구간 내에 지시 할 경우는 상한값과 하한값의 수치를 표 13.4의 표준수열에서 선택한다. 예를 들어 0.8μm Ra 이상 1.6 μm Ra 이하 일 때 지시는 (0.8~1.6)a를 의미한다.

③ 컷오프값의 표시 : 표 13.3에 나타난 최대값의 범위에 대응하는 기준길이의 표준값을 사용하는 것이 원칙이며 이 경우 컷오프값의 지시는 생략한다. 표 13.3의 표준 값 이외의 컷오프값을 사용하거나 구간 내에 지시할 경우 상한 및 하한에 대응하는 컷오프값을 동일하게 할 필요가 있을 경우에 컷오프값을 나타낸다.

3. 10점 평균거칠기(Rz) : 10점 평균거칠기는 단면곡선에서 그림 13.4와 같이 기준길이 L만큼 샘플링한 표면거칠기 곡선 부분의 평균선을 구하고 가장 높은 곳에서 5번째 봉우리까지의 표고 평균값과 가장 깊은 곳으로부터 5번째 골까지의 표고 평균값과의 차이를 μm 단위로 식(13.2)로 구할 수 있다.

$$Rz = \frac{(R_1 + R_3 + R_5\,R_7\,R_9) - (R_2 + R_8 + R_4\,R_6\,R_{10})}{5} \tag{13.2}$$

여기서 R_2, R_4, R_6, R_8, R_{10}은 음의 값이다.

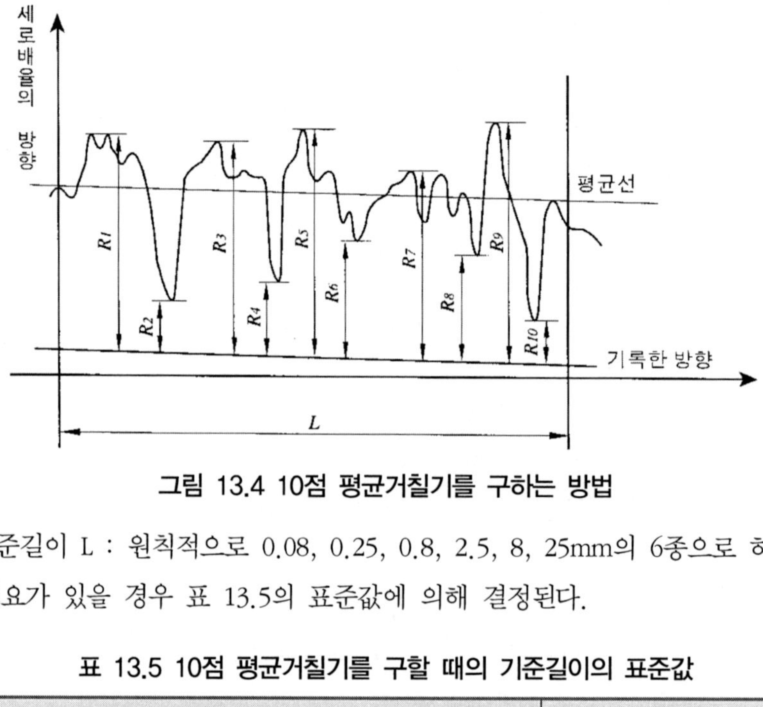

그림 13.4 10점 평균거칠기를 구하는 방법

(1) 기준길이 L : 원칙적으로 0.08, 0.25, 0.8, 2.5, 8, 25mm의 6종으로 하며 지정할 필요가 있을 경우 표 13.5의 표준값에 의해 결정된다.

표 13.5 10점 평균거칠기를 구할 때의 기준길이의 표준값

10점 평균거칠기의 범위		기준길이 mm
초과	이하	
-	0.8μm Rmax	0.25
0.8μm Rmax	6.3μm Rmax	0.8
6.3μm Rmax	25μm Rmax	2.5
25μm Rmax	100μm Rmax	8
100μm Rmax	400μm Rmax	25

(2) 10점 평균거칠기의 표준수열 : 지정이 없을 경우 표 13.6의 수열을 적용한다.

표 13.6 10점 평균거칠기의 구분값(μm)

0.05	0.8	12.5	200
0.1	1.6	25	400
0.2	3.2	50	-
0.4	6.3	100	-

(3) 호칭 : 10점 평균거칠기 ____μm, 기준길이 ____mm, ____μm Rz, L____mm로 나타낸다.

(4) 10점 평균거칠기의 표시 : 지시하는 수치는 표 13.6의 표준수열에서 선정하며 도면에는 수치 뒤에 Z를 붙인다.

① 10점 평균거칠기의 최대값 표시 : 표면거칠기를 6.3Z로 한다면 표면거칠기를 여러번 Rz방법으로 측정 했을 때 평균값이 6.3μm를 넘으면 안 되는 것이다.

② 중심선 평균거칠기의 구간 표시 : 최대 높이를 어느 구간에서 지시 할 경우 거칠기의 상한값과 하한값의 수치를 표 13.6의 표준수열에서 선택한다. 예를 들어 0.8μm Rz 이상 1.6μm Rz 이하의 경우 구간 지시를 (0.8~1.6)Z로 나타낸다.

③ 기준길이의 표시 : 표 13.5의 최대값의 범위에 대응하는 기준길이의 표준값을 사용하는 것이 원칙이며 기준길이의 지시는 생략한다. 표준값 이외의 값을 사용하거나 구간 내에 지시할 경우 상한 및 하한에 대응하는 기준 길이 값을 동일하게 할 필요가 있을 경우 기준길이 값을 나타낸다.

13.3 표면거칠기 지시 방법

표면거칠기를 표시하는데 표면 지시기호 및 다듬질 기호를 표시한다. 표면 지시기호는 다듬질 기호에 비해 상대적으로 지정할 수 있으며 국제표준과 맞추기 위해서 표면 지시기호를 사용하는 것이 바람직하다.

1. 표면지시 기호 : 그림 13.5는 면의지시기호를 나타낸 것이다. 표면의 결을 도시하는

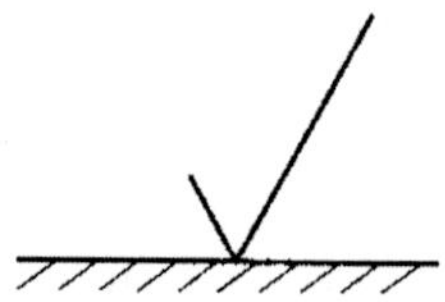

그림 13.5 면의지시기호

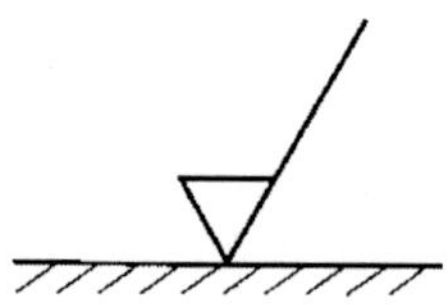

그림 13.6 제거가공

지시기호는 60°로 벌린 길이가 다른 절선으로 하며 지시하는 대상면을 나타내는 선의 바깥쪽으로 나타낸다.

2. 제거가공의 지시방법 : 제거가공을 필요로 한다는 것을 지시하려면 그림 13.6과 같이 나타내며, 제거 가공을 하지 않을 경우 및 다른 방법으로 얻어진 전가공의 상태를 남겨 두는 것을 지시하기 위해 그림 13.7과 같이 내접원으로 표시한다.
3. 가공방법 기입을 위한 가로선 : 그림 13.8은 가공방법을 지시하기 위해 사용하는 것이다. 가공방법을 지시할 경우 지시기호의 긴 쪽 다리에 가로선을 나타낸다.

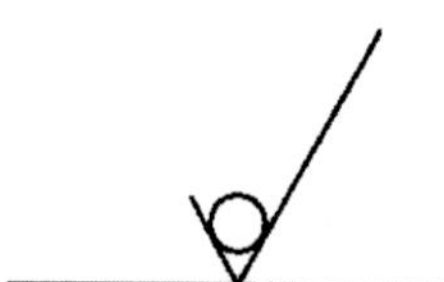

그림 13.7 가공하지 않는 부분

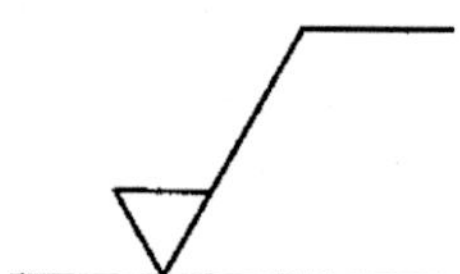

그림 13.8 가공방법 지시

4. 표면지시기호에 대한 지시사항의 위치 : 표면의 결에 관한 표면거칠기의 값, 컷오프값, 기준길이, 가공방법, 가공 방향의 기호, 표면 파상도 등을 그림 13.9와 같은 위치에 배치하여 나타낸다. 여기에서 a는 표면조도의 구분치(상한), a'는 표면조도의 구분치(하한), c는 a에 대한 기준길이 또는 컷 오프 값, c'는 a'에 대한 기준길이 또는 컷 오프 값, X는 가공방법, Y는 가공모양을 의미한다.

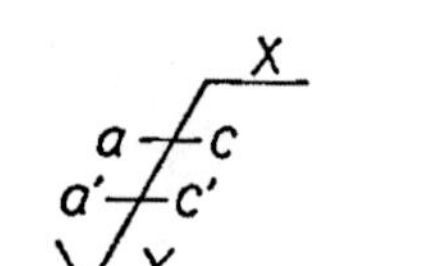

그림 13.9 표면지시기호

특수한 요구 사항이 있을 때 지시하는 방법은 가공방법, 가공모양을 나타낼 수 있다.

1. 가공방법 : 그림 13.10은 가공방법의 지시를 나타낸 것이다. 특정한 가공방법을 지시할 경우 가공방법을 기입하기 위해 가로선 위쪽에 기호 및 문자로 나타낸다. 표

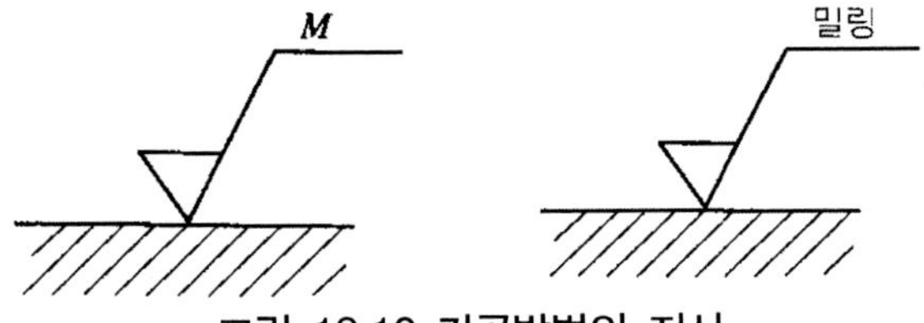

그림 13.10 가공방법의 지시

표 13.7 가공 방법의 약호

가공방법	약호		가공방법	약호	
	I	II		I	II
선반가공	L	선반	호닝가공	GL	호닝
드릴가공	D	드릴	액체호닝 다듬질	SPL	액체호닝
보링가공	B	보링	배럴연마가공	ApBR	배럴
밀링가공	M	밀링	버프다듬빌	FB	버프
평삭가공	P	평삭	블라스트 다듬질	SB	블라스트
형삭가공	SH	형삭	랩다듬질	FL	랩
브로치가공	BR	브로치	줄다듬질	FF	리머
리머가공	FR	리머	스크레이퍼다듬질	FS	스크레이퍼
연삭가공	G	연삭	페이퍼 다듬질	FCA	페이퍼
벨트샌딩가공	GB	벡트샌드	주조	C	주조

13.7은 가공 방법의 약호를 나타낸 것이다. 설계자의 의도를 정확하게 전달하기 위하여 표를 참고하여 기호나 문자로 정확하게 나타낸다.

2. 가공 모양 : 가공 후 표면에 나타나는 가공 모양을 지시하고자 할 때는 표 13.8을 이용하여 그림 13.11과 같이 지시기호를 면의 지시기호의 오른쪽에 나타낸다.

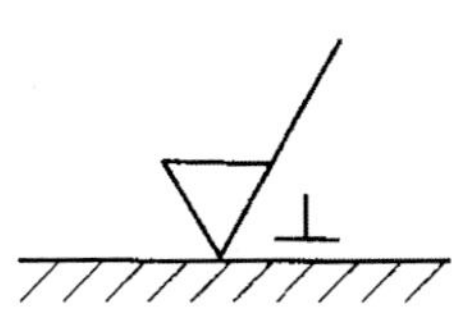

그림 13.11 가공모양의 표시

표 13.8 가공모양의 기호

기호	의미	설명도
=	가공에 의한 커터의 줄무늬 방향이 기호를 기입한 그림의 투상면에 형행	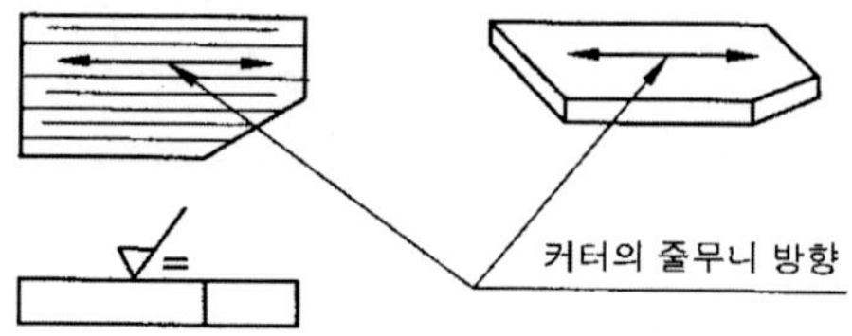
⊥	가공에 의한 커터의 줄무늬 방향이 기호를 기입한 그림의 투상면에 직각	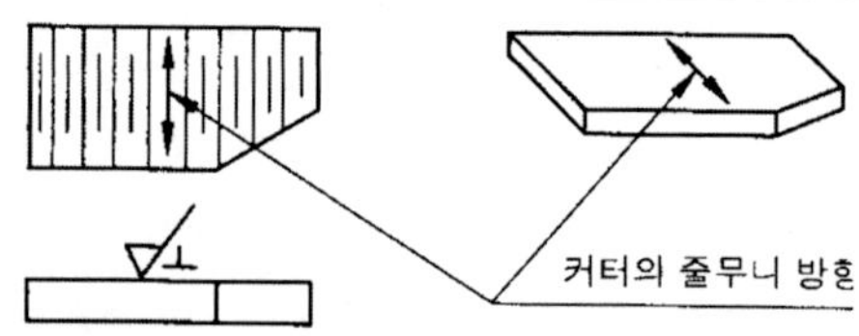
×	가공에 의한 커터의 줄무늬 방향이 기호를 기입한 그림의 투상면에 경사지고 두방향으로 교차	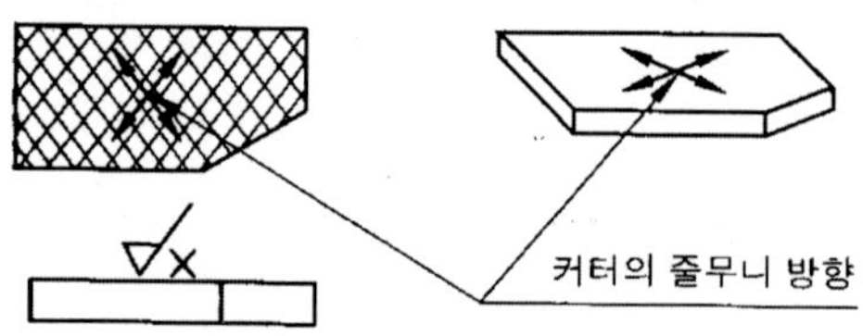
M	가공에 의한 커터의 무늬가 여러 방향으로 교차 또는 무방향	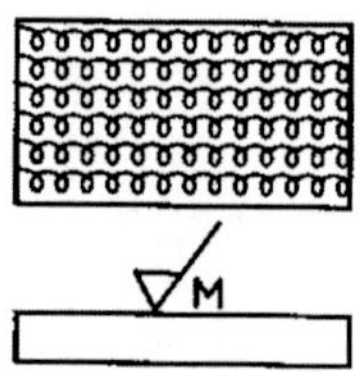
C	가공에 의한 커터의 줄무늬가 기호를 기입한 면의 중심에 대하여 대략 동심원	
R	가공에 의한 커터의 줄무늬가 기호를 기입한 면의 중심에 대하여 방사상 모양	

13.4 다듬질 기호

다듬질 기호는 표면거칠기를 크게 구분하는 것으로 삼각기호(▽)와 파형기호(~)로 표시하며 삼각기호는 제거가공을 한 면에 사용하고 파형기호는 기계가공을 하지 않는 면에 사용한다. 삼각기호의 규격은 KS에 4종류로 구분되어 있으며 삼각형의 수가 많을수록 다듬질 면이 정밀한 것을 의미한다. 다듬질 기호를 면의 결을 지시하는데 사용하는 경우 필요에 따라 면의 지시기호에 대한 각 지시사항의 위치에 준하여 표면거칠기의 표준수열, 컷오프 값, 기준길이, 가공방법, 가공 방향의 기호 및 다듬질여유 값을 나타낸 수 있다. 표면거칠기의 수열에는 중심선 평균거칠기는 a, 최고 높이는 S, 10점 평균거칠기는 Z의 기호를 표준수열 다음에 기입한다.

표 13.9에서 다듬질 기호의 삼각형은 정삼각형으로 하며 표의 표준 수열 이외의 값은 특히 지시할 필요가 있는 경우에는 다듬질 기호에 값을 나타낸다. 지시하는 표면거칠기의 범위가 표의 서로 다른 구간에 걸치는 경우에는 삼각형의 수는 표면거칠기의 상한에 맞춘다.

표 13.9 다듬질 기호와 표면거칠기의 표준수열

다듬질 기호	표면거칠기의 표준 수열		
	Rmax	Ra	Rz
▽▽▽▽	0.8	0.2a	0.8z
▽▽▽	6.3	1.6a	6.3z
▽▽	2.5	6.3a	2.5z
▽	100	2.5a	100z
～	특별하게 규정하지 않는다.		

표 13.10 다듬질 기호의 사용

번호	기호	의미
1		제거 가공을 하지 않는다.
2		L 8mm에서 100μm보다 작은 주조 등의 면
3		L 8mm에서 Rmax가 50μm인 제거 가공을 하는 면
4	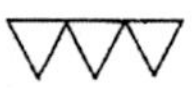	표 13.9에서 표시하는 표면거칠기의 범위에 들어가는 제거가공을 하는 면 (약 1.6a)
5	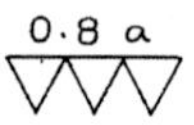	λc 0.8mm에서 R가 최대 0.8μm인 제거가공을 하는 면
6		표 13.9에서 표시하는 표면거칠기의 범위에 들어가는 연삭가공을 하는 면
7	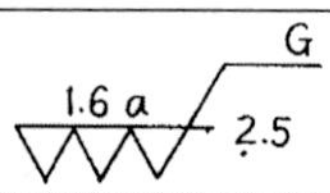	λc 2.58mm에서 R가 최대 1.6μm인 연삭가공을 하는 면

13.5 도면 기입법

표면기호 및 다듬질 기호를 도면에 기입하는 경우는 다음과 같은 원칙으로 한다.

1. 그림 13.12는 지시기호의 위치를 나타낸 것이다. 지시기호는 그림의 아래쪽 및 오른쪽으로부터 읽을 수 있도록 기입한다. 그림 13.13은 평균거칠기 값만 지시하는 경우를 나타낸 것이다. 중심선 평균거칠기의 값 a만을 지시하는 경우에는 이에 따르지 않는다.
2. 지시기호는 대상면을 나타내는 선 및 연장선 및 치수 보조선에 접하여 실체의 바깥쪽에 기입한다(그림 13.12, 그림 13.13). 그림의 이해를 돕기 위해 필요한 경우 대상면에서 끌어낸 지시선에 기입해도 된다(그림 13.12).
3. 그림 13.14는 표면기호를 나타낸 것이다. 표면기호는 되도록 대상면을 표시하는 치수를 지시한 투상도 위에 기입하고 동일한 면에 대하여 두 부분 이상에 기입하지 않는다.

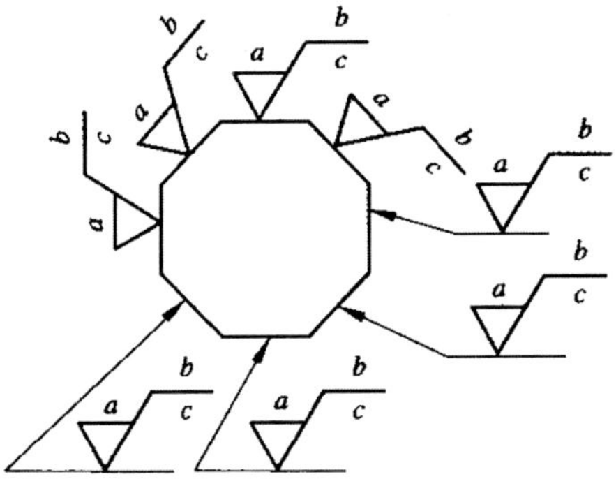

그림 13.12 지시기호의 위치

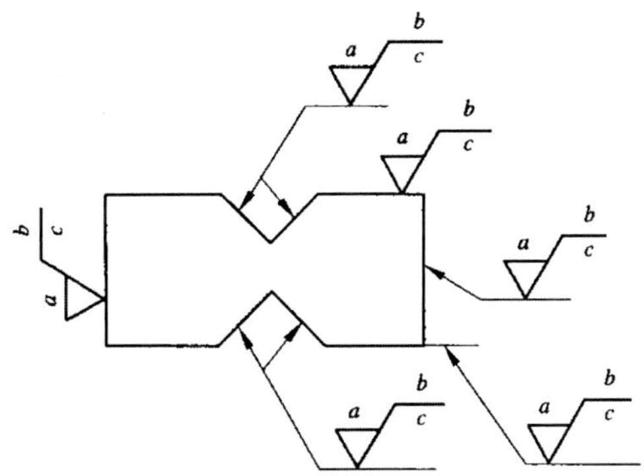

그림 13.13 평균 거칠기 값 지시

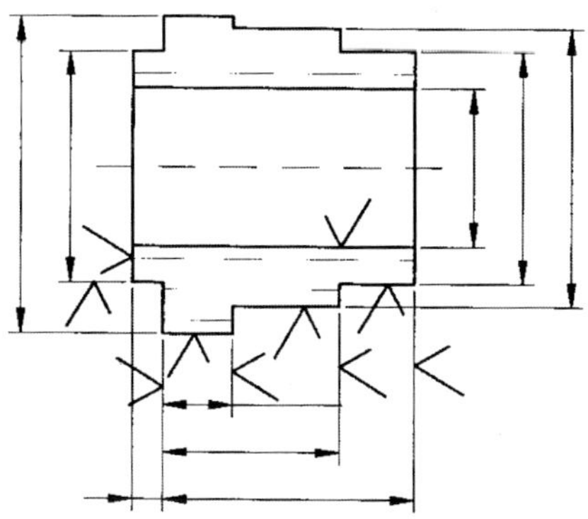

그림 13.14 표면기호

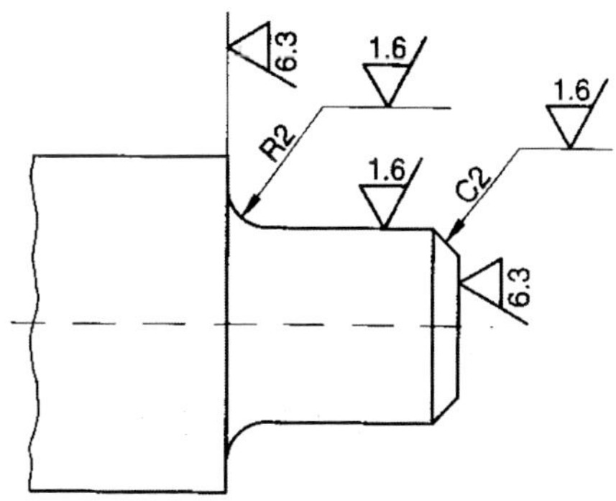

그림 13.15 라운딩, 모따기의 지시

4. 그림 13.15는 라운딩, 모따기의 지시를 나타낸 것이다. 라운딩 또는 모따기부에 면의 지시기호를 사용할 때 라운딩의 반지름 또는 모따기를 나타내는 치수선을 연장한 지시선에 기입한다.
5. 그림 13.16은 구멍의 지름치수 및 호칭을 지시선으로 나타낸 것이다. 둥근 구멍의 지름 치수 및 호칭은 지시선을 사용하여 표시하는 경우 지름 치수 다음에 기입한다.

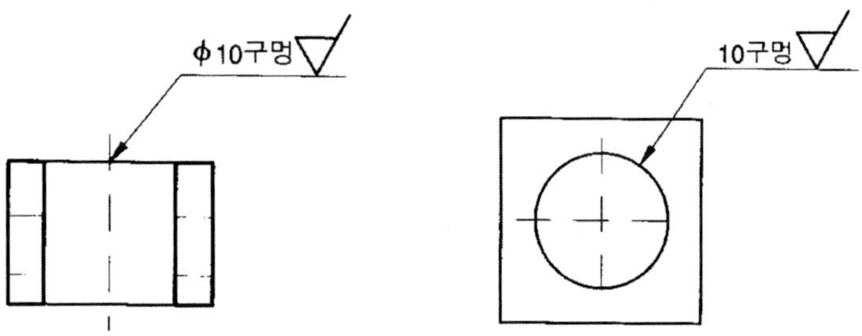

그림 13.16 구멍의 지름치수 및 호칭

13.6 도면기입의 간략법

표면기호 및 다듬질 기호를 도면에 기입 할 때의 간략화의 방법은 다음과 같다.

1. 그림 13.17은 전체 면을 동일한 거칠기로 지정하는 경우를 나타낸 것이다. 부품의 전체 면을 동일한 표면거칠기로 지정하는 경우 주투상도의 윗부분이나 부품번호의 옆에 기입한다.

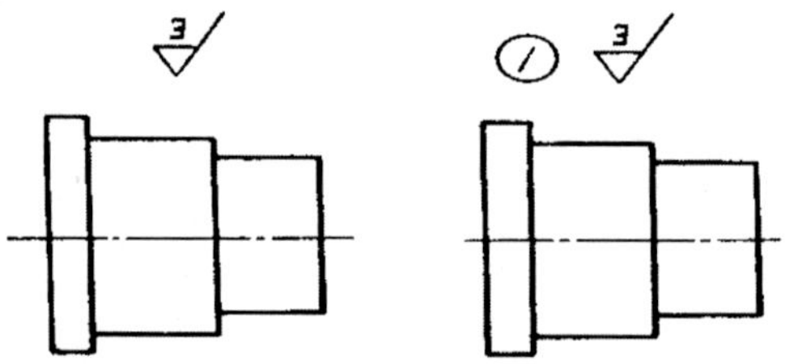

그림 13.17 전체 면을 동일한 거칠기로 지정

2. 하나의 부품에서 면이 같은 표면거칠기이고 일부분만이 다를 경우 공통이 아닌 기호를 그림의 해당 면 위에 기입하고(그림 13.18), 공통인 표면기호 옆에 괄호를 하여 면의 지시 기호만을 기입하거나 공통이 아닌 기호를 기입한다(그림 13.19).

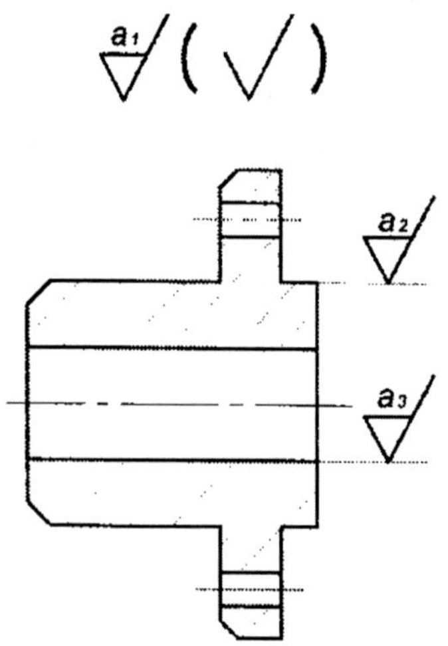

그림 13.18 대부분이 공통인 경우

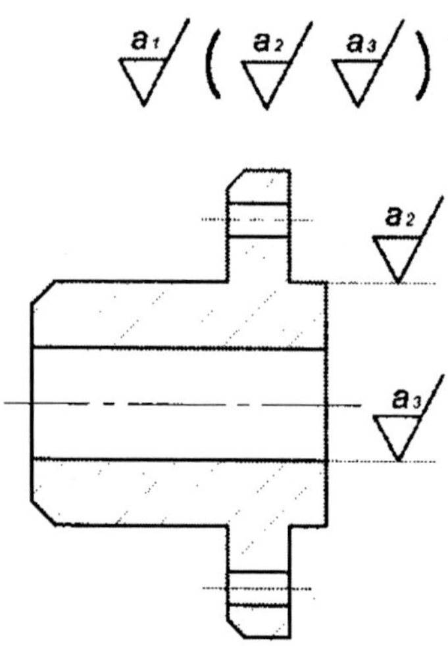

그림 13.19 공통이 아닌 경우

3. 그림 13.20은 간이 기호에 의한 지시를 나타낸 것이다. 같은 기호를 여러 곳에 반복하여 기입해야 할 경우나 기입할 여백이 한정되어 있을 때 대상면에서는 기호를 사

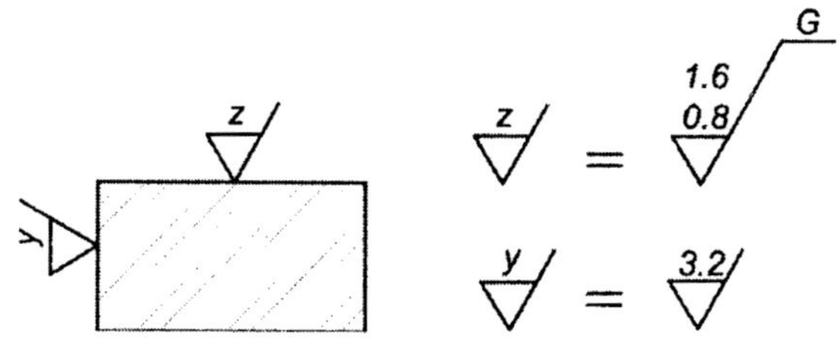

그림 13.20 간이 기호에 의한 지시

용하고 그 뜻을 주투상도나 부품번호 및 표제란에 기입한다.

4. 라운딩 및 모따기부분에 면의 지시기호를 기입하는 경우 기입할 부분에 접촉하는 두 개의 면에서 한쪽의 거친면과 같으면 되는 경우에 표면거칠기 기호를 생략한다. 그림 13.21은 표면거칠기의 기호를 생략한 것이다.

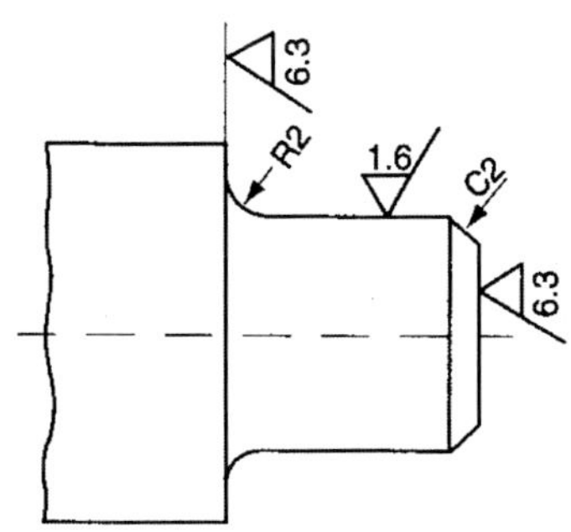

그림 13.21 표면거칠기의 기호 생략

연 습 문 제

1. 다음 그림의 기호를 설명하시오.

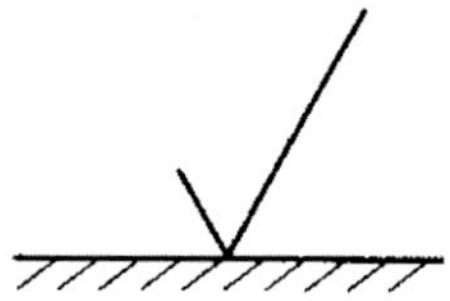

2. 다음 그림의 기호를 설명하시오.

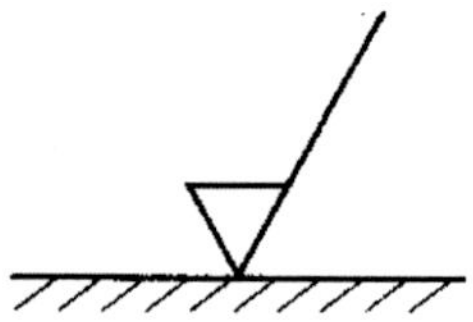

3. 다음 그림의 기호를 설명하시오.

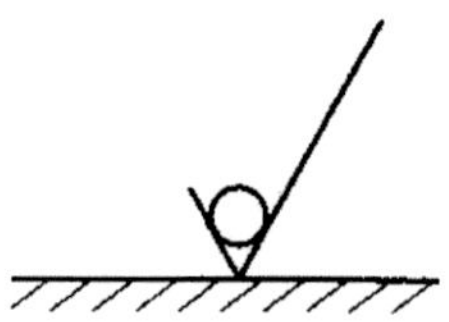

4. 다음 그림의 기호를 설명하시오.

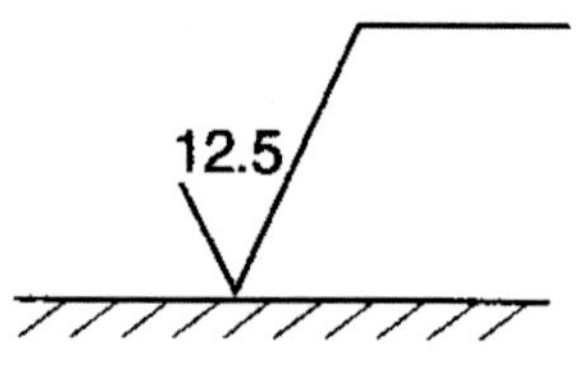

5. 다음 그림의 기호를 설명하시오.

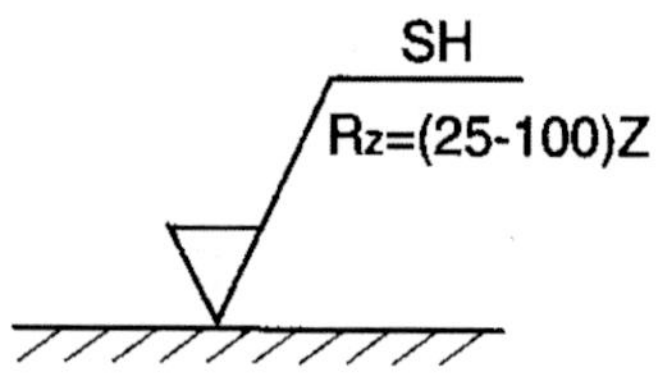

6. 다음 그림의 기호를 설명하시오.

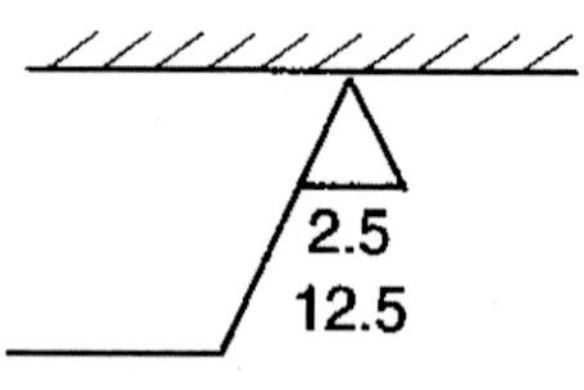

14 공 차

14.1 치수공차

기계부품의 제작에 있어 도면 치수대로 완벽하게 가공한다는 것은 불가능하며 가공된 부품의 실치수와 도면에 기재된 치수 사이에는 오차가 발생하게 된다. 도면에 오차의 허용범위에 대한 명확한 설명이 없다면 제품의 실 치수를 도면 치수에 어느 정도까지 가깝게 가공해야 하는지 알 수가 없다. 치수공차가 없거나 작다면 불량으로 인해 가공시간 및 비용이 상승하게 되어 제품의 가격이 상승하여 경쟁력을 잃게 된다. 다른 부품이 상호 결합되는 정도가 기계의 성능에 영향을 미치는 부분에서는 결합에 대한 호환성과 필요한 성능을 확보하기 위해 정밀한 가공이 필요하기 때문에 오차를 적게 준다. 기계적 성능 및 호환성에 문제가 없다면 치수공차가 클수록 불량 발생이 적고 가공시간이 단축된다.

치수공차의 용어는 다음과 같다.

1. 실치수 : 최종 가공되어 실제로 측정되는 치수를 말한다.
2. 기준치수 : 가공의 기준이 되는 치수를 말한다.
3. 허용한계치수 : 형체의 실치수가 그 사이에 들어가도록 정한 대소 2개의 허용되는 치수의 한계를 표한한 치수를 말한다.
4. 최대허용치수 : 형체에 허용되는 최대치수를 말한다.

5. 최소허용치수 : 형체에 허용되는 최소치수를 말한다.
6. 위 치수 허용차 : 최대 허용치수에서 기준치수를 뺀 치수를 말한다.
7. 아래 치수 허용차 : 최소 허용치수에서 기준치수를 뺀 치수를 말한다.
8. 치수공차 : 최대 허용치수와 최소 허용치수의 차를 말한다.
9. 공차역 : 최대 허용치수와 최소 허용치수를 표시하는 2개의 직선사이의 영역을 말한다.
10. 틈새 : 축 지름이 구멍의 지름보다 작을 때 구멍과 축 지름의 치수차를 말한다.
11. 죔새 : 축 지름이 구멍의 지름보다 클 때 축과 지름의 치수차를 말한다.
12. 최대틈새 : 구멍은 최대 치수로 되고 축은 최소 치수로 될 때의 치수차를 말한다.
13. 최소틈새 : 구멍은 최소 치수로 되고 축은 최대 치수로 될 때의 치수차를 말한다.
14. 최대죔새 : 구멍은 최소 치수가 되고 축은 최대 치수로 될 때의 치수차를 말한다.
15. 최소죔새 : 구멍은 최대 치수가 되고 축은 최소 치수로 될 때의 치수차를 말한다.

14.2 기하공차

가공된 부품이 기능과 부품 상호간의 호환성을 보장받기 위해서는 도면상에 설계자의 의도를 정확하게 나타내어야 된다. 부품에 따라서 기능이나 호환성 문제가 매우 중요하며 형체(점, 선 , 축선, 면)의 크기뿐만 아니라 형상, 위치, 자세에 대한 정확한 지시가 필요한 경우가 있다. 이 경우 치수와 치구 공차만으로는 형상 및 위치에 대한 기하학적 특성을 정확하게 규정할 수 없어 도면이 불완전하게 된다.

치수와 치수 공차만으로 나타낸 불완전한 도면으로는 설계자의 의도를 명확하게 전달할 수 없어 제작 및 검사 과정에서 도면해석에 혼란이 발생할 수 있다. 이로 인해 다량의 조립 불능 부품이 발생하고 조립이 되어도 기대하는 성능을 발휘하지 못하는 불량이 발생하거나 필요 이상으로 정밀한 형상을 얻기 위해 재료 낭비 및 가공 시간이 증가하여 원가 상승의 원인이 된다.

도면에서 형체의 모양, 자세, 위치 및 흔들림에 대한 공차를 기하공차라고 한다. 기하공차는 설계, 생산, 검사과정에서 일관된 해석을 할 수 있도록 도면을 명확하게 함으로 기능 및 결함 부품 상호간에 호환성을 보장하여 주고 검사방법을 용이하게 하여 제품을 경제적이고 효율적으로 생산할 수 있게 된다.

14.3 도면의 불완전성

그림 14.1과 같은 도면에서 주요치수의 허용오차로 직경치수는 공차값이 0.1이 주어졌고 길이치수에는 일반 공차를 적용할 수 있다. 부품을 가공할 때 도면 형상과 같이 이상적으로 만들기는 불가능하기 때문에 그림 14.2와 그림 14.3처럼 치수 공차의 허용범위 안에서 원형 단면이 찌그러지거나 중심선이 변형되는 형사오차가 생길 수 있다. 도면의 치수공차 규제 범위 안에서 이와 같은 형상오차는 불합격이 아니다.

부품에 따라서는 조립을 위해서 부품간의 호환성이나 기능상의 문제가 발생할 수 있기 때문에 형상오차를 제한해야 한다. 그림 14.1은 원형 단면의 진원도에 대한 정도나 중심선의 직진도가 없기 때문에 불완전한 도면이다.

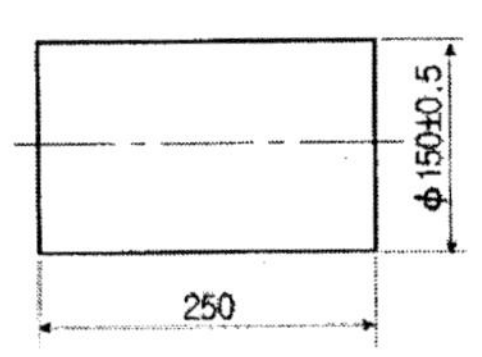

그림 14.1 도면

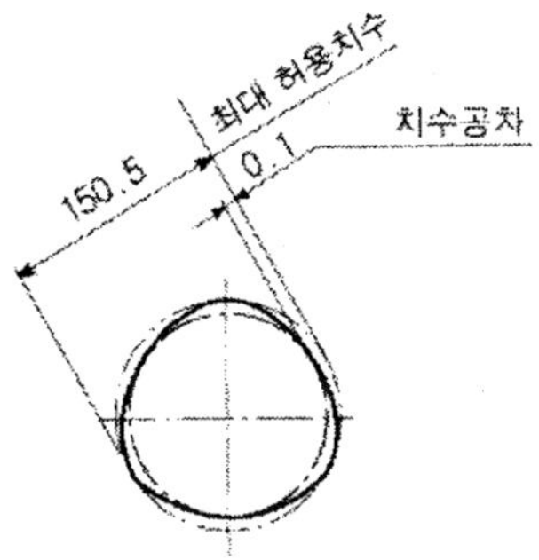

그림 14.2 진원도 오차

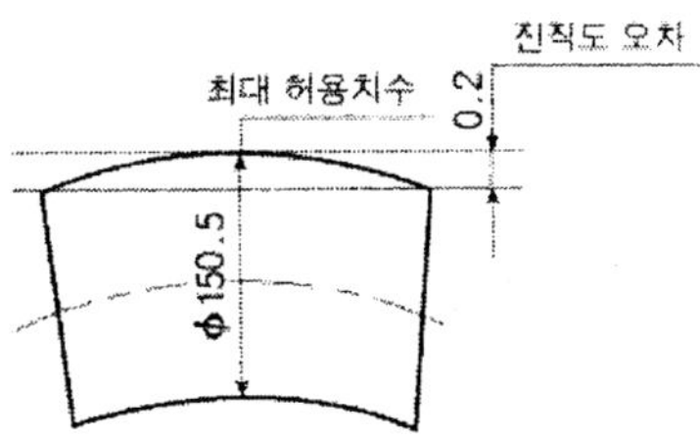

그림 14.3 직진도 오차

14.4 핀과 구멍의 결합

그림 14.4는 치수공차가 적용된 구멍, 그림 14.5는 치수공차가 적용된 핀에 치수공차로 규제된 구멍과 핀의 두 부분을 나타냈다. 두 부품은 결합이 될 때 구멍의 최소허용치수가 10.00이고 핀의 최대허용치수가 9.90이므로 구멍과 핀이 이상적인 형상으로 가공된다면 치수공차로만 판단할 때 헐거운 끼워 맞춤으로 원활한 결합이 된다.

그림 14.6은 직각도공차가 적용되지 않은 구멍, 그림 14.7은 직각도공차가 적용되지 않은 핀을 나타낸 것이다. 구멍과 핀의 지름이 $\phi 10.0$, $\phi 9.90$이고 중심축이 밑면을 기

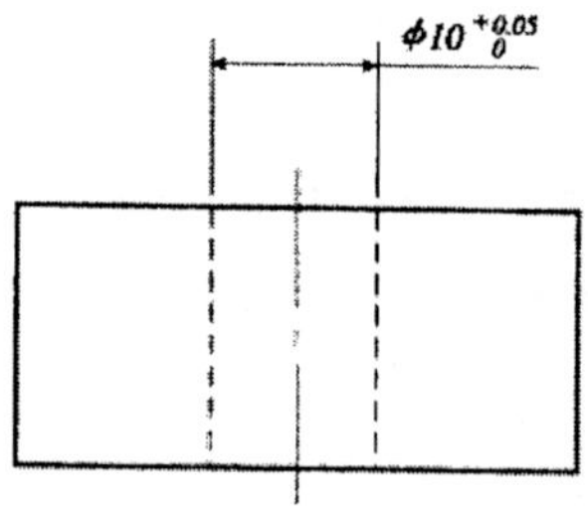

그림 14.4 치수공차가 적용된 구멍

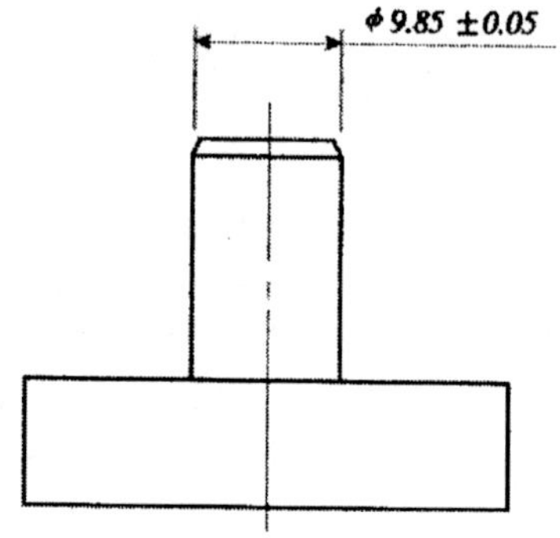

그림 14.5 치수공차가 적용된 핀

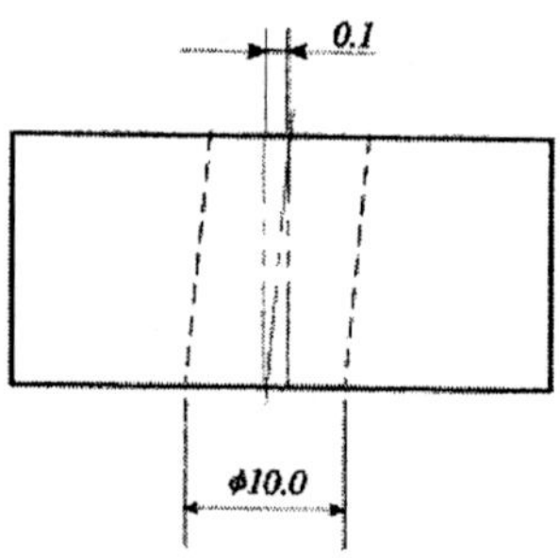

그림 14.6 직각도공차가 적용되지 않은 구멍

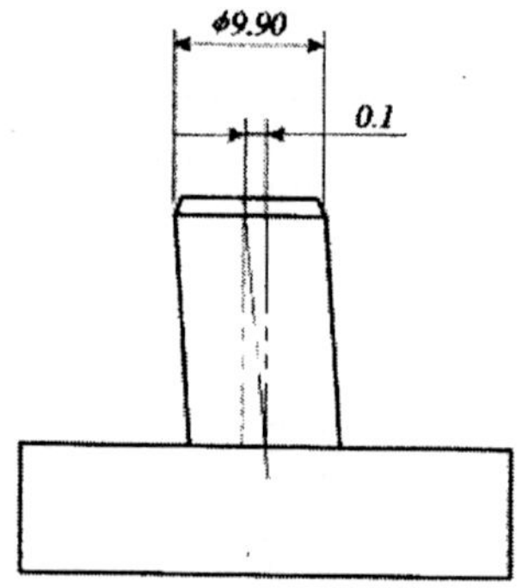

그림 14.7 직각도공차가 적용되지 않은 핀

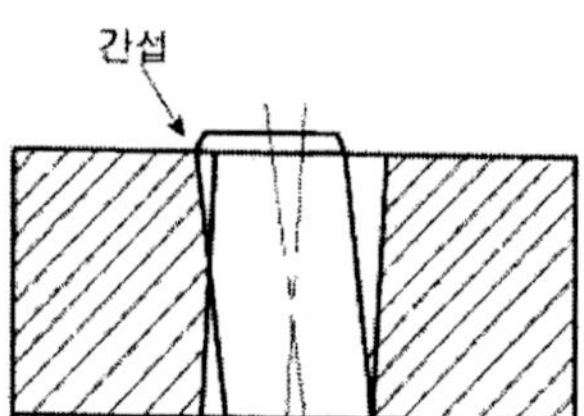

그림 14.8 간섭을 받은 조립

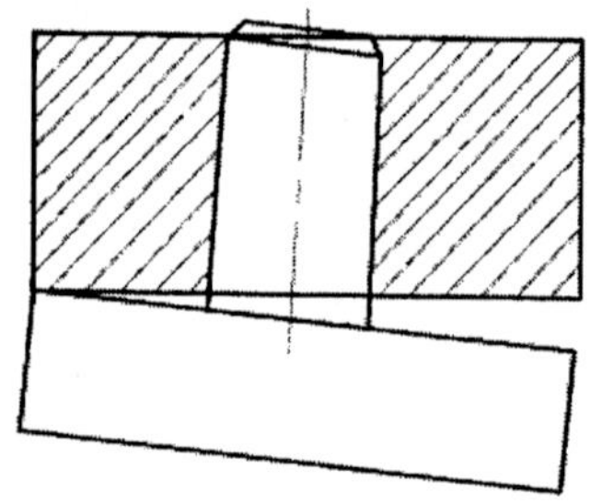

그림 14.9 조립 불량

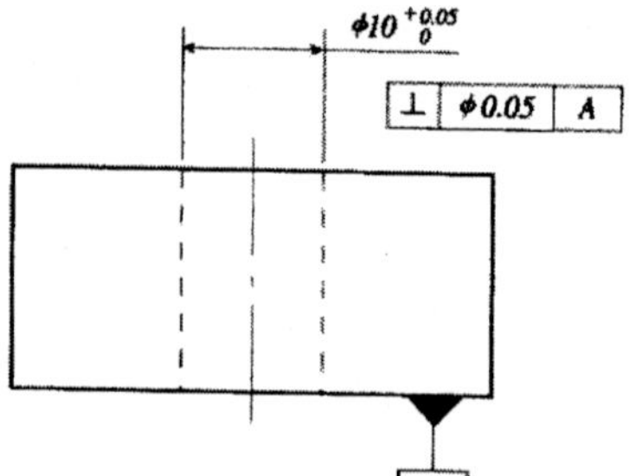

그림 14.10 직각도 공차가 적용된 구멍

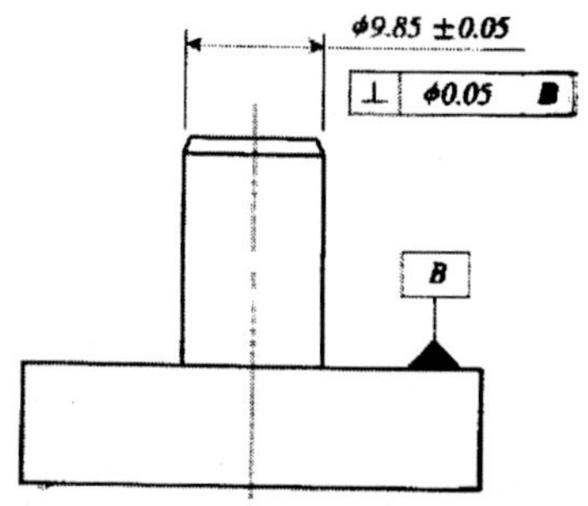

그림 14.11 직각도 공차가 적용된 핀

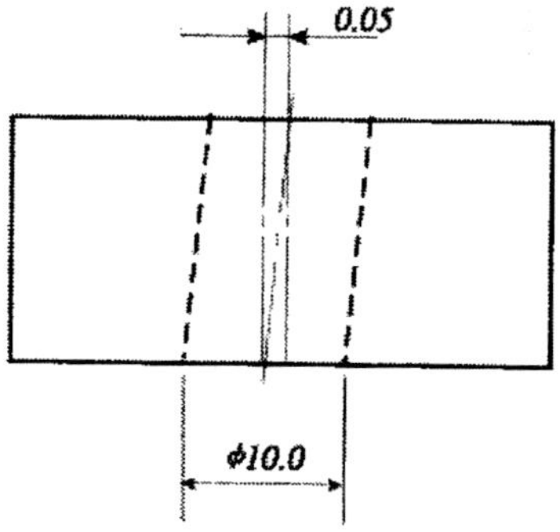

그림 14.12 최대 기하공차의 구멍

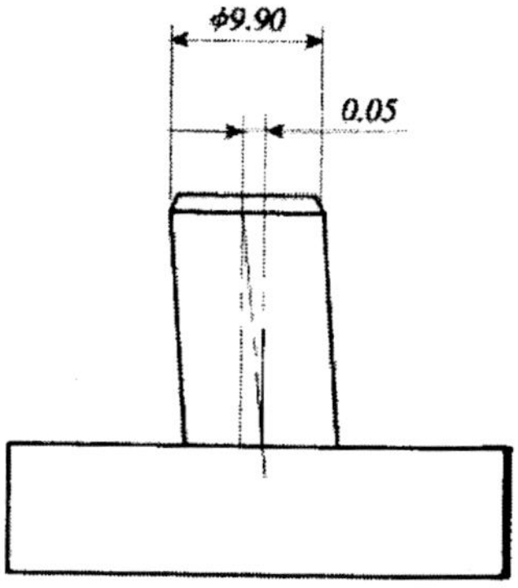

그림 14.13 최대 기하공차의 핀

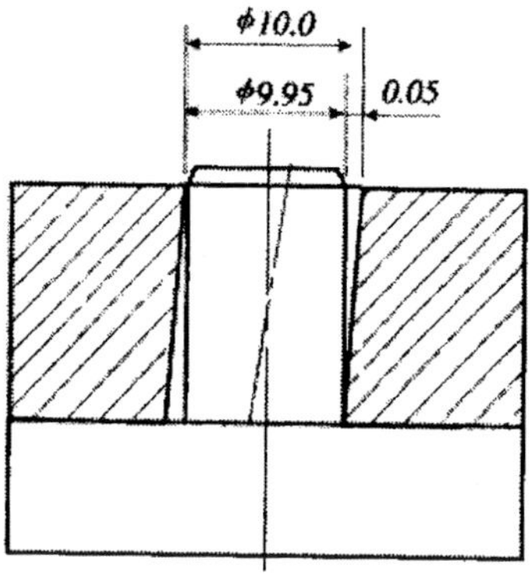

그림 14.14 구멍의 기하공차

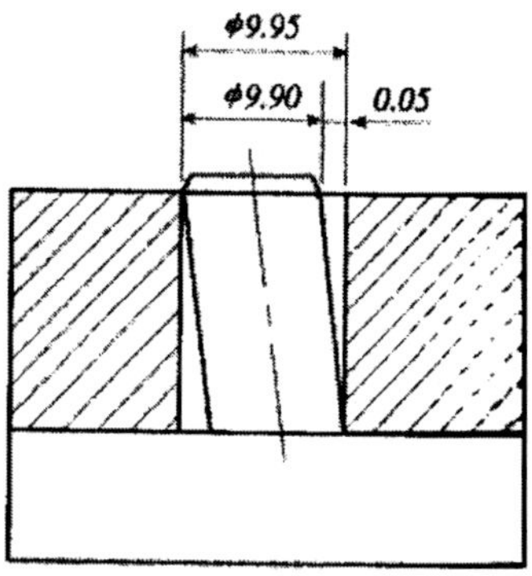

그림 14.15 축의 기하공차

준으로 정확이 90°가 아닌 0.1만큼 기울어지게 가공될 수 있다. 이 경우 그림 14.8은 간섭을 받은 조립, 그림 14.9는 조립 불량이 된다. 그림에서 간섭이 생겨 조립이 되지 않거나 결합이 되어도 틈이 생겨 완벽한 결합이 되지 않는다. 이와 같이 치수 공차만으로 규제되어 있는 불완전한 도면에 의해 제작된 부품은 정밀도와 호환성 면에서 불량률이 높기 때문에 부품에 따라 기하공차로 규제해야 된다.

그림 14.10은 직각도 공차가 적용된 구멍, 그림 14.11은 직각도 공차가 적용된 핀을 나타낸 것이다. 그림에서 직각도 공차로 규제된 핀과 구멍은 주어진 직경 치수에 중심축이 0.05만큼 기울어지는 것이 허용된다. 핀과 구멍의 결합을 위해서 상호간의 결합이 어려운 상태를 분석하면 된다. 그림 14.12의 구멍에서는 최소직경 10.00인 상태에서 중심축이 기하공차 값 0.05만큼 기울어진 상태가 상대부품이 결합되기 가장 어려운 상태이다. 그림 14.13의 핀은 최대직경이 9.90이고 중심축이 기하공차값 0.05만큼 기울어진 상태가 결합이 가장 어려운 상태이다.

그림 14.14는 구멍의 기하공차, 그림 14.15는 축의 기하공차가 적용된 경우를 보여주

고 있다. 중심축이 밑면에 대해 정확하게 90°를 이루는 형태로 가공되어 핀에 결합될 수 있는 이상적인 외접 구멍의 초소지름은 ϕ9.95이다. 핀에 결합될 수 있는 구멍의 직경은 ϕ9.95 보다 작을 수 없다.

핀과 구멍이 결합을 위해서는 구멍과 축에서 핀의 최대지름이 구멍의 최소지름보다 크거나 같아야 되며 구멍의 최소 지름과 기하공차 값의 차가 핀의 최대지름과 기하공차 값의 합 이상이어야 조립이 가능하다.

도면의 공차 기호를 보고 도면을 이해 할 수 있어야 된다. 도면을 이해하지 못하면 소성가공작업을 할 수 없다.

표 14.1 기하공차의 종류와 기호

형체	공차 분류	공차의 종류	기호
단독형체	모양공차	직진도공차	⏤
		평면도공차	⏥
		진원도 공차	○
단독형체 또는 관련형체		원통도 공차	⌭
		선의 윤곽도 공차	⌒
		면의 윤곽도 공차	⌓
관련형체	자세공차	평행도 공차	//
		직각도 공차	⊥
		경사도 공차	∠
	위치공차	위치도 공차	⌖
		동축도 공차 또는 동심도 공차	◎
		대칭도 공차	⌯
	흔들림공차	원주 흔들림 공차	↗
		온 흔들림 공차	⌰

1. 직진도 공차 : 지시선의 화살표로 나타내는 원통면의 모선 위에서 임의로 선택한 길이 200 mm의 부분은 축선을 포함하는 평면 내에 있어서는 0.1 mm만큼 떨어진 평행한 직선 사이에 있어야 한다.
2. 평면도 공차 : 표면은 0.08 mm만큼 떨어진 평행한 평면 사이에 있어야 한다.
3. 진원도 공차 : 임의의 축각 단면에 있어서 바깥 둘레는 동일 평면 위에서 0.1 mm만큼 떨어진 두 개의 동심원 사이에 있어야 된다.
4. 원통도 공차 : 대상으로 하고 있는 면은 0.1 mm만큼 떨어진 동축 원통면 사이에 있어야 한다.
5. 선의 윤곽도 공차 : 투상면에 평행한 임의의 단면에서 대상으로 하고 있는 윤곽은 이론적으로 정확한 윤곽을 갖는 선위에 중심을 두는 지름 0.4 mm의 원이 만드는 두 개의 선 사이에 있어야 한다.
6. 면의 윤곽도 공차 : 대상으로 하고 있는 면은 데이텀 A에 관련하여 이론적으로 정확한 윤곽을 갖는 면 위에 중심을 두는 지름 0.02 mm의 구가 만드는 두 개의 면 사이에 있어야 한다.

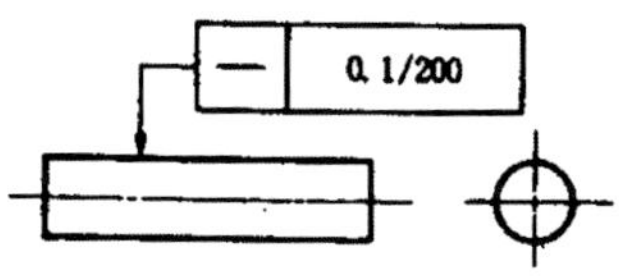

그림 14.16 직진도 공차

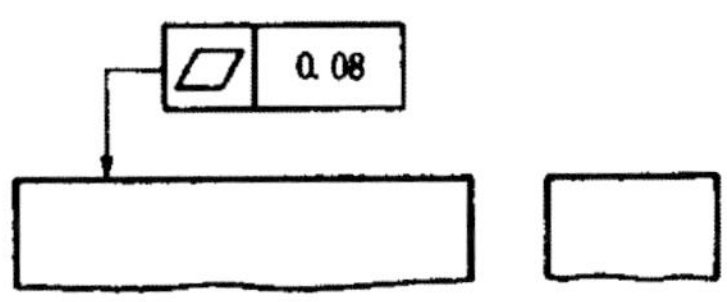

그림 14.17 평면도 공차

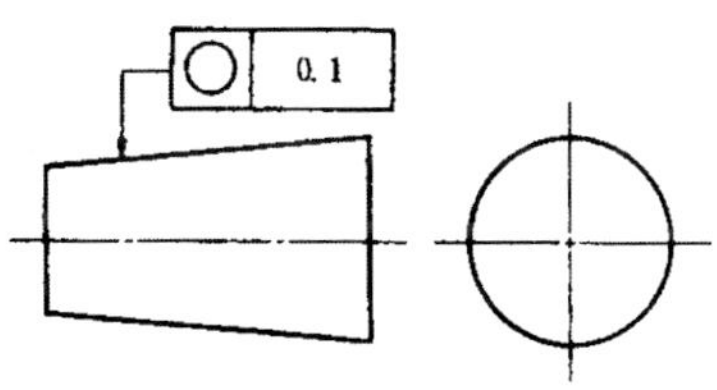

그림 14.18 진원도 공차

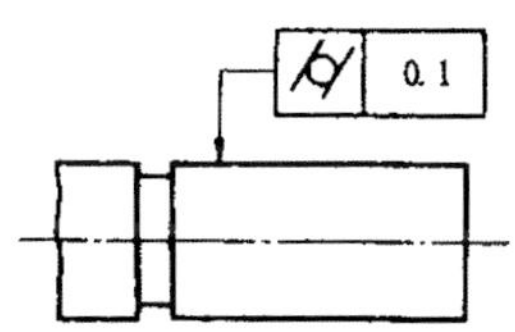

그림 14.19 원통도 공차

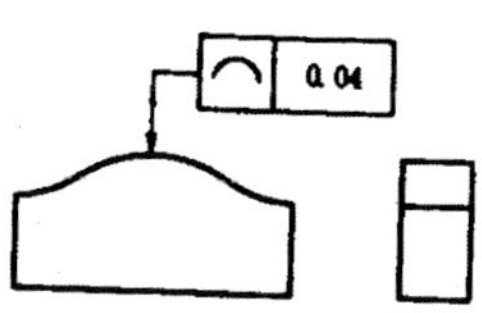

그림 14.20 선의 윤곽도 공차

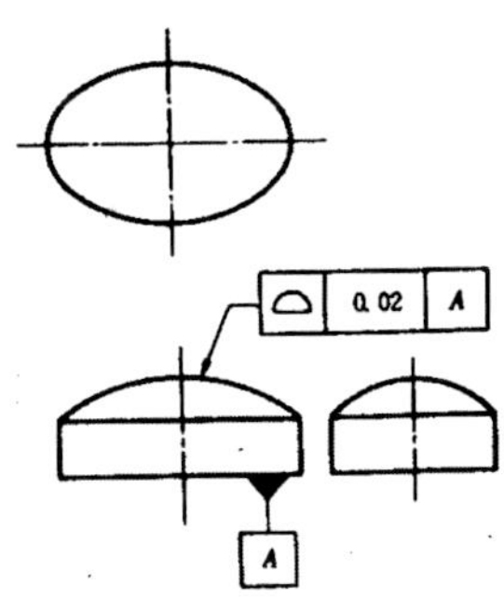

그림 14.21 면의 윤곽도 공차

7. 평행도 공차 : 지시선이 화살표로 나타내는 면 위에서 임의로 선택한 길이 100mm 위의 모든 점은 데이텀 평면 A에 평행하고 또한 지시선의 화살표 방향으로 0.01 mm만큼 떨어진 평면 사이에 있어야 한다.
8. 직각도 공차 : 지시선의 화살표로 나타내는 경사진 구멍의 축선은 데이텀 축직선 A에 수직하고 또한 지시선의 화살표 방향으로 0.06mm만큼 떨어진 평행한 평면사이에 있어야 한다.
9. 경사도 공차 : 지시선의 화살표로 나타내는 면은 데이텀 평면 A에 대하여 이론적으로 정확하게 40°기울고 지시선의 화살표 방향으로 0.08mm 만큼 떨어진 평행한 평면사이에 있어야 한다.
10. 위치도 공차 : 지시선의 화살표로 나타낸 점은 데이텀 직선 A로부터 60mm, 데이텀 직선 B로부터 100mm 떨어진 위치를 중심으로 하는 지름 0.03mm의 원안에 있어야 한다.

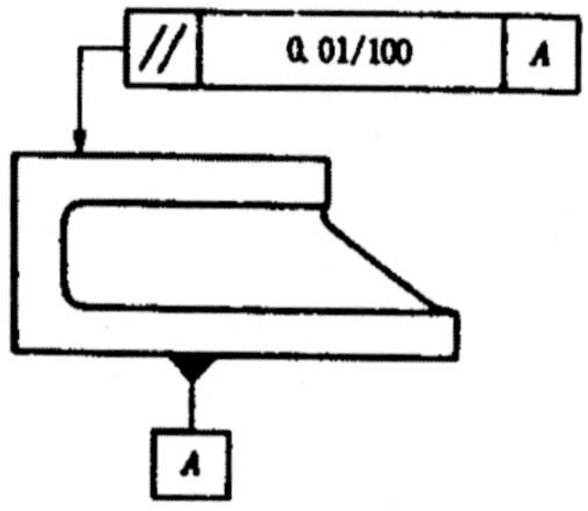

그림 14.22 평행도 공차

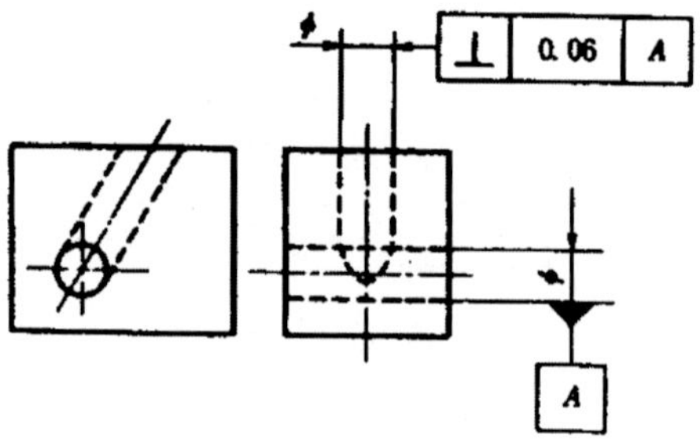

그림 14.23 직각도 공차

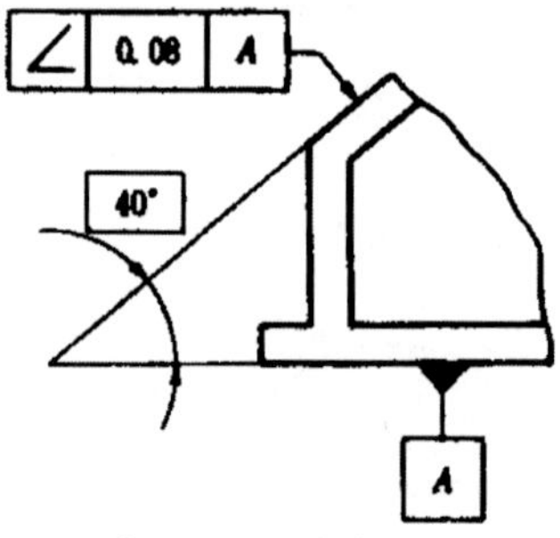

그림 14.24 경사도 공차

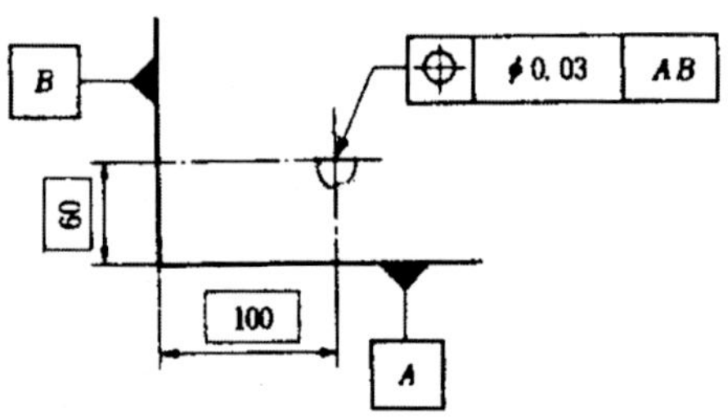

그림 14.25 위치도 공차

11. 동축도 공차 또는 동심도 공차 : 지시선의 화살표로 나타낸 원의 중심은 데이텀 A를 중심으로 하는 지름 0.01mm인 원안에 있어야 한다.

12. 대칭도 공차 : 지시선의 화살표로 나타낸 중심면은 데이텀 중심 평면 A에 대칭으로 0.08mm의 간격을 갖는 평행한 평면 사이에 있어야 한다.

13. 원주 흔들림 공차 : 곡면 위의 모든 점선에 수직한 방향의 곡면의 흔들림은 데이텀 축직선 C에 대하여 1회전 시켰을 때 임의의 측정 원추면 위에서 0.1mm를 초과하지 않는다.

14. 온 흔들림 공차 : 지시선의 화살표로 나타낸 원통면의 반지름 방향의 온 흔들림은 이 원통부분과 측정기구 사이에서 축선 방향으로 상태 이동시키면서 데이텀 축직선 A-B에 관하여 원통 부분을 회선시켰을 때 원통 표면위의 임의의 점에서 0.1mm를 초과하지 않는다.

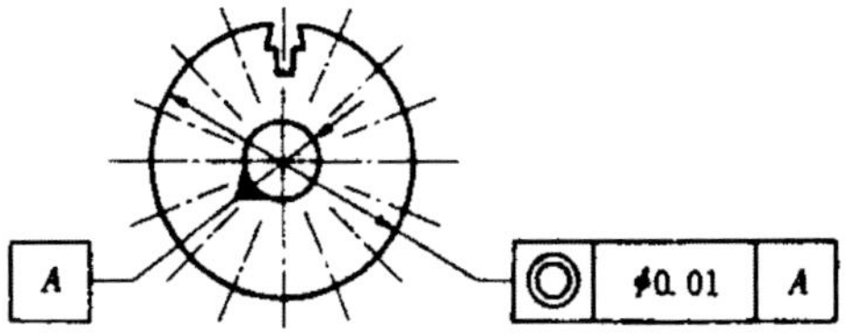

그림 14.26 동축도 공차

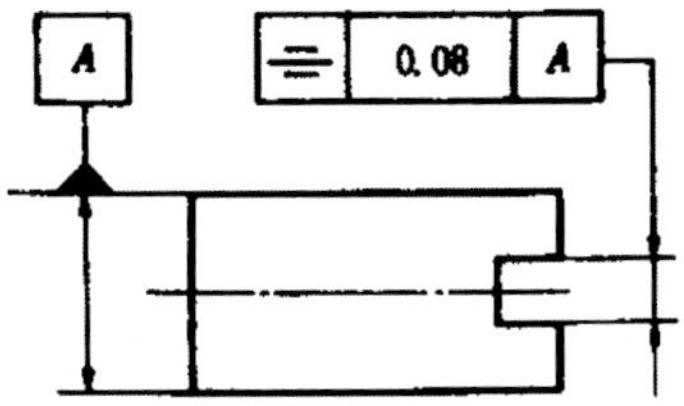

그림 14.27 대칭도 공차

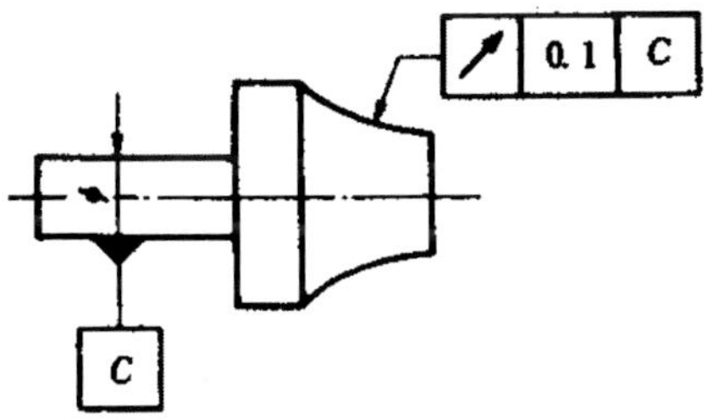

그림 14.28 원주 흔들림 공차

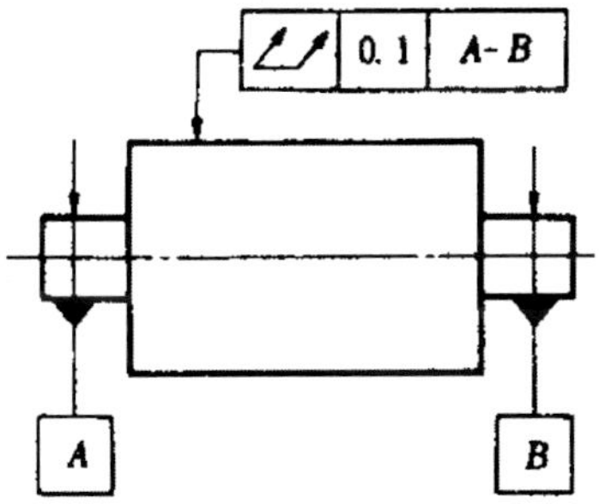

그림 14.29 온 흔들림 공차

연 습 문 제

1. 치수공차에 대하여 쓰시오

2. 최대틈새와 최대죔새를 설명하시오.

3. 최소틈새와 최소죔새를 설명하시오.

4. 기하공차에 대하여 쓰시오.

5. 기하공차의 종류를 쓰고 설명하시오.

15 열처리 및 표면경화

소재는 사용 목적에 따른 기능을 발휘하려면 용도에 맞는 성분을 가진 재료를 선택하고 소재 내부의 결정 조직이 목적하는 용도에 적합한 상태로 조절해야 된다. 사용용도에 맞게 소재을 가열 및 냉각 등의 조작을 하여 기계적 성질을 변화시키는 것을 열처리(Heat treatment)라고 한다.

15.1 탄소강의 성질 및 함유원소

탄소강의 성질은 함유된 원소 성분과 가공 및 열처리 상태에 따라 달라지며 다른 원소들의 함유에 따른 영향을 받지만 탄소의 영향이 가장 크다. 탄소강의 온도에 따라 성질의 변화가 있으며 인, 황, 수소 등의 유해원소에 의해 취성 및 편석 등의 결함이 발생할 수 있기 때문에 열처리 과정에서 불순물의 혼입을 방지해야 된다.

탄소강의 표준상태의 성질 중 물리적, 화학적 성질은 다음과 같다.

1. 탄소량의 증가하면 비열, 전기저항, 보자력이 증가하고 비중, 선팽창계수, 열전도율, 내식성이 감소한다.
2. 강의 내부응력이 존재하게 되면 부식이 촉진되어 냉간가공한 상태에서 풀림상태의 것보다 부식 진행이 빠르다.

3. 탄소강에 동을 0.15~0.25%의 동을 첨가하면 대기 중에서 내식성이 개선된다.
4. 탄소강은 알칼리성에는 부식되지 않는다.
5. 시멘타이드는 페라이트 보다 내식성이 우수하나 페라이트와 공존하면 페라이트의 부식을 촉진시킨다.

탄소강의 기계적 성질은 탄소함유량에 따른 변화는 탄소 함유량이 증가함에 따라 인장강도와 항복점 및 브르넬 경도는 증가하고 연신율, 단면 수축율은 감소하는 것이다.

온도에 따른 성질변화는 다음과 같다.

1. 청열취성(Blue shortness) : 200~300℃에서 상온일 때 보다 인성이 저하하는 특성으로 탄소강 중의 인이 철과 결합하여 인화철(Fe_3P)을 만들어 입자를 조대화 시킨다. 편석으로 되어 연신율을 감소시키고 충격치가 낮아져 취성의 원인이 된다.
2. 적열취성(Red shortness) : 황을 함유한 강이 950℃에서 인성이 저하되는 특성이며 황은 결정립계에 석출되어 취약하고 용융온도가 낮기 때문에 고온 가공성이 저하된다.
3. 상온취성(Cold shortness) : 탄소강은 온도가 상온이하로 내려가면 강도와 경도는 증가히지만 충격값은 감소한다. 인을 포함한 탄소강은 결정입계에 편석되어 충격강도가 저하되고 냉간 가공 중 편석부위로 파괴된다.

탄소강은 포함된 함유 원소에 의하여 영향을 받는다. 탄소강이라고 하면 불순물이 포함되지 않는 C와 Fe의 합금이 아니고 Si, Mn, P, S, Cu, O_2, N_2, H_2 등이 함유된다. 일부는 필요상 첨가하는 것도 있지만 불순물로 혼합되는 경우도 있다. 탄소강에 함유된 원소의 영향은 다음과 같다.

1. 규소(Si) : 선철 중에 존재하는 것이고 탈산제의 일부로 잔존하는 것이 철중에 남아 페라이트 중에 고용되어 강의 인장강도, 탄성한계, 경도를 증가시킨다. 또한 연율 및 충격값은 감소시키고 결정이 조대화되어 취성이 발생하기 때문에 단접성이 좋지 않다.
2. 망간(Mn) : 망간은 선철 중에 존재하는 것으로 탈산제의 사용으로 강에 혼합되어 존재한다. 페라이트 중에 고용되나 일부는 황과 결합하여 결정의 성장을 방지하고 표면소성이 가능하다. C량이 적은 강에 망간을 첨가하면 연율 및 단면수축율은 감소하지 않고 인장강도, 항복점, 충격값 등을 증가시킨다.
3. 인(P) : 보통강철 중에 0.06%이하로 제한하며 인이 많으면 결정경계에 석출된다. 인이 적으면 강 중에 고용되고 경도 및 강도가 증가하고 연율은 감소한다.

4. 황(S) : 황은 용강 중에 먼저 응고하여 용융금속 위로 부상하기 때문에 제거하나 일부는 강 중에 남아 압연, 단조를 불량하게 한다.
5. 동(Cu) : 강중에 함유되어 있는 동은 0.3%이하로 하며 동의 양이 많으면 용융점이 낮고 경도를 증가시킨다. 부식저항을 증가시키나 압연균열의 원인이 된다.
6. 산소(O_2) : 산소가 강철 중에 존재하면 적열취성의 원인이 된다. 제강 중에 대기 중의 산소 및 수분이 분해되어 침투하게 된다. 산소의 침입을 방지하기 위하여 밀폐 진공하여 탄소강을 제작하고 있다.
7. 질소(N_2) : 상온에서 0.015% 용해되지 않기 때문에 질소에 의한 해는 크지 않지만 흡수되는 양이 많으면 경도 및 강도가 증가되는 경향이 탄소와 비슷하다.
8. 수소(H_2) : 백점, 크랙을 발생시켜 내부균열을 일으키고 파괴의 원인이 된다. 용접시에는 비드에 균열을 만들어서 파괴의 원인이 된다. 수소를 함유하면 취성이 있고 산이나 알칼리에 약하게 된다.

15.2 평형상태도

철과 탄소의 합금조성과 온도의 관계에서 탄소의 조성에 따라 나타나는 합금의 변태점을 연결하여 만든 선도를 평형상태도라 한다. 탄소가 2.11%이하인 강철은 탄소가 유지되지 않고 시멘타이트(Fe_3C)형태로 결정을 형성하는 철의 이원계 합금이며 철중에 함유되어 있는 탄소는 모두 시멘타이트 형태로 존재한다. 평형상태도를 이해하기 위해서는 순철에 대하여 이해를 해야 철과 탄소와의 상태를 이해할 수 있다. 순철의 용도는 탄소의 함유량이 0~0.025% 정도이므로 연하고 전연성이 풍부하며, 재료로는 쓰이지 않으나 항장력이 낮고 투자율이 높기 때문에 변압기, 발전기용 전기재료 및 합금을 만들어서 사용된다.

순철의 변태는 다음과 같다.
1. 순철의 변태점에는 동소변태 A_2(768℃), A_3(910℃)이고, 자기 변태 A_4(1400℃)점이 있다.
2. 순철에는 α철, β철, δ철의 3개 동소체가 있으며 910℃ 이하에서는 철로 체심입방격자, 910~1400℃에서는 r철로 안정한 면심입방격자로 되며, 1400℃ 이상에서는

체심입방격자이다.

3. 강은 강자성체이나 가열하면 자성이 점점 약해져서 768℃ 부근에서는 급격히 상자성체가 되는데 이러한 변태를 자기변태(A_2)라 하고, 앞에서 말한 격자 변화를 동소변태(A_3, A_4)라 한다. 또한 변태가 일어나는 온도를 변태점이라 하다.
4. 동소변태는 원자배열의 변화가 생기므로 상당한 시간을 요한다.
5. 자기변태는 원자배열의 변화가 없으므로 가열, 냉각시 온도변화가 없다.

순철의 성질은 다음과 같다.

1. 순철의 종류로는 암코철, 전해철, 카보닐철 등이 있으며 카보닐철이 가장 순수하다.
2. 항자력이 낮고 투자율이 높아 전기재료인 변압기, 발전기용 박판에 사용된다.
3. 단접성 및 용접성이 양호하나 유동성 및 열처리성이 나쁘다.
4. 상온에서 전연성 풍부하며 항복점, 인장강도가 낮고 연신율, 단면수축률, 충격값 및 인성은 높다.
5. 순철의 물리적 성질은 비중은 7.87, 용융점은 1,538℃, 열전도율은 0.18, 인장강도는 18~25 N/mm^2, 브르넬경도는 60~70 N/mm^2이다.

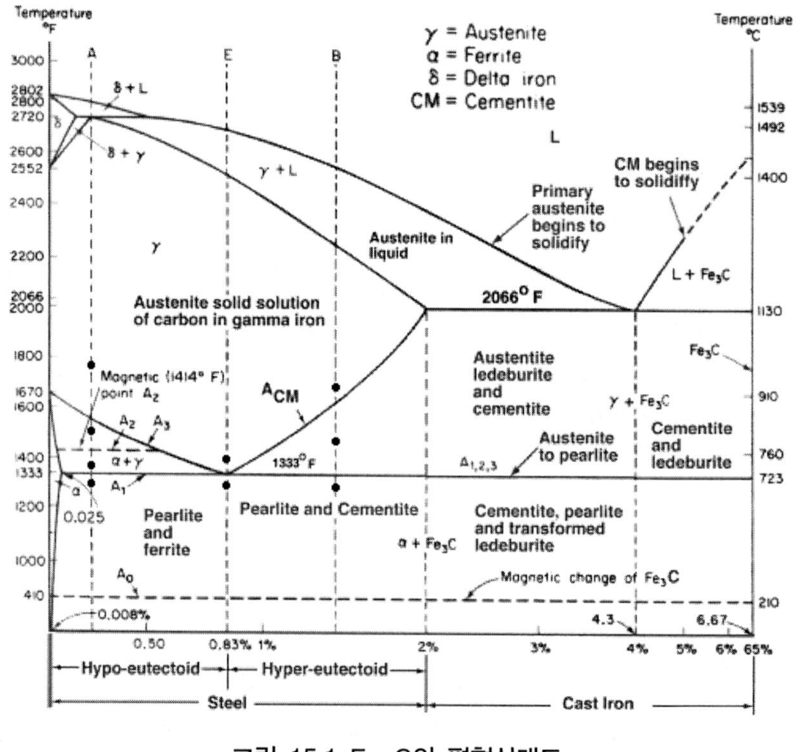

그림 15.1 Fe–C의 평형상태도

Fe-C 평형상태도는 720°C에서 A_1변태, 768°C에서 A_2변태, 910°C에서 A_3변태, 1400°C에서 A_4변태가 일어난다. A_2변태점 이하의 온도의 것을 α철, A_2변태점에서 A_3 변태점까지의 온도의 것을 β철이라 한다. 또 A_3변태점 온도에서 A_4변태점 온도까지의 것을 r철이라 하고 A_4로부터 용융점에 1536.5°C까지의 것을 δ철이라 한다. 그림 15.1은 Fe-C계의 평형상태도를 나타낸 것이다.

그림 15.1에 표시된 Fe-C계 상태도의 각 상태를 설명하면 다음과 같다.

A : 순철의 용융점 1538°C

AB : δ고용체(δ-Fe에 탄소 C가 고용된 고용체)의 액상선 B점은 0.51%C

AH : δ고용체의 고상선, H점은 0.077%C

HJB : 포장선 1493°C, 용액(농도B)+δ고용체(농도H) ⇔ r고용체가 되는 포정반응을 일으킨다.

BC : r고용체(r-Fe에 탄소 C가 고용된 고용체)에 대한 액상선

JE : r고용체의 고상선

N : 순철의 A_4변대점(1401°C), δ-Fe ⇔ r-Fe

HN : δ고용체가 r고용체로 변화하기 시작하는 온도, 강의 A_4변태가 시작되는 온도

JN : δ고용체가 r고용체로 변화를 마치는 온도, 강의 A_4변태를 종료하는 온도

CD : 시멘타이트(Fe_3C)에 대한 액상선, 시멘타이트가 석출하기 시작하는 온도

E : r고용체에 대한 C의 최대 용해도, C량 2.11%

C : 공정점(Eutectic point) 1132°C, E는 고용체가 F로 되는 시멘타이트가 액체로부터 동시에 정출하는 점, C량 4.3%

ECF : 공정선(1145°C), F점은 6.67%C

ES : r고용체로부터 시멘타이트가 석출하기 시작하는 온도

G : 순철의 A_3변태점, 910°C, r-Fe ⇔ α-Fe

GOS : r고용체로부터 α고용체(α-Fe에 탄소가 고용된 고용체)의 석출이 시작되는 온도, 강의 A_3변태가 시작되는 온도

GP : P점의 C량 0.02%, 이농도 이하의 r고용체로부터 α고용체의 석출이 완료되는 온도, 강의 A_3 변태를 완료하는 점

M : 순철의 A_2변태점. 자기 변태점

Mo : 강의 A_2변태점, 769°C

S : 공석점, 723°C, C량 0.85%, r고용체로부터 α고용체와 시멘타이트가 동시에 석출하

는 온도

s(r고용체) ⇔ P(α고용체) + K(Fe_2C)

P : 고용체에 대한 탄소의 최대 용해도를 가지는 점(0.025%)

PSK : 공석선, 강의 A_1변태점, 723°C

PQ : 다고용제에 대한 시멘타이트의 용해도 곡선, 상온에서 C의 용해도는 0.006%

그림에서 변태점은 다음과 같다.

1. A_0(210℃) : 시멘타이트의 자기변태점
2. A_1(723℃) : 순철에는 없고 강에서만 일어나는 특유한 변태
3. A_2(768℃) : 자기변태(Fe, Ni, Co)
4. A_3(912℃) : 동소변태
5. A_4(1,400℃) : 동소변태

그림에서 강의 표준조직(Normal structure)은 다음과 같다.

1. α고용체 : 페라이트(강자성체로 극히 연하고 전성과 연성이 크다. H_B=90)
2. r고용체 : 오스테나이트(A1점에서 안정된 조직으로 상자성체이고 인성이 크다. H_B=155)
3. Fe_3C : 시멘타이트(경도가 높고 취성이 크며 백색으로 상온에서 강자성체이다. H_B=820)
4. $\alpha+Fe_3C$: 펄라이트(Pearlite : 오스테나이트가 페라이트와 시멘타이트의 층상으로 된 조직. 강도는 크고 약간의 연성이 있다. H_B=225)
5. $r+Fe_3C$: 레데부라이트(상온에서 불안정하고 Fe3C는 흑연과 지철로 분해한다.)

그림에서 탄소함량에 따른 분류하면 다음과 같다.

1. 강
   ① 공석강 : C가 0.77% 포함된 펄라이트 조직을 말하며 그림 15.2는 공석강을 1,000배 확대한 현미경 조직을 나타낸 것이다.
   ② 아공석강 : C가 0.025~0.77% 포함된 페라이트와 펄라이트 조직을 말하며 그림 15.3은 아공석강의 1,000배 확대한 현미경 조직을 나타낸 것이다.
   ③ 과공석강 : C가 0.77+2.0% 포함된 펄라이트와 시멘타이트 조직을 말하며 그림 15.4는 과공석강의 1,000배 확대한 현미경 조직을 나타낸 것이다.

그림 15.2 공석강의 1,000배 확대한 현미경 조직

그림 15.3 아공석강의 1,000배 확대한 현미경 조직

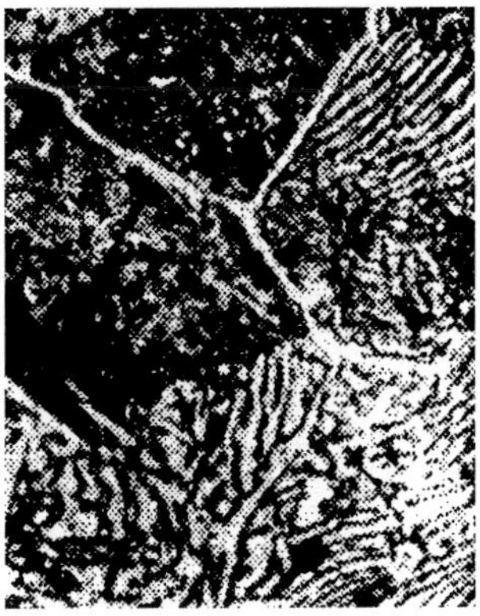

그림 15.4 과공석강의 1,000배 확대한 현미경 조직

2. 주철

① 공정주철 : 4.3%C(레데부라이트)

② 아공정주철 : 2.0~4.3%C(오스테나이트 + 레데부라이트)

③ 과공정주철 : 4.3~6.67%C(레데부라이트 + 시멘타이트)

상온의 탄소강을 가열하면A_1 변태점 이상의 온도에서는 펄라이트가 전부 오스테나이트 조직으로 변하고 냉각하면 냉각속도에 따라 각종 열처리 조직이 생기게 된다.

1. 서냉 조직

① 페라이트(Ferrite) : a 철에 탄소가 최대 0.02% 고용된 a 고용체이며, 흰색의 입상 조직으로 전연성이 크고, 순철에 가깝다. 강철 조직에 비해 경도와 강도가 작다.

② 펄라이트(Pearlite) : 0.77%의 오스테나이트가 727(℃)이하로 냉각될 때 크고 연성이 있다.

③ 시멘타이트(Cementite) : 철에 탄소가 6.67% 화합된 철의 금속간 화합물(Fe_3C)로 흰색의 침상이며 경도가 높고, 취성이 있다.

④ 소르바이트(Sorbite) : 서냉으로 된 조직으로 트루스타이트보다 A_1변태가 더 높은 온도에서 완료되어 경도가 작고, 질이 트루스타이트 보다는 연하나 매우 질기고 탄성이 큰 조직이다.

2. 급랭 조직

① 오스테나이트(Austenite) : R철에 탄소가 최대 2.11%고용된 R고용체로서, 실온에서는 존재하기 어려운 조직으로 인성이 크고 비자성체이며 급랭시킨 조직이다.

② 마르텐 사이트(Martensite): 급랭된 조직으로 침상조직을 형성하며 경도가 가장 큰 열처리 조직이다.

③ 트루스타이트(Troostite) : 오스테나이트를 냉각할 때 마르텐사이트를 거쳐 탄화철이 큰 입자로 나타나는 조직으로 α철과 탄화절의 혼합된 조직이다. 경도는 크나 마르텐사이트 보다는 작다.

그림 15.5는 탄소량에 따른 기계적 성질의 변화를 나타낸 것이다. 그림에서 탄소 함유량에 따라서 직선으로 변하는 것을 알 수 있다. 인장강도, 경도, 항복점은 탄소량의 증가와 함께 증가하고 연율 및 단면수축률은 감소한다.

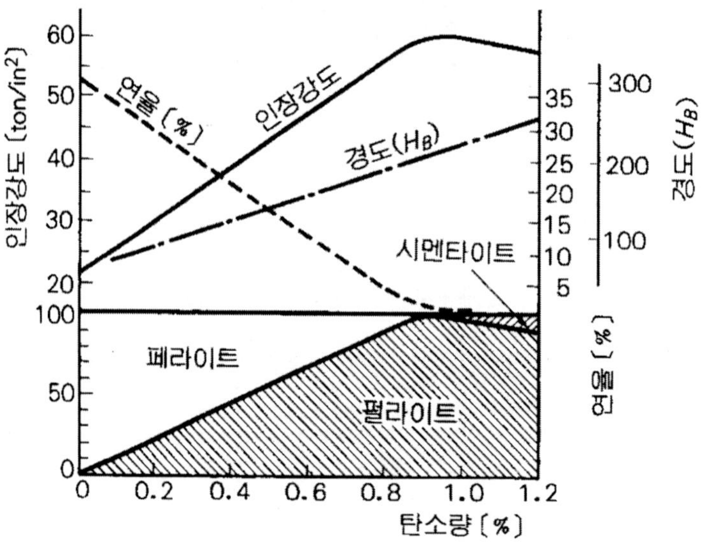

그림 15.5 탄소량에 따른 기계적 성질

15.3 열처리

물체의 상의 변화나 고체 내에서의 변태점을 측정하는 데에는 여러 가지 방법들이 있다. 열분석은 재료의 특성을 파악하는데 간편하기 때문에 많이 사용되고 있다. 금속 및 합금을 열분석 할 때는 온도계를 금속 및 합금 중에 넣고 일정한 속도로 가열 및 냉각하여 온도 시간곡선을 만들어 곡선상의 변곡점이 나타나는 것을 변태점으로 결정하였다.

물질에 있어 상의 변화가 생기면 성질에 관련된 변화가 일어난다. 고온에서 안정된 상이 저온에서 안정된 상보다 다량의 열에너지가 작용하기 때문에 상의 변화에 의해 에너지의 변화도 발생한다. 동일한 상태의 가열과 냉각을 할 때 상에 변화가 생기면 온도의 상승 및 강하속도에 지속구간이 생긴다. 열에 대한 변화점을 찾는 것을 열분석 곡선이라고 한다. 그림 15.6은 열분석곡선을 나타낸 것이다. 그림에서 온도가 떨어지면 액체 상태에서 바로 고체로 변하지 않고 지속되는 구간이 존재하게 된다. 지속되는 구간에 의하여 합금을 만들 수 있는 것이다.

그림 15.7은 합금과 조직을 나타낸 것이다. 2개의 금속성분이 용융되어 있는 상태에서는 서로 융합되어 균일한 액체를 형성하나 응고 후에는 금속 성분이 결정으로 되어 분리하며 2개의 금속성분이 기계적으로 혼합된 조직이 된다. 그림에서 탄소의 함유량에 따라 조직이 달라지는 것을 나타낸 것이다.

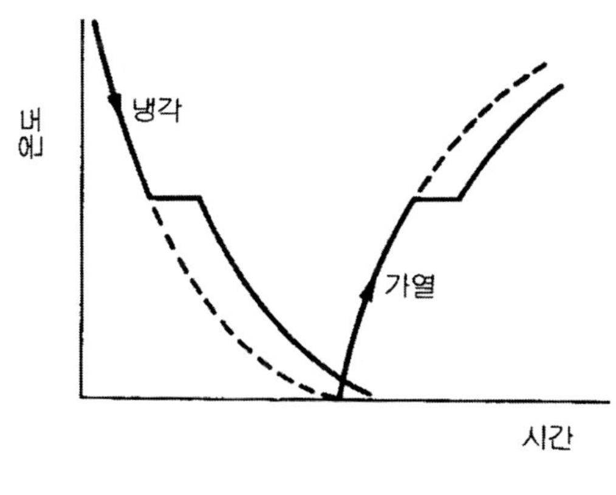

그림 15.6 열분석곡선

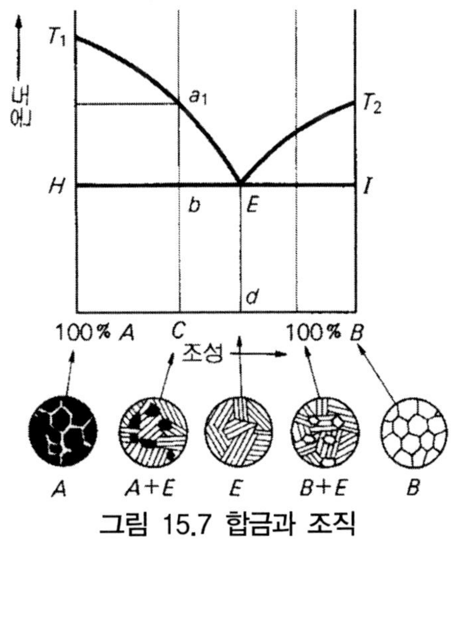

그림 15.7 합금과 조직

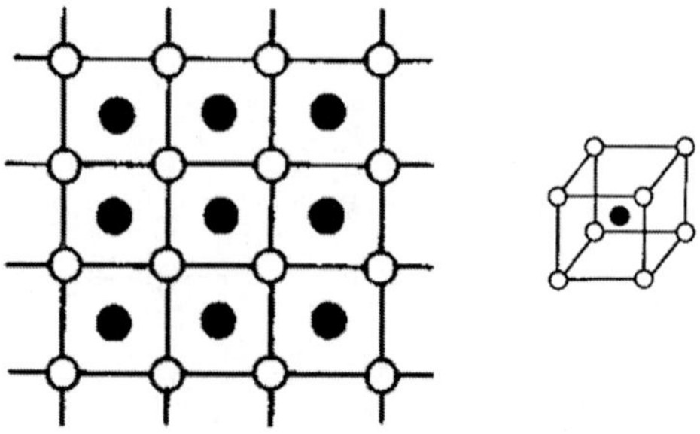

그림 15.8 침입형 고용체

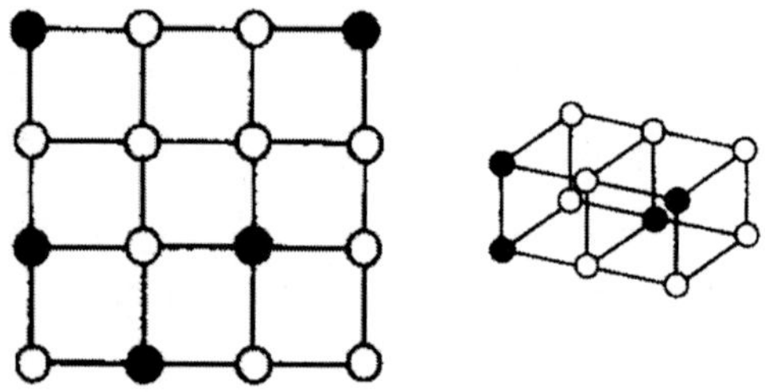

그림 15.9 치환형 고용체

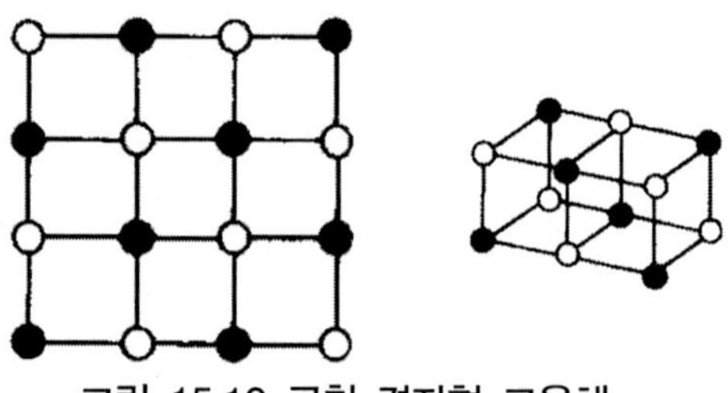

그림 15.10 규칙 격자형 고용체

한 성분의 금속 중에 다른 금속 성분이 혼합되어 용융상태에서 합금이 되었을 때 고체 상태에서도 균일한 융합상태로 되어 금속성분을 기계적인 방법으로는 구분할 수 없을 때 고용체라고 하며 고용체는 합금을 만드는 형태이다. 그림은 합금의 형태를 나타낸 것이다. 그림 15.8은 침입형 고용체, 그림 15.9는 치환형 고용체, 그림 15.10은 규칙 격자형 고용체를 나타낸 것이다.

그림 15.11은 온도시간곡선으로 냉각곡선이라고 한다. 그림 15.12는 온도조성곡선을 나타낸 것이다. 온도와 시간에 의하여 소재의 성분이 다르게 나타나는 것을 나타낸 것이다.

금속의 결정은 원자들이 규칙적인 원자모형으로 배열되어 있고 대부분의 금속은 입방체로 되어 있다. 외력이 원자격자의 탄성한도를 초과하여 작용하면 소성변형이 생긴

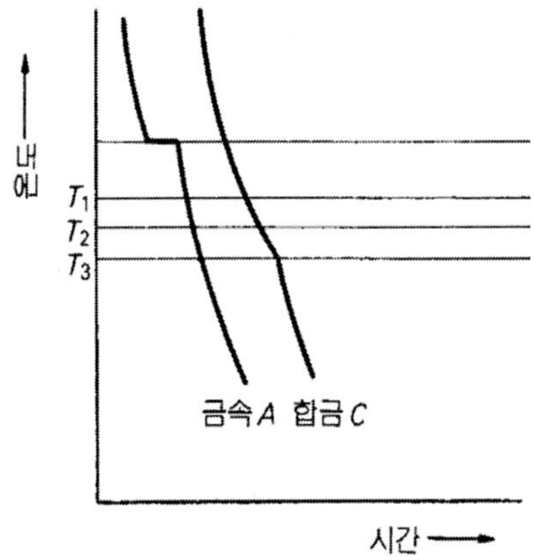

그림 15.11 온도시간곡선

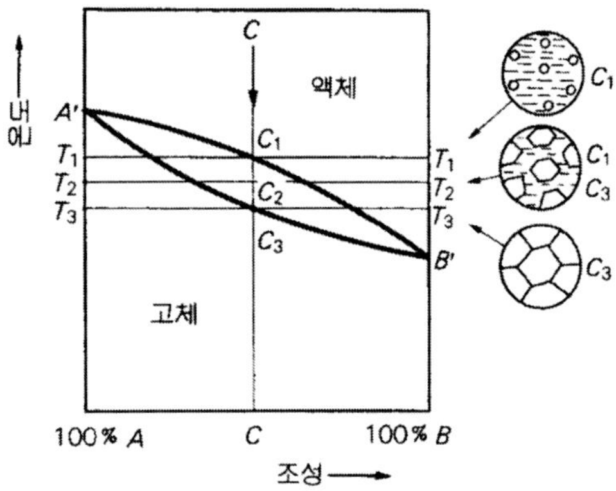

그림 15.12 온도조성곡선

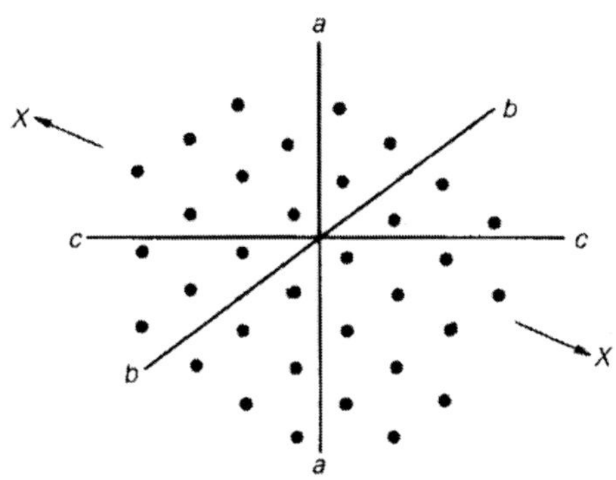

그림 15.13 결정내부의 경계면

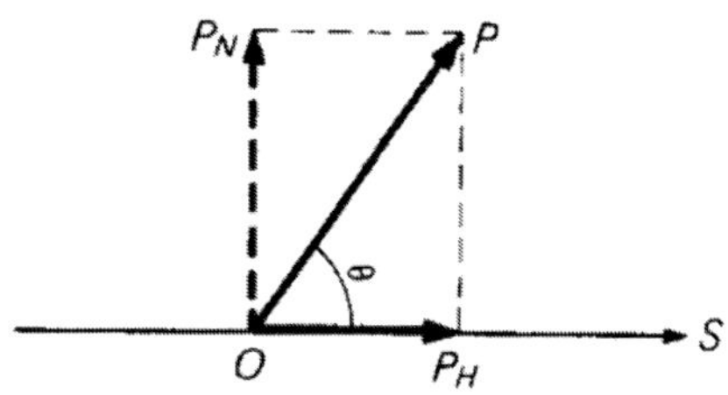

그림 15.14 힘의 분해

다. 그림 15.13은 결정내부의 경계면을 나타낸 것이다. 그림에서 결정내부 aa, bb, cc와 같은 원자의 대칭면으로 결정이 형성되었을 때 XX의 방향으로 하중이 작용하면 경계면을 따라서 재료는 슬립 현상에 의해 변형이 일어난다.

그림 15.14는 그림 15.13의 경계면에 작용하는 힘을 나타낸 것이다. 슬립의 방향은 하중 P에 대한 수직분력 및 수평분력에 의해 결정된다.

금속을 원하는 온도에서 가열과 냉각 등의 조작을 하여 특별한 성질을 주는 것을 열처리(Heat treatment)라고 한다. 열처리의 종류는 다음과 같다.

1. 계단열처리(Interrupted heat treatment)
2. 항온열처리(Isothermal heat treatment)
3. 심냉처리(Sub zero treatment)
4. 표면경화 열처리(Surface hardening)

계단열처리는 다음과 같은 방법이 있다.

1. 퀜칭(Quenching, 담금질) : 급랭시켜 재질을 경화한다.
2. 템퍼링(Tempering, 뜨임) : 담즐질한 것에 인성을 부여한다.
3. 어닐링(Annealing, 풀림) : 재질을 연하게 하고 균일하게 한다.
4. 노멀라이징(Normalizing, 불림) : 소재를 일정온도에서 가열한 후 공랭한다.

15.3.1 계단열처리

15.3.1.1 퀜칭(Quenching, 담금질)

담금질은 재료를 급랭하여 경화시켜서 기계적 성질과 조직을 조정하는 작업이다. 담금질의 목적은 경도를 크게 하기 위한 방법으로 탄소함유량에 따라 냉각 속도를 결정한다. 담금질 효과는 냉각속도의 영향을 받게 되며 냉각액과 밀접한 관계가 있다. 냉각액이 열처리에서 열을 빼앗는 속도는 액체의 비열, 열전도도, 점성, 휘발성에 따라 다르게 나타나며 온도에 따라서 다르게 나타난다.

탄소강, 텅스텐강 및 망간강 등에는 물을 사용하고 특수강에는 기름을 사용한다. 같은 재질의 열처리 조건이 동일 할 때에는 열처리 할 물건의 크기 및 두께 등이 열처리 효과에 영향을 준다. 담금질 할 때 재료의 두께에 따라 다르며 합금원소 등에 따라 재료의 내외부의 담금질 효과가 다르게 나타난다. 질량효과가 크고, 지름이 큰 것은 작은 것에 비하여 내부까지 경화시키기 어렵고 경화의 정도에도 차이가 생긴다.

담금질할 때 작업 중이나 담금질직후 및 담금질 후 얼마 되지 않아 균열이 생기는 경우가 많다.

담금질 균열은 다음과 같다.

① 담금 직후에 생기는 균열 : 외부는 급격한 냉각으로 인하여 수축이 생기나 내부는 냉각이 느려 나중에 펄라이트로 변하여 팽창되는 결과로 균열이 생긴다.

② 담금질 후에 생기는 균열 : 외부가 마르텐 사이트로 변하여 팽창하기 때문에 담금질 직후에 생기는 균열과는 반대로 나타난다.

담금질 온도가 높으면 미용해 탄화물이 없어 담금질이 잘된다. 그러나 담금질 온도가 높을 경우 결정입자가 크고, 거칠게 되며, 담금질할 때 균열과 변형의 원인이 된다. 또한 산화에 의한 스케일이 발생하고, 탈탄에 의해 담금질 효과가 떨어진다.

가열시간이 길면 재료의 산화에 의한 손실이 발생하고, 가열시간이 짧으면 내부응력이 발생한다. 산화방지를 위해 가열온도를 알맞게 하고, 가열로 속에 아르곤 가스, 질소 등을 넣어 산화가 발생하지 않는 분위기에서 가열을 하여야 한다. 합금원소가 많이 함유될수록 일반적으로 열전도율이 작고, 또한 확산속도도 느리므로 가열시간이 많이 걸린다. 탄소강의 두께에 따라 가열시간을 달리 적용하는데 두께 $25mm$의 탄소강은 가열시간 $1.0hr$, 유지시간 $0.5hr$를 적용한다. 두께 $50mm$ 탄소강은 가열시간 $1.0hr$, 유지시간 $0.5hr$를 적용한다. 두께 $75mm$ 탄소강은 가열시간 1.0~$1.5hr$, 유지시간 $1.0hr$를 적용한다.

담금질 방법에 따라 다음과 같이 분류된다.

1. 2단 담금질 : 열처리할 재료의 형상이 복잡하거나 크기 및 두께가 두꺼운 경우 내외부의 조직이 가열 및 냉각의 차이로 인해 담금질 효과가 달라질 수 있기 때문에 담금질 온도에서 냉각액 속에 일정시간 유지한 후 꺼내어 서냉시키는 열처리를 말한다.
2. 1단 담금질: 가열한 제품을 급랭 할 때 냉각을 불완전하게 하여 내부에 열을 보유시켜 그 열을 이용하여 외부의 과도하게 경화된 담금질 조직을 완화시킨다.
3. 프레스 담금질 : 담금질 변형이 우려되는 부품에 금형을 이용하여 가압한 상태로 유중 담금질하는 방법으로 톱날 등과 같은 얇은 제품의 담금질에 적합하다.
4. 분사 담금질 (Jet quenching) : 담금질 경화부분에 냉각액을 분사하여 급랭시키는 방법으로 균열이 방지된다.
5. 슬래그 담금질 (Slak quenching): 담금질 온도로 가열 유지후 절삭유, 원삭유 등의 수용액에 담금질하여 미세 펄라이트 조직을 얻는 방법이다.

냉각(Cooling)에 사용되는 냉각제는 보통 물 또는 기름이 많이 사용되며, 염수는 물보다 냉각능력이 크다. 냉각속도는 냉각제의 온도, 첨가물에 따라 다르며 일반적으로 교반할수록 커진다. 기름은 식물성 기름이 좋으나 산화에 의해 나빠질 수 있으며, 광물성은 오래 사용할 수 있지만 냉각속도가 느리다.

가열된 소재를 액체에 넣어 냉각시키면 다음과 같은 단계를 가지고 담금질 된다.

1. 제 1단계(증기막 단계) : 가열된 강재의 표면에 증기막이 생겨 열의 전도도가 작아지므로 냉각이 늦다.
2. 제2단계(비등 단계) : 강 표면은 직접 물과 접촉해도 전도와 대류에 의해 열이 방출되어 급속히 냉각된다.
3. 제3단계(대류 단계) : 온도가 저하되면 기포의 발생은 없고, 강의 온도와 물의 온도

차가 적어지므로 냉각속도가 다시 늦어진다.

가열한 재료는 다음과 같은 냉각 원칙을 따른다.

1. 긴 일감은 장축을 액면에 수직으로 담근다.
2. 두께가 불균일한 제품은 두꺼운 부분부터 냉각시킨다.
3. 냉각액 속에서 넣은 방향으로 교환한다.
4. 오목한 곳, 구멍이 막힌 곳이 위로 오도록 한다.
5. 얇은 일감은 액면에 수직으로 담그고, 수직방향으로 흔들어 굽힘과 변형을 방지한다.

재료를 담금질 할 때 질량이 작은 재료는 내외부의 온도차가 없으나 질량이 큰 재료는 열 전도시간이 길어 내외부의 온도차가 발생하고, 이로 인하여 내부온도의 냉각지연으로 담금질 효과를 얻기 곤란한 현상이 발생한다. 이를 질량효과라 한다. 질량이 큰 재료일수록 질량효과가 크며, 담금질 효과가 반감된다.

강재는 급랭으로 인해 체적이 급격히 팽창하며, 특히 오스테나이트로 변태할 때 가장 큰 팽창을 하고, 균열을 동반한다. 이와 같은 담금질할 때 발생되는 균열을 담금질 균열이라 한다. 담금질 균열은 내 외부의 팽창 정도의 차이 때문에 응력이 과대해져 발생한다. 담금질 균열은 담금질할 때 나타나는 균열과 담금질 후 약 2~3분 경과시 나타나는 균열로 나눌 수 있다. 담금질할 때 나타나는 균열은 담금질시 재료 표면이 급속한 냉각으로 인해 수축이 생기는 반면 내부는 냉각속도가 느려 펄라이트 조직으로 변하여 팽창하면서 이때 발생하는 내부응력에 의하여 생성된다. 담금질 후에 발생하는 균열은 담금질이 끝난 후에 생기는 균열로써 냉각에 따라 오스테나이트가 마르텐 사이트 조직으로 변할 때 체적 팽창에 의해 발생한다. 변화가 동시에 일어나지 않고, 내부와 외부가 시간적인 차이를 두고 일어나기 때문이다.

담금질 균열에 대한 방지법을 다음과 같다.

1. 급랭을 피하고, 250℃부근에서 서랭하여 마르텐사이트 변태를 진행시킨다.
2. 담금질 후 즉시 뜨임 처리한다.
3. 부분적 온도차를 적게하고 부분단면을 일정하게 한다.
4. 구멍이 있는 부분은 점토, 석면으로 메운다.
5. 가능한 수냉보다 유냉을 선택한다.
6. 재료의 슬래그를 제거하여 담금액과의 접촉을 잘되게 한다.

15.3.1.2 템퍼링(Tempering, 뜨임)

담금질한 강철은 경도가 크지만 반면 취성이 있다. 따라서 경도가 줄더라도 인성이 필요한 기계 부품은 담금질한 강철을 다시 가열하여 인성을 증가한다. 담금질한 강철을 변태점 이하에서 가열하여 인성을 증가시키는 조작을 뜨임이라고 한다. 뜨임을 하면 담금질할 때 생긴 내부응력이 감소 및 제거 되고 불안정한 조직이 온도에 따라 비교적 균일하고 안정된 조직으로 변한다. 뜨임온도는 강제의 표면에 생기는 산화막이 온도의 차이에 따라 변화하므로 표면피막의 정도를 뜨임색으로 판단하기도 한다. 뜨임은 연화와 인성을 얻기 위한 처리이나 충격값이 연화에 비례하지 않고 저하하는 경우를 뜨임 취성이라고 한다. 뜨임취성은 다음과 같다.

① 저온뜨임취성 : 뜨임온도가 200℃ 가량까지는 충격값이 증가하나 200~300℃에 있어서 낮은 값이 나타나는 현상이다.

② 뜨임 시효취성 : 600℃ 부근에서 뜨임을 할 때 시간의 경과에 따라 충격값이 낮아지는 현상이다.

③ 뜨임 서냉취성 : 550~650℃에서 뜨임한 후 서냉하면 기름냉각 및 수냉한 것보다 취성이 더 크게 나타나는 현상을 말한다.

④ 시효 : 고온에서의 급랭을 고용화처리, 석출을 위한 가열을 시효(Ageing)라고 하는데 시효로서 경화시키는 것을 시효경화라고 한다.

15.3.1.3 어닐링(Annealing, 풀림)

풀림은 탄소강을 연화시킬 목적으로 소재를 재료에 따른 온도까지 가열하고, 온도를 유지한 후 서랭시키는 열처리법이다. 단조, 주조, 기계가공에서 생긴 내부응력을 제거하고, 열처리에 의해 경화된 재료, 가공경화된 재료를 연화시키는 것을 풀림이라 한다. 풀림은 재료의 기계적 성질, 절삭성을 개선하며 조직이 균일화된다. 그리고 내부조직을 개선시키고, 담금질 효과를 향상시킨다. 또한 소재의 경도를 감소시키고, 인성을 증가시켜 연화 효과를 얻을 수 있다.

풀림은 A_1 변태점 이하로 재료를 가열하는 저온풀림과 A_1 변태점 이상으로 가열하는 고온풀림이 있다. 또 저온 풀림은 응력제거 풀림, 연화 풀림, 구상화 풀림 등으로 나누어지며, 고온 풀림은 완전 풀림, 확산 풀림 등으로 나누어진다.

단조작업을 한 강철 재료는 고온에 가열하여 작업하게 되기 때문에 조직이 불균일하고 경도가 높다. 조직을 균일하게 하고 상온가공에 의한 내부응력을 제거하기 위한 열처리를 풀림이라고 한다. 풀림 열처리의 목적은 다음과 같다.

① 단조, 주조, 기계가공에서 생긴 내부응력을 제거한다.
② 열처리로 인하여 경화된 재료를 연화시킨다.
③ 소성가공 및 공작에서 경화된 재료를 연화시킨다.
④ 금속결정 입자의 조정이 가능하다.

냉각된 재료의 풀림온도와 성질의 관계를 표시하면 다음과 같다.

① 내부응력은 재결정 온도까지 상승한다.
② 강도, 경도는 재결정 온도에서 감소한다.
③ 연율 및 단면수축률은 증가한다.
④ 결정입도는 풀림온도 상승과 더불어 결정의 회복, 재결정, 결정의 입자성장 등의 3 단계의 변화가 생긴다.

15.3.1.4 노멀라이징(Normalizing, 불림)

강주물은 조직이 거칠고 압연한 재료가 불균일한 것을 제거하기 위하여 하는 열처리를 불림이라고 한다. 저탄소강의 조직을 미세화하여 절삭성과 드로잉의 성질을 증가 시키는 것이 불림의 목적이다. 불림처리는 재료의 내외가 균일하게 냉각되어야 하며 질량효과가 적어야 된다. 탄소강에서는 질량효과가 크지만 대형재도 균일하게 할 수 있다.

불림은 압연이나 주조한 강괴의 불순물이 편석 등 균일한 조직을 갖지 못하게 급랭에 의한 결정립의 조대화로 인해 정상적인 조직을 갖게 할 필요가 있을 때 실행한다. 불림은 입자조직을 균일하게 하고, 내부응력을 제거하여 물리적 성질을 적정하게 하기 위한 열처리이며, A_3 및 Acm선 이상 30~50℃온도로 가열하여 적정시간 동안 균일한 오스테나이트로 유지시킨 후 바람이 없을 때 대기 중에서 서냉시키며, 표준 조직이 얻어지므로 표준화 열처리하고도 한다.

불림은 응고속도 또는 가공도의 차이에 따라 발생된 불균일한 조직의 국부적인 차이를 해소하고, 내부응력을 제가하며 기계적, 물리적 성질을 표준화시킨다, 또한 결정립을 미세화 시켜서 강도증가를 꾀하고, 담금질이나 완전 풀림을 위한 예비 처리로서 균일한 오스테나이트를 만든다. 저탄소강의 기계 가공성을 개선하여 절삭성을 향상시키고, 결정입자의 조정 및 변형을 방지한다.

불림 처리를 한 강의 특징은 다음과 같다.

1. 단강품 : 가공 등에 의한 잔류응력이 제거되고, 결정립이 미세화 함으로써 강도와

인성이 증가된다. 단강품은 일반적으로 불림 및 풀림을 하여 사용하며, 불림을 통해 강도를 증가할 수 있다. 단강품의 불림 처리시 가열온도가 너무 높으면 결정립이 성장하고, 이에 따라 강도와 인성이 저하될 수 있으므로 유의해야 한다.

2. 주강품 : 주강품의 불림처리는 주강품에 발생한 편석이나 조대화된 결정립을 미세한 펄라이트 조직으로 바꾸어준다. 편석이 심한 경우는 불림 온도를 높이고 유지시간도 지속해야 된다.

그림 15.15, 그림 15.16, 그림 15.17은 열처리 방법을 나타낸 것이다.

1. 일반 불림처리 : 강을 30~50℃정도 높은 온도로 가열하여 균일한 오스테나이트로 만든 다음 대기 중에서 서냉한다.
2. 2단 불림처리 : 두께가 75mm이상 되는 대형 부품이나 고탄소강의 백점 또 내부 균열을 방지하거나 구조용강의 강인성을 회복시키기 위하여 550℃까지 공냉 후 노내에서 서냉시킨다.
3. 항온 불림처리 : 저탄소 합금강의 피삭성을 향상시키기 위하여 550℃에서 등온 변태시키고 공냉한다.

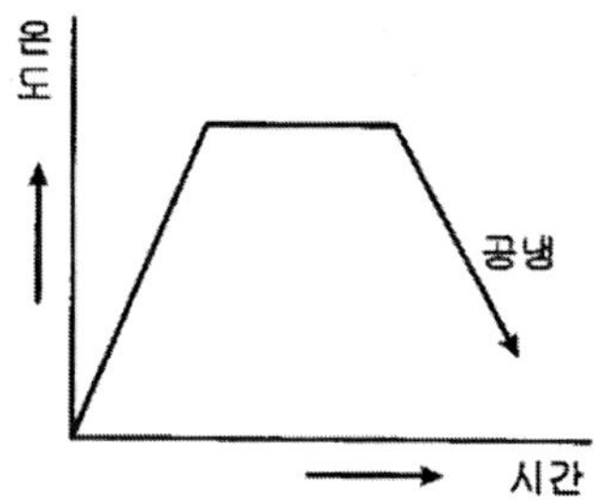

그림 15.15 일반 노멀라이징

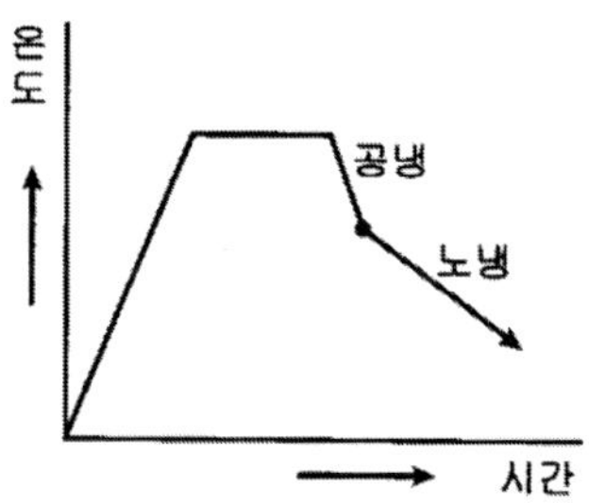

그림 15.16 2단노멀라이징

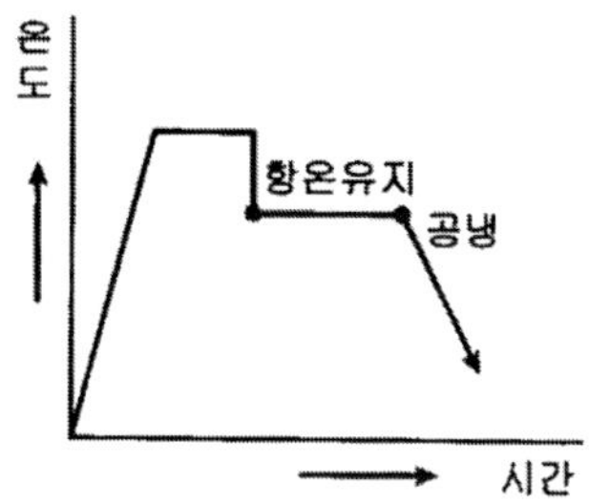

그림 15.17 항온노멀라이징

15.3.2 항온 열처리

항온 열처리(Lsothermal heat treatment)는 소재를 어느 온도에서 일정시간 유지하여 변태를 완료시키는 것으로 다른 열처리에 비하여 연속적인 작업을 할 수 있어 빠르고 능률적이다. 물질과 뜨임을 같이 할 수 있으며, 담금질 균열을 방지할 수 있어 경도와 인성이 동시에 요구되는 공구강, 합금강의 열처리에 주로 이용된다.

항온 냉각 변태 곡선(T.T.T곡선)은 항온 변태 때의 변태 개시 점과 변태 완료 점을 시간과 온도와의 관계로 나타낸 곡선으로 S자 모양을 하고 있어 S곡선이라고도 부른다.

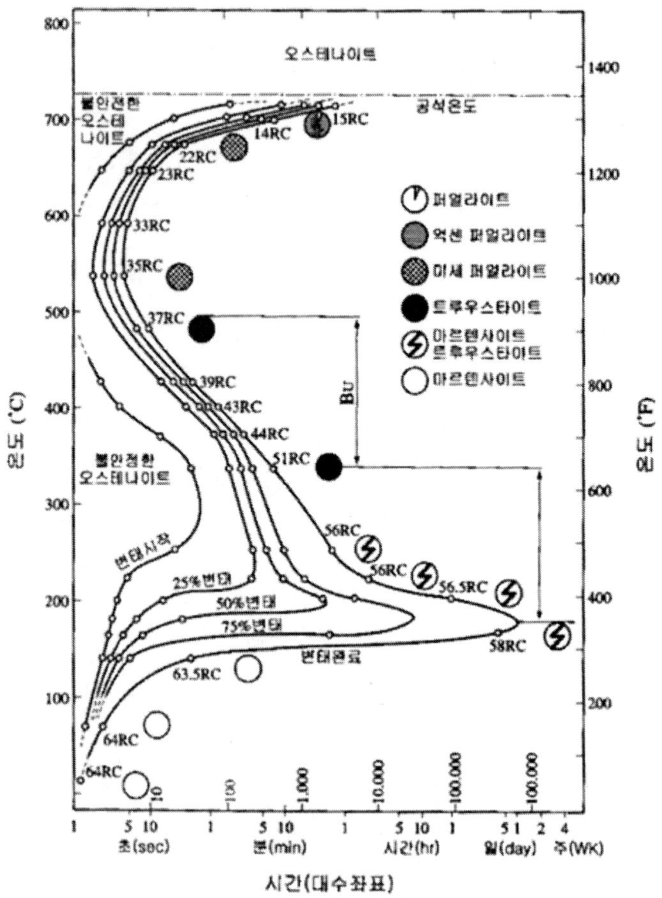

그림 15.18 항온냉각변태곡선

그림 15.18은 항온냉각변태곡선이라고 한다.

그림에서 마르텐사이트와 트루스타이트의 중간 조직으로 열처리에 따른 변형이 적고, 강도와 인성이 크다. 트루스타이트보다 경도가 높고, 질기며, 소르바이트보다 점섬이 강하다. S곡선의 돌출부는 약560℃ 부근으로 급속히 변태가 완료되어 변태속도가 최대인 부분이다. 강의 전조직을 마르텐사이트로 할 수 있는 냉각 속도인 임께 냉각속도(Critical cooling rate)가 있는 부분으로 최저 냉각속도를 나타낸다. 변태 개시온도가 늦어지면 탄화물 고용이 완전해지고, 변태속도가 늦어짐에 따라 담금질성이 향상된다.

항온 열처리의 종류는 다음과 같다.

1. 마르퀜칭 : 오스테나이트 구역에서 마르텐사이트 개시 온도(Ms) 점 바로 위 온도까지 염욕에 담금질 냉각하고, 항온 유지하여 강의 내외부 온도가 동일해지면 꺼내어 공냉하면 마르텐사이트 변태를 일으키게 된다. 수중 담금질에 비해 경도가 다소 낮

으나, 내외부가 거의 동시에 마르텐사이트 조직으로 변한다. 그리고 담금질 균열, 변형이 생기지 않는 것이 최대의 장점이다. 합금강, 고탄소강, 게이지강, 침탄강의 담금질에 적합하다.

2. 오스템퍼 : 강도와 인성이 우수한 베어나이트 조직을 얻을 수 있으며, 공구와 같은 소형부품의 열처리에 이용된다. 담금질성이 풍부하며, 균열 및 변형이 적다.
3. 마르템퍼 : 오스템퍼보다 낮은 온도인 100~200℃에서 열욕 또는 염욕에 담금질하여 과냉 오스테나이트가 변태를 완료할 때까지 항온 유지한 후 꺼내어 공냉하는 열처리로서 마르텐사이트 조직이 된다. 경도와 인성이 크며, 충격값이 커진다. 정밀기계부품 및 복잡한 형상의 부품 열처리에 이용되고 항온 변태 시간이 길어 대형부품의 열처리에는 부적당하다.
4. 항온 뜨임(Isothermal tempering) : 열욕에 넣어 유지시킨 후 공냉하여 마르텐사이트 조직을 얻는다. 마르텐사이트 내에 일부 베어나이트 조직을 얻기 때문에 베어나이트 템퍼링이라고 한다. 뜨임에 의해 2차 경화되는 고속도강이나 공구강 등의 열처리에 효과적이다.
5. 등온 풀림(Isothermal annealing) : 풀림온도로 가열한 강재를 S곡선의 노이즈(nose) 부근 온도인 600~650℃에서 항온 변태시킨 후 공냉시킨다. 펄라이트 변태가 비교적 빠른 속도로 진행된다. 처리시간이 단축되고, 연속작업에 의한 대량생산이 가능하며, 공구강, 합금강 등 자경성의 강에 적합하다.

15.3.3 심냉 처리

심냉 처리(Sub zero treatment)는 담금질시 탄소량이 많고, 냉각속도가 늦으면 잔류 오스테나이트의 양이 많아지며, 담금질 경도의 저하, 치수 불안정, 연마 균일 등의 문제점이 생기므로 담금질한 강의 경도를 증대시키고, 시효 변형을 방지하기 위하여 0℃ 이하의 온도로 냉각하여 잔류 오스테나이트를 마르텐사이트로 만드는 처리를 말한다. 심냉 처리는 강을 강인하게 만들며, 공구강의 경도 증대, 성능향상을 도모할 수 있다. 게이지류 등 정밀기계 부품의 조직을 안정화시킬 수 있으며, 시효에 의한 형상 및 치수 변형을 방지하고, 침탄층을 경화시킬 수 있다. 또한 스테인레스 강의 기계적 성질을 향상시킨다.

담금질 후 바로 심냉 처리를 실행하며, 균열방지를 위해 급랭을 피한다. 제품 크기가 크거나 두께가 두껍고, 불균일한 것은 심냉 전에 100℃의 물속에서 1시간 정도 풀림

처리하며, 심냉 온도에서 충분히 유지 후 상온으로 되돌려야 균열이 방지된다. 심냉 처리시 유지시간은 보통 25mm당 30분 정도이다. 심냉 처리 온도로부터 상온으로 되돌리는 데는 공기 중에 방치하는 자연 해동 방법도 있지만 작업성이나 잔류 응력 해소를 위해 수중에 투입하여 급속해동 시키는 것이 좋다.

심냉 처리에 사용하는 냉매는 다음과 같다.

1. 드라이아이스: 단열재가 내장된 스테인리스 용기 속에 드라이아이스와 에테르를 넣어 -78℃로 유지하여 제품을 침적한다.
2. 액체 질소: -196℃에서 처리가 가능하므로 초 심냉 처리라고 부르며, 액체 질소의 공급방법에 다라 액체법과 액체질소를 분사시켜 사용하는 가스법이 있다.

15.3.4 표면경화 열처리

화염경화 열처리는 독일에서 개발되어 널리 적용되고 있다. 산소 아세틸렌가스로 강철 표면을 급속하게 가열한 후 담금질하여 표면경화를 하는 방법이다. 대형 구조물의 열처리 경화에 사용된다. 그림 15.19는 대형기어의 냉각에 사용되는 방법으로 치형 안쪽 까지 냉각할 수 있는 방법이며, 그림 15.20은 원형다이를 회전시키면서 냉각하는 방법이고, 그림 15.21은 긴축의 재료를 담금질 링이 이동하면서 물을 분사하는 원리를 사용한다.

고속도강은 탄소강에 크롬, 텅스텐, 코발트, 바나듐 등이 첨가된 합금강으로서 500~600℃의 고온에서도 경도가 저하되지 않고, 내마멸성이 커서 고속절삭 작업이 가능하다. 고속도강은 담금질 한 후에 뜨임을 적적히 함으로써 경도를 높일 수 있으며, 550~580℃에서 뜨임하면 경도가 더 커지는 2차 경화가 나타난다. 고속도강은 주조 또는 단조상태의 조직과 내부응력을 개선하기 위해 풀림을 수행한다.

고속도강의 담금질은 다음과 같이 한다.

1. 고속도강은 합금원소의 영향 때문에 2단 예열을 충분히 행한다.
2. 담금질 온도는 125~1350℃에서 행하며, 조직은 마르텐사이트가 형성된다.
3. 고속도강의 가열은 염욕가열이 사용되며, 자경성이 좋아 공냉에서도 충분히 경화되지만 산화피막을 억제하기 위해 300℃까지 유냉 후 꺼내어 공냉하는 것이 좋다.

고속도강의 담금질시 유의사항은 다음과 같다.

1. 일반적인 열처리보다 고온에서 행하므로 오스테나이트화 온도조절과 탈탄에 유의해야 한다.

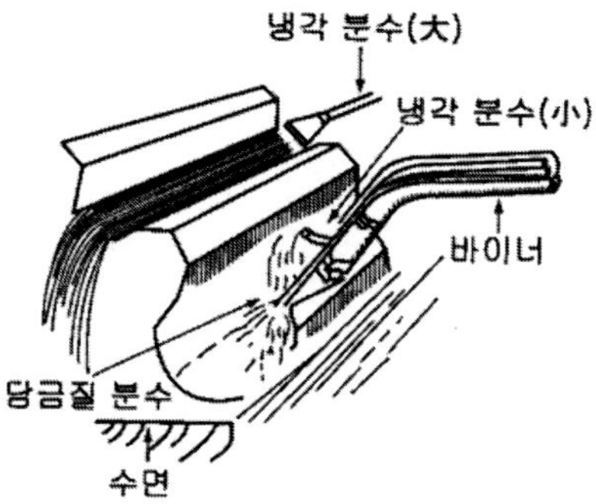

그림 15.19 대형기어의 화염경화

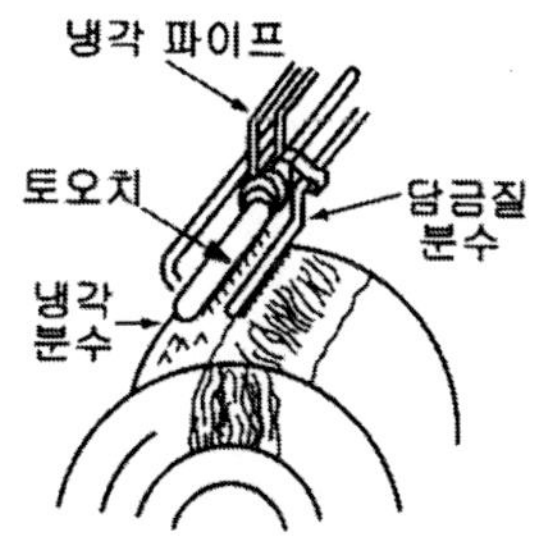

그림 15.20 원형다이의 화염경화

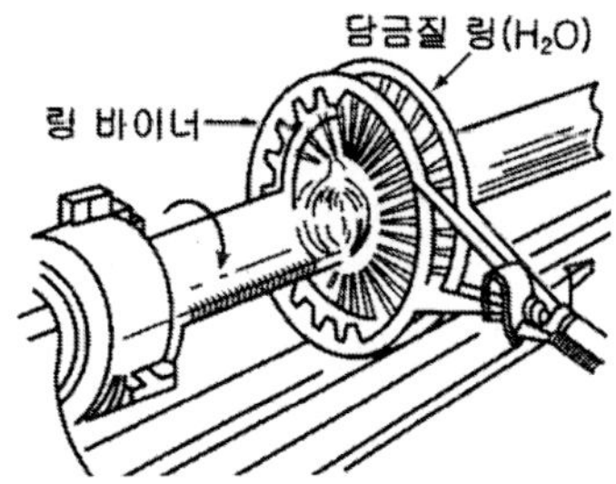

그림 15.21긴축의 화염경화

2. 탈탄층이 있을 경우 제거하지 않으면 균열이나 변형의 원인이 된다.
3. 고속도강은 열전도율이 낮으므로 2단 예열하며, 담금질 온도에서도 일정 시간 유지하여 균열 발생을 방지한다.

고속도강의 뜨임은 다음과 같다.

1. 고속도강의 절삭내구력을 향상시키기 위하여 2~3회의 뜨임이 필요하다. 열처리시 잔류 오스테나이트는 540~580℃의 뜨임 온도에서 1~2시간 유지한 후 냉각할 때 마르텐사이트로 변태하며, 2차로 생선된 마르텐사이트에 인성을 주는 재 뜨임이 필요하다.
2. 1차 뜨임의 경도가 필요한 경도에 도달했으면, 2차 뜨임은 1차 뜨임 보다 10~30℃ 정도 낮은 온도에서 실시한다.

고속도강을 뜨임할 때 유의할 사항은 다음과 같다.

1. 뜨임 후 급랭하면 균열이 발생하므로 노 내에서 서냉시킨다.
2. 뜨임 온도가 600℃이상이면 경도가 급감하므로 온도조절에 유의한다.

고속도강의 풀림 온도는 820~860℃이며, 풀림온도에서 5~8시간 유지한 후 20℃/h의 냉각속도를 600℃까지 노냉하여 변태가 끝난 후 꺼내어 공냉시킨다. 조직은 소르바이트에 산화물이 산재된 조직이다. 풀림시 유의 사항은 자경성이 크므로 풀림 후 서냉한다.

열처리를 위한 설비에는 가열로, 냉각장치, 고온계 등이 있다. 열처리로는 열원에 따라 석탄, 중유, 가스 등을 연소하여 열을 얻는 연소식과 전기 저항열을 이용하는 전기로로 분류된다. 냉각장치는 냉각액을 잘 순환할 수 있게 하여 온도를 일정하게 유지하는 것이 필요하며 가능하면 냉각조를 크게 한다.

가열로의 구비조건을 다음과 같다.

1. 온도조절이 용이해야 한다.
2. 노내의 온도 분포가 균일해야 한다.
3. 간접가열로 산화 및 탈탄 등이 없어야 한다.

가열로의 종류 및 특징은 다음과 같다.

1. 분위기로 : 일산화탄소, 탄산가스, 메탄, 질소, 수증기 등의 혼합가스를 이용해 산화, 탈탄을 방지하며, 전기를 열원으로 사용한다. 스테인레스강, 공구강의 담금질 등에 이용된다.
2. 진공로 : 진공로는 진공 중에서 가열하는 것으로 열손실이 적고, 단시간에 온도가 상승되며, 전기를 열원으로 한다. 특징은 산화와 탈탄이 없고 표면에 이물질 흡착이 없어 열처리 표면이 깨끗하다. 또한 변형이 적고, 후공정을 생략 할 수 있으며, 고급 열처리에 이용된다.
3. 염욕로(Salt bath) : 중성, 환원성의 용융염 중에서 강철을 열처리하여 결정입자의 조대화를 방지하며, 가열로뿐만 아니라 냉각로에도 사용되나 부력 때문에 가열물의 취급이 곤란한 경우가 있다. 특징은 산화 및 탈탄이 방지되며, 온도조절이 용이하다는 것이다. 또한 균일하게 가열되어 변형이나 균열의 가능성이 없고, 가열시간이 대류나 복사에 의한 것보다 빠르다. 노의 설비비가 저렴한 장점을 가지고 있다.

열처리시 온도측정에는 열전대식 고온계가 많이 사용되며, 사용온도에 따라 열전대의 화학성분이 다른 것을 사용한다. 그 외에도 전기 저항식 온도계와 광고온계 및 방사온도계 등을 사용한다.

1. 열전대식 온도계 : 이종금속 간에 발생하는 기전력이 전류 차에 의해 측정한다. 측정범위가 0~1800℃이고, 정밀도가 좋으며, 자동제어 및 기록이 가능하다. 또한 저렴하고, 일반 열처리로에 이용된다.

2: 전기저항식 온도계 : 저항선의 온도저항이 변하는 것을 이용해 전기력으로 측정한다.

측정범위는 -200~500℃이고, 정밀도가 좋으며, 자동제어 및 기록이 가능하다. 하지만 고온 측정이 불가능하고, 가격이 비싼 단점을 가진다.

3. 광고온계 : 광고온계는 적색방사선을 기준으로 계기 내에 있는 표준 필라멘트와 그 밝기의 비로 측정한다. 측정범위는 700~2000℃이고 저온 측정이 불가능하며, 보정 및 기록, 제어가 어려운 단점이 있고, 직접 물체 측정용이나 단조용 가열로에 많이 이용된다.
4. 방사 온도계 : 물체가 발하는 방사에너지를 열전쌍에 연결시켜 측정한다. 측정범위는 800~2000℃이고, 저온측정이 불가능하며, 보정을 필요로 하고, 시험용으로 많이 사용된다.

15.4 표면경화

기계의 축, 기어 캠 등의 부품은 강도, 인성뿐만 아니라 접촉부의 내마멸성이 있어야 한다. 따라서 표면의 내마멸성을 향상시키기 위하여 표면은 경화시키고, 내부는 충격에 견딜 수 있도록 인성을 부여하는 열처리를 표면경화법(Surface hardening)이라 한다. 담금질, 뜨임의 소재는 고탄소강을 사용하므로 경도는 증가하지만 인성이 문제가 되므로 표면 경화용 소재는 저탄소강을 사용하여 경화처리변형과 균열을 감소시킨다.

표면경화법은 물리적 표면경화와 화학적 표면경화가 있고 다음과 같다.

1. 물리적 표면경화 : 강의 표면에 화학조성을 변화시키지 않고, 단지 열처리 등의 물리적 수단에 의해 표면의 조직만을 변화시켜서 경화층을 얻는 방법으로 재료는 담금질에 필요한 탄소를 함유해야 한다.
2. 화학적 표면경화 : 강의 표면층에 여러 가지 원소들을 확산 침투 시켜서 표면 조성의 변화에 의한 경화층을 얻는 방법이다. 강의 표면 처리법에는 표면경화법 외에도 가공 열처리, 탄화물 피복법, 증착법 및 금속 용사법, 그리고 금속침투법 등이 있다.

15.4.1 물리적 표면경화법

화학적 표면경화법과는 달리 강의 표면에 화학 조성을 변화시키지 않고, 열처리 등을 통해 표면 조직만을 변화시키는 방법으로 화염 경화법, 고주파 정화법, 쇼트 피닝법, 하드페어싱 등이 있다.

1. 화염 경화법(Flame hardening) : 산소-아세틸렌 가스불꽃을 이용하여 강표면을 급속 가열한 후 담금질 온도에 이르렀을 때 냉각수로 급랭시켜 표면층만을 경화시키는 열처리 방법이다. 부품의 크기와 형상의 제약이 적으며, 국부 열처리가 가능하고, 설비비가 저렴하다. 담금질 변형이 적으나 가열온도 조절이 어려운 단점이 있다. 처리방법은 다음과 같다.
   ① 소재 및 가열 : 소재는 0.4~0.6%의 탄소가 함유된 강이 좋으며, 산소-아세틸렌의 혼합비는 1:1의 중성불꽃이 가장 좋다. 토치 불꽃수와 이동속도에 따라 재료 내부의 열전달 깊이가 다르며, 경화층 깊이도 다르게 된다.
   ② 냉각 방법 : 냉각수조(Cooling tank)에 담그는 방법은 담금질 온도가 높아지기 쉬우며, 담금질 균열이 발생하기 쉽다. 분사장치에 의한 냉각은 일반적으로 가장많이 이용되는 방법이며 순환되는 물속에 소재를 넣고 가열하는 방법은 선반 베트 등의 열처리법으로 담금질 균열 가능성이 낮은 특징이 있다. 후처리 후 인성의 개선과 잔류 응력 제거를 위한 템퍼링 처리한다.
2. 고주파 경화법(Induction hardening) : 소재에 장치된 코일 속으로 고주파 전류를 흐르게 하면 소재 표면에는 맴돌이 전류 (Eddy current)가 유도되며, 이로 인해 발생한 고주파 유도열이 소재 표면을 급속 가열시키고, 가열된 소재를 급랭시키면 소재 표면이 담금질되어 경화되는 경화법이다. 급속 가열에 의해 가열시간이 짧아 산화 및 변형이 적으며, 열효율이 높고 대량생산이 가능하다. 유지비가 적게 들고, 균일가열 및

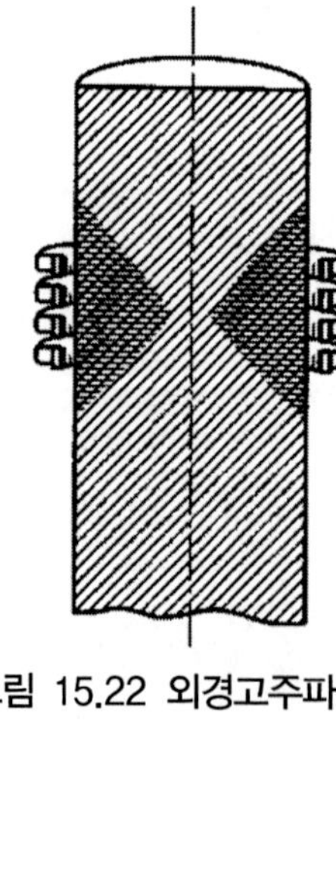

그림 15.22 외경고주파경화

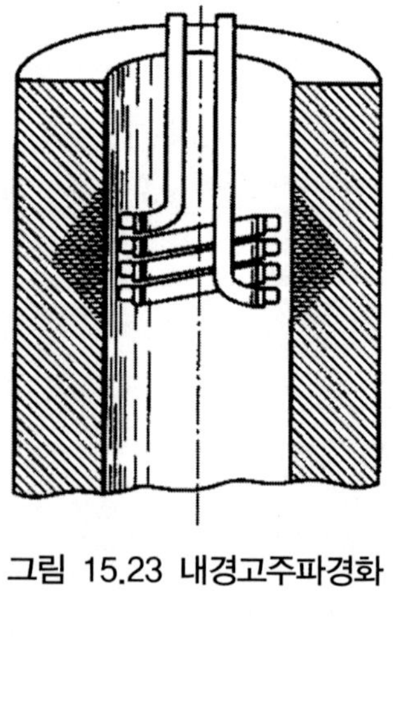

그림 15.23 내경고주파경화

온도 제어가 용이한 특징을 가진다. 하지만 시설비가 고가이고, 부품의 형상과 소재가 제한적이다. 고주파 경화법에서는 주파수가 클수록 유도 전류가 표면 주위에만 집중되어 흐르는 현상이 발생하는데 이를 표피효과라 한다. 주파수가 클수록 경화 깊이는 얇아지고, 주파수가 작으면 경화 깊이는 깊어진다. 그림 15.22는 외경고주파 경화, 그림 15.23은 재품의 내경에 고주파를 이용하여 경화시키는 것이다.

3. 쇼트 피닝(Shot peening)법 : 소재 표면에 강이나 주철 소재의 작은 입자 0.5~1.0 *mm*를 고속으로 분사시켜 가공경화에 의해 표면의 경도를 높이는 방법이다. 피로 한도가 현저히 증가되는 특징을 가진다.
4. 하드 페이싱(Hard facing) : 소재의 표면에 스텔라이트나 경합금을 용접 또는 압접으로 융착시켜 표면에 경화층을 형성하난 빙법이다.

15.4.2 화학적 표면경화법

물리적 표면경화법과 달리 강의 표면층에 여러 가치 원소들을 확산 침투시켜서 표면 조성의 변화에 의한 경화층을 얻는 방법으로 침탄법, 청화법, 질화법 등이 있다.

1. 침탄법 : 탄소의 함유량이 0.2%이하의 저탄소강의 표면에 탄소를 침투시켜 고탄소강으로 만든 후 이것을 열처리하여 경화시키는 방법을 침탄이라 한다. 침탄처리를 할 때 내부는 저탄소강으로 담금질 경화가 일어나지 않지만, 외부는 고탄소강 조직으로 인하여 표면 경화된다. 침탄시에는 전용 침탄로를 많이 사용하고 있으며, 침탄과 동시에 경화를 일으키는 열처리를 병행하고 침탄법에는 고체 침탄법, 액체 침탄법, 가스 침탄법 등이 있다.

① 고체 침탄법(Solid carburizing) : 철재의 침탄상자에 고체 침탄제와 침탄 촉진제를 넣고, 밀폐한 후 가열 유지하여 저탄소강 표면에 침탄층을 얻는 방법이다. 침탄제는 목탄, 코스코 등을 사용하고, 침탄 촉진제로는 탄산바륨($BaCo_3$)을 사용한다. 가열온도는 900~950℃에서 4~5시간 유지한다. 침탄 깊이는 0.5~2.0*mm*정도이고, 침탄층의 탄소량은 0.85~0.9%이다.

침탄시 유의사항은 다음과 같다

- 침탄 온도가 높으면 침탄 속도가 빠르나, 950℃이상이면 오스테나이트 결정립이 조대화 된다.
- 침탄 깊이가 너무 깊으면 비용이 많이 들고, 인성에 불리하다

- ■ 침탄제의 입도가 작으면 열의 통과에 불리하여 침탄 시간의 증가한다.
- ■ 강재에 크롬(Cr)이 함유되면 탄소의 확산이 느려 과잉 침탄이 발생한다.
- ■ 균일 침탄 및 침탄층의 조절에 신경을 써야한다.
- ■ 탄산나트륨이 너무 많으면, 강 표면에 용착되어 침탄이 어렵다.

국부적 침탄 방지 대책은 다음과 같다.

- ■ 탄소강에 동도금을 한다.
- ■ 가공여유를 두어 침탄 후 절삭 가공하여 침탄부를 깎아낸다.
- ■ 진흙을 바르고, 석면 및 강판으로 두른다.

② 액체 침탄법(Iiguid carburizing) : 침탄 질화법(Carbonitriding), 시안화법(Cyaniding) 또는 청화법이라고도 하며, 침탄제와 촉진제를 동제 상자에 넣고, 용해하여 강재를 염욕 중에 침지시켜, 탄소와 질소를 침투시키는 방법이다. 침탄제로는 시안화나트륨(NaCN), 시안화칼륨(NaCl)등을 사용하고, 침탄 촉진제로는 탄산칼륨(K_2CO_3), 탄산나트륨 (Na_2CO_3), 염화칼륨(KCI), 염화나트륨(NaCl) 등을 사용한다. 가열온도는 600~900℃로 하고, 가열시간은 약 30분이다. 이때 700℃이하는 질화라 하고, 800℃이상은 침탄이라 한다. 침탄 깊이는 0.1~0.5mm로 처리온도에 비례하며, 침탄층의 탄소량은 0.7~1.0% 정도이다.

액체 침탄법의 특징은 다음과 같다.

- ■ 장점 : 가열이 균일하고 제품의 변형이 적다. 그리고 온도조절이 용이하여 시간이 절약된다. 산화방지 효과가 있어 계기류 등의 참탄에 이용된다.
- ■ 단점 : 침탄제의 가격이 비싸며, 침탄층이 얇고 유독가스가 발생한다.

국부적 침탄 방지 대책은 다음과 같다

- ■ 산화 알루미늄 (Al_2O_3), 산화 규소 (SiO_2) 등을 바른다.
- ■ 니켈, 크롬 등의 전기도금을 한다.
- ■ 용융 알루미늄을 도포한다.

③ 가스 침탄법(Gas cabyrizing) : 가스 침탄법은 주로 작은 부품의 침탄에 이용되는 것으로 메탄가스나 프로판가스, 아세틸렌 가스등 탄산수고계 가스를 로에 넣어 니켈을 촉매로 하여 침탄가스로 변성 후, 오스테나이트화된 금속의 표면을 접촉시켜 활성탄소가 침입하도록 하여 침탄을 일으킨다. 침탄제로는 일산화탄소와 메탄을 사용하고, 가열온도는 900~950℃정도로 한다.

고온 침탄의 장점은 다음과 같다.

- 침탄시간이 단축된다.
- 확산구배가 급하지 않다
- 깊은 침탄층을 얻을 때 효과적이다.

가스 침탄의 특징은 다음과 같다.

- 균일한 침탄층을 얻을 수 있다.
- 작업이 간편하고, 열효율이 높다.
- 연속 침탄에 의해 다량 침탄이 가능하다

2. 질화법(Nitriding) : 질화법은 다른 표면 경화법과는 달리 변태점 이하의 상당히 낮은 온도에서 처리된다. 500~600℃의 온도에서 처리하기 때문에 변형이 적은 표면 경화법으로 널리 이용된다. 높은 경도를 얻기 위해 크롬, 몰리브덴 등의 원소를 함유하는 강이 필수이므로 처리 강에 많은 제한이 따르며, 제품은 0.1~0.2mm정도의 연마 가공을 한다.

① 가스 질화(Gas nitridng)법 : 질소는 강에 잘 용해되지 않지만, 500℃ 정도로 50~100시간 암모니아 가스를 가열하면 발생기 질소가 철 등과 반응하여 질화물을 만들면서 강으로 침투되며, 질화층의 두께는 보통0.4~0.9mm정도로서 은회색의 단단한 경화면을 가진다.

② 액체 질화법 : 가스 질화법은 처리시간이 길고, 제한된 질화용 강만 처리가 가능하므로 이러한 단점을 개선하기 위해 시안화나트륨(NaCN), 시안화칼륨(KCN) 등을 주성분으로 한 염욕로에서 500~600℃로 5~15시간 가열하여 질화층을 얻는다. 이를 액체 질화법이라 한다.

③ 이온 질화법 : 이온질화법의 특징은 작업환경이 좋고, 질화속도가 빠르며, 별도의 가열장치가 필요치 않다. 가스비율을 변화시켜 질화층의 조성을 제어할 수 있으며, 가스질화로서 처리가 곤란한 강에도 적용이 가능하다. 하지만 복잡한 형상의 부품은 균일한 질화가 어렵고, 처리부품의 온도측정과 급속냉각이 어려운 단점이 있다.

15.5 표면처리법

15.5.1 가공열처리(thermo mechanical treatment)

가공열처리는 소성가공과 열처리를 결합시킨 방법으로 열처리를 통해 얻을 수 없는 조직과 기계적 성질을 갖는다. 통상의 열간가공은 오스테나이트를 영역에서 행하지만 강의 강도와 인성을 향상시키기 위해 저온의 오스테나이트 영역에서 또는 변태 중, 변태 완료 후 가공을 수행하여 미세조직을 얻는 것을 가공열처리라 하며, 특히 고장력 저합금의 제어 압연은 실용화되어있다.

가공 열처리의 종류는 다음과 같다

1. 단조퀜칭 : 단조퀜칭은 안정한 오스테나이트 영역에서의 가공열처리로서 열간 단조나 열간 압연후 즉시 퀜칭을 실행하여 경화능을 향상시키고, 강도와 인성을 개선시킨다.
2. 오스포밍(Ausforming) : 대표적 가공 열처리방법으로서 오스테나이트를 500℃부근에서 가공한 후 급랭하여 마르텐사이트로 변태시킴으로써 연성과 인성을 해치지 않고, 강도를 향상시킨다. 탄소량이 적은 강은 효과가 적은 단점이 있다.
3. 마르텐 사이트 변태 중의 가공 : 오스테나이트계의 스테인레스 강이나 망간강에서는 가공할 때 마르텐사이트를 형성하지 않고, 변형 되어 현저히 강화되는 특성을 가진다.
4. 아이소포밍(Isoforming) : 페라이트, 펄라이트 변태 중에 가공하는 것을 말하며, 경화능이 그다지 크지 않은 저합금강을 변태점 영역에서 가공한다. 미세한 페라이트 결정립 구상 탄화물이 분산 석출된 조직으로써 강도와 인성이 향상된다. 제어 압연강의 강화법으로 많이 사용된다.
5. 펄라이트 가공에 의한 강화 : 파텐팅(patenting)과 블루잉(bluing)으로 나눌 수 있으며, 파텐팅은 피아노 선 등을 냉간가공 할 때 전처리로서 오스테나이트화 처리 후 500℃정도에서 항온 변태시키며, 열욕 퀜칭법에 의해 소르바이트 조직이 얻어져 연성이 커지고 냉간가공성이 향상되는 것을 말한다. 블루잉은 피아노선을 스프링으로 사용하기 위해 냉간가공 후 350℃정도로 저온가열하는 것을 말한다. 국부적 변형을 제거하고, 시효경화 현상에 의한 탄성한계 상승 및 피로특성 개선 등의 효과가 있다.
6. 제어냉각에 의한 강화 : 저탄소 고장력강에서 열간압연과 냉각과정을 정밀하게 제어하면 압연상태에서도 높은 강도와 연성을 얻을 수 있다. 이와 같이 소재를 강인화

시키기 위해서는 압연전 오스테나이트 결정립을 미세화시키는 방법과 저온의 오스테나이트 영역에서 가공하여 재결정 오스테나이트를 미세화시키는 방법이 있다.

15.5.2 탄화물 피복법

강의 표면에 초경 탄화물을 침투확산 및 부착시키는 방법으로 높은 경도의 표면층을 형성하여 내마모성과 내열성을 갖는다. 탄화물 피복법은 처리온도가 높기 때문에 변형이 발생 할 수 있지만 높은 경도를 얻을 수 있기 때문에 다이, 펀치, 롤러(Roll) 등과 같은 내마모성이 요구되는 금형 재료 및 코팅 초경공구 등에 이용된다.

탄화물 피복법의 처리방법은 용융염 중에 침지하는 액체법, 분말중에 가열하는 분말법, 가스반응 및 이온 등을 이용하는 증착법 등이 있다.

① 침지법 : 침지법의 처리공정은 처리품의 세정, 예열, 침지 처리, 열처리, 세정의 순으로 진행된다. 이 방법의 특징은 균일하고, 양호한 표면층이 형성되며, 초경합금보다 높은 경도와 내마모성을 얻는다. 그리고 염욕의 교체로 탄화물 종류를 쉽게 선택할 수 있고, 탄화물 층의 박리 또는 균열발생이 없다는 장점이 있다. 고온처리 및 퀜칭경화에 의한 변형발생 가능성이 있으므로 유의해야 한다.

② 분말법 : 분말법은 소결에 의해 이루어지며, 미세한 텅스텐입자 속에 강을 넣고, 환원성 분위기나 중성분위기 중에 가열 후 서냉한다. 처리입자는 텅스텐 외에 티타늄, 몰리브덴, 크롬 등의 원소가 동일한 크기의 입자이어야 되고, 다이, 펀치, 롤러 등의 표면처리에 이용되며, 수명이 15~30배 정도 향상된다.

③ 증착법 : 증착법은 가스반응 및 이온 등을 이용하여 탄화물, 질화물 등의 코팅층을 얻을 수 있는 피복 방법으로서 물리적 증착법 (P.V.D)과 화학적 증착법(C.V.D)을 갖는다

15.5.3 증착법

가스반응 및 이온 등을 이용하여 탄화물. 질화물 등을 기판(Substrate)에 피복하여 간단한 방법으로 표면 경화층을 얻을 수 있는 것으로 가스반응을 이용한 C.V.D와 진공중에서 증착하거나 이온을 이용하는 P.V.D로 구분할 수 있고, 공구 등의 코팅에 이용된다.

1. 화학적 증착법(C.V.D Chemical vapor deposition) : 화학적 증착법은 가스도금, 증기도금 등으로 불리며, 가스 반응을 이용하여 탄화물, 질화물 등을 기판에 피복한

다. 증착하려는 물질의 휘발성 염을 기화실에서 가열 기화한 후 이것을 수소, 질소, 아르곤 등과 혼합하여 도금실에 보내고, 균일하게 고온으로 가열된 모재표면과 접촉 반응시켜 피복물질을 석출한다. 코팅온도 및 처리강의 종류에 다라 다르지만 2~4시간 내에 5~15μ의 코팅층이 형성된다.

화학적 증착법의 장점은 다음과 같다.

① 석출층의 종류가 많아 금속 산화물, 질화물, 산화물 등을 피복할 수 있다.

② 균일한 코팅층을 얻을 수 있다.

③ 석출속도가 빠르고 두꺼운 피복이 된다.

④ 밀착성이 좋고, 핀홀이 적다

⑤ P.V.D에 비해 장치가 간단하고, 복잡한 형상의 소재도 피복이 가능하다.

화학적 증착법의 단점은 다음과 같다.

① 소재를 1000℃이상의 고온으로 가열 처리하여 소재가 제한되고, 변형 발생이 있다.

② 큰 도금면적을 얻을 수 있다.

2. 물리적 증착법(P.V.D, Physical vapor depositiong)

① 이온 플레이팅(Ion plating) : 진공용기 내에서 금속을 증발시키고, 모재에 음극을 걸어 주어 방전이 발생되면 증발된 원자는 이온화되며, 가스이온과 함께 가속되어 모재에 입사하여 피복시키는 방법이다. 피막의 밀착성이 매우 우수하고, 치밀하며, 코팅온도가 낮으므로 열에 의한 영향이 적다. 그리고 여러 종류의 화합물 피막을 얻을 수 있으며, 구멍의 내면 등의 피복은 곤란하다.

② 스퍼터링(spputtering) : 높은 에너지를 갖는 입자가 소재에 충돌하면 이곳으로부터 원자가 튀어나오는 현상을 스퍼터링이라 한다. 진공의 아르곤 분위기에서 전압을 걸면 아르곤의 양이온이 소재에 충돌하고, 이온충격에 의해 튀어나온 원자가 양극인 모재 기판에 붙어 박막이 형성된다.

③ 진공증착 : 진공 중에서 금속을 가열 증발시켜 기판에 부착시키는 방법으로 광학부품, 전자부품에 응용되고 있으나 표면경화를 목적으로는 사용하지 않는다.

15.5.4 금속 용사법

금속 용사법은 용융상태의 금속이나 세라믹을 용사건(Spray gun)을 이용하여 모재표면에 연속적으로 분사시켜서 피막을 적층시키는 방법이다. 용사되는 재료는 탄소강, 스테인레스강, 동합금, 세라믹, 초경합금 등 광범위하며, 금속의 특성에 따라 내마모성, 내식성, 내열성 등의 요구조건에 부합하는 금속 층을 만든다.

1. 분말 용사법(Poder spraying) : 피복될 금속의 분말을 고온의 화염에서 혼합하여 용사한다. 보통 산소-아세틸렌 토치를 이용하고, 혼합실에서 부압을 이용한 분말제의 흡입으로 혼합되어 화염과 함께 용융된 상태로 표면에 분사 부착된다. 분말 용사법은 화염의 압력을 이용하므로 압축공기가 불필요하며, 합금분말 등 모든 금속의 용사가 가능하다.
2. 가스 용선식 용사법(Gas wire type spraying) : 금속 와이어를 산소 아세틸렌 등의 고온 가스로 용융하여 용사하는 방법으로 분말식과 유사하다. 화염의 내부로 금속 와이어가 공급되면 가스 불꽃에 의해 용해되며, 압축공기에 의해 분무상태의 용융금속이 표면에 용사 부착된다. 일반적으로 동 및 알루미늄, 동합금 및 알루미늄 합금 등 저융점의 금속이 와이어로 사용된다. 모재에 요철이 있어도 평탄하게 부착할 수 있으며, 용사피막은 다공질이다.
3. 플라즈마 용사법(Plasma spraying) : 고온의 플라즈마 가스를 이용한 것으로 분말 용사법과 같은 원리 이다. 사용가스는 아르곤과 수소가 이용되며, 가스가 분말의 용사를 운반하여 플라즈마화한다. 분사압력이 상당히 커 부착성이 좋으며, 고용융 금속 등 모든 금속의 적용이 가능하다. 그리고 모재의 가열온도가 300℃이하이므로 열 영향이 적으며, 초경 피막처리에 이용할 수 있다. 윤활성과 내마모성이 우수하다.

15.5.5 설퍼라이징

설퍼라이징은 퀜칭, 템퍼링한 금형 등의 표면에 황(S)을 확산시켜 윤활성과 피로강도를 향상시켜 내마모성을 얻는 처리법이다. 이것은 중성 및 환원성의 염욕 중에 유화염을 첨가한 분위기 중에서 생성된 유황을 철강재의 표면에서 내부까지 확산시키는 것이다. 염욕조건은 혼합염의 용융온도는 설퍼라이징 온도보다 낮아야 하며, 고속도강은 550~570℃의 템퍼링 온도 부근에서 처리한다. 그리고 특수 공구강은 150℃에서 처리한다. 설퍼라이징의 특징은 다음과 같다

1. 표면 조도가 좋아진다.
2. 마찰계수가 적고, 내마모성을 향상시킨다.
3. 질소도 함께 확산되어 질화 효과도 동시에 얻을 수 있다.

15.6 열처리결함

열처리는 소재를 가열, 냉각하면서 소재에 필요한 기계적 성질을 부여하는 작업으로 소재상태, 가열온도, 가열시간, 노내의 분위기, 냉각제, 냉각 속도 등의 영향에 의해 많은 결함을 생성하며, 이러한 요인들을 사전에 파악하여 결함에 대한 대책을 세워야 한다.

1. 변형 : 가열시 재료의 지지불량이나 잔류응력의 과대로 발생한다. 이를 방지하기 위해서는 프레스 담금질시 지지장치를 유지하고, 담금질 전 풀림을 실시한다. 낮은 담금질 온도선정 및 2단 담금질을 실시한다.
2. 탈탄 탈탄은 산화성 분위기에서 가열할 때 주로 발생한다. 이를 방지하기 위해서는 진공, 불활성 가스, 환원성 가스, 중성염의 분위기를 조성하고, 염욕, 금속욕, 주철분을 이용한다.
3. 과열 : 가열 온도가 높고, 지속시간이 길 때 주로 발생한다. 적정온도 및 적정 시간을 유지하고, 풀림처리를 통해 조직을 미세화시킴으로써 방지할 수 있다.
4. 산화 : 가열온도가 높고, 장시간 가열할 때 주로 발생한다. 산세척이나 샌드 블라스팅을 통해 표면 피막을 제거하고, 노내 분위그를 환원식, 중성으로 조성함으로써 방지할 수 있다.
5. 경도 부족 : 표면탈탄이나 산화, 과열에 의해 주로 발생한다. 산화, 탈탄을 방지하고, 적정온도 및 적정시간을 유지함으로써 방지할 수 있다.

연 습 문 제

1. 탄소강의 함유원소에 대하여 조사하시오.

2. 탄소강의 성질에 대하여 조사하시오.

3. 평형상태도에 대하여 설명하시오.

4. 탄소강의 기계적 성질을 그림을 그려서 설명하시오.

5. 열분석 곡선을 그리고 설명하시오.

6. 열처리의 종류를 쓰시오.

7. 계단열처리를 분류하고 설명하시오.

8. 담금질 균열의 방지법을 쓰시오.

9. 항온 냉각 변태 곡선을 그리고 설명하시오.

10. 심냉처리에 대하여 설명하시오.

11. 표면경화 열처리에 대하여 설명하시오.

12. 물리적 표면경화법에 대하여 설명하시오.

13. 화학적 표면경화법에 대하여 설명하시오.

14. 용사법을 분류 및 열처리 결합을 쓰고 설명하시오.

16 철강재료

16.1 철과 강의 분류

주기율표 8족 4주기에 속하는 철족원소로 원소기호 Fe, 원자량 55.845g/mol, 녹는점 1538℃, 끓는점 2862℃, 밀도 7.874g/cm^3 이다. 철은 순금속의 상태로 산출되지 않고 다른 원소와 결합된 상태로 발견되고 인체에는 약 4.5g(약 0.004%)의 철이 들어 있다. 표 16.1은 철의 특성 및 상태를 나타낸 것이다.

표 16.1 철의 특성 및 상태

특성	상태
화학계열	전이금속
원자량	55.845g/mol
전자배열	1s2 2s2 2p6 3S2 3P6 3d6 4S2
밀도	7.874g/cm3(실온)
녹는점	1538℃
끓는점	2862℃
융해열	13.81 kJ/mol
기화열	340 kJ/mol
비열용량	25.10 J/mol · K(25℃)

옛날부터 알려져 있는 원소로, 이집트, 아시리아 등의 유적 등에서도 발견되고 있다. 주철의 제조는 16세기경에 시작되었고, 순철의 제조는 근대에 와서 시작되었으며, 전해철은 20세기에 들어와서 실용화되었다.

철은 지각에 약 5% 정도 함유되어 있으며, 원소 중에서는 산소(O), 규소(Si), 알루미늄(Al) 다음으로 많이 존재한다. 천연 합금인 니켈-철은 육지의 퇴적물과 운석에서 산출되고, 운석은 철과 규산 광물의 함량에 따라 철질운석, 함철석, 석질운석으로 분류하며 중요한 철광석으로는 적철석, 자철석, 갈철석, 황철석 등이 있다.

순수한 철은 백색의 광택을 지닌 금속이다. 전성, 연성이 풍부하고 용융된 철을 1538°C에서 결정화하면 체심입방체구조의 델타(δ)철이 된다. 1394°C로 냉각하면 면심입방구조의 자성이 없는 감마철(Austenite)이 된다. 910°C이하에서 다시 체심입방체구조가 되면서 알파(α)철(Ferrite)로 전환되고 770°C를 지나면 자성을 띠게 된다. 상온에서 강한 자성을 띤 알파철 동소체로 존재한다. 상온에서는 공기 중에서 부식되지 않고 습기에 부식된다. 염소, 황, 인 등과 격렬히 반응하지만 질소와는 직접 반응하지 않고, 탄소 및 규소와는 화합물을 생성하며, 탄소는 강철의 성질을 좌우하기 때문에 매우 중요하다. 묽은 무기산에는 수소를 발생하면서 녹지만, 진한 질산에는 부동태를 만들며 녹지 않는다. 인체에는 약 4.5g(약 0.004%)의 철이 들어 있다. 이 중에서 약 65%는 헤모글로빈 조직에 있어 폐에서 신체 각 부위로 산소분자를 운반하는 역할을 하고, 육류, 개란, 당근, 과일, 전맥분, 엽채류에는 성인이 하루에 평균적으로 섭취해야 하는 10~20㎎의 철이 들어 있다. 철이 부족하게 되면 빈혈 등의 증상이 나타나게 된다.

철의 제조법은 보통 적철석, 자철석, 갈철석, 능철석 등을 원료로 사용하여, 열을 가해 분리시켜 산화철로 만들고 융제로 석회석, 환원제로 코크스를 가하여 고로 중에서 열풍을 보내고, 코크스를 연소시킴과 동시에 광석을 환원시켜 철로 만들고 용융시켜 선철을 제조한다. 선철, 강철스크랩 등으로부터 순철을 만들기 위해 전극으로 철염 수용액 중에서 전해 정련하는 방법 등이 사용되고 있다.

철은 값이 비교적 저렴하고 성형이 쉬우며, 다른 금속과 합금이 잘 되기 때문에 생활에 사용되는 금속 중 사용량이 가장 많다. 건축물의 골재, 기계, 선박, 각종 용구, 자동차의 몸체와 엔진에 사용되는 등 산업전반과 생활용품에 널리 사용되고 있다.

철과 강은 일상생활에서 사용하여 왔기 때문에 밀접한 관계를 가지고 있다. 비철금속과 비교하여 강도가 크고 열처리에 의해 기계적 성질이 개선되는 특성을 가지고 있어 공업적으로 가장 많이 사용되는 재료이다. 철강의 생산량에 따라서 물질문명의 발달 정

표 16.2 철과 강의 분류기준

구분	순철	강	주철
제조법	전기분해	제강로	Cupola
탄소(C)함유량	0.01%이하	0.01~1.7%	1.7~6.67
열처리	담금질 효과를 받지 않는다.	담금질 효과를 받는다.	경도가 높아서 담금질하면 취성파괴가 일어난다.
가공 및 용접	연성이 있다.	소성 및 절삭가공이 되고 용접이 가능하다.	절삭가공은 가능하지만 용접이 되지 않는다.
기계적 성질	연성이 크다.	강도, 경도가 크다.	연율이 작고 취성이 크다.

도를 결정하는 파라미터로 사용되고 있다. 철과 강은 철광석으로부터 직간접으로 생산되나 광석 중의 원소 또는 제조 중에 흡수된 각종의 원소들이 함유되어 있다. 대표적으로 함유된 원소는 탄소(C), 규소(Si), 망간(Mn), 인(P), 황(S) 등이 있으며, 철 또는 강 중에 함유되어 철과 강의 성질에 영향을 준다. 특히 탄소(C)의 함유량에 따라 기계적 성질이 현저하게 변하기 때문에 철과 강으로 분류한다. 표 16.2는 철과 강의 분류기준이 탄소에 의해 결정되며 탄소의 함유량에 따라 열처리, 가공, 용접, 기계적 성질에 변화가 나타난다.

16.1.1 순철

철과 탄소의 합금조성과 온도의 관계에서 탄소의 조성에 따라 나타나는 합금의 변태점을 연결하여 만든 선도를 평형상태도라 한다. 탄소가 2.11%이하인 강철은 탄소가 유지되지 않고 시멘타이트(Fe_3C)형태로 결정을 형성하는 철의 이원계 합금이며 철 중에 함유되어 있는 탄소는 모두 시멘타이트 형태로 존재한다. 평형상태도를 이해하기 위해서는 순철에 대하여 이해를 해야 철과 탄소와의 상태를 이해 할 수 있다. 순철의 용도는 탄소의 함유량이 0~0.025% 정도이므로 연하고 전연성이 풍부하며, 재료로는 쓰이지 않으나 항장력이 낮고 투자율이 높기 때문에 변압기, 발전기용 전기재료 및 합금을 만들어서 사용된다. 순철의 변태는 다음과 같다.

1. 순절의 변태점에는 동소변태 A_2(768°C), A_3(910°C)이고, 자기 변태 A_4(1400°C)점

이 있다.

2. 순철에는 α철, β철, δ철의 3개 동소체가 있으며 910°C 이하에서는 철로 체심입방격자, 910~1400°C에서는 r철로 안정한 면심입방격자로 되며, 1400°C 이상에서는 체심입방격자이다.
3. 강은 강자성체이나 가열하면 자성이 점점 약해져서 768°C 부근에서는 급격히 상자성체가 되는데 이러한 변태를 자기변태(A_2)라 하고, 앞에서 말한 격자 변화를 동소변태(A_3, A_4)라 한다. 또한 변태가 일어나는 온도를 변태점이라 하다.
4. 동소변태는 원자배열의 변화가 생기므로 상당한 시간을 요한다.
5. 자기변태는 원자배열의 변화가 없으므로 가열, 냉각시 온도변화가 없다.

순철의 성질은 다음과 같다.

1. 순철의 종류로는 암코철, 전해철, 카보닐철 등이 있으며 카보닐철이 가장 순수하다.
2. 항자력이 낮고 투자율이 높아 전기재료인 변압기, 발전기용 박판에 사용된다.
3. 단접성 및 용접성이 양호하나 유동성 및 열처리성이 나쁘다.
4. 상온에서 전연성 풍부하며 항복점, 인장강도가 낮고 연신율, 단면수축률, 충격값 및 인성은 높다.
5. 순철의 물리적 성질은 비중은 7.87, 용융점은 1,538°C, 열전도율은 0.18, 인장강도는 18 ~25 N/mm^2, 브르넬경도는 60~70 N/mm^2이다.

Fe-C 평형상태도는 720°C에서 A_1변태, 768°C에서 A_2변태, 910°C에서 A_3변태, 1400°C에서 A_4변태가 일어난다. A_2변태점 이하의 온도의 것을 α철, A_2변태점에서 A_3변태점까지의 온도의 것을 β철이라 한다. 또 A_3변태점 온도에서 A_4변태점 온도까지의 것을 r철이라 하고 A_4로부터 용융점에 1536.5°C까지의 것을 δ철이라 한다. 그림 16.1은 Fe-C계의 평형상태도를 나타낸 것이다.

그림 16.1에 표시된 Fe-C계 상태도의 각 상태를 설명하면 다음과 같다.

A : 순철의 용융점 1538°C

AB : δ고용체(δ-Fe에 탄소 C가 고용된 고용체)의 액상선 B점은 0.51%C

AH : δ고용체의 고상선, H점은 0.077%C

HJB : 포장선 1493°C, 용액(농도B)+δ고용체(농도H) ⇔ r고용체가 되는 포정반응을 일으킨다.

BC : r고용체(r-Fe에 탄소 C가 고용된 고용체)에 대한 액상선

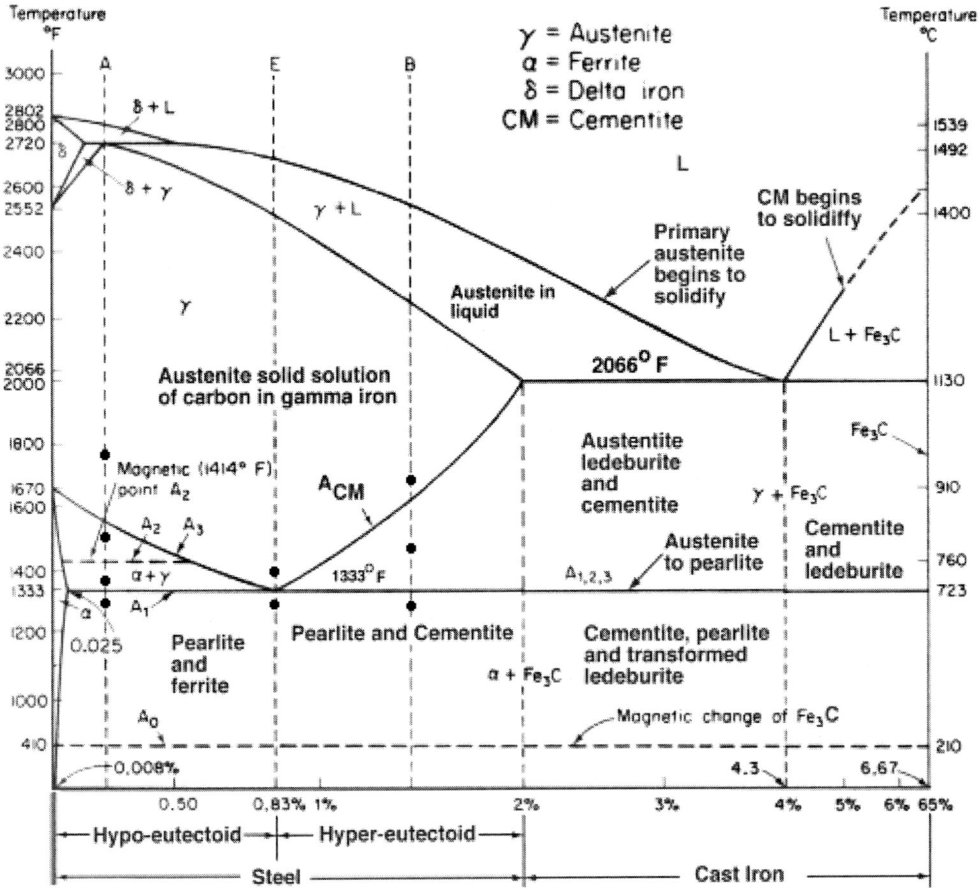

그림 16.1 Fe−C의 평형상태도

JE : r고용체의 고상선

N : 순철의 A_4변대점(1401℃), δ-Fe ⇔ r-Fe

HN : δ고용체가 r고용체로 변화하기 시작하는 온도, 강의 A_4변태가 시작되는 온도

JN : δ고용체가 r고용체로 변화를 마치는 온도, 강의 A_4변태를 종료하는 온도

CD : 시멘타이트(Fe_3C)에 대한 액상선, 시멘타이트가 석출하기 시작하는 온도

E : r고용체에 대한 C의 최대 용해도, C량 2.11%

C : 공정점(Eutectic point) 1132℃, E는 고용체가 F로 되는 시멘타이트가 액체로부터 동시에 정출하는 점, C량 4.3%

ECF : 공정선(1145℃), F점은 6.67%C

ES : r고용체로부터 시멘타이트가 석출하기 시작하는 온도

G : 순철의 A_3변태점, 910°C, r-Fe ⇔ α-Fe

GOS : r고용체로부터 α고용체(α-Fe에 탄소가 고용된 고용체)의 석출이 시작되는 온도, 강의 A_3변태가 시작되는 온도

GP : P점의 C량 0.02%, 이농도 이하의 r고용체로부터 α고용체의 석출이 완료되는 온도, 강의 A_3 변태를 완료하는 점

M : 순철의 A_2변태점. 자기 변태점

Mo : 강의 A_2변태점, 769°C

S : 공석점, 723°C, C량 0.85%, r고용체로부터 α고용체와 시멘타이트가 동시에 석출하는 온도

s(r고용체) ⇔ P(α고용체) + K(Fe_2C)

P : 고용체에 대한 탄소의 최대 용해도를 가지는 점(0.025%)

PSK : 공석선, 강의 A_1변태점, 723°C

PQ : 다고용제에 대한 시멘타이트의 용해도 곡선, 상온에서 C의 용해도는 0.006%

그림에서 변태점은 다음과 같다.

1. A_0(210℃) : 시멘타이트의 자기변태점
2. A_1(723℃) : 순철에는 없고 강에서만 일어나는 특유한 변태
3. A_2(768℃) : 자기변태(Fe, Ni, Co)
4. A_3(912℃) : 동소변태
5. A_4(1,400℃) : 동소변태

그림에서 강의 표준조직(Normal structure)은 다음과 같다.

1. α고용체 : 페라이트(강자성체로 극히 연하고 전성과 연성이 크다. H_B=90)
2. r고용체 : 오스테나이트(A1점에서 안정된 조직으로 상자성체이고 인성이 크다. H_B=155)
3. Fe_3C : 시멘타이트(경도가 높고 취성이 크며 백색으로 상온에서 강자성체이다. H_B=820)
4. α+Fe_3C : 펄라이트(Pearlite : 오스테나이트가 페라이트와 시멘타이트의 층상으로 된 조직. 강도는 크고 약간의 연성이 있다. H_B=225)
5. r+Fe_3C : 레데부라이트(상온에서 불안정하고 Fe3C는 흑연과 지철로 분해한다.)

그림에서 탄소함량에 따른 분류하면 다음과 같다.

1. 강

① 공석강 : C가 0.77% 포함된 펄라이트 조직을 말하며 그림 16.2는 공석강을 1,000배 확대한 현미경 조직을 나타낸 것이다.

② 아공석강 : C가 0.025~0.77% 포함된 페라이트와 펄라이트 조직을 말하며 그림 16.3은 아공석강의 1,000배 확대한 현미경 조직을 나타낸 것이다.

③ 과공석강 : C가 0.77+2.0% 포함된 펄라이트와 시멘타이트 조직을 말하며 그림 16.4는 과공석강의 1,000배 확대한 현미경 조직을 나타낸 것이다.

그림 16.2 공석강의 1,000배 확대한 현미경 조직

그림 16.3 아공석강의 1,000배 확대한 현미경 조직

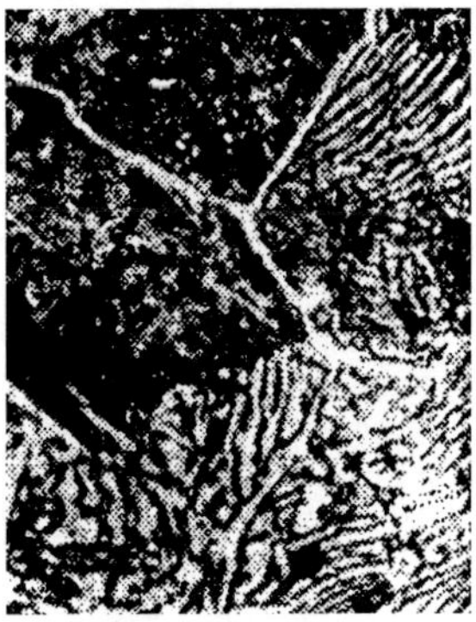

그림 16.4 과공석강의 1,000배 확대한 현미경 조직

16.1.2 주철

① 공정주철 : 4.3%C(레데부라이트)

② 아공정주철 : 2.0~4.3%C(오스테나이트 + 레데부라이트)

③ 과공정주철 : 4.3~6.67%C(레데부라이트 + 시멘타이트)

상온의 탄소강을 가열하면A_1 변태점 이상의 온도에서는 펄라이트가 전부 오스테나이트 조직으로 변하고 냉각하면 냉각속도에 따라 각종 열처리 조직이 생기게 된다.

1. 서냉 조직

① 페라이트(Ferrite) : a 철에 탄소가 최대 0.02% 고용된 a 고용체이며, 흰색의 입상 조직으로 전연성이 크고, 순철에 가깝다. 강철 조직에 비해 경도와 강도가 작다.

② 펄라이트(Pearlite) : 0.77%의 오스테나이트가 727(℃)이하로 냉각될 때 크고 연성이 있다.

③ 시멘타이트(Cementite) : 철에 탄소가 6.67% 화합된 철의 금속간 화합물(Fe_3C)로 흰색의 침상이며 경도가 높고, 취성이 있다.

④ 소르바이트(Sorbite) : 서냉으로 된 조직으로 트루스타이트보다 A_1변태가 더 높은 온도에서 완료되어 경도가 작고, 질이 트루스타이트 보다는 연하나 매우 질기고 탄성이 큰 조직이다.

2. 급랭 조직

① 오스테나이트(Austenite) : R철에 탄소가 최대 2.11%고용된 R고용체로서, 실온에서는 존재하기 어려운 조직으로 인성이 크고 비자성체이며 급랭시킨 조직이다.

② 마르텐 사이트(Martensite): 급랭된 조직으로 침상조직을 형성하며 경도가 가장 큰 열처리 조직이다.

③ 트루스타이트(Troostite) : 오스테나이트를 냉각할 때 마르텐사이트를 거쳐 탄화철이 큰 입자로 나타나는 조직으로 α철과 탄화절의 혼합된 조직이다. 경도는 크나 마르텐사이트보다는 작다.

그림 16.5는 탄소량에 따른 기계적 성질의 변화를 나타낸 것이다. 그림에서 탄소 함유량에 따라서 직선으로 변하는 것을 알 수 있다. 인장강도, 경도, 항복점은 탄소량의 증가와 함께 증가하고 연율 및 단면수축률은 감소한다.

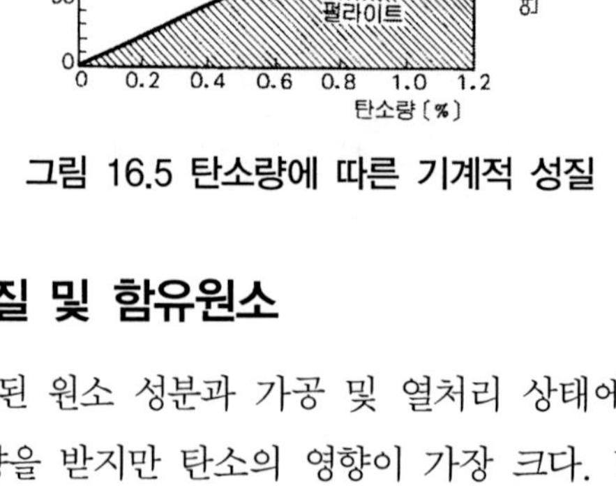

그림 16.5 탄소량에 따른 기계적 성질

16.1.3 탄소강의 성질 및 함유원소

탄소강의 성질은 함유된 원소 성분과 가공 및 열처리 상태에 따라 달라지며 다른 원소들의 함유에 따른 영향을 받지만 탄소의 영향이 가장 크다. 탄소강의 온도에 따라 성질의 변화가 있으며 인, 황, 수소 등의 유해원소에 의해 취성 및 편석 등의 결함이 발생할 수 있기 때문에 열처리 과정에서 불순물의 혼입을 방지해야 된다.

탄소강의 표준상태의 성질 중 물리적, 화학적 성질은 다음과 같다.

1. 탄소량의 증가하면 비열, 전기저항, 보자력이 증가하고 비중, 선팽창계수, 열전도율, 내식성이 감소한다.
2. 강의 내부응력이 존재하게 되면 부식이 촉진되어 냉간가공한 상태에서 풀림상태의 것보다 부식 진행이 빠르다.
3. 탄소강에 동을 0.15~0.25%의 동을 첨가하면 대기 중에서 내식성이 개선된다.
4. 탄소강은 알칼리성에는 부식되지 않는다.
5. 시멘타이드는 페라이트 보다 내식성이 우수하나 페라이트와 공존하면 페라이트의 부식을 촉진시킨다.

탄소강의 기계적 성질은 탄소함유량에 따른 변화는 탄소 함유량이 증가함에 따라 인장강도와 항복점 및 브르넬 경도는 증가하고 연신율, 단면 수축율은 감소하는 것이다.

온도에 따른 성질변화는 다음과 같다.

1. 청열취성(Blue shortness) : 200~300℃에서 상온일 때 보다 인성이 저하하는 특성으로 탄소강 중의 인이 철과 결합하여 인화철(Fe_3P)을 만들어 입자를 조대화 시킨다. 편석으로 되어 연신율을 감소시키고 충격치가 낮아져 취성의 원인이 된다.
2. 적열취성(Red shortness) : 황을 함유한 강이 950℃에서 인성이 저하되는 특성이며 황은 결정립계에 석출되어 취약하고 용융온도가 낮기 때문에 고온 가공성이 저하된다.
3. 상온취성(Cold shortness) : 탄소강은 온도가 상온이하로 내려가면 강도와 경도는 증가하지만 충격값은 감소한다. 인을 포함한 탄소강은 결정입계에 편석되어 충격강도가 저하되고 냉간 가공 중 편석부위로 파괴된다.

탄소강은 포함된 함유 원소에 의하여 영향을 받는다. 탄소강이라고 하면 불순물이 포함되지 않는 C와 Fe의 합금이 아니고 Si, Mn, P, S, Cu, O_2, N_2, H_2 등이 함유된다. 일부는 필요상 첨가하는 것도 있지만 불순물로 혼합되는 경우도 있다. 탄소강에 함유된 원소의 영향은 다음과 같다.

1. 규소(Si) : 선철 중에 존재하는 것이고 탈산제의 일부로 잔존하는 것이 철중에 남아 페라이트 중에 고용되어 강의 인장강도, 탄성한계, 경도를 증가시킨다. 또한 연율 및 충격값은 감소시키고 결정이 조대화되어 취성이 발생하기 때문에 단접성이 좋지

않다.

2. 망간(Mn) : 망간은 선철 중에 존재하는 것으로 탈산제의 사용으로 강에 혼합되어 존재한다. 페라이트 중에 고용되나 일부는 황과 결합하여 결정의 성장을 방지하고 표면소성이 가능하다. C량이 적은 강에 망간을 첨가하면 연율 및 단면수축율은 감소하지 않고 인장강도, 항복점, 충격값 등을 증가시킨다.
3. 인(P) : 보통강철 중에 0.06%이하로 제한하며 인이 많으면 결정경계에 석출된다. 인이 적으면 강 중에 고용되고 경도 및 강도가 증가하고 연율은 감소한다.
4. 황(S) : 황은 용강 중에 먼저 응고하여 용융금속 위로 부상하기 때문에 제거하나 일부는 강 중에 남아 압연, 단조를 불량하게 한다.
5. 동(Cu) : 강중에 함유되어 있는 동은 0.3%이하로 하며 동의 양이 많으면 용융점이 낮고 경도를 증가시킨다. 부식저항을 증가시키나 압연균열의 원인이 된다.
6. 산소(O_2) : 산소가 강철 중에 존재하면 적열취성의 원인이 된다. 제강 중에 대기 중의 산소 및 수분이 분해되어 침투하게 된다. 산소의 침입을 방지하기 위하여 밀폐 진공하여 탄소강을 제작하고 있다.
7. 질소(N_2) : 상온에서 0.015% 용해되지 않기 때문에 질소에 의한 해는 크지 않지만 흡수되는 양이 많으면 경도 및 강도가 증가되는 경향이 탄소와 비슷하다.
8. 수소(H_2) : 백점, 크랙을 발생시켜 내부균열을 일으키고 파괴의 원인이 된다. 용접 시에는 비드에 균열을 만들어서 파괴의 원인이 된다. 수소를 함유하면 취성이 있고 산이나 알칼리에 약하게 된다.

16.1.4 특수강

내열합금이나 영구자석 합금처럼 탄소를 불순물 취급하는 것은 본래는 강이 아니지만, 이들도 철이 바탕일 때에는 특수강에 포함시키는 경우도 있다. 현재 쓰이는 특수강은 탄소 이외에 첨가한 합금원소의 이름을 앞에 붙여서 니켈강, 크로뮴강 등이라고 하지만 용도에 따라 크게 나누면 구조용, 내식내열용, 공구용과 기타의 특수 용도용으로 분류된다.

1. 구조용 특수강 : 합금원소의 양은 α철에 용해될 정도이며, 약간 여분의 것은 탄화물을 만들어 철의 탄화물 시멘타이트와 공존한다. 철에 있는 α의 변태가 합금원소가 들어감으로써 일어나기 어렵게 되어 경화가 잘 되며 담금질, 뜨임의 처리에 의하여 보통강보다 강도 및 점성이 크다. 이런 것들이 구조용으로 쓰인다. 주가 되는 것

은 5% 이하의 니켈을 첨가한 니켈강, 2% 이하의 크로뮴을 첨가해서 내마모성을 갖게 한 크로뮴강, 양쪽 특색을 모두 살리기 위해 니켈과 크로뮴을 배합하여 니켈에 의해 α철의 바탕을 강화하고 크로뮴에 의해 탄화물을 강화시킨 니켈 크로뮴강, 크로뮴강에 0.5% 이하의 몰리브데넘을 첨가해서 자동차 · 기계부품에 적합하게 개량한 크로뮴과 몰리브데넘강에 니켈도 첨가해서 더욱 개량한 니켈-크로뮴-몰리브데넘강, 크로뮴강에 0.1~0.2%의 바나듐을 첨가해서 개량한 크로뮴-바나듐강, 전혀 다른 계통으로 망간을 첨가하여 철이 고온에서 안정된 실온까지 안정하게 하여 내마모성이 좋은 것을 이용해서 철도 레일의 포인트, 철도차량의 휠 등에 쓰이는 망간(10~14% 망간) 등이 있다. 극소량의 붕소를 강에 첨가하면 변태가 효과적으로 저지되어 값비싼 합금원소를 첨가하지 않아도 경화가 잘된다는 것이 1940년대 후반 미국에서 발견되어 붕소강 또는 붕소합강철이라 하고 있다. 첨가하는 붕소의 양은 0.002% 정도이나 담금질성에 대한 효과는 니켈의 2%, 크로뮴의 0.5%, 몰리브데넘의 0.35%, 망간의 0.3%와 비슷하다. 용도별, 특성별로 세분해 보면

① 저합금고장력강(주로 용접용)

② 표면경화강, 침탄강, 질화강, 고주파 또는 화염담금질강

③ 강인강(조질강, 주로 기계구조용)

④ 스프링강(판스프링, 코일스프링, 기타 각종 스프링강)

⑤ 베어링강

⑥ 쾌삭강(기계절삭이 용이하여 자동선반에 걸어 다량생산에 적당한 것)

⑦ 초강인강(항공기처럼 강도 · 중량이 중요한 요소가 되는 기계부품에 사용되는 강)

등이 있다. 보통의 강인강은 담금질 후 550~6,500℃로 뜨임해서 인장강도 90~120 kg/mm^2 정도에 사용되고, 초강인강은 저온으로 뜨임하여 160~240 kg/mm^2 정도의 고항장력을 가지면서도 인성을 가진 강이다. 저합금계 초강인강(니켈-크로뮴-몰리브데넘강), 열간공구강계 초강인강, 마레이징강, 석출경화형 스테인리스강 등이 있다.

2. 내식내열용 특수강 : 1913년 브레얼리가 크로뮴을 첨가해서 강의 큰 결점이었던 녹이 스는 성질을 개선하여, 각종 스테인리스강이 만들어졌다. 13% 크로뮴의 13크로뮴 스테인리스강과, 크로뮴 18%, 니켈 8%를 주성분으로 하는 18-8스테인리스강이 있다. 13크로뮴스테인리스강은 α철로서 강자성이 있고, 18-8스테인리스강은 자성이 없다. 내식재료에서 출발해서 제트엔진이 발달됨에 따라 내열재료로서 크로뮴의 양을 많게 한 페라이트계의 내열합금과, 니켈, 크로뮴의 양을 함께 증가시키고, 필요에

따라 몰리브데넘을 첨가해서 오스테나이트를 강화한 계통의 내열합금이 있다. 페라이트계에는 27크로뮴, 오스테나이트계에는 25-20(25% 크로뮴, 20% 니켈)이나 16-25-61(6% 크로뮴, 25% 니켈, 6% 몰리브데넘)이 있다. 내식강(스테인리스강), 내열강, 내열초합금(Super-alloy)으로 분류된다.

3. 공구용 특수강 : 텅스텐을 첨가해서 강의 담금질로 얻어지는 경도의 주요 원인인 마텐자이트의 조직을 안정하게 한 텅스텐강이 사용되며 용도에 따라 텅스텐의 양을 가감해서 사용한다. 고속으로 절삭해도 발열로 인한 담금질 경도가 상실되지 않는 공구용 강재로서 텅스텐 18%, 크로뮴 4%, 바나듐 1%를 표준성분으로 하는 고속도강이 20세기 초에 만들어져서 널리 쓰인다. 공구용 탄소강, 특수공구강(저합금강), 고속도강, 다이강, 단조용형강 등으로 구분된다.
4. 기타 특수용도용 특수강 : 고크로뮴, 니켈에 다시 코발트를 첨가한 리프랙탈로이 등의 내열합금, 변압기의 철심판에 사용되는 규소강(강이라고 하지만 탄소는 불순물로 취급되고, 규소를 4% 이하로 첨가한 α철을 사용한다)과 각종의 영구자석 합금이 포함된다. 영구자석용으로 강도 쓰였으나, 최근의 강력자석 합금에서는 탄소를 불순물로 취급하고, 합금원소인 니켈, 알루미늄, 코발트, 티타늄 등에 의한 석출경화를 이용한다. 또한 열팽창계수가 극히 작은 합금 앰버(철-니겔합금)도 있다. 조직에 따라서 분류하면 다음과 같다.
   ① 페라이트강(철) : A1, A3 등의 변태점을 갖지 않으며, 실온에서나 고온에서도 기질(基質)의 원자배열이 체심입방격자인 것이다.
   ② 펄라이트, 마텐자이트강 : A1, A3 변태점을 가지며, 기질의 원자배열은 상온에서 체심입방격자가 되고, 탄화물 입자가 이 사이에 분산되어 있는 것이다.
   ③ 오스테나이트강 : A1, A3 등의 변태점이 없으며, 실온에서나 고온에서도 기질의 원자배열이 면심입방격자인 것이다.

탄소강에 다른 원소를 첨가하여 특수한 성질을 띠게 한 것, 첨가 원소로서는 Ni, Mn, W, Cr, Mo, Co, V, Al 등이 있다. 표 16.3 강의 분류를 나타낸 것이다. 사용하는 목적에 맞게 강을 선택하면 된다.

표 16.3 강의 분류

분류	종류	용도
기계구조용 합금강	강인강	크랭크축 · 기어 · 축선박 · 건설용
	고장력저합금강	기어 · 축류
	표면경화용강	드릴, 엔드밀
공구용합금강	연소공구강	절삭공구 · 다이
	합금공구강	
	고속도공구강	
내식 · 내열 용강	스테인리스강	바이트, 식기, 화학 공업장치, 내연기관 밸브, 터빈 날개, 고온고압용기
	내열강	
특수용도용강	쾌삭강	볼트, 너트, 기어, 축
	용수철강	각종 스프링류
	내마모용강	크로스레일, 파쇄기
	축수강	구름 베어링의 궤도륜 · 전동체, 전력기기, 자석
	영구자석	전동체, 전력기기, 자석

16.2 제철법

용광로를 사용하지 않고, 선철단계를 거치지 않고 광석에서 직접 철과 강을 제조하는 방법으로 고로가 출현한 14세기 이전에는 직접제철법으로 철강이 소규모로 생산되어 사용해 왔으나 현대식 간접제철법의 등장으로 직접제철법은 쇠퇴하여 직접철강법에 의한 철강의 생산량은 적어졌으나, 오늘날 코크스의 생산의 한계와 제철설비 비용 등으로 직접철강법이 다시 많이 사용되고 있다. 직접제철법이 많이 사용되고 있는 이유는 다음과 같다.

1. 고로에는 코크스가 반드시 필요하나 이 코크스용 원료탄은 생산되지 않는 국가도 많을 뿐더러 그 값도 점차 비싸지고 있다. 따라서 코크스를 쓰지 않는 제철법이 요망

된다.

2. 현대식 제철설비는 막대한 건설비가 필요한 데 반하여 직접제철설비는 저렴한 건설비로도 철강생산이 가능하다. 이와 같은 이유로 현재 각국에서는 이에 대한 연구가 점차 활발해지고 있다. 전기로제선법은 선철을 만드는 방법이므로 엄밀히 말하면 직접제철법에 속하지 않으나 고로를 사용하지 않는 점으로 직접 제철법으로 취급하는 것이 상례이다. 직접제철법의 생산물은 해면철, 철분, 입철(Luppe) 등이며 그 용도는 다음과 같다.
   ① 고로원료용 : 환원율이 90% 이하인 환원철을 고로에 넣으면 생산성이 향상하고 코크스가 절약된다.
   ② 제강원료용 : 환원율이 90% 이상인 환원철을 고철대용으로 전기로에 넣어 강을 제조한다.
   ③ 기타 용도 : 품질이 좋은 철분은 분말야금용, 용접봉원료 등에 사용된다.

직접제철법은 고로를 사용하지 않고 광석에서 직접 철 또는 강을 제조하는 방법이며, 현재 세계적으로 보편화되고 있는 제철법은 고로방식이며, 경제적이고 대량 생산에 적합한 방법이다. 방식은 철광석에서 고로를 통하여 선철을 얻고 이 선철을 다시 제강로에 넣어 산화정련해서 강을 얻기 때문에 간접제철법이라고 하며, 철광석을 환원하여 환원철 및 강을 얻는 방식이 직접 제철법이다.

16.3 제강법

선철은 탄소가 많이 함유되어 있기 때문에 강으로 만들기 위해서는 각종의 제강법이 사용되고 있다. 제강법에는 평로법, 전로법, 전기로법 및 고주파로법 등이 있다. 평로와 전로는 일반용 강을 제조 할 때 사용되며, 전기로와 고주파로는 특수강을 제조 할 때 사용된다.

16.3.1 평로

평로제강법(Open hearth process)은 대량생산에 많이 사용되는 제강방법이다. 사용하는 연료의 가스 발생로에서 만들어지는 가스 또는 중유를 사용하며, 가스는 예열하기 위하여 로의 양쪽에 준비된 예열실을 통과하는 사이에 1000℃정도의 온도가 된다. 노내에 분출되어 잘 혼합되고 완전 연소된 후 반대쪽으로 배치되도록 되어 있다. 폐기 가스는 노 내에 들어올 때 통과한 것과 같은 구조로 된 반대쪽의 축열실을 통과한다. 통과하면서 축열실의 벽돌을 가열하고 배출한다. 시간 간격을 두고 가스 및 공기의 통로를 반대로 변환하여 축열실에서 가스와 공기를 통과 시켜 가열한다. 가스 및 공기로 냉각된 축열실은 폐기 가스를 이용하여 열을 가하도록 되어 있다.

평로의 바닥은 라이딩(Lining)에 마그네시아(Magnesia) 내화물을 사용하고 용철 또는 용선과 고철을 넣어 산화철을 첨가하여 탄소와 불순물을 산화시키고 석회석을 넣어 석회질의 염기성 슬래그를 만든다.

16.3.2 전로법

전로법(Converter process)은 영국에서 Henry Bessemer가 1855년 발명하여 사용하고 있는 방법으로 노내의 내화물로 산성재료를 사용하여 산성 전로법(Bessemer process)이라고 하였고, 후에 염기성 전로가 Thomas가 1877년에 개발하여 염기성 전로법(Thomas process)이라고 하였다. 전로의 용량은 1회의 용해량으로 표시하며 15~30t의 용량범위가 넓다.

16.3.3 전기로 제강법

전기로 제강법(Electric arc furnace process)은 아크식, 저항식 및 유도식으로 분류하며 아크식의 용량은 1회의 용해량으로 표시하며 1~40t의 범위가 가능하다. 전기로는 고온을 얻을 수 있고 산화를 방지하며, 가스를 함유하는 일이 적고 탈산이나 탈류를 할 수 있기 때문에 양질의 강 또는 공구강 및 특수강의 제조에 사용한다.

16.3.4 유도로법

유도로법(Induction furnace process)은 고순도의 합금강을 제조하는데 사용한다. 고주파로에서는 도가니의 주위를 수냉식 코일(Coil)을 통과하는 교류에 의하여 자계가 발생되는 고주파 유도전류로 장입된 금속자체에서 열이 방생하는 것이다. 고주파 유도전류는 주파의 자승에 비례하여 증가하며 주파가 증가하면 유도전류는 장입물의 표면에서부터 내부 침투 작용의 효과가 발생하여 열은 전류가 흐르는 단면적에 의해 결정된다.

대형로에서는 전류를 내부까지 침투시키기 위하여 중주파 또는 저주파를 사용한다. 유도전류에 의하여 용융금속의 수직방향으로 순환운동을 시켜 성분의 균일화가 이루어지게 한다.

16.4 강의 표면경화

표면경화법(Surface hardening)은 표면을 경화시켜 내마모성, 강도, 경도를 높이거나 내식성을 높이는 것을 말한다. 물리적 방법과 화학적 방법이 있으며, 물리적 방법은 철강의 표면만을 소입 경화시키는 것으로, 화염 소입과 고주파 소입이 대표적이다. 화학적 방법은 철강의 표면 조성을 바꾸어 경화시키는 것으로, 침탄·질화·붕화법 등이 대표적인 것이다. 철강 이외에는 알루미늄에 대해 경질 알루마이트 법이 있다. 소재를 변화시키는 방법 이외의 표면 경화법으로는 도금, 용사 외에 스패터링, 이온 플레이팅 등의 물리적 증착법이나 기상도금 등의 화학적 증착법에 의한 경질 피막에서의 피복법이 있다. 철강의 표면을 경화시키는 열처리 방법이며, 물리적 표면 경화법과 화학적 표면 경화법의 두 가지로 크게 나눌 수 있다. 물리적 표면 경화법은 단순히 철강의 표면에만 담금질 경화시키는 방법이며, 불꽃 담금질, 고주파 담금질은 그 대표적인 예이다. 화학적 표면 경화법은 철강 표면의 화학 조성을 바꾸어 이를 담금질 경화시키는 방법이다. 화학적 표면 경화법의 대표적인 것은 침탄, 질화, 청화법 등이 있다. 넓은 뜻의 표면 경화법으로는 도금법(예, 경질 크롬 도금), 용착법(예, 표면경화), 가공 경화법(예, 쇼트 피닝) 등이 있다.

16.4.1 표면경화

기계의 축, 기어 캠 등의 부품은 강도, 인성뿐만 아니라 접촉부의 내마멸성이 있어야 한다. 따라서 표면의 내마멸성을 향상시키기 위하여 표면은 경화시키고, 내부는 충격에 견딜 수 있도록 인성을 부여하는 열처리를 표면경화법(Surface hardening)이라 한다. 담금질, 뜨임의 소재는 고탄소강을 사용하므로 경도는 증가하지만 인성이 문제가 되므로 표면 경화용 소재는 저탄소강을 사용하여 경화처리변형과 균열을 감소시킨다.

표면 경화법은 물리적 표면경화와 화학적 표면경화가 있고 다음과 같다.

1. 물리적 표면경화 : 강의 표면에 화학조성을 변화시키지 않고, 단지 열처리 등의 물리적 수단에 의해 표면의 조직만을 변화시켜서 경화층을 얻는 방법으로 재료는 담금질에 필요한 탄소를 함유해야 한다.
2. 화학적 표면경화 : 강의 표면층에 여러 가지 원소들을 확산 침투 시켜서 표면 조성의 변화에 의한 경화층을 얻는 방법이다. 강의 표면 처리법에는 표면경화법 외에도 가공 열처리, 탄화물 피복법, 증착법 및 금속 용사법, 그리고 금속침투법 등이 있다.

16.4.2 물리적 표면경화법

화학적 표면경화법과는 달리 강의 표면에 화학 조성을 변화시키지 않고, 열처리 등을 통해 표면 조직만을 변화시키는 방법으로 화염 경화법, 고주파 경화법, 쇼트 피닝법, 하드페어싱 등이 있다.

1. 화염 경화법 (Flame hardening) : 산소-아세틸렌 가스불꽃을 이용하여 강표면을 급속 가열한 후 담금질 온도에 이르렀을 때 냉각수로 급랭시켜 표면층만을 경화시키는 열처리 방법이다. 부품의 크기와 형상의 제약이 적으며, 국부 열처리가 가능하고, 설비비가 저렴하다. 담금질 변형이 적으나 가열온도 조절이 어려운 단점이 있다. 처리방법은 다음과 같다.
   ① 소재 및 가열 : 소재는 0.4~0.6%의 탄소가 함유된 강이 좋으며, 산소-아세틸렌의 혼합비는 1:1의 중성불꽃이 가장 좋다. 토치 불꽃수와 이동속도에 따라 재료 내부의 열전달 깊이가 다르며, 경화층 깊이도 다르게 된다.
   ② 냉각 방법 : 냉각수조(Cooling tank)에 담그는 방법은 담금질 온도가 높아지기 쉬우며, 담금질 균열이 발생하기 쉽다. 분사장치에 의한 냉각은 일반적으로 많이 이용되는 방법이며 순환되는 물속에 소재를 넣고 가열하는 방법은 선반 베드 등의 열처리법으로 담금질 균열 가능성이 낮은 특징이 있다. 후처리 후 인성의 개선과 잔류 응력 제거를 위한 템퍼링 처리한다.
2. 고주파 경화법(Induction hardening) : 소재에 장치된 코일 속으로 고주파 전류를 흐르게 하면 소재 표면에는 맴돌이 전류 (Eddy current)가 유도되며, 이로 인해 발생한 고주파 유도열이 소재 표면을 급속 가열시키고, 가열된 소재를 급랭시키면 소재 표면이 담금질되어 경화되는 경화법이다. 급속 가열에 의해 가열시간이 짧아 산화 및 변형이 적으며, 열효율이 높고 대량생산이 가능하다. 유지비가 적게 들고, 균일 가열 및 온조 제어가 용이한 특징을 가진다. 하지만 시설비가 고가이고, 부품의 형

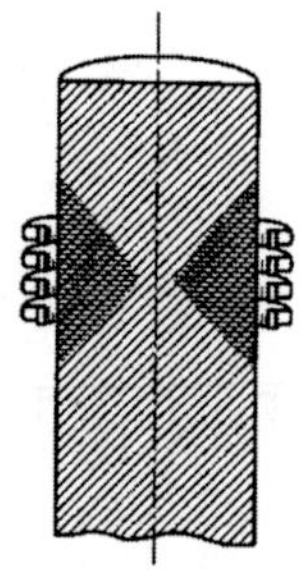

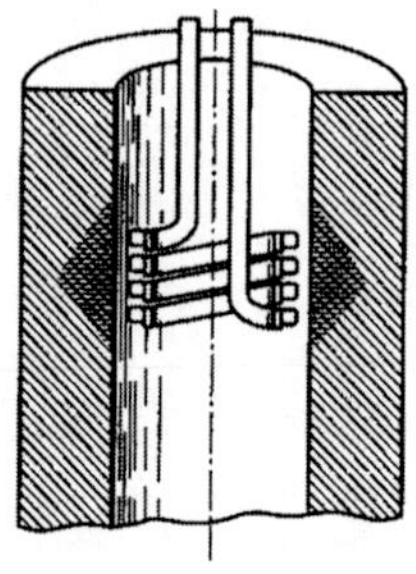

그림 16.6 외경고주파경화　　그림 16.7 내경고주파경화

상과 소재가 제한적이다. 고주파 경화법에서는 주파수가 클수록 유도 전류가 표면 주위에만 집중되어 흐르는 현상이 발생하는데 이를 표피효과라 한다. 주파수가 클수록 경화 깊이는 얇아지고, 주파수가 작으면 경화 깊이는 깊어진다. 그림 16.6은 외경고주파경화, 그림 16.7은 재품의 내경에 고주파를 이용하여 경화시키는 것이다.

3. 쇼트 피닝(Shot peening)법 : 소재 표면에 강이나 주철 소재의 작은 입자 0.5~1.0 mm를 고속으로 분사시켜 가공경화에 의해 표면의 경도를 높이는 방법이다. 피로한도가 현저히 증가되는 특징을 가진다.
4. 하드 페이싱(Hard facing) : 소재의 표면에 스텔라이트나 경합금을 용접 또는 압접으로 융착시켜 표면에 경화층을 형성하난 방법이다.

16.4.3 화학적 표면경화법

물리적 표면경화법과 달리 강의 표면층에 여러 가치 원소들을 확산 침투시켜서 표면 조성의 변화에 의한 경화층을 얻는 방법으로 침탄법, 청화법, 질화법 등이 있다.

1. 침탄법 : 탄소의 함유량이 0.2%이하의 저탄소강의 표면에 탄소를 침투시켜 고탄소강으로 만든 후 이것을 열처리하여 경화시키는 방법을 침탄이라 한다. 침탄처리를 할 때 내부는 저탄소강으로 담금질 경화가 일어나지 않지만, 외부는 고탄소강 조직으로 인하여 표면 경화된다. 침탄 시에는 전용 침탄로를 많이 사용하고 있으며, 침탄과 동시에 경화를 일으키는 열처리를 병행하고 침탄법에는 고체 침탄법, 액체 침탄법, 가스 침탄법 등이 있다.

   ① 고체 침탄법(Solid carburizing) : 철재의 침탄상자에 고체 침탄제와 침탄 촉진제를 넣고, 밀폐한 후 가열 유지하여 저탄소강 표면에 침탄층을 얻는 방법이다. 침탄제는 목탄, 코스코 등을 사용하고, 침탄 촉진제로는 탄산바륨($BaCo_3$)을 사용한

다. 가열온도는 900~950℃에서 4~5시간 유지한다. 침탄 깊이는 0.5~2.0mm정도이고, 침탄층의 탄소량은 0.85~0.9%이다.

침탄시 유의사항은 다음과 같다

- 침탄 온도가 높으면 침탄 속도가 빠르나, 950℃이상이면 오스테나이트 결정립이 조대화 된다.
- 침탄 깊이가 너무 깊으면 비용이 많이 들고, 인성에 불리하다
- 침탄제의 입도가 작으면 열의 통과에 불리하여 침탄 시간의 증가한다.
- 강재에 크롬(Cr)이 함유되면 탄소의 확산이 느려 과잉 침탄이 발생한다.
- 균일 침탄 및 침탄층의 조절에 신경을 써야한다.
- 탄산나트륨이 너무 많으면, 강 표면에 용착되어 침탄이 어렵다.

국부적 침탄 방지 대책은 다음과 같다.

- 탄소강에 동도금을 한다.
- 가공여유를 두어 침탄 후 절삭 가공하여 침탄부를 깍아낸다.
- 진흙을 바르고, 석면 및 강판으로 두른다.

② 액체 침탄법(Iiguid carburizing) : 침탄 질화법(Carbonitriding), 시안화법(Cyaniding) 또는 청화법이라고도 하며, 침탄제와 촉진제를 동제 상자에 넣고, 용해하여 강재를 염욕 중에 침지시켜, 탄소와 질소를 침투시키는 방법이다. 침탄제로는 시안화나트륨(NaCN), 시안화칼륨(NaCl)등을 사용하고, 침탄 촉진제로는 탄산칼륨(K_2CO_3), 탄산나트륨 (Na_2CO_3), 염화칼륨(KCI), 염화나트륨(NaCl) 등을 사용한다. 가열온도는 600~900℃로 하고, 가열시간은 약 30분이다. 이때 700℃이하는 질화라 하고, 800℃이상은 침탄이라 한다. 침탄 깊이는 0.1~0.5mm로 처리온도에 비례하며, 침탄층의 탄소량은 0.7~1.0% 정도이다.

액체 침탄법의 특징은 다음과 같다.

- 장점 : 가열이 균일하고 제품의 변형이 적다. 그리고 온도조절이 용이하여 시간이 절약된다. 산화방지 효과가 있어 계기류 등의 참탄에 이용된다.
- 단점 : 침탄제의 가격이 비싸며, 침탄층이 얇고 유독가스가 발생한다.

국부적 침탄 방지 대책은 다음과 같다

- 산화 알루미늄 (Al_2O_3), 산화 규소 (SiO_2) 등을 바른다.
- 니켈, 크롬 등의 전기도금을 한다.

■ 용융 알루미늄을 도포한다.

③ 가스 침탄법(Gas cabyrizing) : 가스 침탄법은 주로 작은 부품의 침탄에 이용되는 것으로 메탄가스나 프로판가스, 아세틸렌 가스등 탄산수고계 가스를 로에 넣어 니켈을 촉매로 하여 침탄가스로 변성 후, 오스테나이트화된 금속의 표면을 접촉시켜 활성탄소가 침입하도록 하여 침탄을 일으킨다. 침탄제로는 일산화탄소와 메탄을 사용하고, 가열온도는 900~950℃정도로 한다.

고온 침탄의 장점은 다음과 같다.

■ 침탄시간이 단축된다.
■ 확산구배가 급하지 않다
■ 깊은 침탄층을 얻을 때 효과적이다.

가스 침탄의 특징은 다음과 같다.

■ 균일한 침탄층을 얻을 수 있다.
■ 작업이 간편하고, 열효율이 높다.
■ 연속 침탄에 의해 다량 침탄이 가능하다

2. 질화법(Nitriding) : 질화법은 다른 표면 경화법과는 달리 변태점 이하의 상당히 낮은 온도에서 처리된다. 500~600℃의 온도에서 처리하기 때문에 변형이 적은 표면 경화법으로 널리 이용된다. 높은 경도를 얻기 위해 크롬, 몰리브덴 등의 원소를 함유하는 강이 필수이므로 처리 강에 많은 제한이 따르며, 제품은 $0.1{\sim}0.2mm$정도의 연마가공을 한다.

① 가스 질화(Gas nitridng)법 : 질소는 강에 잘 용해되지 않지만, 500℃ 정도로 50~100시간 암모니아 가스를 가열하면 발생기 질소가 철 등과 반응하여 질화물을 만들면서 강으로 침투되며, 질화층의 두께는 보통$0.4{\sim}0.9mm$정도로서 은회색의 단단한 경화면을 가진다.

② 액체 질화법 : 가스 질화법은 처리시간이 길고, 제한된 질화용 강만 처리가 가능하므로 이러한 단점을 개선하기 위해 시안화나트륨(NaCN), 시안화칼륨(KCN) 등을 주성분으로 한 염욕로에서 500~600℃로 5~15시간 가열하여 질화층을 얻는다. 이를 액체 질화법이라 한다.

③ 이온 질화법 : 이온질화법의 특징은 작업환경이 좋고, 질화속도가 빠르며, 별도의 가열장치가 필요치 않다. 가스비율을 변화시켜 질화층의 조성을 제어할 수 있으며, 가스질화로서 처리가 곤란한 강에도 적용이 가능하다. 하지만 복잡한 형상의

부품은 균일한 질화가 어렵고, 처리부품의 온도측정과 급속냉각이 어려운 단점이 있다.

16.4.4 가공 열처리(thermo mechanical treatment)

가공 열처리는 소성가공과 열처리를 결합시킨 방법으로 열처리를 통해 얻을 수 없는 조직과 기계적 성질을 갖는다. 통상의 열간가공은 오스테나이트를 영역에서 행하지만 강의 강도와 인성을 향상시키기 위해 저온의 오스테나이트 영역에서 또는 변태 중, 변태 완료 후 가공을 수행하여 미세조직을 얻는 것을 가공열처리라 하며, 특히 고장력 저합금의 제어 압연은 실용화되어 있다.

가공 열처리의 종류는 다음과 같다

1. 단조퀜칭 : 단조퀜칭은 안정한 오스테나이트 영역에서의 가공열처리로서 열간 단조나 열간 압연 후 즉시 퀜칭을 실행하여 경화능을 향상시키고, 강도와 인성을 개선시킨다.
2. 오스포밍(Ausforming) : 대표적 가공 열처리방법으로서 오스테나이트를 500℃부근에서 가공한 후 급랭하여 마르텐사이트로 변태시킴으로써 연성과 인성을 해치지 않고, 강도를 향상시킨다. 탄소량이 적은 강은 효과가 적은 단점이 있다.
3. 마르텐 사이트 변태 중의 가공 : 오스테나이트계의 스테인레스 강이나 망간강에서는 가공할 때 마르텐사이트를 형성하지 않고, 변형 되어 현저히 강화되는 특성을 가진다.
4. 아이소포밍(Isoforming) : 페라이트, 펄라이트 변태 중에 가공하는 것을 말하며, 경화능이 그다지 크지 않은 저합금강을 변태점 영역에서 가공한다. 미세한 페라이트 결정립 구상 탄화물이 분산 석출된 조직으로써 강도와 인성이 향상된다. 제어 압연강의 강화법으로 많이 사용된다.
5. 펄라이트 가공에 의한 강화 : 파텐팅(patenting)과 블루잉(bluing)으로 나눌 수 있으며, 파텐팅은 피아노 선 등을 냉간가공 할 때 전처리로서 오스테나이트화 처리 후 500℃정도에서 항온 변태시키며, 열욕 퀜칭법에 의해 소르바이트 조직이 얻어져 연성이 커지고 냉간가공성이 향상되는 것을 말한다. 블루잉은 피아노선을 스프링으로 사용하기 위해 냉간가공 후 350℃정도로 저온 가열하는 것을 말한다. 국부적 변형을 제거하고, 시효경화 현상에 의한 탄성한계 상승 및 피로특성 개선 등의 효과가 있다.
6. 제어냉각에 의한 강화 : 저탄소 고장력강에서 열간압연과 냉각과정을 정밀하게 제어

하면 압연상태에서도 높은 강도와 연성을 얻을수 있다. 이와 같이 소재를 강인화시키기 위해서는 압연전 오스테나이트 결정립을 미세화 시키는 방법과 저온의 오스테나이트 영역에서 가공하여 재결정 오스테나이트를 미세화 시키는 방법이 있다.

16.4.5 탄화물 피복법

강의 표면에 초경 탄화물을 침투확산 및 부착시키는 방법으로 높은 경도의 표면층을 형성하여 내마모성과 내열성을 갖는다. 탄화물 피복법은 처리온도가 높기 때문에 변형이 발생할 수 있지만 높은 경도를 얻을 수 있기 때문에 다이, 펀치, 롤러(Roll) 등과 같은 내마모성이 요구되는 금형 재료 및 코팅 초경공구 등에 이용된다.

탄화물 피복법의 처리방법은 용융염 중에 침지하는 액체법, 분말중에 가열하는 분말법, 가스반응 및 이온 등을 이용하는 증착법 등이 있다.

1. 침지법 : 침지법의 처리공정은 처리품의 세정, 예열, 침지 처리, 열처리, 세정의 순으로 진행된다. 이 방법의 특징은 균일하고, 양호한 표면층이 형성되며, 초경합금보다 높은 경도와 내마모성을 얻는다. 그리고 염욕의 교체로 탄화물 종류를 쉽게 선택할 수 있고, 탄화물 층의 박리 또는 균열발생이 없다는 장점이 있다. 고온처리 및 퀜칭 경화에 의한 변형발생 가능성이 있으므로 유의해야 한다.
2. 분말법 : 분말법은 소결에 의해 이루어지며, 미세한 텅스텐입자 속에 강을 넣고, 환원성 분위기나 중성분위기 중에 가열 후 서냉한다. 처리입자는 텅스텐 외에 티타늄, 몰리브덴, 크롬 등의 원소가 동일한 크기의 입자이어야 되고, 다이, 펀치, 롤러 등의 표면처리에 이용되며, 수명이 15~30배 정도 향상된다.
3. 증착법 : 증착법은 가스반응 및 이온 등을 이용하여 탄화물, 질화물 등의 코팅층을 얻을 수 있는 피복 방법으로서 물리적 증착법 (P.V.D)과 화학적 증착법(C.V.D)을 갖는다.

16.4.6 증착법

가스반응 및 이온 등을 이용하여 탄화물. 질화물 등을 기판(Substrate)에 피복하여 간단한 방법으로 표면 경화층을 얻을 수 있는 것으로 가스반응을 이용한 C.V.D와 진공중에서 증착하거나 이온을 이용하는 P.V.D로 구분할 수 있고, 공구 등의 코팅에 이용된다.

1. 화학적 증착법(C.V.D Chemical vapor deposition) : 화학적 증착법은 가스도금, 증기도금 등으로 불리며, 가스 반응을 이용하여 탄화물, 질화물 등을 기판에 피복한다. 증착하려는 물질의 휘발성 염을 기화실에서 가열 기화한 후 이것을 수소, 질소, 아르곤 등과 혼합하여 도금실에 보내고, 균일하게 고온으로 가열된 모재표면과 접촉 반응시켜 피복물질을 석출한다. 코팅온도 및 처리강의 종류에 다라 다르지만 2~4시간 내에 5~15μ의 코팅층이 형성된다.

화학적 증착법의 장점은 다음과 같다.

① 석출층의 종류가 많아 금속 산화물, 질화물, 산화물 등을 피복할 수 있다.

② 균일한 코팅층을 얻을 수 있다.

③ 석출속도가 빠르고 두꺼운 피복이 된다.

④ 밀착성이 좋고, 핀홀이 적다

⑤ P.V.D에 비해 장치가 간단하고, 복잡한 형상의 소재도 피복이 가능하다.

화학적 증착법의 단점은 다음과 같다.

① 소재를 1000℃이상의 고온으로 가열 처리하여 소재가 제한되고, 변형이 발생한다.

② 큰 도금면적을 얻을 수 있다.

2. 물리적 증착법(P.V.D, Physical vapor depositiong)

① 이온 플레이팅(Ion plating) : 진공용기 내에서 금속을 증발시키고, 모재에 음극을 걸어 주어 방전이 발생되면 증발된 원자는 이온화되며, 가스이온과 함께 가속되어 모재에 입사하여 피복시키는 방법이다. 피막의 밀착성이 매우 우수하고, 치밀하며, 코팅온도가 낮으므로 열에 의한 영향이 적다. 그리고 여러 종류의 화합물 피막을 얻을 수 있으며, 구멍의 내면 등의 피복은 곤란하다.

② 스퍼터링(spputtering) : 높은 에너지를 갖는 입자가 소재에 충돌하면 이곳으로부터 원자가 튀어나오는 현상을 스퍼터링이라 한다. 진공의 아르곤 분위기에서 전압을 걸면 아르곤의 양이온이 소재에 충돌하고, 이온 충격에 의해 튀어나온 원자가 양극인 모재 기판에 붙어 박막이 형성된다.

③ 진공증착 : 진공 중에서 금속을 가열 증발시켜 기판에 부착시키는 방법으로 광학부품, 전자부품에 응용되고 있으나 표면경화를 목적으로는 사용하지 않는다.

16.4.7 금속 용사법

금속 용사법은 용융상태의 금속이나 세라믹을 용사건(Spray gun)을 이용하여 모재표면에 연속적으로 분사시켜서 피막을 적층시키는 방법이다. 용사되는 재료는 탄소강, 스테인레스강, 동합금, 세라믹, 초경합금 등 광범위하며, 금속의 특성에 따라 내마모성, 내식성, 내열성 등의 요구조건에 부합하는 금속 층을 만든다.

1. 분말 용사법(Poder spraying) : 피복될 금속의 분말을 고온의 화염에서 혼합하여 용사한다. 보통 산소-아세틸렌 토치를 이용하고, 혼합실에서 부압을 이용한 분말제의 흡입으로 혼합되어 화염과 함께 용융된 상태로 표면에 분사 부착된다. 분말 용사법은 화염의 압력을 이용하므로 압축공기가 불필요하며, 합금분말 등 모든 금속의 용사가 가능하다.
2. 가스 용선식 용사법(Gas wire type spraying) : 금속 와이어를 산소 아세틸렌 등의 고온 가스로 용융하여 용사하는 방법으로 분말식과 유사하다. 화염의 내부로 금속 와이어가 공급되면 가스 불꽃에 의해 용해되며, 압축공기에 의해 분무상태의 용융금속이 표면에 용사 부착된다. 일반적으로 동 및 알루미늄, 동합금 및 알루미늄 합금 등 저융점의 금속이 와이어로 사용된다. 모재에 요철이 있어도 평탄하게 부착할 수 있으며, 용사피막은 다공질이다.
3. 플라즈마 용사법(Plasma spraying) : 고온의 플라즈마 가스를 이용한 것으로 분말 용사법과 같은 원리 이다. 사용가스는 아르곤과 수소가 이용되며, 가스가 분말의 용사를 운반하여 플라즈마화한다. 분사압력이 상당히 커 부착성이 좋으며, 고용융 금속 등 모든 금속의 적용이 가능하다. 그리고 모재의 가열온도가 300℃이하이므로 열영향이 적으며, 초경 피막처리에 이용할 수 있다. 윤활성과 내마모성이 우수하다.

16.4.8 설퍼라이징

설퍼라이징은 퀜칭, 템퍼링한 금형 등의 표면에 황(S)을 확산시켜 윤활성과 피로강도를 향상시켜 내마모성을 얻는 처리법이다. 이것은 중성 및 환원성의 염욕 중에 유화염을 첨가한 분위기 중에서 생성된 유황을 철강재의 표면에서 내부까지 확산시키는 것이다. 염욕조건은 혼합염의 용융온도는 설퍼라이징 온도보다 낮아야 하며, 고속도강은 550~570℃의 템퍼링 온도 부근에서 처리한다. 그리고 특수 공구강은 150℃에서 처리한다. 설퍼라이징의 특징은 다음과 같다

1. 표면조도가 좋아진다.
2. 마찰계수가 적고, 내마모성을 향상시킨다.
3. 질소도 함께 확산되어 질화 효과도 동시에 얻을 수 있다.

연 습 문 제

1. 철과 강을 분류하시오.

2. Fe-C의 평형상태도를 설명하시오.

3. 주철의 서냉조직에 대하여 쓰시오.

4. 탄소강에 함유된 원소의 영향에 대하여 설명하시오.

5. 특수강을 분류하고 설명하시오.

6. 제철법에 대하여 쓰시오.

7. 제강법을 분류하고 설명하시오.

8. 표면경화에 대하여 설명하시오.

9. 물리적 화학경화법에 대하여 쓰시오.

10. 화학적 화학경화법에 대하여 쓰시오.

11. 탄화물 피복법에 대하여 설명하시오.

12. 증착법에 대하여 설명하시오.

17 비 철

17.1 동 및 동합금

동은 주기율표 11족 4주기의 구리족 원소에 속하는 전이금속으로 원소기호는 Cu, 원자량 63.546g/mol, 녹는점 1084.62℃, 끓는점 2562℃, 밀도 8.94 g/cm^{3}이다. 붉은 색의 광택이 나는 금속으로 비교적 무른 금속으로 가공하기 쉬우며 전성과 연성이 풍부하고 은(Ag) 다음으로 열과 전기의 전도율이 높아 실생활에 널리 이용된다. 표 17.1은 동의 특성 및 상태를 나타낸 것이다.

동은 천연상태의 자연구리로서 채취하기도 하며 광석에서 추출하는 제련도 간단하여 금속 중 가장 먼저 이용되었다. 고대 유적에서 구리가 발굴되고 석기시대 다음으로 동을 사용한 시대가 나타난 후 주석과의 합금인 청동이 만들어져 청동기시대를 이루었다. 중세에는 전쟁에 필요한 무기 등을 제작하는 데 이용하였고 산업혁명 시기에는 각종 기계의 발달로 기계용 재료로 널리 사용되었다. 19세기 말 전기가 산업적으로 이용되면서 주로 전선을 비롯한 전기재료로 쓰였으며 20세기에 들어와서 채광, 제련, 가공기술이 발달함에 따라 산업계에서 중요한 위치를 차지하고 있다.

구리는 적색 광택을 가진 금속으로 전성, 연성 및 가공성이 뛰어날 뿐만 아니라 합금의 경우 강도를 가지고 있다. 가열하면 어두운 빛깔의 산화제이구리(CuO)가 되고, 1000℃ 이상으로 가열하면 적자색인 산화제일구리가 된다. 황, 염소, 인과 혼합하여 합금을 만든다.

표 17.1 동의 특성 및 상태

특성	상태
화학계열	전이금속
원자량	63.546g/mol
전자배열	1s2 2s2 2p6 3S2 3P6 3d10 4S1
밀도	8.94 g/cm3(실온)
녹는점	1084.62℃
끓는점	2562℃
융해열	13.26kJ/mol
기화열	300.4 kJ/mol
비열용량	24.440 J/mol · K(25℃)

순수한 건조공기 중에서는 산화하지 않지만 대기 중에서는 습기로 인해서 부식되고 염기성탄산구리 $CuCO_3$, $Cu(OH)_2$로 이루어지는 녹청색을 띤다. 염분 및 이산화탄소를 함유하지 않는 순수한 물에는 녹지 않으나, 염분이 있는 물에는 녹는다. 공기를 차단하고 구리에 묽은 황산 및 끓여도 반응하지 않으나, 공기 중에서는 노화된다. 진한 황산에는 아황산가스을 발생하며 녹는다.

동의 제조법은 자연계에 천연 상태로 산출되기도 하지만 주로 휘동석, 황동석 등과 같은 광물을 제련하여 얻은 불순물이 포함된 구리를 전기 분해로 정제시켜 순수한 구리를 얻는다.

동의 물리적 성질은 적갈색을 띠는 금속으로 회색이나 은색 이외의 색을 띠는 3가지 금속 중의 하나인데, 나머지 2가지는 오스뮴(Os : 푸른색)과 금(Au : 노란색)이다. 연성과 전성이 크며, 순수한 금속 중에서는 은(Ag) 다음으로 열과 전기를 잘 통한다. 녹는점은 1084.62℃이고, 끓는점은 2562℃이며, 20℃에서의 밀도는 8.94 g/cm^3이다. 결정은 면심입방구조를 가지며, 반자기성으로 자석에 자화되지 않는다.

구리 원자의 화학적 성질은 29개의 전자를 갖고 있고, 순수한 물과는 반응하지 않으나, 염분이 있는 물에는 녹는다. 실온의 건조한 공기 중에서는 산화되지 않으나, 가열하면 산화된다. 습한 공기 중에서는 습기와 CO_2의 작용으로 천천히 푸른색 녹이 발생되며, 녹은 조직이 치밀하여 내부를 보호하기 때문에 부식은 더 이상 진행되지 않는다.

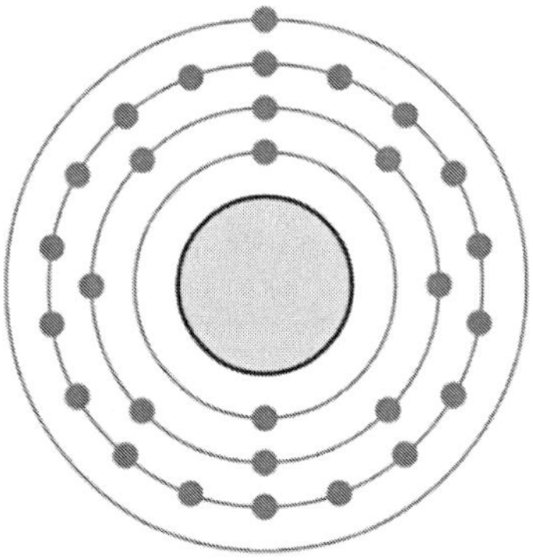

그림 17.1 동 원자

구리는 황화 수소(H_2S), 황, 황화물, 할로겐 원소 등과 반응하나, 산화제가 없으면 비산화성 산과는 반응하지 않는다. 또한 온도가 높은 진한 황산(H_2SO_4)에는 녹고, 질산(HNO_3)의 경우에는 묽은 질산과 진한 질산 모두에 녹는다. 산소가 녹아 들어간 염산(HCl), 암모니아(NH_3) 용액에도 녹는다. 그림 17.1은 동 원자를 나타낸 것이다.

동의 용도는 동 자체뿐만 아니라 황동, 청동, 알루미늄청동, 베릴륨구리 등 합금으로서의 용도로 쓰이며, 전선을 비롯하여 동제품에 많이 쓰인다. 전선은 전해구리를 용해하여 틀에 넣어 굳힌 봉동을 써서 각종 전선으로 가공한다. 동제품은 전해구리와 기타 합금용 금속 및 동합금 등을 배합 용해한 다음 원하는 성분으로 조정하여 주입한 동괴를 원료로 하여 판, 봉, 관 및 선 등으로 가공한다. 동판은 열전도성과 내식성을 활용하여 일반 용기, 동제품을 만드는 데 사용된다. 동제품은 주석 2~10%를 섞은 청동이 사용된다.

17.2 알루미늄 및 알루미늄 합금

주기율표 13족 3주기에 속하는 금속 원소로 원소기호는 Al, 원자량은 26.981 g/mol, 녹는점은 660.32℃, 끓는점 2519℃, 밀도는 2.7g/cm^3이다. 은백색의 가볍고 연성이 있는 금속으로 지구의 지각을 이루는 구성 원소 중 하나이다. 가볍고 내구성이 큰 특성을 이용해 원자재 및 재료로 많이 사용된다. 표 17.2는 알루미늄의 특성 및 상태를 나타낸 것이다.

표 17.2 알루미늄의 특성 및 상태

특성	상태
화학계열	전이후 금속
원자량	26.981g/mol
전자배열	1s2 2s2 2p6 3S2 3P1
밀도	2.70 g/cm3(실온)
녹는점	660.32℃
끓는점	2519℃
융해열	10.71kJ/mol
기화열	294kJ/mol
비열용량	24.2J/mol · K(25℃)

알루미늄은 산화성 때문에 다른 금속에 비해 늦게 분리되었다. 고대에는 산화알루미늄 등의 산화물 형태로 알려져 있다가 전기분해를 하는 정제기술이 개발되면서 18세기에 처음으로 사용되었다. 1825년 덴마크의 한스에 의해 발견되었으며 알루미늄(Al)은 라틴어인 alumen에서 유래하였다.

알루미늄은 산소, 실리콘과 함께 지구의 지각을 이루는 주 구성 원소 중 하나이며, 지구상에 다량으로 존재하는 금속이며, 광석으로는 장석, 운모, 빙정석, 반토(유황을 함유한 토양), 도토(질그릇을 만드는 토양) 등이 있으며 산화물로는 루비, 사파이어, 강옥 등 보석도 있다. 알루미늄은 은백색의 늘어나는 성질을 가지고 있는 금속으로 전성, 연성이 커서 박판이나 철사로 만들 수 있다. 성질은 순도에 따라 다르며 전기의 양도체이며 비저항은 구리의 약 1.6배이며, 비중이 낮은 경금속이다. 공기 중에 방치하면 산화물의 박막을 생성하여 광택을 잃지만 내부까지 침식되지는 않는다. 공기 중에서 녹는점 가까이 가열하면 흰 빛을 내며 연소하여 산화알루미늄이 된다. 이때 높은 온도가 되므로 분말을 써서 금속의 야금이나 테르밋 용접에 이용한다.

질소, 황, 탄소 등과 직접 화합하여 질소화물, 황화물 및 탄화물이 되며, 할로겐과도 반응하여 염화물, 브롬화물을 만든다. 산에 녹아 염을 만들지만 진한 질산에는 잘 침식되지 않고 알칼리에 녹아 수소를 발생한다. 그림 5.2는 알루미늄 원자를 나타낸 것이다.

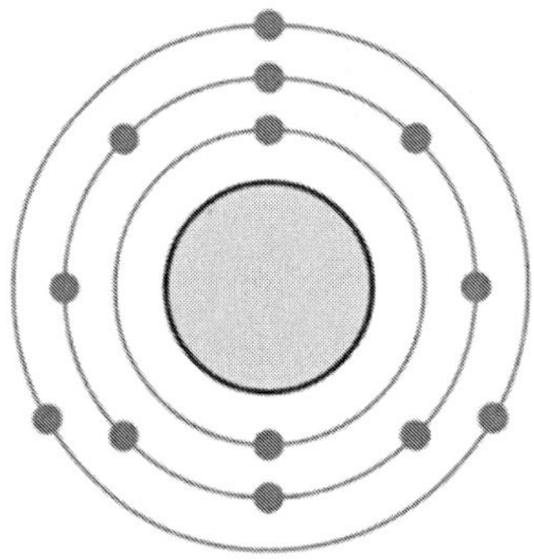

그림 17.2 알루미늄 원자

알루미늄의 제조법은 산화알루미늄이 함유된 보크사이트를 사용하며, 정제된 산화알루미늄은 전기분해 되어 순수한 알루미늄으로 정제된다.

알루미늄의 물리적 성질은 은색 금속으로, 연성과 전성이 커서 가는 선이나 얇은 박판으로 가공하며, 녹는점은 660.32℃이고 끓는점은 2,519℃이다. 밀도는 2.70 g/cm^{3}로 철의 약 1/3에 불과하나 강도는 비슷하며, 자성은 갖고 있지 않다. 전기 전도도와 열전도도는 은(Ag), 동(Cu), 금(Au)보다 못하지만 전기 도체이다. 결정은 대부분의 금속과 마찬가지로, 면심입방 구조를 갖는다.

알루미늄은 빛의 반사체이며, 자외선 및 원적외선 영역에서는 다른 금속을 사용한 것보다 반사율이 좋다. 고운 분말 상태에서도 반사율이 거의 그대로 유지되어 은색 페인트 성분으로 사용된다. 금속 알루미늄 조각. 알루미늄은 은색 금속으로, 연성과 전성이 커서 선이나 얇은 박판으로 가공하여 사용되고 있다.

알루미늄의 화학적 성질은 원자가 13개의 전자를 갖고 있고, 전기 음성도는 1.61로 전류가 흐르는 금속이다. 알루미늄은 반응성이 큰 금속으로 가열하면 대부분의 비금속 원소들과 화합물을 만든다. 산소와도 반응하기 때문에 산화물에서 산소를 축출하여 금속을 얻는 테르밋 공정(Thermit process)에서 환원제로 사용된다. 이와 같은 반응성에도 불구하고, 알루미늄을 가구나 건축물에 많이 사용하는 이유는 알루미늄이 공기에 노출되면 산화물 피막이 형성되어 산화되지 않도록 보호하기 때문이다. 알루미늄 산화물은 흰색으로 표면이 녹슨 알루미늄을 주위에서 쉽게 발견할 수 있다. 순수한 알루미늄은 뜨거운 물과도 반응하며, 분말상태에서 물에 노출되면 점화된다.

알루미늄의 용도는 지구에 존재하는 원소 질량의 8.2%나 차지하는 알루미늄의 풍부함과 알루미늄의 순수 정제 가능으로 인해 알루미늄의 사용은 급증하게 되었다. 전성과 연성이 뛰어나고 전기 전도성이 좋아 고압 전선의 재료로 쓰인다. 산소와 쉽게 반응하지만 산화알루미늄 형성 후 피막이 산소 접촉 차단제 역할을 하기 때문에 부식이 발생하지 않아서 창틀의 재료와 같은 광택이 오래 지속될 수 있는 부분에 사용되며, 가볍고 부식이 되지 않아 알루미늄 캔을 제조하는 곳에 사용된다. 또한 열전도성이 커서 주방용기 등의 재료로 쓰인다. 가볍지만 강도가 약한 알루미늄의 단점을 보완하기 위해 강도를 강화시켜 두랄루민 합금을 만들어 사용한다. 알루미늄 호일을 만드는데 사용되며 가볍고 내구성이 큰 특성을 이용해 항공기, 선박, 차량의 주요 재료로 활용범위가 넓다.

17.3 마그네슘 및 마그네슘 합금

주기율표 2족에 속하는 알칼리금속으로서 원소기호 Mg, 원자번호 12, 원자량 24.3050 g/mol, 녹는점 650℃, 끓는점 1,100℃, 비중 1.741이다. 마그네슘은 자연 상태에서는 단일원소로 존재하지 않고 규산이나 황산이나 탄산들과 함께 결합한 염의 형태로 많이 존재한다. 표 17.3은 마그네슘의 특성 및 상태를 나타낸 것이다.

마그네슘은 화학 반응성이 큰 금속으로, 대부분의 비금속 원소는 물론 물, 암모니아, 산, 알코올, 할로겐 화합물 등과 반응하며, 공기에 노출되면 투과성이 적은 산화물 보호피막을 만들다. 따라서 괴상에서는 반응하지 않지만 용융 상태, 가루, 막판 상태에서는 반응한다. 대기 중에서 발화되면 산화마그네슘(MgO)과 질화마그네슘(Mg_3N_2)을 생성하면서 격렬한 화학반응이 일어나며 불꽃 온도는 3100℃이며, 자외선을 포함하는 밝은 흰빛이 발생한다.

표 17.3 마그네슘의 특성 및 상태

특성	상태
원소기호	Mg
원자번호	12
원자량	24.305g/mol
녹는점	650℃
끓는점	1100℃
비중	1.741

습한 상태에서는 할로겐 원소에 의해서도 발화되며, 수소(H_2)와는 570℃, 200기압에서 MgH_2를 만든다. 이산화탄소(CO_2)와도 반응하여 MgO와 탄소를 생성한다. 이 때문에 마그네슘이 점화되면 물이나 이산화탄소를 사용하지 않고 모래를 덮어 공기를 차단해야 한다. 마그네슘은 쉽게 불이 붙는 성질을 가지고 있어, 점화기(Fire starter)로 사용된다. 공기 중에서 발화하면 자외선을 포함하는 밝은 흰빛이 나오는 마그네슘의 성질은 불꽃놀이에도 이용된다.

마그네슘 화합물은 산업적 및 의학적으로 사용되고 있으며, 많이 사용되는 것이 산화마그네슘(MgO)이다. MgO는 마그네사이트($MgCO_3$)를 높은 온도로 가열하여 분해하거나, 바닷물에서 얻는다. 바닷물에서 소금을 얻고 남은 액체 또는 정제되지 않은 천일염을 지장할 때 얻어지는 간수에 $MgCl_2$이 15~18% 들어있기 때문에 $Ca(OH)_2$를 첨가하여 $Mg(OH)_2$의 침전을 얻고, 가열하면 산화마그네슘을 채취할 수 있다.

항공기를 가볍게 하여 연료를 절약하고 배기가스를 줄이는 것이 중요시됨에 따라, 마그네슘 합금의 이용이 늘어나고 있다. MgO는 마그네시아(Magnesia)라고도 불린다. 물에 분산시킨 것이 마그네시아유제이며, 제산제와 변비약으로 사용된다. MgO를 산으로 처리해서 얻는 마그네슘염들도 여러 가지 용도로 사용된다. 황산마그네슘($MgSO_4$)은 목욕제, 완하제, 방부제, 비료 등으로 사용되며, 아황산마그네슘($MgSO_3$)은 제지공업에서 순수한 펄프를 얻는데, 헥사플루오르규산마그네슘($MgSiF_6$)은 섬유의 방충처리에 사용된다.

$MgCl_2$은 전기분해법으로 Mg을 생산하는데 이용되며, MgO을 비롯한 식품 보조제로, 두부와 콩 우유 제조에서 간수를 대체하는 응집제 및 의약품 등으로 사용되고 있다. 마그네슘 화합물들은 $Mg(OH)_2$와 $MgCO_3$를 제외하고 물에 녹으며 쓴 맛이 난다.

마그네슘은 전기분해 또는 화학적 환원 방법을 이용하여 대량 생산된다. 전기분해에서는 주로 흑연을 양극으로, 철을 음극으로 사용하여 용융된 염화마그네슘($MgCl_2$)를 전기 분해시켜 마그네슘을 얻는다. 화학적 환원 방법에서는 $CaCO_3$에 열을 가해 얻은 산화물을 페로실리콘(FeSi)으로 환원하여 마그네슘을 얻는다. 이렇게 구한 마그네슘을 진공 증류시켜 고순도의 마그네슘을 얻는다. 2011년 세계 마그네슘 생산량은 알루미늄 생산량의 수십 분의 1에 불과하며 100만 톤에 미치지 못하였는데 이중 80%가 중국에서 생산된다. 우리나라에서는 2011년 6월에 강원도 옥계 지역에 화학적 환원 방법을 사용하는 마그네슘 제련 공장이 착공되었다.

금속 마그네슘은 철과 알루미늄 다음으로 많이 쓰이는 금속이다. 순수한 마그네슘의 사용보다 알루미늄(Al), 아연(Zn), 망간(Mn) 등과 합금을 만들어 사용한다. 마그네슘 합금은 보통 Mg을 90%이상 포함하는데, 밀도가 플라스틱의 밀도와 비슷한 1.76~1.87 g/cm^{3}로, 알루미늄을 주성분으로 한 합금의 밀도 2.56~2.80g/cm^{3}보다 낮지만 강도는 비슷하다. 강철과 비슷한 강도를 가지면서 무게는 1/4에 불과하다. 합금에 첨가되는 금속의 종류와 양에 따라 가볍고 기계적, 열적, 내식성이 우수한 여러 가지 합금을 만들 수 있다.

1910년대에 독일에서 개발된 마그네슘 합금을 일렉트론(Elektron)이라 부른 것이 유래가 되어 오늘날에도 마그네슘 합금으로 불린다. 제 1차 및 2차 세계 대전 때 사용된 독일 폭격기의 동체, 엔진, 바퀴, 그리고 제 2차 세계대전시 독일의 공습에 사용되었던 소이탄의 등을 만드는데 마그네슘 합금이 사용되었고, 현재 제트 엔진 부품, 로켓, 미사일 등에 사용되고 있다. 항공기와 자동차를 가볍게 하여 연료를 절약하고 배기가스를 줄이는 것이 중요하여 마그네슘 합금의 이용이 늘어나고 있다.

마그네슘 합금은 가볍고 기계적, 전기적, 열적 성질이 우수하며, 전자파를 차단하는 성질이 있고, 가공성이 좋아 노트북 컴퓨터, 휴대용 전화, 카메라 등 각종 휴대용 전자제품에 많이 사용된다. 그리고 주방 기구 등 여러 가정용품에도 마그네슘 합금의 사용이 늘어나고 있고 알루미늄 음료수 캔도 마그네슘 합금이며, 아연과의 합금은 금형 재료로 이용된다.

17.4 니켈 및 니켈 합금

주기율표 10족 4주기 철족에 속하는 전이금속원소로 원소기호 Ni, 원자번호 28, 원자량 58.70g/mol , 녹는점 1455℃, 끓는점 2732℃, 밀도는 8.9 g/cm^{3}이다. 은백색의 강한 광택이 있는 금속이며, 공기 중에서 변하지 않고 산화 반응을 일으키지 않아 도금이나 합금 등을 통해 동전을 만드는 재료로 사용된다. 표 17.4는 니켈의 특성 및 상태를 나타낸 것이다.

니켈은 고대에서부터 사용되었으나 1751년 스웨덴의 광물학자 A.F. 크론스테트가 니콜라이트(niccolite, 홍비니켈석)에서 발견하였다. 지각에는 구리와 같은 매장량을 나타내며, 바닷물 속에 존재하는 양은 5g/ l , 운철에도 8%정도 함유되어 있다. 주요 광물로는 니콜라이트(NiAs)를 비롯하여 휘니켈석(NiS), 황비니켈석(NiAsS) 등이 있다. 니켈 산출량

표 17.4 니켈의 특성 및 상태

특성	상태
화학계열	전이금속
원자량	58.693 g/mol
전자배열	1s2 2s2 2p6 3S2 3P6 4S1 3d9
밀도	8.908 g/cm3(실온)
녹는점	1453℃
끓는점	2732℃
융해열	17.48 kJ/mol
기화열	377.5 kJ/mol
비열용량	26.07 J/mol · K(25℃)

의 40%이상은 캐나다에서 채취되며, 러시아, 아프리카의 짐바브웨에서 산출된다. 한국에서는 전라북도 남원의 산내광산과 경상북도 성주군 금성광산에서 생산된다.

니켈은 은백색의 광택을 지닌 금속으로 전성 및 연성이 풍부하고 연마가공도 가능하며, 자성을 지니고 있다. 전기전도도는 구리의 14.9%이며, 공기 및 습기에 대해 철보다 산화되지 않으며 알칼리에도 침식되지 않는다. 질산에는 녹지만 진한 질산에는 철과 마찬가지로 부동 상태로 되어 침식되지 않는다. 염소 및 브롬 등과는 격렬하게 반응한다.

니켈의 물리적 성질은 은백색을 띠며, 다른 금속과 같이 광택이 나며 연성과 전성이 있어 쉽게 가공될 수 있다. 철 및 코발트와 같은 강자성을 띠고, 면심입방구조를 갖고 있으며, 전기 전도도는 구리의 약 1/5이다.

니켈의 화학적 성질은 비교적 반응성이 작은 금속 원소이다. 괴상으로는 실온에서 물이나 산소와 반응하지 않고, 산에도 잘 녹지 않으나, 질산(HNO_3)에는 녹는다. 가성소다(NaOH) 수용액과도 반응하지 않아 NaOH 생산 장치의 제조에 사용된다. 가열하면 반응성이 커지서 공기 중의 산소와 반응하여 산화물(NiO) 피막을 만들며 수증기와도 반응하여 NiO가 되면서 수소 기체를 발생시킨다. 그림 17.3은 니켈 원자를 나타낸 것이다.

니켈을 함유한 광석에 열을 가하여 순도 75%의 니켈을 추출한 다음 제련과정을 통해 순도를 높인다. 제련법으로는 건식법인 올퍼드법과 일산화탄소를 이용하는 몬드법 및 전해정제법 등이 있다.

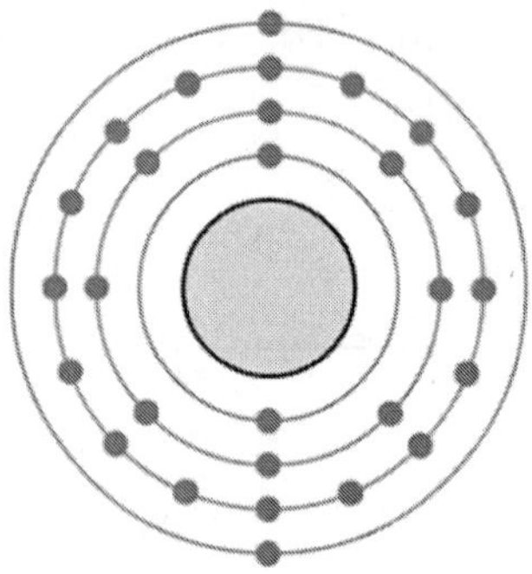

그림 17.3 니켈 원자

니켈의 가장 큰 용도는 특수강에 첨가하는 것으로 페로니켈이 사용된다. 니켈도금은 아름다운 광택과 내식성을 지니고 있어 각종 도금 중에서도 가장 중요한 위치를 차지하고 있다. 전기통신기 재료로서도 널리 쓰이는데 박판 및 선의 형태로 진공관 재료로 사용되며 합금으로서 자성재료 및 전열재료로 사용된다. 합금의 형태로 화폐를 만드는데 쓰이며 수소 반응에서 촉매로 사용된다.

17.5 티탄 및 티탄합금

티탄은 티타늄이라고도 불리는데, 원소 이름은 1795년에 클라프로트가 그리스 신화에 등장하는 거대하고 강력한 신의 종족인 타이탄(Titans)에서 유래되었다. 티탄은 지각 무게의 0.63%를 차지하는 9번째 풍부한 원소로, 금홍석(Rutile: 화학성분 TiO_2)과 티타늄철석(Ilmenite: 화학성분 $FeTiO_3$)이 주요 광석인데, 이들은 지구 암석권과 지각에 널리 분포되어 있다. 티탄은 대부분의 화성암에 들어있고, 흙에도 0.5~1.5% 포함되어 있다. 순수한 금속 티탄은 1910년에야 처음 얻어졌으며 상업적 생산은 1940년에야 이루어졌다. 티탄은 지각에 많이 분포되어 있고, 단단하고 부식에 잘 견디는 금속으로 항공기 제작에 많이 사용되며, 금속 자체 및 다른 금속들과 합금을 만들어 다양한 용도로 사용된다. 이산화티탄은 흰색 안료로 치약에서 페인트까지 아주 광범위하게 사용되며, 태양빛을 이용하여 물이나 오염 물질을 분해시키는 광촉매와 햇빛차단제로 사용된다.

티탄(Titanium)은 원자번호 22번의 원소로, 원소기호는 Ti이다. 주기율표에서는 4족에 속하는 은색 전이금속이며, 분말은 진한 갈색이다. 경도가 및 녹는점이 높으며, 내부식성이 큰 금속이다. 같은 강도로 강철보다 43%나 가볍고, 합금은 알루미늄 합금에 비해 2배나 강하다. 표 17.5는 티탄의 특성 및 상태를 나타낸 것이다.

티탄의 활용은 냉전시대인 1950~1960년대에 구소련에서 항공기와 잠수함의 엔진 및 부품 재료로 사용하였고, 미국도 이를 전략 물자로 간주하여 생산을 장려하고 비축하였다. 현재 금속 티탄의 60%는 항공 산업 사용된다.

티탄의 물리적 성질은 흰색 금속광택을 띠며, 가볍고(밀도, 4.506g/cm^3) 강한 금속이면서 연성을 가지고 있고, 기계적 성질은 불순물에 의해 크게 영향을 받는다. 인장강도는 강철 합금과 비슷하지만 43%가볍고, 알루미늄 합금보다는 2배나 강하고 60%무겁다. 녹는점이 1,668℃로 높고, 조밀육방격자구조를 가지고 있다.

티탄의 화학적 성질은 열역학적으로는 아주 반응성이 큰 금속이지만 물이나 공기와 아주 느리게 반응하는데 산화물 보호 피막을 만들기 때문이다. 고온으로 가열하면 산소, 질소, 수소를 포함한 거의 대부분의 비금속 원소들과 반응하며, 공기 중에서는 1200℃, 순수한 산소에서는 610℃에서 TiO_2가 되고, 질소 기체에서는 800℃에서 질화티탄이 된다. 파쇄한 Ti은 자연 발화될 수 있기 때문에 금속 Ti를 가공할 때 부스러기들이 생기지 않도록 해야 한다. 그림 17.4는 티탄 원자를 나타낸 것이다.

금속 자체의 반응성에도 불구하고 Ti 강괴는 백금(Pt) 정도의 내부식성이 크고 치밀하며 단단하여 금속에 강하게 부착되는 산화물 피막이 만들어지기 때문이다. 실온에서는 묽은 황산(H_2SO_4), 염산(HCl), 염소(Cl_2)기체, 알칼리 수용액 등과 반응하지 않으며, 바닷물에서도 부식되지 않는다. 높은 온도에서는 진한 산이나 할로겐과 반응하지만 알칼리 수용액과는 반응하지 않는다.

표 17.5 티탄의 특성 및 상태

특성	상태
화학계열	전이금속
원자량	47.869g/mol
전자배열	1s2 2s2 2p6 3S2 3P6 3d2 4S2
밀도	4.506 g/cm3(실온)
녹는점	1668℃
끓는점	3287℃

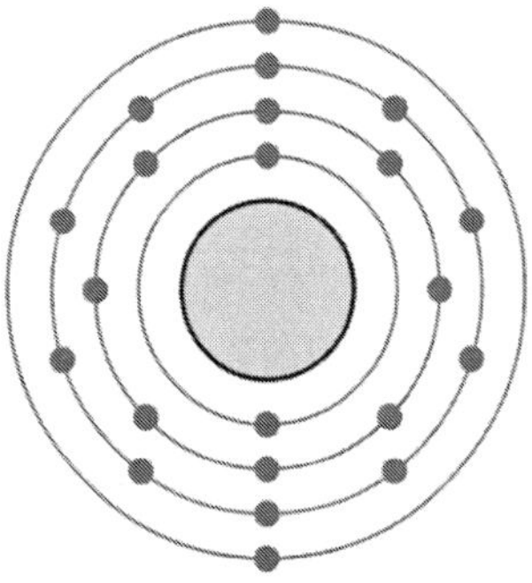

그림 17.4 티탄 원자

금속 티탄은 복잡하고 연속 공정이 아닌 처리 공정으로 생산되며 마그네슘을 사용하므로 다른 금속에 비해 비싸고, 또 가공도 어려워 상업적 사용이 제한을 받아왔다. 그러나 밀도가 강철의 약 57%로 가볍고, 기계적 강도가 좋으며, 다른 금속에 소량을 넣어 합금을 만들어도 강도가 좋고 내식성의 금속 재료를 얻을 수 잇기 때문에 사용이 늘고 있다. 1950년대에 가스 터빈의 엔진 제작에 처음 사용된 이후 이제는 항공기 제작을 비롯한 항공우주, 해양, 군수산업, 의료산업 등에서 점차 많이 사용되고 있다.

티탄은 바닷물에서도 부식되지 않기 때문에 선박의 추진축 등 선박 부품, 해수 담수화 장치의 열교환기, 수족관의 난방 및 냉방기, 낚시 도구, 잠수용 칼, 해양 감시 장치의 부품 등에 사용되며, 잠수함 재료로도 사용된다. 또한 화학 약품에 잘 부식되지 않아 반응기, 화학물질 이동파이프와 용기 등 화학공업과 제지공업에서 사용되는 장치와 설비를 만드는데 사용되며, 산이나 염소를 사용하는 산업에 사용된다. 생체 적합성이 탁월한 것으로 여겨져 인공관절, 치과 임플란트, 인공심장박동 조절기, 안경테 등에도 사용된다. 이외에도 휴대폰과 시계의 케이스, 장신구, 골프 클럽 등 운동 기구, 자동차 부품 등에도 티탄이 사용된다.

질화티탄(TiN)은 사파이어나 카보런덤(Carborundum)과 비슷한 경도를 갖는 황금색 물질이다. 드릴 비트(Drill bit)등 공구, 시계 케이스, 안경테 등 내마모성을 필요로 하는 물품에 코팅되어 사용되며, 또한 생체 안전성이 높아 여러 생체 이식 장치에 전극으로도 사용된다.

17.6 납과 납합금

주기율표 14족 6주기에 속하는 탄소족원소로 원소기호 Pb, 원자번호 82, 원자량 207.2g/mol, 녹는점 327.5℃, 끓는점 1749℃, 밀도 11.34g/cm^3 이다. 천연 방사성동위원소의 붕괴생성물 중 최종의 산물이며 실온에서 청백색의 광택을 내는 연성이 크다. 표 17.6은 납의 특성 및 상태를 나타낸 것이다.

납은 BC 1500년경부터 사용하였고, 연금술사들은 납이 가장 오래된 원소이며, 토성과 관련 있은 것으로 믿었다. 그리고 그들은 납을 금으로 바꾸는데 많은 시간을 허비했다. 납은 연금술적 상징을 갖는 원소들 중에 하나이다.

표 17.6 납의 특성 및 상태

특성	상태
화학계열	전이후금속
원자량	207.2 g/mol
전자배열	1s2 2s2 2p6 3s2 3p6 3d10 4s2 4p6 4f14 5d10 6s2 6p2
밀도	11.34 g/cm3 (실온)
녹는점	327.46℃
끓는점	1749℃
융해열	4.77kJ/mol
기화열	179.5kJ/mol
비열용량	26.650J/mol · K(25℃)

방연석(PbS), 백연석(PbCO3), 홍연석(PbCrO4), 황산연석 (PbSO4) 등의 광물로서 채취되거나 금, 은, 구리, 아연 등과 함께 복잡한 광물로서 채취된다. 지각 속의 평균 함유량은 제36위이며 해수 속의 함유량은 1㎍/ l 이다. 절단면은 금속 광택을 가지며 공기 중에서 부식되어 탁한 빛을 띤다. 할로겐, 황, 등과 직접 반응하며 묽은 산에는 일반적으로 잘 침식되지 않지만 질산과 같이 산화력이 있는 산에는 녹는다. 뜨거운 진한 황산에 용해되면 황산납이 되나 알칼리에는 침식되지 않는다. 공기 중에 산소에 반응하여 표면에 생성된 산화 납 (PbO)의 얇은 층에 의해 금속 납의 내부는 더 이상 산화되지 않으나, 600~800℃로 가열하면 산화된다. 그림 17.5는 납 원자를 나타낸 것이다.

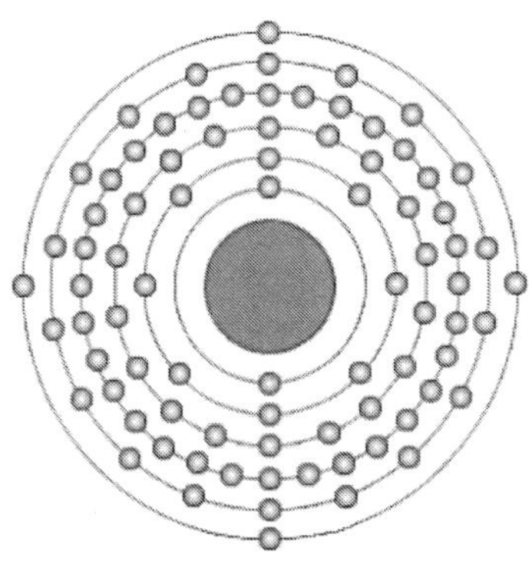

그림 17.5 납 원자

납의 주원료는 방연석이지만, 곳에 따라서는 섬아연석과 공존해 있는 것을 선별하여 가는 선으로 납을 만들고, 이것을 원료로 하여 불순물이 포함되어 있는 납을 얻는다. 불순물이 포함되어 있는 납은 건식법과 전기분해법으로 정제해서 순수한 납을 얻는다.

납은 재료로서 녹는점이 낮고 연성이 커서 가공하기가 쉽다. 또한 마찰계수가 작고 내식성도 뛰어나기 때문에 연판, 연관 등에 널리 사용된다. 이밖에 합금재료로서 활자합금, 이융합금(합금을 만들기 위운 금속), 베어링합금, 땜납 등으로 사용되며, 축전지의 전극으로 사용된다. 납은 밀도가 커서 방사선을 차폐하는 작용이 커서 방사선 방호재로 사용된다. 그러나 납은 가용성 납 등 체내에서 녹아 납이온을 생성하는 것은 인체에 해롭다.

17.7 아연과 아연합금

주기율표 12족 4주기에 속하는 아연족 원소로 원소기호는 Zn, 원자량은 65.38 g/mol, 녹는점 419.5℃, 끓는점 907℃, 밀도 7.14g/cm^{3}이다. 청백색의 금속으로 생물체 내에서 양이온으로 존재하며 생물의 물질대사에 반드시 필요한 무기물질이다. 표 17.7 은 아연의 특성 및 상태를 나타낸 것이다.

표 17.7 아연의 특성 및 상태

특성	상태
화학계열	전이금속
원자량	65.38g/mol
전자배열	1s2 2s2 2p6 3S2 3P6 3d10 4S2
밀도	7.14 g/cm3(실온)
녹는점	419.53℃
끓는점	907℃
융해열	7.32kJ/mol
기화열	123.6kJ/mol
비열용량	25.470J/mol · K(25℃)

17세기에 인도에서 처음으로 아연이 만들어졌으며 중국을 거쳐 유럽에 전해졌다. 1746년 독일의 화학자 안드레아스 마그라프에 의해서 발견되었으며 아연(Zinc)이란 이름은 독일어 Zinke에서 유래하였다. 지각에서 24번째로 풍부한 원소로 널리 분포한다. 청색이 도는 은백색 금속으로 상온에서는 취성이 생기기 쉽다. 하지만 100~150℃에서는 전성, 연성이 증가하여 철사나 박판으로 만들 수 있고, 210℃이상에서는 취성이 발생한다. 상온에서 공기 중에 수분의 함유량이 많으면 물과 이산화탄소의 작용으로 표면만 산화되어 염기성 탄산아연으로 변하고, 회백색 피막이 생기며 내부가 보호된다. 대기 중에서 내식성은 순도가 높을수록 좋고, 공기 속에서 고온으로 가열하면 녹색을 띤 백색광을 내면서 점화되어 산화물(ZnO)이 된다.

아연광석에는 불순물로 다른 금속의 황화물이 함유되어 있고, 아연 함유량은 보통 4~10%이며, 혼합물의 위쪽에 떠오르는 점을 이용하여 선별하고 아연함유량을 60% 정도로 높인 다음 광석을 융해점 이하에서 가열하여 건식법 또는 습식법으로 제련하여 아연을 만든다.

아연은 함석으로 가장 많이 사용되며 얇은 철판에 아연 박막을 씌운 것으로 표면에 주석을 씌운 양철에 비해서 화학적 내성이 좋다. 아연과 구리의 합금을 황동이라고 하며 다이캐스팅합금, 베어링합금, 양은 등의 합금재료로 사용된다. 순수한 금속은 건전지, 지붕 등으로 사용된다.

아연의 물리적 성질은 푸른색 광택이 도는 은백색 금속이나, 아연 제품과 아연 도금 제품은 표면에 산화물 피막을 만들어 광택이 없다. 아연 금속은 육방밀집구조를 하고 있고, 녹는점(419.53℃)과 끓는점(907℃)이 낮고, 전이금속 중에서는 녹는점이 수은(Hg, 녹는점 -38.9℃)과 카드뮴(Cd, 녹는점 320.8℃) 다음으로 낮다. 융해열과 증발열도 작고, 단단하고 부서지기 쉬우나, 100~150℃에서는 전성과 연성이 증가한다. 그러나 210℃이상에서는 취성이 생기며, 외력에 의해 파괴될 수 있다.

아연 원자는 30개의 전자를 갖고, 아연 표면은 대기 중의 수분을 흡수하여 광택을 잃고, 변색된 표면은 공기 중의 CO_2와 반응하여 염기성 탄산아연 막을 만드는데 이 막은 내부의 아연이 더 이상 반응하는 것을 막는 역할을 한다. 아연은 공기 중에서 태우면 밝은 청록색 불꽃을 내면서 타서 ZnO가 되며, 황, 인, 할로겐 등과도 가열하면 반응한다. 그림 17.6은 아연원자를 나타낸 것이다.

아연은 철보다 반응성이 크고 철에 아연 도금을 하면, 아연이 부식되기 전까지는 철이 산화되어 부식되는 것을 막을 수 있는데 방청 작용은 아연이 긁혀 철이 노출된 경

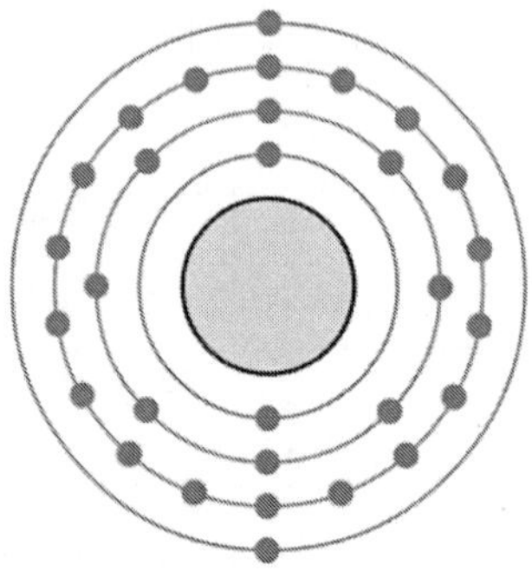

그림 17.6 아연원자

우에도 유지된다. 아연은 표면이 부식되면 염기성 탄산아연 보호피막이 형성되어 내부까지 잘 부식되지 않기 때문에 철의 부식을 막을 수 있다. 철의 아연 도금은 전기화학적인 방법, 철을 용융 아연에 담그는 방법, 용융 아연을 철에 용사처리 하는 방법, 아연 분말이 들어있는 페인트를 도장하는 방법 등 여러 가지 방법이 있다. 아연을 입힌 철은 철조망, 가드레일, 현수교, 함석지붕, 열교환기 및 자동차 구조물 등에 널리 사용된다.

강철에 아연 도금을 한 것이 함석이며 지붕, 홈통 등의 건축 재료로 쓰이거나, 양동이 등 생활 용구의 제작에 사용된다. 함석과 비슷한 용도로 양철이 사용되는데, 이는 강철에 주석(Sn)도금을 한 것이다. 양철은 함석보다 외관이 좋고 산에 강하여 통조림통으로 많이 사용된다. 내부식성은 함석이 양철보다 우수하고, 아연 가격이 주석 가격의 1/10 정도여서 산업용 철의 내부식 도금은 주로 아연으로 한다.

전체 아연 생산량 중 두 번째로 많이 쓰이는 곳은 황동을 비롯한 아연합금의 제조이다. 황동은 아연(20~50%)과 구리의 합금이며, 금관 악기, 파이프 오르간, 장식품, 선박과 기계부품, 통신기기, 물 제어 밸브 등으로 많이 사용된다. 아연 합금들이 다이캐스팅 합금(금속 주형에 재료를 가압하여 넣고 식혀서 형상을 만드는 데 사용되는 합금)으로 사용되는데, 아연에 소량의 알루미늄, 구리, 마그네슘 등을 첨가한 합금으로 조성에 따라 여러 종류로 구분되며, 베어링, 자동차 부품, 지퍼, 배관 이음쇠, 수도꼭지 등의 용도로 사용된다. 아연 합금은 주화에도 사용되며 우리나라의 5원 및 50원 주화도 아연 합금으로 주조되며, 미국의 1 센트 주화는 아연에 동을 피복하여 제작한 것이다.

아연의 또 다른 주요 사용처는 건전지이다. 건전지는 양극물질로 이산화망간(MnO_2)을 사용하고, 음극물질로 아연을 사용한다. 과거에 사용된 수은전지는 아말감화된 아연 분말을 음극 물질로 사용하며, 전지나 연료전지에도 아연이 음극물질 및 연료로 사용된다.

아연 화합물 중에서 가장 중요한 것은 산화아연(ZnO)인데, 과거에는 황동 제조의 부산물로 얻었으나 지금은 아연 증기를 공기 중에서 점화하여 만든다. ZnO은 원래 흰색이나 가열하면 노란색을 띠는데 이는 산소의 일부가 분해되기 때문이며, ZnO에 의도적으로 Zn 금속을 0.02~0.03% 첨가해서 노랑, 초록, 갈색, 붉은색의 ZnO를 만들 수 있고, 흰색 페인트의 안료로 사용되는데, 염기성 탄산납을 사용한 페인트에 비해 독성이 없고 황 화합물에 의해서도 변색되지 않는 장점이 있다. 또한 ZnO는 유리에 첨가되면 유리의 화학적 내구성이 좋아져서 유리, 도자기의 유약 등에 사용되며, 고분자의 열 발산제와 자외선 차단제로도 사용된다. 반도체 성질을 갖고 있어 고전압 보호 소자와 복사기에 사용된다. 이외에도 수렴 작용과 항균 작용이 있어 기저귀 발진 방지 크림에 첨가된다.

아연 화합물인 아세트산 아연($Zn(CH_3CO2)_2$)은 목재 보존제, 염색제, 에틸렌생산, 동물사료 첨가제, 도자기유약 등으로 사용된다. 비소산 아연($Zn_3(AsO_4)_2$)은 목재 보존제와 살충제, 인화아연(Zn_3P_2)은 쥐약, 붕산아연(ZnB_4O_7)은 섬유의 난연 처리와 곰팡이 성장 억제제, 플루로화규산아연($ZnSiF_6$)은 방충 처리제와 콘크리트 경화제, 황산 아연($ZnSO_4$)은 동물사료 첨가제, 목제 보존제로 사용되며, 디티오카르밤산아연(Zinc dithiocarbamate)은 농약으로, 피리티온 아연(Zinc pyrithione)은 곤충이 붙는 것을 방지하는 페인트와 비듬방지용 샴푸에 사용된다.

17.8 주석과 주석합금

주기율표 14족 5주기에 속하는 탄소족 원소로 원소기호는 Sn, 원자량 118.7 g/mol, 녹는점 231.93℃, 끓는점 2602℃이고 원소 중 동위원소가 가장 많다. 전성, 연성과 내식성이 크고 녹는점 낮아 용융이 쉽기 때문에 주조성이 좋아 사용되는 전이후금속이다. 표 17.8은 주석의 특성 및 상태를 나타낸 것이다.

주석은 B.C.3500~3200년에 사용하였고, 청동기시대에는 구리와의 합금인 청동이 사용되었으며 오늘날까지도 중요한 합금의 재료로 널리 이용되고 있다. Sn은 Tin을 의미하는 라틴어 Stannum에서 유래하였으며, Stannum은 처음에는 은과 납의 합금을 의미했으나 4세기경부터 주석을 지칭하게 되었다.

표 17.8 주석의 특성 및 상태

특성	상태
화학계열	전이후금속
원자량	118.710g/mol
전자배열	1s2 2s2 2p6 3s2 3p6 3d10 4s2 4p6 4d10 5s2 5p2
밀도	(흰색)7.365g/cm3 (실온), (회색) 5.769g/cm3 (실온)
녹는점	231.93℃
끓는점	2602℃
융해열	7.03kJ/mol
기화열	296.1 kJ/mol
비열용량	27.112 J/mol · K(25℃)

광석은 주석광석 (SnO_2)이며 이 광석에서 주석을 채취 하였다. 세륨, 바나듐, 지르코늄 등의 희토류 원소보다 존재량이 적으며, 지각의 평균 함유량은 26위이다. 주석은 온도에 따라 은백색 광택을 띠며 매우 부드러운 금속성의 β형으로 고온형인 백색주석과, 회색을 띠는 비금속성의 α형으로 저온형인 회색주석으로 분류된다. 순수한 주석의 전이 온도는 13.2℃이나 실제 주석 제품에는 미량의 Bi, Sb, Pb 등이 포함되어 -30℃에서 장시간 방치하면 β형 주석이 α형 주석이 되어 주석의 부식이 빠르게 진행된다. 화학적 성질로서 주석은 양쪽성 물질로 분류되어 강한 산이나 강한 염기에 모두 작용하며 중성의 용액에서는 반응하기 않는다. 대부분의 주석 화합물은 독성이 있으므로 취급 시 주의해야 한다. 그림 17.7은 주석 원소를 나타낸 것이다.

주석광석을 코크스, 규석, 형석 등과 혼합하고, 용광로, 반사로 속에서 용융시켜 분리시킨다. 이때 생기는 것은 주석을 35~40%, 철 60~65%를 비롯하여 불순물이 함유하는 합금인데, 이것을 다시 코크스와 규사를 섞어 전기로 속에서 가열하면 주석이 생긴다. 주석은 건식법 및 전해법으로 제련한다.

주석은 공기와 접촉해도 부식되지 않으며 쉽게 용융되기 때문에 주조성이 좋아서 철, 철강, 동 등의 표면 도금에 사용된다. 세계 주석 소비량의 약 40%는 도금으로 이용되고, 철의 부식을 방지하기 위하여 표면에 주석을 도금한 것을 양철이라고 한다. 철의

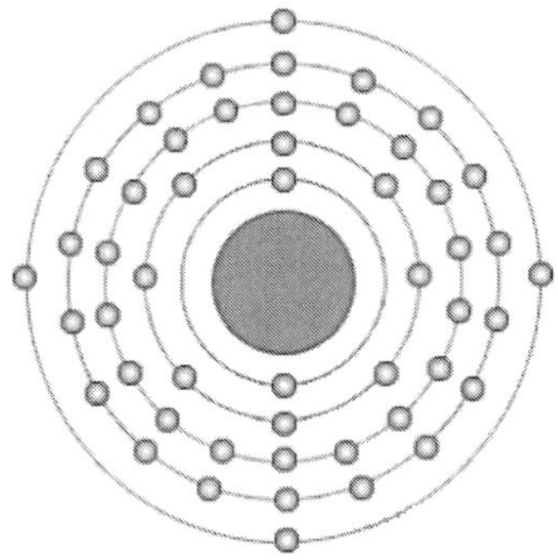

그림 17.7 주석 원소

표면에 아연을 도금한 것을 함석이라 하는데 피막에 흠집이 나면 아연이 철보다 먼저 산화되어 철의 부식을 막는다. 주석은 청동이나 아말감의 재료 및 전기제품, 라디오 부품 등에 이용되며, 식료품의 공업장치, 가정용식기 재료로서도 사용되고, 유기주석화합물은 진균제나 살충제의 주성분으로 사용된다. 전자 공업이나 통신 기기에 도금 후 납땜, 베어링합금, 활자합금 등의 합금에도 사용된다.

17.9 형상기억 합금

가공된 어떤 물체가 망가지거나 변형되어도 끓는 물 등으로 열을 가하면 원래의 형상으로 되돌아가는 합금을 말한다. 1960년대에 미국의 W.뷸러가 형상기억 반응을 나타내는 합금(니켈+티타늄 : 니티놀)을 발견, 연구가 진행되었고, 열에 의한 탄성이 일어나는 마르텐사이트 변태를 나타내는 합금은 예외 없이 형상기억 특성을 나타냈다. 니켈티타늄 합금, 구리 아연 알루미늄 합금이 실용화되었고, 전투기, 인공위성의 안테나, 의료용으로 사용된다.

형상기억 합금은 인공 장기와 정형외과용 접골판 같은 의료기기, 방화문과 화재경보기 등의 온도 디바이스, 안테나 등의 우주개발 기기, 전자기기 등에 적용되고, 최근에는 형상기억 합금을 이용한 내의가 발매되어 화제가 되고 있다. 문제는 가격인데, 1㎏당 약 230만 원이어서 은 가격의 약 6배나 된다. 그림 17.8 형상기억 합금이 열에 의해 원래의 형태로 되돌아오는 과정을 나타낸 것이다.

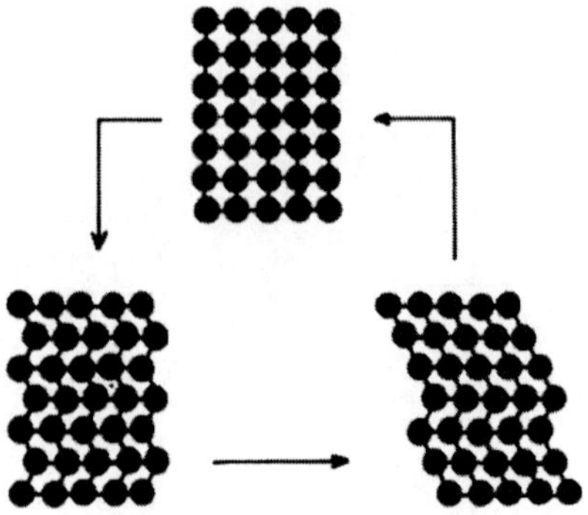

그림 17.8 형상기억 합금

한국에서는 1983년 한국과학기술원(KAIST)의 재료실험팀이 니켈과 티타늄을 1:1 비율로 형상기억합금을 만들었고, 1986년 정밀금속재료 연구실팀이 치열교정용 와이어를 형상기억합금으로 개발하였다. 인장 변형된 후에 입 안에 체결하면 체온에 의해 줄어들면서 치아를 고정하게 되어 있다.

17.10 반도체 재료

전기전도도에 따른 물질의 분류 가운데 하나로 도체와 부도체의 중간영역에 속한다. 순수한 상태에서는 부도체와 비슷하지만 불순물의 첨가나 기타 조작에 의해 전기전도도가 늘어난다. 반도체는 고체 및 액체이며, 일반적으로 고체이다. 반도체의 특징은 전기저항의 대소보다는 온도의 상승과 더불어 저항률이 증가되는 금속과는 달리 일정 온도 범위 내에서 오히려 저항이 감소하는 것이다.

반도체의 저항은 빛의 조사, 전자의 주입, 전계의 인가, 재료의 순도, 제조 및 가공방법 등에 따라서 도체나 부도체의 경우보다 심하게 변한다. 반도체는 유기물과 무기물로 분류되며 무기물이 실용화되고 있으며, 원소반도체와 화합물반도체로 구분된다. 원소반도체는 단체반도체라고도 하며 원소 주기율표의 제4족에 속하는 실리콘(Si)과 게르마늄(Ge)이 이용된다. 실리콘은 오늘날 반도체산업에서 매우 중요한 구실을 하며, 실리콘은 단결정의 박막의 형태로 반도체 전자소자에 사용되고, 다결정 및 비정질 형태의 것도 실용화 되고 있다.

화합물반도체에는 금속산화물(Cu_2O, ZnO 등), 황화물(CdS, ZnS 등), 셀렌화물(CdSe,

PbSe 등), 텔루르화물(CdTe, Bi_2Te 등), 페라이트($MnFe_2O_4$ 등), 금속간 화합물 등 종류가 다양하고, 주기율표상의 Ⅲ족과 Ⅴ족의 원소로 이루어진 금속간 화합물로 갈륨비소(GaAs), 인듐인(InP), 인듐비소(InAs), 인듐안티몬(InSb) 등은 그들의 중요한 특성 때문에 응용분야가 넓다.

반도체가 산업사회에서 본격적으로 각광받기 시작한 것은 1950년경 이후부터이며, 1839년 패러데이(Faraday, M.)는 황화물에 대한 실험을 통해 반도체의 존재를 밝혔고, 1873년에 납, 철의 황화물에 정류성이 있어서 반도체에 적용되었다. 1928년에는 셀렌정류기가 반도체정류 장치로 실용화 되었다. 1900년대 초에는 반도체의 정류작용을 통신기술에 이용하여 광석검파기가 제안되었으나, 동작이 소재의 순도에 크게 의존되어 재현성이 낮아서 개발이 되지 않다가 2차 세계대전 중 광석검파기, 실리콘과 게르마늄검파기가 중요시되어 개발되었는데, 원소반도체에 대한 불순물 첨가와 소재의 정제기법이 발전하게 되어 n-형과 p-형 반도체 및 이들의 접합형이 개발되었다.

1950년에 드디어 접합형 트랜지스터가 실현되어 반도체의 이용은 모든 산업분야에서의 전자회로소자가 크게 부상되어 산업사회의 정보화 사회로 변모하였다. 1960년대에 접어들면서 다수의 반도체소자 및 기타 부품의 집합화 되어 집적회로가 실용화 되면서 개별적 반도체소자는 점차 집적회로소자로 대치되어 오늘날의 반도체는 반도체 집적회로이다. 광복을 전후하여 무선수신기의 일부에서 광석검파기가 사용되고, 셀렌정류기나 아산화동 정류기들이 국내에서 사용되기도 하였다. 국내에서 처음으로 반도체소자가 생산된 것은 1965년으로, 미국의 고미그룹이 국내에 합작투자회사를 설립하여 트랜지스터를 조립, 생산하였고, 뒤에 페어차일드(Fairchild), 모토롤라(Motorola), 시그네틱스(Signetics) 등 외국 업체가 국내의 저렴한 인건비와 유능한 인력을 이용한 단순조립을 목적으로 회사를 설립한 것이 국내의 반도체산업을 신장시키는 역할을 하였다. 1974년에 삼성반도체 통신주식회사의 전신인 한국반도체주식회사가 설립되어 국내기업에 의해 처음으로 손목시계용 IC칩과 트랜지스터칩 등을 개발 및 생산하게 되었고, 1970년 후반 한국의 전자손목시계가 세계시장에서 수위를 차지하는 등 국내 반도체산업의 주축을 이루는 실리콘 중심의 IC산업발전에 기틀을 마련되었다.

칩(Chip)은 펠릿(Pellet) 및 다이(Die)라고도 하는데, 반도체 박판에 전기저항, 전기용량(Capacity)과 같은 전자 수동소자, 트랜지스터, 다이오드와 같은 전자 능동소자 및 소자 간을 연결하는 배선 등에 불순물을 확산, 증착, 화학적 퇴적 등의 방법으로 붙인 것이다. 1974년 이전에는 이와 같은 칩을 수입한 후 리드(Lead)선을 부착 및 밀봉하여 수출하는 단순조립만 하였으나 1970년대 말 정부출연연구소를 중심으로 반도체 IC의 기술개발체제가 구축되고 1980년대 초 국내 민간기업의 대규모 투자가 시작되면서 반도체, IC에 대한 국내생산과 수출이 증가되었다. IC 중에서 기억소자의 경우, 1986년 1M DRAM, 1988년 4M DRAM, 1992년 64M DRAM을 개발한 국내 반도체업계는 128M DRAM을 시판하면서 세계시장에서 상위를 차지하였다. 반도체 기억소자기술은 계속 집적도를 높여가고 있으며, 1993년에는 256M DRAM, 1995년에는 1G(G=109)비드 DRAM의 시작품이 발표되고 있다. 1993년에는 4G DRAM의 요소기술도 각 회사에서 개발되고 있고, 집적도의 상승은 미세가공기술의 발전을 가속화 하였으며 가공 가능한 최소선폭은 1M DRAM의 경우 1㎛, 4M DRAM에서는 0.8㎛, 1G DRAM에서는 0.1㎛에까지 이르게 되었다. IC는 LSI(대규모집적회로)에서 256K DRAM, 4M DRAM에 이르는 VLSI(초대규모집적회로), 16M DRAM에서 256M DRAM에 이르는 ULSI(초초대규모집적회로)의 구조의 것이 생산되고 있다.

컴퓨터 이용 설계기술(CAD)은 반도체 및 IC설계에서 필수적이어서 개발과 연구가 연구소, 대학을 중심으로 이루어졌고, 박판의 가공은 실리콘 반도체를 중심으로 하여 외국기업으로부터의 기술을 도입하여 2㎛~1.5㎛ NMOS 및 CMOS IC의 제작기술이 확보되었다.

고집적도 IC의 출현으로 전자기기나 시스템의 전기능 및 대부분의 부분적인 기능을 하나의 IC칩으로 만든 SOC(System-on-Chip) 형태의 IC를 실현시켰다. 범용의 표준 IC와는 별도로 특정된 용도의 LSI가 개발되었다. 즉, ASIC(Application Specific IC)이다. ASIC의 설계와 제작은 제작자와 이용자 간의 긴밀한 기술적 협의 아래 이루어지며, 1980년대 후반 이래 이용자 중심의 경향으로 변하여 주문형 IC로 인하여 반도체소자 개발에 있어서도 1990년 이래 제품의 다품종 소량생산이 요구되고 있다.

반도체소자를 실리콘기판 위의 실리콘반도체 박판 층에 형성시키는 기법과는 다르게, 절연기판위에 반도체 층을 형성시켜 그곳에 반도체소자를 구성시키는 SOI (Silicon on Insulator) 형식의 것이 개발되고 있다. IC가공의 미세화가 진전됨에 따라 동배선이 연구되는 등 반도체소자 제작을 위한 소요 재료와 생산 장비 및 장치의 개발이 활발해지고 있다.

광전자공학의 주요 소자인 발광다이오드(LED)와 반도체 레이저(LD)는 주로 주기율표의 III족과 V족에 속하는 가륨, 비소, 인 등이 포함된 화합물 반도체소자이다. 이종 또는 동종 접합구조로 이루어지며 표시용 광원이나 광통신용 광원 등으로 사용된다.

전기전도도에 따라 분류하면 도체, 반도체, 부도체로 구분되며, 반도체는 순수한 상태에서 부도체와 비슷한 특성을 보이지만 불순물의 첨가에 의해 전기전도도가 늘어나기도 하고 빛이나 열에너지에 의해 전기전도성을 갖기도 하며 게르마늄(Ge), 실리콘(Si) 등이 대표적인 반도체이다. 초창기에는 게르마늄이 사용되었지만 현재는 실리콘에 붕소(B)나 인(P)등을 첨가하여 사용한다. 순수한 반도체는 전자가 공유결합을 이루며 15족 원소를 첨가하면 잉여전자가 발생하여 n형 반도체가 되며 13족 원소를 첨가하면 반대로 전자가 부족하게 되어 정공으로 이루어진 p형 반도체가 된다. n형 반도체와 p형 반도체를 붙여놓으면 p형 반도체에서 n형 반도체 방향으로는 전류가 잘 흐르며 반대방향으로는 거의 흐르지 않는 정류작용이 일어난다. 이러한 소자를 다이오드(Diode)라고 하며 이것이 반도체 소자의 기본이 된다.

반도체는 다이오드와 트랜지스터 등으로 이루어진 집적회로소자 이외에도 열전자방출소자, 전자식 카메라의 전하결합소자(CCD; charge coupled device) 등 첨단 전자산업 부문에 응용되고 있으며 태양전지나 발광 소자에도 사용된다.

17.11 신금속

신금속을 공업적으로 대량생산하게 된 원인은 원자력공업, 전자공업, 항공우주공학 등의 발전 때문이다. 원자력용으로는 우라늄, 플라토륨, 지르코늄, 베릴륨, 나이오븀, 바나듐, 하프늄, 붕소 등이 있고, 전자공업용으로는 저마늄, 규소, 탄탈럼, 몰리브데넘, 텅스텐 및 이트륨 등이 있다. 항공우주공학용으로는 베릴륨, 티타늄 및 리튬 등이 있다. 이들 신금속은 그들이 지니고 있는 독특한 성질에 따라 공업적으로 이용되고 있으며 내식성을 이용하여 화학공업의 기계장치 및 합금용으로도 쓰이고 있다. 신소재의 종류는 4가지로 분류할 수 있다.

1. 신금속재료
   ① 형상기억합금(Shape memory alloy) : 대표적인 합금으로 티타늄과 니켈 합금이 있으며 인공위성부품, 인공심장밸브, 감응장치 등에 사용된다.
   ② 비정질금속재료(Amorphous metal) : 비결정형재료라고도 하며, 강도, 자기화 특성, 내마모성, 내부식성이 크다. 녹화헤드, 변압기 등에 사용된다.

③ 초전도재료(Superconducting meterial) : 절대영도에 가까운 극저온이 되면 전기저항이 0이 되는 성질을 지닌 합금으로 입력된 에너지를 거의 완벽하게 전달할 수 있다. 통신케이블, 핵융합 등의 에너지개발, 자기부상열차, 고에너지 가속기 등에 사용된다.

2. 비금속 무기재료

① 파인세라믹스(Fine ceramies) : 뉴세라믹스라고도 한다. 천연 또는 인공적으로 합성한 무기화합물인 질화물, 탄화물을 원료로 하여 소결한 자기재료이다. 내열성, 경도, 초정밀가공성, 절연성, 내식성이 철보다 높아서 절삭공구, 저항재료, 원자로 부품, 인공관절 등에 쓰인다.

② 광섬유(Optical fiber) : 빛을 머리카락 굵기에 불과한 수십 ㎛ 유리섬유 속에 가두어 보냄으로써 광섬유 한 가닥에 전화 1만 2000회선에 해당하는 정보를 전송할 수 있다.

③ 결정화유리(Crystallized glass) : 유리세라믹스라고도 하며, 비결정구조로 된 유리를 기술적으로 결정화 한 유리이다.

3. 신고분자재료

① 엔지니어링 플라스틱 : 금속보다 강한 플라스틱 제품으로서, 경량화가 필요한 자동차, 전자기기, 전기제품 등에 쓰인다.

② 고효율성 분자막(High efficiency separator) : 특정한 물질만을 통과시키는 기능을 지닌 고분자막과 같은 특수재료이다.

③ 태양광발전 플라스틱전지 : p형과 n형 실리콘 단결정을 접합하여 만든 태양전지보다 발전변환효율이 높은 전지이다.

4. 복합재료

① 바이오센서(Biosensor) : 생체에 적합한 의료용 신소재로서 인간의 5감을 가지는 것으로, 산업용 로봇제어기술, 자동제어, 정밀계측기 분야에 쓰인다.

② 복합재료 : 두 종류 이상 소재를 복합하여 고강도, 고인성, 경량성, 내열성 등을 부여한 재료이다. 유리섬유, 탄소섬유, 아라미드섬유 등이 있다.

③ 탄소섬유강화플라스틱(CFRP:carbon fiber reinforced plastic) : 강도가 좋으면서 가벼운 재료를 만들기 위해서 플라스틱에 탄소섬유를 넣어 강화시킨 것이다. 자동차 부품, 비행기 날개, 테니스 라켓, 안전 헬멧 등에 이용된다.

④ 섬유강화금속(FRM : fiber reinforced metal) : 금속 안에 섬유를 넣은 것으로, 금속과 같은 기계적 강도를 가지면서도 가벼운 재료이다. 우주·항공 분야에 이용된다.

17.12 단금속

17.12.1 안티몬

안티몬(Antimony)이라는 말은 안티몬의 광석광물인 휘안석이 다른 광물에 수반해서 산출되는 일이 많기 때문에 반대(anti)와 고독(monos)의 단어가 합쳐 안티모늄이라 불리다가 안티몬이 되었다. 안티몬은 원소기호는 Sb이며 원자번호 51, 원자량 121.75 g/mol, 비중 6.7, 녹는점 630.5℃, 끓는점 1,380℃, 주기율표 15(5B)족에 속하는 전형적인 양성 원소이다. 반금속성 원소이지만 동족인 비소보다 금속성이 크고, 안티몬금속이나 화합물도 유독하지만, 독성은 비소보다는 약하다. 주로 폐와 장에서 흡수되고 안티몬이 들어 있는 토주석(주석산안티몬칼슘) 등이 알려져 있다. 금속은 회색 안티몬이라고 하는 안정형으로서, 은백색 광택을 가지는 결정이다. 합금으로서 납-안티몬계, 주석-안티몬계, 납-주석-안티몬계가 고체화 할 때 팽창하는 성질을 이용한다. 안티몬은 연성이 풍부한 금속이지만 납과 주석보다 경도가 높고, 활자의 경도를 높이고 합금의 유동성을 좋게 하며, 응고할 때 수축이 작게 하며, 거푸집에서 잘 분리되는 성질을 가지고 있다. 취성이 있고, 열전도율, 전기전도율이 적어서 비금속적인 특성을 보인다. 용융상태의 것이 응고 할 때는 부피가 팽창하며, 공기 중에서는 안정하나 강한 열을 가하면 불타서 산화된다.

안티몬은 도금, 의약품, 안료 등에 사용되며 높은 순도의 안티몬은 전자공업에서 냉각용 반도체금속으로 사용된다. 안티몬을 포함하고 있는 광물로는 휘안석, 자연안티모니, 안티모니유염광물 등 여러 가지가 있으나 이 가운데에서 광석광물로 중요한 것은 휘안석이다. 안티몬의 주요산지는 중국, 멕시코, 볼리비아, 남아프리카, 알제리 등이다. 국내 안티몬 광물의 산지는 경기도, 충청남도, 충청북도의 도경계 부근과 강원도 정선군, 경상북도 봉화군이 있다.

17.12.2 창연

창연(Bismuth)은 주기율표 5족의 6주기에 속하는 원소로 원소기호는 Bi, 원자량 208.98g/mol, 끓는점 1564℃, 녹는점 271.5℃, 밀도 9.78g/cm^{3}이고 비스무트(Bismuth)라고도 한다. 비중이 크고, 취성이 있는 결정질의 전이후금속으로 분홍색 색조를 띠며 비소나 안티몬과 화학적 성질이 비슷하다. 표 17.9는 주석의 특성 및 상태를 나타낸 것이다.

창연은 오래전부터 그 존재가 알려져 있었으나 납, 안티몬, 주석 등과 혼돈되었고, 구별하게 된 것은 16세기경부터이며, 안료로서 산화비스무트가 화장용 분으로 사용되었다. 1753년 클로드 조프루아(Claude geoffroy)가 납과 비스무트를 구분하였다.

비스무트는 휘창연(Bismuthinite), 포창연(Bismutite), 창연자(Bismite)의 광물로 산출되며 원소 상태의 비스무스는 니켈, 코발트, 은 등의 황화물 광석에 포함된 금속성 결정으로 발견된다. 비스무트는 취성 재료로 분홍색을 띤 은백색의 부드러운 금속으로 금속들 중에 반자성을 띤다. 열전도도는 수은을 제외한 어떠한 금속보다 작고, 전기저항이 크고, 부식되면 고체화할 때 3~3.5% 팽창한다. 대기 중에서 가열하면 청백색의 불꽃을 내며 노란색의 산화비스무트(Bi_2O_3)가 된다. 물과 반응하여 수소 기체를 방출하면서 산화비스무트를 생성하고, 할로겐들과 반응하며 진한 황산 및 질산에 용해된다. 그림 17.9는 주석 원소를 나타낸 것이다.

제조법은 자연 상태의 휘창연, 창연자 등은 생산량이 적기 때문에 일반적으로 납, 구리, 아연에 포함된 비스무트 성분을 제련 공정의 부산물로 부터 생산된다. 비스무트는 용융점이 낮아 납, 주석, 카드뮴, 인듐 등과 합금을 만들고 로제합금(Bi, Pb, Sn), 뉴턴합금(Bi, Pb, Sn), 우드메탈(Bi, Pb, Sn, Cd) 등 많은 것이 알려져 있다. 비스무트와 비스무트화합물은 의약품으로 사용되며, 탄산 비스무트는 설사, 장염, 위궤양, 피부질환을 치료할 때 쓰이고, 비스무트화합물은 화장품이나 다른 의약품의 원료로도 쓰인다. 베릴륨과 같이 흡수단면이 작기 때문에 원자로의 냉각제로도 사용된다. 사용되고 있는 금속 중에서 전기전도율과 열전도율이 가장 낮고 반자성적체이다.

국내산지는 창연을 주요 대상으로 개발되었거나 텅스텐광상에서 부산물로 생산한 실적이 있는 광산은 강원도의 낙동, 상동 광산, 경상남도의 정각광산, 경상북도의 유계광산, 충청북도의 월악광산 등이 있고, 1944년 이래 창연광석을 계속 생산하고 있는 광산은 강원도 영월군 상동읍에 있는 상동광산뿐이다. 이 광산은 텅스텐광석을 주로 생산하는 광산이나 부산물로 상당량의 창연광석을 생산하고 있다.

표 17.9 주석의 특성 및 상태

특성	상태
화학계열	전이후금속
원자량	208.98 g/mol
전자배열	1s2 2s2 2p6 3s2 3p6 4s2 3d10 4p6 4d10 5s2 5p6 4f14 5d10 6s2 6p3
밀도	9.78g/cm3 (실온)
녹는점	271.5℃
끓는점	1564℃
융해열	11.30 kJ/mol
기화열	151 kJ/mol
비열용량	25.52 J/mol · K(25℃)

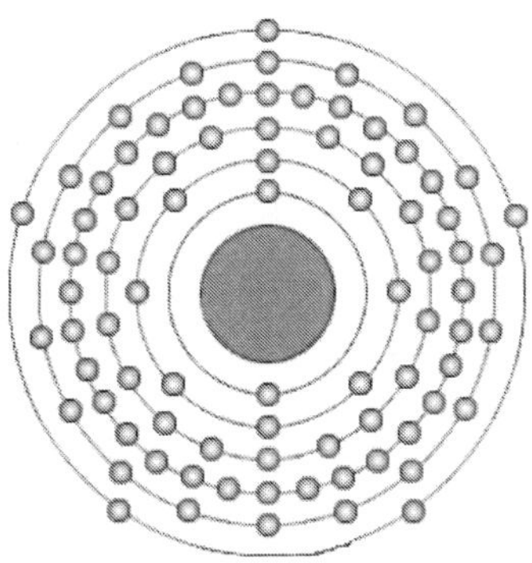

그림 17.9 주석 원소

17.12.3 크롬

크롬(Chromium)은 원자번호 24, 원자량 51.995로서 원소기호 Cr로 표시되는 은백색의 금속원소이며 녹는점은 1,905℃, 경도는 4~5이다. 취성이 있고 강자성이며 상온에서 안정적이고 공기나 물속에서 변하지 않는다. 크롬의 용도는 철강용, 화학용, 내화물용으로 크게 분류되며 철강용으로 가장 많이 사용된다. 크롬을 사용한 철합금은 내식성, 내열성이 뛰어나며, 스테인리스강은 내식성이 강한 대표적인 금속이다.

철, 니켈, 크롬의 합금인 니크롬선은 전기저항이 크고 내식성이 강하여 전열용으로 사용되며 도금용, 내화물인 크롬벽돌의 원료용, 화합물로서 안료, 연마제, 착색제로 사용된다. 천연에서 산출되는 크롬광물 중 대표적인 것은 크롬철석이고, 크롬광의 산지는 남아프리카, 소련, 터키, 알바니아, 필리핀, 인도, 그리스, 핀란드, 이란, 캐나다, 브라질, 쿠바 등이 있다. 국내에서 크롬광으로 개발된 광상은 함경북도 부령군 연천면에 있는 광상뿐이고, 제2차 세계대전 말기에 개발되어 약 1,000톤의 광석을 생산한 바 있다.

크롬의 생리적 기능은 미량 무기질로서 혈장 단백질과 결합하여 운반되며 신체 조직 전반에 분포되어 있다. 크롬은 지방대사에 필수적이며, 인슐린의 보조인자로 작용하여 포도당 대사의 유지에도 필요하고 인슐린의 활성을 높여 포도당이 세포 내로 들어가는 것을 도와 혈당이 안정적으로 유지될 수 있게 한다. 크롬은 직접적인 항산화 작용을 하지는 않으나 생물학적 활성형은 인슐린의 효과를 상승시켜 당 대사에 관여한다. 크롬은 인슐린 수용체의 수를 증가시키고, 인슐린 작용을 향상시키는 크롬은 크롬 결합단백질이 인슐린 수용체에 결합하여 수용체가 활성화되었을 때 나타난다. 크롬은 간과 장에서 내당인자(Glucose tolerance factor, GTF) 화합물을 합성하여 작용한다. 이 화합물의 작용에 의해 내당성을 가지게 되어 혈당을 조절하며 지질 대사를 도와 혈중 콜레스테롤과 중성지방 농도를 저하시키고, 당뇨병과 고지혈증을 예방하며 혈압을 정상으로 유지하여 심장 질환을 예방한다. 일상의 식사에서 부족한 크롬을 보충할 목적으로 섭취하는 건강기능식품의 기능성은 영양 보급이다.

결핍증은 크롬 섭취량의 부족과 단순당의 섭취 증가로 인하여 소변으로 크롬 배설량이 증가하여 발생한다. 결핍증 증상으로 공복 시 고혈당, 혈중 인슐린 농도 상승, 당뇨, 혈중 콜레스테롤 및 중성지방 상승, 인슐린 결합 감소, 인슐린 수용체 감소 등이 나타난다.

17.12.4 텅스텐

텅스텐(Tungsten)은 백색 또는 회백색의 금속원소이며, 내용원자번호 74, 원자량 183.85, 녹는점은 3,400℃, 비중은 19.32로서 원소기호 W로 표시된다. 우리말로는 중석이라 한다. 텅스텐은 스웨덴어 무거운(tung)과 돌(sten)에서 유래되었다.

상온에서는 물과 반응하지 않으나 고온에서는 산화물이 되며 용융점이 높고, 밀도, 인장강도, 탄성계수, 고온강도 등이 크고 열팽창계수가 금속 중에서 가장 낮다. 이와 같은 성질을 이용하여 특수강용, 텅스텐합금용, 전기나 진공관 필라멘트용, 화학용 등으로 사용된다.

텅스텐 탄화물(WC)은 경도가 높아서 초경합금과 공구용으로 가장 많이 사용되고 있다. 텅스텐 광물로는 여러 가지 조성의 것이 있으나 그 중 실제 텅스텐 광석광물로 많이 산출되고 있는 것은 철망간중석과 회중석이다. 철망간중석은 철과 망간의 함량에 따라 철분이 많은 것은 퍼버라이트(Ferberite), 망간성분이 많은 것은 휴브네라이트(Huebnerite)라 부르고, 철망간중석은 일명 흑중석이라 불리며, 텅스텐광상은 거의 모든 나라에서 발견되고 있으나 편재되어 있고, 우리나라도 텅스텐 광석의 세계 주요생산국 중의 하나이다. 우리나라에서 텅스텐광이 처음 발견된 것은 1908년으로 경상북도 약목에서 철망간중석이 채집되었고, 광상은 1911년 평안북도 창성군에서 처음 발견된 뒤 강원도 금강산광산, 충청남도 청양군의 청양광산, 충청북도 충주시의 대화광산 등이 있다. 제1차 세계대전이 발발하여 전쟁 중 텅스텐은 무기생산에 긴요한 물질로 국내 텅스텐 광상은 일본인에 의하여 활발히 개발되어 1933년 일본의 만주 침략에서 시작하여 제2차 세계대전이 끝날 때까지 우리나라의 텅스텐광상은 일본의 전쟁수행에 필요한 전략물자로서 정책적으로 크게 개발되었다. 강원도 영월군의 상동광산은 규모로 세계적으로 유명한 광산 중의 하나이다. 남한에서 텅스텐광으로 등록된 광구 수는 500여 개가 된다. 이들 광상을 지역별로 보면 강원도, 경상북도, 충청북도지역에 전체의 80% 이상이 밀집 분포한다. 우리나라 텅스텐 광산에서는 몰리브덴광석광물이 함께 산출되고 있어 텅스텐광물과 몰리브덴광물의 산출량이 우세한 쪽을 택하여 텅스텐광상 또는 몰리브덴광상이라 부른다.

17.12.5 코발트

코발트(Cobalt)는 주기율표 9족 4주기에 속하는 철족원소로 원소기호는 Co, 원자량 58.933g/mol, 녹는점 1495℃, 끓는점 2927℃, 밀도 8.90g/cm^3 이다. 철과 비슷한 광택이 나는 전이금속으로 도자기나 유리 등에 푸른색을 내는 화합물로 사용되었고 비타민 B12(Cobalamin)의 필수구성요소로 결핍 때 빈혈을 일으킨다. 표 17.10은 주석의 특성 및 상태를 나타낸 것이다.

1735년 스웨덴의 화학자 게오르그 브란트가 광석에서 코발트를 분리하는데 성공하였고, 코발트라는 이름은 광석의 제련이 어려워 광석에 코발트라고 하는 악귀가 붙어 있기 때문이라고 광부들이 믿은 데서 유래하였다는 설과 그리스어 마귀(kobals)에서 유래했다는 설이 있다.

표 17.10 주석의 특성 및 상태

특성	상태
화학계열	전이금속
원자량	58.933g/mol
전자배열	1s2 2s2 2p6 3S2 3P6 4S2 3d7
밀도	8.90g/cm3(실온)
녹는점	1495℃
끓는점	2927℃
융해열	16.06kJ/mol
기화열	377 kJ/mol
비열용량	24.81J/mol · K(25℃)

코발트는 천연으로는 주로 비소 또는 황과 결합하여 산출된다. 스말타이트가 주요 광물이며, 구리광석이나 납광석에도 함유되어 있고 운석에서도 발견된다. 주요 산지는 아프리카의 콩고, 잠비아, 모로코 등이며, 아프리카에서 세계 총산출량의 약 80%가 산출되고, 다음으로 캐나다에서 산출된다. 철과 비슷한 광택이 나는 금속으로 강자성이다. 가열해도 잘 융해하지 않으며, 공기 중에 방치해도 표면만 부식된다. 산에 녹아 수소를 발생하고 산화력이 있는 산에 녹아 코발트염이 된다. 진한 질산에서는 철과 마찬가지로 상이 변하지 않는다. 그림 17.10은 코발트 원소를 나타낸 것이다.

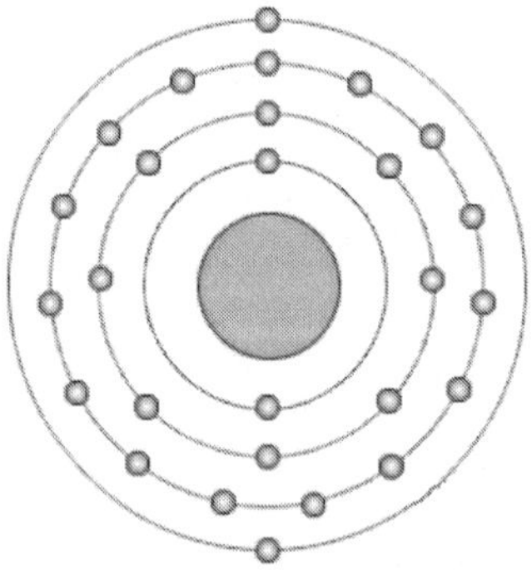

그림 17.10 코발트 원소

제조법은 광석을 연소시킨 다음 산에 녹여 불순물을 제거한 후 수산화코발트를 침전시키고 가열하여 산화물로 만든 다음 목탄을 가하여 1,000℃에서 환원시켜 금속분말로 얻는다. 산이나 암모니아로 광석을 침출시켜 수소 환원을 시행하는 방법도 있으며, 황산으로 추출한 다음 납합금을 양극으로 전기분해하는 방법도 있다. 코발트를 정제하는 데는 전기분해법이 많이 사용된다.

코발트의 용도는 고속도강, 영구자석 등의 자성재료, 내열내식강 등으로 사용되며, 비철합금으로 고온에서 내산화성, 내식성, 내마모성, 기계적 성질 등이 뛰어난 것을 얻을 수 있다. 화학반응에서 산화촉매로 사용되며 리튬전지 및 유리, 도자기 등의 청색 안료 등에 사용된다. 코발트의 지각에서의 존재 비는 0.0029%로, 30번째로 풍부한 원소이다. 천연 상태에서는 금속 코발트로는 존재하지 않고 화합물로되어 있고, 코발트가 들어있는 광물은 200종 이상이 알려져 있으나 상업적 가치가 있는 것은 몇 종류 되지 않으며, 주로 비소(As) 또는 황 화합물로 있다. 대표적인 광물은 비코발트광(Smaltite, $CoAs_2$), 휘코발트광(Cobaltite, CoAsS), 린내아이트(Linnaeite, Co_3S_4), 방코발트광(Skutterudite, $CoAs_3$)이다. 광물에는 니켈(Ni), 동(Cu), 납(Pb)이 함께 들어있고, 코발트는 이들 금속을 생산할 때 부산물로 얻는다. 코발트 광석의 주된 매장지는 콩고, 캐나다, 러시아, 호주 등에 매장되어 있다.

코발트는 자석 합금, 내마모성 합금, 고강도 고온용 합금을 만드는데 사용되고, 화학공업에서 쓰이는 각종 촉매에 코발트가 들어 있으며, 리튬 이온 전지의 양극 재료 및 푸른색 물감과 페인트의 안료로 쓰이며, 산화 코발트(CoO)는 화감청(Smalt)을 만들어 유리나 도자기의 짙은 푸른색을 내는 데 사용된다.

코발트는 사람 및 동물들에게 필수적인 무기물 영양소며, 효소의 보조인자에 코발트가 들어 있는데 비타민 B12가 대표적인 예이다. 인공 방사성 동위원소 코발트-60은 감마선원으로 방사성 치료, 식물 품종 개량, 식품 보존 등 여러 분야에서 중요하게 이용된다.

코발트 화합물들은 광물의 형태로 유리나 도자기에 푸른색을 내는데 사용되어 왔다. 기원전 2천 년대에 제조된 이집트의 도자기와 이란의 유리구슬에 코발트가 들어있으며, 당나라와 명나라 때 만들어진 도자기의 푸른색도 코발트 광석을 이용하여 얻었다.

코발트의 물리적 성질은 단단하고 엷은 푸른색을 띠는 은회색 금속으로, 철(Fe), 니켈과 모양이 비슷하다. 연성을 가지며, 전성도 있다. 철, 니켈과 함께 실온에서 강자성이며, 자석 성질을 띠는 최대 온도가 약 27℃로 실온에서 자석으로 사용하기 힘들다.

강자성 물질은 영구 자석이 될 수 있는데, Co의 퀴리 온도는 1,130℃로, Fe의 770℃, Ni의 380℃보다 높고, 조밀육방격자 구조를 가지고 있다. 코발트의 반응성은 철보다 작으며, 실온에서 대기 중의 산소나 물과 반응하지 않는다.

코발트는 초합금, 내마모성 합금, 자석 합금, 안료와 물감 재료, 전지의 양극 재료, 화학 산업의 촉매 등으로 중요하게 사용된다. 생산된 코발트는 다른 금속과 합금을 만드는 데 사용된다. 초합금은 부식이 잘되지 않고 고온에서도 단단하며 외부의 큰 힘에도 잘 변형되지 않는 합금을 말하며 철(Fe), 코발트(Co), 니켈(Ni), 그리고 소량의 크로뮴(Cr), 텅스텐(W), 티타늄(Ti)으로 이루어져 있다. 이들은 발전용 가스터빈, 제트 항공기 엔진 등 고온에서 작동하는 장치에 주로 이용된다.

내마모성 합금은 단단하고 마찰에 의해서도 마모가 잘되지 않는 합금으로 베어링이나 각종 공구 및 인공 관절과 치과 보철재료 등에 사용된다. 대표적인 내마모성 합금은 바이탈륨(Vitallium)으로 주성분은 Co와 Cr이다. 코발트는 경도가 높은 금속 탄화물인 탄화텅스텐(WC)이나 탄화티타늄(TiC) 분말을 성형한 후 고온에서 소결시키는 방법으로 경도가 높은 합금을 제조할 때 접착제로도 사용되고 합금을 초경합금이라고 하지만 접착 탄화물(Cemented carbide)이다. 접착 탄화물은 어떤 금속의 표면에 단단하고 엷은 표면을 입히는 과정으로 주로 제조되며, 천공 기구와 금형에 많이 사용된다. 자석 합금은 영구자석으로 강한 자기장을 얻는 데 사용하는 합금으로 전기 모터나 발전기 등에 사용된다. 코발트가 들어간 자석 합금 중 가장 대표적인 것이 1931년에 개발된 알니코(Alnico)인데, 말 그대로 알루미늄(Al : 8~12%), 니켈(Ni : 15~26%), 코발트(Co : 5~24%)가 들어있으며, 구리가 들어가고 나머지는 철로 구성되어 있다. 알니코 자석은 일반적인 강철 자석에 비해 25배까지나 강한 자석으로, 1970년대에 희토류 금속을 주성분으로 하는 자석이 개발되기 전까지는 가장 강한 영구자석이었다. 코발트 화합물은 페인트 산업에서 색을 내는 재료로 널리 사용된다. 이들 코발트 화합물들은 보통 색에 따라 이름이 붙여져 있는데, 이들은 코발트 블루(Cobalt blue), 코발트 옐로(Cobalt yellow), 코발트 바이올렛(Cobalt violet), 코발트 블랙(Cobalt black), 코발트 그린(Cobalt green) 등이다. 이들은 유리, 도자기, 화장품, 페인트, 잉크, 고무 등의 색을 내는데 사용된다.

코발트 생산량의 약 11%가 화학공업에 쓰이는 촉매 물질에 사용된다. 천연가스나 정유 제품에 들어있는 유황을 수소(H_2)와 반응시켜 황화수소(H_2S)로 제거하는 수소화 탈황공정에서는 코발트와 몰리브덴(Mo)으로 이루어진 촉매가 사용된다. 이외에도 일산화탄소(CO)와 수소 기체를 반응시켜 탄화수소 액체 연료를 만드는 피셔-트로프슈(Fischer-tropsch) 합성 공정, 자일렌(Xylene)을 산화시켜 중요한 고분자 원료인 테레프탈산(Terephthalic acid)을 얻는 반응 등을 비롯한 많은 유기화학 반응에서 코발트가 들어있는 물질을 촉매로 사용한다.

17.12.6 카드뮴

카드뮴(Cadmium)은 주기율표 12족 5주기에 속하는 전이금속원소로 원소기호는 Cd, 원자량 112.4g/mol, 녹는점 321.07℃, 끓는점 767℃, 밀도 8.65g/cm^3 이다. 광택이 나는 청색을 띤 은백색의 연성재료이며, 경도가 낮고, 연성, 전성이 풍부하여 가공하기 쉽다. 카드뮴염과 카드뮴 증기는 유독하여 사람에게 중독 증상을 일으킨다. 표 17.11은 카드뮴의 특성 및 상태를 나타낸 것이다.

1817년 독일의 화학자 슈트로마이어가 당시 의약품인 탄산아연 속에서 발견하였다. 슈트로마이어는 불순물이 포함된 탄산아연을 적열하여 얻은 산화아연이 백색이 되지 않고 황갈색이 되는 것에 주목하여 그 성분을 연구하여 새로운 금속을 발견하였고, 명칭은 아연화를 뜻하는 그리스어 kadmeia에서 유래되었다.

카드뮴은 자연 환경에서는 산소, 염소, 황과 같은 원소와 결합하여 여러 가지 화합물 형태로 존재하며, 화합물은 안정한 고체이지만, 산화카드뮴은 작은 입자로서 공기 중에

표 17.11 카드뮴의 특성 및 상태

특성	상태
화학계열	전이금속
원자량	112.411g/mol
전자배열	1s2 2s2 2p6 3S2 3P6 3d10 4S2 4P6 5S2 4d10
밀도	8.65g/cm3(실온)
녹는점	321.07℃
끓는점	767℃
융해열	6.21kJ/mol
기화열	99.87kJ/mol
비열용량	26.02J/mol · K(25℃)

존재하기도 한다. 산업에서 사용되고 있는 대부분의 카드뮴은 아연, 납, 구리 광석을 녹일 때 부산물로 얻어진 것이다. 주로 배터리, 색소, 금속 도금, 플라스틱 등에도 많이 사용된다. 공업용 제품으로 쓰이고 있는 것은 순도 99.98% 정도이다. 공기 속에서는 표면만 산화되어 피막이 생기고, 고온에서는 붉은색 불꽃을 내면서 타서 갈색 산화물 CdO로 된다. 가열하면 할로젠과는 반응하지만 수소, 질소와는 화합하지 않는다. 묽은 질산, 가열한 황산에 잘 녹고, 알칼리 수용액에는 녹지 않는다. 알칼리 축전지의 음극, 베어링 합금, 가융합금의 성분, 철강 등의 도금, 반도체 CdS의 원료에 쓰인다.

카드뮴이 일단 체내로 들어오면 배출되지 않고 몸속에 남아 있게 되므로, 비록 적은 양이라도 오랫동안 계속 노출될 경우 심각한 카드뮴 농도까지 농축될 수 있다. 카드뮴 중독에 걸리면 호흡곤란, 흉부압박감, 식용부진, 심폐기능부전을 일으키며 심폐기능부전이 심할 경우 사망까지 이르게 된다. 식물과 물을 통해 인체에 유입되면 구토와 설사, 복통, 위염, 두통, 근육통을 수반하게 되며 만성독성에 걸리면 비염과 취각장해두통, 불면, 빈혈, 간장 및 신장장해, 골격변화 등이 따르는 등 공해병을 일으키는 대표적인 유해중금속이다. 특히 카드뮴중독증을 이타이이타이병이라고도 한다.

17.12.7 은

은(Silver)은 주기율표 11족 5주기에 속하는 전이금속으로 원소기호는 Ag, 원자량 108g/mol, 녹는점 961.78℃, 끓는점 2162℃, 밀도 10.49 g/cm^{3}이다. 표 17.12는 은의 특성 및 상태를 나타낸 것이다.

은의 주요 공급원은 방연석으로 BC 3000년경의 이집트의 메소포타미아 고대 유적으로부터 발견되며 바빌로니아 제국시대의 은제 항아리 등이 출토되었다. 은화는 BC 6세기의 리디아 왕국에서 처음으로 제조되어 그리스, 로마로 이어졌다. 금이 태양을 상징하는데 은은 달의 여신으로 숭배되었고 중세의 연금술에서도 취급되었다.

원소기호 Ag는 라틴어로 은을 뜻하는 Argentum에서 따온 것이고, 프랑스어의 Argent 또한 여기서 유래한다. 영어의 silver와 독일어의 Silber는 아시리아어의 은을 뜻하는 sarpu에서 온 말이다.

은은 회백색의 금속이지만 가루의 경우 회색을 띠기도 한다. 금속 중 금(金) 다음으로 전성과 연성이 크고, 열과 전기를 가장 잘 전달하며 가공성과 기계적 성질이 좋다. 은과 금, 백금 등의 금속은 공기나 물과 쉽게 반응하지 않고 빛을 잘 반사해 반짝거려 장신구 등을 만드는 데 많이 사용하고, 산출량이 적어 가격이 비싸므로 귀금속이라고도 한다.

표 17.12 은의 특성 및 상태

특성	상태
화학계열	전이금속
원자량	107.8682g/mol
전자배열	1s2 2s2 2p6 3S2 3P6 3d10 4S2 4P6 4d10 5S1
밀도	10.49g/cm3(실온)
녹는점	961.78℃
끓는점	2162℃
융해열	11.28kJ/mol
기화열	250.58kJ/mol
비열용량	25.350J/mol · K(25℃)

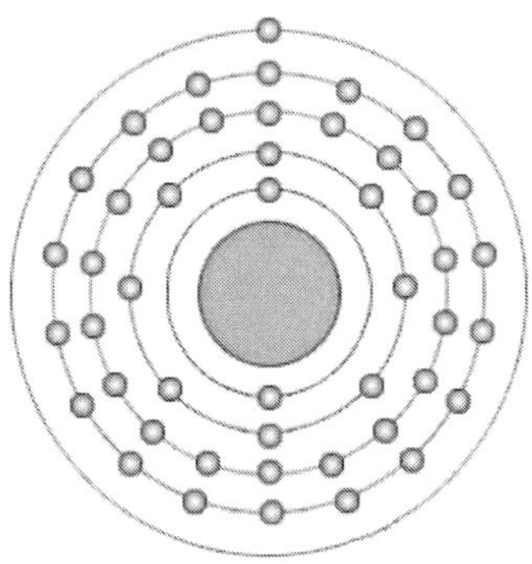

그림 17.11 은 원소

열 및 전기의 전도성이 크고 물과 대기 중에서는 안정하여 녹이 잘 슬지 않지만, 오존에서는 흑색의 과산화은으로, 황이나 황화수소에서는 흑색의 황화은으로 변한다. 보통의 산이나 알칼리에는 녹지 않지만 질산과 온도가 높은 황산에는 녹아서 질산은, 황산은이 된다. 그림 17.11은 은 원소를 나타낸 것이다.

제련할 때는 금의 경우와 마찬가지로 시안화법, 건식법이 있다. 시안화법은 자연은, 염화은, 비교적 순수한 황화은 등이 원료인 경우에 사용되며, 원료광석 중에 불순물이 많고 채취율은 50~70%로 좋지 않다. 제련비가 비싸서 독립적으로 은제련을 하지 않고 금제련과 함께 행한다. 건식법은 금의 경우와 같으며 구리, 납의 제련의 경우에 광석을 같이 집어넣고 구리, 납과 같이 뽑아낸 후에 분리한다.

은은 공급량의 약 15%가 화폐 제조에 사용된다. 70% 이상이 가공성과 기계적 성질이 좋아서 산업용으로 쓰인다. 은도금, 베어링, 사진공업, 주방기기, 땜납, 치과용 등으로 넓게 활용되고 귀금속으로 보석함, 목걸이나 반지와 같은 장신구를 만드는 데 이용하였다. 열 및 전기전도율이 높기 때문에 정교한 기계장치에 은 전선을 사용한다.

17.12.8 금

금(Gold)은 주기율표 11족 6주기에 속하는 구리족원소로 기호는 Au, 원자량 196.97 g/mol,녹는점 1064.18℃, 끓는점 2856℃, 밀도는 19.3g/cm^{3}이다. 황금빛 광택이 나는 대표적인 귀금속이며, 많은 나라에서 화폐의 기준으로 사용되는 특별한 금속이다. 공기나 물에서는 변하지 않으며, 빛깔의 변화도 없고, 강한 산화제에 의해서도 변하지 않는다. 표 17.13은 금의 특성 및 상태를 나타낸 것이다.

BC 3000년경 메소포타미아인은 금으로 만든 투구를 사용하였고 이집트의 왕릉에서는 호화로운 금제품이 출토되었다. 그리스인이 금을 화폐로 사용하였고, 금에 대한 인간의 욕망은 중세에 와서 연금술을 발달시켰다. 콜럼버스의 항해도 동양의 금을 구하려는 것이 목적이었으며, 근세 유럽의 발전도 금, 은의 무역에서 비롯되었다. 즉, 16세기의 중

표 17.13 금의 특성 및 상태

특성	상태
화학계열	전이금속
원자량	196.97 g/mol
전자배열	1s2 2s2 2p6 3s2 3p6 4s2 3d10 4p6 5s2 4d10 5p6 6s1 4f14 5d10
밀도	19.3 g/cm3(실온)
녹는점	1064.18℃
끓는점	2856℃
융해열	12.55kJ/mol
기화열	324kJ/mol
비열용량	25.418J/mol · K(25℃)

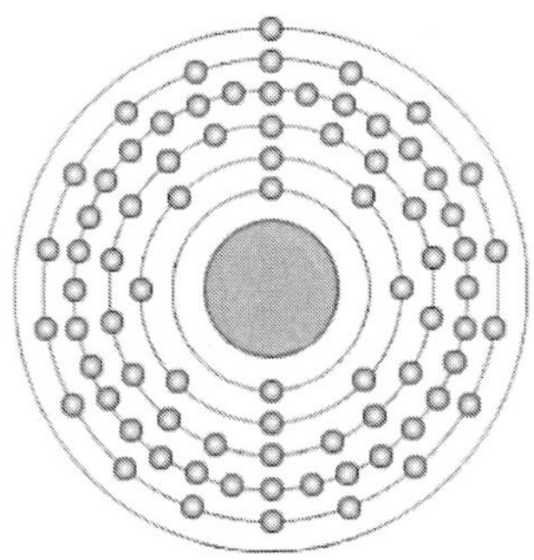

그림 17.12 금 원소

남미침략을 시초로 19세기 북아메리카의 골드러시에서 절정을 이루었으며, 남아프리카 및 오스트레일리아의 개발도 그 여파의 결과라 할 수 있다.

황금빛 광택이 나는 대표적인 귀금속이며 황금이라고도 한다. 금은 주로 자연금 및 일렉트럼(Electrum:자연금과 자연은의 합금) 상태로 석영 속에서 황철석, 방연석, 텅스텐 광물 등과 함께 산출된다. 이 밖에 텔루르와 결합하여 텔루르 금광으로서 석영맥 속에서 산출되기도 하고 동, 납, 아연 등 다른 금속광석 속에서 미립의 자연금으로 산출된다. 금의 경도는 2.5~3으로, 전성 및 연성이 크다. 순금의 빛깔은 그 상태에 따라 다르고, 괴상은 황색, 분말이나 콜로이드로 되면 보라색, 녹으면 녹색, 증착막을 형성하면 적색이 된다. 얇은 박판이 되면 투과광선에 의해서 녹색에서 청색이 된다. 산소 및 황과는 고온에서도 반응하지 않으나 염소 및 브롬과는 직접 결합한다. 그림 17.12는 금 원소를 나타낸 것이다.

순금일 경우는 연성이 있기 때문에 구리, 은 및 백금족원소 등의 합금으로 사용된다. 순금을 24K로 한다. 금화는 21.6K(금 90%), 의치는 20~22K(금 83.3~91.7%), 장신구는 18K(금 75%), 15K(금 약 58.3%) 등이다. 금, 은 등 귀금속이 화폐로서 유통되게 되어 범위가 확대됨에 따라 재화로서보다는 화폐로서의 의미가 증가되었다. 금, 은 화폐는 처음에는 그 순도 및 중량을 하나하나 계측하여 유통하였고, 유통에 불편이 많아서 금, 은 화폐를 그 품위 및 양에 따라 특정한 값을 표시한 일정한 형상으로 주조하였으며, 이것을 표준화폐 라고 하여 통용하였다. 주화의 경우 개수의 셈으로 쉽게 유통이 가능하여 화폐유통의 시대가되었다. 화폐의 재료로서 적당한 것은 자체가 가치를 지니고 있을 것, 가치가 안정되어 있을 것, 품질이 균일할 것, 분할되어도 가치는 유지될 것, 닳아 없어지지 않을 것, 운반 및 보관이 용이할 것 등의 성질을 가지고 있어야 하며 각국에서 금화가 화폐로서 널리 사용된 것도 이 때문이다.

금의 물리적 성질은 원자가 79개의 전자를 갖고 있으며, 비금속인 탄소(C), 황(S), 셀레늄(Se), 아이오딘(I)과 비슷한 전기음성도를 갖는다. 전자친화도도 구리족 원소 중에서 큰 값을 갖는다. 밀도는 19.30g/cm^{3}로 대표적인 무거운 금속인 납보다도 크다.

금을 나노입자로 사용하면 직경이 100nm 이하인 금 입자가 물에 분산되어 있는 것이 콜로이드성 금이며 금 나노입자라 부른다. 용액은 입자의 크기에 따라 다른 색을 띠는데 20nm 정도의 크기는 붉은색이며 크기가 클수록 단파장의 색을 내고 오래 전부터 산화금을 사용하여 만든 붉은색 유리도 사실은 유리의 제조 과정에서 균일한 크기의 금 나노입자가 생성된다.

금은 덩어리 상태의 괴금, 금 광상에 자연금 또는 은과의 합 금형태의 미립자로 있는 산금, 금 광상의 풍화 잔해물인 모래 등에 미립자로 들어있는 사금 등 여러 형태로 존재한다. 사금에서 모래 비중 2.5g/cm^{3}과 금 비중 19.3g/cm^{3}의 차이를 이용하여 금을 채취하였고, 사금이 거의 고갈된 상태에서 암석을 채광하여, 이를 고운 가루로 부순 후 금을 추출해 낸다. 금의 추출에는 사이안화 법과 수은 아말감법이 이용된다. 사이안화 법은 공기를 불어 넣으면서 묽은 사이안화소듐(청산나트륨, NaCN)이나 사이안화포타슘(청산가리, KCN) 용액으로 금을 녹여 낸 다음 아연(Zn)을 넣어 금을 침전시키는 것이다. 아말감법은 금이 수은과 쉽게 합금을 만드는 것을 이용하는 것으로 금 아말감에서 수은을 증류하면 금이 얻어진다. 그러나 금의 회수율이 40~70%로 낮은 단점이 있다. 사용한 금이나 폐기된 전자제품에서 금을 회수하는데도 같은 방법을 사용할 수 있다. 추출하거나 회수한 금은 보통 순도가 85~98%이다. 이들을 정제하여 높은 순도의 금을 얻기 위해서는 습식 공정인 전기분해 과정을 거치거나, 건식 공정인 용융 상태에서 염소가스를 사용하는 방법을 거친다. 습식 공정에서는 보다 높은 순도(99.99%)의 금이 얻어지나 소규모 생산만 가능한 반면, 건식 공정은 대규모 생산이 가능하나 생산된 금의 순도가 99.95% 정도로 습식 공정에 비해 낮다.

17.12.9 백금

백금(Platinium)은 주기율표 10족에 6주기에 속하는 백금족원소의 하나로 플라티나라고도 하는 전이금속이며, 원소기호는 Pt, 원자량 195.084g/mol, 녹는점 1768.3℃, 끓는점 3825℃, 밀도 21.45g/cm^{3}이다. 은백색의 귀금속으로 잘 알려져 있으며 은보다 경도가 높고, 전성, 연성이 있다. 표 17.14는 백금의 특성 및 상태를 나타낸 것이다.

표 17.14 백금의 특성 및 상태

특성	상태
화학계열	전이금속
원자량	195.084 g/mol
전자배열	1s2 2s2 2p6 3S2 3P6 3d104S2 4P6 4d10 5S2 5P6 4f14 5d9 6s1
밀도	21.45g/cm3(실온)
녹는점	1768.3℃
끓는점	3825℃
융해열	22.17kJ/mol
기화열	469 kJ/mol
비열용량	25.86 J/mol · K(25℃)

백금은 은과 비슷한 금속이라 하여 남아메리카에서 platina del pinoto라 부른 데서 명명되었다. 냉간가공도 할 수 있으나, 보통은 800~1,000℃로 가열하여 가공한다. 소량의 이리듐을 가하면 순수한 백금의 장점은 유지되면서 경도가 높은 합금이 된다. 팽창률은 유리와 거의 같아서, 유리기구의 접합에 편리하다. 미세한 분말로 만든 백금은 그 부피의 100배 이상의 수소를 흡수하며, 적열한 백금은 수소를 흡수하여 투과시킨다. 공기나 수분 등에는 매우 안정하여 고온으로 가열해도 변하지 않고, 산 및 알칼리에 강하여 내식성이 크다. 그림 17.13은 백금 원소를 나타낸 것이다.

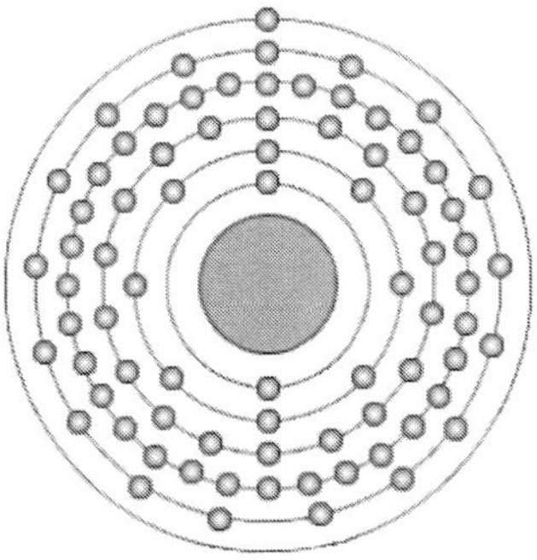

그림 17.13 백금 원소

백금과 백금의 합금은 전극 또는 물질을 고온으로 가열할 수 있는 도가니와 접시로 쓰인다. 고온과 전기 아크의 화학작용에 잘 견디므로 전기 접촉 장치와 내연기관의 점화장치에 쓰인다. 또한 보석과 치과용 합금으로 널리 쓰이고, 백금-이리듐 합금은 외과용으로 쓰인다.

연습문제

1. 동 및 동합금의 특성을 조사하시오.

2. 알루미늄 및 알루미늄합금의 특성을 조사하시오.

3. 마그네슘 및 마그네슘합금의 특성을 조사하시오.

4. 니켈 및 니켈합금의 특성을 조사하시오.

5. 티탄 및 티탄합금의 특성을 조사하시오.

6. 납 및 납합금의 특성을 조사하시오.

7. 아연 및 아연합금의 특성을 조사하시오.

8. 주석 및 주석합금의 특성을 조사하시오.

9. 형상기억합금의 특성을 조사하시오.

10. 반도체 재료의 특성을 조사하시오.

11. 신소재의 종류를 조사하시오.

18 비금속

18.1 비금속 재료의 종류 및 역할

비금속 재료는 천연재료(Natural material)와 합성재료(Synthetic material)로 분류되고 비금속재료는 반도체, 합성수지, 복합재료, 세라믹, 탄소재료, 기초용 재료, 내화재료, 연삭재료, 패킹재료, 가죽재료, 윤활유, 절삭유, 페인트 등으로 분류된다.

기계를 구성하고 있는 재료는 대부분이 금속이며, 금속은 강도가 크고, 경도가 높고 가공성이 우수하여 많이 사용되고 있다. 순금속 및 합금은 종류가 많고, 종류에 따라서 기능이 다르게 나타나지만 금속재료만으로 필요한 모든 기능을 만족할 수는 없다. 금속재료는 비중이 높고 가공온도가 높지만 비금속재료는 비중이 및 가공온도가 낮다. 또한 금속재료는 자원면에서 편중되어 있고, 충분하지 못하여 가격이 높은 단점을 가지고 있다.

금속재료는 플라스틱(Plastics), 세라믹(Ceramics)을 중심으로 복합재료로 이용되고 있으며, 미래에는 비금속재료의 활용이 더 많이 질 것이다.

18.2 합성수지

합성수지는 석유, 천연가스 등으로부터 얻어진 저분자의 유기화학물질을 원료로 하여 가염, 가열 등에 의해 반응시킨 가소성(Plasticity)이 있는 고분자물질. 천연고분자(Cellulose)를 화학반응 처리한 고분자물질도 포함된다. 플라스틱(Plastic)은 합성수지로부터 성형한 것을 말한다. 합성수지는 가열에 대한 성상의 차이에 따라 열가소성수지, 열경화성수지 등으로 나누어진다. 대표적인 합성수지는 폴리염화비닐, 폴리에틸렌, 폴리스틸렌, 폴리프로필렌, 폴리염화비닐리덴, 요소수지 등이 있다. 식품위생상으로는 첨가물이 많다는 것, 원료물질의 단량체(Monomer)가 잔존한다는 것으로부터, 재질시험, 용출시험, 강도시험 등의 규제가 있다.

합성고분자 물질 가운데 섬유나 고무로서 이용되는 이외의 것의 총칭. 천연수지와 물리적 성질이 유사하므로 이 같은 명칭이 붙게 되었다. 셀룰로이드, 아세틸셀룰로오스 등과 같이 천연고분자에 화학적 처리를 하여 얻게 되는 것은 반화합수지라고 한다. 합성수지는 조성이 있는 물질이고 가공적 관점에서 열가소성수지, 열경화성수지, 산소경화성수지로 대별된다. 원료에 따라서 비닐수지, 폴리에틸렌, 폴리프로필렌, 폴리스티렌, 페놀수지, 폴리에스테르, 폴리우레탄, 프루오르수지 등이 있다. 특징은 가벼운 점, 전기나 열의 절연성, 비약품성이 좋다는 점을 들 수 있으나 비열성이 나쁘고 열팽창이 크다는 단점을 가지고 있다. 합성수지 중 대표적인 ABS수지(Acrylonitrile butadiene styrene)의 특징은 다음과 같다.

1. 불투명하고 비결정성이다.
2. 강성이 있으며 기계적 성질은 균형 잡혀 있다.
3. 내열성은 높지 않지만 가공성은 양호하다.
4. 전기특성과 표면광택이 양호하다.
5. 성형수축률은 비교적 작으며 내크리프성(Creep)은 양호하다.
6. 장기간 일광에 노출되면 강도가 저하된다.
7. 용제에는 녹으나 산과 알칼리에는 견딘다.
8. 연소시 숯을 내며 타고 특이한 냄새가 난다.
9. 유리충전제와 발포재가 있다.
10. 착색성이 우수하다.

18.3 복합재료

두 가지 이상의 재료가 조합되어 물리적, 화학적으로 서로 다른 상(Phase)을 형성하여 전혀 다른 기능을 하게 하는 재료를 말한다.

복합재료는 1940년대 초에 사용되기 시작한 유리섬유강화플라스틱이 시작이며, 강화플라스틱의 개념은 1960년대 이후 유리섬유보다 특성이 우수한 탄소섬유의 출현과 플라스틱뿐만 아니라 금속이나 세라믹으로 확대 발전되면서 복합재료라는 용어가 탄생하였다. 복합재료는 강화재의 구조에 따라 섬유강화 복합재료(Fibrous composite), 입자강화 복합제료(Particulate composite)로 구분되고 강화하는 재료(Matrix:기지재료)에 따라 고분자복합재료(Polymer matrix composite), 금속복합재료(Metal matrix composite), 세라믹복합재료(Ceramic matrix composite)로 분류되며 섬유강화의 개념과 고분자재료를 조합한 섬유강화 고분자복합재료(Fiber reinforced plastics : FRP)가 현대 복합재료의 중추적인 역할을 하고 있다. FRP의 개념은 철근콘크리트에 비유되기도 한다.

고분자기지재료의 강도를 1이라 하면 유리섬유와 탄소섬유는 각각 25~40이며, 강성(Stiffness)은 고분자재료에 비해 유리섬유가 20배 이상이고 탄소섬유는 70배가 넘는다. 따라서 물성은 강철보다 우수하고 무게가 금속에 비해 가벼워서 고분자재료와 조합되는 FRP는 철보다 강하고 알루미늄보다 가벼운 경량구조재가 된다. 유리섬유강화 고분자복합재료(GFRP)와 탄소섬유강화 고분자복합재료(CFRP)로 대표되는 재료들은 테니스 라켓, 골프채 등과 같은 스포츠용품과 선박, 고속전철, 항공기 등의 필수 구조재료로 이용되고 있다.

금속이나 세라믹을 재료로 하는 복합재료에서는 재료의 경량화와 고강도화를 목적으로 탄소섬유, 실리콘 카바이드섬유, 알루미나섬유 등이 강화섬유로 이용되고 있으며, 이들은 고분자복합재료가 적용될 수 없는 고온용 특수용도에 사용된다.

18.4 세라믹

세라믹(Ceramics)은 일반적인 의미로 무기 · 비금속제품으로 제조 또는 사용할 때에 고온을 받는 것을 말하나, 성분적으로 금속산화물, 붕화물, 탄화물, 질화물 및 혼합물이나 화합물의 소결체도 포함된다.

세라믹은 질그릇을 만드는 흙이나 유사한 재료로 만들어진 물건 또는 그러한 물건을 만드는 조작법이다. 토기를 만드는 방법도 개선되어 가마에서 구웠는데, 이러한 점토 소성물을 요업제품에서 말하는 세라믹스의 어원이 되고 있다. 도자기, 시멘트, 석고 외에도 최근에는 의과용 재료, 유전재료, 자성재료, 압전재료, 광학재료 등 고도의 기능을 갖는 파인세라믹스(Fine ceramics)도 상품화되고 있으며, IC기판, 패키지콘덴서, 인공뼈, 인공관절, 인공치아 등의 실용화 단계에 있다. 소재면에서는 알루미나와 질코니아 같은 산화물과 질화규소, 탄화규소 등의 비산화물제로 분류할 수 있다. 현재 양적으로는 알루미나가약 80%를 차지하고 있다. 한편 질화규소를 주체로 한 세라믹스는 고온에서 뛰어난 기계적 특성이 있어, 자동차엔진이나 가스터빈에 적용하고 있다. 탄화규소도 내열성이 높은 기계, 세라믹스로서 각광을 받고 있다. 또한 변성 세라믹스로서 흡수성이 높은 소프트 세라믹스도 개발되어 수질처리나 토양개량재로 사용하고 있다. 또한 지구온난화의 원인물질인 이산화탄소를 체적비로 약400배나 흡수하는 세라믹스도 개발되었다.

18.5 탄소재료

탄소 재료는 내열성, 내열 충격성, 내식성 등이 뛰어난 특성을 갖고 있지만 내산화성이 약하고 가열하면 공기 산화되며, 기계적 강도가 낮은 결점이 있다. 탄소 재료의 특성을 살려 결점을 해소하고 고온의 공기 속에서 사용할 수 있도록 하면 공업 재료로서의 용도가 크게 늘어난다. 열처리하여 만드는 생코크스에 탄화규소, 탄화붕소, 붕화물, 알루미나 등 5~30%를 가하여 작은 입도를 분쇄한 재료를 혼합하여 원료를 소결하는 방법 및 코크스에 탄화물, 붕화물을 가하여 프레스하는 방법으로 만든다. 특히 탄소 탄화붕소계, 탄소 탄화붕소 탄화규소계가 내산화성, 강도의 향상이 뚜렷하게 나타난다.

흑연이 800℃의 공기 중에서 2시간에 80% 이상 중량감이 있는데 탄화붕소와 탄화규소를 30% 가한 계의 중량 감소는 약 0.2%이고, 강도열화는 거의 인정되지 않는다.

탄소-탄화붕소-탄화규소계는 각종 기계부품, 도가니, 보호관 계통의 응용되며 로켓 노즐 등에 대하여 적용하고 있다. 내화물 분야에서의 알루미나-흑연재료는 연속 주조용 노즐에 널리 이용되고 있다.

18.6 기초용 재료

기계를 공장 내에 설치하기 위해 사용되는 재료를 기초용 재료라고 한다. 일반적으로 석재, 시멘트, 몰타르, 콘크리트 등이 사용된다.

18.6.1 석재

석재는 기초 재료로 가장 많이 사용되며, 내구력이 좋은 재료이지만 성형이 및 운반이 어려운 단점을 가지고 있다. 석재는 종류에 따라 성질이 다르며 표 18.1은 석재의 성질을 나타낸 것이다.

석재의 인장강도는 압축강도에 비하여 약하기 때문에 인장력 및 모멘트가 작용하는 부분에 사용해서는 안 된다. 석재는 혼합물로 구성되어 있어 열팽창 계수가 다르기 때문이다.

표 18.1 석재의 성질

석재	비중	압축강도 (kg/cm^2)	함수율 (%)	내구성	내화성
화강암	2.65	1700	0.3	좋음	약함
안산암	2.5	1150	2.5	좋음	좋음
응회암	1.45	180~650	17.2	약함	좋음

18.6.2 시멘트

시멘트(Cement)는 물체와 물체를 붙이는 접착물질을 말하며, 유기물, 무기물의 모든 것을 말하고 범위가 넓다. 시멘트는 경화성을 가지고 있는 분말 및 액상의 유기 및 무기 접착물로 물과 혼합하여 28일이 지나면 경화하는 접착용의 무기질의 분말인 접착물을 의미한다. 사용되고 있는 분야는 기계, 토목, 건축, 도로 등 각종 구조물에 사용되며 석회가 주성분이고 산화칼슘, 산화규소, 산화알루미늄 등의 염류를 포함하고 있다. 시멘트는 물과 혼합하면 화학작용을 일으키며 응고하는 성질인 수화작용이 발생한다. 시멘트의 성질은 조성만으로 결정되는 것이 아니고 제조조건, 입자의 크기에 영향을 받는다.

18.6.3 몰타르

몰타르(Mortar)는 시멘트와 모래를 물에 섞어 혼합한 것으로 바닥이나 벽 등의 표면에 붙여 벽돌의 접합 및 틈새를 메우고 볼트를 고정시킬 때 사용된다. 시멘트와 모래의 혼합비는 사용 환경에 따라 달라지며 표 18.2는 배합비율과 용도를 나타낸 것이다.

표 18.2 배합비율과 용도

배합비율(시멘트 : 모래)	용도	두께(mm)
1 : 1	벽돌의 틈새	상황에 맞춤
1 : 2	벽 및 바닥의 다듬질	15
1 : 3	벽돌 쌓기	10

18.6.4 콘크리트

콘크리트(Concrete)는 시멘트와 모래 및 자갈을 혼합한 것으로 골재의 간극을 모래로 채운 시멘트로 결합시키는 것이다. 콘크리트의 성질은 시멘트, 물, 모래, 골재 등의 혼합비에 따라 다르며 시멘트의 량이 많을수록 강도와 수밀성이 좋다. 콘크리트의 비중은 2.3이고 무게는 2300kg/m^{3}이며, 강도는 혼합 후 28일의 강도를 기준으로 한다. 인장 및 굽힘이 작용하는 외력에는 약하기 때문에 철근을 이용하여 강도를 증가시키고 있다. 콘크리트는 다음과 같은 조건을 가지고 있어야 한다.

1. 골재의 표면을 시멘트와 물로 혼합된 콘크리트로 작업에 적합한 연한 상태로 윤활재의 작용을 해야 한다.
2. 응고 후에는 강도와 치밀성이 있어야 된다.
3. 골재는 시멘트에 비하여 가격이 저렴하여 충전재가 되며 물리적 및 화학적 작용에 해한 저항성을 가지고 있어야 한다.
4. 골재는 콘크리트의 용적변화에 영향이 없어야 한다.

18.7 내화재료

내화성을 가진 재료로서 고열에도 연화, 용융 등 변화가 적고 강도, 탄성 등 기계적 성질이 떨어지지 않는 재료이며, 1500℃이상의 고온에 견디며 내화점토, 내화벽돌, 내화 모르타르, 규석 등이 있다. 내화재료에는 염기성 용융체에 접해도 쉽게 침식되지 않는 염기성 또는 중성이고, 도자기의 미소성품 및 초벌 한 것을 노안에 넣고 굽기 위한 용기나 선반은 내화재료로 만든다. 유리용 도가니, 금속 환원용 흑연 도가니도 내화재료로 만들고, 고로에서는 내화벽돌이 사용된다. 용강의 쇳물 등 조괴용 내화물의 대부분은 내화재료로 만든다. 내화벽돌을 쌓을 때 내화재료는 내화 모르타르이며 산성 내화재에는 산성 모르타르가 사용된다.

내화성 알루미나 시멘트에 골재로서 내화재료를 가한 것을 캐스터블 내화물이라 하고, 염기성 내화재를 고온에서 구워 다시 고치는 작업을 억제한 것이 클링커 (Clinker)다. 일반적으로 화염온도 1000~1200℃이상에 버티고 직접 연소가스 또는 화염에 노출되는 부분에 사용되는 경우가 많다. 여기에는 내화물 및 내화금속재료가 있지만, 건축분야에 있어서 내화재료(적 벽돌, 타일, 콘크리트, 시멘트 제품 등)를 포함하지 않는다. 내화물은 대체로 1580℃이상의 내화도가 있는 것이며, 각종 산업의 공업에 사용되고 있는 내화벽돌, 내화 모르타르, 캐스터블 내화물(Castable refractory) 등을 총칭하며, 실제는 1200~1800℃에서 장시간의 사용에 견딘다. 내화금속은 크롬(Cr), 콜롬븀(Cb), 몰리브덴(Mo), 탄탈륨(Ta), 텅스텐(W) 등을 모재로 한 금속합금이며, 약 1000~2200℃에서 사용할 수 있다. 이것들은 플라스마 제트 용사에 의해 제트 엔진, 로켓 등에 사용된다.

18.8 보온재료

단열재료는 단열을 목적으로 사용되는 재료를 말하며, 열율이 작고, 흡습 및 흡수성이 적고 내열도가 높으며 가볍고 난연성 등의 조건이 요구된다. 보온재료는 석면, 암면, 글래스 울, 규산칼슘 등이 있고, 방열재료는 코르크, 암면, 발포 스티롤 등이 있다.

단열재료는 사용온도에 의해 다음과 같이 분류하고 있다.

1. 보냉재(Cold insulator) : 약 100℃ 이하에서 사용을 목적으로 하는 것을 말한다.
2. 보온재(Heat insulator) : 약 100~500℃ 부근에서 사용하는 것을 목적으로 하는 것이다.
3. 단열재(Thermal insulation material) : 약 500~1100℃ 부근에서 사용하는 것을 목적

으로 하는 것이다.

4. 내화단열재 : 약 1100℃ 이상에서 사용하는 것을 목적으로 하는 것이다.

18.9 연삭재료

연삭가공은 경도가 높은 입자에 대하여 결합제를 사용하여 결합한 입자공구로 가공물 표면에서 칩을 깎아 내는 작용을 하면서 가공하는 방법으로 정밀도가 큰 표면 완성가공에 주로 사용한다. 연삭가공에는 연삭(Grinding), 호닝(Honing), 슈퍼 피니싱(Super finishing), 래핑(Lapping) 등이 있다.

18.9.1 연삭

수많은 입자로 된 연삭숫돌(Grinding wheel)을 고속으로 회전시켜 공구로 사용하고, 가공물에 상대운동을 시켜 가공물 표면을 정밀하게 가공하는 작업을 연삭이라고 한다. 연삭에 사용되는 기계를 연삭기(Grinding machine)라 한다.

연삭입자의 재질은 초기에는 금강사(Emery), 칼런덤(Corundum) 등의 천연산을 사용하였고 인조 연삭숫돌이 발명되어 연삭능력이 향상되었다. 정밀연삭의 조건은 연삭입자의 선택 못지않게 조용한 연삭을 할 수 있는 연삭기가 필요하며, 최근에는 V벨트식 외에 유압식 등이 사용되고 있다. 선반, 밀링머신 등과 같은 보통 공작기계에서 가공할 수 없는 굳은 재질도 가공할 수 있으며, 정밀한 가공표면이 얻어진다.

연삭가공의 특징은 다음과 같다.

1. 칩이 작으므로 다듬질 면이 깨끗해지고, 정확한 치수가 된다.
2. 열처리 경화강과 같은 높은 경도의 재료도 가공이 가능하다.
3. 연삭숫돌은 자동적으로 드레싱(Dressing)할 수 있어 보통 공작기계의 바이트, 밀링커터와 같이 따로 연삭할 필요가 없다.
4. 동력이 적게 소모된다.

정밀한 연삭작업에는 정확한 회전운동과 직선운동이 필요하며, 또한 회전하는 연삭숫돌의 밸런스(Balance)에 유의하여 진동발생을 억제해야 한다. 그림 18.1은 연삭기를 나타낸 것이다.

그림 18.1 연삭기 (출처 :성진종합기계)

18.9.2 외경 연삭기

선반으로 바깥지름을 가공할 때에는 그 치수를 정확하게 가공하기가 어렵지만 연삭기를 사용하면 더욱 정밀하게 가공할 수 있다. 외경 연삭기의 구조는 선반과 흡사하며, 연삭숫돌을 구성하는 입자들은 극히 작은 커터(Cutter)의 역할을 수행한다.

외경 연삭기는 구조에 따라 보통 외경 연삭기(Plain cylindrical grinding machine), 만능형 연삭기(Universal grinding machine), 센터리스 연삭기(Centerless grinding machine) 등으로 분류할 수 있다.

1. 보통 외경 연삭기 : 보통 외경 연삭기는 공작물의 외경을 가공하는 기계로서 세 가지의 연삭방식이 적용된다.
   ① 테이블에 이송을 주고, 숫돌차로 깊이방향으로 가공을 하는 방식이 있다.
   ② 숫돌차로 이송과 깊이를 주는 방식이 있다.
   ③ 숫돌차를 이용하여 깊이만을 주는 플랜지 컷(Flange cut) 방식이 있다.
2. 만능 연삭기 : 만능식 연삭기는 외경 연삭기에 다각적인 기능을 부여한 것으로서 바깥지름 가공뿐만 아니라 단면, 테이퍼, 성형 등의 각종 연삭가공이 가능하도록 연삭숫돌대 및 주축대가 선회할 수 있다. 또한 테이블 자체의 회전각도도 크다. 주축은 척을 고정할 수 있으며, 그 운전방식에는 여러 기구가 채용되고 있다.
3. 센터리스 연삭기 : 센터리스 연삭(Centerless grinding)은 외경 연삭의 일종이지만 공작물을 지지하는데 센터나 척을 사용하지 않고, 원주를 연삭하는 방법이다.

연삭숫돌은 보통 외경 연삭과 같은 원주속도 1700~2000 m/min으로 고속 회전한다. 조정 숫돌에 10~30 m/min으로 회전 시키면 공작물은 조정 숫돌에 의해서 같은 원주속도로 회전한다. 보통 외경 연삭에서는 숫돌과 공작물의 회전이 동일 방향인 상향 연삭

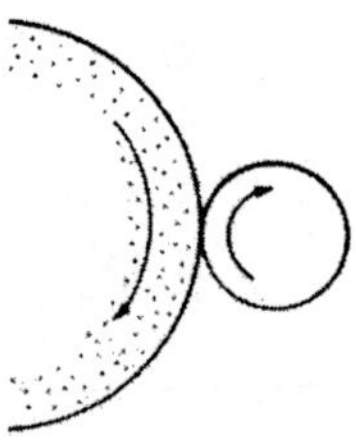

그림 18.2 상향연삭

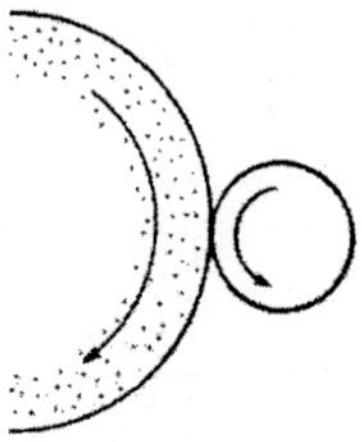

그림 18.3 하향연삭

이지만 센터리스 연삭에서는 서로 반대 방향으로 회전하는 하향 연삭이 이루어진다. 그림 18.2는 상향연삭, 그림 18.3은 하향연삭을 나타낸 것이다.

센터리스 연삭은 다음과 같은 장점을 가진다.

1. 공작물에 센터 구멍을 만들 필요가 없으며, 공작물 탈부착 시간이 절약된다, 그리고 공작물 탈부착을 자동화시킬 수 있다.
2. 대량 생산에 적합하다.
3. 한번 조정하면 초보자도 쉽게 작업할 수 있다.
4. 연속 연삭을 수행할 수 있다.
5. 양 센터로 지지하는 것보다 고정 여유가 적어도 된다.
6. 지름의 연삭 오차가 적다.
7. 치수 관리가 쉽다.
8. 가늘고 긴 공작물을 쉽게 연삭할 수 있다.
9. 작업 중에 이송하는 부분이 적어 가공정밀도 및 기계 자체의 정밀도를 높일 수 있다.

18.9.3 내면 연삭기

중공형 공작물의 내면을 연삭하기 위한 연삭기로서 숫돌이 크기가 작기 때문에 필요로 하는 절삭속도를 얻기 위해서는 숫돌 주축의 회전수가 커야 하고, 외경 연삭에 비해 숫돌의 마모가 크다.

18.9.4 평면 연삭기

평면을 가공하기 위하여 설계된 연삭기를 평면 연삭기라 한다. 평면 연삭기는 숫돌의 원주면을 이용하는 숫돌 차의 주축이 수평인 것과 숫돌의 측면을 이용하는 숫돌 차의 주축이 수직인 것이 있다.

18.9.5 공구 연삭기

절삭공구를 정확히 연삭해서 사용할 목적으로 공구 제작실 또는 공구 공장에서 사용하는 연삭기를 총괄하여 공구 연삭기(Tool grinding machine)이라 한다. 특히 초경합금 공구, 바이트, 드릴, 리머(Reamer), 밀링커터 등을 연마할 때에 사용된다.

18.9.6 초정밀연삭

비철금속재료에 대한 초정밀가공은 정해진 정밀가공프로세스에 따라 달성할 수 있지만 세라믹카바이드, 유리경화강과 같이 경도가 높고 취성이 강한 재료나 반도체재료 등은 연마 프로세스로 가공해야 한다. 초정밀 연삭가공은 가공이 어려운 재료 및 표면 마무리가 필요한 부품을 만드는 것이다. 프로세스는 불충분한 표면거칠기를 막기 위하여 후속 연마프로세스가 필요하다. 연마는 높은 수준의 표면거칠기를 만들어내지만 시간과 고비용이 소요된다. 시간 및 비용을 줄이기 위해 정밀연삭가공에 의한 정밀한 표면품질이 중요하다. 초정밀 연삭가공은 넓은 응용범위를 갖고 있다.

다이아몬드 터닝기에 연삭스핀을 장착하여 유리재료의 초정밀가공으로 확대하고 고품질의 초정밀 연삭가공을 수행하기 위해서 정밀공작기계에 대한 요구조건이 필요하다.

1. 연마재 : 초정밀 연삭용 연마재는 다이아몬드가 많이 사용된다. 천연다이아몬드 및 인조 다이아몬드는 높은 마모저항, 열전도, 경도, 낮은 마찰계수를 나타낸다. 단점은 고온연마에서 다이아몬드가 흑연으로 전이를 유도하는 금속재료와 화학적 친화성이 발생하는 것이다. 화학적 친화성을 해결하기 위하여 다이아몬드 연마재는 실리콘, 유리세라믹, 텅스텐과 같은 취성 비철재료 연마에 사용된다.
2. 연마공구의 접합 : 금속접합(Metal bonding)은 초정밀 연삭에서 취성재료를 절단하는 얇은 숫돌 또는 마이크로펜슬을 연마용으로 사용한다. 수지접합재는 여러 종류의 합성수지로 만들며 접합재는 규소(Si) 웨이퍼연삭과 같이 표면연삭용으로 사용된다.

그림 18.4는 소결가공에 의한 마이크로펜슬 연삭공구, 그림 18.5는 마이크로펜슬 연삭형태를 나타낸 것이다.

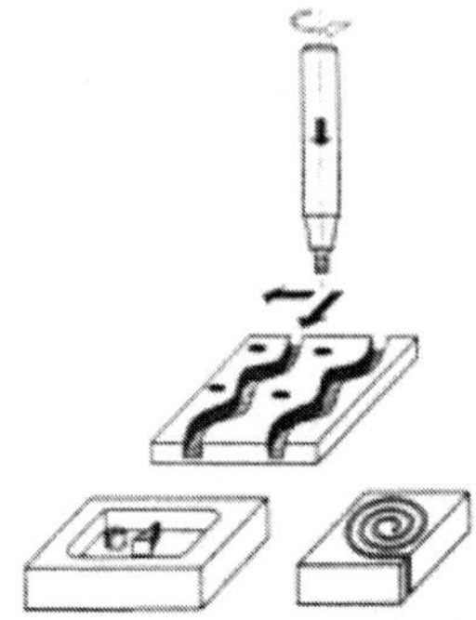

그림 18.4 마이크로펜슬 연삭공구 　그림 18.5 마이크로펜슬 연삭형태

3. 다이싱블레이드 : 정밀연삭용에서 가공하는 재료의 두께는10μm이며, 다이싱블레이드는 1~6μm크기의 연마입자 금속접합재로 구성되며, Si 화합물반도체, 유리세라믹, 크리스탈 등 재료의 홈가공 절단에 이용된다.

그림 18.6은 다이아몬드 연삭숫돌, 그림 18.7은 다이아몬드 연삭숫돌의 연삭형태를 나타낸 것이다.

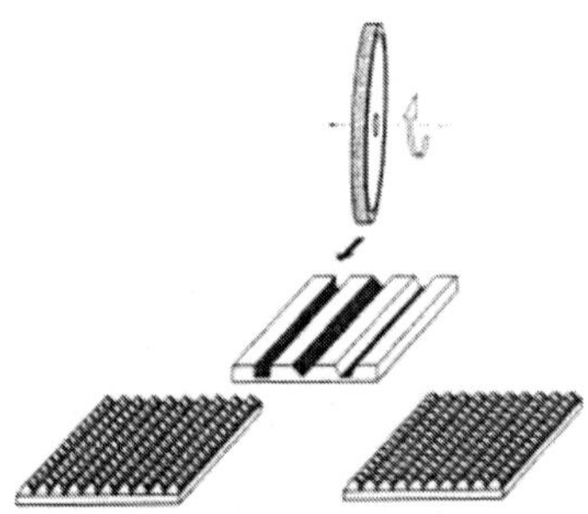

그림 18.6 다이아몬드 연삭숫돌 　그림 18.7 다이아몬드 연삭숫돌의 연삭형태

18.10 패킹재료

패킹재료는 펌프의 축 부분, 밸브의 봉 등의 회전, 가동하는 부분의 밀봉에 사용하는 매듭으로 밀봉재를 말한다. 패킹은 주로 사용 재료, 만드는 방법 등에 따라 매우 다양하게 분류된다.

18.11 가죽재료

가죽은 원피의 종류, 무두질 방법, 마무리작업의 방법이나 용도 등에 따라 여러 가지의 것이 있다. 원피는 크기에 따라 하이드(Hide)와 스킨(Skin)으로 나뉜다. 하이드는 충분히 성장한 소, 말, 낙타 등과 같이 큰 동물의 가죽을 말하고, 스킨은 송아지와 같은 미성숙한 큰 동물의 것이나 양, 염소와 같은 중소 동물의 가죽을 말한다.

유피의 원료로서 가장 많이 이용되는 우피는, 다시 성우피, 중우피, 소우피 등으로 나뉜다. 성우피에는 스티어하이드(Steer hide) 또는 옥스하이드(Ox hide:생후 3~6개월 이내에 거세한 소의 가죽), 불하이드(Bull hide:) ·카우하이드(Cow hide : 암소가죽) 등이 있다. 킵스킨(Kip skin)이라고도 불리는 중우피는 생후 6개월~2년 정도의 소의 가죽이고, 카프스킨(Calf skin)이라고도 불리는 소우피는 생후 6개월 이내의 송아지의 가죽을 말한다. 성우피로 만든 유피는 두껍고 질기며, 구두의 창가죽, 갑피, 가방, 공업용 벨트, 패킹, 가구 등에 쓰인다. 중우피, 소우피로 만든 유피는 질이 좋아 고급 신사화의 갑피, 핸드백, 장갑, 의류 등에 쓰인다. 말가죽은 조직이 거칠고, 화폐와의 마찰에 약하여 아이들 구두의 안가죽으로 이용한다. 말의 엉덩이 부분은 두껍고 조직이 치밀하며 탄성이 풍부하여, 코도반(Cordovan)의 원료가 된다. 양피나 염소피는 가볍고 부드러워 구두의 안가죽, 갑피, 장갑, 의복, 서적의 등표지 등에 이용된다. 어린 염소가죽으로 만든 유피는 키드(Kid)라 하며, 고급 구두의 갑피나 고급 장갑용의 유피로 쓰인다. 이 밖에 물소가죽, 돼지가죽, 사슴가죽 등이 있고, 특수한 용도에 개, 고양이 등의 가죽도 이용된다. 타조의 가죽은 깃털을 뽑아낸 부분이 돌기하여 무늬가 나타나며, 악어, 도마뱀, 뱀 등 파충류의 가죽도 그 가죽면의 기복이 독특하여 고급 핸드백과 기타 주머니 · 고급 신발류 · 벨트 등에 이용된다.

유피는 주로 무두질방법이나 마무리작업의 방법에 따라 다음과 같은 여러 가지 명칭이 있다.

1. 저피 : 주로 성우피나 물소가죽을 원료로 하여 식물타닌으로 무두질한 두껍고 딱딱한 유피로서, 구두창 재료로 이용된다.
2. 활피 : 소, 말, 돼지 등의 가죽을 무두질한 것으로서, 저피보다 얇고 부드럽게 마무리작업을 한다. 염색하여 가방, 케이스, 벨트 등에 이용되고, 가죽수예 재료에도 사용된다.

3. 다지혁 : 쇠가죽을 무두질한 것인데, 활피보다 두껍고, 다량의 유지를 포함하고 있다. 공업용 유피나 마구 등에 사용된다.
4. 갑피 : 쇠가죽을 크롬 무두질한 것이 많고, 본염갑피와 판유리갑피가 있다. 본염갑피는 독일 복스(Box)라고도 하며, 양질의 원피를 크롬염으로 무두질하여 염색하고, 카세인계 도료를 발라 가죽 본래의 멋을 잃지 않도록 마무리작업을 한 것이다. 고급 신사화의 갑피나 고급 핸드백의 재료 등으로 이용된다. 판유리갑피는 대형의 성우피를 원료로 하여 크롬과 타닌의 복합무두질을 하고, 건조공정에서 유리판 같은 곳에 가죽을 팽팽하게 붙여 건조시키고, 그 표면을 샌드페이퍼로 연마하여 합성수지계 마무리제를 도장하여 마무리한 것이다. 원피의 흠이 없어지기 때문에 경제적이기는 하나, 유연성이 부족하고 가죽 본래의 느낌이 없어지게 된다. 구두의 갑피재료나 핸드백 재료로서 이용된다.
5. 문양피 : 타닌과 크롬의 복합무두질을 한 가죽의 표면에 가열고압 프레스에 의하여 여러 가지의 무늬를 만든 것으로 악어가죽, 도마뱀가죽 등과 비슷한 것도 만들 수 있다.
6. 상피 : 성우피와 같이 두꺼운 가죽은, 이것을 2층, 3층으로 분할하는 경우가 있는데, 이때 얻어지는 표면이 없는 유피를 말한다. 그 표면에 마무리제를 도장하여 가방 · 케이스 등의 재료로 이용한다.
7. 스웨이드(Suede)와 벨루어(Velour) : 크롬 무두질한 가죽의 이면을 긁어 부드러운 촉감이 나는 가죽을 스웨이드라 하고, 털이 긴 것을 벨루어라 한다. 의류, 핸드백, 구두의 갑피재료 등에 이용된다.
8. 벅스킨(Buckskin)과 누벅(Nubuc) : 벅스킨은 본래 사슴의 유피을 긁어 스웨이드처럼 마무리한 것을 말하나, 스웨이드는 가죽의 이면을 표면으로 사용하여 벅스킨과 혼동하고 있다. 소 유피의 표면에 보풀을 일게 하여 진짜 벅스킨처럼 마무리한 것을 누벅이라고 한다.
9. 에나멜 가죽 : 크롬 유피의 은면에 에나멜 도료를 도장하여 강한 광택이 나도록 마무리한 것으로서, 패턴트 레더(Patent leather)라고도 한다. 예장용 신사화나 숙녀화의 갑피재료, 핸드백 등에 이용된다.
10. 섀미 가죽(Chamois) : 어린 사슴 가죽을 동식물 기름으로 무두질한 부드러운 유피를 말하며, 양가죽, 염소가죽 등을 원료로 한 것도 섀미가죽이라고 하고 있다. 항공기용 가솔린에 포함된 불순물을 필터링 하고, 유리를 닦는 재료, 장갑, 모자, 의복

등에 쓰인다.

18.12 윤활유 및 절삭유

윤활은 다이의 과열 및 마모를 방지하고 가열된 빌렛의 냉각 방지 역할도 한다. 윤활제의 조건은 점도의 변화가 없어야 하며 빌렛을 공급시키는 압력에 변화가 없어야 되고 연속적으로 소재의 표면에 배출하게하며 단열작용을 해야 된다. 그림 18.8은 윤활유를 사용한 경우이며 그림 18.9는 윤활유를 사용하지 않은 경우 소재가 받은 응력을 나타낸 것이다. 윤활유를 사용하면 소재에 압력분포가 하중에 의한 방향으로 일정하게 나타나며 윤활유를 사용하지 않는 경우 소재의 내부 변형이 가공전인 부분도 하중에 의한 영향을 받게 된다.

윤활유는 봉재, 판재, 선재를 인발할 때는 다이 수명을 늘리고 인발력이나 온도를 감소시키며 인발제품의 표면을 개선하기 위해서 윤활 하는 것이다. 건식인발(Dry drawing)은 인발할 봉재의 강도 및 마찰특성에 따라 표면에 각종 윤활제를 바르는 방식으로 보통 사용되는 윤활제로는 비누가 있다. 인발소재는 산으로 표면 처리하여 표면 결함을 발생하나 마모제가 될 수 있는 표면스케일을 제거하여 다이수명을 향상한 후 비누분말의 상자(Stuffing box)속을 통과시켜 비누로 소재 표면을 도포한다.

강, 스테인리스강, 고온합금과 같은 고강도재료는 인발소재의 표면에 강도가 낮은 금속으로 피복한다. 동이나 주석을 소재의 표면에 화학적으로 용착시키면서 강도가 낮은 금속의 얇은 막이 인발시에 고체윤활제로 작용한다. 피복은 소재에 황산염을 바른 후 윤활제로 비누를 보호하고, 티타늄의 인발에는 고체윤활제로 사용한다. 습식인발(Wet drawing)은 다이와 봉재를 윤활제에 완전히 잠기도록 하며, 윤활제로는 기름이나 지방, 염소 처리된 첨가제 및 여러 가지 화합물의 유화액이 사용된다.

그림 18.8 윤활유 사용

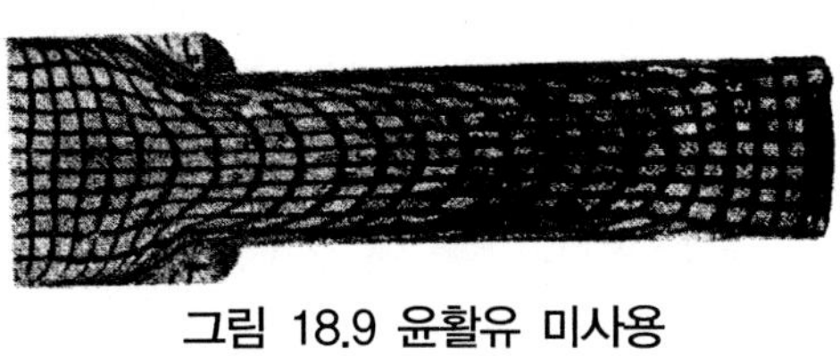

그림 18.9 윤활유 미사용

와이어드로잉의 공구인 다이는 정지해 있고 재료만 이동하는 공정이므로 드로잉의 속도가 클수록 미끄럼 속도도 커져 마찰에 의한 재료 표면의 결함 발생빈도가 높아진다. 재료 표면의 결함 발생을 방지하기 위해서 피아노선 등의 경강선에 대하여 드로잉을 하는 경우에는 충분히 윤활처리를 해야 하며 다이는 공구강으로 제조한 것이 아니고, 텅스텐탄화물과 코발트를 소결시킨 초경합금으로 제조한 것을 사용해야 한다.

상온보다도 높은 온도에서 와이어 드로잉하는 방법은 탄소강을 300~500℃로 가열해서 와이어드로잉하고 풀림과 병행하는 온간가공 방식도 있다. 와이어드로잉에 있어서는 다이와 재료의 상대미끄럼속도가 빨라서 마찰과 관련하여 난점이 발생하기 쉽기 때문에 윤활처리를 하여 가공해야 한다. 예를 들어 피아노선 등의 경도가 큰 금속선을 드로잉하는 경우에는 재료 표면을 미리 인산염 피막처리를 하거나 재료 표면에 석회를 바르거나 하여 금속비누가 잘 부착되도록 하면 연화된 재료가 유체윤활에 의한 윤활효과가 나타난다. 인산염 피막처리와 금속비누를 함께 이용하는 윤활방식은 특히 철 계통 재료의 와이어드로잉에서 우수한 윤활효과를 나타낸다. 윤활유의 구비조건은 다음과 같다.

① 윤활 효과가 커야 된다.
② 유막 강도가 커야 된다.
③ 표면을 청결하게 유지해야 된다.
④ 냉각 효과가 커야 된다.
⑤ 오일의 성상이 안정적이어야 한다.
⑥ 풀림 열처리 중 소착하지 않아야 된다.

윤활제는 점착력이 크고 점성이 높은 여러 가지 물질이 활용된다. 천연물질은 라놀린 등이 이용되며 드로잉시스템의 냉각을 겸해서 비교적 점성도가 낮은 광유에 유성 향상제 등을 첨가해서 사용하는 경우도 있다. 인발에 사용되는 윤활재는 다음과 같은 조건을 가져야 한다.

① 인발시 고압에서도 유막이 유지되어야 된다.
② 고온에서도 윤활성이 있어야 된다.
③ 제품의 산화를 방지하며 제품표면을 깨끗하게 해야 된다.
④ 냉각효과가 있어야 된다.
⑤ 취급이 용이해야 된다.
⑥ 경제적이어야 된다.

18.13 도료재료

페인트나 에나멜과 같이 고체 물질의 표면에 칠하여 고체막을 만들어 물체의 표면을 보호하고 아름답게 하는 유동성 물질의 총칭을 말하며, 도장 후에는 빨리 건조 경화하는 것이 좋다. 2500년 전에 이집트에서는 건성유가 만드는 고체막을 도막형성의 주요소로 하는 도료를 사용하였다고 한다. 도료의 수요증대에 대처하기 위한 대량생산기술의 발전과 합성건성유의 기술발전 및 알키드 수지도료와 같은 합성수지의 발전을 계기로 급격한 합성수지 화학공업이 발달되어 성능이 좋은 도료가 생산되고 있다. 도료는 일반적으로 여러 성분으로 구성되어 있다. 금속과 같은 소재의 표면에 보호와 미장을 위해서 도포하는 것으로 다음과 같은 것이 있다.

1. 유성도료
2. 셀룰로오스계(락커)도료
3. 합성수지도료
4. 기타 무기질 도료나 방청 도료로 분류된다.

유성도료는 건성유에 건조제를 가하여 가열한 후 안료를 가한 유성 페인트 혹은 수지와 건성유를 가열혼합하고 건조제를 가하여 용매에 녹인 도료 등이 있다. 셀룰로오스계 도료는 각종 셀루로오스 유도체를 사용한 것이다. 합성수지 도료는 생산량이 가장 많은 것으로 페놀수지, 에폭시수지 등 식품용기는 물론 차량, 전기제품 등 모든 분야에 용도에 따라 대단히 많은 종류가 사용되고 있다. 이외에도 곰팡이 방지나 내열도료 등의 특수 기능성 도료, 전착도료 등의 특수형 도료가 있다.

전색제는 아마인유, 콩기름, 동유, 옻, 합성 건성유 등의 액체나 셀락, 코펄 등의 천연수지, 석회로진 등의 가공수지, 페놀수지, 요소수지, 멜라민수지, 비닐수지 등의 합성수지, 나이트로셀룰로스, 아세틸셀룰로스 등의 셀룰로스 유도체, 합성고무 등의 고무유도체 및 폴리비닐알코올, 카세인 등의 수용성화합물 등이 사용된다.

도료의 분산, 건조, 경화 등의 여러 성질의 향상을 위해 주요소에서 소량 첨가하며, 도료를 칠하기 쉽게 하기 위하여 건조하는 동안에 증발하여 도막에는 남지 않는다. 에탄올, 뷰탄올 등의 알코올류, 나프타, 등유 등의 탄화수소류, 아세트산에틸, 아세트산뷰틸 등의 에스터류, 아세톤, 메틸에틸케톤 등의 케톤류, 뷰틸세로솔브 등의 에테르류를 단독 또는 혼합하여 사용되고 있다.

도료를 재료에 칠하여 도막을 만드는 조작을 도장이라고 하며, 도장에서는 물체 표면을 먼저 처리하여 형성도막이 벗겨지거나 변질되는 것을 막을 필요가 있다. 표면을 깨끗하게 하고, 도면을 평활하게 하기 위하여 용제, 계면활성제, 충전제 등을 사용한다. 도장할 때에는 평활, 균일, 고능률로 칠하기 위하여 주로 도막형성의 속도, 도료의 조도, 건조 방법 등을 선택하여야 한다. 도료는 다른 화학공업 분야와는 달리 전기, 기계 및 인간의 생활양식 등과 밀접한 관계를 가지고 있으며, 도료가 요구하는 성질은 다양하다.

도료는 원료를 혼합하여 만드는데, 제조의 가장 중요한 것이 혼합기술에 있다. 제조공정은 균일하고 안정된 도료를 만들기 위하여 수지, 안료의 분쇄, 혼합에 에지 러너(Edge runner)를 비롯하여 여러 가지 기계가 사용되고 있다. 도료는 성분에 따라 다음과 같이 분류한다.

1. 천연수지 도료 : 옻, 유성페인트, 유성에나멜, 주정도료 등이 대표적이다. 옻은 옻나무 껍질에 상처를 내고 채취한 수액에서 얻은 도료이며, 옻액에 건성유, 수지 등을 배합한다. 주성분은 우루시올인데 산화효소 락카제를 함유하고 있다. 락카제가 촉매가 되어 우루시올을 산화 중합시켜서 도막을 만든다. 용제가 적게 들며, 우아하고 깊이 있는 광택성을 가지는 도막을 형성한다.

   유성페인트는 보일유를 전색제로 하는 도료이며, 보일유의 원료 건성유는 아마인유, 콩기름, 동유, 어유 등이 사용된다. 안료와 보일유의 배합비에 따라 반죽페인트와 조합페인트로 나누어진다. 유성페인트는 건조가 약 20시간 걸리고, 도막도 좋지 않지만, 내후성이 좋고 값이 싸 널리 사용되어 왔다.

   유성에나멜은 천연수지, 합성수지 및 역청질과 건성유를 혼합하여, 나프타 등의 용제로 희석한 유성니스를 전색제로 하는 도료이며, 건조제로서 금속비누를 첨가한 것이다. 니스에 함유되는 기름의 양에 따라 장유성, 중유성, 단유성으로 분류하며 건조, 광택, 경도는 좋으나 내구성이 떨어진다.

   합성수지를 원료로 한 것에는 페놀수지니스, 말레산수지니스가 있으며, 아스팔트 등의 역청질을 원료로 하는 니스는 값이 싸고 방청, 내약품성이 좋다. 주정도료를 대별하면 수지를 알코올에 용해한 니스와 여기에 안료를 가하여 착색한 주정에나멜이 있다.

2. 합성수지 도료 : 도료 중에서 가장 종류가 많고, 합성수지 화학이 발전되어 많은 종류의 도료가 있고, 도료는 일반적으로 내알칼리성이기 때문에 콘크리트나 모르타르

의 마무리에 사용된다. 래커는 본래 속건성 도료를 뜻하였으나, 현재는 도막형성 주요소로 셀룰로스 유도체를 사용한 도료의 총칭이다.

유도체 중에서 나이트로셀룰로스가 널리 사용되며, 전색제는 나이트로셀룰로스·수지, 가소제로 이루어져 있고, 용제로는 에스터류, 케톤류, 에테르류 등이 사용되며, 조용제는 알코올, 희석제는 탄화수소가 사용한다. 수지의 사용은 광택, 부착성, 휨성, 내후성의 향상을 위하여 알키드수지 등이 사용되며, 열에 민감하고 광택을 얻기 힘든 결점이 있다.

폴리에스터수지 도료는 불포화 폴리에스터수지와 스타이렌 단위체를 혼합한 것인데 도액의 상태에서는 용제 역할을 하고, 경화할 때는 결합 반응하여 전색제의 역할을 하기 때문에 용제를 사용하지 않는 도료로서 특수한 용도를 가진다. 폴리우레탄수지 도료는 우레탄결합을 가지는 고분자 도막을 형성하는 도료를 말한다.

3. 수성도료 : 아교, 카세인류를 전색제로 한 수성도료는 예로부터 사용되었으며, 유기계 용제 대신 물을 사용하여 경제적이며, 발화성이 낮아서 안전하고 취급이 간편하다.

   수용성 베이킹수지 도료는 변성알키드수지, 페놀수지, 아미노수지 등의 수용성 수지를 원료로 하고, 용제로 물을 사용한 도료이다. 실용화된 전착도장법은 대규모의 도장 생산성을 향상시키고 수용성도료의 이용 분야를 확장시켰다.

4. 기타 도료 : 플라스티졸 도료와 분말도료는 용제를 사용하지 않고, 도막형성 요소만으로 물체를 도장한다. 플라스티졸 도료는 미립자의 염화비닐수지에 가소제를 혼합해서 만든 페이스트를 도포한 후, 가열 용융하여 도막을 만드는 도료이다. 가소제만으로는 유동성이 충분하지 못할 경우에 희석제를 혼합한 것을 오르가노졸 도료라고 한다.

   분말도료는 플라스틱 가루로 도막을 만드는 도료로서 용제가 필요 없으며, 두꺼운 도막의 형성이 쉽고, 내약품성이 양호하다는 장점이 있다. 도장법으로는 유동침지법과 정전법 등이 있다.

연 습 문 제

1. 합성수지의 특징에 대하여 조사하시오.

2. 복합재료를 조사하시오.

3. 세라믹을 조사하시오.

4. 탄소재료를 조사하시오.

5. 내화재료를 조사하시오.

6. 단열재료의 사용온도에 따라 분류하시오.

7. 연삭재료의 특징에 대하여 쓰시오.

8. 패킹재료를 조사하시오.

9. 탄소재료를 조사하시오.

10. 가죽재료를 조사하시오.

11. 윤활유의 구비조건을 쓰시오.

19 CNC 가공

최근제조업체의 생산시스템은 새로운 국면을 맞이하고 있다. CAD/CAM의 방식은 생산기법 등이 생산시스템에 실현되고 있으며, 현장의 요구에 맞추어 발전을 거듭하고 있다. 특히, 생산시스템이 신속하게 제품을 생산할 수 있도록 개방된 정보시스템을 요구할 뿐 아니라 생산 활동에 관여하는 모든 구성 요소 등을 정보화해야 할 필요성이 요구되고 있다.

공학현상 및 자연현상을 구현하는데 사용되는 CAD/CAM 기술은 오늘날 산업현장에서 제품개발과 제조공정에 획기적인 도움을 주는 중요한 기술적도구이다. 공학연구에 있어서 도면으로의 구현 및 어려운 문제해결을 위한 컴퓨터의 활용은 이제 일반적인 추세로 CAD/CAM 기술은 적용되지 않은 분야가 없을 정도로 다양하게 활용되고 있다. 그동안 대기업위주로 활용되어 왔던 CAD/CAM 기술은 이제 보편화 되어 중소기업에서도 유용성과 필요성을 느끼기 시작하고 있으며, 중소기업이 사용할 수 있는 수준의 가격 경쟁력을 갖춘 CAD/CAM 제품들의 개발로 사용자층을 넓혀가고 있다. CAD/CAM은 현대산업구조에서 구조 및 고유영역을 세밀하게 구분하는 것이 어려울 정도로 서로 연동성을 가지고 있다.

CAD/CAM의 기원은 고대 이집트, 그리스, 로마의 기술자들이 그래픽스 정보 교환기법을 이용했던 문명의 초기 시대까지 거슬러 올라간다. 이집트 무덤의 일부 그림은 기술적인 도면으로 간주될 수도 있다. 우리가 오늘날 사용하는 직교 투영은 프랑스의 수학자이자 궁중 설계사였던 Gaspard monge(1746~1818)에 의해 개발되었다. 이 방법은

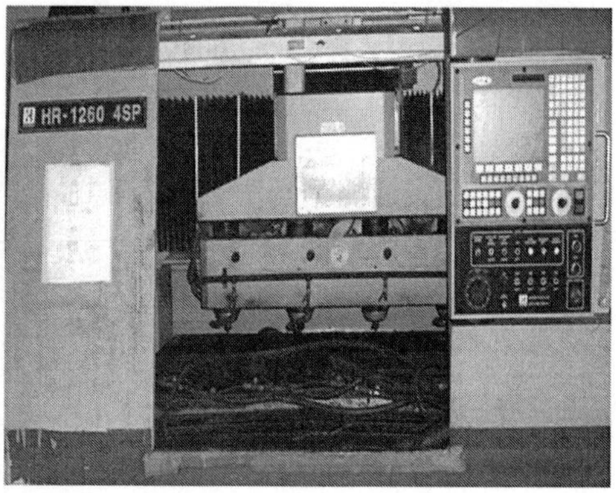

그림 19.1 CNC (출처 : 하림)

처음에는 30년간 군사비밀로 유지되어 오다가 19세기 초반에 일반 공학도에게 공개되었다.

19세기 후반에 제로그래피(Xerography)의 발명으로 CAD/CAM이 현재의 체제와 위력을 갖추게 되었다.

본격적으로 컴퓨터를 설계와 제작에 응용하던 CAD/CAM의 시작은 1950년대를 출발점으로 네 번의 중요한 단계를 거치면서 발전되었다. 1950년대는 컴퓨터의 많은 발전은 이루지 못하였으며, 컴퓨터를 이용하던 분야는 일부 군사적인 목적으로 한정되어 있었다.

① 1950년 : MIT에서 텔레비전 모양의 CRT(음극선관)를 컴퓨터에 인터페이스하여 간단한 그림을 만들어내었다.
② 1952년 : MIT Servo Mechanisms 연구소가 3축 밀링머신에 수치제어(Numerical Control;NC) 개념을 적용하면서 CAM이 시작되었다.
③ 1950년대 중반 : 주로 군사적인 명령과 통계 처리를 위해 수동적으로 CRT에 그래픽을 구현하였다.
④ 1950년대 후반 : MIT에서는 국방부와 프로젝트를 추진하면서 APT(Automatically Programmed Tool)를 개발하였으며, 1959년에는 GM이 대화식 그래픽스의 가능성을 탐색하기 시작하였다. APT는 수치제어 공작기계에 사용되는 베이직(Basic)과 유사한 프로그래밍 언어이다. 오늘날 CAM에서 중요한 부분을 차지하고 있는 개념으로, 작업자의 실력과 솜씨에 의해 조정되는 기존의 공작기계방식과는 달리, 수치제어 공작기계는 APT를 이용하여 자동화된 정밀가공을 가능하게 하였다.

1960년대는 대화식 컴퓨터 그래픽스를 위한 중요한 연구가 진행되었던 시기이다. 1962/1963년은 연구 성과의 획기적인 이정표로 MIT에서 박사학위과정에 있었던 Ivan Sutherland가 박사학위 논문으로 개발한 스케치패드(Sketch Pad) 시스템이 발표되었다. 스케치 패드 시스템 이전에는 컴퓨터가 주로 설계의 결과를 수치로 해석하는 것에 그쳤으나, 스케치 패드에서는 디자이너가 최초로 그림을 그릴 수 있는 컴퓨터 화면과 라이트 펜을 이용 컴퓨터와 대화하면서 설계하는 것이 가능해졌다. 즉, 대화식 컴퓨터 그래픽스의 개념을 개발하여 컴퓨터에 응용한 획기적인 사건이었다. 요즘의 모든 CAD/CAM 소프트웨어는 대화식 컴퓨터 그래픽스 방식을 채용하고 있다.

60년대 중반은 다양한 집단이 대형 컴퓨터 그래픽스를 연구하기 시작하였다. 이때부터 컴퓨터 지원 설계 즉, CAD라는 용어가 사용되기 시작하였다. 1964년에는 GM사가 DAC-1(컴퓨터에 의한 설계)이라는 시스템을 소개하였다. 1년 후에 록히드(Lockheed) 항공사는 지금도 널리 사용되고 있는 카담(CADAM)을 발표하였다. 이는 IBM 메인 프레임에 몇 개의 모니터를 연결한 본격적인 CAD/CAM시스템이었다. 또한 벨 전화연구소가 Graphic 1의 원격 디스플레이 시스템을 발표하였다. CADAM은 1967년 실용화된 이래 여러 가지 개량이 이루어지면서 계속 발전하고 있다.

이와 같은 시스템들은 모두 제조업체가 자체적으로 이용하기 위하여 개발된 시스템이었으나, 1960년대 말부터는 시판을 목적으로 한 전문 메이커에서 개발된 CAD/CAM 시스템들이 등장하기 시작하였다.

1970년대부터는 컴퓨터 그래픽스에 대한 관심의 증대로 관련 강좌와 워크샵이 본격적으로 개설되기 시작하였고, 몇 년 뒤 NCGA(미국 컴퓨터 그래픽스협회)을 결성하게 이르렀으며, 1980년 워싱턴 D.C에서 첫 총회가 개최되었다. 중요한 발전으로는 1970년도에 시작된 IGES(Initial Graphics Exchange Specification)가 있다. 이 시기는 한 공급업체가 하드웨어와 소프트웨어를 한꺼번에 공급하는 일괄 공급 시스템이 대부분이었다. 와이어프레임 모델링 방식과 단순하지만 곡면 모델링이 사용되기 시작하였으며, 산업체에서 CAD/CAM이 설계와 생산에서 큰 향상을 가져 올 수 있다는 것을 보여주기 시작하면서, 그 필요성을 깨닫게 되었다.

1980년대 초기까지는 3차원 CAD보다는 2차원 CAD가 더욱더 활발하게 사용 및 발전되었다. 이 시기에 CAE에 대한 개념이 일부 선진 사용자들에 의해 수용되기는 시작하였으나, 제품모델 구축을 위한 3차원 형상의 모델링 기능 미비로 인하여, FEM 모델을 생성하기 전에 준비에 이용되는 정도였으며, 따라서 CAE는 기능, 성능 평가만을 수행하는 시스템으로만 인식되고 있었다. 이후 활발한 연구 활동으로 인하여 새로운 알고리즘들이 개발되고 데이터베이스와 CAD/CAM를 결합하는 시스템이 등장하기 시작하였으며, 형상 모델링이 3차원으로 확장되어 솔리드 모델링으로 불리는 3차원 설계가 가능하게 되었다.

1990년대 이후로는 네트워크와 인터넷의 시대로 표현할 정도로 시스템 환경에서 네트워크가 중요한 위치를 차지하게 되었다. 이에 CAD/CAM 분야도 네트워크를 이용한 공동 작업이 가능하도록 추진되었다.

19.1 CNC 기술의 정의

일반적으로 CAD/CAM은 컴퓨터를 이용한 설계 및 생산과 해석을 의미한다. 과거에는 수작업으로 행하던 일들을 컴퓨터를 이용하여 제품의 설계와 생산 및 해석을 자동화하여 생산성을 높이는 기술을 일컫는 것이다.

1. CAD : CAD(Computer Aided Design ; 전산응용설계)는 컴퓨터를 이용하여 각종디자인의 기획, 도면작성, 수정 등을 최적의 상태로 CAD/CAM이 수행하며 Database를 구축하여 설계업무의 제반사항을 신속, 정확하게 처리하여 주는 시스템으로 정의 할 수 있다. 넓은 의미로는 CAD란 설계분야뿐만 아니라 생산 및 물류관리, 판매에 이르기까지의 모든 공정을 컴퓨터의 도움으로 발전시킨다는 개념으로 확대할 수 있다. CAD는 컴퓨터의 데이터처리능력을 이용하여 설계에 필요한 자료를 그림의 형태로 나타내어 설계자의 이해를 돕게 해주는 역할을 수행한다. 컴퓨터에 의해 만들어지는 도면은 컴퓨터를 사용하는 기법가운데 가장 효율적으로 사용된 기법으로, 특히 컴퓨터에 의해 디스플레이(Display)시키는 방법은 초기에는 입출력 장치 간에 생기는 문제를 해결하기 위해서 시작되었으며, 디스플레이기법과 컴퓨터운용기법의 발전으로 사람과 기계사이의 대화식(Interactive) CAD로 발전을 가져와 CAD에 의한 결과물을 이미지 형태로 볼 수 있게 되었다.
2. CAM : CAD가 설계와 제도분야에 컴퓨터를 도입하여 작업을 효율적으로 수행하는 것이라면, CAM(Computer Aided Manufacturing ; 전산응용가공)은 생산과 제조분야에서 컴퓨터를 도입한 것으로 볼 수 있다. CAD에 의해 제품도, 부품 가공도, 조립

도 등의 최종설계안이 확정되면 제품제조단계에 들어가게 된다. 이때의 관련된기술이 CAM이다. 일반적으로 CAM은 공정설계(Process planning : 생산방법 및 순서결정), 생산관리와 MRP (Material Requirements Planning : 원재료에서 제품을 완성하는데 필요한 자재의 흐름을 관리하여 제조활동의 최적화를 이루려는 계획), 작업기술결정, 가공, 검색, 조립 등의 제품 제조 전 과정에서 컴퓨터의 지원을 받는 기술의 총칭으로 정의한다. CAM은 컴퓨터 내에서 입력된 설계도 혹은 제작도 등을 디스플레이하고 생산 및 가공단계에서 필요한 여러 가지 자료를 얻어내고 실행시킨다. 공구의 궤적을 지시하여 공작기계의 작동을 지정 및 제어하는 NC프로그램을 작성함으로써 원하는 제품을 만드는 과정을 CAM 시스템에서 할 수 있다. 따라서 CAD/CAM은 단순한 대화형의 도형시스템이나 NC 프로그램 제작 시스템이 아니고 설계에서 제조에 이르는 다양한 생산기술 활동과 기술정보의 흐름에 대하여 그래픽환경을 제공하는 컴퓨터를 이용하여 종합적으로 처리하는 기술인 것이다. 즉, 설계자, 생산기술자의 업무를 위한 생산성을 높이고, 의사소통을 수행하는 컴퓨터 이용기술이다.

현재 CAD/CAM 시스템이 각광을 받는 이유를 설계 및 제조분야에서의 사무자동화(OA : Office Automation)로 이해하면 된다. CAD/CAM은 산업의 에너지 절약화, 합리화, 표준화를 이룩하는 획기적인 계기가 되었다.

CAD/CAM 시스템이 필요하게 된 배경은 크게 4가지로 요약할 수 있다.

1. 주변 환경

① 소비자 요구의 다양화 : 제품생산회사에서는 여러 계층의 소비자를 대상으로 한 다양한 제품개발이 요구된다.

② 가격경쟁 : 동일한 종류의 제품을 여러 회사에서 유사하게 제조하여 판매함으로 인하여 비슷한 성능의 제품이라면 저렴한 가격이 소비자들에게 인기를 갖게 된다.

③ 국제경쟁 : ①, ②의 내용을 국제적인 경쟁으로 확대되고 있다.

④ 제품지식의 집약화 : 여러 계층의 소비자를 대상으로 하는 제품을 생산하기 때문에 생산모델이 다양해지게 되었고, 다양화된 제품의 지식을 정리하여 집약해야 한다.

⑤ 제품의 라이프사이클(Life cycle)의 단축 : 빠른 주기로 유행이 변화하기 때문에 제품이 유행에 따라 급속히 변화 한다.

2. 설계환경의 변화

① 신제품의 개발경쟁 : 제품의 라이프사이클 단축으로 인한 새로운 제품개발 경쟁이

필연적이다.

② 고품질 저가격 설계의 필요성 : 인류가 추구하여온 것은 품질 좋은 물건을 값싸게 보다 빠르게 구입하는 것이기 때문에 고품질의 물건을 값싸게 만들려면 먼저 고품질의 저가격 설계가 필요하다.

③ 설계납기의 단축 : 제품의 생명주기가 점차 단축되어 신제품 개발기간이 점점 빨라지게 되었다. 짧은 기간에 여러 종류의 제품을 설계해야하기 때문에 설계기간도 단축되어야 한다.

④ 제품사양의 다양화로 설계 작업량의 증대 : 설계납기의 단축, 모델의 다양화로 인하여 관리해야 할 제품의 수량이 급증함에 따라 설계 및 개발에 필요한 제품의 종류가 다양해졌다.

3. 제조환경의 변화

① 다품종 소량생산 : 다양한 제품이 개발되고 있다.

② 생산자동화의 비율증대 : 공장자동화의 비율이 증가하고 있다.

③ 설비기계의 가동률 향상 : 기계 설비를 이용하여 제품을 생산하고 있다.

4. 인적환경

① 고학력화 : 고학력화에 따른 인건비 지출이 증대됨에 따라 업무를 가능한 자동화하여 필수 인원으로 업무추진을 극대화 시킨다.

② 잔업 야간근무의 감소 : 사회전반적인 추세가 근로자는 가능한 자신의 여유시간을 갖기를 원하고, 회사에서는 근무시간 이외의 작업(Over time)에 대한 추가임금비용을 줄이려는 추세이기 때문에 작업물량을 근무시간 내에 끝내기 위한 업무처리가 요구된다.

③ 창조 작업으로의 지향 : 사람들은 매일 똑같은 일을 반복적으로 실시하면 단순반복 작업에 의해 싫증과 권태를 느끼게 되어, 새로운 일을 찾고자 하는 욕구가 발생된다. 따라서 단순 반복 작업은 기계가 해야 한다.

현대 산업구조에서 CAD/CAM의 구조 및 고유 영역을 세밀하게 구분하는 것이 어려울 정도로 CAD/CAM는 서로 연동성을 가지며, 중복된 범위에서 생산 활동이 이루어지고 있기 때문에 산업 현장에서는 어디서부터 어디까지가 CAD이고, 여기서부터는 CAE라는 식의 세부적인 분류는 크게 의미를 두지 않고 있다.

19.2 기술동향 및 전망

요즘 출시되는 신제품들의 경우에 기본적인 기능의 차이보다는 인터페이스나 속도 개선, 사용의 편이성에 주목하고 있는 경우가 대부분인 것처럼, CAD기술은 거의 성숙 단계에 이르러 비약적인 발전이 이루어지기는 힘들다.

특이할 점은 기능상의 발전보다는 캐드와 IT 환경의 통합이 이루어지면서 인터넷과의 결합이 이루어지고 있다는 점이다. 인터넷과 캐드를 결합하여 프로세스를 단축하는 방향으로 연구들이 이루어지고 있다. 또한 캐드에서도 웹과 연동하여 동시설계 환경을 지원함으로써 협업 솔루션과 연계하는 기능들이 접목되고 있다. 이와 함께 파일의 호환성 증대를 위한 노력들이 지속적으로 이루어지면서 그동안 고질적인 고민으로 대두되어온 파일 호환 문제는 개선되었다.

사용자 인터페이스를 개선해 사용자가 이용하기 쉽고, 작업하는데 공수를 줄이는 방향으로 개발이 이루어지고 있다. 물론 이러한 흐름은 다른 소프트웨어도 같은 맥락에서 개발이 이루어지고 있다. 또한 소프트웨어 개발자들은 지식관리와 지적자산에 대해서도 많은 관심을 가지고, 접목시키려고 하고 있다.

19.2.1. CAD

CAD는 컴퓨터를 이용하여 설계하는 것이고, 그렇게 할 수 있도록 만든 시스템을 의미하며, 기계와 금형, 엔지니어링 분야, 전자설계, 건축설계, 의상 디자인 등 산업전반에 이용되고 있다. 과거에는 컴퓨터 시스템을 이용하여 도면을 제작하는 것으로 이해되었지만 현재는 설계분석과 데이터베이스를 이용하여 본격적인 설계를 할 수 있는 단계로 발전하였다.

과거에 연필, 붓, 물감 등의 도구들을 이용해 지면위에 여러 가지 형상을 표현한 제도나 설계도면을 컴퓨터의 모니터 위에 마우스, 스캐너 등의 입력장치를 이용하여 형상을 표현하는 것이 CAD이다. 붓과 종이로 그림을 그리고 설계를 하는 것과 컴퓨터를 이용한 그래픽 작업의 가장 큰 차이점은 설명할 필요 없이 정확성이다.

컴퓨터 그래픽에서 지면 역할을 하는 모니터의 화면은 간격이 일정한 픽셀로 이루어져 정확한 사이즈로 분할이 되기 때문에 컴퓨터로 그려지는 도면은 정확하다. 정확성은 그려지는 형상의 위치나 크기 등에서 뿐 만 아니라 채색되는 색깔에서도 나타난다. 실제 그림은 한 번 물감을 섞으면 또 다시 똑같은 색상을 만들기가 불가능 하지만, 컴퓨터 이용시에는 항상 처음에 지정한 색상을 변함없이 사용할 수 있다. 사용자는 컴퓨터에 자신이 혼합하여 지정해 놓은 색상은 물론 명도와 채도까지도 지정하여 저장해 두고 지속적으로 반복하여 사용할 수 있다.

실제 물감을 이용할 때와 비교하여 전혀 손색이 없이 다양한 변화를 줄 수 있으며, 화면의 저장과 수정기능을 이용하면 언제라도 화면상의 실수를 고치거나 필요한 부분을 수정할 수 있다. 작업 자료가 보관되어 있는 저장장치에 손상이 없는 한 그래픽으로 그려진 화면은 수시로 모니터에 불러들일 수 있으며, 수정 및 편집이 가능하기 때문에 화면의 구성이나 색상의 선택 등을 위한 시행착오를 얼마든지 반복하여 다시 그릴 수 있다. 이로 인해 그래픽 영상은 보다 정밀하고 풍부한 표현을 손쉽게 구현할 수 있는 장점을 갖게 된다. 저장성은 제작한 화면의 보존에 있어서도 상당히 중요한 의미를 갖게 된다.

기계분야(Mechanical design)에서는 2차원 도면 제작, 3차원제품 설계 및 점검에 응용되며, 건축 및 토목 분야(Architecture engineering construction)에서는 기계분야와 마찬가지로 3차원 설계 및 파이프의 경로설정, 파이프 및 각 부속들의 간섭검사, 자재목록서 작성, 공정 검사 등에 CAD 시스템이 이용되고 있다. 또한 전기, 전자 분야에서는 PCB(Printed Circuit Board)설계, 마이크로프로세서의 개발, 각종 제어장치용 회로설계, 일반 전기전자업종에서 이루어지는 모든 업무내용에 적용되고 있다.

전기, 전자 분야에서는 CAD 시스템을 적용할 경우 회로설계 및 각종 부품들을 심벌(Symbol)로 구성하여 사용할 수 있어 기존의 설계시간을 절약할 수 있다.

아무리 설계능력이 뛰어난 설계자라고 해도 복잡한 형상을 정확히 시각화하기에는 많은 어려움을 가지고 있기에 3차원 CAD를 사용하여 복잡한 부품을 시각화하고 미리 오류를 수정할 수 있다면, 설계시간 단축은 물론 형상 오류를 검출할 수도 있다.

19.2.2 CAM

CAM은 컴퓨터를 이용한 제조 활동 전반에 걸친 통제를 의미하며, 자동화된 공장을 컴퓨터를 이용하여 통제하는 것도 CAM의한 분류이다.

세계 2차 대전 당시 미 공군은 항공기와 미사일의 생산성이 높고 정밀한 제조를 위하여 1952년에 MIT는 수치제어(NC)라는 공작기계가 개발되었다. 이것이 CAM의 한 분야인 NC 공작기계의 시초이며, 자동화의 시작이다. CAD의 기술이 기존의 설계와 제도

분야에 많은 변화와 진보를 가져왔듯이, CAM의 기술은 생산과 제조 분야에서 큰 변화를 가져왔고, 대체적으로 이러한 변화는 기존의 생산과 제조 방식에 비해 정확성이 증가하고 효율적이어서 정밀하고 복잡한 형상의 제품들을 어려움 없이 만들 수 있게 되었다. 또한 부품 가공을 위한 절삭공구의 운동을 미리 시뮬레이션하여 가공전의 모든 에러를 점검하여 생산성 향상에 기여하고 있다.

CAD/CAM 업계에서는 신기능을 내세우며 자동화, 적은 작업 공수로 빠른 결과를 선보이고 있다. 가공 중이던 기계에서 오류가 발견되면 모든 기계의 작업을 멈추고 제품을 빼내고 코드 수정을 하면서 천공을 뚫던 모습과 두꺼운 매뉴얼과 머리로 형상을 그려가며 코드를 수정하는 것은 현장에서 사라지고 있다.

모든 작업자를 평준화시키는 현 세상에서 CAM 업계에서 추구하여야 할 길은 작업자 한 명으로서 보다 적은 공수로 저렴한 제품을 빨리 생산할 수 있는 시스템에 대한 해답을 찾는 것이며, 이를 위하여 지속적인 기술개발을 하는 것이다.

19.3 CNC 시스템

CNC 시스템은 크게 하드웨어(NC 공작기계, 검사장치, 컴퓨터, 부속장치 등)와 소프트웨어(CNC 하드웨어 및 제조정보의 흐름을 통제, 진행, 감시하기 위해 컴퓨터의 프로그램 시스템을 상호 연관시킨 것)로 나누어진다.

19.3.1 CNC의 하드웨어

컴퓨터처리 NC 시스템은 범용 NC 공작기계의 MCU(Machine Control Unit)에 의해 수행되던 논리적 기능의 일부 또는 전부를 컴퓨터로 처리함으로서 다음과 같은 장점을 갖는다.

1. NC 논리기능이 프로그램 가능한 소프트웨어로 설계되므로 광범위하게 사용이 가능하다.
2. 컴퓨터 기억장치에 저장된 NC 프로그램을 직접 재편집 할 수 있다.
3. 공정상 필요한 정보가 컴퓨터에 의해 피드백 되고 저장되어 높은 수준의 정보를 취급할 수 있다.

4. 정보지시가 컴퓨터 기억장치에 의해 직접 입력되기 때문에 종전 범용NC 공작기계의 종이테이프 및 테이프 리더(Tape reader) 장치가 필요 없다.
5. CNC를 제어 컴퓨터로부터 원거리에 설치할 수 있다. 같은 시스템에서는 한 개의 제어 컴퓨터로 여러 대의 NC공작기계군을 동시에 제어할 수 있다.

CNC(Computerized numerical control)는 소프트 와이어드(Soft wired), 또는 저장 프로그램(Stored program)으로 불리며, 하드웨어 기능의 일부 또는 전부를 저장된 컴퓨터로 대치시킨 NC 시스템을 말한다.

CNC 시스템의 전형적인 제어기 요소로는 두 가지가 있다. 첫 번째는 여러 제어기능을 수행할 수 있는 프로그램 가능한 소프트와이어(Softwired) 컴퓨터 모듈이고, 두 번째는 다른 제어작동을 위해 사용되는 하드와이어드(Hardwired) 논리회로(Logicalcircuitry)이다.

CNC 시스템에서 대부분의 하드웨어 부분은 소프트웨어로 대치되어 사용될 수 있으나, CNC의 소프트웨어화에는 2가지 제약조건이 있다.

1. 해석(Analysis), 보관(Interpolution), 논리기능(Logic) 소프트웨어 모듈은 현재의 미니 컴퓨터 용량에 비해 상대적으로 고급인 대용량 컴퓨터를 필요로 한다.
2. 현재의 컴퓨터 소프트웨어는 기능상 하드웨어 회로보다 응답성이 훨씬 떨어지고 있다.

범용 NC 장치에서처럼 CNC 윤곽제어계(Contouring control system ; 연속경로 제어계)에서의 보관법은 제어기에 의해 수행되어지는 가장 중요한 계산 작업이다. 경로 보관에서는 모두 하드와이어드 전자회로로 구성되는 VPRC(Variable pulse rate circuitry)와 DDA (Digital differential analyzers) 방식을 사용한다. 소프트와이어드 시스템에서 이러한 경로보관을 계산하기 위해서는 위의 디지털회로(Digital circuits)가 미니컴퓨터에 의해 유사추정(Simulation)되어야만 한다. 하드와이어드 회로의 소프트웨어 유사추정문제는 3차원 윤곽제어에 필요한 경로보관기능과 이송속도를 고려한다.

CNC의 가장 큰 장점은 시스템의 적응성(Flexibility)에 있다. 하드와이어드 회로는 일단, 특정기능의 프로그램이 설정되면 회로의 재변경 없이는 프로그램을 수정할 수가 없지만 컴퓨터는 쉽게 재프로그램 및 다양한 작업을 실행할 수가 있다. 이러한 이유로 범용 기계에서 불가능했던 사용의 선택성이 주어지게 된 것이다.

1. NC 파트 프로그램을 다른 NC 공작기계에 전달시키기 위한 대용량 기억장치가 있다.

2. 공작기계 작동자와 원거리에 위치한 컴퓨터 사이의 인터페이스를 제공하는 터미널을 가지고 있다.
3. 원거리상에 데이터를 전달하는 통신라인이 있다.
4. 공작기계는 실제 시간상에서 공작기계로부터 피드백 된 데이터를 이용하여 한 개의 중앙 컴퓨터에 의해 제어되며, 이 컴퓨터에 의해 모든 생산 공정을 전체적으로 통제 할 수 있다.

19.3.2 CNC의 소프트웨어

CNC는 실시간(real time)상의 정보와 호출 가능한 저장정보에 의존하고, CNC의 저장된 정보는 제어 및 해석기능을 수행시키기 위하여 필요한 모든 입력 정보를 제공하며, 저장될 자료의 모든 형태는 데이터베이스에 내장되고 컴퓨터에 의해 고속처리가 가능하다.

CAD 프로그램으로부터 공학적 설계 데이터가 베이스로 입력 저장되며, 이러한 설계 자료 및 외부에서 공급되는 제조 공정상 필요한 자료가 NC 파트프로그램(Part program) 및 다른 특정 작동을 개발하기 위해 생산 및 제조공학 등에 의해 사용된다. 이러한 모든 자료가 데이터베이스 내에 NC 생산정보로서 기억 저장된다.

파트프로그램(Part program)이란 초기의 설계 도면을 바탕으로 이루어지는 NC 프로그램을 파트프로그램이라 하며, 이는 저급 언어(Low-level language)와 고급 언어(High-level language)로 크게 두 가지로 구별된다.

최종 NC 파트프로그램이 CNC 데이터베이스에 저장되면 프로그램이 실행될 때 제작상 선행조건(Priorities)을 기술한다. 이러한 계획 프로그램은 생산 상태에 대한 정보를 제공받고 아래와 같은 정보를 창출한다.

1. 절삭가공 중 부품의 상태를 확인할 수 있다.
2. 각 NC 공작기계의 상태를 확인할 수 있다.
3. 계획된 생산 일정에 대한 실제의 생산일정을 예측할 수 있다.
4. 공작기계 및 전체 시스템의 위험성을 예측할 수 있다.

이러한 정보를 기초로 하여 생산계획 프로그램은 설정된 선행조건을 유지하면서 각 공작기계에 주어지는 생산량을 결정한다. 계획 프로그램이 다음으로 실행될 NC 파트프로그램(Part program)을 결정하면 데이터를 기억시키고, 프로그램은 제작시간, 공작물의 부착조정시간, 공구 등에 관한 정보를 창출한다.

제작공정제어 형태는 CNC 시스템에 사용되는 NC형에 따라 다르다. CNC의 일반적인 제조공정 프로그램은 NC 공작기계측의 컴퓨터에 의해 실행되거나, 공작기계에 연결된 대형컴퓨터에 의해 실행된다. 공정상의 정보 및 기계 상태는 제어프로그램에 의해 적절한 데이터평가 모듈(Data evaluation modules)로 전달되며, 품질관리는 CNC 데이터베이스로부터 얻어진 요소 조건을 사용한다. 품질관리 프로그램은 검사측에 설치된 단말기를 통해 수동 입력되거나 직접 NC 검사 장치로부터 데이터를 전달받는다. 데이터 요소(Data source)와 상관없이 품질관리 프로그램은 제조부품의 신뢰성을 유지하고, 허용치 이상의 오차발생시 제조공정 시스템을 보상작동을 수행하는 기능을 수행한다.

19.4 프로그램(하드웨어)

1. 전원을 켠다.
2. Tool 교체와 재료 고정
   ① Tool 교체
   - OP MODE ↵
   - 5 (JOG/HOME SEARCH) ↵
   - Handwheel에서 Axis단추를 Z축으로 선택 후 다이얼을 돌려 Z축을 위로 올린다.
   - 몽키스패너를 이용하여 선택한 tool을 교체한다.

   ② 재료 고정
   - OP MODE ↵
   - 5 (JOG/HOME SEARCH) ↵
   - Hand wheel에서 Axis단추를 Y축으로 선택 후 다이얼을 돌려 작업대를 적당한 위치로 이동시킨다.
   - 클램핑을 사용하여 재료를 단단히 고정시킨다.
3. X, Y, Z 각축의 원점 선택
   - OP MODE ↵
   - 5 (JOG/HOME SEARCH) ↵

- Hand wheel위치에서 Axis단추를 사용해 재료의 표면에 최대한 가깝게 위치시킨다.
- X ↵, Y ↵, Z ↵

  (X = 0000.000, Y = 0000.000, Z = 0000.000)

CNC 하드웨어의 조작키는 다음과 같다.

1) OP MODE

조작에 대한 기능화면을 보여준다. 해당기능을 선택하여 자동운전, 수동운전, 프로그램 편집 등의 각 기능별 작업을 수행할 수 있다.

OP MODE (OPERATING MODE)

0. AUTOMATIC : 자동운전
1. SINGLE BLOCK : 한블럭씩 운전
2. PLAY-BACK : 기계의 현재 위치를 기억
3. TEACH-IN : 기계를 입력한 위치로 이동
4. DRY RUN : 기계를 움직이지 않고 프로그램을 CHECK 함
5. JOG/HOME SEARCH : 기계의 각축을 방향키를 이용하여 이동
   - · 속도(FEED) MODE - 작업 속도나 TOOL이동시 사용
   - · 간격이동(JOG) MODE - 선태된 수치만큼 가축의 스위치를 누르면 급속으로 이동
   - · 핸들 MODE - 선택된 속도로 핸들을 이용하여 원하는 위치로 이동
   - · 원점복귀(HOME) - 기계의 각축을 원점복귀 시킴
6. EDITING : 프로그램 편집
7. INPUT-OUTPUT : 프로그램 전송
8. TOOL OFFSET/G53-G59 : 공구 보정
9. SPECIAL MODES : CNC PARAMETER 및 기능 입력

2) DELETE

프로그램의 삭제, 지우는 기능

3) RESET

두 번 누르면 초기화가 된다.

4) RECALL

프로그램의 호출 및 프로그램 블록을 호출할 때 사용한다.

5) ENTER

프로그램의 입력 및 편집

6) X+-, Y+-, Z+-

X, Y, Z 축으로 이동

7) SPINDLE

TOOL의 정회전(CCW)과 역회전(CW), SPINDLE의 속도를 수동으로 제어

8) E- STOP (Emergency-stop)

비상시 누르면 운전정지

9) COOLANT

절삭류와 에어를 자동(AUTO)과 수동(MANU)으로 제어

19.5 프로그램(소프트웨어)

그림 19.2는 CNC프로그램을 실행하면 나타나는 초기화면이다. 화면에 필요한 작업(도면작성)을 할 수 있다. 작업 전에 재료의 크기(X, Y, Z)를 먼저 선택한 후 크기에 맞게 설계한다. 작업을 하면서 확대 및 축소 모드를 이용하여 설계 할 수 있고 작업한

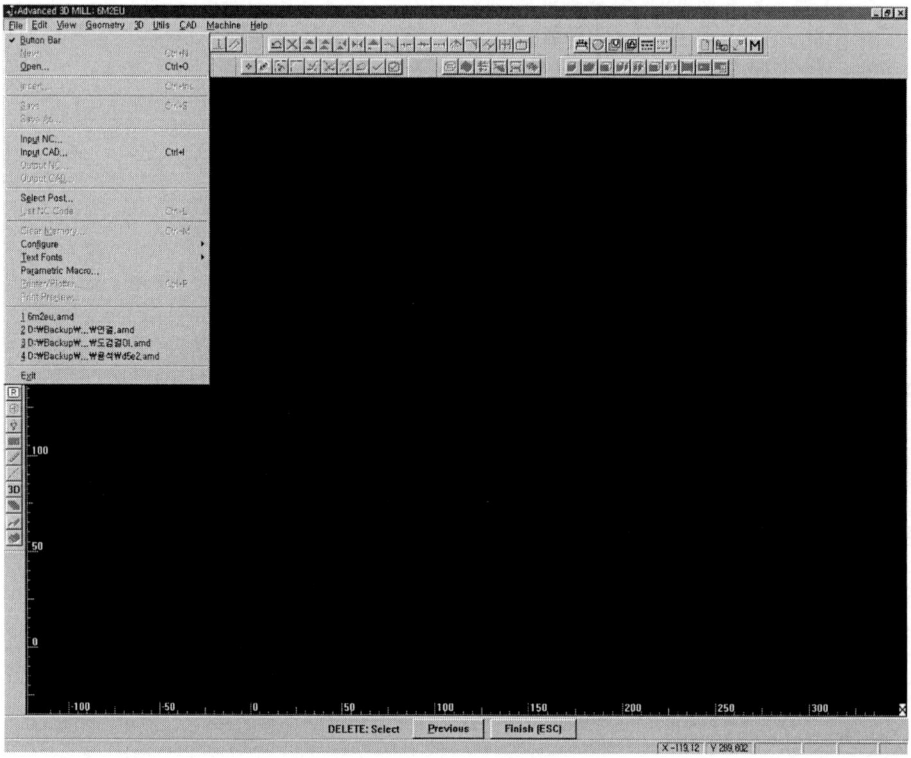

그림 19.2 프로그램 실행화면

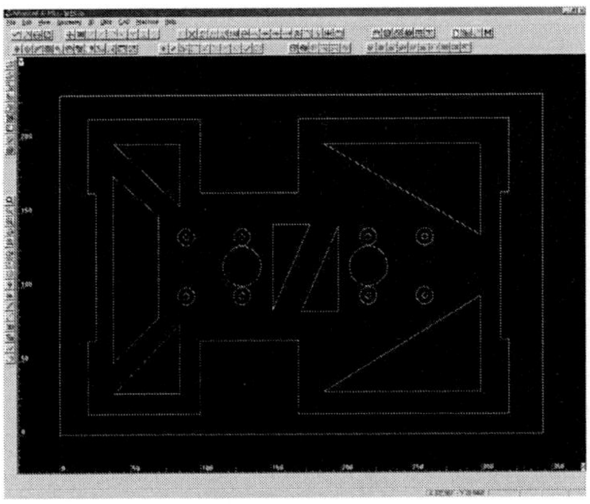

그림 19.3 설계

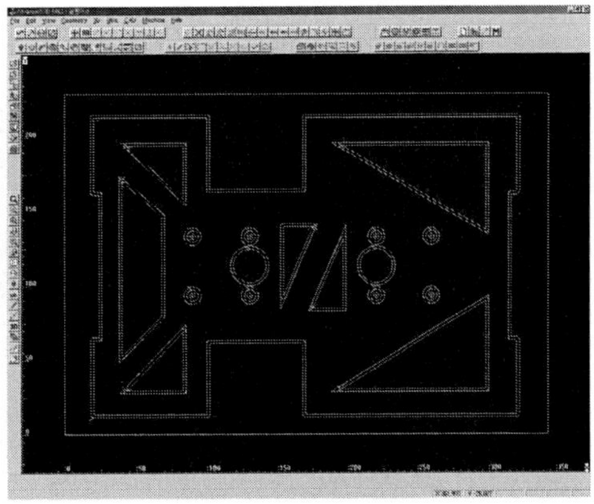

그림 19.4 툴 패스

도면을 저장 및 열기를 할 수 있다. 반드시 재료의 위치를 X, Y축의 (0,0)에 놓아야 한다. 재료의 위치가 CNC 가공기의 작동범위 이기 때문에 영점을 맞추지 않으면 원하는 작업을 할 수 없고 고장의 원인이 된다.

그림 19.3은 설계를 한 것이고, 그림 19.4는 툴 패스(Tool pass)를 나타낸 것이다. 설계가 끝난 후 엔드밀의 크기 선정, 엔드밀의 작업방향 선정 및 엔드밀의 회전속도를 결정(재료에 따라)하면 설계에 의해 가공 툴이 가공하는 선을 보여준다.

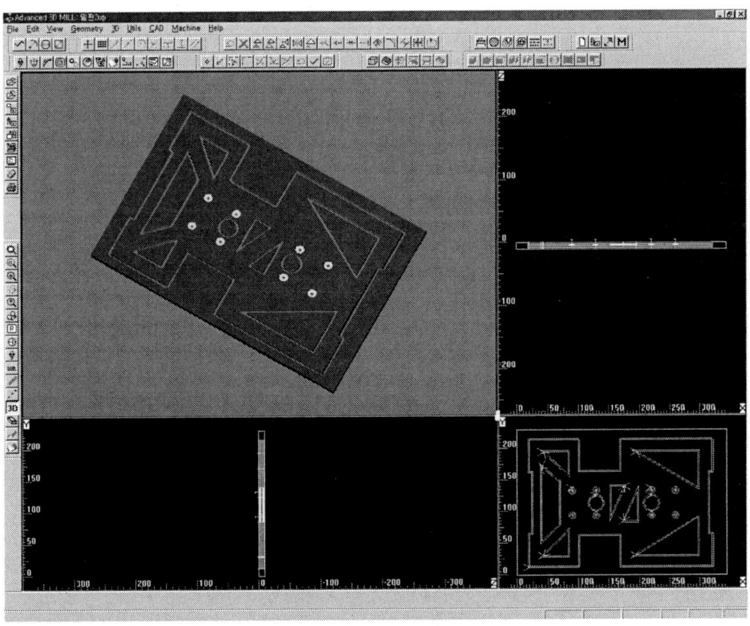

그림 19.5 가공 상태

그림 19.5는 가공 상태를 확인하는 것이다. 3D로 재료의 작업 상태를 확인 후 저장하여 사고를 미리 예방 할 수 있다.

CNC 소프트웨어의 Computer에 대한 전송순서는 다음과 같다.

1. COMPUTER 전원을 켠다.
2. DOS MODE가 아닐 경우 DOS MODE 상태에서 시작한다.
3. 디스켓을 A:드라이브에 넣는다.
4. 작성된 파일의 확장자명을 PIH로 바꾼다(m상태에서 Alt+R 이용).
   예) alphacam.anc → alphacam.pih
5. 프로그램을 실행시킨다.
   C:₩ DNC ₩ DNC . BAT ↵
6. MAIN MANU에서 **6 - Infinite program execation ↵**

   main manu

   1 - Parameters

   2 - Program management

   3 - Tool management

   4 - Machine parameter management

   5 - Remote control

   6 - Infinite program execation

   7 - Utilites

   8 - End of program
7. Program ideatification에서 F2를 누르고 자신이 작성한 프로그램을 고른 후 ↵

   Infinite program

Program ideatification	: alphacam.**pih** ↵
Number of repetition	: 1 ↵
Mode of operation	: 0 ↵
From block number	: 0 0 0 0 ↵
8. 전송할 것인지 물어보면 Y ↵
9. DNC > DNC (프로그램 전송중)

전송이 완료되면 자동으로 가공이 된다.

연 습 문 제

1. CNC기술에 대하여 조사하시오.

2. CNC 하드웨어에 대하여 조사하시오.

3. CNC 소프트웨어에 대하여 설명하시오.

4. 문패를 만들기 위한 프로그램을 작성하시오.

5. 표창을 만들기 위한 프로그램을 작성하시오.

20 프레스 가공

프레스(Press) 가공은 제조시스템에서 꼭 필요한 가공방법이다. 부품을 빠르고 편리하게 생산하기 위해서는 프레스가공이 필수적이다. 프레스 가공은 펀치와 다이를 이용한 박판 재료의 커팅(Cutting), 성형작업(Forming), 드로잉(Drawing) 등을 말한다.

프레스는 냉간가공과 열간가공이 같이 이루어지며 가공에서 제품을 생산하기 위해 설계된 펀치와 다이를 프레스에 장착한다. 공구는 성형작업, 펀칭(Punching), 블랭킹(Blanking), 슬로팅(Slotting) 및 프레스 가공 장비를 사용하는 작업이다.

20.1 프레스의 종류

1. 경사프레스(Inclined press) : 갭(Gab) 프레임을 가진 오픈백 프레스를 말한다. 부품과 스크랩(Scrap)이 뒤쪽으로 미끄러져 빠지도록 경사지게 할 수 있으며 부품은 중력에 의해서 미끄러져 내려가도록 되어있다. 재료는 슈트(Chute)를 통하여 다이 안으로 공급되며 벤딩, 펀칭, 블랭킹에 사용된다. 그림 20.1은 경사프레스를 나타낸 것이다.

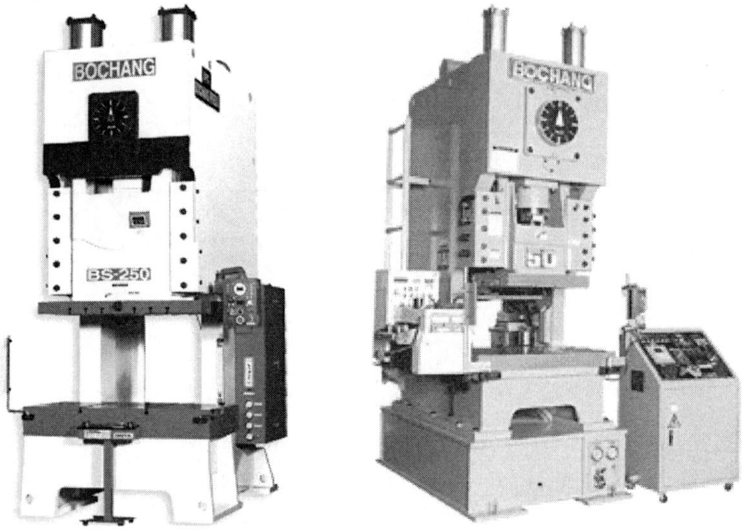

그림 20.1 경사프레스 (출처 : 보창프레스)

2. 갭 프래스(Gap press) : 갭 프레스는 프레스 프레임의 옆이 열려 있고 프레스의 형상 때문에 C프레임프레스라고도 부르며 갭프레스는 길고 넓은 부품의 가공에 사용된다. 그림 20.2는 갭프레스를 나타낸 것이다.
3. 아치형 프레스(Arch press) : 아치프레스는 프레임의 형상 때문에 이름이 붙여졌으며 베드에 가까운 프레임 하부는 면적이 큰 박판 금속의 작업을 할 수 있도록 넓게 되어있고 무거운 작업을 할 수 있도록 설계되지 않아서 크랭크축이 베드와 슬라이드 면적에 비해 적다. 클랭킹과 벤딩 및 트리밍 작업을 한다. 그림 20.3은 아치형 프레스를 나타낸 것이다.

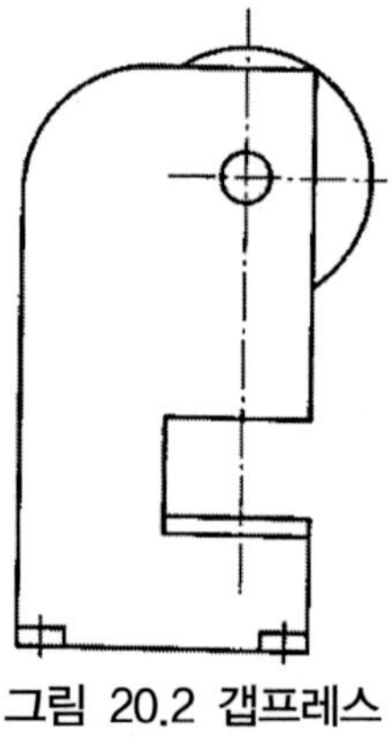

그림 20.2 갭프레스

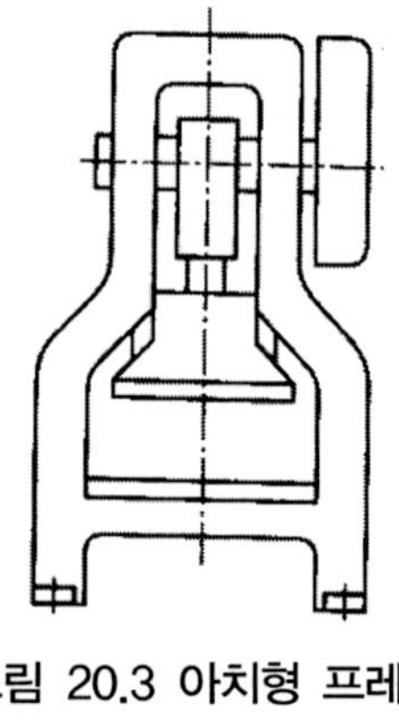

그림 20.3 아치형 프레스

4. 스트레이트 사이드 프레스(Straight side press) : 거대한 사이드 프레임에 의해 수직 방향의 큰 하중을 받을 수 있도록 되어 있다. 다이와 펀치가 일직선으로 배열되어 변형에 대한 영향을 받지 않는다. 두꺼운 소재의 성형, 프레스 단조, 코이닝 및 딥 드로잉과 같은 큰 하중이 필요한 작업이 가능한 유압프레스 이다. 그림 20.4는 스트레이트 사이드 프레스를 나타낸 것이다.
5. 혼프레스(Horn press) : 베드 대신에 기계 프레임으로부터 튀어나온 무거운 축(Shaft)을 가진다. 시이밍(Seaming), 가장자리 끝굽힘, 펀칭, 리벳팅 및 엠보싱과 관련된 실린더 의 물체에 적용된다. 그림 20.5는 혼프레스의 형태를 나타낸 것이다.
6. 너클 조인트 프레스(Knuckle joint press) : 코이닝, 사이징 및 깊은 엠보싱을 위하여 대형으로 설계 제작된 프레스 이며 두 개의 너클 링크가 직선으로 이동될 때 큰 힘이 슬라이드에 의해서 전단된다. 동전을 만들 때 사용된다.
7. 프레스 브레이크(Press brake) : 프레스 브레이크는 박판 금속을 펀칭, 엠보싱, 시이밍, 성형 및 굽힘을 하는데 사용된다. 성형가공한 크기는 $16mm$, 10ton까지 가공이 가능하다.
8. 스퀘어링 시어스(Squaring shears) : 강판을 절단하는데 사용되며 수동운전과 동력에 의한 운전의 형태를 가진다. 포 $5m$의 판을 가공할 수 있다.
9. 터렛프레스(Turret press) : 여러 크기의 다양한 구멍을 가진 박판 생산에 사용된다. 많은 수의 펀치와 다이 세트를 한 번에 준비할 수 있기 때문에 터렛이라고 부른다.
10. 유압식 프레스(Hydraulic press) : 유압식은 기계식보다 일정하고 넓은 면적에 동일한 하중을 가할 수 있다. 느리고 균일한 구동 때문에 딥 드로잉 작업에 적용되며 분말금속의 압축성형, 압출, 플라스틱 몰딩 및 프레스 단조를 하는데 적용된다.

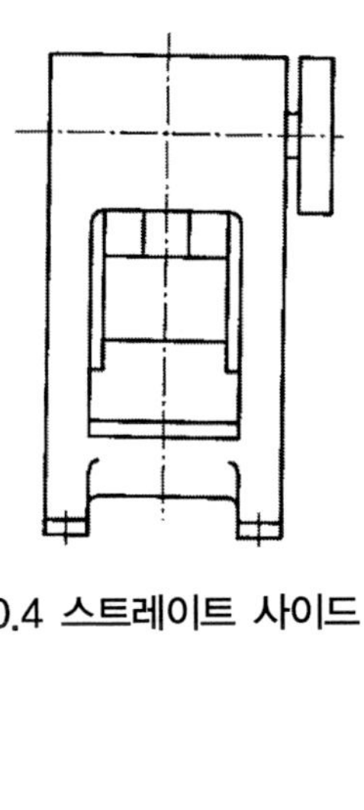

그림 20.4 스트레이트 사이드 프레스

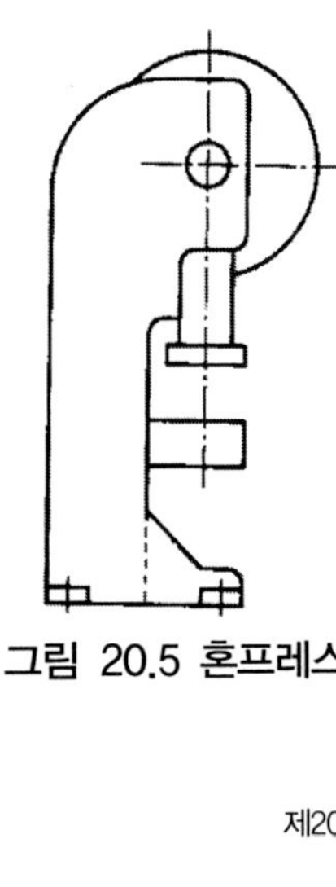

그림 20.5 혼프레스

11. 트랜스퍼 프레스(Transfer press) : 완전자동으로 구동되고 연속적인 작업을 할 수 있다. 롤러에 의해서 가공용 소재를 프레스에 이송하거나 소재 이송기로부터 블랭크로서 공급한다. 작업하는 동안에 슬라이드의 운동과 동시에 작동하는 기구에 의해서 소재를 한 위치에서 다른 위치로 이동시킨다. 각 다이는 분리되며 중심 슬라이드로부터 독립적으로 조절되며 대량생산에 사용된다.

20.2 프레스 구동기구모형

프레스 가공을 하기 위해서는 동력이 전달되어야 하며 슬라이드에 동력을 전달하기 위한 구동기구가 사용된다.

1. 단일 크랭크 구동(Single crank drive)기구 : 기구의 구조가 간단하여 가장 많이 사용되는 구동기구로서 단순한 움직임에 가까운 직선 운동을 한다. 단일 크랭크의 중간 행정에서 속도가 최대에 도달한 후 감소한다.
2. 편심 구동(Eccentric drive)기구 :편심 운동기구는 크랭크와 같은 운동을 하며, 특징은 큰 강성을 가지며 단일 크랭크 기구보다 변형이 적다. 구동은 운동을 슬라이드에 전달하기 위하여 롤러 종동부를 편심에서 받는다.

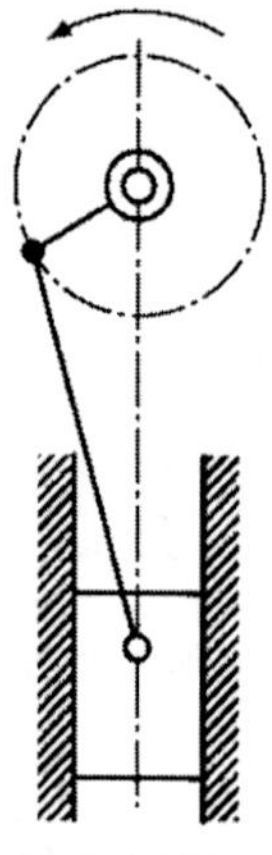

그림 20.6 단일 크랭크

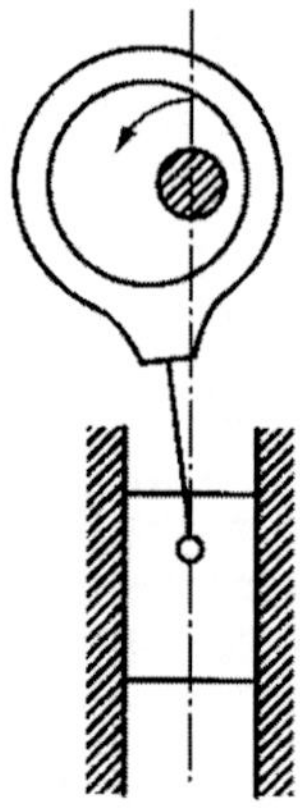

그림 20.7 편심 크랭크

3. 렉과 기어구동(Rack and gear drive)기구 : 긴 스트로크가 왕복 운동 기관에서 피스톤이 실린더 안의 한 끝에서 다른 끝까지 움직이는 동작에 요구되는 경우에 적용되며 슬라이드의 움직임이 크랭크 프레스보다 더 느리고 균일한 운동을 얻을 수 있다. 스트로크의 길이를 조절하기 위하여 멈춤 장치가 있고 슬라이드를 출발점으로 복귀하는 속도가 빠르다.
4. 유압구동기구 : 성형, 프레싱, 드로잉 작업과 같은 낮은 속도로 커다란 압력이 필요할 때 사용된다.
5. 나사식 구동(Screw drive) : 플라임 휠이 있는 마찰 디스크로 슬라이드를 가속하며 휠이 늦게 작동하면 슬라이드의 속도가 빨라진다. 스트로크의 시작에서부터 끝날 때까지 슬라이드의 움직임이 빨라진다.
6. 너클 조인트 기구 : 두 개의 링크 기구가 일직선상으로 접근할 때 스트로크의 하사점 근처에서 기계적인 장점을 나타낸다. 너클 조인트 기구는 하중이 크기 때문에 코이닝(Coining)과 사이징(Sizing)작업에 사용된다.

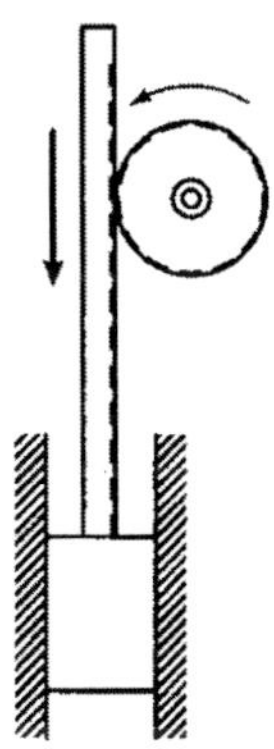

그림 20.8 랙과 기어구동

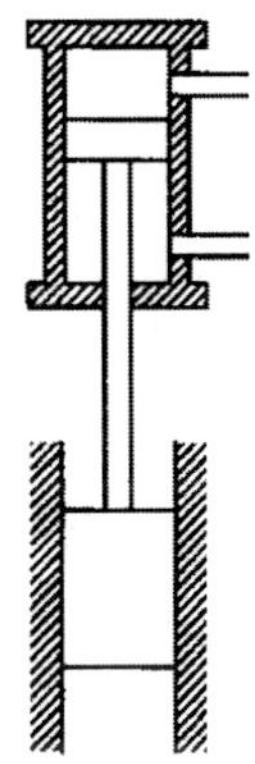

그림 20.9 유압구동기구

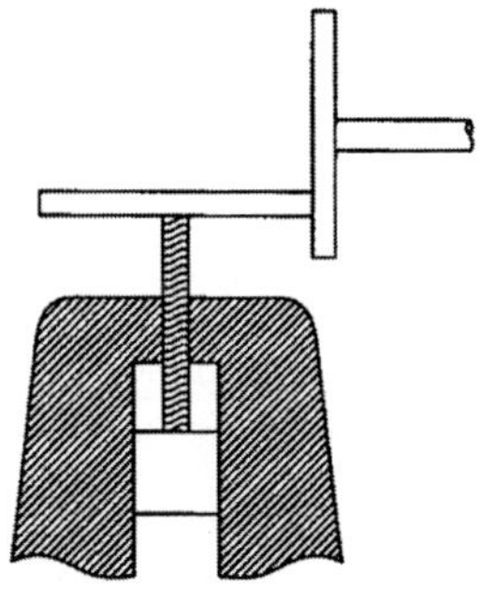

그림 20.10 나사식 구동

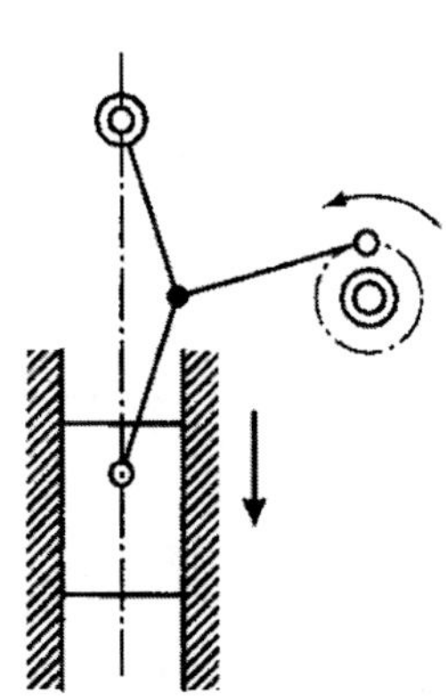

그림 20.11 너클 조인트 기구

7. 토글기구(Toggle drive) : 일시정지시간을 가지는 구동을 함으로서 작업을 하는데 있어서 재료의 투입시간을 맞출 수 있다.

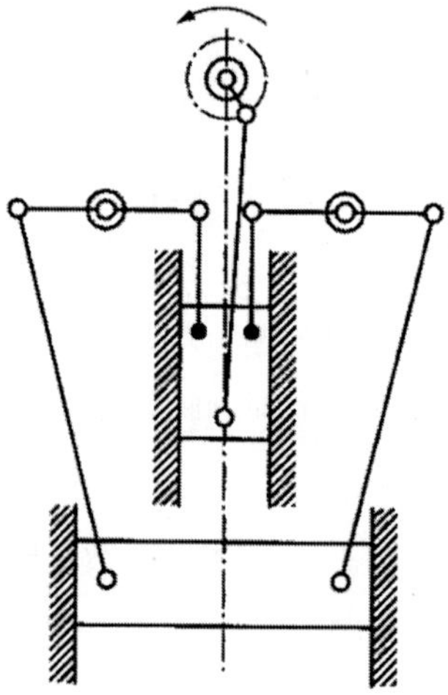

그림 20.12 토글 구동장치

20.3 프레스 작업공정

프레스 작업에서 여러 가지 가공법이 있지만 전단, 굽힘, 드로잉으로 크게 분류할 수 있다. 프레스 작업에 사용되는 공구를 펀치와 다이라고 한다. 펀치는 프레스의 램에 붙어 있고, 다이는 베드 위에 고정되어있다. 펀치는 다이 내부로 들어가고 펀치와 다이는 정밀한 작업을 하기 위하여 일직선상에 있어야 한다. 디이와 펀치는 호환성이 없지만 한 쌍이 되어야 작업을 할 수 있고 어떤 다이를 선택하느냐에 따라 다양한 작업을 할 수 있다.

1. 전단(Shearing) : 박판금속을 자르는 작업을 한다.

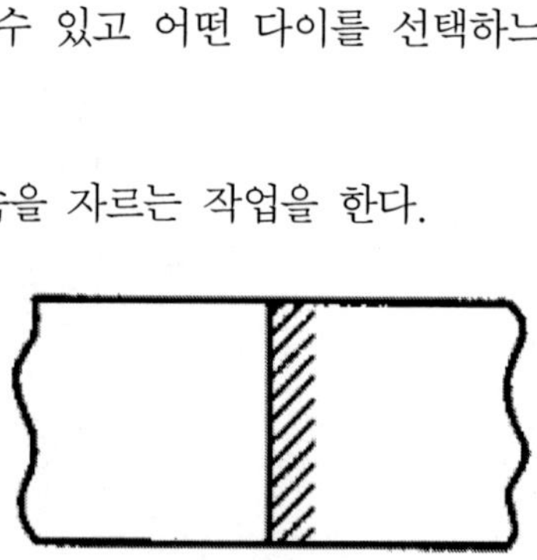

그림 20.13 전단

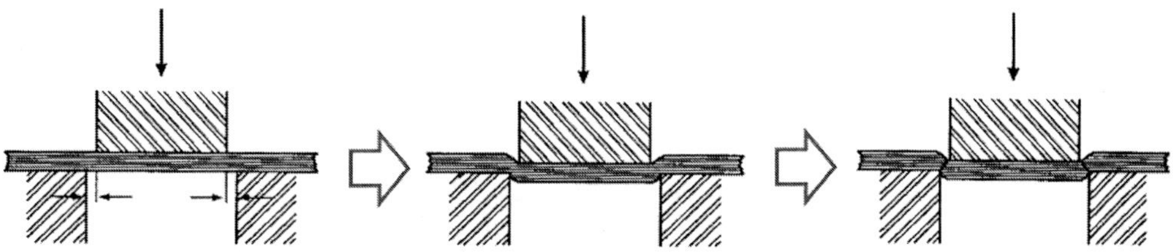

그림 20.14 펀치와 다이를 이용한 소재의 전단

전단은 날카로운 모서리 사이에서 시작되며 전단이 일어날 때의 응력은 절단되는 금속의 인장강도 이상이다. 펀치가 소재에 가해서 생기는 압력은 소성변형을 일으킨다. 소재는 펀치와 다이 모서리 근처에서 높은 응력을 받아 변형되며 변형이 되다가 박판의 양쪽에서 파괴되기 시작된다. 응력이 재료의 인장강도에 도달하면 파괴된다. 그림 20.14는 펀치와 다이를 이용한 소재의 전단을 나타낸 것이다. 다이위에 소재를 넣고 펀치에 하중이 가해지면 파괴가 진행되는 과정을 나타낸 것이다.

2. 굽힘(Bending) : 굽힘은 전단에서 사용하는 장비를 이용하여 가공한다. 굽혀지는 소재는 탄성(Elasticity)을 가지고 있기 때문에 펀치를 제거하면 탄성회복이 일어난다. 탄성회복이 일어나는 것을 스프링 백(Spring back)이라고 한다. 그림 20.15는 굽힘에서 스프링 백 현상을 나타낸 것이다. 소재에 하중을 가하여 θ만큼 굽힘 후 하중이 제거되면 소재가 탄성에 의해 $\Delta\theta$로 되돌아가는 것을 말한다. 재료에 따라서 스프링 백 현상 값인 탄성계수가 다르다.

   그림 20.16은 스프링 백 현상과 응력변형률선도의 관계를 나타낸 것이다. 응력을 가하여 재료의 변형을 C까지 가한 후 응력을 제거하면 A점으로 되돌아온다. 만약 하중

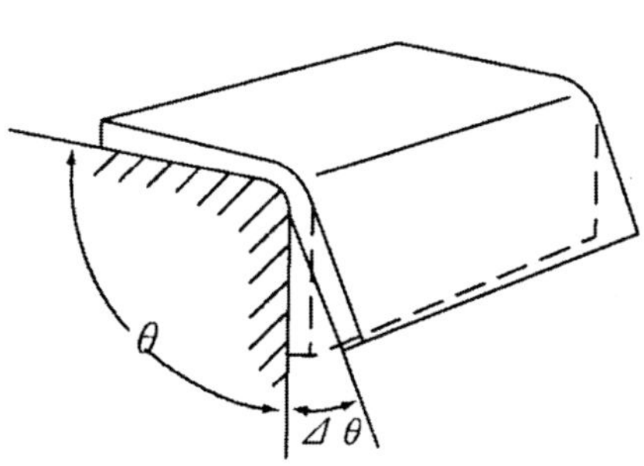

그림 20.15 굽힘에서 스프링 백 현상

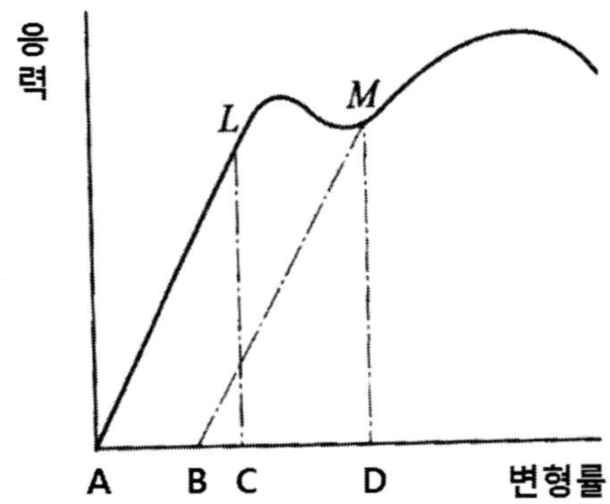

그림 20.16 스프링 백 현상과 응력변형률선도

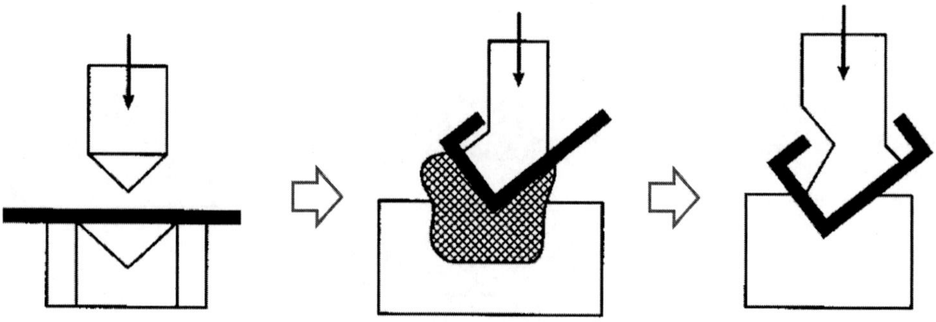

그림 20.17 굽힘가공의 형태

을 가하여 재료의 변형을 탄성한도 L을 지나 D까지 가한 후 하중을 제거하면 길이는 B가된다. 따라서 하중이 제거 되었을 경우 탄성회복되는 것을 고려하여 더 굽혀야 정확한 부품을 완성할 수 있다.

스프링 백의 양은 다음과 같이 결정된다.

① 경도와 탄성이 높은 재료 일수록 크다.

② 구부림 반지름이 같을 때에는 두께가 얇을수록 크다.

③ 같은 두께의 판재에서는 구부림 반지름이 클수록 크다.

④ 같은 두께의 판재에서는 구부림 각도가 작을수록 크다.

그림 20.17은 굽힘가공의 형태를 나타낸 것이다. 원하는 치수의 가공품을 얻기 위해서는 스프링 백 현상에 의한 탄성회복 능력을 파악하고 굽힘 가공을 해야 한다.

3. 드로잉(Drawing) : 드로잉은 금속박판, 카트리지, 포탄 케이스 및 팬에 적용이 가능하다. 드로잉은 깊게 들어간 구멍이 부품 지름을 초과하는 부분에 소성유동을 고려한다. 다이의 윤곽형상에 따라 원통형 등 다양한 형상의 판재 재품을 만들 수 있다. 드로잉 작업에서 플랜지의 소재요소는 소재가 다이공동부로 당겨져서 반지름 방향으로 인장응력, 원주 방향으로는 압축응력을 받고 요소 면에 수직한 방향으로 압축응력을 받는다.

편치와 다이의 모서리 반지름이 작으면 모서리부에서 소재가 파단 될 수 있고 너무 크면 소재가 지지되지 않은 부분에서 주름이 발생할 수 있다. 주름으로 인해 소재 벽면에 주름살 결함이 생긴다. 그림 20.18은 드로잉을 나타낸 것이다. 다이에 소재를 넣고 펀지로 하중을 가하면 그림과 같이 성형이 된다. 그림 20.19는 드로잉의 예를 나타낸 것이다. 드로잉을 이용하여 여러 가지 성형가공이 가능하다. 드로잉에서 윤활은 가공력을 줄이고 가공성을 높이며 다이마모와 제품의 결함을 줄이는데 중

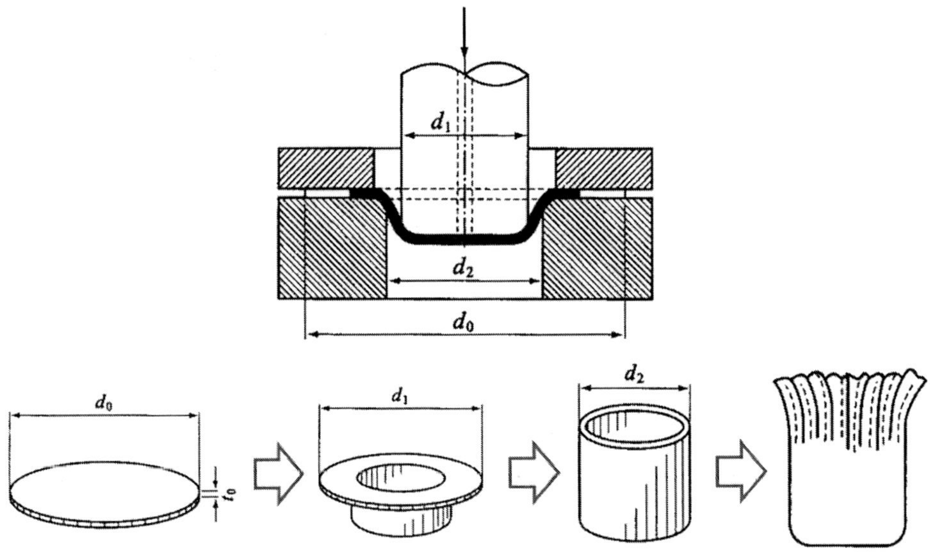

그림 20.18 드로잉

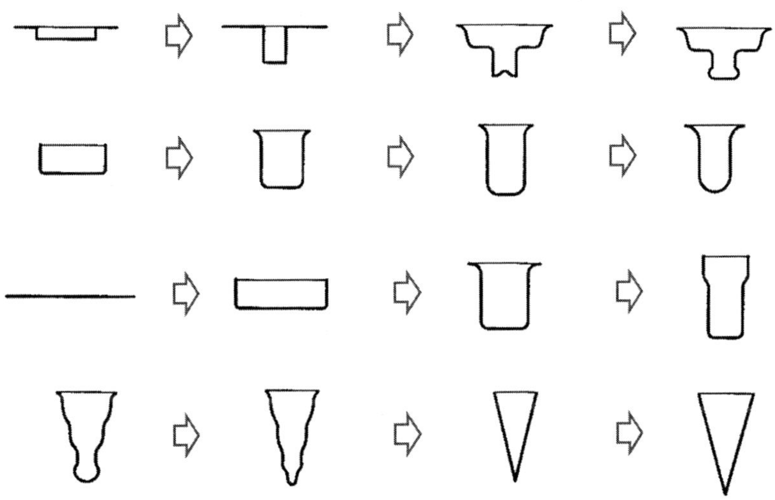

그림 20.19 드로잉의 예

요한 역할을 한다. 펀치에는 윤활을 하지 않는 이유는 펀치와 소재간의 마찰이 클수록 가공성은 향상되기 때문이다.

4. 절단(Cutting off) : 하나의 선을 따라 스트립(Strip)으로부터 조각을 잘라내는 작업을 말한다.
5. 분할(Parting) : 두 개 조각으로 분리 할 때 중앙부에 잔여물을 내는 작업을 말한다.
6. 블랭킹(Blanking) : 박판 금속으로부터 블랭크의 부품을 잘라내는 작업을 말한다.

그림 20.20 절단

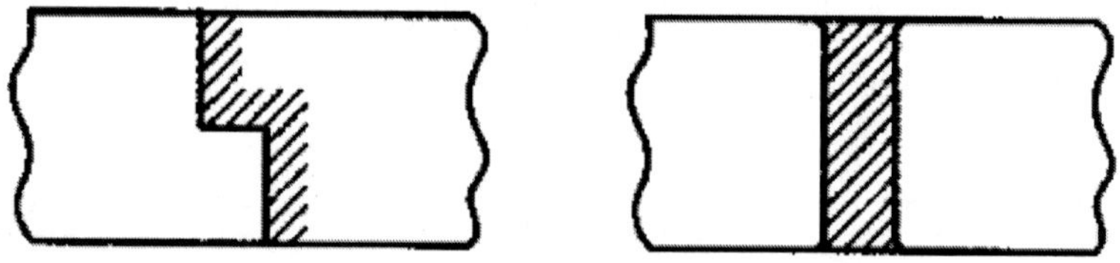

그림 20.21 분할

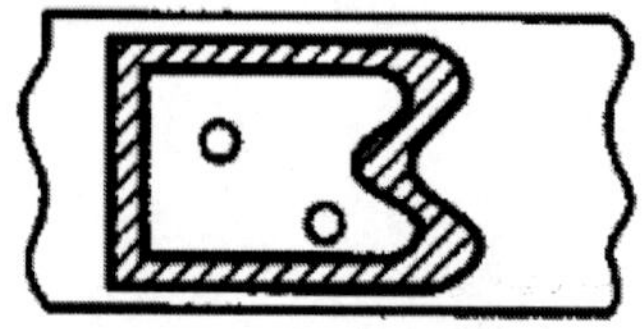

그림 20.22 블랭킹

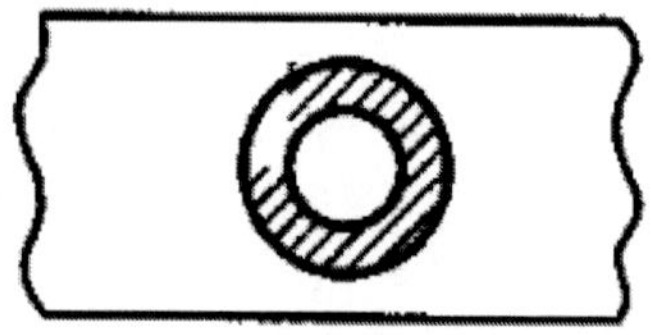

그림 20.23 펀칭

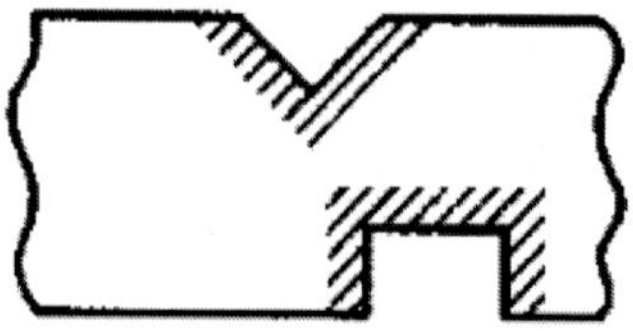

그림 20.24 노칭

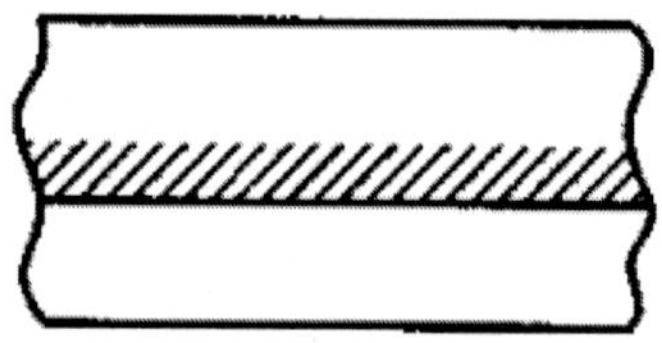

그림 20.25 슬리팅

그림 20.26 니블링

7. 펀칭(Punching) : 피어싱(Piercing)이라고도 하며 소재에 구멍을 내는 작업을 말한다.
8. 노칭(Notching) : 판재나 블랭크의 옆면에서 홈을 파는 작업을 말한다.
9. 슬리팅(Slitting) :타원같이 길게 늘어난 구멍이나 슬롯을 절단하는 작업을 말한다.
10. 니블링(Nibbling) : 스톡(Stock)을 자르는 작업을 말한다.

11. 트리밍(Trimming) : 플랜지에서 남은 재료를 잘라 내거나 부품의 귀(Flash)를 제거하는 작업을 말한다.

12. 랜싱(Lancing) : 블랭크를 부분적으로 잘라내는 작업을 말한다.

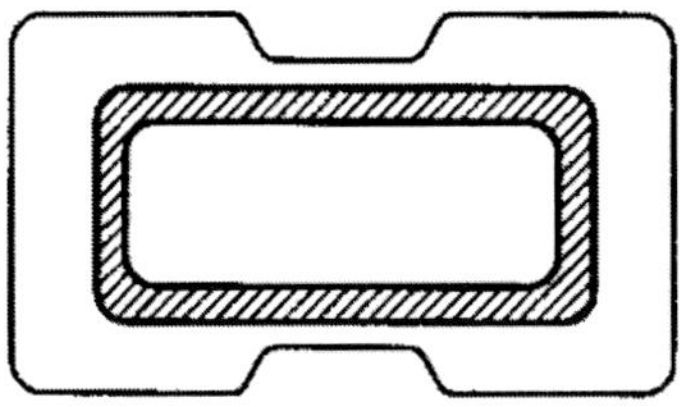

그림 20.27 트리밍

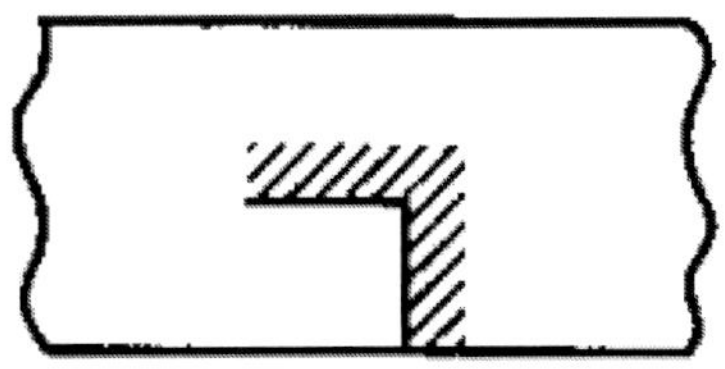

그림 20.28 랜싱

20.4 프레스 외의 판금가공

프레스 가공은 금속판을 필요한 형태로 성형하는 작업을 말하며 프레스를 쓰는 판금가공은 판금프레스가공이라고 한다. 프레스외의 기계를 사용하는 판금가공에는 롤러성형, 스피닝, 인장변형가공, 폭발성형, 방전성형 등이 있다.

1. 롤러성형 : 가느다란 금속 판자를 가로방향으로 변형시켜 원판, 형재, 새시와 같은 단면이 똑같은 제품을 만드는 방법이다. 2개 1조인 성형롤러를 여러 조 배치하고 판재를 앞에서부터 차례로 롤러 사이를 통과시켜 조금씩 구부려 최종 단면형으로 완성하는 작업이다. 코일모양으로 감은 소재를 사용하면 매우 긴 제품을 능률적으로 만들 수 있다. 판자를 굽히고 이음매를 전기 용접하여 만든 둥근관을 전봉관이라고 한다.
2. 스피닝(spinning) : 원판으로 회전대칭형 용기를 만드는 작업이다. 정반위에서 진흙으로 단지를 성형하는 것이다. 가공할 용기의 안쪽 모양에 맞춘 성형틀에 소재를 붙여 함께 돌리면서 바깥쪽에서 롤러를 눌러서 소재를 조금씩 소성변형시켜 성형틀과 같은 모양으로 만드는 방법이다. 롤러 대신 철인두를 사용하면 주둥이가 오므라진 물통과 같은 용기를 만들 수 있다. 판금프레스가공과 롤러성형가공은 틀공구 비용이 많이 들지만 작업속도가 빠르기 때문에 동일한 제품의 대량 생산에 적합하다. 용기를 여러 종류로 소량 생산할 때 암수의 쌍 중에서 틀공구의 어느 하나만으로 할 수

있는 방법이 스피닝이다.

3. 인장변형가공 : 넓은 철판 양쪽을 잡아당기면서 수틀을 판면에 눌러서 그 외형 형상에 맞추는 가공으로 비교적 얇은 대형 용기제조에 적합하고 안장성형도 가능하다.
4. 폭발성형과 수중방전성형 : 폭발성형은 물속에서 화약을 폭발 시키고, 수중방전성형은 전극 사이에서 방전할 때 순간적으로 발생하는 큰 가스압력과 팽창에너지를 물의 운동으로 바꾸어 소재에 압력을 걸어 틀에 맞추는 방법이다.

그 밖에 접합방법으로 판금가공이 있다. 함석을 연결할 때 박판을 접어서 서로 걸어 당기며 접합하는 작업이다. 시밍(Shimming)가공법은 깡통에 뚜껑을 닫는 작업에서 먼저 프레스로 깡통 입구 $1mm$가량을 밖으로 직각으로 굽혀 두었다가 가장자리를 원형으로 접은 뚜껑을 덮을 때 이 접힌 부분을 조이는 것이다.

20.5 굽힘가공의 종류

굽힘가공은 일반적인 형식으로 그림 20.29의 프레스 굽힘과 그림 20.30의 절곡으로 구분된다. 프레스 굽힘은 펀치와 다이를 이용하여 소재를 굽히는 방법이며 절곡은 형을 통해 이동하는 공구를 갖춘 절곡기를 이용하여 굽히는 방식으로 판과 형재 등의 굽힘에 이용된다.

그림 20.31은 롤러굽힘을 나타낸 것이다. 롤러 굽힘은 회전하는 롤러에 재료를 보내어 연속적으로 굽힘 가공하는 방식으로 소재를 굽혀 원통상의 제품을 만드는 방법이다.

그림 20.29 프레스 굽힘

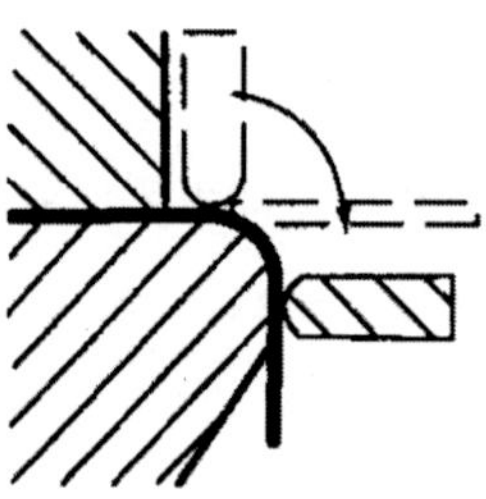
그림 20.30 절곡

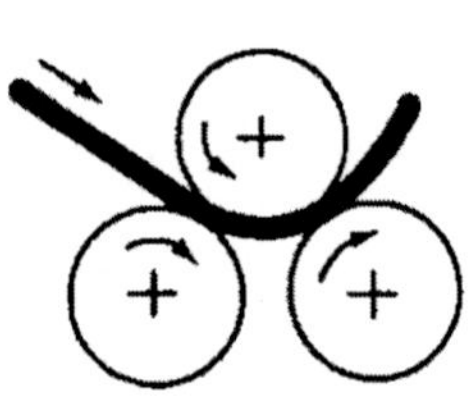
그림 20.31 롤러굽힘

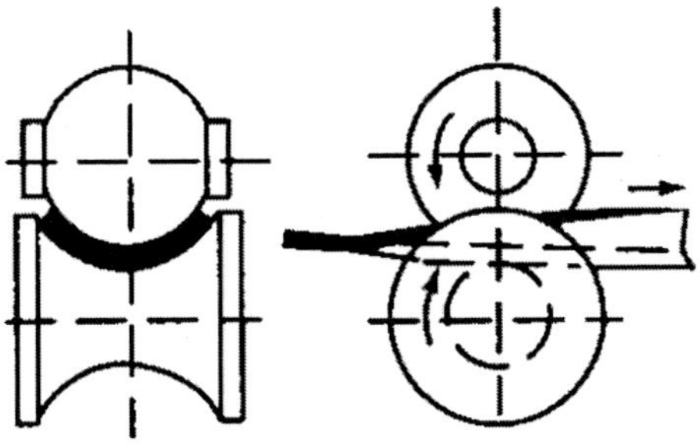

그림 20.32 롤러성형

그림 20.32는 롤러성형을 나타낸 것이다. 로울성형은 보내는 방향에 수평인 여러 개의 성형 롤러에 긴 판재를 통과시켜 순차적으로 굽혀서 긴 판재와 형재를 제조하는 방법이다.

굽힘 작업 중 대표적인 굽힘 방법으로 그림 20.33은 V형 굽힘, 그림 20.34는 L형 굽힘, 그림 20.35는 U형 굽힘을 나타낸 것이다.

굽힘선의 형태와 관계없이 굽혀진 부분의 변형이 다른 모양인 그림 20.36은 굽힘, 그림 20.37은 압축 성형, 그림 20.38은 인장성형을 나타낸 것이다.

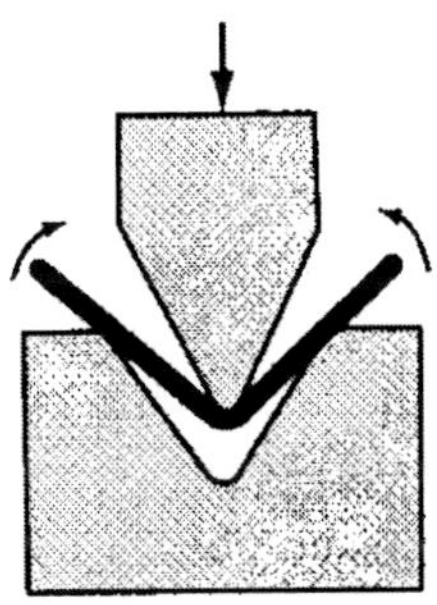

그림 20.33 V형 굽힘

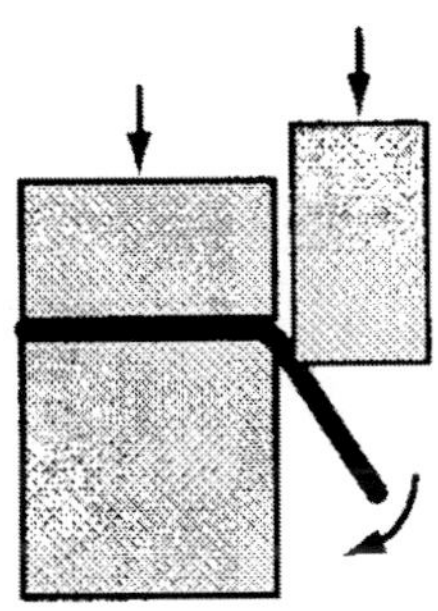

그림 20.34 L형 굽힘

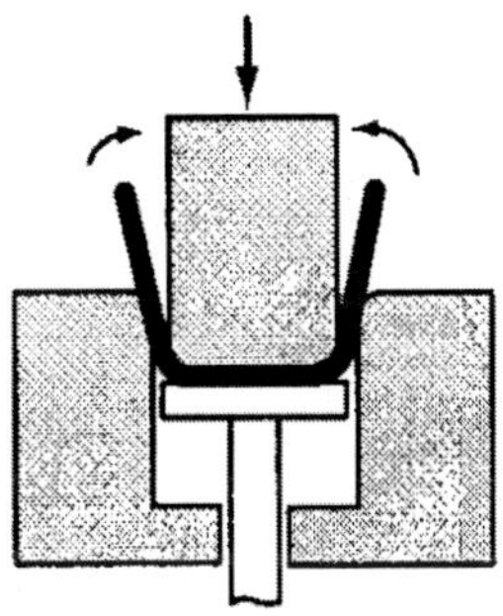

그림 20.35 U형 굽힘

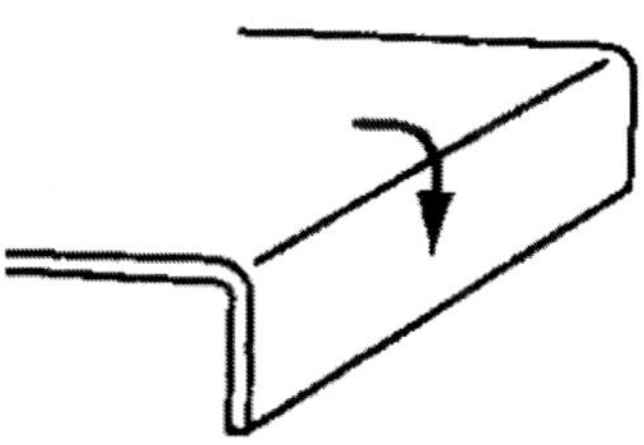

그림 20.36 굽힘

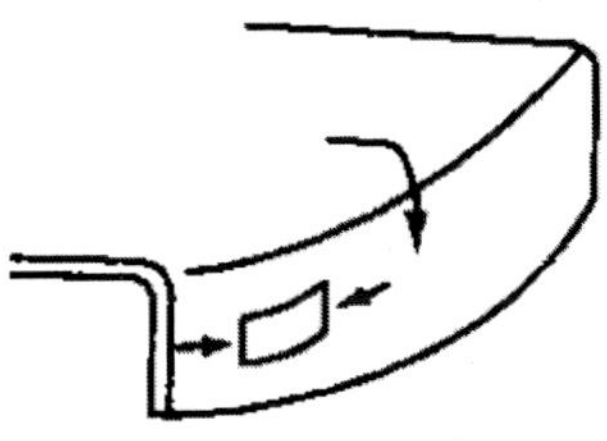

그림 20.37 압축 성형

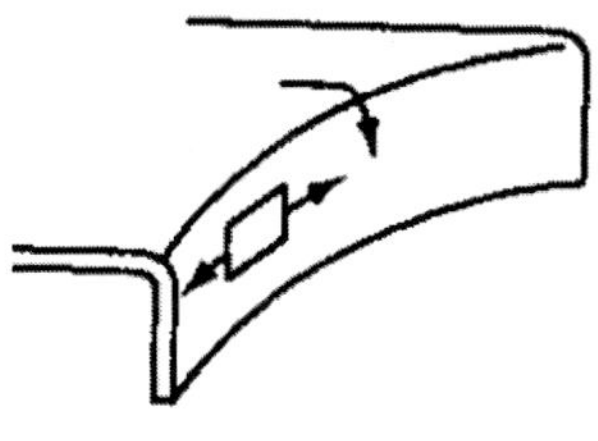

그림 20.38 인장성형

20.6 굽힘변형

소재에 굽힘 변형을 주면 그림 20.39와 같이 바깥 면은 굽힘선에 직각방향으로 늘어나게 되고 안쪽은 줄어들게 된다. 따라서 판 두께의 폭 중앙부근에는 연신 수축이 생기지 않는 중립면이 존재하게 된다.

그림에서 원주반경의 변형은 식 (20.1)로 구할 수 있다.

$$e = \frac{\gamma - p}{\rho} \tag{20.1}$$

여기서 ρ는 중립면의 곡률반경, γ는 곡률반경, p는 하중을 의미한다. 원주반경은 중립면으로부터의 거리에 비례하고 중립면의 곡률반경에 반비례한다.

폭방향은 판두께 방향과 같은 형태로 바깥쪽에서 원주방향의 인장변형에 의해 폭 방향으로 줄어들고 안쪽 면에는 반대로 원주방향의 압축변형에 의해 폭 방향으로 넓어진다. 따라서 그림 20.40처럼 휨(Camber)이 발생한다. 폭이 판의 두께에 비하여 좁은 경우 제품에 영향을 준다.

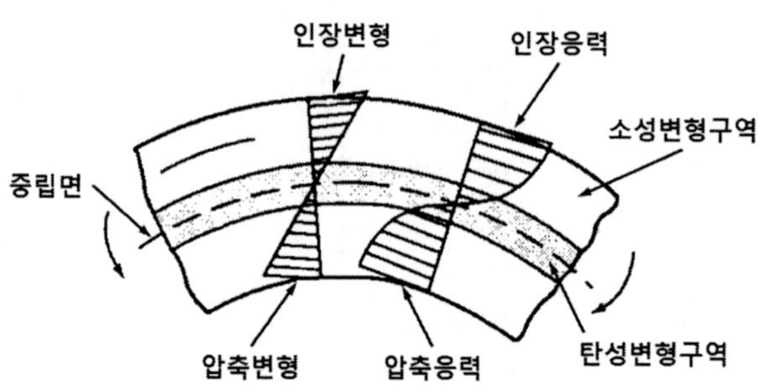

그림 20.39 단면내의 응력과 변형

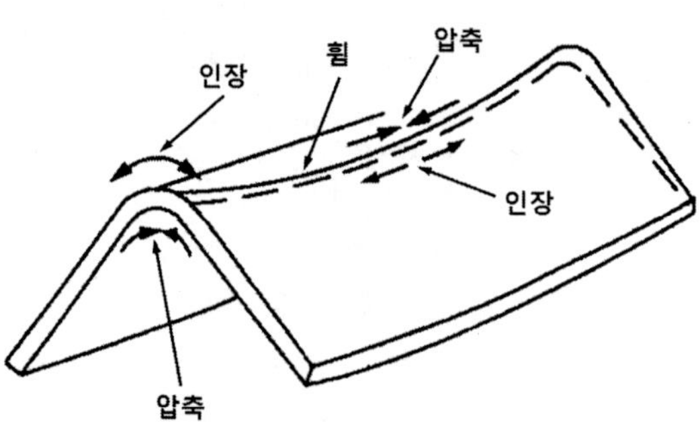

그림 20.40 굽힘가공에서 나타나는 휨

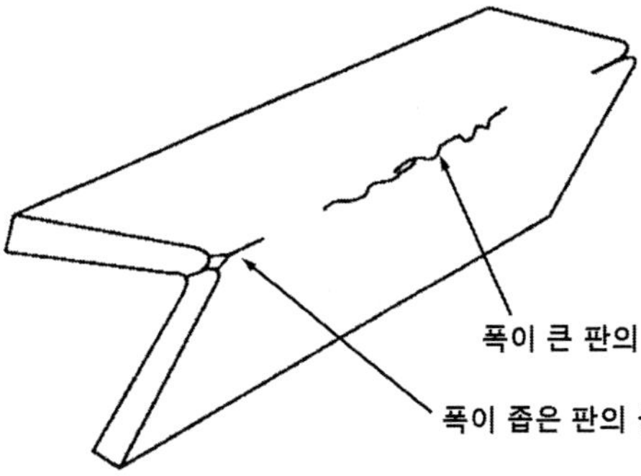

그림 20.41 굽힘가공에 의한 균열

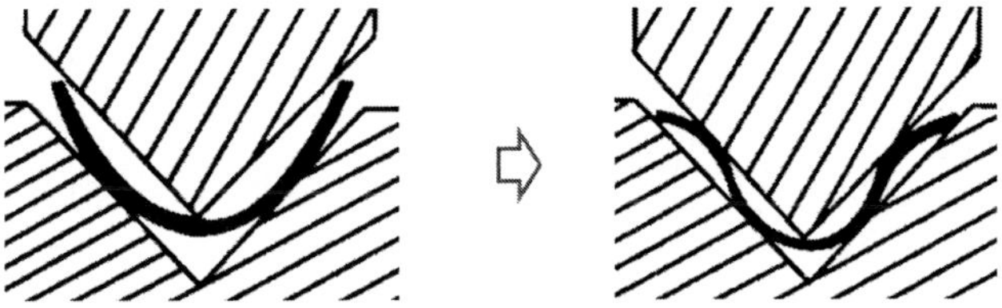

그림 20.42 V굽힘 가공에 대한 판의 요동

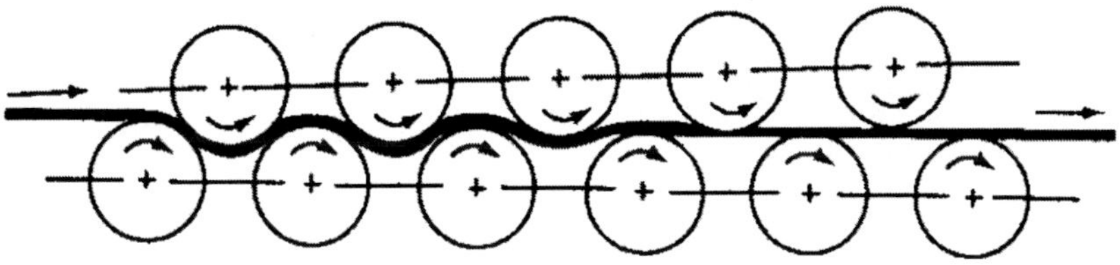

그림 20.43 로울러에 의한 판의 교정

굽힘가공은 식 (20.1)과 같이 바깥쪽에서 최대의 인장변형을 받는다. 재료가 인장변형 한계를 넘으면 판의 표면에 잘록함과 거칠게 일어나는 원리를 그림 20.41에 나타냈다.

금형 굽힘 등에 의한 것은 탄성회복에 의해 바깥쪽을 열어놓으며 그림 20.42와 같이 금형의 구속 등에 의해 굽힘부 이외에서도 변형이 일어난다. 이와 같이 탄성회복 현상을 완전히 누르는 것이 어렵고 일반적인 탄성회복이 있는 곳에는 금형에 굽힘각과 굽힘반경의 조정을 하여야 한다.

판재를 이용하여 가공하는 경우에는 요구하는 치수정밀도를 얻기 위하여 소재의 평탄도가 문제가 되는 경우가 발생하게 된다. 박판은 코일로 감기 때문에 교정이 필요하다. 판의 굽힘을 교정하기 위해서는 반대방향으로 스프링 백을 고려하여 구부러진 곳에 하중을 가하면 변형이 없어진다. 그림 20.43은 로울러에 의한 판의 교정을 하기 위해 로울러를 이용한 굽힘을 하면 판을 교정할 수 있다.

20.7 특수 성형가공

1. 마폼법(Marform) : 드로잉과 비교하여 보면 다이와 펀치의 위치가 반대이다. 펀치가 아래쪽에서 소재를 받치고 다이가 위쪽에 있어서 다이 안에 압력을 흡수하는 고무를 넣고 펀치 쪽으로 힘을 가하면 펀치도 다이 쪽으로 힘을 가하여 가공을 완료한다. 모서리에 균열이 생기지 않기 때문에 모서리의 반경이 매우 작은 제품을 만들 수 있다. 그림 20.44는 마폼법을 나타낸 것이다.
2 게링법(Guerin) : 펀치의 선단에 고무를 부착시키고 작업 중에 고무가 밀려나지 않도록 하고 다이의 선단에 요철을 두어 제품의 표면에 요철을 만드는 것이다. 그림 20.45는 게링법을 나타낸 것이다.

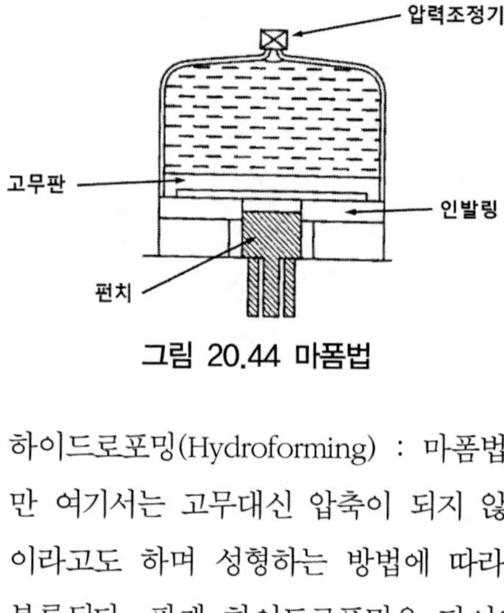

그림 20.44 마폼법

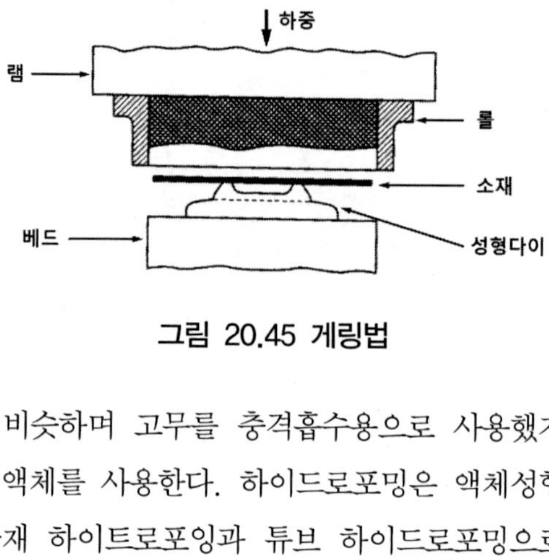

그림 20.45 게링법

3. 하이드로포밍(Hydroforming) : 마폼법과 비슷하며 고무를 충격흡수용으로 사용했지만 여기서는 고무대신 압축이 되지 않는 액체를 사용한다. 하이드로포밍은 액체성형이라고도 하며 성형하는 방법에 따라 판재 하이트로포잉과 튜브 하이드로포밍으로 분류된다. 판재 하이드로포밍은 다이와 함께 펀치를 가압용 공구로 사용하며 판재 하이드로포밍은 액압으로 컵의 벽면 가압하므로 소재의 성형성이 향상된다. 하이드로포밍으로 제조된 부품은 치수안정도와 강도가 높고 드로잉 공정에 비해 높은 정수압응력을 받음에 따라 성형난이도가 높은 부품의 성형도 가능하다. 제품의 형상과 공정 중에 마찰에 따라서 다음과 같이 분류한다.
   ① 지속적인 확장과 압축 : 전체적인 형상을 따라서 축방향으로 소재의 유동량이 많은 유형의 제품이다. 제품은 소재가 공정 중 연속하여 확장과 압축을 받는다. 축방향 소재유동의 결과 소재의 두께만 변화시켜 성형하는 경우보다 고도의 변형이

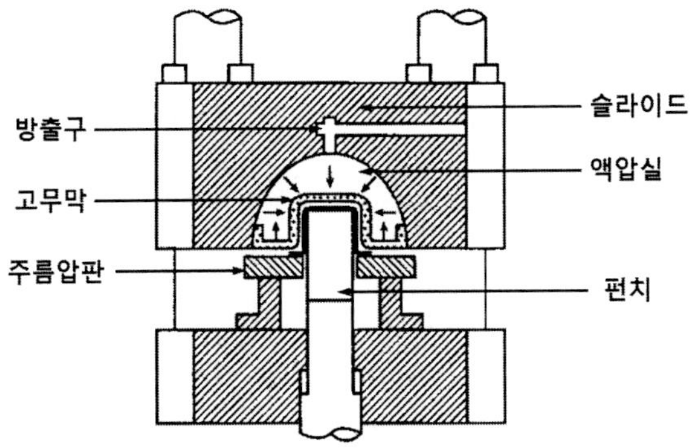

그림 20.46 하이드로포밍

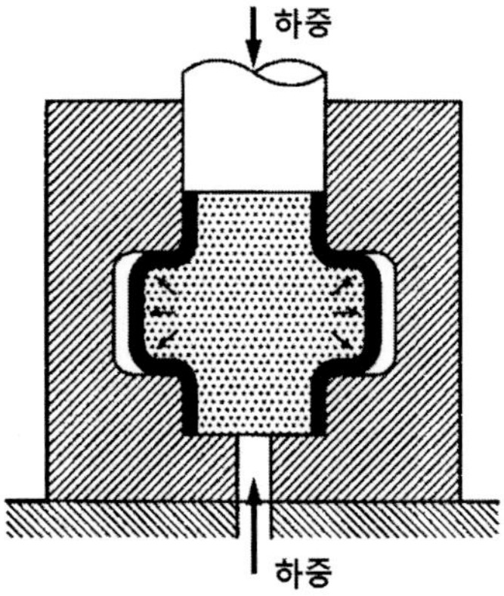

그림 20.47 벌징

가능하다.

② 부분적인 확장과 압축 : 길이방향을 따라서 부분적인 확장이 여러 곳에서 일어나는 것으로 경우에 따라서 부품의 형상이 굽힘을 받는 것도 있다. 따라서 축방향 소재유동은 소재의 양단 근처에서 효과가 있다.

③ 조정 : 축방향 유동이 불가능할 경우 조정 공정만을 수행하여 소재 벽두께의 변화만으로 성형시키는 방법이다.

4. 벌징(Bulging) : 용기(Container)에 소재를 넣고 압력을 가하여 용기 내벽에 압착시켜 성형하는 방법이다. 소재에 압력을 가하는 방법에 따라 고무벌징과 액체벌징으로 나뉜다. 고무를 사용하는 경우 펀치를 제거하면 고무는 원래형상으로 되돌아가고 다이를 열어서 제품을 이탈시킨다. 복잡한 형상을 가공할 때는 원기둥형 고무대신에 특정부위에 높은 압력을 전달할 수 있는 형상을 가진 고무를 사용하기도 한다. 고무는 마모저항, 윤활제에 대한 화학저항이 높고 성형제품의 표면정도에 해를 주지 않는 장점을 가지고 있다. 액체를 사용하는 경우 작업유의 누설방지와 압력조절이 필요하다. 벌징작업으로 관재에 주름을 만들 때는 관재를 등간격으로 확장시킨 후 축방향으로 압축하여 확장부위가 겹쳐져서 주름이 되도록 한다. 그림 20.47은 벌징을 나타낸 것이다. 그림에서 소재를 원래의 크기보다 확장하는 하이드포밍을 벌징이라고 한다.

5. 비딩(Beading) : 드로잉 한 제품에 홈(Groove)을 만드는 가공법으로 팽창 다이나 롤러 다이 등을 이용하여 가공한다. 그림 20.48은 비딩을 나타낸 것이다.

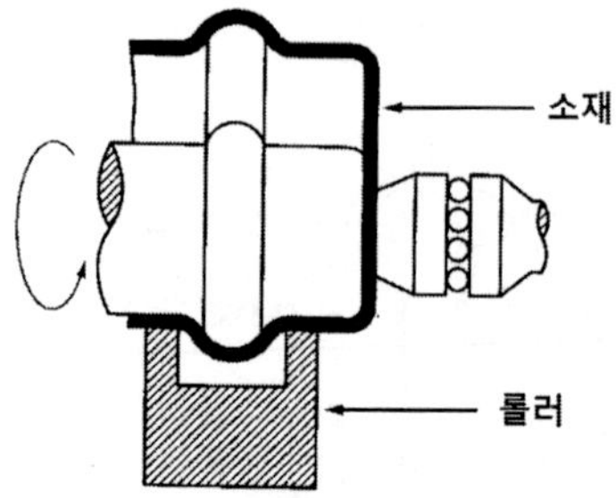

그림 20.48 비딩

6. 스피닝(Spining) : 선반의 주축에 다이를 고정시키고 얇은 판과 같은 소재를 갖다 대고 심압대로 누르면서 회전시킨다. 이때 봉이나 롤러로 소재에 힘을 가하여 변형시켜 가공하는 방법이다. 그림 20.49는 스피닝을 나타낸 것이다.

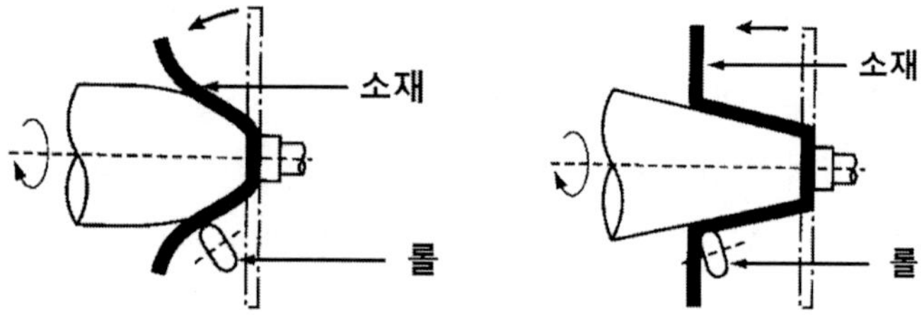

그림 20.49 스피닝

7. 컬링(Curling) : 드로잉한 제품의 끝을 둥글게 말아 붙이는 가공법으로서 취급이 편하도록 하거나 장식을 만들기 위하여 사용된다. 판재의 끝부분을 다이의 공동부로 만들기 때문에 관성모멘트가 증가하여 강성을 줄 수 있고 제품의 외관을 보기 좋게 하며 날카롭게 돌출되는 부분을 없애서 인체의 피해를 방지하는 방법이다. 그림 20.50은 컬링을 나타낸 것이다. 그림에서처럼 화살표 방향으로 성형되는 과정을 나타낸 것이다.
8. 인장성형법(Stretch forming) : 굽힘가공을 할 때 소재의 양쪽을 잡고 소재의 항복응력 이상으로 인장력을 가하면서 성형하는 방법이다. 스프링 백의 양을 줄일 수 있고 가공 효율이 증가된다. 그림 20.51은 인장성형법을 나타낸 것이다.
9. 시밍(Seaming) : 판과 판을 서로 연결하는 방법으로 두 판의 가장 자리를 겹치게 하여 구부리거나 접착제로 접착한다. 그림 20.52는 시밍을 나타낸 것이다. 그림에서 화살표 방향으로 성형하는 과정을 나타낸 것이다.

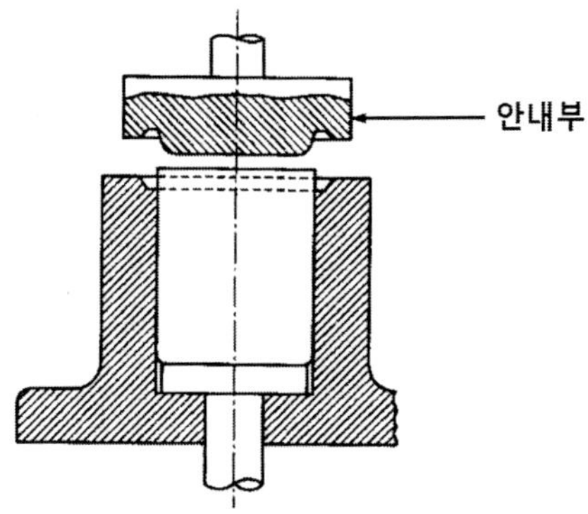

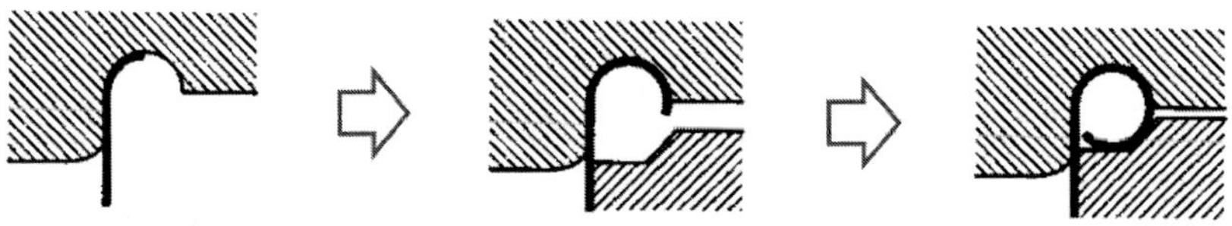

그림 20.50 컬링

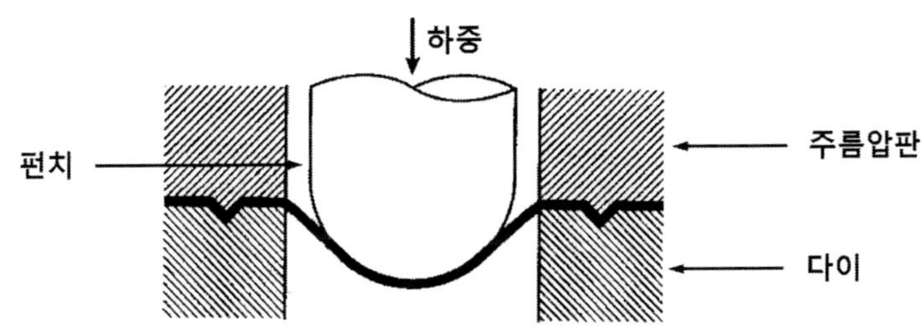

그림 20.51 인장성형법

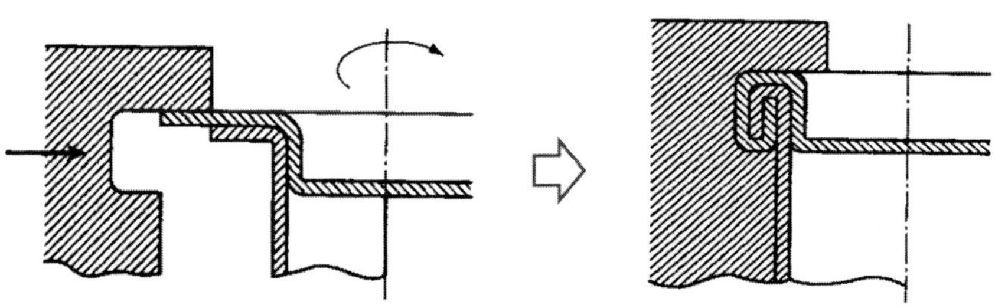

그림 20.52 시밍

연 습 문 제

1. 프레스의 종류를 조사하시오.

2. 프레스의 적용사례를 조사하시오.

3. 프레스 구동기구의 종류를 쓰시오.

4. 프레스의 작업공정을 쓰고 설명하시오.

5. 스프링 백 현상에 대하여 쓰시오.

6. 굽힘가공의 종류를 쓰시오.

7. 특수 성형가공에 대하여 설명하시오.

21 절삭가공

공작물이 공구에 의해 절삭될 때 날끝 부위의 재료가 소성변형을 일으키고 공구의 압력에 의해 미끄럼이 일어나 모재로부터 분리되어 칩(Chip)이 형성된다. 절삭가공이란 각종 재료를 바이트 등의 절삭공구를 사용해서 가공하여 소정의 치수로 가공하는 것이다. 절삭가공은 기계로 재료를 가공하는 것으로 대표적인 것에는 선반, 밀링, 드릴링, 탬핑, 보링 등이 있다.

회전력을 이용하여 재료를 가공하는데 바이트나 공구 등으로 재료를 가공하는 것이다. 절삭의 특징은 재료를 깎을 때 필요 없는 부분을 공구로서 잘라내는 것으로 가공할 때 칩, 즉 파쇄 조각이 발생한다. 절삭가공의 방법은 여러 가지가 있으며 톱으로 목재나 금속을 절단하는 것도 절삭이며, 기계를 제작하는 데 있어 매우 중요한 위치를 차지하는 공작기계에 의한 가공의 절삭가공에 포함된다. 그림 21.1은 절단기를 나타낸 것이다.

그림 21.1 절단기 (출처 : 유성기계)

21.1 선 반

공작기계 중에서 가장 역사가 오래되었으며, 많이 사용되고 있는 대표적인 것이다. H.모즐리가 근대적인 미끄럼공구대가 붙은 선반을 1877년 완성한 후 바이트를 사용하는 작업을 사람의 손으로부터 기계로 할 수 있게 되었다. 또한, 기계동력으로 선반을 운전하면서, 변환기어 등을 사용하여 나사 깎는 작업은 물론 각종 기계부품을 정밀하게 가공할 수 있게 되었다. 그림 19.2는 선반을 나타낸 것이다.

선반의 주요 구성요소는 베드, 주축대, 심압대, 왕복대, 공구대 및 이송장치로 되어 있다. 주축대와 심압대 사이에 가공물을 고정시키고, 회전운동을 주축대로부터 받도록 설계되어 있다. 절삭공구는 왕복대에 장치되어 있는 공구대에 유지하고, 공구대를 전후 좌우로 움직여서 절삭 길이를 주어 칩의 발생과 함께 가공물을 절삭해간다. 공구대는 베드의 전면에 있는 이송봉과 리드스크루를 따라 움직이게 된다. 이송봉이나 리드스크루의 회전을 위하여 주축의 회전운동을 이용한 기어장치가 널리 쓰이고, 이송속도 변환장치 역시 그 속도를 적당히 변화를 줄 수 있도록 되어 있다. 그리고 나사를 절삭할 때는 주축의 회전과 이송기구를 이용하게 된다. 베드는 주축대, 심압대, 공구대 등 선반의 본체를 구성하는 주요부분을 싣고 있으므로 견고한 구조로 되어 있다. 베드의 상부는 왕복대가 좌우로 미끄러져서 그것을 안내하는 부분이고, 정밀한 다듬질을 통하여 높은 정밀도를 유지하게 되어 있다.

선반의 크기는 베드 위의 스윙, 왕복대 위의 스윙, 두 센터 사이의 최대거리로 나타낸다. 또한 베드의 길이로 나타낼 수 있다. 여기서 말하는 베드 위의 스윙은 주축에 장

그림 21.2 선반 (출처 : 투타)

치할 수 있는 공작물의 최대지름을 말한다. 왕복대 위의 스윙은 왕복대에 접촉됨이 없이 주축에 장치할 수 있는 가공물의 최대지름을 의미한다. 센터 사이의 최대거리는 심압대를 베드 위에서 주축으로부터 가장 멀리 떨어진 곳에 설치하였을 때, 주축과 심압대에 장치되어 있는 센터 사이의 거리를 말한다. 이 두 센터 사이에 지탱할 수 있는 가공물의 최대길이를 나타내기도 한다.

선반에서 가공물을 고정하는 방법에 따라 세 가지로 나눌 수 있다.

1. 센터작업(Center work) : 2개의 센더, 돌리개(Lathe dog), 면판(Face plate)을 사용하는 작업이다. 그림 21.3은 센터작업을 나타낸 것이다.

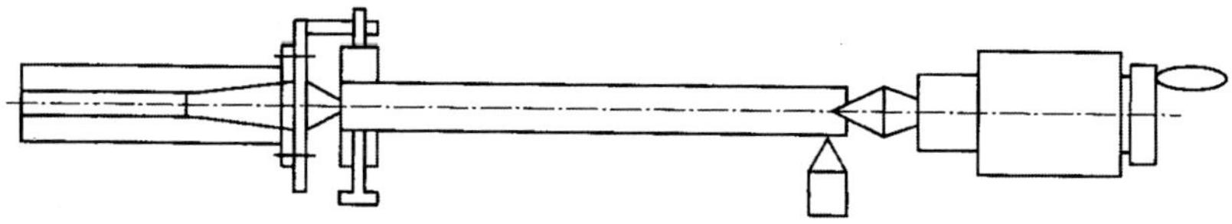

그림 21.3 센터작업

2. 척작업(Chuck work) : 일반적으로 척 또는 척과 센터를 사용하는 작업이며, 그림 21.4는 척작업을 나타낸 것이다.

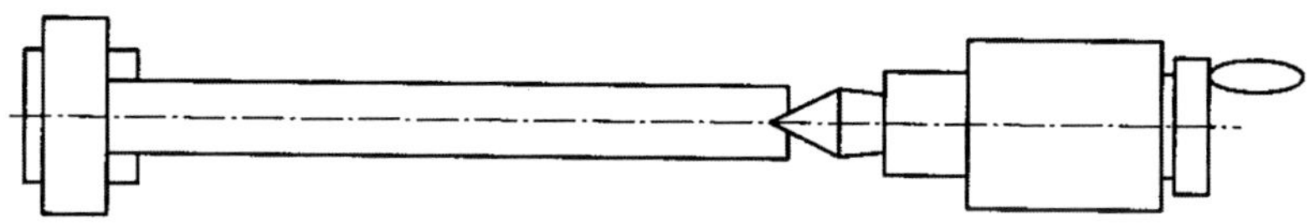

그림 21.4 척작업

3. 고정구 작업(Fixture work) : 면판 또는 면판과 앵글 플레이트(Angle plate)를 사용하는 작업이며, 그림 21.5는 고정구 작업을 나타낸 것이다.

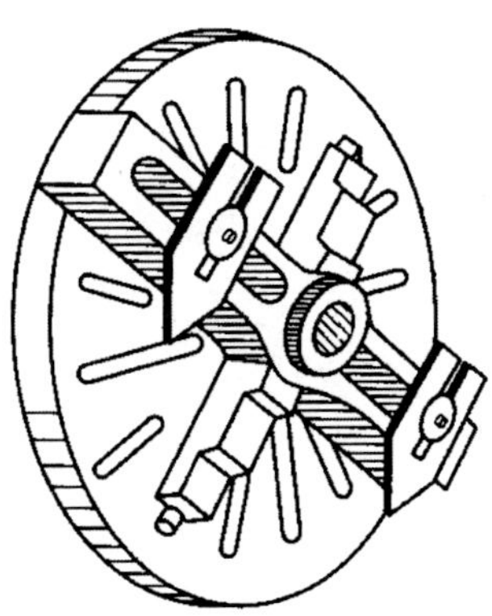

그림 21.5 고정구 작업

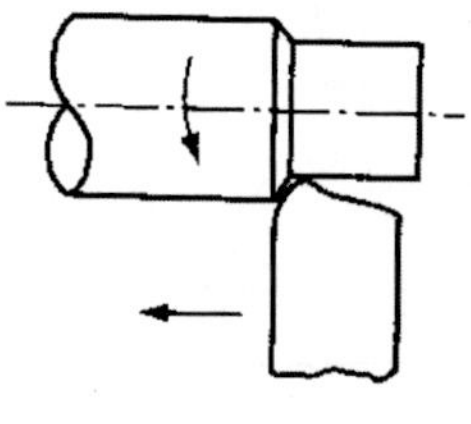

그림 21.6 외경선삭

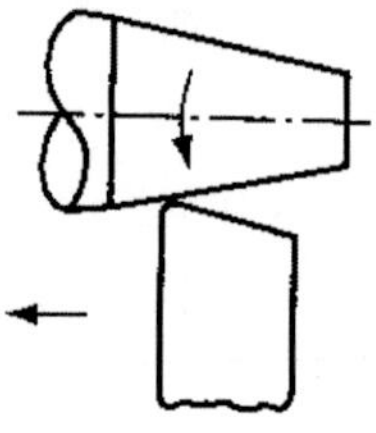

그림 21.7 경사면선삭

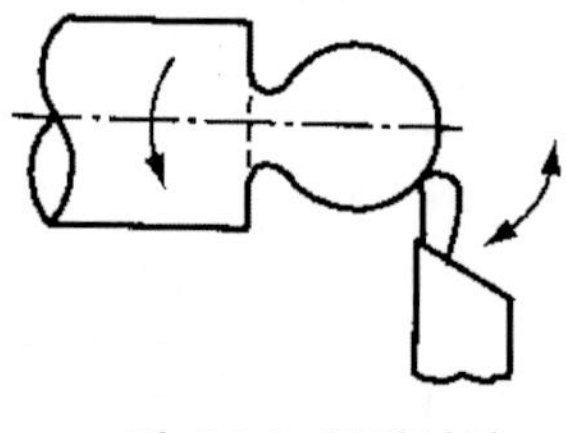

그림 21.8 곡면선삭

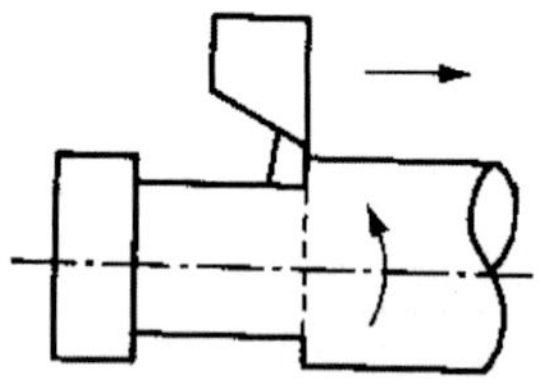

그림 21.9 외각홈선삭

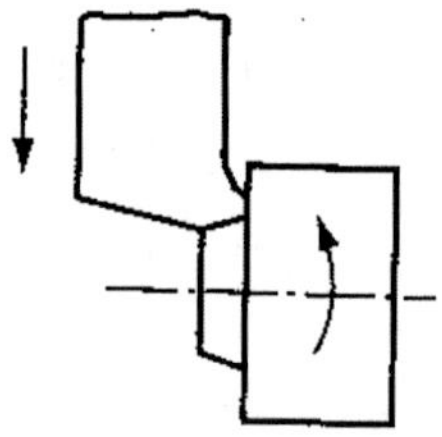

그림 21.10 단면선삭

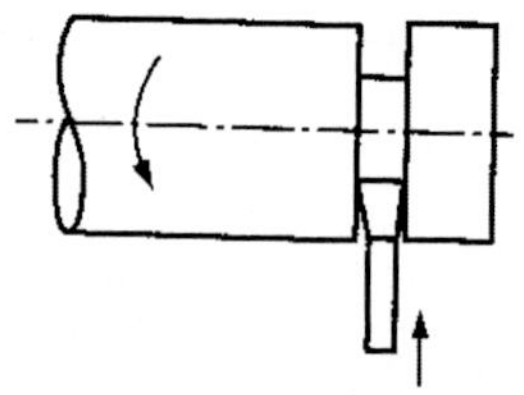

그림 21.11 절단작업

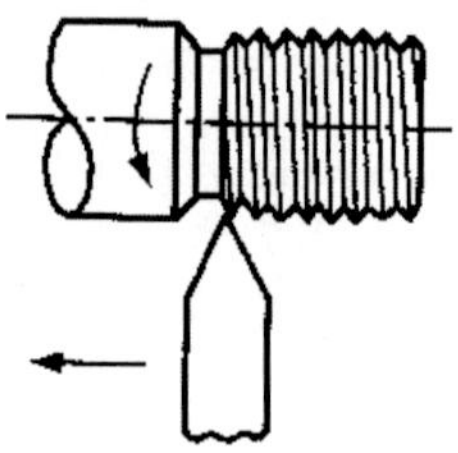

그림 21.12 나사선삭

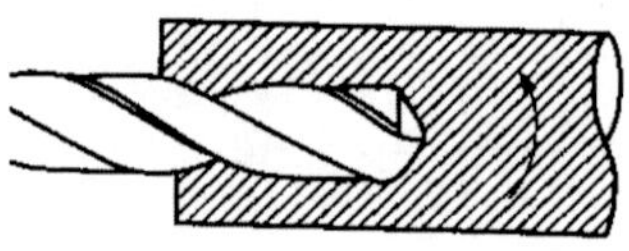

그림 21.13 드릴링 작업

선반은 선삭가공을 하는 공작기계이며 공작기계 중 가장 중요한 것으로서 용도도 다양하다. 주축에 공작물을 고정시키고 주축을 회전시켜 공작물을 돌리면서 공구대에 장치된 바이트에 절삭 깊이와 이송을 주어 공구를 가공방향으로 이동시켜가며 공작물을 원기둥모양으로 깎는 공작기계이다. 그림 21.6은 외경선삭, 그림 21.7은 경사면선삭을 나타낸 것이다.

그림 21.8은 곡면선삭, 그림 21.9는 외각홈선삭을 나타낸 것이다.

그림 21.10은 단면선삭 그림 21.11은 절단작업을 나타낸 것이다. 그림 21.12는 나사선삭, 그림 21.13은 드릴링작업을 나타낸 것이다.

21.1.1 선반의 구조

일반적으로 선반이라고 하면 보통선반(Engine lathe)을 말하고 선반의 크기는 베드에 닿지 않고 회전할 수 있는 공작물의 최대지름, 주축과 심압축의 센터 사이의 최대거리,

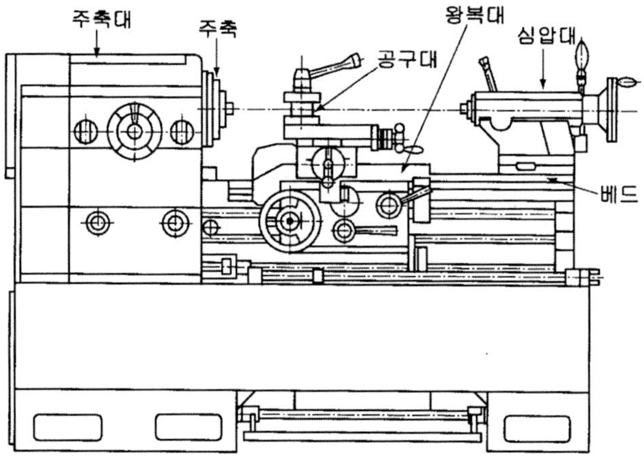

그림 21.14 보통선반

왕복대에 닿지 않고 회전할 수 있는 공작물의 최대지름, 베드의 길이 등을 사용해서 표시한다.

선반을 구성하고 있는 주요부분은 베드(Bed), 심압대(Tail stock), 주축대(Head stock), 왕복대(Carriage), 이송기구(Fdde mechanism) 등으로 구성된다.

1. 주축대 : 공작물을 고정하고 회전하여 절삭운동을 일으키는 장치로서 진동이 적고, 강력하여 안정성이 있어야 한다. 주축은 중공축으로 되어 있으며, 이는 긴공작물을 가공하고, 무게를 감소시키며, 열 발산을 쉽게 하기 위해서이다. 또한 비틀림 강도를 향상시키기 위한 것이다.

   주축대는 주축과 주축을 지지하는 베어링 및 전동기의 동력을 주축에 전달하는 구동장치로 이루어진다. 주축과 베어링은 선반의 성능을 크게 지배하는 중요한 부분이며 높은 회전 정밀도, 강성, 열적 안전성 등이 요구된다. 베어링은 넓은 절삭속도가 가능하고 회전정밀도가 양호하며 보수와 조립이 용이하다는 이유에서 구름베어링이 많이 이용된다. 주축용 구름베어링은 그 목적에 따라 사용되고 있는데 대표적인 것으로 복렬 원통롤러 베어링과 원뿔 롤러베어링이 있다.

   복렬 원통롤러 베어링은 외형 치수에 비해서 레이디얼 강성이 높고 모양이 단순하기 때문에 롤러의 상호 차이를 적게 할 수 있어 높은 정밀도를 얻을 수 있고 조정을 쉽게 할 수 있도록 내륜의 안지름에 테이퍼를 설치하여 사용한다. 복렬 원통롤러 베어링은 스러스트 하중을 감당할 수 없기 때문에 고속회전에도 사용 가능한 앵귤러 볼베어링을 같이 사용한다.

   원뿔 구름베어링은 레이디얼과 스러스트의 양방향의 하중을 동시에 받을 수 있고 강성도 높으며 베어링 주변의 장착구조가 간단하여 예압의 조정을 쉽게 할 수 있다는 장점이 있다.

주축대의 구동장치는 여러 절삭조건의 변화에 따라서 경제적인 절삭속도를 선택할 수 있도록 속도제어기가 필요하다. 절삭속도는 나사 깎기에서부터 세라믹, 육방결정계 질화붕소 공구를 사용하는 고속절삭에 적용되고 있다. 작업 범위 내에서 임의의 속도 설정을 할 수 있는 것이 이상적이지만 실제로는 한정된 단수의 회전속도를 얻을 수 있는 변속메커니즘을 채택하고 있는 경우가 많다. 속도열은 속도의 강하율이 공작물의 지름과 관계없이 일정하며 변속메커니즘이 등비급수 속도열을 사용하고 있다. 수치제어선반 등에서는 무단변속이 채택되고 있으며 NC프로그램으로 주축 회전속도를 지정할 수 있다.

2. 베드 : 베드는 그 위에 왕복대, 공구대, 주축대 및 심압대 등을 장착하는 부분으로 골격이 있는 상자형의 주물이다. 베드는 각 구조 부분의 자중에 의한 변형 및 절삭가공 중의 진동으로 인한 가공정밀도의 저하를 억제하기 위하여 강도뿐만 아니라 충분한 강성을 가진 구조로 설계할 필요가 있다. 베드의 단면을 상자형구조로 하여 강성을 높이거나 보강을 하고 있다. 주철을 이용한 베드는 흡진성을 향상시키고 베드 일부에 콘크리트 구조를 채용하는 등의 방법이 강구되고 있다. 베드 재료는 강도와 내마멸성이 좋은 주철을 많이 사용하고 있다. 또한 왕복대의 안내면을 설치하기 위하여 진직성을 유지하고, 칩과 절삭유의 처리가 쉬워야 하며 작업 및 보수가 쉬워야 한다.
3. 삽입대 : 축에 모스 테이퍼(Morse taper)를 갖는 센터를 끼워 가공물을 지지하는데 사용되며, 센터 대신 드릴을 꽂아 드릴링을 수행할 수도 있다. 베드상에 심압대를 고정하고, 핸들을 돌려 축을 움직인다. 심압대의 중심과 주축대의 중심은 동일선상에 있다. 심압대는 베드 위에서 주축과 마주 보는 위치에 있으며, 베드 위를 이동할 수 있도록 되어 있다. 그 주요 부분은 심압대본체, 심압대베이스, 심압축, 정지센터 등이다. 심압대본체는 심압대 베이스 위를 축심과 직각방향으로 이동할 수 있으며 주축의 회전센터와 정지센터와의 맞추기를 할 수 있게 되어 있다. 심압축은 심압대 본체의 구멍으로 왕복 이동 할 수 있는 축이며, 센터를 부착시켜서 공작물의 한쪽 끝을 지지하는 기능을 한다. 심압대에는 센터 이외에 드릴, 리머, 드릴 척 등을 끼워 천공작업을 할 수 있다. 때문에 심압대는 충분한 강성을 가져야 하고, 센터의 중심위치가 정확해야 한다.

4. 왕복대 : 왕복대는 에이프런(Apron), 새들(Saddle), 복식공구대(Compound) 및 공구대(Tool post) 등으로 구성되며, 베드를 따라 왕복이송 운동을 하고 가공에서 절삭 길이와 관련된 부분이다. 공구대는 절삭 깊이와 관련된다. 왕복대는 베드 위를 왕복하며 바이트를 이송 운동시키는 부분이며 에이프런, 가로 이송대, 회전대, 세로 이송대, 공구대 등으로 구성되어 있다. 가로 이송대는 새들 위를 주축과 직각방향으로 이동한다. 회전대는 가로 이송대 위에서 약 ±60° 회전시킬 수 있으며 이 범위 내에서 임의의 각도로 테이퍼 깎기를 할 수 있도록 되어 있다. 회전대 위에 부착된 세로 이송대는 주축에 대해서 평행이동을 하며 공구대에 장착된 바이트를 미세하게 이송시킬 수 있다. 공구대는 45° 및 90°씩 회전시킬 수 있는 구조로 되어 있다. 왕복대에서는 이상과 같은 복합운동을 할 수 있어 바이트를 임의의 위치까지 이동시켜 정지시킬 수 있다. 이송축 및 리드스크루는 주축의 회전속도에 비례하여 왕복대에 이송속도를 전달한다. 따라서 에이프런 내의 속도변환장치를 거쳐 전달된 동력에 의해 왕복대는 세로 이송되고 왕복대 위의 가로 이송대는 가로 이송된다. 리드스크루는 선반으로 나사 깎기를 할 때 사용되며 왕복대와의 결합에는 반으로 분할된 너트를 사용한다. 나사 깎기의 정밀도에 영향을 주는 것은 리드스크루의 비틀림 및 가공정밀도이다. 리드스크루는 이송축과 함께 정밀도가 높은 가공 및 강성이 높은 설계에 이용된다.

21.1.2 선반의 부속장치

선반에는 작업의 종류에 따라 각종 부속품과 부속장치가 사용된다.

1. 센터(Center) : 센터는 질이 좋은 강철로 제작되며, 보통 60°의 각도로 되어 있으나 다소 무거운 것을 지지할 때는 75° 또는 90°의 것을 사용된다. 자루부분은 모스테이퍼(Morse taper) 로 다듬어져 있으며, 주축 및 심압대에 끼워 사용한다. 그림 21.15는 표준형센터, 그림 21.16은 가는형센터, 그림 21.17은 회전센터를 나타낸 것이다.

그림 21.15 표준형센터

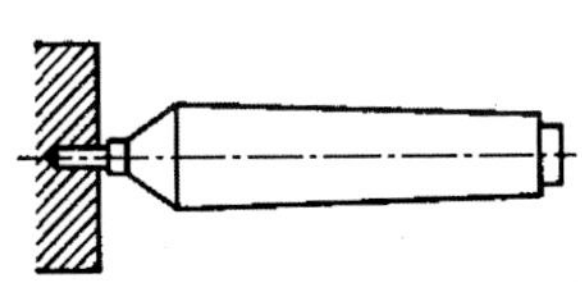
그림 21.16 가는형센터

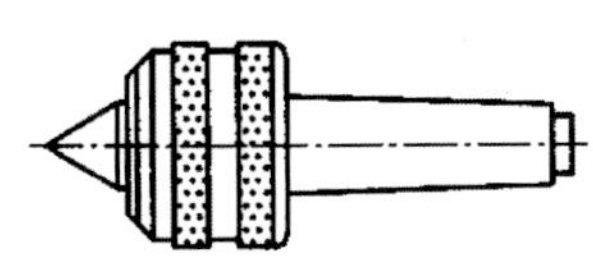
그림 21.17 회전센터

2. 면판(Face plate) : 공작물을 고정시킬 때 방사상으로 나있는 홈에 볼트와 여러 모형

의 각 판을 이용한다.

3. 돌리개(Dog) : 돌리개는 양 센터 작업을 할 때 사용되며, 주축의 회전을 돌림판으로부터 공급받아 공작물에 전달하는 역할을 한다.
4. 심봉(Mandrel) : 벨트 풀리(Belt pulley)나 기어(Gear)의 소재 등은 구멍을 먼저 가공한 다음 구멍을 기준으로 외경과 측면을 가공하는 것으로 심봉을 사용한다. 심봉의 종류로는 표준 심봉, 팽창식 심봉, 나사 심봉, 테이퍼 자루 심봉, 조립식 심봉 등이 있다.
5. 방진구(Work rest) : 방진구는 가늘고 긴 공작물을 절삭할 때 일어나는 진동 및 굽힘을 방지하기 위하여 사용된다. 방진구에는 베드 위에 고정하는 고정 방진구 와 왕복대에 설치하여 왕복대와 동시에 일어나는 이동 방진구가 있다.
6. 척(Chuck) : 척은 선반가공에서 공작물을 지지하고, 주축의 회전운동에 의하여 회전하는 기구이며 다음과 같은 종류가 있다.
   ① 단동척(Independent chuck) : 4개의 죠오(Jaw) 가 각각 독립적으로 움직인다. 공작물의 임의의 센터조정을 통한 편심가공에 주로 이용된다.
   ② 연동척(Universal chuck) : 죠오가 동시에 열리고 닫히는 척으로 공작물의 신속한 고정에 유리하다. 일반적인 선반가공에서 널리 사용된다.
   ③ 마그네틱 척(Magnetic chuck) : 전자석이 장착된 척으로 자력에 의해 공작물을 고정하며, 주로 면절삭이나 길이가 짧은 공작물을 가공할 대 사용된다.
   ④ 콜릿 척(Collet chuck) : 직경이 작은 환봉이나 각봉재를 가공할 때 편리하다. 터릿 선반이나 자동선반에 널리 이용된다.
   ⑤ 압축공기 척(Compressed air chuck) : 압축공기 도는 유압 죠오를 움직여 공작물을 고정하며, 고정력의 조절이 용이하고 공작물의 자동 탈부착에 이용된다.
   ⑥ 드릴 척(Drill chuck) : 선반에서 심압대에 끼워 드릴을 고정시켜서 공작물에 구멍뚫기, 또는 리밍 작업을 할 수 있도록 고정시켜 주는 척이다.
   ⑦ 벨 척(Bell chuck) : 원통 주변에 6~8개의 볼트를 설치한 것으로 이것을 죄어가면서 중심을 내는 척이다.

21.1.3 선반용 절삭공구

바이트(Bite)는 선삭가공에서 공작물과 직접 마찰하여 칩을 생성하는 공구이다. 바이트는 크게 공구홀더(Tool post)에 지지하는 지지부족 자루(Shank)와 절삭을 하는 절삭날 부(Cutting part)로 나누어진다. 절삭날에는 주 절삭날과 앞 절삭날이 있고, 절삭날 면에는 공구상면(Tool face)과 측면(Flank)이 있다. 주 절삭날과 앞 절삭날이 맞닿는 곳은 보통 곡선으로 되어 있으며, 인선곡률(Nose)이라 부르고 이것들이 절삭에 관여하는 주요 부분이다.

최근의 NC선반에서는 절삭자동처리장치와 공구대의 복수화 등을 고려해서 베드구조에 변화가 일어나고 있다. 베드의 안내면은 가공과 수리를 용이하게 하기 위해 단순한 모양으로 만들고 모멘트부하에 대한 안정성, 내마멸성, 낮은 마찰저항 및 안내면 상호 간격조정의 용이성 등의 조건을 만족시키도록 설계되어 있다. 안내면의 단면모양에는 삼각형과 평탄한 평형이 있다. 베드와 볼트로 결합시킨 다리는 선반 전체를 일정한 높이로 지지하는 것으로 베드와 일체구조로 하여 강성을 높인 것이 많다.

선반은 가공물에 회전운동을 주고, 공구인 바이트에 필요한 절삭 깊이(Depth of cut)와 이송(Feed)을 주어 절삭하는 공작기계로 기계제작 공정에서 큰 비중을 차지한다.

선반은 주로 바깥지름 절삭(Turning), 정면절삭(Facing), 절단(Cutting), 및 드릴링(Drilling), 보링(Boring), 리밍(Reaming), 나사절삭(Thread cutting), 테이퍼 절삭(Taper), 윤곽절삭(Relieving), 총형절삭(Formed cutting), 모방절삭(Copying), 등의 기본가공에 유효하게 사용된다. 기능성 공작기계로서 가공 적용범위가 상당히 넓다.

21.1.4 선반의 종류

가공물의 형상, 크기에 따라 여러 가지 형식의 선반이 사용되며 다음과 같다.

1. 보통선반 : 선반의 종류 중 가장 널리 사용되는 것으로 각종 선반의 기본이 되며, 용도가 다양하고, 거의 대부분의 가공을 할 수 있다.
2. 탁상선반 : 탁상위에 고정시켜 사용하는 것으로 소형에 속하며, 작은 공작물의 가공이나 공구 제작에 많이 사용된다.
3. 터릿선반 : 많은 양의 공작물을 효율적으로 생산할 수 있는 선반으로 절삭공구를 터릿상에 방사성 형으로 배치하여 이를 돌려가면서 연속 가공을 할 수 있다.
4. 자동선반 : 터릿선반을 자동화한 것으로 전자동식과 반자동식이 있다.
5. 모방선반 : 모방장치를 이용하여 모형에 따라 바이트를 안내하며, 곡면 등을 모방 절삭한다.
6. 정면선반 : 직경이 크고, 길이가 짧은 공작물을 주로 가공하는 선반이다.
7. NC(수치제어)선반 : 수치제어를 적용하여 NC code로서 가공을 수행할 수 있도록 한

자동화된 선반이다

21.2 밀링머신

밀링이란 주축에 고정한 밀링커터를 회전시켜 테이블 위에 고정한 재료에 절삭깊이와 이송을 주어 절삭하는 공작기계이다. 밀링머신(Milling machine)은 테이블 위에 일감을 고정시키고 많은 절삭날을 가진 밀링커터를 회전시켜 재료에 이송을 주면서 절삭하는 공작기계를 말하며 프라이스반이라고도 한다.

밀링머신은 여러 개의 회전하는 날 끝을 가진 밀링커터라는 절삭공구를 사용하여 공작물을 가공하는 기계로 바이트를 사용하는 선반과는 다르다. 공작물은 테이블에 고정되며, 테이블을 이동하여 공구쪽으로 직선이송한다. 일반적으로 테이블은 가로, 세로, 상하 세 방향으로 이동하며 테이블이 회전하는 형식도 있다.
밀링머신은 사용범위가 상당히 넓은 공작기계이며 그림 21.18은 밀링머신을 나타낸 것이다.

밀링머신은 밀링커터나 부속품과 부속장치를 사용하는 방법에 따라 여러 가지 가공을 할 수 있다. 평면은 물론 불규칙하고 복잡한 면을 깎거나, 드릴의 홈, 기어의 치형을 깎기도 한다. 여러 가지 모양의 재료를 가공하려면 밀링커터도 모양, 치수, 재질 등에 따라 여러 가지의 형태가 필요하다. 밀링머신은 범용성이 풍부하고 가공정밀도도 높

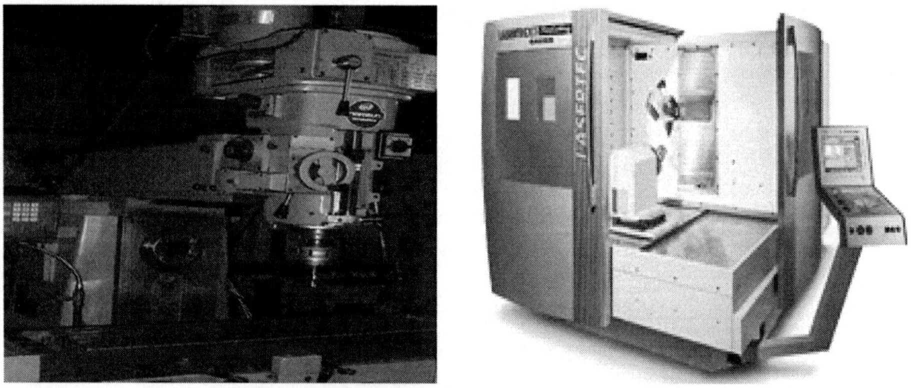

그림 21.18 밀링머신 (출처 :한미공작기계)

기 때문에 선반, 드릴링머신과 함께 널리 사용되고 있는 공작기계의 하나이다. 또한 크

기, 가공능력에 따라 많은 종류가 있고, 공구와 공작물에 상하 상대운동을 위한 구조상의 차이에 따라 니형과 베드형으로 구분된다.

21.2.1 밀링머신의 분류

밀링머신은 사용목적에 따라 여러 종류가 있으며, 구동은 원추풀리와 벨트, 전동기, 유압 등을 사용한다. 공작물의 이송도 수동, 자동 또는 유압 구동으로 한다.

1. 수평 밀링머신(Horizontal milling machine) : 수평 밀링머신은 아버(Arbor)가 주축과 함께 수평으로 설치되어 있다. 니이(Knee)는 기둥(Column)은 전, 후로 이동하며 새들 위의 테이블(Table)은 좌, 우로 이동할 수 있도록 구성되어 있다. 따라서 테이블은 상하운동, 전후운동, 좌우운동이 가능하며 테이블 위에 고정된 공작물은 필요한 방향으로 이송하며 가공할 수 있다.
2. 수직 밀링머신(Cvertical milling machine) : 수직 밀링머신은 주축이 수직으로 설치되어 있으며, 니이(Knee), 기둥(Column), 새들(Saddle) 및 테이블(Table)은 수평 밀링머신과 동일한 구조로 되어 있다.
   커터(Cutter) 또는 엔드밀(Endmill)을 사용하여 홈가공 및 측면가공을 하고, 정면커터(Face cutter)로 평면가공을 능률적으로 할 수 있다. 주축은 고정식구조로 되어 있으나 버티컬 헤드(Vertical head) 우측에 있는 핸들로 상하이송시켜 드릴링(Drilling)이 용이하다.
3. 복합 밀링머신(Verical & horizontal milling machine) : 복합 밀링머신은 수직 밀링기능과 수평 밀링기능을 동시에 갖추고 있으므로 수평 밀링머신과 같은 평면가공은 물론 수직 밀링머신과 같은 홈가공 및 측면가공, 평면가공 등을 할 수 잇다. 특히 버티컬 헤드가 좌우로 선화 하므로 정확한 각도가공을 쉽게 할 수 있다.
4. 생산형 밀링머신(Production type milling machine) : 생산형 밀링머신은 주로 동일한 제품의 대량생산에 적합한 구조로 되어 있다. 일반적으로 구조는 단순하면서 중절삭이 가능하도록 견고하게 제조되어 있으며, 자동 또는 반자동으로 운전된다. 테이블은 좌, 우 이송만 사용되며, 전후 및 상하이송은 사용하지 않고 작업하는 경우가 많다.
5. 플레이너형 밀링머신(Planer type milling machine) : 플레이너형 밀링머신은 중량물 및 대형 가공물의 중절삭에 주로 사용되며 플라노 밀러(Planomiller)라고도 한다. 외견상 플레이너와 비슷하나 여러 개의 밀링커터로 가공할 수 있다. 주축은 횡주

(Cross rail)에 수직으로 설치하고, 상하이송과 횡이송을 자유로이 할 수 있다.

재료를 상하로 움직이도록 하는 것이 니형이고 공구를 상하로 움직이도록 하는 것이 베드형이다. 니형 밀링머신은 주축이 수직인 직립형과 수평형으로 분류되고, 수평형 밀링머신 중에서 테이블이나 주축헤드 등이 회전하는 것을 만능밀링머신이라 한다. 램형 밀링머신은 기둥 위의 램에 주축헤드가 붙어서 그 램이 앞뒤로 왕복운동 하는 것도 있는데 주축헤드가 좌우로 기울어진 것 및 램이 평면 내에서 회전하는 것 등이 있다. 베드형 밀링머신에도 니형과 같이 주축의 방향에 의해 직립형과 수평형이 있다. 베드형 중에서 주축의 상하운동 및 가공물의 전후운동을 반고정으로 하고, 테이블의 좌우운동을 주체로 하는 대량 생산에 적합한 것을 생산밀링머신이라 한다.

니형 밀링머신은 기둥, 니, 새들, 테이블의 기본구조 요소로 이루어지며 테이블과 새들을 위에 있는 니가 상하로 움직이고 니 위의 새들은 전후로 움직이며 새들 위의 테이블은 좌우로 움직여서 공작물의 3차원가공을 할 수 있다. 주축은 기둥 속에 장치되어 있다. 니형 밀링머신의 특징은 조작성이 좋은 것이며 각종 부속장치를 설치하여 광범위한 가공을 할 수가 있다. 작은 부품의 가공을 대상으로 하며, 복잡한 절삭면이나 많은 절삭면을 가지는 경우에 알맞다.

베드형 밀링머신은 니형에서처럼 상하운동을 하지 않고 주축헤드에 의해 상하운동을 하며 테이블은 마루 위에 고정시킨 베드 위를 왕복운동 하는 구조이다. 중량물의 가공에 알맞고 정밀도가 높다.

21.2.2 밀링머신에 의한 가공

평면 커터를 사용하여 절삭하는 경우 커터를 고정하는 방법에 다라 상향절삭(Up cutting)과 하향절삭(Down cutting)으로 나눌 수 있다.

1. 상향절삭 : 상향절삭은 커터의 절삭방향이 공작물의 이송방향에 반대이며, 칩의 얇은 부분에서 절삭하기 시작하므로 공작물이 절삭될 때 미끄러짐과 마찰에 의해 날 끝이 상하기 쉽고, 다듬질 정밀도도 좋지 않다. 상향절삭은 다음과 같은 특징을 가지고 있다.
   ① 밀링커터날이 공작물을 들어 올리는 방향으로 작용하므로 기계에 무리를 주지 않는다.
   ② 절삭을 시작할 때 날에 가해지는 절삭저항이 0에서 점차적으로 증가하므로 날이

부러질 염려가 없다.

③ 칩이 날의 절삭을 방해하지 않고, 절삭된 칩이 가공된 면에 쌓이지 않으므로 절삭열에 의한 치수 정밀도의 변화가 적다.

④ 커터날의 절삭방향과 공작물의 이송방향이 서로 반대이고 서로 밀고 있는 형태이기 때문에 이송기구의 백래쉬가 자연히 제거된다.

⑤ 커터날의 마모가 심하고 가공면의 정밀도가 낮다.

2. 하향절삭 : 커터의 절삭방향과 공작물의 이송방향이 같다. 하향절삭은 다음과 같은 특징을 가지고 있다

① 밀링커터의 날이 마찰작용을 하지 않기 때문에 날의 마모가 적고, 수명이 길며, 따라서 절삭속도를 높일 수 있다.

② 커터날이 밑으로 향하여 절삭하면서 공작물을 테이블 쪽으로 누르기 때문에 공작물의 고정이 간편하다

③ 커터의 절삭방향과 이송방향이 같기 때문에 가공 면이 깨끗하다.

④ 절삭된 칩이 가공면 위에 쌓이기 때문에 가공된 면을 잘 볼 수 없다.

⑤ 테이블에 동력이 적게 들어 상향법에 비하여 절삭량을 크게 할 수 있다.

⑥ 얇은 판이라도 절삭이 용이하고 진동이 적다.

분할대는 밀링 가공시 분할작업 및 각도 변위가 요구되는 작업에 이용된다. 예를 들면, 기어를 깎을 때에 치형과 치형 사이의 분할 또는 리머를 깎을 때 홈 각도 변위, 밀링커터 제작 등에 이용할 수 있으며, 이때 분할대를 장착한 기구에 의해서 작업이 진행된다.

기어의 가공방법에는 성형법과 창성법이 있다. 성형법은 밀링머신에 의한 성형 밀링 절삭법이다. 기어가공을 전용 기어 절삭기계에서 창성법에 의하여 대량 생산을 하고 있지만 밀링머신을 이용해서 기어를 제작한다. 창성법은 피니언 커터(Pinion cutter)에 의한 절삭, 래크 커터(Rack cutter)에 의한 절삭, 호브 커터(Hob cutter)에 의한 절삭이 있다. 그림 21.19는 평면가공, 그림 21.20은 절단가공그림, 21.21은 홈가공을 나타낸 것이다.

그림 21.22는 정면가공, 그림 21.23은 각도가공, 그림 21.24는 기어가공, 그림 21.25는 나사가공을 나타낸 것이다. 그림과 같이 각종 작업이 가능하므로 기계제작에서 선반, 연삭기 등과 함께 널리 사용된다. 특히 분할대와 같은 부속을 사용하여 나사 절삭, 홈 깎기 등이 가공작업과 총기, 시계 부품 등의 가공을 수행할 수 있다.

그림 21.19 평면가공

그림 21.20 절단가공

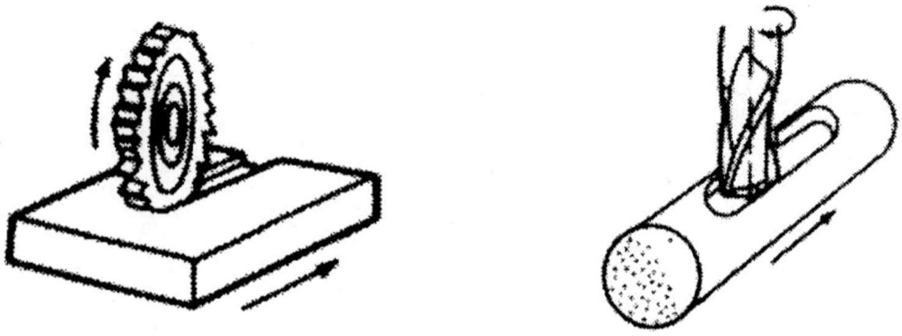

그림 21.21 홈가공

그림 21.22 정면가공

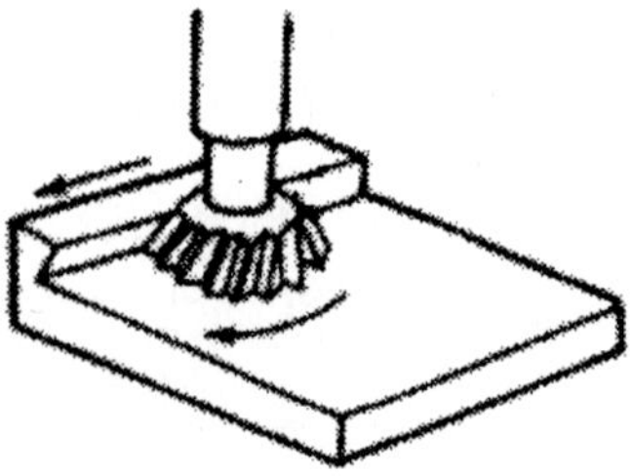

그림 21.23 각도가공

그림 21.24 기어가공

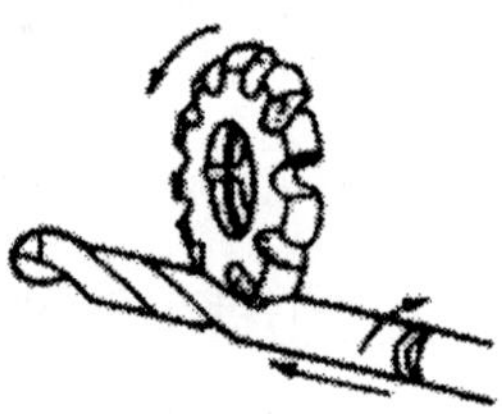

그림 21.25 나사가공

21.3 드릴링 머신

보통 구멍을 뚫는 작업에는 트위스트 드릴(Twist drill)이 사용되고, 드릴링에 사용되는 기계를 드릴링 머신이라고 한다. 그림 21.26은 드릴링머신을 나타낸 것이다.

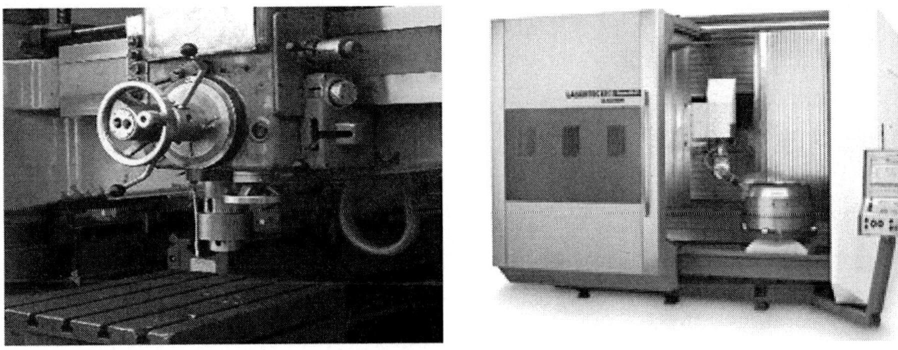

그림 21.26 드릴링머신 (출처 : 성진종합기계)

21.3.1 드릴링머신의 분류

드릴링머신은 공구 중 주로 드릴을 사용하여 구멍을 뚫는 공작기계를 말한다. 구멍을 뚫는 가공 외에 뚫린 구멍을 정밀하게 다듬는 리밍, 구멍을 넓히는 보링, 탭에 의한 나사내기, 구멍 입구부의 가공 등도 가능하다. 드릴링머신의 종류는 직접드릴링머신, 레이디얼 드릴링머신, 다축 드릴링머신 및 기타 등으로 분류된다.

1. 직립 드릴링머신 : 수직으로 설치된 주축과 그것을 구동시키는 전동기, 변속기구 등이 조합되어 있는 주축두와 주축두를 지탱하고 있는 칼럼, 칼럼과 주축에 수직으로 설치되어 상하로 이동할 수 있게 되어 있는 테이블, 칼럼을 지지하고 있는 베이스로 이루어진다. 드릴이나 리머 등의 공구는 주축 끝에 뚫려 있는 구멍에 직접 부착하거나 구멍에 부착된 드릴체크에 부착하여 사용한다. 주축의 회전은 정회전과 역회전의 두 방향 모두 가능하며 회전축 방향으로 자동 및 수동으로 움직일 수 있다. 공작물은 일반적으로 테이블 위에 고정시켜 가공한다. 지름 $13mm$ 이하의 구멍을 뚫는 소형의 직립 드릴링머신을 탁상 드릴링머신 또는 수가감 드릴링머신이라 한다.
2. 레이디얼 드릴링머신 : 공작물을 고정시킨 채 여러 개의 구멍을 뚫을 수 있도록 칼럼에 큰 암(arm)이 돌출되어 있으며 암이 칼럼을 중심으로 선회할 수 있고 주축부

가 암 위를 반지름 방향으로 이동할 수 있게 되어있다. 종류로 베이스형, 만능형, 벽걸이형, 이동형이 있다.

① 베이스형 : 베이스 위에 테이블을 설치하여 직립 드릴링머신으로 다룰 수 있는 조그마한 부품의 가공이 가능하며 암 끝에 보조칼럼을 부착하면 수직방향으로 구멍을 넓히는 가공도 가능하다.

② 만능형 : 수직방향의 구멍 뚫기뿐만 아니라 보일러와 같은 큰 공작물의 측면에도 수평방향의 구멍을 뚫을 수 있도록 주축이 원하는 방향으로 움직이도록 되어 있다.

③ 벽걸이형 : 칼럼이 공장의 벽이나 기둥에 부착된 구조로 되어 있다.

④ 이동형 : 기계 전체가 수평안내면상을 이동할 수 있게 되어 있다.

3. 다축 드릴링머신 : 생산성을 향상시키기 위해 여러 개의 축으로 동시에 많은 구멍을 뚫을 수 있게 한 것이다.

4. 기타 : 하나의 테이블에 직립 드릴링머신의 주축두를 다수 늘어놓고 구멍뚫기, 자리파기, 나사내기 등의 가공이 순차적으로 이루어지도록 한 다두 드릴링머신, 공작물을 고정시켜두고 여러 종류의 공구가 부착되어 있는 선반으로 회전할 수 있게 되어 있어서 공구를 순차적으로 바꿔 가는 터릿 드릴링머신, 지름 $10\mu m$ 크기의 작은 구멍을 뚫을 수 있는 특수한 드릴링머신 등이 있다.

21.3.2 구멍불량의 원인 및 드릴 파손 원인

드릴링에 의해 구멍가공을 수행할 때 구멍의 방향, 크기가 소정의 것과 다르거나 구멍이 진원이 아닌 경우에 불량구멍이라 할 수 있으며, 그 원인은 다음과 같다.

1. 절삭날의 길이와 각도가 드릴의 중심선에 대하여 대칭이 아닐 때에는 구멍은 드릴지름보다 크게 된다.
2. 공작물 재질이 불균일하거나 기공등이 있으면 절삭저항이 작은 쪽으로 드릴이 굽어져 들어간다.
3. 스핀들(Spindle)이 드릴링 머신의 테이블에 대하여 직각이 아닌 경우에는 경사된 구멍을 뚫린다.
4. 주축의 베어링(Bearing)이 헐거워져 있거나 드릴(Drill), 소켓(Socket) 및 스핀들의 테이퍼(Taper)가 정확하지 않은 경우에는 구멍의 지름은 크게 되며, 진원이 되지 않는다.

드릴(Drill)은 작업 중 다음과 같은 원인으로 파손되는 일이 있다.

1. 절삭날이 바르게 연삭되지 않아서 절삭날에 국부적으로 과대한 절삭력이 작용할 때 발생한다.
2. 작업 중 구부러진 드릴로 계속 가공할 때 발생한다.
3. 시이닝(Thinnig)이 너무 깊어서 선단이 약해졌을 때 발생한다.
4. 구멍에 칩(Chip)이 너무 많이 충전되어 있어서 토크(Torque)과 크면 발생한다.
5. 이송이 너무 커서 절삭저항이 크면 발생한다.
6. 구멍에 비하여 드릴을 너무 길게 고정하여 휘어질 때 발생한다.

21.4 탭핑머신

탭핑은 나사내기 작업을 말한다. 드릴링을 통해 뚫려진 구멍에 나사산을 생성한다. 그림 21.27은 탭핑머신을 나타내었다.

탭핑 작업에 사용되는 공구를 탭(Tap)이라 한다. 탭은 등경탭(Reqular tap) 3개가 1 세트로 되어 있다. 등경 1번 탭(Taper tap)의 선단은 6~7개의 나사산이 테이퍼로 되어 있고, 깍아낸 칩의 중량비는 25%이다. 등경2번탭 (Plug tap)은 선단 3번의 탭(Bottoming tap)은 선단의 나사산이 테이퍼로 되어 있고, 깍아낸 칩의 중량비는 20%이다.

그림 21.27 탭핑머신 (출처 : 진박종합기계)

21.5 보링머신

보링머신(Boring machine)은 드릴로서 구멍을 뚫거나 단조, 주조에서 내부 구멍이 만들어져 있는 것을 보링머신을 사용하여 구멍 내부를 완성 가공하거나 내부 구멍을 확대하는 작업이다. 가공물을 테이블 또는 지면에 장치하고 보링용 공구를 회전시켜서 작업한다. 대형 및 복잡한 모양의 재료에, 여러 종류의 구멍을 가공하는 데 편리하다. 대부분의 보링머신 작업을 하는 흔히 쓰는 기계는 수평 보링머신, 지그 보링머신 및 정밀 보링머신 등이 있다.

대량생산에 사용되는 전용기계는 다축 및 특수한 구조로 되어 있으며, 가공물을 회전시키는 선반형식의 보링머신도 있다. 보링머신의 절삭 형식은 선반의 내면가공과 유사하며 그림 21.28은 보링머신을 나타낸 것이다.

신형기구를 갖춘 보링머신은 보링작업, 리머작업(Reaming), 탭작업(Tapping) 뿐만 아니라 단면절삭(Facing), 바깥지름 절삭(Turning), 나사 깍기(Threading) 등의 선반작업에서 할 수 있는 가공도 수행하고 밀링작업도 할 수 있다. 초정밀 보링머선(Fine boring machine)과 지그 보오러(Jig borer)와 같은 정밀 공작기계의 출현으로 항공기, 자동차 공업에 발전을 가져왔다.

그림 21.28 보링머신(출처 : 도시바)

21.5.1 보링머신의 종류

보링머신은 구조와 작업종류 및 가공능력에 따라 다음과 같이 분류할 수 있다.

1. 수평 보링머신(Horizontal boring machine) : 보통 보링머신은 수평식 보링머신을 의

미하며 가장 대표적인 보링머신이다. 구조에 따라 테이블형(Table type), 플로어형(Floor type), 플레이너형(Planer type), 이동형(Portable type)으로 나눌수 있다.

① 테이블형 : 테이블이 새들 위에서 전후로 새들이 베드 위에서 좌우로 움직여서 가공물의 중심을 쉽게 맞출 수 있도록 되어 있다.

② 플로어형 : 공작물이 대형일 때 주축대를 컬럼 위에서 상하로 움직여 중심을 맞출 수 있도록 되어 있고, 주축이 지름이 100mm 이상일 때 주로 이형식을 사용한다.

③ 플레이너형 : 테이블형과 비슷하나 새들이 없다. 무거운 공작물을 정밀가공할 때 주로 사용한다.

④ 이동형 : 보링머신을 공작물에 이동시켜 편리한 가공을 할 수 있는 구조로 되어 있으며, 대형 기계의 수리 등에 용이하다

2. 지그 보링머신(Jig boring machine or jig borer) : 드릴링 머신 또는 보통 보링머신으로 뚫는 구멍은 중심 위치의 정밀도가 충분하지 못하도록 정밀도가 큰 가공물, 특히 각종 지그 제작 및 정밀도 높은 기계의 구멍 가공 등에 사용하기 위한 기계로서 제품의 허용오차가 ±0.002~0.005mm정도의 정밀도를 가진 보링머신이다. 높은 정밀도를 유지하기 위하여 주로 항온실에서 작업한다. 보통 항온실의 온도는 20±1℃로 유지한다.

테이블과 주축대의 위치를 결정하기 위하여 정밀 측정장치를 사용한다. 정밀 측정장치에는 나사와 마이크로 다이얼 측정방식, 표준 봉 게이지와 다이얼게이지, 표준척과 현미경을 이용한 광학적 장치 및 전기적 계측장치 등이 사용되며, 이를 통해 높은 가공정밀도를 갖추게 된다.

가공물을 테이블상에 고정하고 표준선에서 구멍의 위치에 따라 테이블 및 주축을 이동시켜 구멍을 뚫으면 정확한 위치에 구멍이 뚫린다. 드릴로서 구멍을 뚫고, 같은 위치에서 보링작업을 한다.

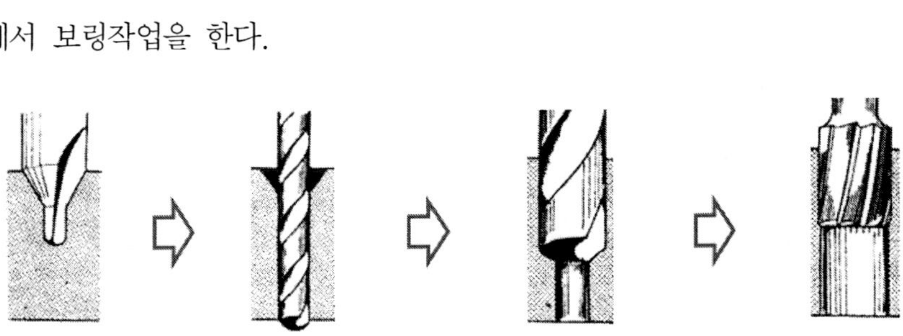

그림 21.29 지그 보링머신 작업 순서

그림 21.29는 지그 보링머신 작업 순서를 나타낸 것이다. 처음에는 작은 구멍을 뚫고, 점차적으로 구멍을 크게 가공하고 리머 또는 보링 바이트로 최종 가공한다. 이를 통해 정밀한 구멍을 가공할 수 있다.

3. 정밀 보링머신(Fine boring machine) : 정밀 보링머신은 다이아몬드 공구 또는 초경합금 공구를 사용하여 고속 경절삭과 미세한 이송으로 정밀한 표면가공을 하는 기계이다. 특히 가공표면이 매끈하고 우수한 정밀도를 갖고 있어 내연기관의 실린더나 베어링부의 완성작업 등에 사용된다. 정밀 보링머신은 수평식과 수직으로 나눌 수 있으며, 각각 단축형과 다축형이 있다.
4. 수직 보링머신(Vertical boring machine) : 수직식 보링머신은 주로 자동차용 엔진 및 기타 엔진의 실린더를 보링하는데 사용한다. 이것은 수평식 보링머신보다 용도가 제한적이다. 수직식 보링머신에 요구되는 가공방식에 따라 단축형, 다축형, 경사식 다축형, 주축 상향형 등이 있다.
5. 심공 보링머신 : 심공 보링머신은 구멍이 지름의 10~20배 이상의 것을 뚫을 때에 사용되는 방법이다. 형식에는 수평식과 수직식이 있다. 보통 수평식이 사용되고, 드릴은 특수한 것이 사용되며, 작업 중에 자동적으로 축심을 유지하면서 구멍을 뚫을 수 있는 것이 사용된다. 칩은 고압의 압축 공기로서 제거 하면서 작업한다. 가공물 또는 드릴 중에 어느 한쪽을 회전시키면서 가공하든가 또는 양측을 모두 회전시키면서 작업한다.

연 습 문 제

1. 절삭가공의 종류를 조사하시오.

2. 절삭가공의 적용사례를 조사하시오.

3. 선반의 부속장치에 대하여 쓰시오.

4. 선반의 종류를 쓰시오.

5. 밀링머신을 분류하시오.

6. 드릴링 머신을 분류하시오.

7. 구멍불량의 원인 및 드릴 파손의 원인에 대하여 쓰시오.

22 연삭가공

연삭가공은 경도가 높은 입자에 대하여 결합제를 사용하여 결합한 입자공구로 가공물 표면에서 칩을 깍아 내는 작용을 하면서 가공하는 방법으로 정밀도가 큰 표면 완성가공에 주로 사용한다. 연삭가공에는 연삭(Grinding), 호닝(Honing), 슈퍼 피니싱(Super finishing), 래핑(Lapping) 등이 있다.

22.1 연 삭

수많은 입자로 된 연삭숫돌(Grinding wheel)을 고속으로 회전시켜 공구로 사용하고, 가공물에 상대운동을 시켜 가공물 표면을 정밀하게 가공하는 작업을 연삭이라고 한다. 연삭에 사용되는 기계를 연삭기(Grinding machine)라 한다.

연삭입자의 재질은 초기에는 금강사(Emery), 칼런덤(Corundum) 등의 천연산을 사용하였고 인조 연삭숫돌이 발명되어 연삭능력이 향상되었다. 정밀연삭의 조건은 연삭입자의 선택 못지않게 조용한 연삭을 할 수 있는 연삭기가 필요하며, 최근에는 V벨트식 외에 유압식 등이 사용되고 있다. 선반, 밀링머신 등과 같은 보통 공작기계에서 가공할 수 없는 굳은 재질도 가공할 수 있으며, 정밀한 가공표면이 얻어진다.

연삭가공의 특징은 다음과 같다.

그림 22.1 연삭기 (출처 :성진종합기계)

1. 칩이 작으므로 다듬질 면이 깨끗해지고, 정확한 치수가 된다.
2. 열처리 경화강과 같은 높은 경도의 재료도 가공이 가능하다.
3. 연삭숫돌은 자동적으로 드레싱(Dressing)할 수 있어 보통 공작기계의 바이트, 밀링커터와 같이 따로 연삭할 필요가 없다.
4. 동력이 적게 소모된다.

정밀한 연산작업에는 정확한 회전운동과 직선운동이 필요하며, 또한 회전하는 연삭숫돌의 밸런스(Balance)에 유의하여 진동발생을 억제해야 한다. 그림 22.1은 연삭기를 나타낸 것이다.

22.2 외경연삭기

선반으로 바깥지름을 가공할 때에는 그 치수를 정확하게 가공하기가 어렵지만 연삭기를 사용하면 더욱 정밀하게 가공할 수 있다. 외경연삭기의 구조는 선반과 흡사하며, 연삭숫돌을 구성하는 입자들은 극히 작은 커터(Cutter)의 역할을 수행한다.

외경 연삭기는 구조에 따라 보통 외경 연삭기(Plain cylindrical grinding machine), 만능형 연삭기(Universal grinding machine), 센터리스 연삭기(Centerless grinding machine) 등으로 분류할 수 있다.

1. 보통 외경연삭기 : 보통 외경 연삭기는 공작물의 외경을 가공하는 기계로서 세 가지의 연삭방식이 적용된다.

① 테이블에 이송을 주고, 숫돌차로 깊이방향으로 가공을 하는 방식이 있다.

② 숫돌차로 이송과 깊이를 주는 방식이 있다.

③ 숫돌차를 이용하여 깊이만을 주는 플랜지 컷(Flange cut) 방식이 있다.

2. 만능 연삭기 : 만능식 연삭기는 외경 연삭기에 다각적인 기능을 부여한 것으로서 바깥지름 가공뿐만 아니라 단면, 테이퍼, 성형 등의 각종 연삭가공이 가능하도록 연삭숫돌대 및 주축대가 선회할 수 있다. 또한 테이블 자체의 회전각도도 크다. 주축은 척을 고정할 수 있으며, 그 운전방식에는 여러 기구가 채용되고 있다.
3. 센터리스 연삭기 : 센터리스 연삭(Centerless grinding)은 외경 연삭의 일종이지만 공작물을 지지하는데 센터나 척을 사용하지 않고, 원주를 연삭하는 방법이다.

연삭숫돌은 보통 외경 연삭과 같은 원주속도 1700~2000 m/min으로 고속 회전한다. 조정 숫돌에 10~30 m/min으로 회전시키면 공작물은 조정 숫돌에 의해서 같은 원주 속도로 회전한다. 보통 외경 연삭에서는 숫돌과 공작물의 회전이 동일 방향인 상향 연삭이지만 센터리스 연삭에서는 서로 반대 방향으로 회전하는 하향 연삭이 이루어진다. 그림 22.2는 상향연삭, 그림 22.3은 하향연삭을 나타낸 것이다.

센터리스 연삭은 다음과 같은 장점을 가진다.

1. 공작물에 센터 구멍을 만들 필요가 없으며, 공작물 탈부착 시간이 절약된다. 그리고 공작물 탈부착을 자동화시킬 수 있다.
2. 대량 생산에 적합하다.
3. 한번 조정하면 초보자도 쉽게 작업할 수 있다.
4. 연속 연삭을 수행할 수 있다.
5. 양 센터로 지지하는 것보다 고정 여유가 적어도 된다.
6. 지름의 연삭 오차가 적다.

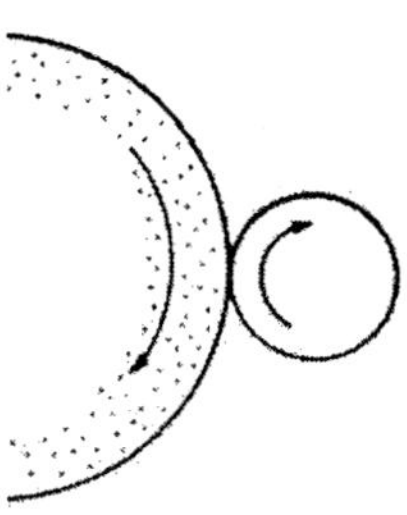

그림 22.2 상향연삭

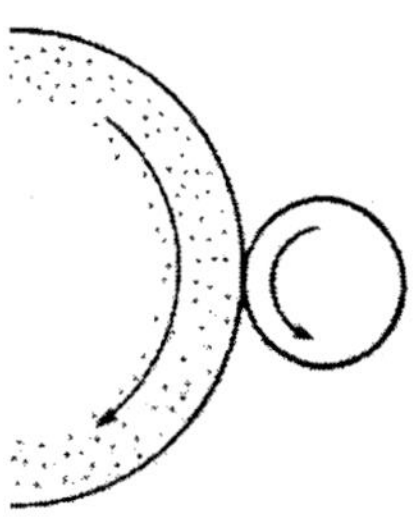

그림 22.3 하향연삭

7. 치수 관리가 쉽다.
8. 가늘고 긴 공작물을 쉽게 연삭할 수 있다.
9. 작업 중에 이송하는 부분이 적어 가공정밀도 및 기계 자체의 정밀도를 높일 수 있다.

22.3 내면연삭기

중공형 공작물의 내면을 연삭하기 위한 연삭기로서 숫돌이 크기가 작기 때문에 필요로 하는 절삭속도를 얻기 위해서는 숫돌 주축의 회전수가 커야 하고, 외경 연삭에 비해 숫돌의 마모가 크다.

22.4 평면연삭기

평면을 가공하기 위하여 설계된 연삭기를 평면 연삭기라 한다. 평면 연삭기는 숫돌의 원주면을 이용하는 숫돌차의 주축이 수평인 것과 숫돌의 측면을 이용하는 숫돌차의 주축이 수직인 것이 있다.

22.5 공구연삭기

절삭공구를 정확히 연삭해서 사용할 목적으로 공구 제작실 또는 공구 공장에서 사용하는 연삭기를 총괄하여 공구 연삭기(Tool grinding machine)이라 한다. 특히 초경합금 공구, 바이트, 드릴, 리머(Reamer), 밀링커터 등을 연마할 때에 사용된다.

22.6 초정밀연삭

비철금속재료에 대한 초정밀가공은 정해진 정밀가공프로세스에 따라 달성 할 수 있지만 세라믹카바이드, 유리경화강과 같이 경도가 높고 취성이 강한 재료나 반도체재료 등은 연마 프로세스로 가공해야 한다. 초정밀 연삭가공은 가공이 어려운 재료 및 표면 마무리가 필요한 부품을 만드는 것이다. 프로세스는 불충분한 표면거칠기를 막기 위하여 후속 연마프로세스가 필요하다. 연마는 높은 수준의 표면 거칠기를 만들어내지만 시간과 고비용이 소요된다. 시간 및 비용을 줄이기 위해 정밀연삭가공에 의한 정밀한 표면품질이 중요하다. 초정밀 연삭가공은 넓은 응용범위를 갖고 있다.

다이아몬드 터닝기에 연삭스핀을 장착하여 유리재료의 초정밀가공으로 확대하고 고품질의 초정밀 연삭가공을 수행하기 위해서 정밀공작기계에 대한 요구조건이 필요하다.

1. 연마재 : 초정밀 연삭용 연마재는 다이아몬드가 많이 사용된다. 천연다이아몬드 및 인조 다이아몬드는 높은 마모저항, 열전도, 경도, 낮은 마찰계수를 나타낸다. 단점은 고온연마에서 다이아몬드가 흑연으로 전이를 유도하는 금속재료와 화학적 친화성이 발생하는 것이다. 화학적 친화성을 해결하기 위하여 다이아몬드 연마재는 실리콘, 유리세라믹, 텅스텐과 같은 취성 비철재료 연마에 사용된다.
2. 연마공구의 접합 : 금속접합(Metal bonding)은 초정밀 연삭에서 취성재료를 절단하는 얇은 숫돌 또는 마이크로펜슬을 연마용으로 사용한다. 수지접합재는 여러 종류의 합성수지로 만들며 접합재는 규소(Si) 웨이퍼연삭과 같이 표면연삭용으로 사용된다.

그림 22.4 소결가공에 의한 마이크로펜슬 연삭공구

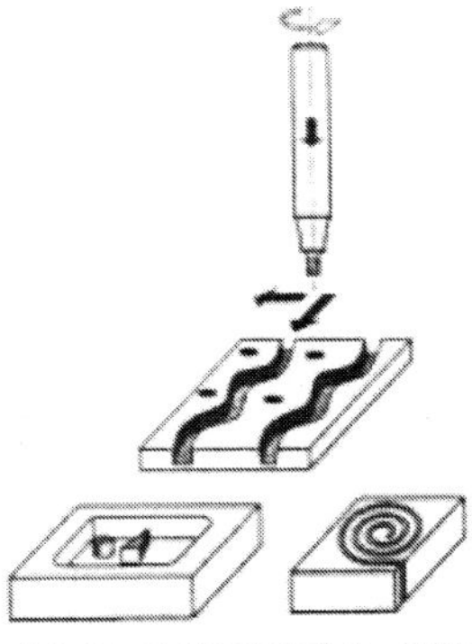

그림 22.5 마이크로펜슬 연삭형태

그림 22.4는 소결가공에 의한 마이크로펜슬 연삭공구, 그림 22.5는 마이크로펜슬 연삭형태를 나타낸 것이다.

3. 다이싱블레이드 : 정밀연삭용에서 가공하는 재료의 두께는 $10\mu m$이며, 다이싱 블레이드는 $1\sim6\mu m$ 크기의 연마입자 금속접합재로 구성되며, Si 화합물반도체, 유리세라믹, 크리스탈 등 재료의 홈가공 절단에 이용된다.

그림 22.6은 다이아몬드 연삭숫돌, 그림 22.7은 다이아몬드 연삭숫돌을 이용한 연삭형태를 나타낸 것이다. 연삭숫돌이 회전운동을 하면서 직선으로 작업을 하여 필요한 형상의 제품을 가공하는 것이다.

그림 22.6 다이아몬드 연삭숫돌

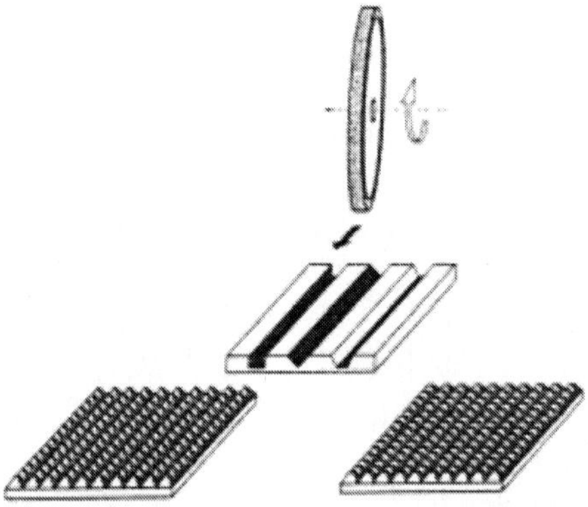

그림 22.7 다이아몬드 연삭숫돌의 연삭형태

연 습 문 제

1. 연삭가공을 정의하시오.

2. 연삭가공의 특징을 쓰시오.

3. 외경연삭기와 내면연삭기를 비교하시오.

4. 상향연삭과 하향연삭을 설명하시오.

5. 초정밀연삭에 대하여 쓰시오.

6. 초정밀연삭의 적용 형태를 조사하시오.

부록

1. 재료기호

<table>
<tr><th>KS D</th><th>명 칭</th><th>종 별</th><th colspan="2">기 호</th><th>인장강도 kg/mm²
(N/mm²)</th><th>용도</th></tr>
<tr><td rowspan="4">3505</td><td rowspan="4">용접 구조용 압연 강재
(Rolled Steels for Welded Structure)</td><td>1종</td><td colspan="2">SS 330</td><td>34∼44</td><td>강판, 평강, 봉강 및 강대</td></tr>
<tr><td>2종</td><td colspan="2">SS 400</td><td>41∼52
(400∼510)</td><td>강판, 평강, 봉강, 형강 및 강대</td></tr>
<tr><td>3종</td><td colspan="2">SS 490</td><td>50∼62
(490∼610)</td><td>강판, 평강, 봉강, 형강 및 강대</td></tr>
<tr><td>4종</td><td colspan="2">SS 540</td><td>55 이상
(540 이상)</td><td>두께 40 mm 이하의 강판, 강대, 형강, 평강 및 지름, 변 또는 맞변거리 40 mm 이하의 봉강</td></tr>
<tr><td rowspan="2">3507</td><td rowspan="2">배관용 탄소 강관
(Carbon Steel Pipe for ordinary Piping)</td><td rowspan="2"></td><td rowspan="2">SPP</td><td>흑관</td><td rowspan="2">30 이상
(294이상)</td><td>아연도금을 하지 않는 관</td></tr>
<tr><td>백관</td><td>흑관에 아연도금을 한 관</td></tr>
<tr><td rowspan="4">3509</td><td rowspan="4">피아노 선재
(Piano Wire rods)</td><td rowspan="4"></td><td colspan="2">SWRS 62 A</td><td>-</td><td rowspan="4"></td></tr>
<tr><td colspan="2">SWRS 62 B</td><td>-</td></tr>
<tr><td colspan="2">SWRS 67 A</td><td>-</td></tr>
<tr><td colspan="2">SWRS 67 B</td><td>-</td></tr>
</table>

KS D	명 칭	종 별	기 호	인장강도 kg/mm^2 (N/mm^2)	용도
3509	피아노 선재 (Piano Wire rods)		SWRS 72 A	-	
			SWRS 72 B	-	
			SWRS 75 A	-	
			SWRS 75 B	-	
			SWRS 77 A	-	
			SWRS 77 B	-	
			SWRS 80 A	-	
			SWRS 80 B	-	
			SWRS 82 A	-	
			SWRS 82 B	-	
			SWRS 87 A	-	
			SWRS 87 B	-	
			SWRS 92 A	-	
			SWRS 92 B	-	
3512	냉간 압연강판 및 강대 (Cold Reduced Steel Sheet and Strip)		SPCC	28 이상 (270)	일반용
			SPCD	28 이상 (270)	드로잉용
			SPCE	28 이상 (270)	딥드로잉용
3515	구조용 압연 강재 (Rolled Steels for General Structure)		SM 400 A	(400~510)	강판, 강대, 형강 및 평강 적용두께 200 mm 이하
			SM 400 B		
			SM 400 C		강판, 강대 및 평강
			SM 490 A	(490~610)	강판, 강대, 형강 및 평강 200 mm 이하
			SM 490 B		강판, 강대, 형강 100 mm 이하
			SM 490 C		강판, 강대, 형강 및 평강 적용두께 200 mm 이하
			SM 490 YA	(490~610)	강판, 강대, 형강 100 mm 이하
			SM 490 YB		강판, 강대, 형강 및 평강 100 mm 이하
			SM 520B	(520~640)	강판, 강대, 형강 및 평강 100 mm 이하
			SM 520 C		강판, 강대, 형강 100 mm 이하
			SM 570	(570~720)	강판, 강대, 형강 100 mm 이하

<table>
<tr><th>KS D</th><th>명 칭</th><th colspan="2">종 별</th><th>기 호</th><th>인장강도 kg/mm²
(N/mm²)</th><th>용도</th></tr>
<tr><td rowspan="15">3517</td><td rowspan="15">기계구조용 탄소강관
(Carbon Steel Tubes for Machine Structural purposes)</td><td>11종</td><td>A</td><td>STKM 11 A</td><td>30(290) 이상</td><td>인쇄용 롤러, 배기 파이프, 스티어링, 모터커버, 자전거 프레임, 기구</td></tr>
<tr><td rowspan="3">12종</td><td>A</td><td>STKM 12 A</td><td>35(340) 이상</td><td rowspan="3">크로스 멤버, 직기용 롤러 베어링 백메탈, 스티어링 시스템, 프로펠러 샤프트, 중공축, 앞 포크</td></tr>
<tr><td>B</td><td>STKM 12 B</td><td>40(390) 이상</td></tr>
<tr><td>C</td><td>STKM 12 C</td><td>48(470) 이상</td></tr>
<tr><td rowspan="3">13종</td><td>A</td><td>STKM 13 A</td><td>38(370) 이상</td><td rowspan="3">프로펠러 샤프트, 스티어링 시스템, 크로스 멤버, 유압 실린더, 베어링 백 메탈, 직기용 롤러, 액셀 튜브</td></tr>
<tr><td>B</td><td>STKM 13 B</td><td>45(440) 이상</td></tr>
<tr><td>C</td><td>STKM 13 C</td><td>52(510) 이상</td></tr>
<tr><td rowspan="3">14종</td><td>A</td><td>STKM 14 A</td><td>42(410) 이상</td><td rowspan="3">스티어링 시스템, 크로스 멤버, 액셀 튜브, 유압 실린더</td></tr>
<tr><td>B</td><td>STKM 14 B</td><td>51(500) 이상</td></tr>
<tr><td>C</td><td>STKM 14 C</td><td>56(550) 이상</td></tr>
<tr><td rowspan="2">15종</td><td>A</td><td>STKM 15 A</td><td>48(470) 이상</td><td rowspan="2">스티어링 시스템, 크로스 멤버, 엑시텐숀 뉴브, 프로펠러 샤프트</td></tr>
<tr><td>C</td><td>STKM 15 C</td><td>59(580) 이상</td></tr>
<tr><td rowspan="2">16종</td><td>A</td><td>STKM 16 A</td><td>52(510) 이상</td><td rowspan="2">벨브 록 카샤프트, 스티어링 시스템, 액셀 튜브, 프로펠러 샤프트, 보링 로드</td></tr>
<tr><td>C</td><td>STKM 16 C</td><td>63(620) 이상</td></tr>
<tr><td>17종</td><td>A</td><td>STKM 17 A</td><td>56(550) 이상</td><td rowspan="2">엑셀 튜브, 보링 로드</td></tr>
<tr><td></td><td></td><td>C</td><td>STKM 17 C</td><td>66(650) 이상</td></tr>
</table>

KS D	명 칭	종 별		기 호	인장강도 kg/mm^2 (N/mm^2)	용도
3517	기계구조용 탄소강관 (Carbon Steel Tubes for Machine Structural purposes)	18종	A	STKM 18 A	45(440) 이상	수압, 철주, 포크 튜브 유압 실린더
			B	STKM 18 B	50(490) 이상	
			C	STKM 18 C	52(510) 이상	
		19종	A	STKM 19 A	50(490) 이상	
			C	STKM 19 C	56(550) 이상	
		20종	A	STKM 20 A	55(540) 이상	
3522	고속도 공구강 강재 (High-Speed Tool Steel)	텅스텐계		SKH 2	-	일반절삭용, 기타 각종 공구
				SKH 3	-	고속 중 절삭용, 기타 각종 공구
				SKH 4	-	난삭재 절삭용, 기타 각종 공구
				SKH 10	-	고난삭재 절삭용, 기타 각종 공구
		몰리브텐계		SKH 51	-	인성을 요하는 일반 절삭용, 기타 각종 공구
				SKH 52	-	비교적 인성을 요하는 고속도재 절삭용, 기타 각종 공구
				SKH 53	-	
				SKH 54	-	
				SKH 55	-	비교적 인성을 요하는 고속도중절삭용, 기타 각종 공구
				SKH 56	-	
				SKH 58	-	
				SKH 59	-	
3551	특수마대강 (Cold Rolled Special Steel Strip)	탄소강		S 30 CM	-	리테이너
				S 35 CM	-	사무용 기계부품, 프리쿠션 플레이트
				S 45 CM	-	클러치 부품, 체인 부품, 양산살대, 와셔
				S 50 CM	-	카메라 등 구조 부품, 제임 부품, 스프링, 클러치 부품, 와셔, 안전버클
				S 55 CM	-	스프링 안전 작업호, 깡통따기, 톱슨칼날, 양산살대, 카메라 등 구조 부품

KS D	명 칭	종 별	기 호	인장강도 kg/mm² (N/mm²)	용도
3551	특수마대강 (Cold Rolled Special Steel Strip)	탄소강	S 60 CM	-	체인부품, 목공용 톱, 브라인드, 안전작업화, 사무용 기계부품, 와셔
			S 65 CM	-	안전 작업화, 클러치 부품, 스프링, 와셔
			S 70 CM	-	스프링, 와셔, 목공용 톱, 사무기 부품
			S 75 CM	-	클러치 부품, 스프링, 와셔
		탄소 공구강	SK 2 M	-	면도날, 칼날, 쇠톱날, 셔터, 태엽
			SK 3 M	-	쇠톱날, 칼날, 스프링
			SK 4 M	-	펜촉, 태엽, 게이지, 스프링, 칼날, 메리야스용 바늘
			SK 5 M	-	태엽, 스프링, 칼날, 메리야스용 바늘, 게이지, 클러치 부품, 목공용 및 제재용 톱줄 및 원형톱, 사무용 기계부품
			SK 6 M	-	스프링, 칼날, 클러치 부품, 와셔, 구두밑창, 혼
			SK 7 M	-	스프링, 칼날, 혼, 목공용 톱, 와셔, 구두 밑창, 클러치 부품
		합금 공구강	SKS 2 M	-	세톱날, 칼날, 메탈밴드톱
			SKS 5 M	-	칼날, 둥근톱, 띠톱
			SKS 6 M	-	칼날, 둥근톱, 띠톱
			SKS 7 M	-	칼, 목공용 원형톱, 목공용 및 제재용 톱줄
			SKS 95 M	-	클러치 부품, 스프링, 칼날
		크롬강	SCr 420 M	-	체인부품
			SCr 435 M	-	체인부품, 사무기부품
			SCr 440 M	-	체인부품, 사무기부품
		니켈 크롬강	SNC 450 M	-	사무용 기계부품
			SNC 631 M	-	사무용 기계부품
			SNC 836 M	-	사무용 기계부품
		니켈 크롬 몰리브덴강	SCM 415 M	-	체인부품
			SCM 430 M	-	체인부품, 톱슨칼날
			SCM 435 M	-	체인부품, 사무용 기계 부품
			SCM 440 M	-	체인부품, 사무용 기계 부품

KS D	명 칭	종 별	기 호	인장강도 kg/mm² (N/mm²)	용도
3551	특수마대강 (Cold Rolled Special Steel Strip)	크롬 몰리브덴롬	SCM 415 M	-	체인부품
			SCM 430 M	-	체인부품, 톱손칼날
			SCM 435 M	-	체인부품, 사무용 기계 부품
			SCM 440 M	-	체인부품, 사무용 기계 부품
		스프링강	SUP 6 M	-	스프링
			SUP 9 M	-	스프링
			SUP 10 M	-	스프링
		망간강	SMn 438 M	-	체인부품
			SMn 443 M	-	체인부품
3556	피아노선 (Piano Wires)	1종	PW-1		동하중을 받는 스프링용
		2종	PW-2		
		3종	PW-3		밸브 스프링용
3701	스프링강 (Spring Steel)	1종(고탄소강재)	SPS 1	110 이상 (1079 이상)	겹판 스프링용
		2종(실리콘 망간강재)	SPS 3	125 이상 (1226 이상)	코일 스프링, 겹판 스프링 및 비틀림 막대 스프링에 사용
			SPS 4		
		3종(망간크롬강재)	SPS 5		
			SPS 5 A		
		4종(크롬 바나듐강재)	SPS 6		코일 스프링 및 막대 스프링용
		5종(망간크롬보론강재)	SPS 7		대형 겹판 및 코일 스프링용
		6종(실리콘 크롬강재)	SPS 8		코일 스프링용
		7종(크롬몰리브덴강재)	SPS 9		대형 겹판 및 코일 스프링용
3707	크롬강재 (Chromium Steels)		SCr 419 (구 21)		이음쇠, 축류
			SCr 420 (구 22)		볼트, 너트

KS D	명 칭	종 별	기 호	인장강도 kg/mm^2 (N/mm^2)	용도
3707	크롬강재 (Chromium Steels)		SCr 430 (구 2)		암류, 스터드
			SCr 435 (구 3)		강력 볼트, 암류
			SCr 440 (구 4)		축류, 키, 핀
			SCr 445 (구 5)		표면 경화용
3708	니켈크롬강강재 (Nickel Chromium Steels)		SNC 236 (구 1)		볼트, 너트류
			SNC 415 (구 21)		크랭크 축, 기어류
			SNC 631 (구 2)		축류, 기어류
			SNC 815 (구 22)		피스톤 핀, 기어
			SNC 836 (구 3)		캠축, 기어류
3710	탄소강 단강품 (Carbon Steel Forgings)		SF 340 A (구 34)	35~45	열처리 종류 : 어닐링, 노멀라이징 또는 템퍼링
			SF 490 A (구 40)	40~50	
			SF 440 A (구 45)	45~55	
			SF 490 A (구 50)	50~60	
			SF 540 A (구 55)	55~65	
			SF 590 A (구 60)	60~70	
			SF 540 B (구 55)	55~70	열처리 종류 : 퀀칭, 템퍼링
			SF 590 B (구 60)	60~75	
			SF 640 B (구 65)	65~80	

KS D	명 칭	종 별	기 호	인장강도 kg/mm^2 (N/mm^2)	용도
3711	크롬 몰리브덴강 강재 (Chromium Molybdenum Steels)		SCM 415		볼트, 프로펠러, 보스
			SCM 418		소형 축류
			SCM 420		강력볼트, 축류, 암류
			SCM 421		기어류, 축류, 암류
			SCM 430		대형축류
			SCM 432		피스톤 핀, 축류, 기어
			SCM 435		기어, 축류
			SCM 440		기어, 축류
			SCM 445		기어, 축류
			SCM 822		표면경화용
3751	탄소공구강 (Carbon Tool Steels)	1종	STC 1	63 이상	경질바이트, 면도날, 각종 줄
		2종	STC 2	63 이상	바이트, 제작용 공구, 드릴
		3종	STC 3	63 이상	탭, 나사절삭용, 다이, 쇠톱날, 철공용 끌, 게이지, 태엽, 면도날
		4종	STC 4	61 이상	태엽, 목공용 드릴, 도끼, 철공용 끌, 면도날, 목공용 띠톱, 펜촉
		5종	STC 5	59 이상	각인, 스냅, 태엽, 목공용 띠톱, 원형톱, 펜촉, 등사판 줄, 톱날
		6종	STC 6	57 이상	각인, 스냅, 원형톱, 태엽, 우산대, 등사판 줄
		7종	STC 7	56 이상	각인, 스냅, 프레스 형, 칼
3752	기계구조용 탄소강재 (Carbon Steel for Machinc Struclural Use)		SM 10 C	32 이상 (314 이상)	
			SM 12 C	38 이상 (373 이상)	
			SM 15 C		
			SM 17 C	41 이상 (402 이상)	
			SM 20 C		
			SM 22 C	45 이상 (441 이상)	
			SM 25 C		
			SM 28 C	48 이상 (471 이상)	
			SM 30 C		
			SM 33 C	52 이상 (510 이상)	
			SM 35 C		
			SM 38 C	55 이상 (539 이상)	
			SM 40 C		

KS D	명 칭	종 별		기 호	인장강도 kg/mm^2 (N/mm^2)	용도
3752	기계구조용 탄소강재 (Carbon Steel for Machinc Struclural Use)			SM 43 C	58 이상 (569 이상)	
3752	기계구조용 탄소강재 (Carbon Steel for Machinc Struclural Use)			SM 45 C	58 이상 (569 이상)	
3752	기계구조용 탄소강재 (Carbon Steel for Machinc Struclural Use)			SM 48 C	62 이상 (608 이상)	
3752	기계구조용 탄소강재 (Carbon Steel for Machinc Struclural Use)			SM 50 C	62 이상 (608 이상)	
3752	기계구조용 탄소강재 (Carbon Steel for Machinc Struclural Use)			SM 53 C	66 이상 (647 이상)	
3752	기계구조용 탄소강재 (Carbon Steel for Machinc Struclural Use)			SM 55 C	66 이상 (647 이상)	
3752	기계구조용 탄소강재 (Carbon Steel for Machinc Struclural Use)			SM 58 C	66 이상 (647 이상)	
3752	기계구조용 탄소강재 (Carbon Steel for Machinc Struclural Use)			SM 9 CK	40 이상 (392 이상)	
3752	기계구조용 탄소강재 (Carbon Steel for Machinc Struclural Use)			SM 15 CK	50 이상 (450 이상)	
3752	기계구조용 탄소강재 (Carbon Steel for Machinc Struclural Use)			SM 20 CK	55 이상 (539 이상)	
3753	합금공구강 (Alloy Tool Steel)	절삭 공구용	S 11종	STS 11		절삭 공구, 냉간 드로잉용 다이스
3753	합금공구강 (Alloy Tool Steel)	절삭 공구용	S 2종	STS 2		탭, 드릴 커터, 핵소우
3753	합금공구강 (Alloy Tool Steel)	절삭 공구용	S 21종	STS 21		탭, 드릴 커터, 핵소우
3753	합금공구강 (Alloy Tool Steel)	절삭 공구용	S 5종	STS 5		원형톱, 띠톱, 핵소우
3753	합금공구강 (Alloy Tool Steel)	절삭 공구용	S 51종	STS 51		원형톱, 띠톱, 핵소우
3753	합금공구강 (Alloy Tool Steel)	절삭 공구용	S 7종	STS 7		쇠톱
3753	합금공구강 (Alloy Tool Steel)	절삭 공구용	S 8종	STS 8		줄
3753	합금공구강 (Alloy Tool Steel)	내충격 공구용	S 4종	STS 4		끌, 펀치, 스냅
3753	합금공구강 (Alloy Tool Steel)	내충격 공구용	S 41종	STS 41		끌, 펀치, 스냅
3753	합금공구강 (Alloy Tool Steel)	내충격 공구용	S 43종	STS 43		착암기용 피스톤
3753	합금공구강 (Alloy Tool Steel)	내충격 공구용	S 44종	STS 44		끌, 해딩다이스
3753	합금공구강 (Alloy Tool Steel)	주로 냉간 금형용	S 3종	STS 3		게이지, 탭, 다이스, 절단기, 칼날
3753	합금공구강 (Alloy Tool Steel)	주로 냉간 금형용	S 31종	STS 31		게이지, 휘밍다이
3753	합금공구강 (Alloy Tool Steel)	주로 냉간 금형용	S 93종	STS 93		게이지, 칼날, 프레스 형틀
3753	합금공구강 (Alloy Tool Steel)	주로 냉간 금형용	S 94종	STS 94		게이지, 칼날, 프레스 형틀
3753	합금공구강 (Alloy Tool Steel)	주로 냉간 금형용	S 95종	STS 95		게이지, 칼날, 프레스 형틀
3753	합금공구강 (Alloy Tool Steel)	주로 냉간 금형용	D 1종	STD 1		다이, 분말 성형틀

KS D	명 칭	종 별		기 호	인장강도 kg/mm^2 (N/mm^2)	용도
3753	합금공구강 (Alloy Tool Steel)	주로 냉간 금형용	D 11종	STD 11		게이지, 휘밍다이, 나사전조롤러
			D 12종	STD 12		
		주로 열간 금형용	D 4종	STD 4		프레스 형틀, 다이캐스팅용 다이, 압축 다이
			D 5종	STD 5		
			D 6종	STD 6		
			D 61종	STD 61		
			D 62종	STD 62		
			F 3종	STF 3		
			F 4종	STF 4		다이형틀, 프레스 형틀
			F 7종	STF 7		
			F 8종	STF 8		프레스용 다이
4101	탄소주강품 (Corbon Steel Casting)			SC 360	37 이상 (360 이상)	전동기부품용
				SC 410	42 이상 (410 이상)	일반구조용
				SC 450	46 이상 (450 이상)	일반구조용
				SC 480	49 이상 (480 이상)	일반구조용
4301	회주철품 (Gray Iron Casting)	1종		GC 100	10 이상	일반기계부품, 상수도 철관, 난방용품
		2종		GC 150	15 이상	
		3종		GC 200	20 이상	경도를 요하는 부분
		4종		GC 250	25 이상	
		5종		GC 300	31 이상	실린더 헤드, 피스톤, 공작기계부품
		6종		GC 350	36 이상	
4302	구상흑연 주철품 (Spheroidal Graphite Iron Castings)	0종		GCD 370	37 이상 (370 이상)	
		1종		GCD 370	37 이상 (370 이상)	
		2종		GCD 370	37 이상 (370 이상)	
		3종		GCD 370	37 이상 (370 이상)	

KS D	명 칭	종 별		기 호	인장강도 kg/mm^2 (N/mm^2)	용도
4302	구상흑연 주철품 (Spheroidal Graphite Iron Castings)	4종		GCD 370	37 이상 (370 이상)	
		5종		GCD 370	37 이상 (370 이상)	
		6종		GCD 370	37 이상 (370 이상)	
4303	흑심가단 주철품 (Blackheart Malleable Iron Castings)	1종		BMC 270	28 이상 (270 이상)	
		2종		BMC 310	32 이상 (310 이상)	
		3종		BMC 340	35 이상 (340 이상)	
		4종		BMC 360	37 이상 (360 이상)	
4305	백심가단 주철 (Whiteheat Malleable Iron Castings)	1종		WMC 330	32 이상 (310 이상)	
		2종		WMC 370	36 이상 (350 이상)	
		3종		WMC 440	45 이상 (440 이상)	
		4종		WMC 490	50 이상 (490 이상)	
		5종		WMC 540	55 이상 (540 이상)	
5504	동판 (Copper Sheet and Plate)	1종	연질	CuS 1-0	26 이하	전기와 열전도성이 좋고 전연성, 가공성, 내식성, 내후성이 요구되는 곳, 전기부품, 증류기구, 건축용, 화학공업용 가스켓, 기물
			1/4 경질	CuS 1-1/4	22 이상	
			1/2 경질	CuS 1-1/2	25 이상	
			경질	CuS 1-H	28 이상	
		2종	연질	CuS 2-0	26 이하	
			1/4 경질	CuS 2-1/4	22 이상	
			1/2 경질	CuS 2-1/2	25 이상	
			경질	CuS 2-H	28 이상	
6001	황동주물 (Brass Castings)	1종		YBsC 1	15 이상 (147 이상)	플랜지, 전기 부속품, 전기부품, 일반기계부품, 건축용 장식품, 일반기계부품, 전기부품
		2종		YBsC 2	20 이상 (196 이상)	
		3종		YBsC 3	25 이상 (245 이상)	

KS D	명 칭	종 별	기 호	인장강도 kg/mm^2 (N/mm^2)	용도
6002	청동주물 (Bronze Castings)	1종	BC 1	17 이상 (167 이상)	유동성 피삭성이 좋다. 밸브, 주수기, 베어링, 일반기계 부품
		1종 C	BC 1 C	20 이상 (196 이상)	
		2종	BC 2	25 이상 (245 이상)	베어링, 슬리브, 부시, 펌프 몸체, 임펠러, 밸브, 기어, 전동기기부품
		2종 C	BC 2 C	28 이상 (274 이상)	
		3종	BC 3	25 이상 (245 이상)	베어링, 부시, 펌프몸체, 임펠러, 밸브, 기어, 전동기어
		3종 C	BC 3 C	28 이상 (274 이상)	
		6종	BC 6	20 이상 (196 이상)	밸브, 펌프몸체, 일펠러, 급수전, 베어링, 부시
		6종 C	BC 6 C	25 이상 (245 이상)	
		7종	BC 7	22 이상 (246 이상)	베어링, 소형펌프 부품, 밸브, 연료펌프, 일반기계
		7종 C	BC 7 C	26 이상 (255 이상)	

2. 가공방법 기호

1. 적용범위 : 규격은 금속에 대하여 사용되는 2차 가공 이후 가공 방법을 도면, 공정표 등에 표시할 때 쓰이는 기호에 대하여 규정한다.
2. 분류는 다음과 같다.
   ① 주조 ② 소성 가공(단조, 프레스 가공, 스피닝, 전조, 압연, 압출 및 인발) ③ 기계가공(절삭, 연삭 및 특수가공) ④ 다듬질 가공 ⑤ 용접 ⑥ 열처리 ⑦ 표면처리 ⑧ 조립 ⑨ 기타
3. 기호의 형식 : 기호는 라틴 문자의 알파벳, 대문자, 한자 또는 몇 자를 짜 맞춘 것으로 한다.
4. 기호 : 인용된 영어를 참고로 적는다. 고딕체 문제는 인용된 문자를 표시한다.

(1) 주조 : Casting(C)

가공방법	기호	참고
사형주조	CS	Sand Mold Casting
생형주조	CSG	Sand Green Sand
표면건조형 주조	CSS	Sand Surface Dry Sand
건조형 주조	CSD	Sand Dry Sand
유동성 주형 주조	CSH	Sand Self-Hardening Mold Process
	CSFS	Sand Fluid Sand Mixture process
CO2 프로세스	CSC	Sand Carbon dioxide Process
V 프로세스	CSV	Sand V Process
풀 몰드 프로세스	CSFM	Sand Full Mold Process
셀 몰드 프로세스	CSM	Sand Shell Mold Process
금속형 주조	CM	Metal Mold Casting
정밀 주조	CP	Precision Casting
로스트 왁스 프로세스	CPL	Precision Lost Wax Process
세어 프로세스	CPS	Precision Shaw Process
다이케이팅	CD	Die Casting
원심 주조	CCR	Centrifugal Casting
저압 주조	CL	Low Pressure Casting
감압 주조	CV	Vacuum Casting
고압 주조	CH	High Pressure Casting
연속 주조	CCN	Contimuous Casting

(2) 소성가공 : Plastic Working(P)

① 단조 : Forging(F)

가공방법	기호	참고
자유단조	FF	Free Forging
스트레칭	FFST	Free Stretching
스웨이징	FFSW	Free Swaging
스프레딩	FFSP	Free Spreading
업세팅	FFU	Free Upsetting
피어싱	FFP	Free Piercing
맨드릴 단조	FFM	Free Mandrel Forging
링 단조	FFR	Free Ring Forging
굽히기	FFB	Free Bending
트위스팅	FFT	Free Twisting
절단(전단)	FFC	Free Cutting
형단조	FD	Dies Forging
업세팅	FDU	Dies Upsetion
헤딩	FDH	Dies Heading
스웨이징	FDSW	Dies Swaging
압출	FDE	Dies Extruding
피어싱	FDP	Dies Piercing
트리밍	FDT	Dies Trimming
사이징	FDSZ	Dies Sizing
코이닝	FDC	Dies Coining

② 프레스 가공 : Press Working(P)

가공방법	기호	참고
절단	PS	Shearing
곡선절단	PSR	Shearing Rotary Shearing
슬리팅	PSS	Shearing Slitting
펀칭	PP	Punching
절단	PPC	Punching Cutting
블랭킹	PPB	Punching blanking
피어싱	PPPC	Punching Piercing
노칭	PPN	Punching Notchintg
슬리팅	PPSL	Punching Slitting
파팅	PPPR	Punching Parting
트리밍	PPT	Punching Trimming
딩킹	PPD	Punching Dinking
랜싱	PPL	Punching Lancing
하프 블랭킹	PPH	Punching Half Blanking
파인 블랭킹	PPF	Punching Fine Blanking

가공방법	기호	참고
세이빙	PPSH	Punching Shaving
굽히기	PB	Bending
다이스 밴딩	PBD	Bending Dies Bending
폴딩	PBF	Bending Folding
롤러 밴딩	PBR	Bending Roller Bending
드로잉	PD	Drawing
리드로잉	PDRD	Drawing Redrawing
리버어스 드로잉	PDRV	Drawing Reverse Drawing
아이어닝 드로잉	PDI	Drawing Drawing with Ironing
포밍	PF	Forming
벌징	PFBL	Forming Bulging
플랜징	PFF	Forming Flanging
네킹	PEN	Forming Necking
코루게이팅	PFCR	Forming Corrugation
버링	PFBR	Forming Burring
스테이킹	PFST	Forming Staking
비딩	PFBD	Forming Beading
컬링	PFCL	Forming Curling
헤밍	PFHM	Forming Hemming
시밍	PFSM	Forming Seaming
와이어링	PFW	Forming Wiring
엠보싱	PFEM	Forming Embossing
익스팬딩	PEEP	Forming Expanding
하이드로 포밍	PFHD	Forming Hydraulic Forming
러버 포밍	PFRB	Forming Rubber Forming
스트레치 포밍	PFSR	Forming Stretch Forming
롤 포밍	PFRL	Forming Roll Forming
스탬핑	PC	Stamping
코이닝	PCC	Stamping Coining
업세팅	PCU	Stamping Upsetting
인덴팅	PCI	Stamping Indention
사이징	PCS	Stamping Sizing
마킹	PCM	Stamping Marking

③ 스피닝 : Spinning(S)

가공방법	기호	참고
심플 스피닝	SSM	Simple Spinning
시어 스피닝	SSH	Shear Spinning
튜브 스피닝	ST	Tube Spinning
익스팬딩	SEP	Expanding

④ 전조 : Rolling(RL)

가공방법	기호	참고
나사전조	RLTH	Thread Rolling
기어전조	RLT	Gear Rolling
냉간전조	RLTC	Gear Cold Gear Rolling
열간전조	RLTHT	Gear Hot Gear Rolling
스플라인 전조	RLSP	Spline Rolling
세레이션 전조	RLSR	Serration Rolling
널링 전조	RLK	Knurling
버니싱	RLB	Burnishing

⑤ 압연 : Rolling(R)

⑥ 압출 : Extruding(E)

⑦ 인발 : Drawing on Drawbench(D)

(3) 기계가공 : Machining(M)

① 절삭 : Cutting(C)

가공방법	기호	참고
선삭	L	Turning
외(내) 선삭	L	Turning
테이퍼 선삭	LTP	Turning Taper Turning
페이싱	LFC	Turning Facing
나사 깍기	LTH	Turning Thread Cutting
절단	LCT	Turning Cutting Off
센터링	LCH	Turning Centering
리세싱	LRC	Turning Recessing
라운딩	LRN	Turning Rounding
스카이빙	LSK	Turning Skiving
스케일링	LSC	Turning Scaling
드릴링	D	Drilling
리밍	DR	Drilling Reaming
탭핑	DT	Drilling Tapping
보링	B	Boring
밀링	M	Milling
평밀링	MP	Milling Plain Milling
페이스 밀링	MFC	Milling Face Milling
사이드 밀링	MSD	Milling Side Milling
엔드 밀링	ME	Milling End Milling
조합 밀링	MG	Milling Eang Cutter Milling

가공방법	기호	참고
총형 밀링	MFR	Milling Form Milling
홈파기	MFL	Milling Fluting
카피 밀링	MCO	Milling Copy Milling
디이싱킹	MDS	Milling Diesinking
슬리팅	MSL	Milling Slitting
평삭	P	Planing
형삭	SH	Shaping
슬로팅	SL	Slotting
브로칭	BR	Broaching
소잉	SW	Sawing
기어절삭	TC	Gear Cutting
창성 기어 절삭	TCG	Generate Gear Cutting
호빙	TCH	Hobbing
기어형삭	TCSH	Gear Shaping
기어 스토킹	TCST	Gear Stocking
기어 세이빙	TCSB	Eear Shaving
이 모따기	TCC	Gear Chamfering

② 연삭 : Grinding(G)

가공방법	기호	참고
원통 연삭	GE	External Cylindrical Grinding
내면 연삭	GI	Internal Grinding
평면 연삭	GS	Surface Grinding
센터리스 연삭	GCL	Centreless Grinding
모방 연삭	GCO	Copy Grinding
벨트 연삭	GBL	Belt Grinding
나사 연삭	GTH	ThreadGrinding
이어 연삭	GT	Gear Grinding
센터 연삭	GCN	Centre Grinding
연삭 절단	GCT	Cut Off Grinding
래핑	GL	Lapping
호닝	GH	Honing
슈퍼 피니싱	GSP	Super Finishing

③ 특수가공 : Special Processing(SP)

가공방법	기호	참고
방전가공	SPED	Electric Discharge Machining
전해가공	SPEC	Electro-Chemical Machining
전해연삭	SPEG	Electrolytic Grinding
초음파 가공	SPU	Ultrasonic Machining
전자빔 가공	SPEB	Electron Beam Machining
레이저 가공	SPLB	Laser Beam Machining

④ 다듬질 : Finishing(F)

가공방법	기호	참고
치핑	FCH	Chipping
페이퍼 다듬질	FCA	Coated Abrasive Finishing
줄 다듬질	FF	Filing
래핑	FL	Lapping
폴리싱	FP	Polishing
리밍	FR	Reaming
스크레이핑	FS	Scraping
브러싱	FB	Brushing

⑤ 용접 : Wedding(W)

가공방법	기호	참고
아크 용접	WA	Arc Welding
저항용접	WR	Resistance Welding
가스용접	WG	Gas Welding
브레이징	WB	Brazing
납땜	WS	Soldering

⑥ 열처리 : Heat Treatment(H)

가공방법	기호	참고
노멀라이징	HNR	Normalizing
어닐링	HA	Annealing
완전 어닐링	HAF	Full Annealing
연화 어닐링	HASF	Softening
응력제거 어닐링	HAR	Stress Relieving
확산 어닐링	HAH	Homogenizing
구상화 어닐링	HAS	Spheroidizing
등온 어닐링	HAI	Isothermal Annealing
케이스 어닐링	HAC	Box Annealing
광택 어닐링	HAB	Bright Annealing
가단화 어닐링	HAM	Malleablizing
담금질	HQ	Quenching
프레스 담금질	HQP	Press Quenching
마르템퍼링	HQM	Martempering
오스템퍼	HQA	Austemper
광택 담금질	HQB	Bright Quenching
고주파 담금질	HQI	Induction Hardening
화염경화	HQF	Flame Hardening
전해담금질	HQE	Electrolytic Quenching
고용화 열처리	HQST	Solution Treatnent
워터 터프닝	HQW	Water Toughening
템퍼링	HT	Tempering
프레스 템퍼링	HTP	Press Tempering
광택 템퍼링	HTB	Bright Tempering
시효	HG	Ageing
서브제로처리	HSZ	Subzero Treatment
침탄	HC	Carburizing
침탄질화	HCN	Carbo-Nitriding
질화	HNT	Nitriding
연질화	HNTS	Soft Nitriding
침황	HSL	Sulphurizing
침황질화	HSLN	Nitrosulphurizing

⑦ 표면처리 Surface Treatment(S)

가공방법	기호	참고
클리닝	SC	Cleaning
알칼리 클리닝	SCA	Alkali Cleaning
드스케일링	SCD	descaling
전해 클리닝	SCEL	Electrolytic Cleaning
에멀전 클리닝	SCEM	Emulsion Cleaning
전해 피클링	SCEP	Electrolytic Pickling
피클링	SCP	Pickling
용제 클리닝	SCS	Solvent Cleaning
초음파 클리닝	SCU	Ultrasonic Cleaning
워싱	SCW	Washing
폴리싱	SP	Polishing
버핑	SPBF	Buffing
벨트연마	SPBL	Belt Polishing
배럴연마	SPBR	Barrel Finishing
화학연마	SPC	Chemical Polishing
전해연마	SPE	Electrolytic Polishing
액체호닝	SPLH	Liquid Honing
텀블링	SPT	Tumbling
블라스팅	SB	Blasting
그릿 블라스팅	SBG	Grit Blasting
숏 블라스팅	SBSH	Shot Blasting
샌드 블라스팅	SBSN	Sand Blasting
워터 블라스팅	SBW	Water Blasting
기계적 경화	SH	Mechanical Hardening
숏 피닝	SHS	Shot Peening
하아드 롤링	SHR	Hard Rolling
양극 산화	SA	Anodizing
경질 양극 산화	SAH	Hard Anodizing
화성 처리	SCH	Chemical Conbersion Coating
베마이트 처리	SCHB	Boehmite Treatment
크로메트 처리	SCHC	Chromating
인산염 처리	SCHP	Phosphating
피막 코팅	SCT	Coating
세라믹 코팅	SCTC	Ceramic Coating
클래스 라이닝	SCTG	Glass Lining
플라스틱 라이닝	SCTP	Plastic Lining
용융도금	SD	Hot Dipping
일렉트로 포밍	SEL	Electroforming
법랑	SEN	Enamelling
에칭	SET	Etching
금속 용사법	SM	Metal Spraying

가공방법	기호	참고
착색	SO	Colouring
블랙크닝	SOB	Blackening
증기처리	SOS	Steaming
도장	SPA	Painting
브러싱 도장	SPAB	Brushing
디핑	SPAD	Dipping
전착 도장	SPAED	Electrodeposition
정전 도장	SPAES	Electrostatic Coating
분체 도장	SPAP	Powder Coating
롤러 도장	SPAR	Roller Coating
스프레이 도장	SPAS	Spraying
도금	SPL	Plating
전기도금	SPLE	Electroplating
무전해 도금	SPLEL	Electroless Plating
이온 도금	SPLI	Ion Plating
스퍼터링	SSP	Sputtering
증착	SVD	Vapour Deposition
금속 침투법	SZ	Diffusion Coating

⑧ 조립 : Assembly(A)

가공방법	기호	참고
체결	AF	Rastening
나사체결	AFST	Thread Fastening
리베팅	AFSR	Riveting
끼워넣기	AFT	Fitting
압입	AFTP	Press Fitting
때려박기	AFTD	Driving Fitting
가열끼워넣기	AFTS	Shrinkage Fitting
삽입	AFTI	Insertion
코킹	ACL	Caulking
스웨이징	ASW	Swaging
접착	ACM	Cementing
밸런싱	AB	Balancing
게이징	AG	Gauging
선택	AGS	Selection
수리	AGR	Repair
마킹	AM	Marking
배선	AW	Wiring
배관	APP	Piping
조정	AA	Adjusting
운전	ARN	Running

⑨ 기타 : Z

가공방법	기호	참고
스트레이트닝	ZS	Straightening
에이징	ZA	Ageing
금긋기	ZM	Marking Off
챔퍼링	ZC	Chamfering
디버어링	ZD	Deburring
검사	ZI	Inspection
시험	ZT	Testing

참고문헌

1. 김순경, 정시영, 2018. 기계공작법. 대영사

2. 김종관. 2001. 기계제작법. 선학출판사

3. 민병로, 이대원, 김동호, 박용호. 2014. 기계제작법. 문운당

4. 민병로, 이대원. 2012. 공학도를 위한 기계재료학. 학진북스

5. 민병로, 이대원. 2013. 공학도를 위한 기초역학. 문운당

6. 민병로, 이대원. 2013. 기계제도 및 설계. 문운당

7. 민병로. 2017. 재료역학. 문운당

8. 서영섭. 2016. 소성가공. 기전연구사

9. 윤여권. 2018. 기계공작법. 북스힐

10. 이동영. 2005. 소성가공학. 문운당

11. 이상우. 2017. 기계공작법, 피앤씨미디어

12. 이희준, 김승대, 김종득, 김중현, 전병희, 2010. 기계공작법, 청문각

13. 전언찬, 이향수. 2019. 핵심 기계공작법, 청문각

14. 진철호, 박규성, 오현만, 권대규. 2014. 쉽게 따라 할 수 있는 기계제작법, 월송

15. 홍기환. 2014. 기초에서 실무까지 적용한 최신 기계공작법. 세진북스

찾아보기

[ㅅ]

[ㅇ]

[ㅈ]

저/자/소/개

민 병 로
공학박사
한국폴리텍대학 교수

정 정 윤
공학박사
한국폴리텍대학 교수

김 선 정
공학박사
한국폴리텍대학 교수

2판 기계제작법

초 판 인 쇄 | 2014년 2월 20일
2 판2쇄발행 | 2024년 8월 27일

저 자 | 민병로 · 정정윤 · 김선정
발 행 인 | 이성범
발 행 처 | 문운당
주 소 | 서울시 종로구 혜화로5길 16 (명륜1가 45-3)
출판등록 | 1962년 7월 4일 제 1-139
전 화 | (02)762-6010
팩 스 | 영업 (02)745-0265 / 편집 (02)762-8758
홈페이지 | http://munundang.co.kr
이 메 일 | munun2@daum.net

ISBN 979-11-5692-630-6 93550

정가 30,000원